机械设计手册

第6版

单行本

滚动轴承

主　编　闻邦椿
副主编　鄂中凯　张义民　陈良玉　孙志礼
　　　　宋锦春　柳洪义　巩亚东　宋桂秋

机械工业出版社

《机械设计手册》第6版 单行本共26分册，内容涵盖机械常规设计、机电一体化设计与机电控制、现代设计方法及其应用等内容，具有系统全面、信息量大、内容现代、突显创新、实用可靠、简明便查、便于携带和翻阅等特色。各分册分别为：《常用设计资料和数据》《机械制图与机械零部件精度设计》《机械零部件结构设计》《连接与紧固》《带传动和链传动 摩擦轮传动与螺旋传动》《齿轮传动》《减速器和变速器》《机构设计》《轴 弹簧》《滚动轴承》《联轴器、离合器与制动器》《起重运输机械零部件和操作件》《机架、箱体与导轨》《润滑 密封》《气压传动与控制》《机电一体化技术及设计》《机电系统控制》《机器人与机器人装备》《数控技术》《微机电系统及设计》《机械系统概念设计》《机械系统的振动设计及噪声控制》《疲劳强度设计 机械可靠性设计》《数字化设计》《工业设计与人机工程》《智能设计 仿生机械设计》。

本单行本为《滚动轴承》，主要介绍滚动轴承的分类、结构与代号，滚动轴承的特性与选用，滚动轴承计算，滚动轴承的组合设计，滚动轴承支承设计实例，常用滚动轴承的基本尺寸与数据等内容。

本书供从事机械设计、制造、维修及有关工程技术人员作为工具书使用，也可供大专院校的有关专业师生使用和参考。

图书在版编目（CIP）数据

机械设计手册．滚动轴承/闻邦椿主编．—6版．—北京：机械工业出版社，2020.1（2025.1重印）

ISBN 978-7-111-64737-9

Ⅰ．①机… Ⅱ．①闻… Ⅲ．①机械设计-技术手册②滚动轴承-技术手册 Ⅳ．①TH122-62②TH133.33-62

中国版本图书馆CIP数据核字（2020）第024589号

机械工业出版社（北京市百万庄大街22号 邮政编码100037）
策划编辑：曲彩云 责任编辑：曲彩云 高依楠
责任校对：徐 强 封面设计：马精明
责任印制：常天培
北京机工印刷厂有限公司印刷
2025年1月第6版第4次印刷
184mm×260mm · 21.75印张 · 535千字
标准书号：ISBN 978-7-111-64737-9
定价：69.00元

电话服务	网络服务
客服电话：010-88361066	机 工 官 网：www.cmpbook.com
010-88379833	机 工 官 博：weibo.com/cmp1952
010-68326294	金 书 网：www.golden-book.com
封底无防伪标均为盗版	机工教育服务网：www.cmpedu.com

出版说明

《机械设计手册》自出版以来，已经进行了5次修订，2018年第6版出版发行。截至2019年，《机械设计手册》累计发行39万套。作为国家级重点科技图书，《机械设计手册》深受广大读者的欢迎和好评，在全国具有很大的影响力。该书曾获得中国出版政府奖提名奖、中国机械工业科学技术奖一等奖、全国优秀科技图书奖二等奖、中国机械工业部科技进步奖二等奖，并多次获得全国优秀畅销书奖等奖项。《机械设计手册》已成为机械设计领域的品牌产品，是机械工程领域最具权威和影响力的大型工具书之一。

《机械设计手册》第6版共7卷55篇，是在前5版的基础上吸收并总结了国内外机械工程设计领域中的新标准、新材料、新工艺、新结构、新技术、新产品、新的设计理论与方法，并配合我国创新驱动战略的需求编写而成的。与前5版相比，第6版无论是从体系还是内容，都在传承的基础上进行了创新。重点充实了机电一体化系统设计、机电控制与信息技术、现代机械设计理论与方法等现代机械设计的最新内容，将常规设计方法与现代设计方法相融合，光、机、电设计融为一体，局部的零部件设计与系统化设计互相衔接，并努力将创新设计的理念贯穿其中。《机械设计手册》第6版体现了国内外机械设计发展的新水平，精心诠释了常规与现代机械设计的内涵、全面荟萃凝练了机械设计各专业技术的精华，它将引领现代机械设计创新潮流、成就新一代机械设计大师，为我国实现装备制造强国梦做出重大贡献。

《机械设计手册》第6版的主要特色是：体系新颖、系统全面、信息量大、内容现代、突显创新、实用可靠、简明便查。应该特别指出的是，第6版手册具有较高的科技含量和大量技术创新性的内容。手册中的许多内容都是编著者多年研究成果的科学总结。这些内容中有不少依托国家“863计划”“973计划”“985工程”“国家科技重大专项”“国家自然科学基金”重大、重点和面上项目资助项目。相关项目有不少成果曾获得国际、国家、部委、省市科技奖励、技术专利。这充分体现了手册内容的重大科学价值与创新性。如仿生机械设计、激光及其在机械工程中的应用、绿色设计与和谐设计、微机电系统及设计等前沿新技术；又如产品综合设计理论与方法是闻邦椿院士在国际上首先提出，并综合8部专著后首次编入手册，该方法已经在高铁、动车及离心压缩机等机械工程中成功应用，获得了巨大的社会效益和经济效益。

在《机械设计手册》历次修订的过程中，出版社和作者都广泛征求和听取各方面的意见，广大读者在对《机械设计手册》给予充分肯定的同时，也指出《机械设计手册》卷册厚重，不便携带，希望能出版篇幅较小、针对性强、便查便携的更加实用的单行本。为满足读者的需要，机械工业出版社于2007年首次推出了《机械设计手册》第4版单行本。该单行本出版后很快受到读者的欢迎和好评。《机械设计手册》第6版已经面市，为了使读者能按需要、有针对性地选用《机械设计手册》第6版中的相关内容并降低购书费用，机械工业出版社在总结《机械设计手册》前几版单行本经验的基础上推出了《机械设计手册》第6版单行本。

《机械设计手册》第6版单行本保持了《机械设计手册》第6版（7卷本）的优势和特色，依据机械设计的实际情况和机械设计专业的具体情况以及手册各篇内容的相关性，将原手册的7卷55篇进行精选、合并，重新整合为26个分册，分别为：《常用设计资料和数据》《机械制图与机械零部件精度设计》《机械零部件结构设计》《连接与紧固》《带传动和链传动　摩擦轮传动与螺旋传动》《齿轮传动》《减速器和变速器》《机构设计》《轴　弹簧》《滚动轴承》《联轴器、离合器与制动器》《起重运输机械零部件和操作件》《机架、箱体与导轨》《润滑　密封》《气压传动与控制》《机电一体化技术及设计》《机电系统控制》《机器人与机器人装备》《数控技术》《微机电系统及设计》《机械系统概念设计》《机械系统的振动设计及噪声控制》《疲劳强度设计　机械可靠性设计》《数字化设计》《工业设计与人机工程》《智能设计　仿生机械设计》。各分册内容针对性强、篇幅适中、查阅和携带方便，读者可根据需要灵活选用。

《机械设计手册》第6版单行本是为了助力我国制造业转型升级、经济发展从高增长迈向高质量，满足广大读者的需要而编辑出版的，它将与《机械设计手册》第6版（7卷本）一起，成为机械设计人员、工程技术人员得心应手的工具书，成为广大读者的良师益友。

由于工作量大、水平有限，难免有一些错误和不妥之处，殷切希望广大读者给予指正。

机械工业出版社

前　　言

本版手册为新出版的第6版7卷本《机械设计手册》。由于科学技术的快速发展，需要我们对手册内容进行更新，增加新的科技内容，以满足广大读者的迫切需要。

《机械设计手册》自1991年面世发行以来，历经5次修订，截至2016年已累计发行38万套。作为国家级重点科技图书的《机械设计手册》，深受社会各界的重视和好评，在全国具有很大的影响力，该手册曾获得全国优秀科技图书奖二等奖（1995年）、中国机械工业部科技进步奖二等奖（1997年）、中国机械工业科学技术奖一等奖（2011年）、中国出版政府奖提名奖（2013年），并多次获得全国优秀畅销书奖等奖项。1994年，《机械设计手册》曾在我国台湾建宏出版社出版发行，并在海内外产生了广泛的影响。《机械设计手册》荣获的一系列国家和部级奖项表明，其具有很高的科学价值、实用价值和文化价值。《机械设计手册》已成为机械设计领域的一部大型品牌工具书，已成为机械工程领域权威的和影响力较大的大型工具书，长期以来，它为我国装备制造业的发展做出了巨大贡献。

第5版《机械设计手册》出版发行至今已有7年时间，这期间我国国民经济有了很大发展，国家制定了《国家创新驱动发展战略纲要》，其中把创新驱动发展作为了国家的优先战略。因此，《机械设计手册》第6版修订工作的指导思想除努力贯彻“科学性、先进性、创新性、实用性、可靠性”外，更加突出了“创新性”，以全力配合我国“创新驱动发展战略”的重大需求，为实现我国建设创新型国家和科技强国梦做出贡献。

在本版手册的修订过程中，广泛调研了厂矿企业、设计院、科研院所和高等院校等多方面的使用情况和意见。对机械设计的基础内容、经典内容和传统内容，从取材、产品及其零部件的设计方法与计算流程、设计实例等多方面进行了深入系统的整合，同时，还全面总结了当前国内外机械设计的新理论、新方法、新材料、新工艺、新结构、新产品和新技术，特别是在现代设计与创新设计理论与方法、机电一体化及机械系统控制技术等方面做了系统和全面的论述和凝练。相信本版手册会以崭新的面貌展现在广大读者面前，它将对提高我国机械产品的设计水平、推进新产品的研究与开发、老产品的改造，以及产品的引进、消化、吸收和再创新，进而促进我国由制造大国向制造强国跃升，发挥出巨大的作用。

本版手册分为7卷55篇：第1卷　机械设计基础资料；第2卷　机械零部件设计（连接、紧固与传动）；第3卷　机械零部件设计（轴系、支承与其他）；第4卷　流体传动与控制；第5卷　机电一体化与控制技术；第6卷　现代设计与创新设计（一）；第7卷　现代设计与创新设计（二）。

本版手册有以下七大特点：

一、构建新体系

构建了科学、先进、实用、适应现代机械设计创新潮流的《机械设计手册》新结构体系。该体系层次为：机械基础、常规设计、机电一体化设计与控制技术、现代设计与创新设计方法。该体系的特点是：常规设计方法与现代设计方法互相融合，光、机、电设计融为一体，局部的零部件设计与系统化设计互相衔接，并努力将创新设计的理念贯穿于常规设计与现代设计之中。

二、凸显创新性

习近平总书记在2014年6月和2016年5月召开的中国科学院、中国工程院两院院士大会上分别提出了我国科技发展的方向就是“创新、创新、再创新”，以及实现创新型国家和科技强国的三个阶段的目标和五项具体工作。为了配合我国创新驱动发展战略的重大需求，本版手册突出了机械创新设计内容的编写，主要有以下几个方面：

（1）新增第7卷，重点介绍了创新设计及与创新设计有关的内容。

该卷主要内容有：机械创新设计概论，创新设计方法论，顶层设计原理、方法与应用，创新原理、思维、方法与应用，绿色设计与和谐设计，智能设计，仿生机械设计，互联网上的合作设计，工业通信网络，面向机械工程领域的大数据、云计算与物联网技术，3D打印设计与制造技术，系统化设计理论与方法。

（2）在一些篇章编入了创新设计和多种典型机械创新设计的内容。

“第11篇　机构设计”篇新增加了“机构创新设计”一章，该章编入了机构创新设计的原理、方法及飞剪机剪切机构创新设计，大型空间折展机构创新设计等多个创新设计的案例。典型机械的创新设计有大型全断面掘进机（盾构机）仿真分析与数字化设计、机器人挖掘机的机电一体化创新设计、节能抽油机的创新设计、产品包装生产线的机构方案创新设计等。

（3）编入了一大批典型的创新机械产品。

“机械无级变速器”一章中编入了新型金属带式无级变速器，“并联机构的设计与应用”一章中编入了数十个新型的并联机床产品，“振动的利用”一章中新编入了激振器偏移式自同步振动筛、惯性共振式振动筛、振动压路机等十多个典型的创新机械产品。这些产品有的获得了国家或省部级奖励，有的是专利产品。

（4）编入了机械设计理论和设计方法论等方面的创新研究成果。

1）闻邦椿院士团队经过长期研究，在国际上首先创建了振动利用工程学科，提出了该类机械设计理论和方法。本版手册中编入了相关内容和实例。

2）根据多年的研究，提出了以非线性动力学理论为基础的深层次的动态设计理论与方法。本版手册首次编入了该方法并列举了若干应用范例。

3）首先提出了和谐设计的新概念和新内容，阐明了自然环境、社会环境（政治环境、经济环境、人文环境、国际环境、国内环境）、技术环境、资金环境、法律环境下的产品和谐设计的概念和内容的新体系，把既有的绿色设计篇拓展为绿色设计与和谐设计篇。

4）全面系统地阐述了产品系统化设计的理论和方法，提出了产品设计的总体目标、广义目标和技术目标的内涵，提出了应该用IQCTES六项设计要求来代替QCTES五项要求，详细阐明了设计的四个理想步骤，即“3I调研”“7D规划”“1+3+X实施”“5（A+C）检验”，明确提出了产品系统化设计的基本内容是主辅功能、三大性能和特殊性能要求的具体实现。

5）本版手册引入了闻邦椿院士经过长期实践总结出的独特的、科学的创新设计方法论体系和规则，用来指导产品设计，并提出了创新设计方法论的运用可向智能化方向发展，即采用专家系统来完成。

三、坚持科学性

手册的科学水平是评价手册编写质量的重要方面，因此，本版手册特别强调突出内容的科学性。

（1）本版手册努力贯彻科学发展观及科学方法论的指导思想和方法，并将其落实到手册内容的编写中，特别是在产品设计理论方法的和谐设计、深层次设计及系统化设计的编写中。

（2）本版手册中的许多内容是编著者多年研究成果的科学总结。这些内容中有不少是国家863、973计划项目，国家科技重大专项，国家自然科学基金重大、重点和面上项目资助项目的研究成果，有不少成果曾获得国际、国家、部委、省市科技奖励及技术专利，充分体现了本版手册内容的重大科学价值与创新性。

下面简要介绍本版手册编入的几方面的重要研究成果：

1）振动利用工程新学科是闻邦椿院士团队经过长期研究在国际上首先创建的。本版手册中编入了振动利用机械的设计理论、方法和范例。

2）产品系统化设计理论与方法的体系和内容是闻邦椿院士团队提出并加以完善的，编写者依据多年的研究成果和系列专著，经综合整理后首次编入本版手册。

3）仿生机械设计是一门新兴的综合性交叉学科，近年来得到了快速发展，它为机械设计的创新提供了新思路、新理论和新方法。吉林大学任露泉院士领导的工程仿生教育部重点实验室开展了大量的深入研究工作，取得了一系列创新成果且出版了专著，据此并结合国内外大量较新的文献资料，为本版手册构建了仿生机械设计的新体系，编写了“仿生机械设计”篇（第50篇）。

4）激光及其在机械工程中的应用篇是中国科学院长春光学精密机械与物理研究所王立军院士依据多年的研究成果，并参考国内外大量较新的文献资料编写而成的。

5）绿色制造工程是国家确立的五项重大工程之一，绿色设计是绿色制造工程的最重要环节，是一个新的学科。合肥工业大学刘志峰教授依据在绿色设计方面获多项国家和省部级奖励的研究成果，参考国内外大量较新的文献资料为本版手册首次构建了绿色设计新体系，编写了“绿色设计与和谐设计”篇（第48篇）。

6）微机电系统及设计是前沿的新技术。东南大学黄庆安教授领导的微电子机械系统教育部重点实验室多年来开展了大量研究工作，取得了一系列创新研究成果，本版手册的“微机电系统及设计”篇（第28篇）就是依据这些成果和国内外大量较新的文献资料编写而成的。

四、重视先进性

（1）本版手册对机械基础设计和常规设计的内容做了大规模全面修订，编入了大量新标准、新材料、新结构、新工艺、新产品、新技术、新设计理论和计算方法等。

1）编入和更新了产品设计中需要的大量国家标准，仅机械工程材料篇就更新了标准126个，如GB/T 699—2015《优质碳素结构钢》和GB/T 3077—2015《合金结构钢》等。

2）在新材料方面，充实并完善了铝及铝合金、钛及钛合金、镁及镁合金等内容。这些材料由于具有优良的力学性能、物理性能以及回收率高等优点，目前广泛应用于航空、航天、高铁、计算机、通信元件、电子产品、纺织和印刷等行业。增加了国内外粉末冶金材料的新品种，如美国、德国和日本等国家的各种粉末冶金材料。充实了国内外工程塑料及复合材料的新品种。

3）新编的“机械零部件结构设计”篇（第4篇），依据11个结构设计方面的基本要求，编写了相应的内容，并编入了结构设计的评估体系和减速器结构设计、滚动轴承部件结构设计的示例。

4）按照GB/T 3480.1～3—2013（报批稿）、GB/T 10062.1～3—2003及ISO 6336—2006等新标准，重新构建了更加完善的渐开线圆柱齿轮传动和锥齿轮传动的设计计算新体系；按照初步确定尺寸的简化计算、简化疲劳强度校核计算、一般疲劳强度校核计算，编排了三种设计计算方法，以满足不同场合、不同要求的齿轮设计。

5）在“第4卷　流体传动与控制”卷中，编入了一大批国内外知名品牌的新标准、新结构、新产品、新技术和新设计计算方法。在“液力传动”篇（第23篇）中新增加了液黏传动，它是一种新型的液力传动。

（2）“第5卷　机电一体化与控制技术”卷充实了智能控制及专家系统的内容，大篇幅增加了机器人与机器人装备的内容。

机器人是机电一体化特征最为显著的现代机械系统，机器人技术是智能制造的关键技术。由于智能制造的迅速发展，近年来机器人产业呈现出高速发展的态势。为此，本版手册大篇幅增加了“机器人与机器人装备”篇（第26篇）的内容。该篇从实用性的角度，编写了串联机器人、并联机器人、轮式机器人、机器人工装夹具及变位机；编入了机器人的驱动、控制、传感、视角和人工智能等共性技术；结合喷涂、搬运、电焊、冲压及压铸等工艺，介绍了机器人的典型应用实例；介绍了服务机器人技术的新进展。

（3）为了配合我国创新驱动战略的重大需求，本版手册扩大了创新设计的篇数，将原第6卷扩编为两卷，即新的“现代设计与创新设计（一）”（第6卷）和“现代设计与创新设计（二）”（第7卷）。前者保留了原第6卷的主要内容，后者编入了创新设计和与创新设计有关的内容及一些前沿的技术内容。

本版手册“现代设计与创新设计（一）”卷（第6卷）的重点内容和新增内容主要有：

1）在“现代设计理论与方法综述”篇（第32篇）中，简要介绍了机械制造技术发展总趋势、在国际上有影响的主要设计理论与方法、产品研究与开发的一般过程和关键技术、现代设计理论的发展和根据不同的设计目标对设计理论与方法的选用。闻邦椿院士在国内外首次按照系统工程原理，对产品的现代设计方法做了科学分类，克服了目前产品设计方法的论述缺乏系统性的不足。

2）新编了“数字化设计”篇（第40篇）。数字化设计是智能制造的重要手段，并呈现应用日益广泛、发展更加深刻的趋势。本篇编入了数字化技术及其相关技术、计算机图形学基础、产品的数字化建模、数字化仿真与分析、逆向工程与快速原型制造、协同设计、虚拟设计等内容，并编入了大型全断面掘进机（盾构机）的数字化仿真分析和数字化设计、摩托车逆向工程设计等多个实例。

3）新编了“试验优化设计”篇（第41篇）。试验是保证产品性能与质量的重要手段。本篇以新的视觉优化设计构建了试验设计的新体系、全新内容，主要包括正交试验、试验干扰控制、正交试验的结果分析、稳健试验设计、广义试验设计、回归设计、混料回归设计、试验优化分析及试验优化设计常用软件等。

4）将手册第5版的“造型设计与人机工程”篇改编为“工业设计与人机工程”篇（第42篇），引入了工业设计的相关理论及新的理念，主要有品牌设计与产品识别系统（PIS）设计、通用设计、交互设计、系统设计、服务设计等，并编入了机器人的产品系统设计分析及自行车的人机系统设计等典型案例。

（4）“现代设计与创新设计（二）”卷（第7卷）主要编入了创新设计和与创新设计有关的内容及一些前沿技术内容，其重点内容和新编内容有：

1）新编了“机械创新设计概论”篇（第44篇）。该篇主要编入了创新是我国科技和经济发展的重要战略、创新设计的发展与现状、创新设计的指导思想与目标、创新设计的内容与方法、创新设计的未来发展战略、创新设计方法论的体系和规则等。

2）新编了“创新设计方法论”篇（第45篇）。该篇为创新设计提供了正确的指导思想和方法，主要编入了创新设计方法论的体系、规则，创新设计的目的、要求、内容、步骤、程序及科学方法，创新设计工作者或团队的四项潜能，创新设计客观因素的影响及动态因素的作用，用科学哲学思想来统领创新设计工作，创新设计方法论的应用，创新设计方法论应用的智能化及专家系统，创新设计的关键因素及制约的因素分析等内容。

3）创新设计是提高机械产品竞争力的重要手段和方法，大力发展创新设计对我国国民经济发展具有重要的战略意义。为此，编写了“创新原理、思维、方法与应用”篇（第47篇）。除编入了创新思维、原理和方法，创新设计的基本理论和创新的系统化设计方法外，还编入了29种创新思维方法、30种创新技术、40种发明创造原理，列举了大量的应用范例，为引领机械创新设计做出了示范。

4）绿色设计是实现低资源消耗、低环境污染、低碳经济的保护环境和资源合理利用的重要技术政策。本版手册中编入了“绿色设计与和谐设计”篇（第48篇）。该篇系统地论述了绿色设计的概念、理论、方法及其关键技术。编者结合多年的研究实践，并参考了大量的国内外文献及较新的研究成果，首次构建了系统实用的绿色设计的完整体系，包括绿色材料选择、拆卸回收产品设计、包装设计、节能设计、绿色设计体系与评估方法，并给出了系列典型范例，这些对推动工程绿色设计的普遍实施具有重要的指引和示范作用。

5）仿生机械设计是一门新兴的综合性交叉学科，本版手册新编入了“仿生机械设计”篇（第50篇），包括仿生机械设计的原理、方法、步骤，仿生机械设计的生物模本，仿生机械形态与结构设计，仿生机械运动学设计，仿生机构设计，并结合仿生行走、飞行、游走、运动及生机电仿生手臂，编入了多个仿生机械设计范例。

6）第55篇为“系统化设计理论与方法”篇。装备制造机械产品的大型化、复杂化、信息化程度越来越高，对设计方法的科学性、全面性、深刻性、系统性提出的要求也越来越高，为了满足我国制造强国的重大需要，亟待创建一种能统领产品设计全局的先进设计方法。该方法已经在我国许多重要机械产品（如动车、大型离心压缩机等）中成功应用，并获得重大的社会效益和经济效益。本版手册对该系统化设计方法做了系统论述并给出了大型综合应用实例，相信该系统化设计方法对我国大型、复杂、现代化机械产品的设计具有重要的指导和示范作用。

7）本版手册第7卷还编入了与创新设计有关的其他多篇现代化设计方法及前沿新技术，包括顶层设计原理、方法与应用，智能设计，互联网上的合作设计，工业通信网络，面向机械工程领域的大数据、云计算与物联网技术，3D打印设计与制造技术等。

五、突出实用性

为了方便产品设计者使用和参考，本版手册对每种机械零部件和产品均给出了具体应用，并给出了选用方法或设计方法、设计步骤及应用范例，有的给出了零部件的生产企业，以加强实际设计的指导和应用。本版手册的编排尽量采用表格化、框图化等形式来表达产品设计所需要的内容和资料，使其更加简明、便查；对各种标准采用摘编、数据合并、改排和格式统一等方法进行改编，使其更为规范和便于读者使用。

六、保证可靠性

编入本版手册的资料尽可能取自原始资料，重要的资料均注明来源，以保证其可靠性。所有数据、公式、图表力求准确可靠，方法、工艺、技术力求成熟。所有材料、零部件、产品和工艺标准均采用新公布的标准资料，并且在编入时做到认真核对以避免差错。所有计算公式、计算参数和计算方法都经过长期检验，各种算例、设计实例均来自工程实际，并经过认真的计算，以确保可靠。本版手册编入的各种通用的及标准化的产品均说明其特点及适用情况，并注明生产厂家，供设计人员全面了解情况后选用。

七、保证高质量和权威性

本版手册主编单位东北大学是国家211、985重点大学、“重大机械关键设计制造共性技术”985创新平台建设单位、2011国家钢铁共性技术协同创新中心建设单位，建有“机械设计及理论国家重点学科”和“机械工程一级学科”。由东北大学机械及相关学科的老教授、老专家和中青年学术精英组成了实力强大的大型工具书编写团队骨干，以及一批来自国家重点高校、研究院所、大型企业等 30 多个单位、近 200 位专家、学者组成了高水平编审团队。编审团队成员的大多数都是所在领域的著名资深专家，他们具有深广的理论基础、丰富的机械设计工作经历、丰富的工具书编纂经验和执着的敬业精神，从而确保了本版手册的高质量和权威性。

在本版手册编写中，为便于协调，提高质量，加快编写进度，编审人员以东北大学的教师为主，并组织邀请了清华大学、上海交通大学、西安交通大学、浙江大学、哈尔滨工业大学、吉林大学、天津大学、华中科技大学、北京科技大学、大连理工大学、东南大学、同济大学、重庆大学、北京化工大学、南京航空航天大学、上海师范大学、合肥工业大学、大连交通大学、长安大学、西安建筑科技大学、沈阳工业大学、沈阳航空航天大学、沈阳建筑大学、沈阳理工大学、沈阳化工大学、重庆理工大学、中国科学院长春光学精密机械与物理研究所、中国科学院沈阳自动化研究所等单位的专家、学者参加。

在本版手册出版之际，特向著名机械专家、本手册创始人、第 1 版及第 2 版的主编徐灏教授致以崇高的敬意，向历次版本副主编邱宣怀教授、蔡春源教授、严隽琪教授、林忠钦教授、余俊教授、汪恺总工程师、周士昌教授致以崇高的敬意，向参加本手册历次版本的编写单位和人员表示衷心感谢，向在本手册历次版本的编写、出版过程中给予大力支持的单位和社会各界朋友们表示衷心感谢，特别感谢机械科学研究总院、郑州机械研究所、徐州工程机械集团公司、北方重工集团沈阳重型机械集团有限责任公司和沈阳矿山机械集团有限责任公司、沈阳机床集团有限责任公司、沈阳鼓风机集团有限责任公司及辽宁省标准研究院等单位的大力支持。

由于编者水平有限，手册中难免有一些不尽如人意之处，殷切希望广大读者批评指正。

主编 闻邦椿

目　　录

第14篇　滚动轴承

第1章　滚动轴承的分类、结构与代号

第2章　滚动轴承的特性与选用

第3章　滚动轴承计算

第 4 章 滚动轴承的组合设计

第 5 章 滚动轴承支承设计实例

第 6 章 常用滚动轴承的基本尺寸与数据

附　录

第 14 篇　滚动轴承

主　编　李元科
编写人　李元科　毛宽民
审稿人　吴宗泽

第5版
滚动轴承

主　编　李元科
编写人　李元科
审稿人　吴宗泽

第1章　滚动轴承的分类、结构与代号

按ISO规定，滚动轴承包括做旋转运动的滚动轴承（简称通用轴承）、做摆动或倾斜运动的关节轴承和做直线运动的直线运动滚动支承三大类。

1　通用轴承的分类、结构与代号

1.1　通用轴承的分类（摘自GB/T 271—2008）

通用轴承一般由内圈、外圈、滚动体和保持架组成。推力轴承中与轴相配合的套圈称轴圈，与外壳孔相配合的套圈称座圈，内、外圈或轴圈与座圈通过滚动体和保持架实现同轴旋转运动。

通用轴承的类型很多，可从不同角度分类，基本的分类方法见表14.1-1。

表14.1-1　通用轴承的分类方法

<table>
<tr><th colspan="2">分类方法</th><th colspan="2">名　　称</th></tr>
<tr><td rowspan="12">按结构类型</td><td rowspan="4">按能承受的载荷方向或公称接触角 α 的大小</td><td rowspan="2">向心轴承——主要用于承受径向载荷的轴承
（$0° \leqslant \alpha \leqslant 45°$）</td><td>径向接触轴承（$\alpha = 0°$）</td></tr>
<tr><td>角接触向心轴承（$0° < \alpha \leqslant 45°$）</td></tr>
<tr><td rowspan="2">推力轴承——主要用于承受轴向载荷的轴承
（$45° < \alpha \leqslant 90°$）</td><td>轴向接触轴承（$\alpha = 90°$）</td></tr>
<tr><td>角接触推力轴承（$45° < \alpha < 90°$）</td></tr>
<tr><td rowspan="5">按滚动体的种类</td><td colspan="2">球轴承——滚动体为球的轴承</td></tr>
<tr><td rowspan="4">滚子轴承——滚动体为滚子的轴承</td><td>圆柱滚子轴承——滚动体是圆柱滚子的轴承</td></tr>
<tr><td>滚针轴承——滚动体是滚针的轴承</td></tr>
<tr><td>圆锥滚子轴承——滚动体是圆锥滚子的轴承</td></tr>
<tr><td>调心滚子轴承——滚动体是球面滚子的轴承</td></tr>
<tr><td>按滚动体的列数</td><td colspan="2">单列轴承——具有一列滚动体的轴承
双列轴承——具有两列滚动体的轴承
多列轴承——具有多于两列的滚动体并承受同一方向载荷的轴承</td></tr>
<tr><td>按能否调心</td><td colspan="2">调心轴承——滚道是球面形的，能适应两滚道轴心线间的角偏差及角运动的轴承
非调心轴承（刚性轴承）——能阻抗滚道间轴心线角偏移的轴承</td></tr>
<tr><td>按组件能否分离</td><td colspan="2">可分离轴承——具有可分离组件的轴承
不可分离轴承——轴承在最终配套后，套圈均不能任意自由分离的轴承</td></tr>
<tr><td></td><td>按结构形状</td><td colspan="2">可以分为多种结构类型，如：
有无装填槽
有无内外圈
有无保持架
套圈的不同形状
挡边的不同结构等</td></tr>
<tr><td colspan="2" rowspan="2">按公称外径 D 的尺寸大小</td><td>类型</td><td>公称外径 D/mm</td></tr>
<tr><td>微型轴承
小型轴承
中小型轴承
中大型轴承
大型轴承
特大型轴承</td><td>$D \leqslant 26$
$26 < D < 60$
$60 \leqslant D < 120$
$120 \leqslant D < 200$
$200 \leqslant D \leqslant 440$
$D > 440$</td></tr>
<tr><td colspan="2">综合分类</td><td colspan="2">滚动轴承
├ 向心轴承
│ ├ 径向接触轴承
│ │ ├ 径向接触球轴承——深沟球轴承
│ │ └ 径向接触滚子轴承｛圆柱滚子轴承；滚针轴承｝
│ └ 角接触向心轴承
│ 　 ├ 角接触向心球轴承｛调心球轴承；角接触球轴承｝
│ 　 └ 角接触向心滚子轴承｛圆锥滚子轴承；调心滚子轴承｝
├ 推力轴承
│ ├ 轴向接触轴承
│ │ ├ 轴向接触球轴承——推力球轴承
│ │ └ 轴向接触滚子轴承｛推力圆柱滚子轴承；推力滚针轴承｝
│ └ 角接触推力轴承
│ 　 ├ 角接触推力球轴承——推力角接触球轴承
│ 　 └ 角接触推力滚子轴承｛推力圆锥滚子轴承；推力调心滚子轴承｝
└ 组合轴承</td></tr>
</table>

1.2 通用轴承的代号与结构（摘自 GB/T 272—1993，JB/T 2974—2004）

滚动轴承代号是一组由字母和数字组成的产品符号，用于表示滚动轴承的类型结构、尺寸、公差等级和技术性能等基本特征。

通用轴承的代号由 前置代号 、 基本代号 和 后置代号 三部分组成，见表 14.1-2。

表 14.1-2 通用轴承的代号组成

前置代号			基本代号							后置代号								
			通用轴承(除滚针轴承)					滚针轴承		1	2	3	4	5	6	7	8	9
			类型代号			尺寸系列代号	内径代号	类型代号	配合安装特征代号	内部结构变化	密封、防尘与外部形状变化	保持架及其材料	轴承零件材料	公差等级	游隙	配置	振动及噪声	其他
代号	含义	示例	代号	轴承类型	原标准代号													
L	可分离轴承的可分离内圈或外圈	LNU 207 LN207	0	双列角接触球轴承	6	见表 14.1-3	见表 14.1-4	见表 14.1-6		见表 14.1-7	见表 14.1-8	见表 14.1-9	见表 14.1-11	见表 14.1-12	见表 14.1-13	见表 14.1-14	见表 14.1-15	见表 14.1-16
R	不带可分离内圈或外圈的组件（滚针轴承仅适用于 NA 型）	RNU207 RNA6904	1	调心球轴承	1													
			2	调心滚子轴承和推力调心滚子轴承	3 9													
K	滚子和保持架组件	K81107	3	圆锥滚子轴承	7													
			4	双列深沟球轴承	0													
WS	推力圆柱滚子轴承轴圈	WS81107	5	推力球轴承	8													
			6	深沟球轴承	0													
GS	推力圆柱滚子轴承座圈	GS 81107	7	角接触球轴承	6													
			8	推力圆柱滚子轴承	9													
F	带凸缘外圈的向心球轴承（仅适用于 $d \leqslant 10$mm）	F 618/4	N	圆柱滚子轴承	2													
			NN	双列或多列圆柱滚子轴承														
FNS	凸缘外圈分离型微型角接触轴承（仅适用于 $d \leqslant 10$mm）	FSN 719/5—Z	U	外球面球轴承	0													
			QJ	四点接触球轴承	6													
KOW-	无轴圈推力轴承	KOW-51108	C	长弧面滚子轴承（圆环轴承）														
KIW-	无座圈推力轴承	KIW-51108	滚动轴承的基本代号构成见表 14.1-5															
LR	带可分离的内圈或外圈的滚动体组件轴承																	

1.2.1 基本代号的组成

基本代号表示轴承的类型、结构和尺寸，是轴承代号的核心。通用轴承中，唯有滚针轴承的基本代号方法与其他轴承不同。

1）一般通用轴承（除滚针轴承外）的基本代号由 类型代号 、 尺寸系列代号 和 内径代号 三部分组成，见表 14.1-2～表 14.1-4。

2）滚针轴承的基本代号由 类型代号 和 配合安装特征代号 组成，见表 14.1-2 和表 14.1-6。

表 14.1-3 尺寸系列代号

直径系列代号	向心轴承								推力轴承			
	宽度系列代号								高度系列代号			
	8	0	1	2	3	4	5	6	7	9	1	2
	尺寸系列代号											
7	—	—	17	—	37	—	—	—	—	—	—	—
8	—	08	18	28	38	48	58	68	—	—	—	—
9	—	09	19	29	39	49	59	69	—	—	—	—
0	—	00	10	20	30	40	50	60	70	90	10	—
1	—	01	11	21	31	41	51	61	71	91	11	—
2	82	02	12	22	32	42	52	62	72	92	12	22
3	83	03	13	23	33	—	—	—	73	93	13	23
4	—	04	—	24	—	—	—	—	74	94	14	24
5	—	—	—	—	—	—	—	—	—	95	—	—

表 14.1-4　内径代号

轴承公称内径/mm		内径代号	示　例
0.6~10(非整数)		用公称内径毫米数直接表示,在其与尺寸系列代号之间用"/"分开	深沟球轴承 618/2.5 d=2.5mm
1~9(整数)		用公称内径毫米数直接表示,对深沟及角接触球轴承 7、8、9 直径系列,内径与尺寸系列代号之间用"/"分开	深沟球轴承 625、618/5 d=5mm
10~17	10 12 15 17	00 01 02 03	深沟球轴承 6200 d=10mm
20~480 (22,28,32 除外)		公称内径除以 5 的商数,商数为个位数时,需在商数左边加"0",如 08	调心滚子轴承 23208 d=40mm
大于或等于 500 以及 22,28,32		用公称内径毫米数直接表示,但与尺寸系列之间用"/"分开	调心滚子轴承 230/500 d=500mm 深沟球轴承 62/22 d=22mm

1.2.2　基本结构与基本代号（见表 14.1-5、表 14.1-6）

表 14.1-5　通用轴承的基本结构与代号

轴承类型		简图	类型代号	尺寸系列代号	基本代号	标准号
深沟球轴承	深沟球	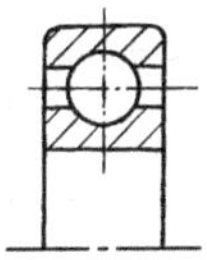	6 16 6	17 37 18 19 (0)0 (1)0 (0)2 (0)3 (0)4	61700 63700 61800 61900 16000 6000 6200 6300 6400	GB/T 276 —2013
	有装球缺口、有保持架	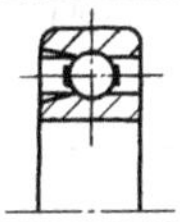	(6)	(0)2 (0)3	200 300	—
	双列	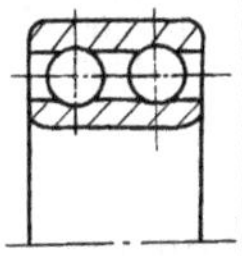	4	(2)2 (2)3	4200 4300	—
调心球轴承	调心球	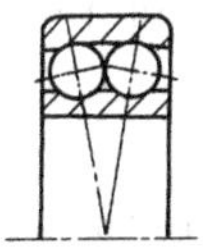	1 1 1 1 (1) 1 (1)	39 (1)0 30 (0)2 22 (0)3 23	13900 1000 3000 1200 2200 1300 2300	GB/T 281 —2013
圆柱滚子轴承	外圈无挡边	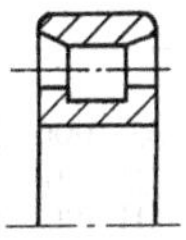	N	10 (0)2 22 (0)3 23 (0)4	N 1000 N 200 N 2200 N 300 N 2300 N 400	GB/T 283 —2007
	内圈无挡边	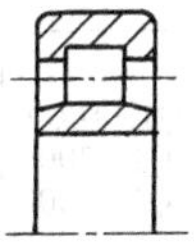	NU	10 (0)2 22 (0)3 23 (0)4	NU 1000 NU 200 NU 2200 NU 300 NU 2300 NU 400	
	内圈单挡边	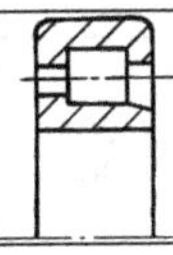	NJ	(0)2 22 (0)3 23 (0)4	NJ 200 NJ 2200 NJ 300 NJ 2300 NJ 400	

轴承类型		简图	类型代号	尺寸系列代号	基本代号	标准号
圆柱滚子轴承	内圈单挡边并带平挡圈	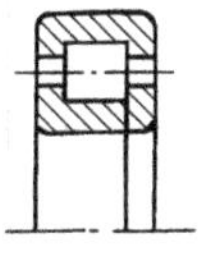	NUP	(0)2 22 (0)3 23 (0)4	NUP 200 NUP 2200 NUP 300 NUP 2300 NUP 400	GB/T 283 —2007
	外圈单挡边	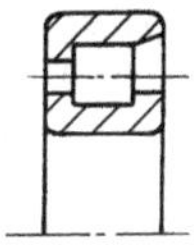	NF	(0)2 (0)3 23	NF 200 NF 300 NF 200	
	双列	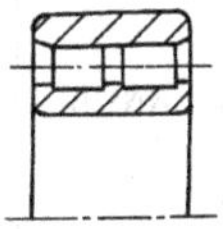	NN	49 30	NN 4900 NN 3000	GB/T 285 —2013
	内圈无挡边、双列	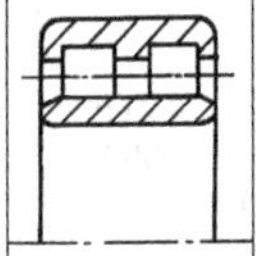	NNU	49 41	NNU 4900 NNU 4100	
	无挡边	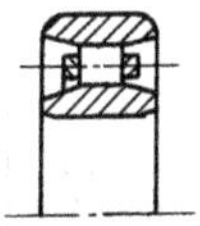	NB		NB 0000	—
	外圈单挡边并带平挡圈	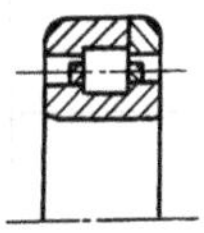	NFP		NFP 0000	—
	内圈无挡边但带平挡圈	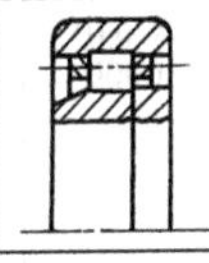	NJP		NJP 0000	—

（续）

轴承类型		简图	类型代号	尺寸系列代号	基本代号	标准号
圆柱滚子轴承	外圈无挡边带双锁圈、无保持架		NCL		NCL 0000V	—
	内圈无挡边两面带平挡圈、无保持架双列		NNUP		NNUP 0000V	—
	外圈双面带平挡圈、双列		NNP		NNP 0000	—
	外圈有止动槽、两面带密封圈、双内圈无保持架、双列		NNF		NNF 0000—2LSNV	—
	无挡边、四列		NNQB		NNQB 0000	—
	无挡边、三列		NNTB		NNTB 0000	—
	内圈无挡边、两面带平挡圈、无保持架、三列		NNTUP		NNTUP 0000V	—
	外圈带平挡圈、四列		NNQP		NNQP 0000	—

轴承类型		简图	类型代号	尺寸系列代号	基本代号	标准号
调心滚子轴承	调心滚子		2	38 48 39 49 30 40 31 41 22 32 03 23	23800 24800 23900 24900 23000 24000 23100 24100 22200 23200 21300 22300	GB/T 288—2013
	单列		2 2 2	02 03 04	20200 20300 20400	—
角接触球轴承	角接触		7	18 19 (1)0 (0)2 (0)3 (0)4	71800 71900 7000 7200 7300 7400	GB/T 292—2007
	分离型		S7		S 70000	—
	内圈分离型		SN7		SN 70000	—
	锁口在内圈		B7 B7 B7	(1)0 (0)2 (0)3	B 7000 B 7200 B 7300	GB/T 292—2007
	双半外圈四点接触		QJF	10 (0)2 (0)3	QJF 1000 QJF 200 QJF 300	GB/T 294—2015
	双半外圈三点接触		QJT		QJT 0000	
	四点接触		QJ QJ QJ	10 (0)2 (0)3	QJ 1000 QJ 200 QJ 300	
	双半内圈三点接触		QJS	10 (0)2 (0)3	QJS 1000 QJS 200 QJS 300	
	双列角接触		(0) (0)	32 33	3200 3300	GB/T 296—2015

（续）

轴承类型		简图	类型代号	尺寸系列代号	基本代号	标准号
圆锥滚子轴承	单列圆锥滚子	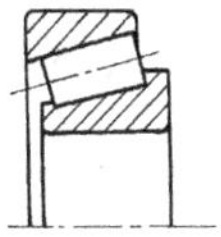	3	29 20 30 31 02 22 32 03 13 23	32900 32000 33000 33100 30200 32200 33200 30300 31300 32300	GB/T 297—2015
	双内圈、双列	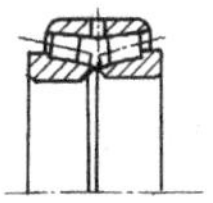	35	19 29 10 20 11 21 22 13	351900 352900 351000 352000 351100 352100 352200 351300	GB/T 299—2008
	双外圈、双列	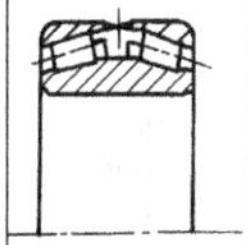	37	—	370000	
	四列	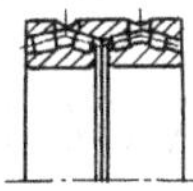	38	19 29 10 20 11 21	381900 382900 381000 382000 381100 382100	GB/T 300—2008
推力球轴承	推力球	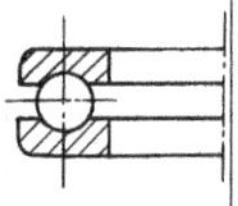	5	11 12 13 14	51100 51200 51300 51400	GB/T 301—2015
	双向	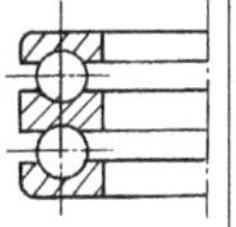	5	22 23 24	52200 52300 52400	
	带球面座圈	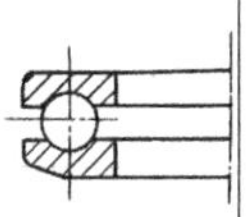	5	32[①] 33 34	53200 53300 53400	
	带球面座圈、双向	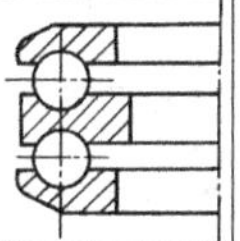	5	42[②] 43 44	54200 54300 54400	
推力角接触球轴承	推力角接触球	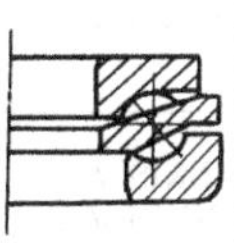	56 76	—	560000 760000	JB/T 8717—2010 JB/T 24604—2009

轴承类型		简图	类型代号	尺寸系列代号	基本代号	标准号
推力角接触球轴承	双向	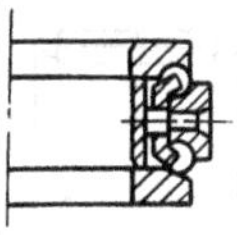	23 23 23	44[③] 47 49	234400 234700 234900	JB/T 6362—2007
推力圆柱滚子轴承	推力圆柱滚子	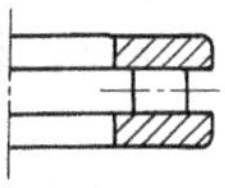	8 8	11 12	81100 81200	GB/T 4663—1994
	双列或多列	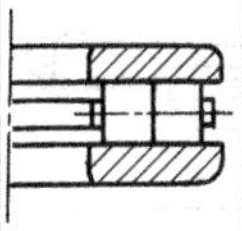	8 8 8	93 74 94	89300 87400 89400	—
	双向	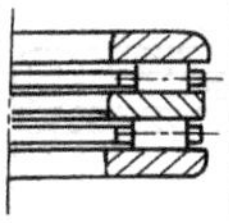	8 8	22 23	82200 82300	GB/T 4663—1994
推力圆锥滚子轴承	推力圆锥滚子	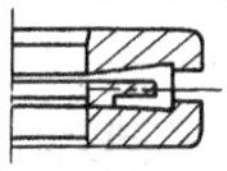	9	11 12	91100 91200	—
	双向推力圆锥滚子轴承	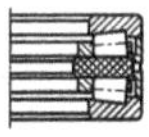	9	21	92100	JB/T 7751—2016
推力调心滚子轴承	推力调心滚子	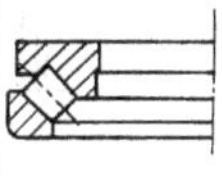	2 2 2	92 93 94	29200 29300 29400	GB/T 5859—2008
外球面球轴承	带紧定螺钉	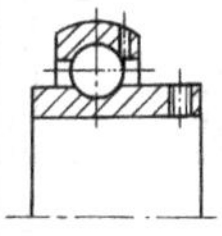	UC UC	2 3	UC 200 UC 300	GB/T 3882—1995
	带偏心套	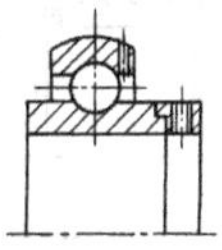	UEL UEL	2 3	UEL 200 UEL 300	
	圆锥孔	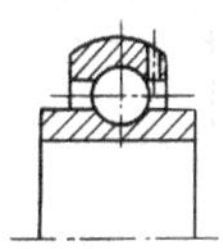	UK UK	2 3	UK 200 UK 300	

注：表中括号“（　）”表示该数字在代号中省略。

① 尺寸系列实为 12、13、14，表示成 32、33、34。

② 尺寸系列实为 22、23、24，表示成 42、43、44。

③ 尺寸系列代号不同于表 14.1-3。

表 14.1-6 滚针轴承的基本结构与代号

轴承类型		简图	类型代号	配合安装特征尺寸表示		基本代号	标准号
滚针和保持架组件	滚针和保持架组件	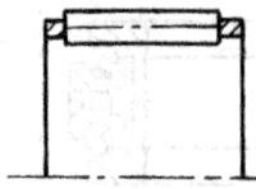	K	$F_w \times E_w \times B_c$		K $F_w \times E_w \times B_c$	GB/T 20056
	推力	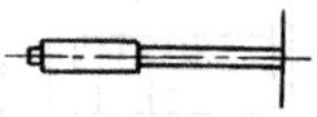	AXK	$d_c D_c$①		AXK$d_c D_c$	GB/T 4605—2003
	带冲压中心套、推力	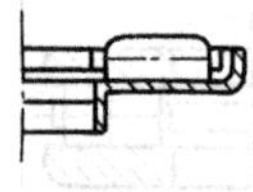	AXW	D_1		AXW D_1	—
滚针轴承				用尺寸系列代号、内径代号表示			
				尺寸系列代号	内径代号		
	滚针轴承	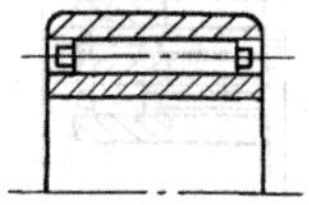	NA	48 49 69	按表 14.1-4②的规定	NA 4800 NA 4900 NA 6900	GB/T 5801—2006
	满装	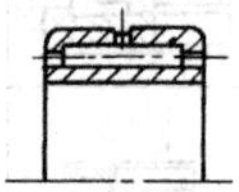	NAV	48 49		NAV 4800 NAV 4900	JB/T 3588—2007
	开口型冲压外圈	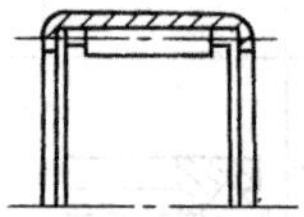	HK④	$F_w C$①		HK $F_w C$	GB/T 12764—2009
	封口型冲压外圈	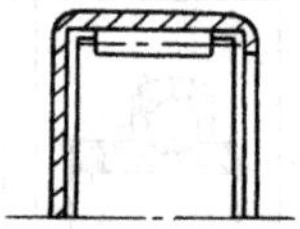	BK④	$F_w C$①		BK $F_w C$	
	无内圈（轻系列）	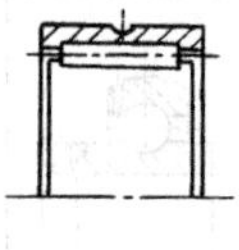	NK	F_w/B		NK F_w/B	GB/T 5801—2006
	无内圈（重系列）		NKS NKH	F_w F_w		NKS F_w NKH F_w	—
	滚针轴承（轻系列）	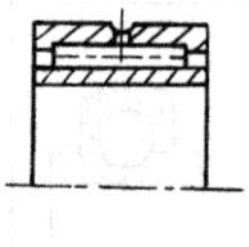	NKI	d/B		NKI d/B	GB/T 5801—2006
	滚针轴承（重系列）		NKIS NKIH	d d		NKIS d NKIH d	—
	外圈无挡边	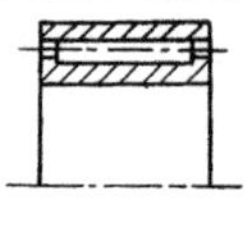	NAO	$d \times D \times B$		NAO $d \times D \times B$	—

（续）

轴承类型		简图	类型代号	配合安装特征尺寸表示		基本代号	标准号
滚针轴承	开口型冲压外圈满装 轻系列 重系列	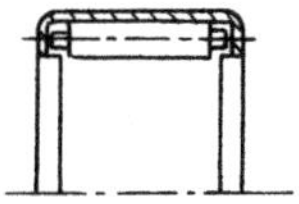	F-④ FH-	F_wC①		F-F_wC H-F_wC	GB/T 12764—2009
	封口型冲压外圈满装	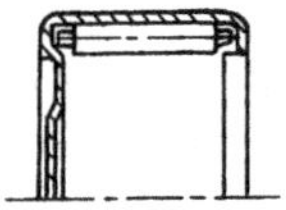	MF-④	F_wC①		MF-F_wC	
	开口型冲压外圈满装（油脂限位）	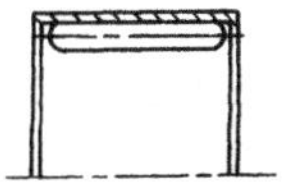	FY-	F_wC①		FY-F_wC	—
	封口型冲压外圈满装（油脂限位） 轻系列 重系列	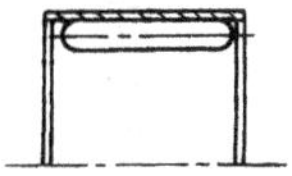	FY- MFY-	F_wC①		FY-F_wC MFY-F_wC	—
滚针组合轴承	滚针和推力圆柱滚子组合	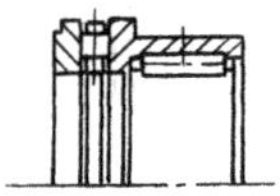	NKXR	F_w		NKXR F_w	GB/T 16643—2015
	滚针和推力球组合	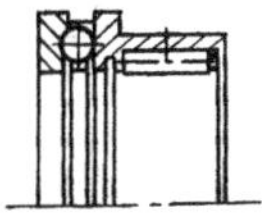	NKX	F_w		NKXF_w	GB/T 25760—2010
	带外罩的滚针和满装推力球组合（油润滑）	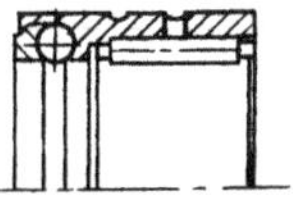	NX	F_w		NXF_w	
	滚针和角接触球组合	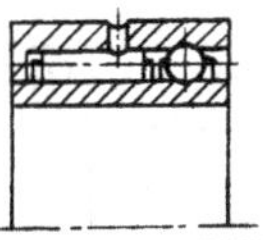	NKIA	用尺寸系列代号、内径代号表示		NKIA 5900	GB/T 25761—2010
	滚针和三点接触球组合	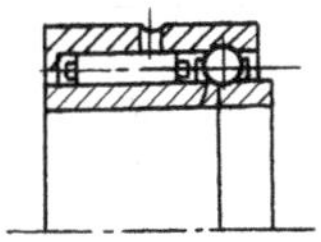	NKIB	尺寸系列代号 59	内径代号按表 14.1-4	NKIB 5900	
	滚针和双向推力圆柱滚子组合	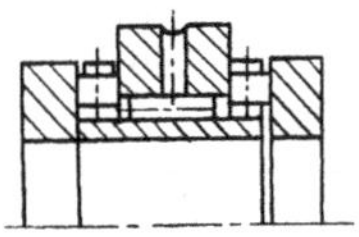	ZARN	dD		ZARN dD	GB/T 25768—2010
	带法兰盘的滚针和双向推力圆柱滚子组合	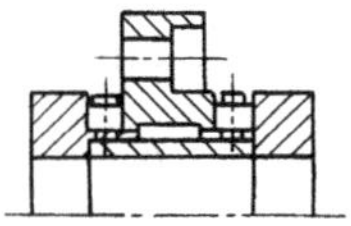	ZARF	dD		ZARF dD	

（续）

	轴承类型	简　　图	类型代号	配合安装特征尺寸表示	基本代号	标准号
滚针组合轴承	圆柱滚子与双向推力滚针组合	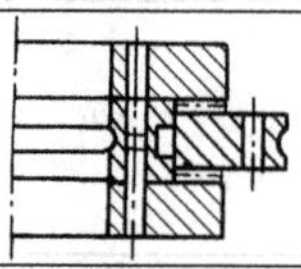	YRT	d	YRTd	—
长圆柱滚子轴承	长圆柱滚子	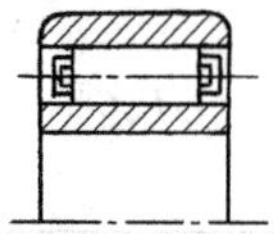	NAOL	用尺寸系列代号、内径代号表示	NAOL 0000	—
	外圈带双挡边	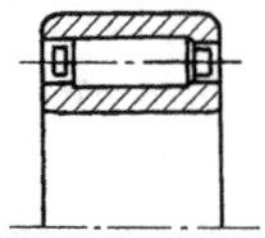	NAL	用尺寸系列代号、内径代号表示	NAL 0000	—
	长弧面滚子轴承	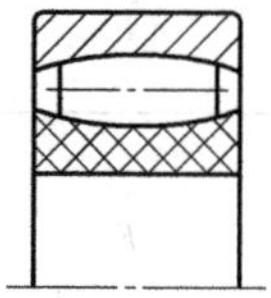	C	29 39 49 59 69 30 40 50 60 31 41 22 32	C 2900 C 3900 C 4900 C 5900 C 6900 C 3000 C 4000 C 5000 C 6000 C 3100 C 4100 C 2200 C 3200	—
特种滚针轴承	调心滚针	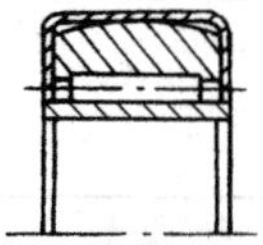	PNA	d/D	PNA d/D	
滚轮滚针轴承	无挡边	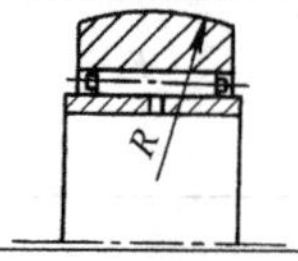	STO	d	STO d	—
	两面带密封圈，外圈双挡边	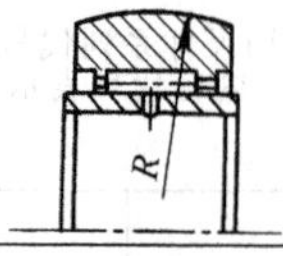	NA	用尺寸系列代号、内径代号表示 尺寸系列代号 22；内径代号②	NA 2200-2RS	—
	平挡圈 （轻系列） （重系列）	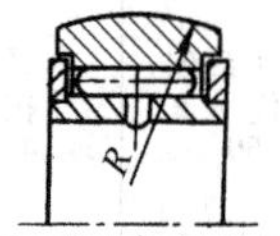	NATR NATR	d dD	NATR d NATR dD	GB/T 6445—2007
	平挡圈满装 （轻系列） （重系列）	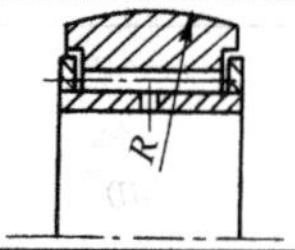	NATV NATV	d dD	NATV d NATV dD	
	带螺栓轴 （轻系列） （重系列）	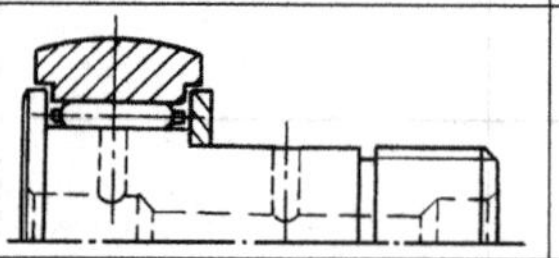	KR③ KR	D Dd_1	KR D KR Dd_1	
	带螺栓轴满装 （轻系列） （重系列）	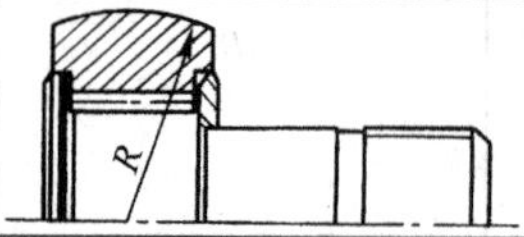	KRV③ KRV	D Dd_1	KRV D KRV Dd_1	

（续）

轴承类型		简图	类型代号	配合安装特征尺寸表示	基本代号	标准号
滚轮圆柱滚子轴承	平挡圈双列满装 （轻系列） （重系列）		NUTR NUTR	d dD	NUTR d NUTR dD	JB/T 7754—2007
	螺栓型双列满装	R=500	NUKR③	D	NUKR D	

注：表中 d—轴承内径；D—轴承外径；B—轴承宽度；F_w—无内圈滚针轴承滚针总体内径；D_1—带冲压中心套的推力滚针和保持架组件，中心套外径；d_1—带螺栓轴滚轮滚针轴承螺栓公称直径；d_c—推力滚针和保持架组件内径；D_c—推力滚针和保持架组件外径；B_c—滚针保持架组件宽度；E_w—向心滚针和保持架组件外径；F_w—向心滚针和保持架组件内径。

① 尺寸直接用毫米数表示时，如是个位数，需在其左边加“0”，如 8mm 用 08 表示。

② 内径代号除 $d<10$mm 用“/实际毫米数”表示外，其余按表 14.1-4 的规定。

③ KR、KRV、NUKR 型轴承带偏心套，则在该类型代号后加 E，分别变为 KRE、KRVE、NUKRE。

④ 该代号为 1 系列尺寸的轴承代号；按 2 系列尺寸时，则在类型代号后加“H”，即 HKH、BKH、FH-、MFH-。

1.2.3　前置代号与后置代号

前置代号表示成套轴承分部件，其代号表示与含义见表 14.1-2。

后置代号表示轴承的类型和外形尺寸相同，但内部结构不同的各种特征，其代号和含义分别见表 14.1-7~表 14.1-16。

表 14.1-7　内部结构变化代号

代号	含　　义	示　　例
A	无装球缺口的双列角接触或深沟球轴承	3205A
	滚针轴承外圈带双锁圈（$d>9$mm，$F_w>12$mm）	—
	套圈直滚道的深沟球轴承	—
AC	角接触球轴承　公称接触角 $\alpha=25°$	7210 AC
B	角接触球轴承　公称接触角 $\alpha=40°$	7210B
	圆锥滚子轴承　接触角加大	32310B
C	角接触球轴承　公称接触角 $\alpha=15°$	7005C
	调心滚子轴承　C 型　调心滚子轴承设计改变，内圈无挡边，活动中挡圈，冲压保持架，对称型滚子，加强型	23122C
CA	C 型调心滚子轴承，内圈带挡边，活动中挡圈，实体保持架	23084 CA/W33
CAB	CA 型调心滚子轴承，滚子中部穿孔，带柱销式保持架	—
CABC	CAB 型调心滚子轴承，滚子引导方式有改进	—
CAC	CA 型调心滚子轴承，滚子引导方式有改进	22252 CACK
CC②	C 型调心滚子轴承，滚子引导方式有改进	22205 CC
D	剖分式轴承	K 50×55×20 D
E	加强型①	NU 207 E
ZW	滚针保持架组件　双列	K 20×25×40 ZW

① 加强型，即内部结构设计改进，增大轴承承载能力。

② CC 还有第二种解释，见表 14.1-14。

表 14.1-8　密封、防尘与外部形状变化代号

代号	含　　义	示　　例
D	双列角接触球轴承，双内圈	3307D
	双列圆锥滚子轴承，无内隔圈，端面不修磨	—
D1	双列圆锥滚子轴承，无内隔圈，端面修磨	—
DC	双列角接触球轴承，双外圈	3924-2KDC

（续）

代号	含　　义	示　　例
DH	有两个座圈的单向推力轴承	—
DS	有两个轴圈的单向推力轴承	—
-FS	轴承一面带毡圈密封	6203-FS
-2FS	轴承两面带毡圈密封	6206-2FSWB
K	圆锥孔轴承,锥度为 1：12(外球面球轴承除外)	1210 K,锥度为 1：12 代号为 1210 的圆锥孔调心球轴承
K30	圆锥孔轴承,锥度为 1：30	24122 K30,锥度为 1：30 代号为 24122 的圆锥孔调心滚子轴承
-2K	双圆锥孔轴承　锥度为 1：12	QF 2308-2K
L	组合轴承带加长阶梯形轴圈	ZARN 1545 L
-LS	轴承一面带骨架式橡胶密封圈(接触式,套圈不开槽)	—
-2LS	轴承两面带骨架式橡胶密封圈(接触式,套圈不开槽)	NNF 5012-2LSNV
N	轴承外圈上有止动槽	6210 N
NR	轴承外圈上有止动槽,并带止动环	6210 NR
N1	轴承外圈有一个定位槽口	—
N2	轴承外圈有两个或两个以上的定位槽口	—
N4	N+N2　定位槽口和止动槽不在同一侧	—
N6	N+N2　定位槽口和止动槽在同一侧	—
P	双半外圈的调心滚子轴承	—
PP	轴承两面带软质橡胶密封圈	NATR 8 PP
PR	同 P,两半外圈间有隔圈	—
-2PS	滚轮轴承,滚轮两端为多片卡簧式密封	—
R	轴承外圈有止动挡边(凸缘外圈)(不适用于内径小于 10mm 的向心球轴承)	30307 R
-RS	轴承一面带骨架式橡胶密封圈(接触式)	6210-RS
-2RS	轴承两面带骨架式橡胶密封圈(接触式)	6210-2RS
-RSL	轴承一面带骨架式橡胶密封圈(轻接触式)	6210-RSL
-2RSL	轴承两面带骨架式橡胶密封圈(轻接触式)	6210-2RSL
-RSZ	轴承一面带骨架式橡胶密封圈(接触式)、一面带防尘盖	6210-RSZ
-RZZ	轴承一面带骨架式橡胶密封圈(非接触式)、一面带防尘盖	6210-RZZ
-RZ	轴承一面带骨架式橡胶密封圈(非接触式)	6210-RZ
-2RZ	轴承两面带骨架式橡胶密封圈(非接触式)	6210-2RZ
S	轴承外圈表面为球面(外球面球轴承和滚轮轴承除外)	—
	游隙可调(滚针轴承)	NA 4906 S
SC	带外罩向心轴承	—
SK①	螺栓型滚轮轴承,螺栓轴端部有内六角盲孔	
U	推力球轴承　带调心座垫圈	53210 U
WB	宽内圈轴承(双面宽)	—
WB1	宽内圈轴承(单面宽)	—
WC	宽外圈轴承	—
X	滚轮轴承外圈表面为圆柱面	KR 30 X NUTR 30 X
Z	带防尘罩的滚针组合轴承	NK 25 Z
	带外罩的滚针和满装推力球组合轴承(脂润滑)	—
-Z	轴承一面带防尘盖	6210-Z
-2Z	轴承两面带防尘盖	6210-2Z
-ZN	轴承一面带防尘盖,另一面外圈有止动槽	6210-ZN
-2ZN	轴承两面带防尘盖,外圈有止动槽	6210-2ZN

（续）

代号	含　义	示　例
-ZNB	轴承一面带防尘盖，同一面外圈有止动槽	6210-ZNB
-ZNR	轴承一面带防尘盖，另一面外圈有止动槽并带止动环	6210-ZNR
ZH	推力轴承，座圈带防尘罩	—
ZS	推力轴承，轴圈带防尘罩	—

注：密封圈代号与防尘盖代号同样可以与止动槽代号进行多种组合。

① 对螺栓型滚轮轴承，滚轮两端为多片卡簧式密封，螺栓轴端部有内六角盲孔，后置代号可简化为-2PSK。

表 14.1-9　保持架代号

代号		含　义	代号		含　义
保持架材料	F	钢、球墨铸铁或粉末冶金实体保持架	保持架结构型式及表面处理	A	外圈引导
	J	钢板冲压保持架		B	内圈引导
	L	轻合金实体保持架		C	有镀层的保持架(C1——镀银)
	M	黄铜实体保持架		D	碳氮共渗保持架
	Q	青铜实体保持架		D1	渗碳保持架
	SZ	保持架由弹簧丝或弹簧制造		D2	渗氮保持架
	T	酚醛层压布管实体保持架		D3	低温碳氮共渗保持架
	TH	玻璃纤维增强酚醛树脂保持架(筐型)		E	磷化处理保持架
	TN	工程塑料模注保持架		H	自锁兜孔保持架
	X	铜板冲压保持架		P	由内圈或外圈引导的拉孔或冲孔的窗形保持架
	ZA	锌铝合金保持架		R	铆接保持架(用于大型轴承)
无保持架	V	满装滚动体		S	引导面有润滑槽
				W	焊接保持架

注：保持架结构型式及表面处理的代号只能与保持架材料代号结合使用。

表 14.1-10　不编制保持架后置代号的轴承

序号	轴　承　类　型	保持架的结构和材料
1	深沟球轴承	a. 当轴承外径 $D \leqslant 400$mm 时，采用钢板（带）或黄铜板（带）冲压保持架 b. 当轴承外径 $D>400$mm 时，采用黄铜实体保持架
2	调心球轴承	a. 当轴承外径 $D \leqslant 200$mm 时，采用钢板（带）冲压保持架 b. 当轴承外径 $D>200$mm 时，采用黄铜实体保持架
3	圆柱滚子轴承	a. 圆柱滚子轴承：轴承外径 $D \leqslant 400$mm 时，采用钢板（带）冲压保持架，外径 $D>400$mm 时，采用钢制实体保持架 b. 双列圆柱滚子轴承，采用黄铜实体保持架
4	调心滚子轴承	a. 对称调心滚子轴承（带活动中挡圈），采用钢板（带）冲压保持架 b. 其他调心滚子轴承，采用黄铜实体保持架
5	滚针轴承 长圆柱滚子轴承	采用钢板或硬铝冲压保持架 采用钢板（带）冲压保持架
6	角接触球轴承	a. 分离型角接触球轴承采用酚醛层压布管实体保持架 b. 双半内圈或双半外圈（三点、四点接触）球轴承采用铝制实体保持架 c. 角接触球轴承及其变形 当轴承外径 $D \leqslant 250$mm 时，接触角 $\alpha=15°$、$25°$，采用酚醛层压布管实体保持架；$\alpha=40°$，采用钢板冲压保持架 当轴承外径 $D>250$mm 时，采用黄铜或硬铝制实体保持架 P5、P4、P2 级采用酚醛层压布管实体保持架 锁口在内圈的角接触球轴承及其变型采用酚醛层压布管实体保持架 d. 双列角接触球轴承，采用钢板（带）冲压保持架
7	圆锥滚子轴承	a. 当轴承外径 $D \leqslant 650$mm 时，采用钢板冲压保持架 b. 当轴承外径 $D>650$mm 时，采用钢制实体保持架
8	推力球轴承	a. 当轴承外径 $D \leqslant 250$mm 时，采用钢板（带）冲压保持架 b. 当轴承外径 $D>250$mm 时，采用实体保持架

（续）

序号	轴 承 类 型	保持架的结构和材料
9	推力滚子轴承	a. 推力圆柱滚子轴承，采用实体保持架 b. 推力调心滚子轴承，采用实体保持架 c. 推力圆锥滚子轴承，采用实体保持架 d. 推力滚针轴承，采用冲压保持架

表 14.1-11　轴承零件材料改变代号

后置代号	含　义	示　例
/CS	轴承零件采用碳素结构钢制造	—
/HC	套圈和滚动体或仅是套圈由渗碳轴承钢（/HC—G20Cr2Ni4A；/HC1—G20Cr2Mn2MoA；/HC2—15Mn）制造	—
/HE	套圈和滚动体由电渣重熔轴承钢 GCr15Z 制造	6204/HE
/HG	套圈和滚动体或仅是套圈由其他轴承钢（/HG—5CrMnMo；/HG1—55SiMoVA）制造	—
/HN	套圈、滚动体由高温轴承钢（/HN—G80Cr4Mo4V；/HN1—Cr14Mo4；/HN2—Cr15Mo4V；/HN3—W18Cr4V）制造	NU 208/HN
/HNC	套圈和滚动体由高温渗碳轴承钢 G13Cr4Mo4Ni4V 制造	—
/HP	套圈和滚动体由铍青铜或其他防磁材料制造	—
/HQ	套圈和滚动体由非金属材料（/HQ—塑料；/HQ1—陶瓷）制造	—
/HU	套圈和滚动体由 1Cr18Ni9Ti 不锈钢制造	6004/HU
/HV	套圈和滚动体由可淬硬不锈钢（/HV—G95Cr18；/HV1—G102Cr18Mo）制造	6014/HV

表 14.1-12　公差等级代号

代　号	含　义	示　例
/PN	公差等级符合标准规定的　普通级，代号中省略不表示	6203
/P6	公差等级符合标准规定的　6 级	6203/P6
/P6X	公差等级符合标准规定的　6X 级	30210/P6X
/P5	公差等级符合标准规定的　5 级	6203/P5
/P4	公差等级符合标准规定的　4 级	6203/P4
/P2	公差等级符合标准规定的　2 级	6203/P2
/SP	尺寸精度相当于 5 级，旋转精度相当于 4 级	234420/SP
/UP	尺寸精度相当于 4 级，旋转精度高于 4 级	234730/UP

表 14.1-13　游隙代号

代　号	含　义	示　例
/C2	游隙符合标准规定的 2 组	6210/C2
/CN	游隙符合标准规定的 N 组，代号中省略不表示	6210
/C3	游隙符合标准规定的 3 组	6210/C3
/C4	游隙符合标准规定的 4 组	NN 3006 K/C4
/C5	游隙符合标准规定的 5 组	NNU 4920 K/C5
/CA	公差等级为 SP 和 UP 的机床主轴用圆柱滚子轴承径向游隙	—
/CM	电机深沟球轴承游隙	6204-2RZ/P6CM
/CN	N 组游隙。/CN 与字母 H、M 和 L 组合，表示游隙范围减半，或与 P 组合，表示游隙范围偏移，如 /CNH——N 组游隙减半，相当于 N 组游隙范围的上半部 /CNL——N 组游隙减半，相当于 N 组游隙范围的下半部 /CNM——N 组游隙减半，相当于 N 组游隙范围的中部 /CNP——偏移的游隙范围，相当于 N 组游隙范围的上半部及 3 组游隙范围的下半部组成	—
/C9	轴承游隙不同于现标准	6205-2RS/C9

注：公差等级代号与游隙代号需同时表示时，可进行简化，取公差等级代号加上游隙组号（N 组不表示）组合表示。

例 1：/P63 表示轴承公差等级 6 级，径向游隙 3 组。

例 2：/P52 表示轴承公差等级 5 级，径向游隙 2 组。

表 14.1-14　配置、预紧及轴向游隙代号

代号		含义	示例
/DB		成对背靠背安装	7210 C/DB
/DF		成对面对面安装	32208 /DF
/DT		成对串联安装	7210 C/DT
配置组中轴承数目	/D	两套轴承	配置组中轴承数目和配置中轴承排列可以组合成多种配置方式，如 ——成对配置的/DB、/DF、/DT ——三套配置的/TBT、/TFT、/TT ——四套配置的/QBC、/QFC、/QT、/QBT、/QFT 等 7210 C/TFT——接触角 α = 15° 的角接触球轴承 7210 C，三套配置，两套串联和一套面对面 7210 C/PT——接触角 α = 15° 的角接触球轴承 7210 C，五套串联配置 7210 AC/QBT——接触角 α = 25° 的角接触球轴承 7210 AC，四套成组配置，三套串联和一套背对背
	/T	三套轴承	
	/Q	四套轴承	
	/P	五套轴承	
	/S	六套轴承	
配置中轴承排列	B	背对背	
	F	面对面	
	T	串联	
	G	万能组配	
	BT	背对背和串联	
	FT	面对面和串联	
	BC	成对串联的背对背	
	FC	成对串联的面对面	
预载荷	G	特殊预紧，附加数字直接表示预紧的大小（单位为 N）用于角接触球轴承时，“G”可省略	7210 C/G325——接触角 α = 15° 的角接触球轴承 7210 C，特殊预载荷为 325N
	GA	轻预紧，预紧值较小（深沟及角接触球轴承）	7210 C/DBGA——接触角 α = 15° 的角接触球轴承 7210 C，成对背对背配置，有轻预紧
	GB	中预紧，预紧值大于 GA（深沟及角接触球轴承）	—
	GC	重预紧，预紧值大于 GB（深沟及角接触球轴承）	—
	R	径向载荷均匀分配	NU 210/QTR——圆柱滚子轴承 NU 210，四套配置，均匀预紧
轴向游隙	CA	轴向游隙较小（深沟及角接触球轴承）	—
	CB	轴向游隙大于 CA（深沟及角接触球轴承）	—
	CC	轴向游隙大于 CB（深沟及角接触球轴承）	—
	CG	轴向游隙为零（圆锥滚子轴承）	—

表 14.1-15　振动及噪声代号

代　号	含　　义	示　　例
/Z	轴承的振动加速度级极值组别。附加数字表示极值不同	
	Z1—轴承的振动加速度级极值符合有关标准中规定的 Z1 组	6204/Z1
	Z2—轴承的振动加速度级极值符合有关标准中规定的 Z2 组	6205-2RS/Z2
	Z3—轴承的振动加速度级极值符合有关标准中规定的 Z3 组	—
	Z4—轴承的振动加速度级极值符合有关标准中规定的 Z4 组	—
/ZF3	振动加速度级达到 Z3 组，且振动加速度级峰值与振动加速度级之差不大于 15dB	—
/ZF4	振动加速度级达到 Z4 组，且振动加速度级峰值与振动加速度级之差不大于 15dB	—
/V	轴承的振动速度级极值组别，附加数字表示极值不同	—
	V1—轴承的振动速度级极值符合有关标准中规定的 V1 组	6306/V1
	V2—轴承的振动速度级极值符合有关标准中规定的 V2 组	6304/V2
	V3—轴承的振动速度级极值符合有关标准中规定的 V3 组	—
	V4—轴承的振动速度级极值符合有关标准中规定的 V4 组	—

（续）

代　号	含　　　义	示　　例
/VF3	振动速度达到V3组且振动速度波峰因数达到F组①	—
/VF4	振动速度达到V4组且振动速度波峰因数达到F组①	—
/ZC	轴承噪声值有规定,附加数字表示限值不同	—

① F——低频振动速度波峰因数不大于4，中、高频振动速度波峰因数不大于6。

表 14.1-16　其他特性代号

代号		含　义	示例
工作温度	/S0	轴承套圈经过高温回火处理,工作温度可达150℃	N 210/S0
	/S1	轴承套圈经过高温回火处理,工作温度可达200℃	NUP 212/S1
	/S2	轴承套圈经过高温回火处理,工作温度可达250℃	NU 214/S2
	/S3	轴承套圈经过高温回火处理,工作温度可达300℃	NU 308/S3
	/S4	轴承套圈经过高温回火处理,工作温度可达350℃	NU 214/S4
摩擦力矩	/T	对起动力矩有要求的轴承,后接数字表示起动力矩	—
	/RT	对转动力矩有要求的轴承,后接数字表示转动力矩	—
润滑	/W20	轴承外圈上有三个润滑油孔	—
	/W26	轴承内圈上有六个润滑油孔	—
	/W33	轴承外圈上有润滑油槽和三个润滑油孔	23120 CC/W33
	/W33X	轴承外圈上有润滑油槽和六个润滑油孔	—
	/W513	W26+W33	—
	/W518	W20+W26	—
	/AS	外圈有油孔,附加数字表示油孔数(滚针轴承)	HK 2020/AS1
	/IS	内圈有油孔,附加数字表示油孔数(滚针轴承)	NAO 17×30×13/IS1
	/ASR	外圈有润滑油孔和沟槽	NAO 15×28×13/ASR
	/ISR	内圈有润滑油孔和沟槽	—
润滑脂	/HT	轴承内充特殊高温润滑脂。当轴承内润滑脂的装填量和标准值不同时附加字母表示 A—润滑脂的装填量少于标准值 B—润滑脂的装填量多于标准值 C—润滑脂的装填量少于B(充满)	NA 6909/ISR/HT
	/LT	轴承内充特殊低温润滑脂	—
	/MT	轴承内充特殊中温润滑脂	—
	/LHT	轴承内充特殊高、低温润滑脂	—
表面涂层	/VL	套圈表面带涂层	—
其他	/Y	Y和另一个字母(如YA、YB)组合用来识别无法用现有后置代号表达的非成系列的改变,凡轴承代号中有Y的后置代号,应查阅图样或补充技术条件以便了解其改变的具体内容 YA—结构改变(综合表达) YB—技术条件改变(综合表达)	—

1.2.4 通用轴承代号汇总

成套轴承分部件（前置代号）

- F 凸缘外圈向心球轴承（仅适用于 $d \leqslant 10$mm）
- L 可分离轴承的内圈或外圈
- B 不带可分离内圈或外圈的轴承（滚针轴承仅适用 NA 型）
- WS 推力圆柱滚子轴承轴圈
- GS 推力圆柱滚子轴承座圈
- KOW 无轴圈推力轴承
- KIW 无座圈推力轴承
- LR 带可分离内圈或外圈与滚动体组件轴承
- K 滚子和保持架组件

类型

- 0 双列角接触球轴承
- 1 调心球轴承
- 2 调心滚子轴承
- 3 圆锥滚子轴承
- 4 双列深沟球轴承
- 5 推力球轴承
- 6、16 深沟球轴承
- 7 角接触球轴承
- 8 推力圆柱滚子轴承
- N 圆柱滚子轴承
- NU 内圈无挡边
- NJ 内圈单挡边
- NUP 内圈单挡边并带平挡圈
- NF 外圈单挡边
- NN 双列
- NNU 内圈无挡边的双列
- U 外球面球轴承
- QJ 四点接触球轴承

内部结构

- A、B、C、D、E 表示（1）内部结构改变；（2）标准设计，其含义因类型、结构而异
- B ①角接触球轴承，公称接触角 $\alpha=10°$ ②圆锥滚子轴承，接触角加大
- C ①角接触球轴承，公称接触角 $\alpha=15°$ ②调心滚子轴承 C 型、CA 型、CC 型
- E 加强型
- AC 角接触球轴承，公称接触角 $\alpha=25°$
- D 剖分式轴承
- ZW 双列滚针保持架组件

密封与防尘套圈变型

- K30 圆锥孔轴承，锥度 1∶30
- R 外圈有止动挡边（凸缘外圈）（不适用于 $d \leqslant 10$mm 的深沟球轴承）
- N 外圈有止动槽
- -NR 外圈有止动槽和环
- -RS 一面带骨架式橡胶密封圈（接触式）
- -2RS 两面带骨架式橡胶密封圈（接触式）
- -RZ 一面带骨架式橡胶密封圈（非接触式）
- -2RZ 两面带骨架式橡胶密封圈（非接触式）
- -Z 一面带防尘盖
- -2Z 两面带防尘盖
- -FS 一面带毡圈密封
- -2FS 两面带毡圈密封
- -RSZ 一面带骨架式橡胶密封圈（接触式）另一面带防尘盖
- -RZZ 一面带骨架式橡胶密封圈（非接触式）另一面带防尘盖
- -ZN 一面带防尘盖，另一面外圈有止动槽
- -ZNR 一面带防尘盖，另一面外圈有止动槽和环
- -ZNB 一面带防尘盖，同一面外圈有止动槽
- -2ZN 两面带防尘盖，外圈有卡动槽

保持架及其材料

- F 钢、球墨铸铁或粉末冶金实体保持架　F1 — 碳钢，F2 — 石墨钢，F3 — 球墨铸铁，F4 — 粉末冶金
- Q 青铜实体保持架　Q1 — 铝铁锰青铜，Q2 — 硅铁锌青铜　Q3 — 硅镍青铜，Q4 — 铝青铜
- M 黄铜实体保持架
- L 轻合金实体保持架　L1-2A11CZ，L2-2A12CA
- T 酚醛层压布管实体保持架
- TH 玻璃纤维增强酚醛树脂实体保持架
- TN 工程塑料模注保持架　TN1—尼龙，TN2—聚砜，TN3—聚酰亚胺，TN4—聚碳酸酯，TN5—聚甲醛
- J 钢板冲压保持架
- X 铜板冲压保持架
- SZ 保持架用弹簧丝或弹簧制造
- H 自锁兜孔保持架
- W 焊接保持架
- E 磷化保持架
- D 碳氮共渗保持架　D1—渗碳，D2—渗氮，D3—低温碳氮共渗保持架
- C 镀层保持架　C1 — 镀银
- A 外圈引导
- B 内圈引导
- P 由外圈或内圈引导的拉孔或冲孔窗形保持架
- S 引导面有润滑槽
- JA 钢板冲压保持架，外圈引导
- V 满装滚动体（无保持架）

内径

- d=0.6~10mm （非整数）：/公称内径
- d=1~9mm：公称内径；深沟球轴承、角接触球轴承 7、8、9直径系列：/公称内径
- d=10~17mm；10mm：00，12mm：01；15mm：02；17mm：03
- d=20~480mm （22、28、32mm 等非标尺寸除外）：公称内径除以5的商（商仅有个位数时，在其左边加0）
- $d \geqslant 500$mm和22、28、32mm等：/公称内径

尺寸系列

宽度系列：对应同一直径系列的宽度尺寸系列

直径系列：对应同一内径的外径尺寸系列

尺寸系列代号［注：（）内的数字在代号中省略］

- 双列角接触球轴承：32、33、30
- 调心球轴承(0)2、22、(0)3、23、30
- 推力调心滚子轴承：92、93、94
- 调心滚子轴承：12、13、22、23、30、31、32、40、41
- 圆锥滚子轴承：02、03、13、20、22、23、29、30、31、32
- 双列深沟球轴承：(2)2、(2)3
- 推力球轴承：11、12、13、14
- 双向推力球轴承：22、23、24
- 球面座圈推力球轴承：32、33、34
- 球面座圈双向推力球轴承：42、43、44
- 双向推力角接触球轴承：44、47、49
- 深沟球轴承：17、37、18、19、(0) 0、(1) 0、(0) 2、(0) 3、(0) 4
- 角接触球轴承：18、19、(1) 0、(0) 2、(0) 3、(0) 4
- 锁口在内圈：(1) 0、(0) 2、(0) 3
- 分离型：19、(1) 0、(0) 2、(0) 3
- 四点角接触球轴承：10、(0) 2、(0) 3
- 推力圆柱滚子轴承：11、12
- 双列或多列推力圆柱滚子轴承：93、74、94
- 双向推力圆柱滚子轴承：22、23
- 圆柱滚子轴承：
  - 外圈无挡边：10、(0) 2、22、(0) 3、23、(0) 4
  - 内圈无挡边：10、(0) 2、22、(0) 3、23、(0) 4
  - 内圈无挡边双列：49
  - 内圈单挡边：(0) 2、22、(0) 3、23
  - 外圈单挡边：(0) 2、(0) 3、23
  - 双列：30、49

轴承材料 | 公差等级 | 游隙 | 配置 | 其他 + 附件代号

带附件轴承代号：轴承代号+附件代号
带紧定套：轴承代号+紧定套代号
带退卸套：轴承代号+退卸套代号
带内圈：轴承代号+IR
适用于无内圈滚针轴承、滚针组合轴承
带斜挡圈：轴承代号+斜挡圈代号
适用于圆柱滚子轴承

/Z 轴承振动加速度级极值组别
Z1、Z2、Z3、Z4 振动加速度级极值分别符合标准规定的Z1组、Z2组、Z3组、Z4组
/V 轴承振动速度级极值组别
V1、V2、V3、V4 振动速度级极值分别符合标准规定的V1组、V2组、V3组、V4组
/ZC 振动噪声级极值有规定（附加表示极值不同）
/T 对起动力矩有要求的轴承（后拉数字表示起动力矩）
/RT 对转动力矩有要求的轴承（后接数字表示转动力矩）
/S0、/S1、/S2、/S3、/S4 轴承套圈经过高温回火处理，工作温度分别可达：150°C、200°C、250°C、300°C、350°C
/W20 轴承外圈有3个润滑油孔
/W26 轴承内圈有6个润滑油孔
/W33 轴承外圈有润滑油槽和3个润滑油孔
/33X 轴承外圈有润滑油槽和6个润滑油孔
/513 W26+W33
/518 W20+W26

轴承数目 | 排列方式 | 轴向游隙、预紧、载荷分配

深沟球轴承：A轻预紧 B中预紧 C重预紧
角接触球轴承：GA轻预紧 GB中预紧 GC重预紧
深沟及角接触球轴承：
CA 轴向游隙较小
CB 轴向游隙较CA大
CC 轴向游隙较CB大
圆锥滚子轴承：
CG轴向游隙为零
一般地，G 特殊预紧
R 载荷均布

B、F、T、BT、FT、BC、FC 分别表示配置组中轴承排列形式：背对背、面对面、串联、背对背和串联、面对面和串联、成对串联的背对背、成对串联的面对面

/D、/T、/Q、/P、/S 分别表示配置组中轴承数量为2、3、4、5、6套

/C2、/C3、/C4、/C5 游隙分别符合标准规定的2组、N组、3组、4组、5组（代号中N组省略）
/CN N组游隙（/CN）与H M或L组合，表示游隙值减半；与P组合，表示游隙范围偏移
/C9 游隙不同于现标准

轴承数目与排列方式组合成多种配置方式
/DB 成对背对背
/DF 成对面对面
/DT 成对串联
/TT 3套串联
/QT 4套串联
/TBT 2套串联和1套背对背
/QBC 4套配置：成对串联的背对背
/QFC 4套配置：成对串联的面对面
/QBT 3套串联和1套背对背
/QFT 3套串联和1套面对面

/AS外圈有油孔，附加数字表示油孔数（滚针轴承）
/IS 内圈有油孔，附加数字表示油孔数（滚针轴承）
注：在AS、IS后加R，分别表示外圈、内圈上有润滑油孔和沟槽
/HT、/LT、/MT、/LMT 轴承内分别充填特殊高温润滑脂、低温润滑脂、中温润滑脂、高低温润滑脂当填脂量与标准值不同时附加字母表示：
A—填脂量少于标准值
B—填脂量多于标准值
C—填脂量多于B（充满）
/YY 和另一字母或再加数字组合用来识别无法用现有后置代号表达的非成系列的变化。
YA— 结构改变（综合表达）
YA1— 外圈外表面与标准设计有差异
YA2— 内圈内孔与标准设计有差异
YA3— 套圈端面与标准设计有差异
YA4— 套圈滚道与标准设计有差异
YA5— 滚动体与标准设计有差异
YB— 技术条件改变（综合表达）
YB1— 套圈表面有镀层
YB2— 轴承尺寸和公差要求改变
YB3— 套圈表面粗糙度要求改变
YB4— 热处理要求（如硬度）改变

/PN、/P6、/P6x、/P5、/P4、/P2 公差等级分别符合标准规定的普通级、6级、6x级、5级、4级、2级（代号中的PN省略）
/SP 尺寸精度相当于P5级 旋转精度相当于P4级
/UP 尺寸精度相当于P4级 旋转精度相当于P4级

/CS 轴承零件采用碳素结构钢制造
/HC 套圈和滚动体或仅是套圈由渗碳轴承钢(/HC—G20Cr2Ni4A；/HC1—G20Cr2Mn2MoA；/HC2—15Mn)制造
/HE 套圈和滚动体由电渣重熔轴承钢GCr15Z制造
/HG 套圈和滚动体或仅是套圈由其他轴承钢(/HG—5CrMnMo；/HG1—55SiMoVA)制造
/HN 套圈、滚动体由高温轴承钢(/HN—G80Cr4Mo4V；/HN1—Cr14Mo4；/HN2—Cr15Mo4V；/HN3—W18Cr4V)制造
/HNC套圈和滚动体由高温渗碳轴承钢G13Cr4Mo4Ni4V制造
/HP 套圈和滚动体由铍青铜或其他防磁材料制造
/HQ 套圈和滚动体由非金属材料(/HQ—塑料；/HQ1—陶瓷)制造
/HU 套圈和滚动体由1Cr18Ni9Ti不锈钢制造
/HV 套圈和滚动体由可淬硬不锈钢(/HV—G95Cr18；/HV1—G102Cr18Mo)制造

1.2.5　轴承代号的编排规则

前述通用轴承代号的编排规则和书写格式见表 14.1-17。

表 14.1-17　代号的编排规则

代号	编排规则	示例
基本代号	基本代号中当轴承类型代号用字母表示时，编排时应与表示轴承尺寸的系列代号、内径代号或安装配合特征尺寸的数字之间空半个汉字距	NJ 230、AXK 0821
后置代号	a. 后置代号置于基本代号的右边并与基本代号空半个汉字距（代号中有符号“-”“/”除外）。当改变项目多，具有多组后置代号时，按表 14.1-2 所列从左至右的顺序排列 b. 改变为 4 组（含 4 组）以后的内容，在代号前用“/”与前面代号隔开 c. 改变内容为第 4 组后的两组，在前组与后组代号中的数字或文字表示含义可能混淆时，两代号间空半个汉字距	6205-2Z/P6 22308/P63 6208/P63 V1

1.2.6　非标准轴承的代号

1. 非标准轴承

非标准轴承是指轴承的内径、外径或宽（高）度尺寸不符合 GB/T 273（所有部分）或其他有关标准规定的外形尺寸的轴承。

2. 非标准轴承代号的构成

非标准轴承代号中，类型代号和前、后置代号与排列顺序同本篇第 1 章 1.2，尺寸表示分为两种：

1）用尺寸系列代号和内径代号表示的非标准轴承（见表 14.1-18～表 14.1-25）。

2）用配合安装特征尺寸表示的非标准轴承。

轴承的尺寸表示为：/内径×外径×宽度（实际尺寸的毫米数）。

3. 示例（见表 14.1-21）

表 14.1-18　尺寸系列代号

字　母	含　　义
X1	外径非标准
X2	宽度（高度）非标准
X3	外径、宽（高）度非标准（标准内径）

注：非标准外径或宽（高）度尺寸用对照标准尺寸的方法或按表 14.1-22～表 14.1-25 中规定的外形尺寸延伸的规则，取最接近的直径系列或宽（高）度系列，并在基本代号后加字母表示。

表 14.1-19　不定尺寸系列代号

轴承类型	不定系列		备　　注
	宽（高）度系列代号	直径系列代号	
向心轴承	0（4）	6	a. 双列角接触球轴承不定系列为 46 b. 不定系列 06 与类型代号组合时“0”省略（圆锥滚子轴承、双列深沟球轴承除外）
推力轴承	1 2	7	单向推力轴承，不定系列 17 双向推力轴承，不定系列 27

注：非标准内径、外径、宽（高）度，尺寸无法采用对照标准尺寸或按表 14.1-22～表 14.1-25 中规定的外形尺寸延伸规则时，用不定系列表示。轴承外径、宽（高）度尺寸为非标准，轴承的直径系列和宽（高）度系列无法确定的尺寸系列为不定系列。

表 14.1-20　内径代号

内径	表示法
标准尺寸	按表 14.1-4 的规定
非标准尺寸	500mm 以下能用 5 整除的整数，用除以 5 的商数表示，其他尺寸用实际内径毫米数直接表示，但应与尺寸系列代号间用“/”分开

表 14.1-21　示例

代号	轴承类型	说　　明
66/6.4	深沟球轴承	不定系列，内径 6.4mm
61700X1	深沟球轴承	外径非标准，接近直径系列 7
62/14.5	深沟球轴承	尺寸系列 02，内径 14.5mm
52706	双向推力球轴承	不定系列，内径 30mm
K/13×17×13	滚针和保持架组件	F_w = 13mm，E_w = 17mm，B_c = 13mm

表 14.1-22　向心轴承尺寸延伸的一般规则

轴承外形尺寸/mm			尺寸延伸的一般规则								
内径 d			大于 500mm 的内径 d，应从 GB/T 321《优先数和优先数系》R40 优先数系列中选取								
外径 D	计算	公式	$D=d+f_D d^{0.9}$								
		式中系数	直径系列	7	8	9	0	1	2	3	4
			f_D	0.34	0.45	0.62	0.84	1.12	1.48	1.92	2.56
		说明	算得的值应优先选用外形尺寸总方案中已有的外形尺寸，如为新的外形尺寸，应进行圆整								
	圆整		D 超过	—		3		80		230	
			D 到	3		80		230		—	
			圆整到最接近值/mm	0.5		1		5		10	
宽度 B	计算	公式	$B=0.5f_B(D-d)$								
		式中系数	宽度系列	0	1	2	3	4	5	6	
			f_B	0.64	0.88	1.15	1.5	2	2.7	3.6	
		说明	新的轴承宽度尺寸应从 GB/T 321《优先数和优先数系》R80 优先数系列中选取，并进行圆整								

（续）

轴承外形尺寸/mm		尺寸延伸的一般规则					
内径 d		大于 500mm 的内径 d，应从 GB/T 321《优先数和优先数系》R40 优先数系列中选取					
宽度 B	圆整	B	超过	—	3	4	500
			到	3	4	500	—
		圆整到最接近值/mm		0.1	0.5	1	5
最小单向倒角尺寸 r_{smin}		r_{smin} 按表 14.1-23 选取，其数值原则上接近于但不得大于轴承宽度 B 的 7%和截面高度$(D-d)/2$ 的 7%两值中的较小值					

表 14.1-23　向心轴承倒角尺寸　（mm）

r_{smin}	d 超过	d 到	r_{smax}①径向	r_{smax}①轴向
0.5	—	—	0.1	0.2
0.8	—	—	0.16	0.3
0.1	—	—	0.2	0.4
0.15	—	—	0.3	0.6
0.2	—	—	0.5	0.8
0.3	—	40	0.6	1
	40	—	0.8	1
0.6	—	40	1	2
	40	—	1.3	2
1	—	50	1.5	3
	50	—	1.9	3
1.1	—	120	2	3.5
	120	—	2.5	4
1.5	—	120	2.3	4
	120	—	3	5

r_{smin}	d 超过	d 到	r_{smax}①径向	r_{smax}①轴向
2	—	80	3	4.5
	80	220	3.5	5
	220	—	3.8	6
2.1	—	280	4	6.5
	280	—	4.5	7
2.5	—	100	3.8	6
	100	280	4.5	6
	280	—	5	7
3	—	280	5	8
	280	—	5.5	8
4	—	—	6.5	9
5	—	—	8	10
6	—	—	10	13
7.5	—	—	12.5	17
9.5	—	—	15	19
12	—	—	18	24
15	—	—	21	30
19	—	—	25	38

注：倒角表面的确切形状不予规定，但是在轴平面内其轮廓不应超出与套圈端面和内孔或外圆柱表面相切的以 r_{smin} 或 r_{1smin} 为半径的假想圆弧。

① 对于宽度≤2mm 的轴承，r_{smax} 的径向值也适用于轴向。

表 14.1-24　推力轴承尺寸延伸的一般规则

轴承外形尺寸/mm	尺寸延伸的一般规则							
轴圈内径 d	d>500mm 时，按 GB/T 321《优先数和优先数系》中 R40 系列的优先数选择							
座圈外径 D	计算公式	$D=d+f_Dd^{0.8}$						
	式中系数	直径系列	0	1	2	3	4	5
		f_D	0.36	0.72	1.2	1.84	2.68	3.8
	圆整	算得的值应优先选用外形尺寸总方案中已有的外形尺寸，如为新的外径尺寸，应进行圆整						
		D	超过	—	3	80	230	
			到	3	80	230	—	
		圆整到最接近值/mm		0.5	1	5	10	
高度 T	计算公式	$T=f_T\dfrac{D-d}{2}$						
	式中系数	高度系列	7	9	1			
		f_T	0.9	1.2	1.6			
	圆整	T	超过	—	3	4	500	
			到	3	4	500	—	
		圆整到最接近值/mm		0.1	0.5	1	5	
最小单向倒角尺寸 r_{smin}	r_{smin} 按表 14.1-25 选取，其数值原则上应接近但不得大于 7%T 和$\left(\dfrac{D-d}{2}\right)$×7%两值中的较小值							

表 14.1-25　推力轴承倒角尺寸　（mm）

r_{smin} 或 r_{1smin}	r_{smax} 或 r_{1smax} 径向和轴向	r_{smin} 或 r_{1smin}	r_{smax} 或 r_{1smax} 径向和轴向	r_{smin} 或 r_{1smin}	r_{smax} 或 r_{1smax} 径向和轴向	r_{smin} 或 r_{1smin}	r_{smax} 或 r_{1smax} 径向和轴向
0.3	0.8	1.5	3.5	4	6.5	9.5	15
0.6	1.5	2	4	5	8	12	18
1	2.2	2.1	4.5	6	10	15	21
1.1	2.7	3	5.5	7.5	12.5	19	25

注：1. 表中规定的倒角尺寸适用于：

a）座圈的底面及外圆柱面倒角；

b）单向轴承的轴圈底面及内孔表面倒角；

c）双向轴承的中圈端面及内孔表面倒角。

2. 同表 14.1-23 注。

1.3　带座外球面球轴承的分类、结构与代号

1.3.1　带座外球面球轴承的分类（摘自 GB/T 28779—2012）

带座外球面球轴承是新发展起来的一种新型结构轴承。它与一般轴承的区别在于：轴承外圈带有轴承座，轴承内圈靠紧定螺钉、偏心套、紧定套等与轴紧固；外圈外滚道为球面，内圈加宽等。带座外球面球轴承有多种结构型式，能满足许多不同的使用要求，结构性能优良，用途非常广泛。带座外球面球轴承的分类方法见表 14.1-26。常用带座外球面球轴承的结构型式见表 14.1-30。

1.3.2　带座外球面球轴承的代号（摘自 GB/T 27554—2011）

带座外球面球轴承属轴承单元，其代号随座和轴承结构的不同而变化。带座外球面球轴承的代号方法与普通轴承一样，只是基本代号中的类型代号由 轴承结构型式代号 加 轴承座结构型式代号 构成。如 UCP200 的 UC 代表“带紧定螺钉外球面球轴承”，P 代表“带立式座”，组合起来则代表“带立式座紧定螺钉的外球面球轴承。”

常用带座外球面球轴承的代号方法见表14.1-27~表 14.1-29。

表 14.1-26　带座外球面球轴承分类方法

分类方法	名　　称
按轴承座的形状	带立式座轴承 带方形座轴承 带菱形座轴承 带圆形座轴承 带滑块座轴承 带环形座轴承 带悬挂式座轴承 带悬吊式座轴承 带三角形座轴承
按座内的轴承结构型式	带座紧定螺钉外球面球轴承 带座偏心套外球面球轴承 带座紧定套外球面球轴承
按轴承座的加工方式	带铸造座轴承 带冲压座轴承

表 14.1-27　带座轴承代号构成与排列

前置代号		基本代号							后置代号	
前置代号为带座轴承上附加防尘盖时，在其基本代号前添加的补充代号		结构型式代号				尺寸系列代号		内径代号	后置代号为带座轴承在结构型式、尺寸、公差、技术要求等有改变时，在基本代号后添加的补充代号	
		外球面轴承结构型式代号		外球面轴承座结构型式代号		代号	系列			
代号	含义	代号	含义	代号	含义				代号	含义
C-	带座轴承两侧（对法兰座只有一侧）为铸造通盖	UC	带紧定螺钉外球面球轴承	P	铸造立式座				-RZ	一面密封结构改变
		UEL	带偏心套外球面球轴承	PH	铸造高中心立式座				-2RZ	两面密封结构改变
				PA	铸造窄立式座	2	2			
CM-	带座轴承一侧为铸造通盖，而另一侧（对法兰座只有这一侧）为铸造盲盖	UK	有圆锥孔外球面球轴承	FU	铸造方形座					
				FS	铸造凸台方形座				/J	轴承与轴承座的球面内径采用 J 公差相配合
		UB	一端平头带紧定螺钉外球面球轴承	FLU	铸造菱形座	3	3			
		UE	一端平头带偏心套外球面球轴承	FA	铸造可调菱形座			见表 14.1-4	—	轴承与轴承座的球面内径采用 H 公差相配合
S-	带座轴承两侧（对法兰座只有一侧）为钢板冲压通盖			FC	铸造凸台圆形座					
		UD	两端平头外球面球轴承	K(T)	铸造滑块座					
				C	铸造环形座				/K	轴承与轴承座的球面内径采用 K 公差相配合
SM-	带座轴承一侧为钢板冲压通盖，而另一侧（对法兰座只有这一侧）为钢板冲压盲盖			FT	铸造三角形座					
				FB	铸造悬挂式座					
				HA	铸造悬吊式座					
				PP	冲压立式座				W3	轴承外圈上有润滑油槽
				PF	冲压圆形座					
				PFT	冲压三角形座					
				PFL	冲压菱形座					
方形、菱形、圆形、三角形座属法兰座		常用的带座轴承结构型式、尺寸系列、内径及组合而成的基本代号见表 14.1-28							其他后置代号同本章 1.2	

表 14.1-28　带座轴承基本代号

结　构　型　式	带座轴承结构型式代号		尺寸系列代号	内径代号	基本代号
	轴承结构型式代号	轴承座结构型式代号			
带立式座紧定螺钉外球面球轴承	UC	P	2 3	00	UCP 200 UCP 300

（续）

结构型式	带座轴承结构型式代号		尺寸系列代号	内径代号	基本代号
	轴承结构型式代号	轴承座结构型式代号			
带立式座偏心套外球面球轴承	UEL	P	2 3	00	UELP 200 UELP 300
带高中心立式座紧定螺钉外球面球轴承	UC	PH	2	00	UCPH 200
带窄立式座紧定螺钉外球面球轴承	UC	PA	2	00	UCPA 200
带方形座紧定螺钉外球面球轴承	UC	FU	2 3	00	UCFU 200 UCFU 300
带方形座偏心套外球面球轴承	UEL	FU	2 3	00	UELFU 200 UELFU 300
带凸台方形座紧定螺钉外球面球轴承	UC	FS	3	00	UCFS 300
带菱形座紧定螺钉外球面球轴承	UC	FLU	2 3	00	UCFLU 200 UCFLU 300
带菱形座偏心套外球面球轴承	UEL	FLU	2 3	00	UELFLU 200 UELFLU 300
带可调菱形座紧定螺钉外球面球轴承	UC	FA	2	00	UCFA 200
带凸台圆形座紧定螺钉外球面球轴承	UC	FC	2	00	UCFC 200
带凸台圆形座偏心套外球面球轴承	UEL	FC	2	00	UELFC 200
带滑块座紧定螺钉外球面球轴承	UC	K(T)	2 3	00	UCK(T) 200 UCK(T) 300
带滑块座偏心套外球面球轴承	UEL	K(T)	2 3	00	UELK(T) 200 UELK(T) 300
带环形座紧定螺钉外球面球轴承	UC	C	2 3	00	UCC 200 UCC 300
带环形座偏心套外球面球轴承	UEL	C	2 3	00	UELC 200 UELC 300
带三角形座紧定螺钉外球面球轴承	UC	FT	2	00	UCFT 200
带悬挂式座紧定螺钉外球面球轴承	UC	FB	2	00	UCFB 200
带悬吊式座紧定螺钉外球面球轴承	UC	HA	2	00	UCHA 200
带冲压立式座紧定螺钉外球面球轴承	UB	PP	2	00	UBPP 200
带冲压立式座偏心套外球面球轴承	UE	PP	2	00	UEPP 200
带冲压圆形座紧定螺钉外球面球轴承	UB	PF	2	00	UBPF 200
带冲压圆形座偏心套外球面球轴承	UE	PF	2	00	UEPF 200
带冲压三角形座紧定螺钉外球面球轴承	UB	PFT	2	00	UBPFT 200
带冲压三角形座偏心套外球面球轴承	UE	PFT	2	00	UEPFT 200
带冲压菱形座紧定螺钉外球面球轴承	UB	PFL	2	00	UBPFL 200
带冲压菱形座偏心套外球面球轴承	UE	PFL	2	00	UEPFL 200

表 14.1-29　带附件的带座轴承代号

结构型式	带座轴承结构型式代号	紧定套代号	组合代号
带立式座紧定套外球面球轴承	UKP	H 000	UKP 000+H 000
带方形座紧定套外球面球轴承	UKFU	H 000	UKFU 000+H 000
带菱形座紧定套外球面球轴承	UKFL	H 000	UKFL 000+H 000
带凸台圆形座紧定套外球面球轴承	UKFC	H 000	UKFC 000+H 000
带滑块座紧定套外球面球轴承	UKK(T)	H 000	UKK 000+H 000

1.3.3　带座外球面球轴承的结构（见表 14.1-30）

表 14.1-30　带座外球面球轴承的分类、结构与代号

类型	结构型式	结构简图及代号			标准
		带紧定螺钉	带偏心套	带紧定套	
带铸造座外球面球轴承	带立式座	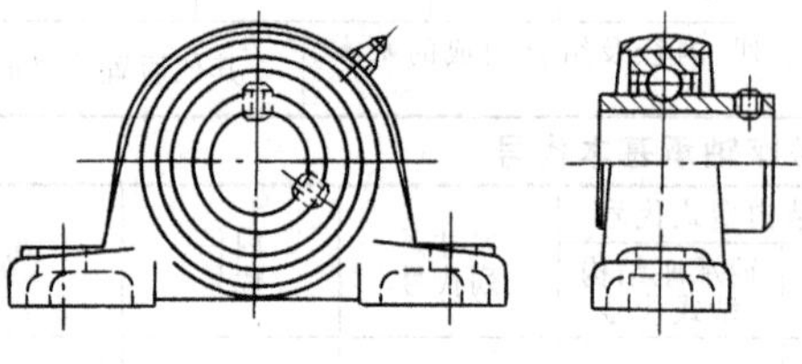 UCP 型	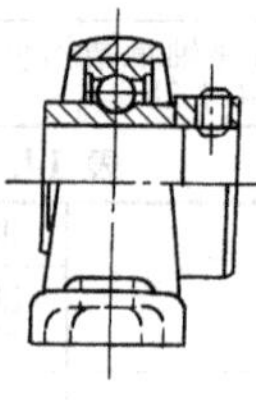 UELP 型	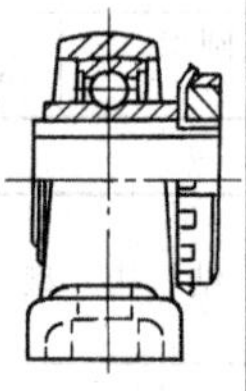 UKP+H 型	GB/T 7810—1995

（续）

类型	结构型式	结构简图及代号			标准
		带紧定螺钉	带偏心套	带紧定套	
带铸造座外球面球轴承	带高中心立式座	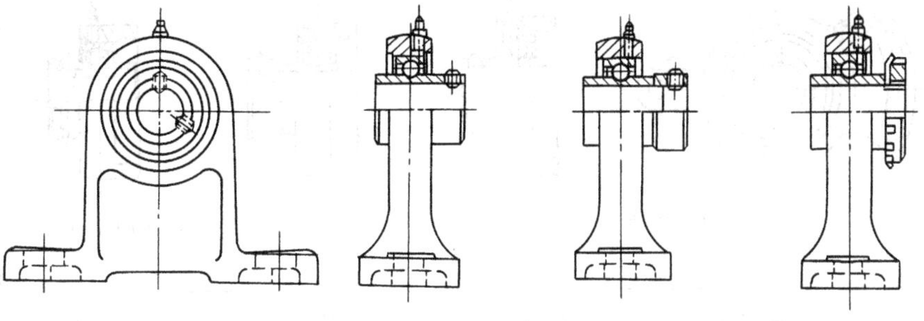 UCPH 型	UELPH 型	UKPH+H 型	JB/T 5303—2002
	带窄立式座	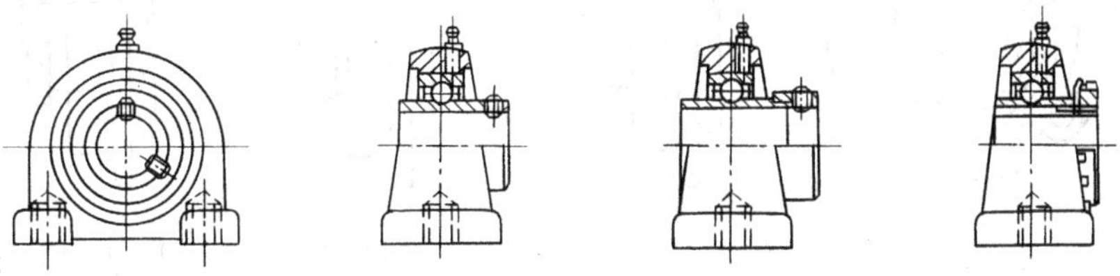 UCPA 型	UELPA 型	UKPA+H 型	JB/T 5303—2002
	带方形座	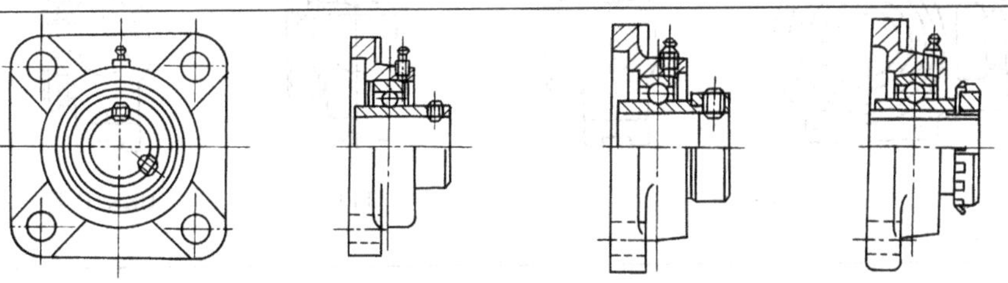 UCFU 型	UELFU 型	UKFU+H 型	GB/T 7810—1995
	带凸台方形座	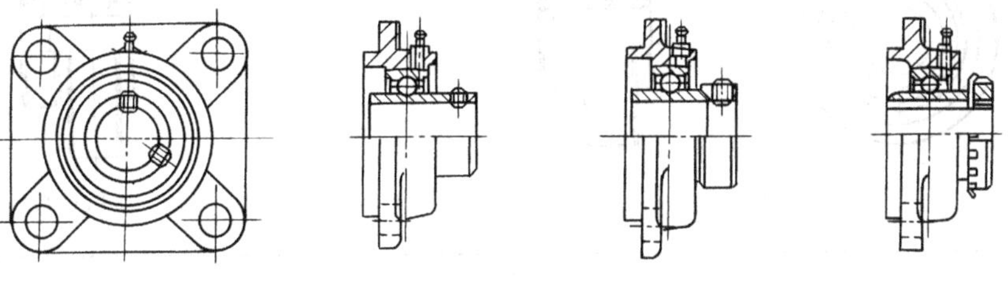 UCFS 型	UELFS 型	UKFS+H 型	GB/T 7810—1995
	带菱形座	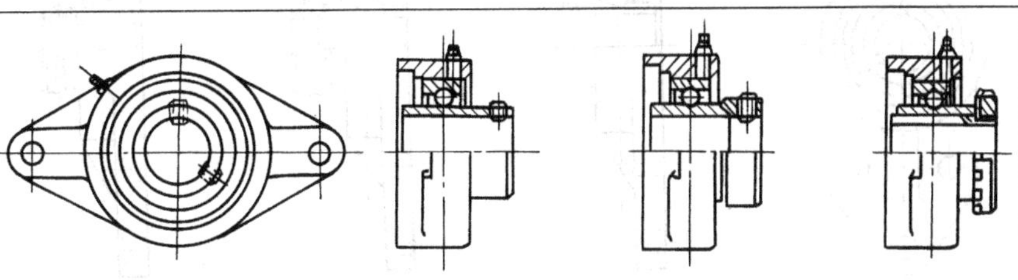 UCFLU 型	UELFLU 型	UKFLU+H 型	GB/T 7810—1995

（续）

类型	结构型式	结构简图及代号			标准
		带紧定螺钉	带偏心套	带紧定套	
带铸造座外球面球轴承	带可调菱形座	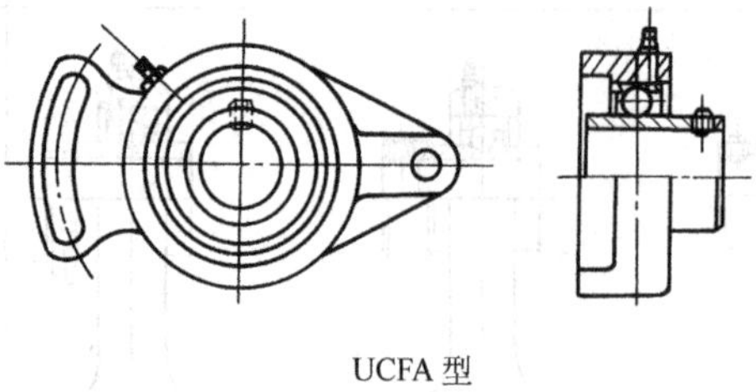 UCFA 型	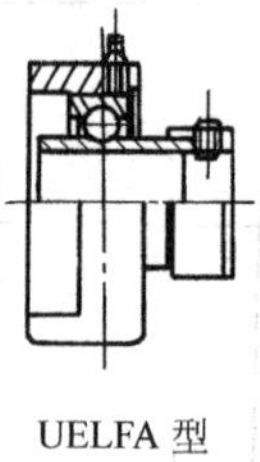 UELFA 型	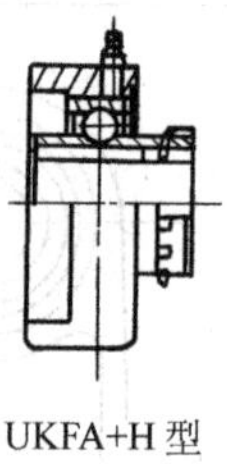 UKFA+H 型	JB/T 5303—2002
	带凸台圆形座	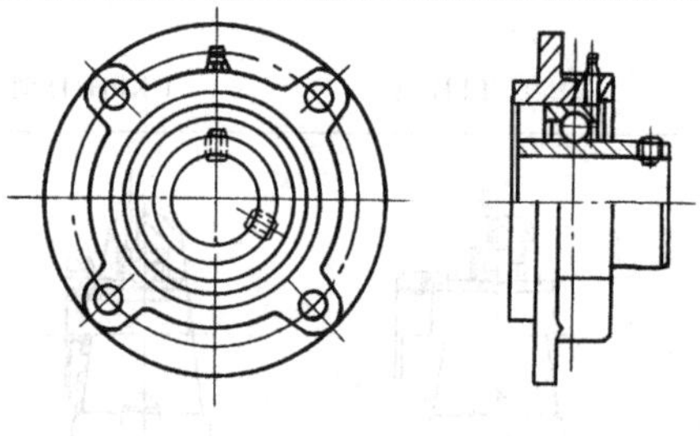 UCFC 型	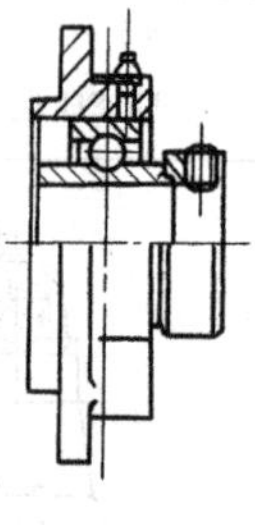 UELFC 型	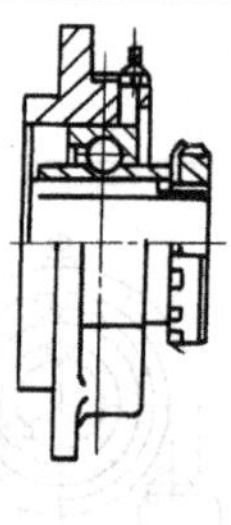 UKFC+H型	GB/T 7810—1995
	带滑块座	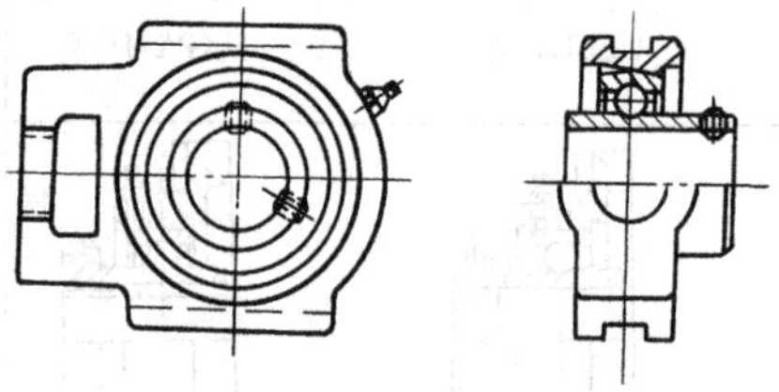 UCK 型	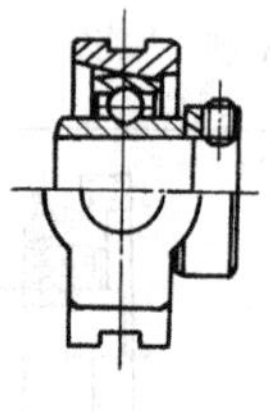 UELK 型	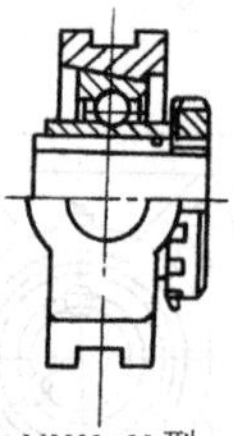 UKK+H 型	GB/T 7810—1995
	带环形座	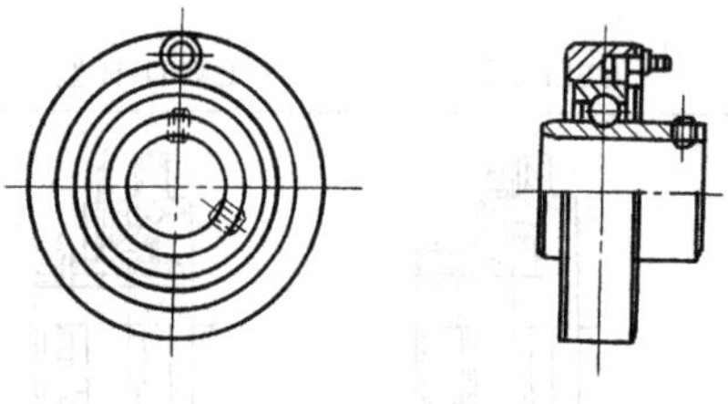 UCC 型		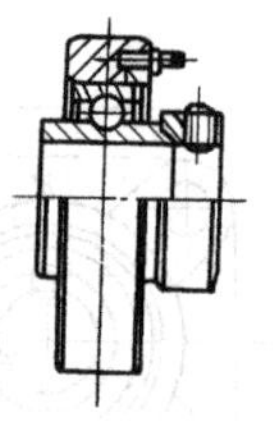 UELC 型	GB/T 7810—1995
	带悬挂式座	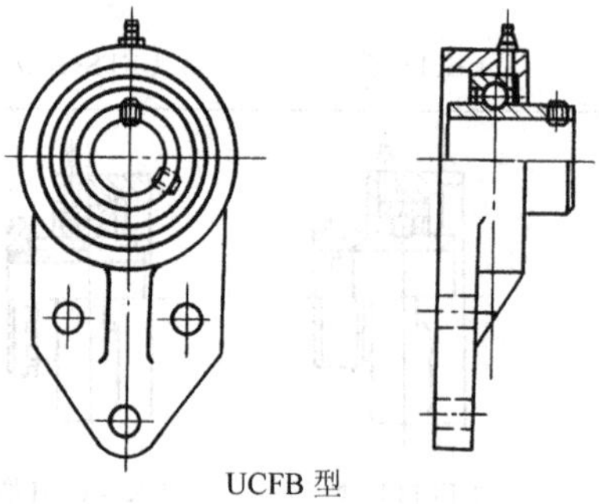 UCFB 型	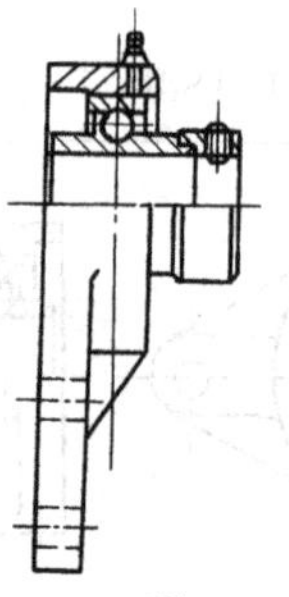 UELFB 型	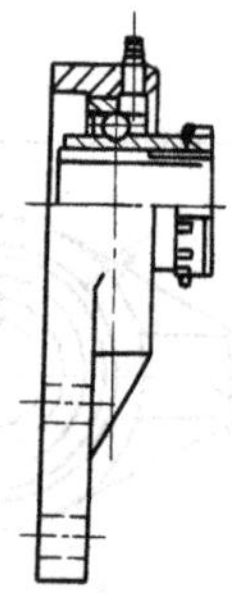 UKFB+H 型	JB/T 5303—2002

（续）

类型	结构型式	结构简图及代号			标准
		带紧定螺钉	带偏心套	带紧定套	
带铸造座轴承	带悬吊式座	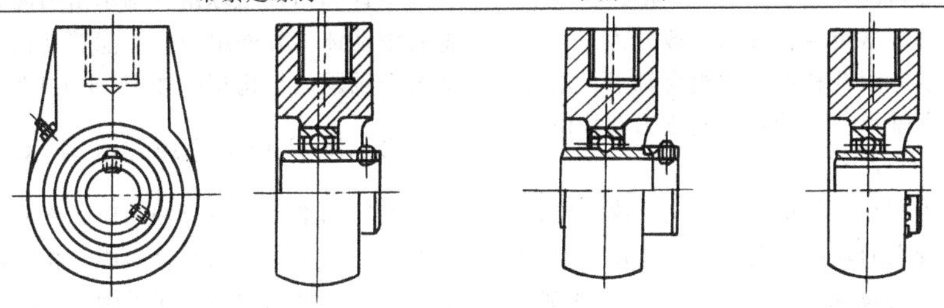 UCHA 型	UELHA 型	UKHA+H 型	JB/T 5303—2002
带冲压座外球面球轴承		一端平头紧定螺钉		一端平头偏心套	
	带冲压立式座	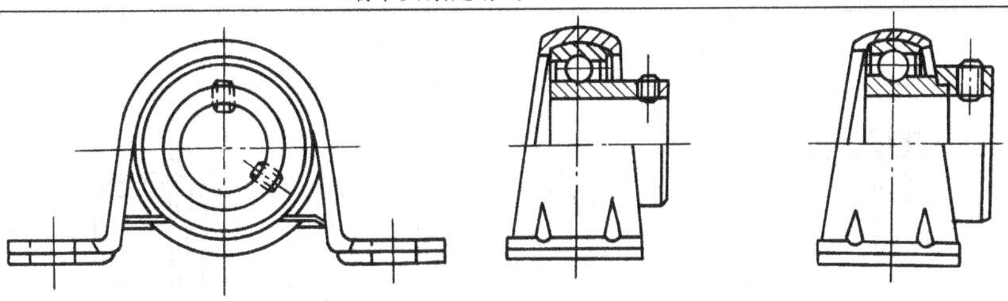 UBPP 型		UEPP 型	GB/T 7810—1995
	带冲压圆形座	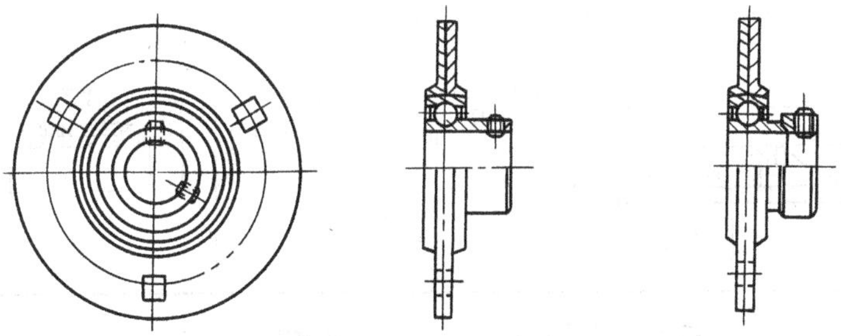 UBPF 型		UEPF 型	GB/T 7810—1995
	带冲压菱形座	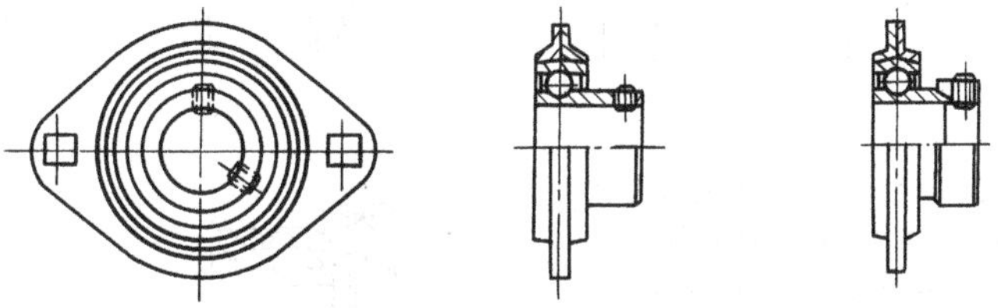 UBPFL 型		UEPFL 型	GB/T 7810—1995
	带冲压三角形座	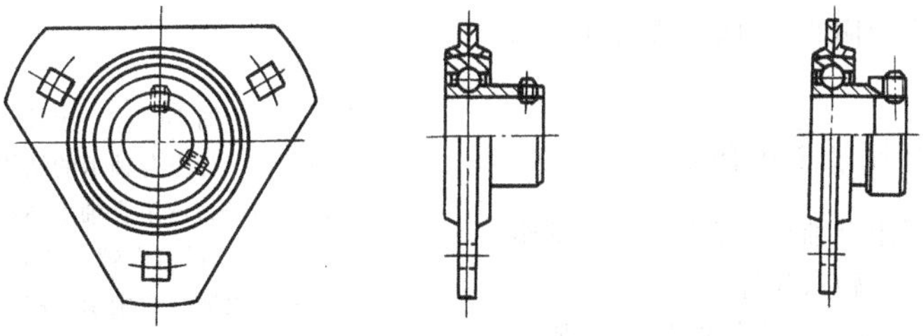 UBPFT 型		UEPFT 型	GB/T 7810—1995

1.4 组合轴承的分类、结构与代号

组合轴承一般是指滚针组合轴承，即滚针轴承和其他各类轴承的组合。这类组合轴承一般分为：滚针和角接触球组合轴承；滚针和推力球组合轴承；滚针和推力圆柱滚子组合轴承；滚针和双向推力圆柱滚子组合轴承，见表 14.1-31。

滚针组合轴承体积小、重量轻、结构紧凑，能同时承受径向载荷和较大的轴向载荷，特别适用于尺寸受限的机械部件，如传动系统、工具机、钻床主轴、螺杆等。

1.4.1 滚针和角接触球组合轴承

滚针和角接触球组合轴承由内圈和带有保持架与整套滚动体的外圈组成，并能够互换。滚针和角接触球组合轴承的结构型式如图 14.1-1 所示。

1.4.2 滚针和推力球组合轴承

滚针和推力球组合轴承以无内圈滚针轴承作为基本型，与推力球轴承组合而成。相连接的轴上的滚道部分须经淬火和磨削。如果轴未经淬火，可选用带内圈的滚针和推力球组合轴承。

表 14.1-31 组合轴承的基本结构与代号

轴承类型	名称	简图	类型代号	标准编号	轴承类型	名称	简图	类型代号	标准编号
组合轴承	滚针和推力球组合轴承	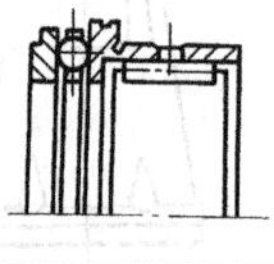	NKX	JB/T 3122—2007	组合轴承	滚针和推力圆柱滚子组合轴承	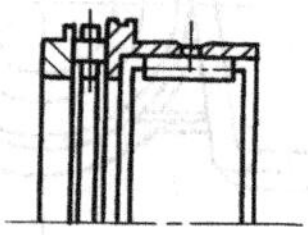	NKXR	GB/T 16643—2015
	滚针和角接触球组合轴承	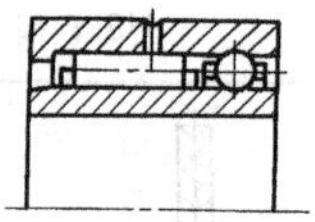	NKIA	JB/T 3123—2007		滚针和双向推力圆柱滚子组合轴承	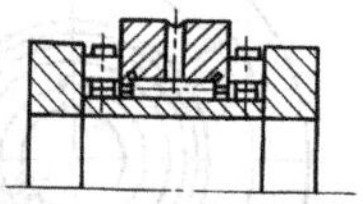	ZARN	JB/T 6644—2007
	滚针和双向角接触球组合轴承	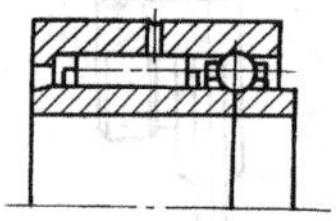	NKIB						

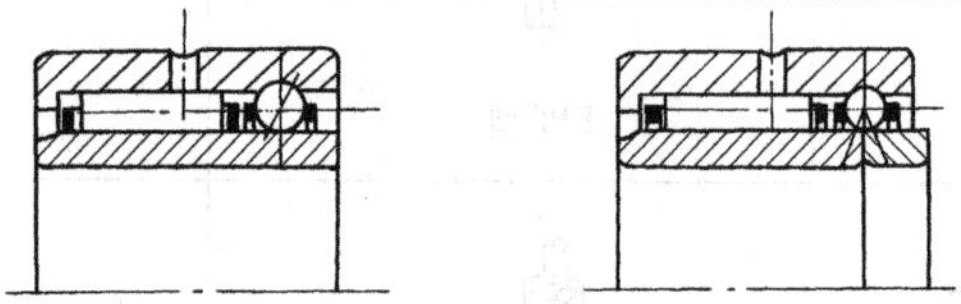

a) b)

图 14.1-1 滚针和角接触球组合轴承的结构型式
a）滚针和角接触球组合轴承 NKIA 0000 型
b）滚针和三点接触球组合轴承 NKIB 0000 型

滚针和推力球组合轴承可分离的轴圈上带有整套推力球的保持架组件，轴圈组件与座圈之间能互换。滚针和推力球组合轴承及内圈的结构型式如图 14.1-2 和图 14.1-3 所示。

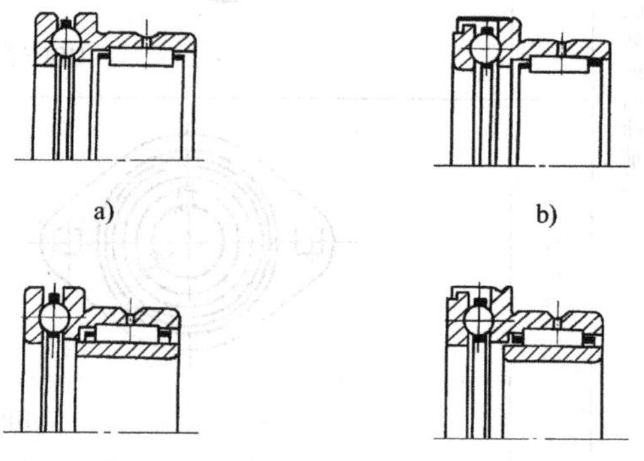

a) b) c) d)

图 14.1-2 滚针和推力球组合轴承的结构型式
a）滚针和推力球组合轴承 NKX 00 型 b）滚针和带外罩的推力球组合轴承 NKX 00 Z 型 c）有内圈的滚针和推力球组合轴承 NKX 00+IR 型 d）有内圈的滚针和带外罩的推力球组合轴承 NKX 00Z+IR 型

1.4.3 滚针和推力圆柱滚子组合轴承

滚针和推力圆柱滚子组合轴承与滚针和推力球组合轴承相比，可承受较大的轴向载荷。

滚针和推力圆柱滚子组合轴承的结构型式如图 14.1-4 所示。

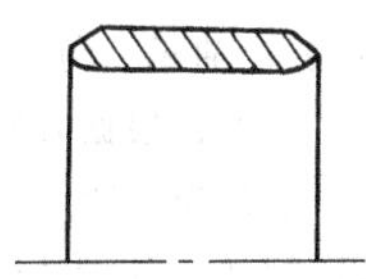

图 14. 1-3　滚针和推力球组合轴承内圈的结构型式

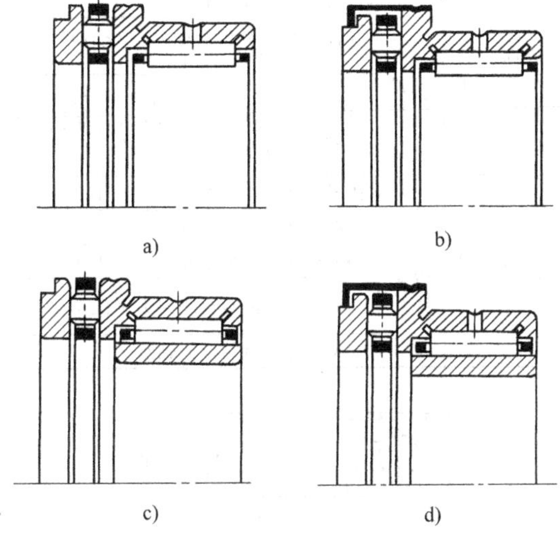

图 14. 1-4　滚针和推力圆柱滚子组合轴承的结构型式

a）滚针和推力圆柱滚子组合轴承 NKXR 00 型　b）滚针和带外罩的推力圆柱滚子组合轴承 NKXR 00 Z 型　c）有内圈的滚针和推力圆柱滚子组合轴承 NKXR 00 +IR 型　d）有内圈的滚针和带外罩的推力圆柱滚子组合轴承 NKXR 00Z+IR 型

1.4.4　滚针和双向推力圆柱滚子组合轴承

滚针和双向推力圆柱滚子组合轴承由一个内圈、一个外圈、一套向心滚针和保持架组件、两套推力圆柱滚子和保持架组件、两个轴圈组成。其结构紧凑，具有较高的承载能力和刚度，可承受径向和双向轴向载荷，且有较高的精度。

滚针和双向推力圆柱滚子组合轴承的结构型式如图 14. 1-5 所示。

2　专用轴承的分类、结构与代号

专用轴承通常指的是用于机床、汽车、铁路、轧钢机械等主机上的轴承。由于这些轴承在特定的场合下使用，因此在外形尺寸、代号方法和技术要求等方面与通用轴承不完全相同，具有一定的特殊性。

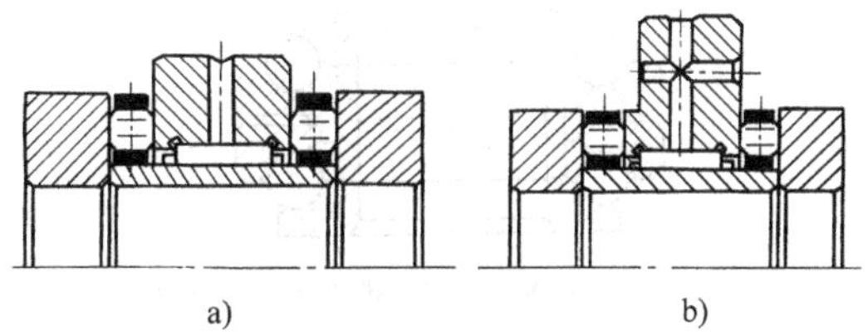

图 14. 1-5　滚针和双向推力圆柱滚子组合轴承的结构型式

a）ZARN 型　b）ZARF 型

2.1　机床轴承

机床专用轴承主要分机床丝杠轴承和机床主轴轴承，它们的共同特点是精度高、各项技术指标要求严格，具有很强的专用性。

1）机床丝杠用轴承为推力角接触球轴承，分离型结构，接触角为 60°，类型代号为 76，内径代号符合表 14. 1-4 的规定，轴承结构型式如图 14. 1-6 所示。

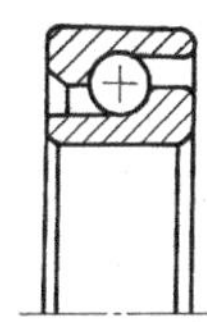

图 14. 1-6　机床丝杠用推力角接触球轴承

2）机床主轴轴承主要有：双向推力角接触球轴承，双列圆柱滚子轴承，单列和双列圆锥滚子轴承。双向推力角接触球轴承的接触角为 60°，类型代号为 23，结构型式如图 14. 1-7 所示。

机床专用轴承的代号方法见表 14. 1-32。

表 14. 1-32　机床轴承的代号方法

轴承类型	代号方法		
双向推力角接触球轴承	基本代号		参见本篇第 1 章 1. 2
	预加载荷代号	0 组	不表示
		其他组	均在公差等级代号后加组别代号
		特殊组	在公差等级代号后用字母“G”加上预加载荷数值(单位:N)
双列圆柱滚子轴承	参见本篇第 1 章 1. 2		
圆锥滚子轴承			

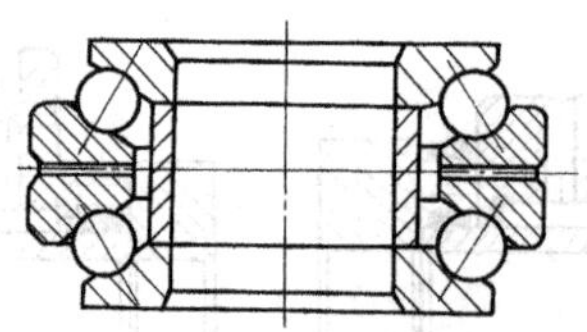

图 14.1-7 230000 型双向推力角接触球轴承

2.2 汽车轴承

汽车轴承指汽车各部位使用的各种通用和专用轴承。按安装部位可分为：发电机轴承、传动系统轴承（包括离合器分离轴承、传动轴万向节等）、转向系统轴承（包括转向器轴承和转向节轴承）。

1）汽车发电机轴承。汽车发电机轴承一般为通用结构的密封深沟球轴承，其代号方法和外形尺寸符合现行标准规定，要求具有良好的密封性能和高速性能。轴承的径向游隙为深沟球轴承游隙表中的第3组，采用锂基润滑脂，润滑脂的装填空间占轴承内部空间的20%~30%，轴承零件的热处理应保证轴承在150℃的温度下正常工作。

2）汽车转向器和转向节轴承。转向器轴承和转向节轴承用于汽车的转向系统中。汽车行驶对转向系统的主要要求是灵活性、操纵轻便性和安全性。由此决定了对转向系统轴承的承载能力、支承刚度、可靠性及摩擦等方面较高的要求。转向器轴承采用推力角接触轴承，结构型式如图14.1-8所示。转向节轴承采用推力轴承，结构型式如图14.1-9所示。转向器和转向节轴承的代号方法见表14.1-33。

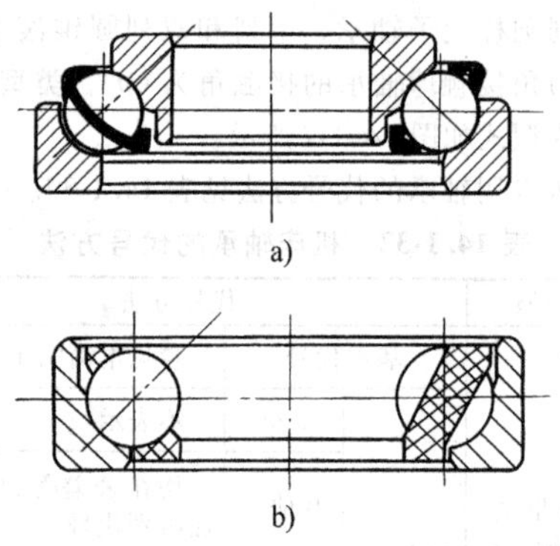

图 14.1-8 转向器轴承

a）560000 型 b）KOW-560000 型

3）汽车离合器轴承及轴承单元。汽车离合器轴承已由单一的角接触球轴承向带分离套筒的离合器轴承单元发展，由不可调心轴承发展成可调心轴承，并有多种结构型式，如图14.1-10所示。

根据离合器对减振、降噪及减轻运动接合面的摩擦和磨损的要求，离合器轴承及其轴承单元在结构、密封及润滑等方面采取了相应的措施。

4）汽车万向节滚针轴承。万向节滚针轴承主要用在汽车十字轴万向节上，根据万向节的结构和使用要求，万向节滚针轴承分为一般式、内卡式、外卡式和压板式等多种结构型式，如图14.1-11所示；其代号方法见表14.1-34。

表 14.1-33 汽车转向器和转向节轴承的代号方法

轴承类型	代号方法		
转向器用推力角接触球轴承	基本代号		参见本篇第1章1.2
	前置代号	KOW	无轴圈推力角接触球轴承（见图14.1-8）
		内径代号	用钢球内切圆直径毫米数直接表示轴承内径，并用“/”与尺寸系列代号分开
转向节用推力轴承	基本代号		参见本篇第1章1.2
	后置代号	ZS	表示带外罩轴承
		ZRS	表示带外罩密封轴承
		P	轴圈或座圈为平滚道轴承
		V	无保持架轴承

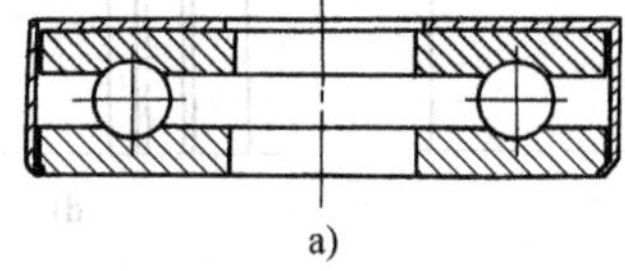

a)

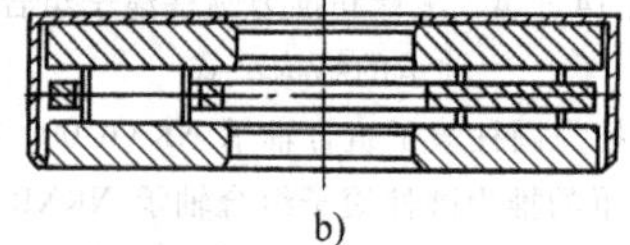

b)

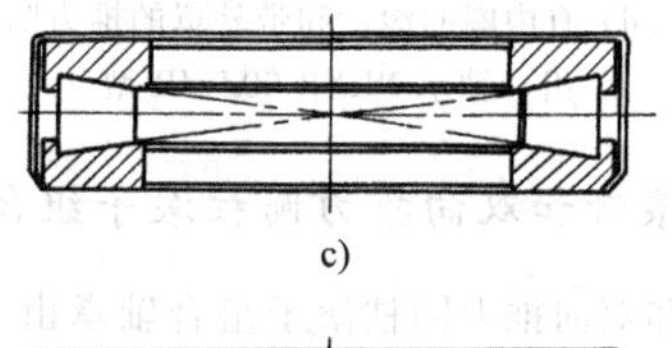

c)

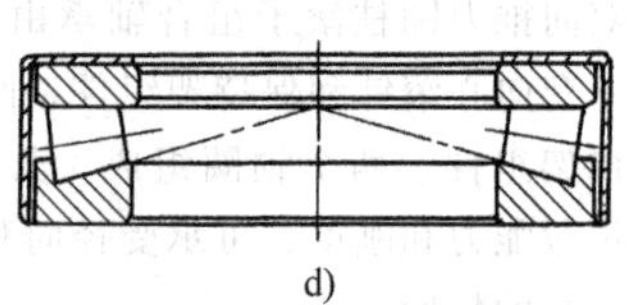

d)

图 14.1-9 转向节轴承

a）推力球轴承 50000ZS 型

b）推力圆柱滚子轴承 80000ZS 型

c）锥形轴圈圆锥滚子轴承 90000ZS 型

d）平滚道轴圈圆锥滚子轴承 90000PZS 型

汽车离合器轴承及其轴承单元的代号方法如下：轴承及其单元的代号构成，按以下顺序自左向右排列。

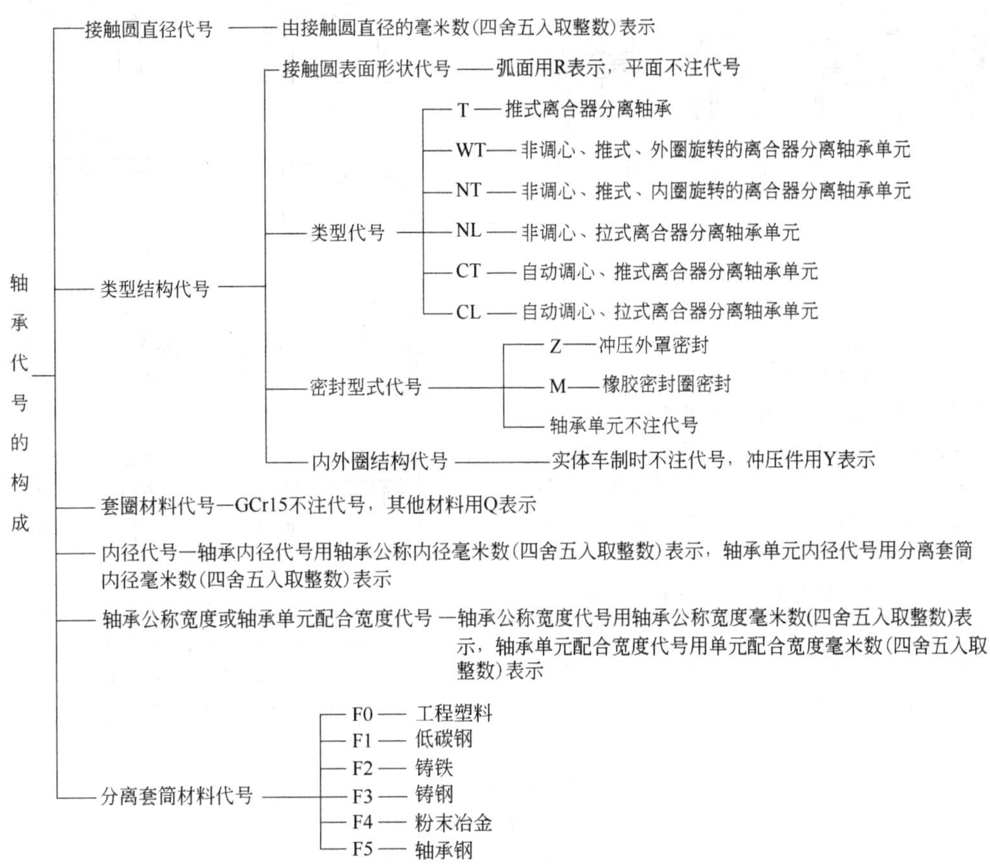

示例：

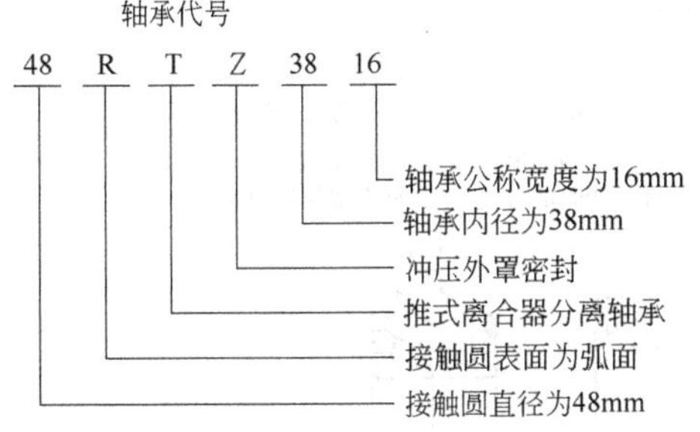

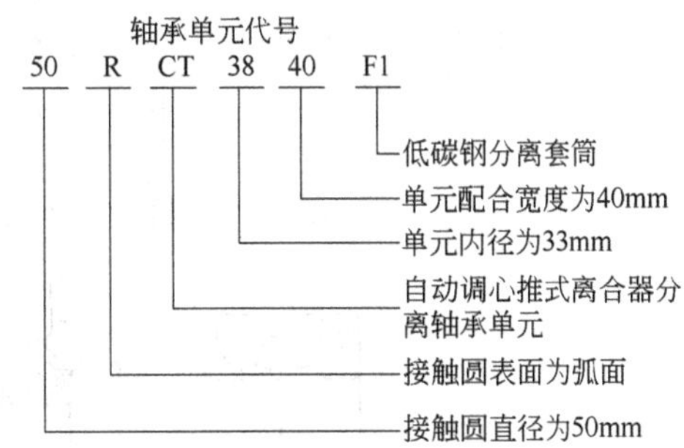

表 14.1-34　汽车万向节滚针轴承的代号方法

前置代号		基本代号	后置代号	
符号	含　义		符号	含　义
W WN WW WY	万向节滚针轴承 内卡式万向节滚针轴承 外卡式万向节滚针轴承 压板式万向节滚针轴承	由四位数字组成 ×× ——滚针组内径 F_w ×× ——轴承宽度	ZC T RS LS PP PP1 PP2 A、B、C Y R	万向节滚针轴承带冲压罩 万向节滚针轴承带挡圈 万向节滚针轴承带直角唇金属盖密封圈 万向节滚针轴承带内骨架密封圈 万向节滚针轴承(无密封圈) 万向节滚针轴承带 Y 型密封圈 万向节滚针轴承带 U 型密封圈 内部结构改变 外部结构改变 万向节滚针轴承外圈有凸缘

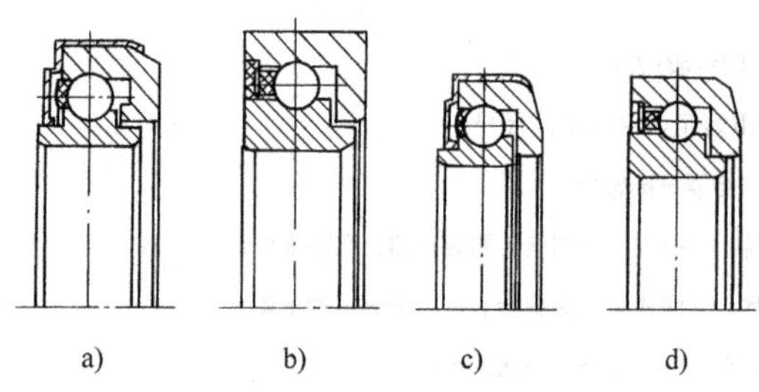

图 14.1-10 汽车离合器轴承及其轴承单元的结构型式

a）TZ 型 b）TM 型

c）RTZ 型 d）RTM 型

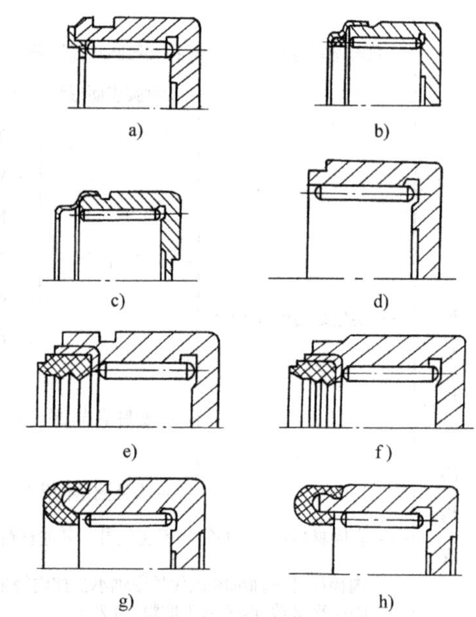

图 14.1-11 汽车万向节滚针轴承的结构型式

a）WN…T 型 b）WY 型 c）WY…PP 型

d）W 型 e）WN…RS 型 f）WW…RS 型

g）WN…PP2 型 h）WW…PP2 型

5）汽车轮毂轴承。汽车轮毂轴承为汽车承重支承并为轮毂的转动提供精确的引导。汽车轮毂轴承同时承受径向和轴向载荷，是汽车轮毂的重要零件。目前轮毂轴承对轴承材料、密封、润滑和寿命等都提出了更高的要求，并逐渐向单元化发展。汽车轮毂轴承采用锂基脂润滑，填脂量为轴承单元有效空间容积的40%~60%，漏脂率不超过10%，在25℃室温时温升不超过65℃。我国目前成系列生产的轮毂轴承有四种结构型式，如图 14.1-12 所示。

汽车轮毂轴承的代号方法如下：

轮毂轴承单元的代号构成，按以下顺序自左向右排列。

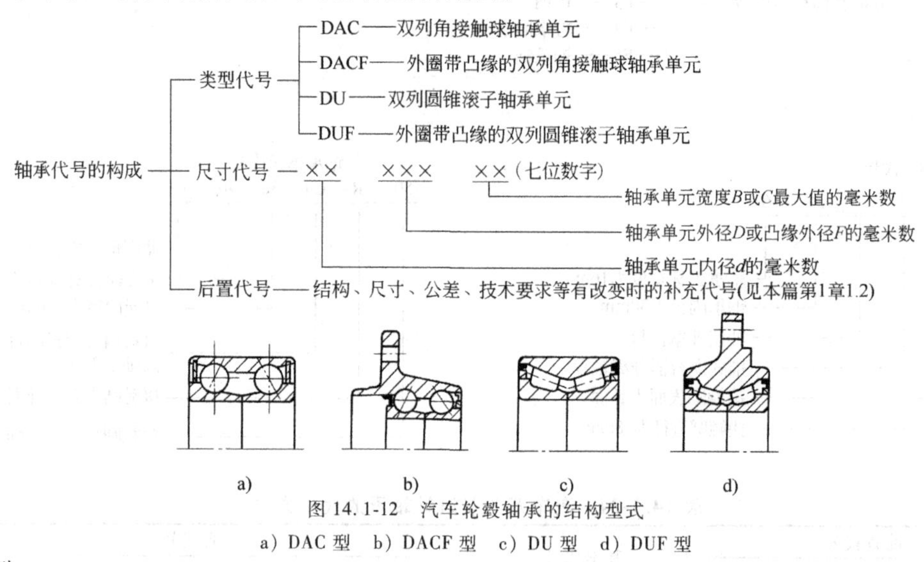

图 14.1-12 汽车轮毂轴承的结构型式

a）DAC 型 b）DACF 型 c）DU 型 d）DUF 型

示例：

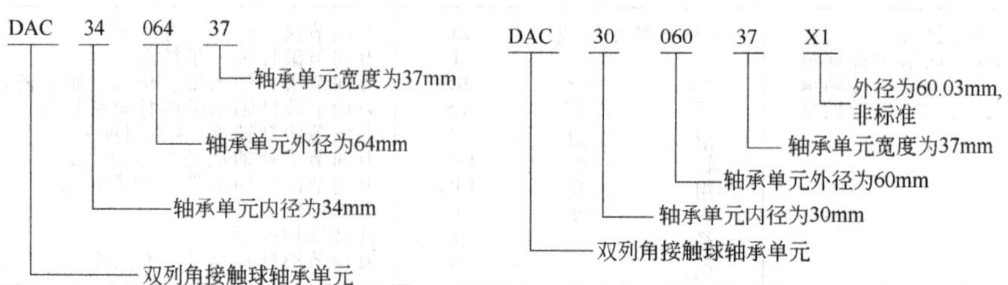

2.3　磁电动机轴承

磁电动机是供汽油机点火的装置，采用分离型角接触球轴承。磁电动机轴承具有特定的尺寸系列，其外圈外径公差也与通用轴承不同。其结构型式如图 14.1-13 所示。代号方法见表 14.1-35。

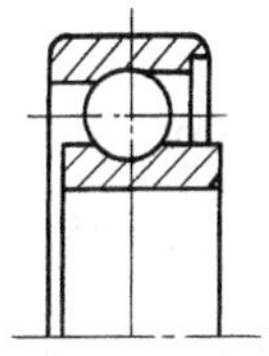

图 14.1-13　磁电动机轴承的结构型式

表 14.1-35　磁电动机轴承的代号方法

基本代号		后置代号	示　例
类型代号	尺寸代号	表示轴承公差等级、零件材料改变等，参见本篇第 1 章 1.2	EN 15 Y / P6 P6——公差等级为6级 Y——铜板冲压保持架 15——轴承公称内径 d=15mm EN——外圈外径具有负偏差值的磁电动机轴承
E，EN	用公称内径的毫米数表示		E 15 / P5 P5——公差等级为5级 15——轴承公称内径 d=15mm E——外圈外径具有正偏差值的磁电动机轴承

2.4　内燃机水泵轴承

目前用于汽车、拖拉机及工程机械等的内燃机水泵轴承多采用轴连形式，实际上是一个双支承轴承组件。内燃机水泵轴承密封性能好，漏脂量不超过 5%，温升不超过 60℃；轴承旋转灵活，无阻滞现象，并具有支承刚性好、旋转精度高、结构简单、装拆方便等优点，日益得到广泛的应用。内燃机水泵轴承的结构型式如图 14.1-14 所示，代号方法见表 14.1-36。

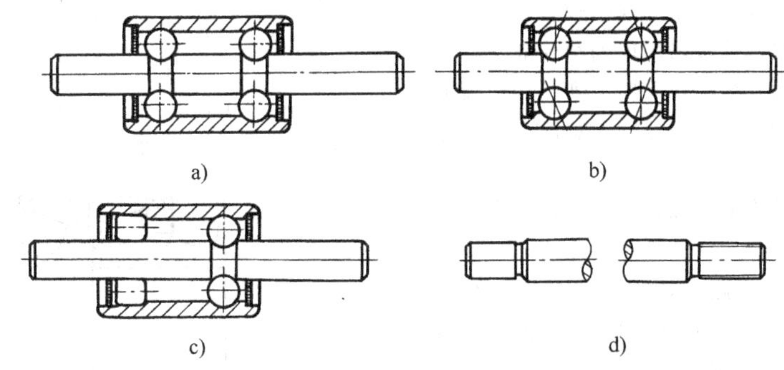

图 14.1-14　内燃机水泵轴承的结构型式

a）WB 型　b）WB…C 型　c）WR 型　d）轴伸出端台阶轴

表 14.1-36　内燃机水泵轴承的代号方法

基　本　代　号			后置代号	
类型代号		配合安装特征尺寸代号	符号	含义
符号	含　　义	由七位数字组成 ××——轴连轴承轴公称直径 ××——轴连轴承公称外径 ×××——轴连轴承轴公称长度	T	轴上加工有螺纹
WB	两列球的水泵轴连轴承(见图 14.1-14a、b)		F	轴上铣有扁平面
			K	轴上有键槽
			R	轴上钻有孔
WR	一列滚子、一列球的水泵轴连轴承(见图 14.1-14c)		Y	结构变化大,用以上代号不能表示时

代号示例：

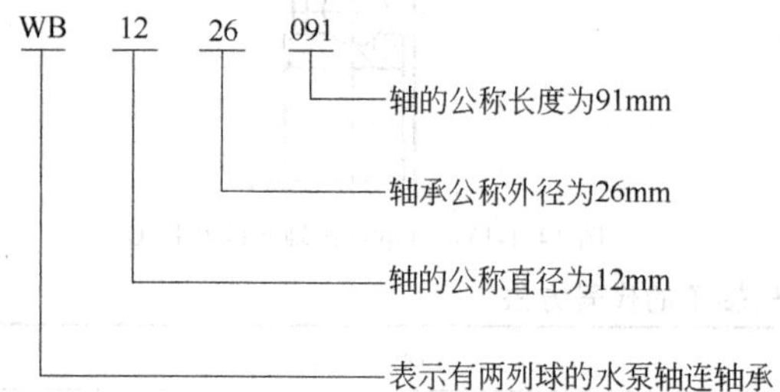

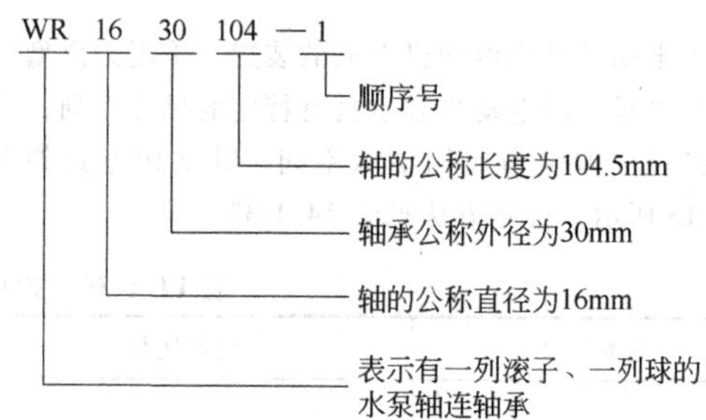

2.5 铁路轴承

铁路轴承通常是指机车、货车与客车上使用的各类滚动轴承。这些轴承的质量直接关系到行车的安全，其各项性能（尤其是运转可靠性、寿命等指标）是决定轴承是否满足使用要求的重要因素。因此，对各个部位上使用的轴承提出了严格的技术及检验要求，以满足铁路车辆的使用要求。

1）铁路机车轴承。机车轴承包括机车轴箱轴承、电动机轴承（主发电机和牵引电动机轴承）以及传动系统轴承。轴箱轴承一般采用双列圆锥滚子轴承、单列和双列圆柱滚子轴承、调心滚子轴承、深沟球轴承和角接触滚子轴承。轴承类型和规格较多，且多采用非标准游隙。电动机轴承多采用单列圆柱滚子轴承和调心滚子轴承。传动系统一般采用单列圆柱和圆锥滚子轴承、调心滚子轴承、深沟球轴承和四点接触球轴承。

铁路机车轴承的结构型式和代号方法均符合现行标准的规定。

2）铁路车辆轴承。铁路车辆轴承包括货车及客车上所使用的轴承。一般采用单列圆柱滚子轴承和圆锥滚子轴承。轴承规格较少，但有其特殊的技术要求。例如车辆滚动轴承的跌落试验和内圈扩张试验是检验其是否满足使用要求的重要依据；客车轴承滚子凸度的要求是其满足性能要求的关键。

铁路车辆轴承的结构型式与代号方法均符合现行标准的规定。

2.6 轧机轴承

轧机轴承主要是指轧辊轴承和压下机构轴承。它们的共同特点是承载量大，工作条件恶劣，要求的工作寿命较长。同时具有高转速、高精度以及耐冲击等特性。

1）轧辊轴承。轧辊轴承主要采用四列圆柱滚子轴承和四列圆锥滚子轴承。通常，高速、高精度轧机支承辊采用四列圆柱滚子轴承，而对于更换频繁的工作轧辊大都采用四列圆锥滚子轴承。四列圆柱滚子轴承结构型式如图 14.1-15 所示，四列圆锥滚子轴承结构型式如图 14.1-16 所示。轧辊轴承的代号方法见表 14.1-37。

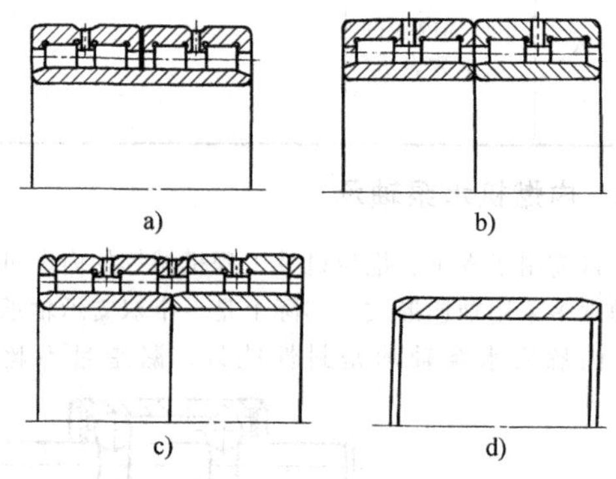

图 14.1-15 四列圆柱滚子轴承的结构型式
a）FC 型 b）FCD 型 c）FCDP 型 d）LFC 型内圈

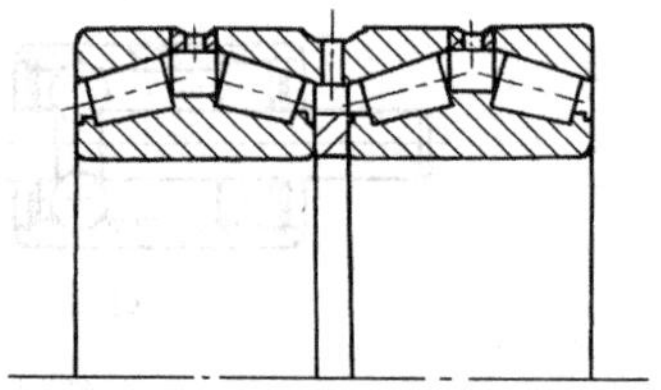

图 14.1-16 四列圆锥滚子轴承的结构型式

代号示例：

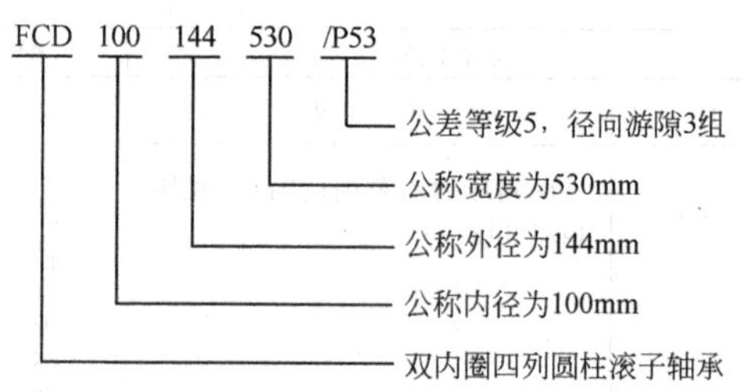

2）压下机构用轴承。压下机构采用圆锥滚子推力轴承，有两种结构型式，如图 14.1-17 所示。润滑时应选用含有极压添加剂的润滑油，轴承顶圈的调心

球面可涂润滑干膜。其代号方法见表 14. 1-38。

表 14. 1-37　轧辊轴承的代号方法

轴承类型	结构代号		尺寸代号	后置代号
	符号	含　义		
四列圆柱滚子轴承	FC	四列圆柱滚子轴承(一个内圈),如图 14. 1-15a 所示	××× ××× ××× 公称宽度 公称外径/5 公称内径/5	A、B 或 C 表示内部结构改变,其他参见本篇第 1 章 1. 2
	FCD	双内圈、双外圈四列圆柱滚子轴承,如图 14. 1-15b 所示		
	FCDP	外圈带平挡圈的双内圈四列圆柱滚子轴承,如图 14. 1-15c 所示		
四列圆锥滚子轴承	参见本篇第 1 章 1. 2,结构示意图如图 14. 1-16 所示			
四列圆柱滚子轴承内圈	在轴承代号前加“L”表示,结构示意图如图 14. 1-15d 所示			

注:对于非标准外形尺寸的四列圆柱滚子轴承,其代号中类型代号与尺寸代号间用“/”分开。

表 14. 1-38　轧机压下机构用轴承的代号方法

代　号	含　义	备　注
TTSV 000	顶圈底面为凹球面形的满装圆锥滚子推力轴承 阿拉伯数字表示轴承底圈公称外径的毫米数	图 14. 1-17a
TTSX 000	顶圈底面为凸球面形的满装圆锥滚子推力轴承 阿拉伯数字表示轴承底圈公称外径的毫米数	图 14. 1-17b

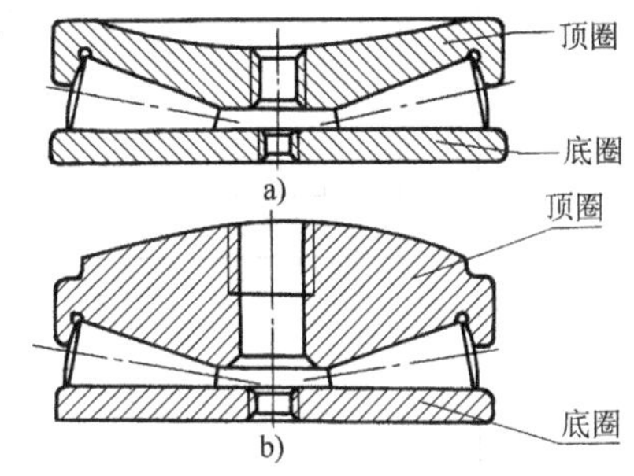

图 14. 1-17　圆锥滚子推力轴承的结构型式
a) TTSV 000 型　b) TTSX000 型

2. 7　回转支承

回转支承由内、外套圈和滚动体、隔离块、密封圈等组成。外圈和内圈分别与转台（盘）和机座相连接。回转支承的外圈可以做成带有渐开线齿的外齿圈，内圈可以做成带有渐开线齿的内齿圈，并可通过齿轮传动实现转台（盘）与机座的相对转动。回转支承可以承受很大的轴向载荷和径向载荷，也可以承受倾覆力矩的作用，故广泛应用于起重机、挖掘机、运输机械、军事装备、工业机器人等领域。

回转支承按其结构型式分为 4 类：单排四点接触球式回转支承、双排异径球式回转支承、单排交叉滚柱式回转支承、三排滚柱式回转支承。其中常用的三种结构型式如图 14. 1-18~图 14. 1-20 所示。

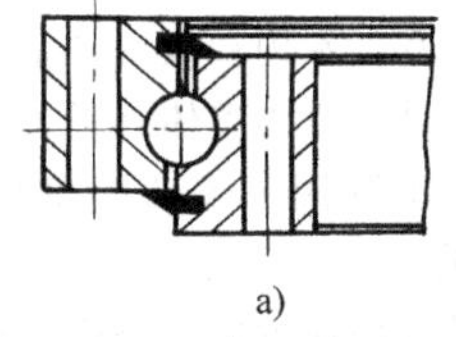
a)

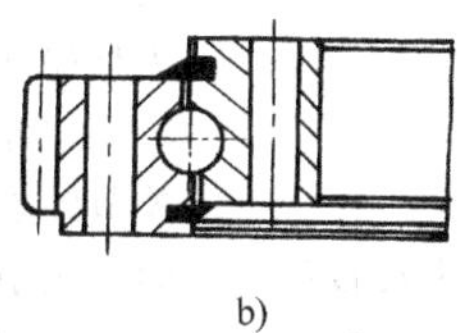
b)

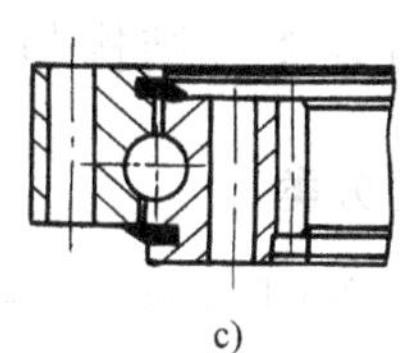
c)

图 14. 1-18　单排四点接触球式回转支承
a) 无齿式　b) 外齿式　c) 内齿式

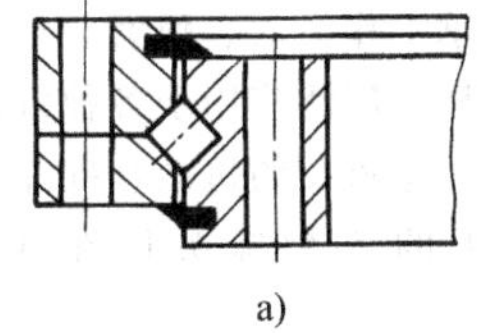
a)

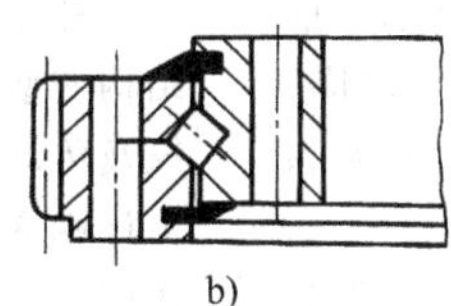
b)

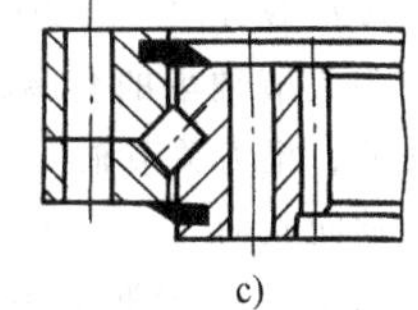
c)

图 14. 1-19　单排交叉滚柱式回转支承
a) 无齿式　b) 外齿式　c) 内齿式

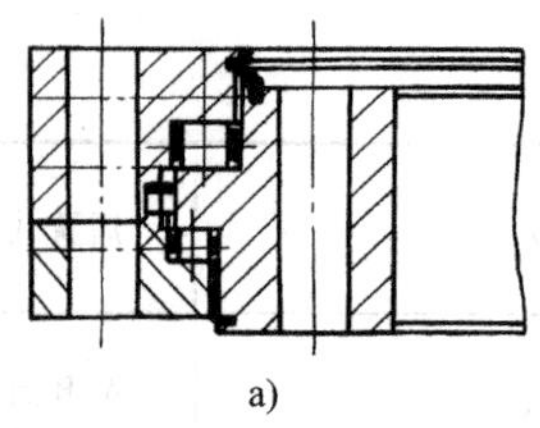
a)

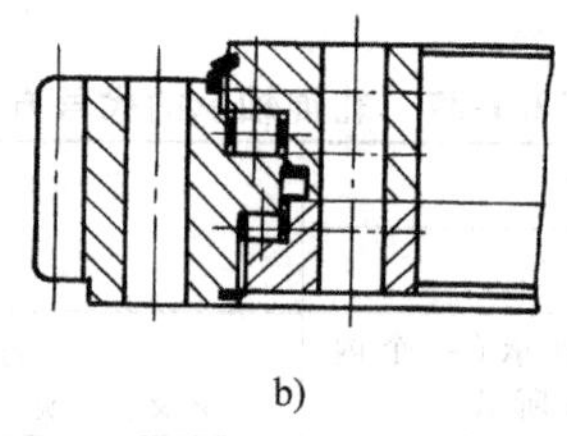
b)

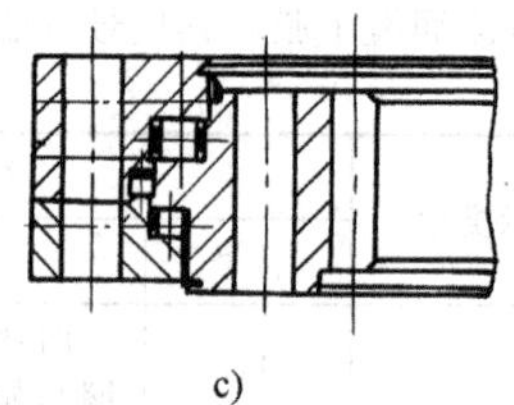
c)

图 14.1-20 三排滚柱式回转支承
a）无齿式 b）外齿式 c）内齿式

回转支承的代号方法符合 JB/T 2300—2011 的规定。代号示例为：

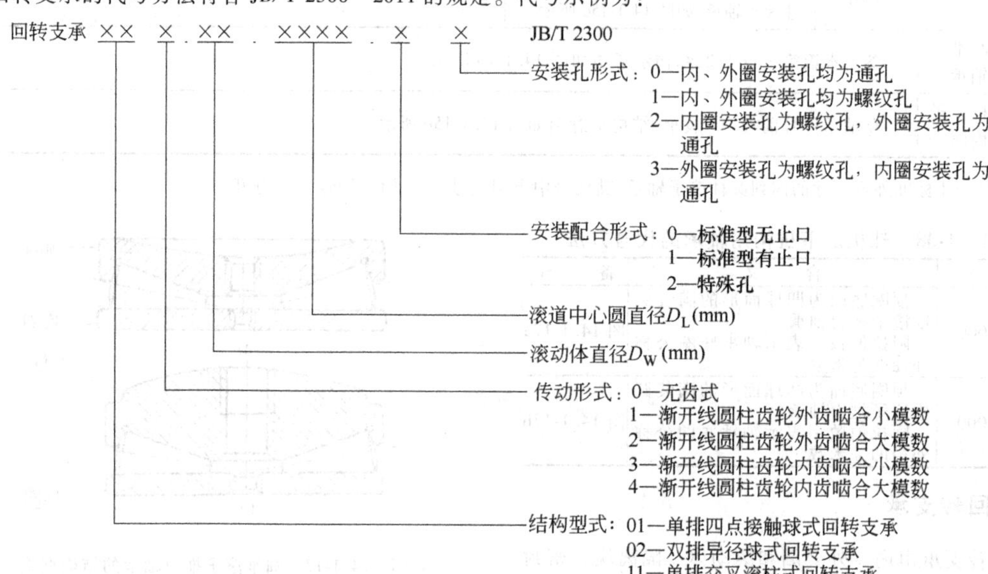

标记示例：单排四点接触球式，内齿啮合大模数，滚动体直径为 40mm，滚动体组节圆直径为 1000mm，标准型有止口，内、外圈安装孔均为通孔的回转支承。标记为：回转支承 014.40.1000.10 JB/T 2300

3 关节轴承的分类、结构与代号

3.1 关节轴承的分类

关节轴承由内、外套圈组成，套圈间的滑动接触表面为球面，适用于摆动运动、倾斜运动和旋转运动。

关节轴承可按承载方向、润滑方式和结构型式等多种方法分类，按承载方向可分为向心关节轴承和推力关节轴承。向心关节轴承的套圈称为外圈和内圈，主要承受径向载荷；推力关节轴承的套圈称为座圈和轴圈，主要承受轴向载荷。

按润滑方式可分为一般润滑关节轴承（简称关节轴承）和自润滑关节轴承。一般润滑关节轴承工作时需要润滑，因此在外圈或内圈上设置有油槽或油孔。自润滑关节轴承的内、外圈一般为淬硬轴承钢，内圈滑动表面镀硬铬，外圈滑动表面为以聚四氟乙烯为添加剂的玻璃纤维增强塑料。

按结构型式可分为外圈和内圈组合式的普通关节轴承和外圈做在杆件上的组装式杆端关节轴承。杆端关节轴承中杆的另一端需要设置螺纹连接，因此又分为杆端外螺纹和杆端内螺纹两种结构。

按外圈的结构分为整体外圈关节轴承、双半外圈关节轴承、单缝外圈关节轴承和双缝外圈（部分外圈）关节轴承。

通常按承受载荷方向、公称接触角和结构型式进行综合分类，分为向心关节轴承、角接触关节轴承、推力关节轴承和杆端关节轴承。

杆端关节轴承工作灵活、耐磨、装拆方便，并且结构变型多种多样，广泛应用于各种机械和车辆的操纵及传动机构中，是重要的机械基础配件。自润滑球头杆端关节轴承的 5 种球头杆在同一轴径可以通用。

关节轴承的分类方法见表 14.1-39，关节轴承的结构的分类、结构与代号见表 14.1-41。

表 14.1-39　关节轴承的分类方法

序号	分类方法	名称		备注
1	按所承受的载荷方向或公称接触角 α	向心关节轴承（$0°\leqslant\alpha\leqslant30°$ 承受径向载荷）	径向接触向心关节轴承（$\alpha=0°$）	
			角接触向心关节轴承（$0°<\alpha\leqslant30°$）	
		推力关节轴承（$30°<\alpha\leqslant90°$ 承受轴向载荷）	轴向接触推力关节轴承（$\alpha=90°$）	
			角接触推力关节轴承（$30°<\alpha<90°$）	
2	按外圈的结构	整体外圈关节轴承		
		双半外圈关节轴承		
		单缝外圈关节轴承		
		双缝外圈（剖分外圈）关节轴承		
3	按是否附有杆端或装于杆端上	一般关节轴承		
		杆端关节轴承		
4	按工作时是否需补充润滑剂	非自润滑关节轴承		
		自润滑关节轴承（不需补充润滑剂）		
5	按承受载荷方向、公称接触角和结构型式	向心关节轴承		此种综合分类方法最常用
		角接触关节轴承		
		推力关节轴承		
		杆端关节轴承		

3.2　关节轴承代号

关节轴承的代号由基本代号和补充代号组成。基本代号由类型代号、尺寸系列代号、内径代号、结构型式及材料代号构成。关节轴承的补充代号由字母和数字组成（最多允许采用 3 个字母），以斜杠“/”和基本代号分开，表示零件材料、技术要求或结构的改变。关节轴承的代号构成及排序见表 14.1-40。

3.3　关节轴承的结构（见表 14.1-41）

表 14.1-40　关节轴承的代号构成及排序

基本代号							补充代号		
类型代号		尺寸系列代号		内径代号	结构型式、材料代号		改变特征	含义	代号
代号	含义	代号	含义		代号	含义			
GE	向心关节轴承	C	大型和特大型向心关节轴承特轻系列	用内径的毫米数表示，但不标单位	A	外圈为中碳钢，有固定滑动表面材料的固定器	材料改变	套圈由不锈钢制造	X
GAC	角接触关节轴承							套圈由渗碳钢制造	S
GX	推力关节轴承	E	正常系列（代号中省略）		C	一套圈或一套圈滑动表面为烧结青铜复合材料		套圈或滑动表面由不常采用的材料制造	V
SI	内螺纹组装型杆端关节轴承	G	G 系列		DE1	挤压外圈（外圈为轴承钢，在内圈装配后挤压成形）		套圈或滑动表面由青铜或青铜圆片制造	Q
SA	外螺纹组装型杆端关节轴承	EW	W 系列（宽内圈）					套圈由铍铜制造	P
SIB	内螺纹整体型杆端关节轴承	JK	JK 系列		DEM1	同 DE1，但外圈有端沟	特殊补充技术要求	零件的回火温度有特殊要求	T
					DS	外圈有装配槽		轴承内填充特殊润滑脂	R
SAB	外螺纹整体型杆端关节轴承	H	H 系列		E	单缝外圈		N 组游隙	—
SIL	左旋内螺纹组装型杆端关节轴承	F	F 系列		F	一套圈滑动表面为以聚四氟乙烯为添加剂的玻璃纤维增强塑料或塑料圆片		2 组游隙，径向游隙值小于 N 组	-C2
		K	K 系列						
		EM	M 系列（宽内圈）		F1	一套圈滑动表面为聚醚亚胺工程塑料		3 组游隙，径向游隙值大于 N 组	-C3
SAL	左旋外螺纹组装型杆端关节轴承	EH	杆端关节轴承 EH 系列（加强型）		F2	外圈为玻璃纤维增强塑料，其滑动表面同“F”		轴承游隙不同于现行标准	-C9
SILB	左旋内螺纹整体型杆端关节轴承				H	双半外圈		轴承的摩擦力矩及旋转灵活性有特殊要求	M
		EG	杆端关节轴承 EG 系列（加强型）		I	内圈为中碳钢，有固定滑动表面材料的固定器		套圈滑动表面涂敷固体润滑剂干膜	G
SALB	左旋外螺纹整体型杆端关节轴承	Z	寸制尺寸正常系列		L	套圈或杆端为特殊自润滑合金		杆端关节轴承螺纹有特殊要求	B

（续）

基本代号							补充代号		
类型代号		尺寸系列代号		内径代号	结构型式、材料代号		改变特征	含义	代号
代号	含义	代号	含义		代号	含义			
SQ	弯杆型球头杆端关节轴承	P	P系列	用内径的毫米数表示	N	外圈有止动槽	特殊补充技术要求	滑动表面以外的表面需电镀（镀铬—D、镀锌—D_1、镀镉—D_2等）	D
SQZ	直杆型球头杆端关节轴承				S	套圈或杆端有油槽和油孔			
SQD	单杆型球头杆端关节轴承				T	外圈滑动表面为聚四氟乙烯织物	结构改变	零件的形状或尺寸改变	K
SQL	左旋弯杆型球头杆端关节轴承				X	双缝外圈			
SQLD	左旋单杆型球头杆端关节轴承				-2RS	两面带密封圈			
SK	带圆柱焊接型杆端关节轴承（圆柱型）				-2Z	两面带防尘盖	其他	轴承有上述各种改变特征以外的其他特征，或具有多项改变特征而无法用上述补充代号完全表示时	/Y
SF	带平底座焊接型杆端关节轴承（方型）								
SIR	带锁口型杆端关节轴承								

注：补充代号用字母和数字表示。最多允许采用3个字母，表示轴承零件材料改变、结构改变及特殊技术要求，游隙代号在最右边。

表 14.1-41　关节轴承的分类、结构与代号

类型	结构特征	结构简图、代号及其他特点	标准号
向心关节轴承	单缝外圈	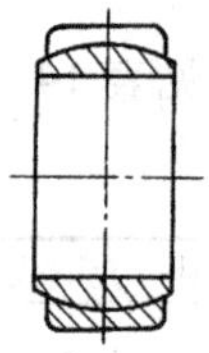 无润滑油槽 GE…E型　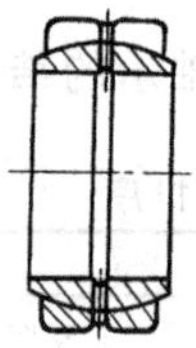 有润滑油槽 GE…ES型	GB/T 9163—2001
	带密封圈，单缝外圈	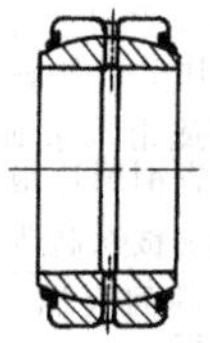 有润滑油槽 GE…ES-2RS型　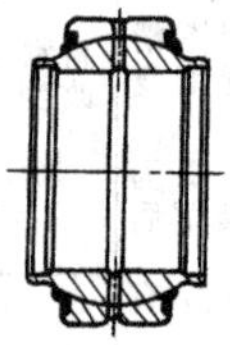 有润滑油槽，宽内圈 GEEW…FS-2RS型	GB/T 9163—2001
	外圈有止动槽	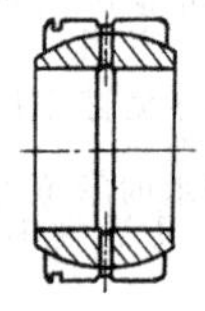 有润滑油槽，双缝外圈 GE…XSN型　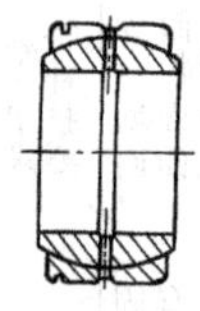 有润滑油槽，单缝外圈 GE…ESN型	—
向心关节轴承	双半外圈	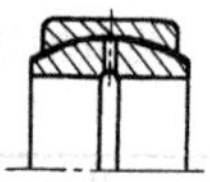 内圈有润滑油槽 GE…HS型	—
	无缝外圈	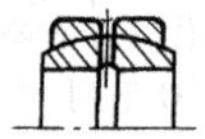 有润滑油槽 GE…DE1型　 外圈有端沟 GE…DEM1型　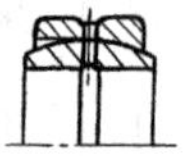 外圈有装配槽和润滑油槽 GE…DS型	—
自润滑向心关节轴承	滑动表面有自润滑材料	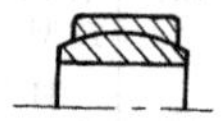 滑动表面有青铜复合材料 GE…C型　滑动表面有聚四氟乙烯织物 GE…T型	—

（续）

类型	结构特征	结构简图、代号及其他特点	标准号
自润滑向心关节轴承	滑动表面有聚四氟乙烯织物，宽内圈，自润滑	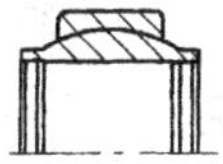 GEEW…T 型	GB/T 9163—2001
	滑动表面为玻璃纤维增强塑料，自润滑	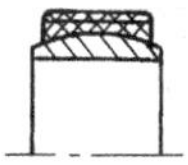 外圈为轴承钢 GE…F 型；外圈为玻璃纤维增强塑料 GE…F2 型 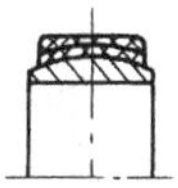	—
	滑动表面有玻璃纤维增强塑料圆片，自润滑	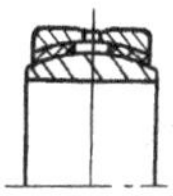 GE…FSA 型；双半外圈 GE…FIH 型 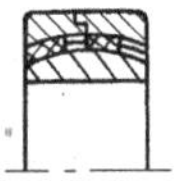	—
角接触关节轴承	GAC…F 型滑动表面为玻璃纤维增强塑料	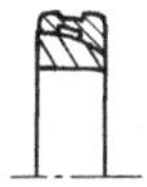 外圈有油槽和油孔 GAC…S 型；自润滑 GAC…F 型 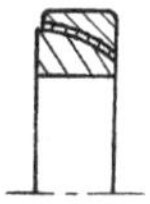	—
推力关节轴承	GX…F 型滑动表面为玻璃纤维增强塑料	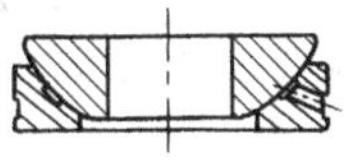 外圈有油槽和油孔 GX…S 型；自润滑 GX…F 型 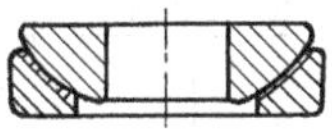	GB/T 9162—2001

类型	结构特征	结构简图、代号及其他特点	标准号
杆端关节轴承	无润滑油槽	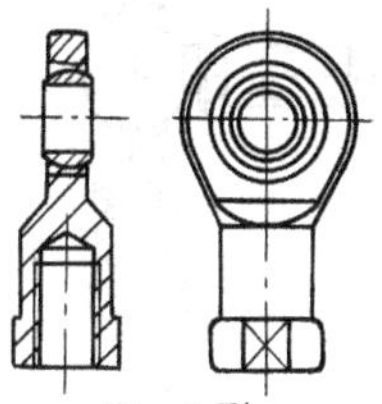 SI…E 型；SA…E 型 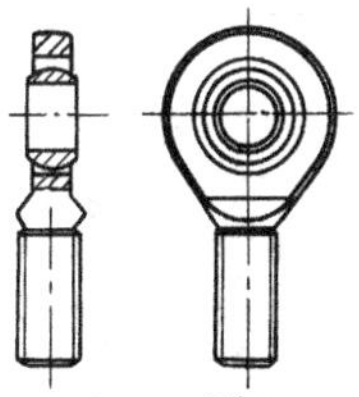	GB/T 9161—2001
	有润滑油槽	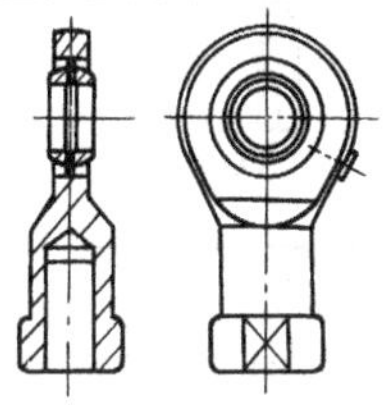 SI…ES 型；SA…ES 型 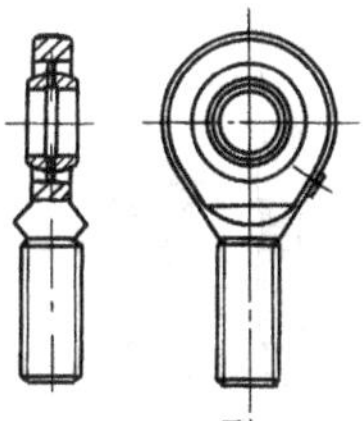	GB/T 9161—2001
	有润滑油槽	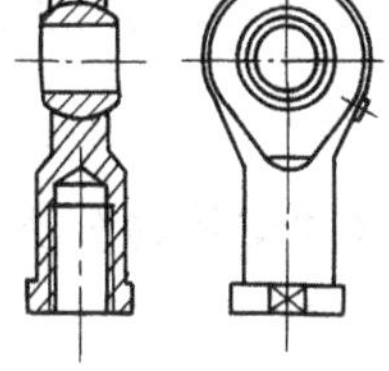 SIB…S 型；SAB…S 型 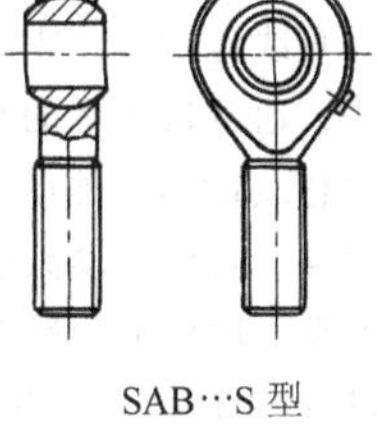	GB/T 9161—2001

（续）

类型	结构特征	结构简图、代号及其他特点	标准号
杆端关节轴承	直杆球头	SQ…型	—
	自润滑	SI…C型 SA…C型	GB/T 9161—2001
	滑动表面为烧结青铜复合材料，自润滑	SIR…C型 SAB…C型	GB/T 9161—2001
杆端关节轴承	滑动表面为玻璃纤维增强塑料，自润滑	SIB…F型 SAB…F型	—
	直杆球头自润滑	SQ…L型	—

4　直线运动滚动支承的分类、结构与代号

4.1　直线运动滚动支承的分类（摘自GB/T 27558—2011）

直线运动滚动支承用于对往复直线运动零件的支承，其主要特点在于摩擦小、运动灵敏、平稳、精度高、承载能力强等。直线运动滚动支承的结构类型很多，有多种分类方法，通常按支承的结构特征和滚动体的种类将轴承分为直线运动球轴承、直线运动滚子轴承、直线运动球支承、直线运动滚子轴承、直线运动滚针导轨支承五大类。国内应用较为普遍且成系列产品的直线运动滚动支承主要有：直线运动球轴承、滚针导轨支承及滚针和平保持架组件这3类。

4.2　直线运动滚动支承代号（摘自GB/T 27557—2011）

我国目前采用的直线运动滚动支承代号基本上与国际的通用表示方法一致，即采用三段式表示：基本代号、补充代号，公差等级及分组代号。

直线运动滚动支承的代号方法及排列顺序见表14.1-42。

代号示例：

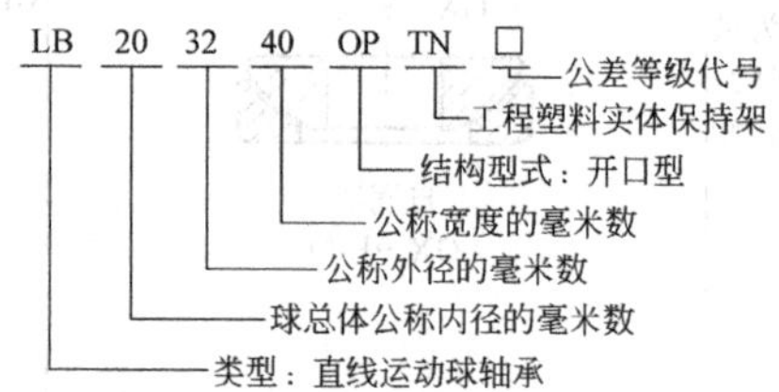

表 14.1-42 直线运动滚动支承代号方法及排列顺序

第一段 基本代号

符号	含义
LB	直线运动球轴承
LR	直线运动滚子轴承
LBS	滚动直线球导轨支承
LRS	滚动直线滚子导轨支承
LNS	滚动直线滚针导轨支承

外形尺寸代号

流动直线球轴承和流动直线滚子轴承		
F_w 或 d_p	D	C
滚动体公称内径或球节圆直径	公称外径	公称宽度

滚动直线球导轨支承和滚动直线滚子导轨支承			
双列循环球导轨支承	H	L	B
球导板	H	L	B
盒式球导轨支承	D_w		
链球支承	D_w		
循环滚子导轨支承	B	L	
循环滚子链圆导轨支承	d		
交叉滚子链支承	D_w		
双列循环滚子导轨支承	H	L	B
滚针和平保持架组件	D_w	B	(L)
循环滚针导轨支承	B	L	

结构型式代号

直线运动球轴承

符号	含义
—	外套为圆筒状整体，有保持架，球无限循环
AJ	外套轴向有一条缝，可调径向游隙
OP	轴承有一轴向扇形缺口
HF	套筒型轴承轴向剖分的一半
BP	外套镶有数条轴向滚道板
RA	循环球占用径向空间
ST	可同时往复和旋转，球非循环
BS	导轴有三条轴向凸缘，可传递转矩
BC	无外套，可往复旋转
POR	冲压外圈，可同时往复和旋转，球非循环

滚动直线球导轨支承

符号	含义
DB	滚动体为循环球，行程无限
FB	薄形平板状，做无限直线运动
BB	可沿 V 形槽做无限直线运动，可微调游隙
CB	属冲程式，沿 V 形导轨做有限直线运动
ND	用球作滚动体，每个球有两个接触点的直线支承
NF	用球作滚动体，每个球有四个接触点的直线支承

滚动直线滚子导轨支承

符号	含义
SG	由滚道基体和一组滚子组成，滚子成单列，径向安装孔
SGK	由滚道基体和一组滚子组成，滚子成单列，轴向安装孔
RC	滚子为凹形表面在圆柱导轨上无限运动
CR	滚子回转轴呈 90°交叉，可做有限运动
DR	由滚道基体和一组滚子组成，滚子成双列
FR	平型导轨，圆柱滚子非循环
VN	导轨为 90°角 V 型构件
CN	圆柱滚子交叉排设

滚动直线滚针导轨支承

符号	含义
NC	单排滚针，平型组件
NCW	双排滚针，V 型组件
NCWV	双排滚针，V 型组件，其组件中滚动体直径用$10\sqrt{2}D_w$表示
NCZW	双排滚针，平型组件
RN	滚针端部为阶梯形
GRN	滚针中部为凹槽，带冲压壳型
GRNU	滚针中部为凹槽，带端头型
FN	平型导轨，滚针非循环

第二段 补充代号

符号	含义
TN	保持架、端盖等零件用工程塑料制造
L	保持架、端盖等零件用铝合金制造
RS	单面带橡胶密封
ZRS	双面带橡胶密封
V	无保持架或隔离块
K	支承零件的形状或尺寸改变
Y	支承有上述改变项目以外的其他改变内容

第三段 公差等级、组件分组组合代号

直线运动球轴承	L9，L7，L7A；L6，L6A 和 L6J、L6JA 依次由低到高
循环式滚针滚子导轨支承	普通级 G、高级 E（E5，E10）、精密级 D（D3，D6，D9，D12）和超精密级 C（C2，C4，C6，C8，C10），依次由低到高
滚针和平保持架组件	PN（PN2，PN4，PN6）和 P5（P51，P52，P53，P54），依次由低到高

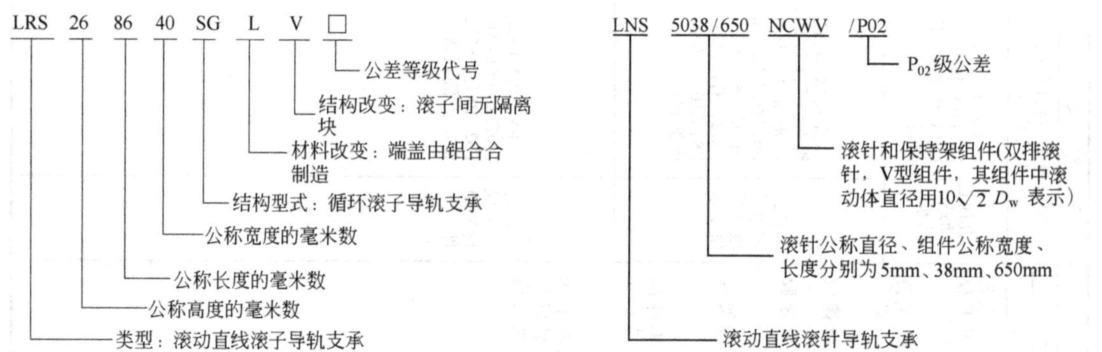

4.3 直线运动滚动支承的结构（见表14.1-43）

表14.1-43　直线运动滚动支承的分类、结构与代号

类型	结构简图及代号
直线运动球轴承	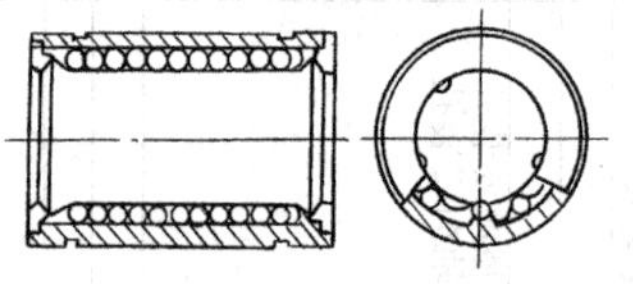 套筒型 LB… 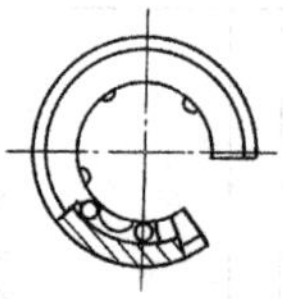 　调整游隙型 LB…AJ 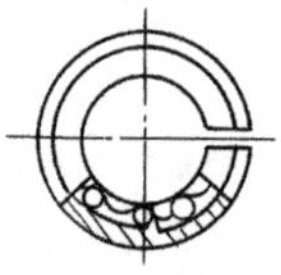 　开口型 LB…OP 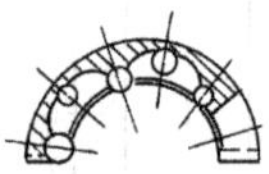 　半型 LB…HF
	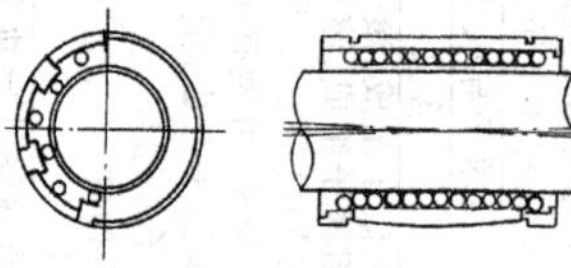 嵌滚道板调心型 LB…BP 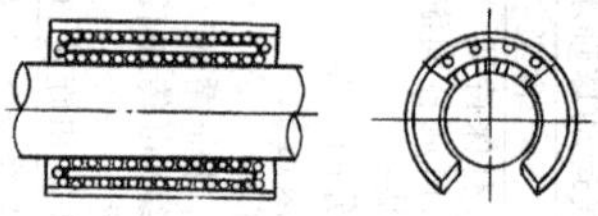 　径向循环型 LB…RA
	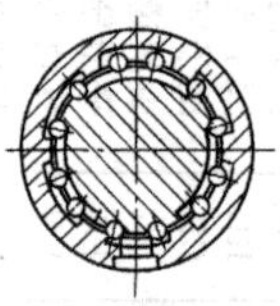 球花键型 LB…BS 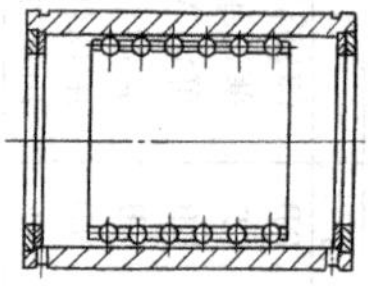 　往复旋转型 LB…ST 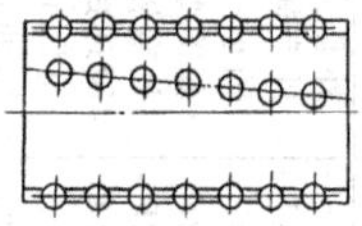 　球和保持架组件 LB…BC
直线运动滚子轴承	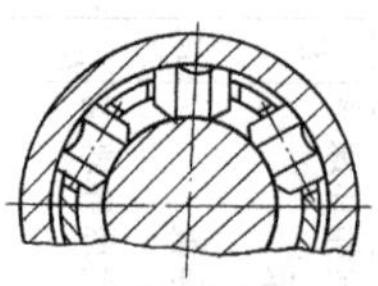 非循环型 LR…
滚动直线球导轨支承	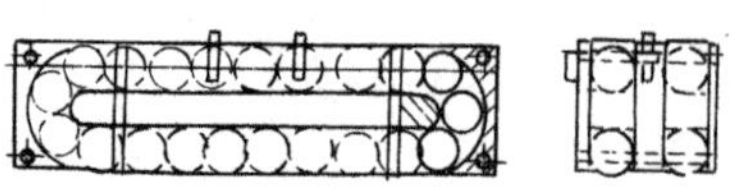 双列循环球型 LBS…DB 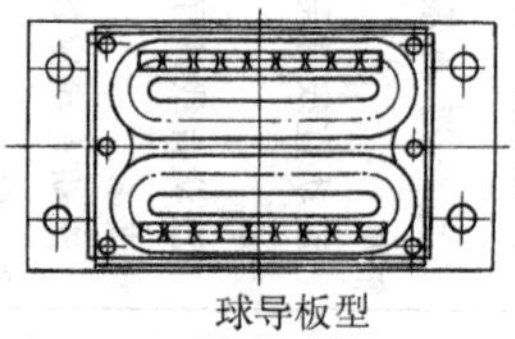 　球导板型 LBS…FB

（续）

类型	结构简图及代号
滚动直线球导轨支承	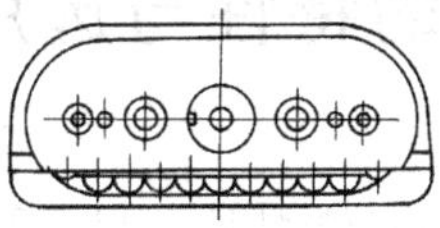 盒式 LBS…BB；链球型 LBS…CB 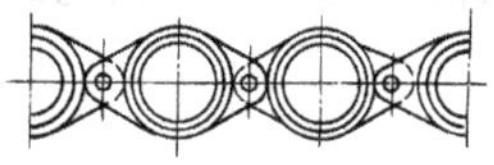
滚动直线滚子导轨支承	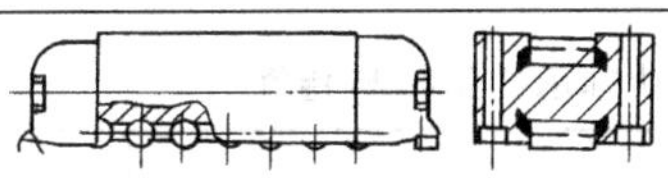 径向安装孔循环型 LRS…SG；轴向安装孔循环型 LRS…SGK 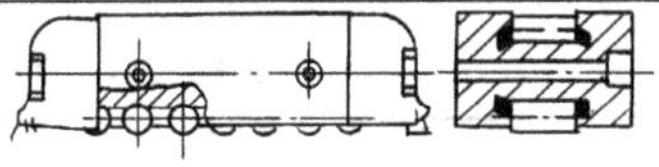
	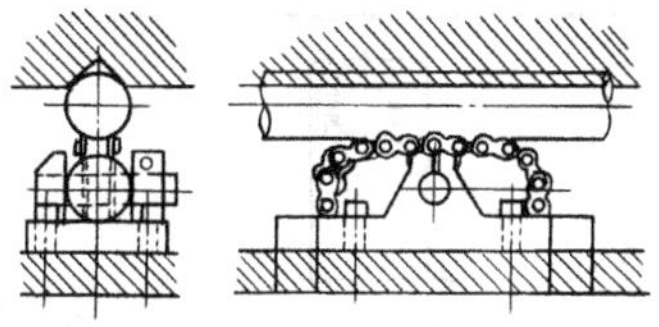 循环滚子链型 LRS…RC；交叉滚子链型 LRS…CR 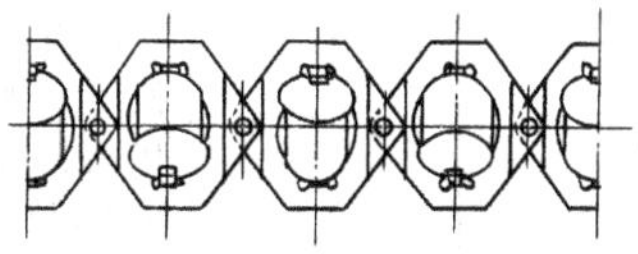
	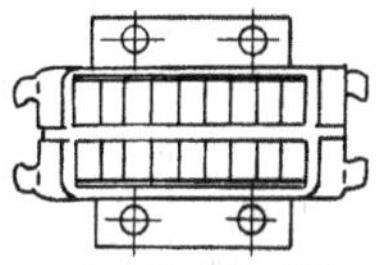 双列循环滚子型 LRS…DR
滚动直线滚针导轨支承	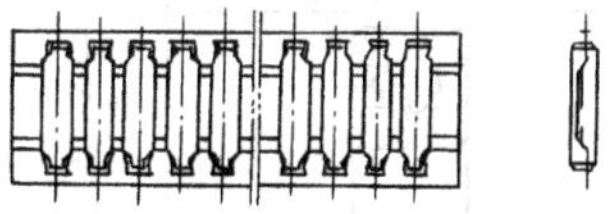 平型组件 LNS…NS；V 型组件 LNS…NCW 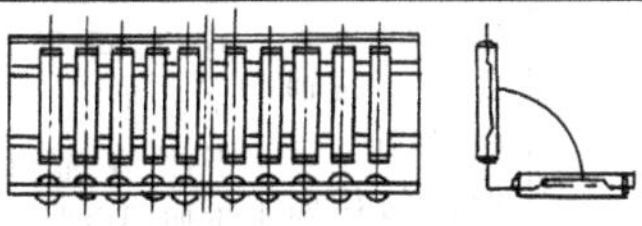
	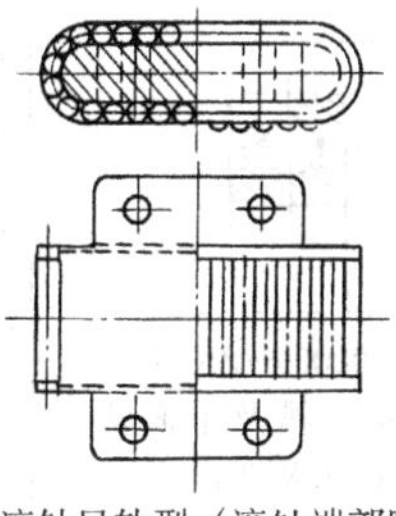 循环滚针导轨型（滚针端部阶梯形） LNS…RN；循环滚针导轨型（滚针中部凹槽，带冲压外壳） LNS…GRN 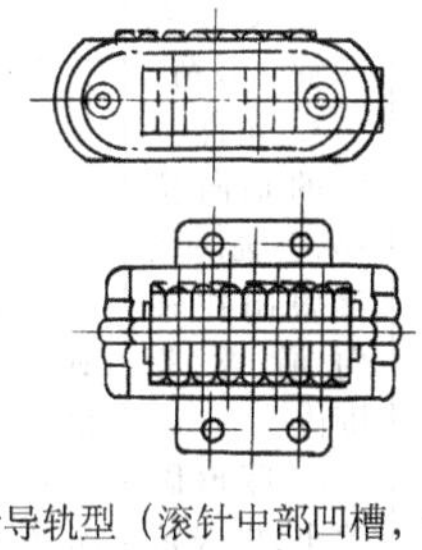
	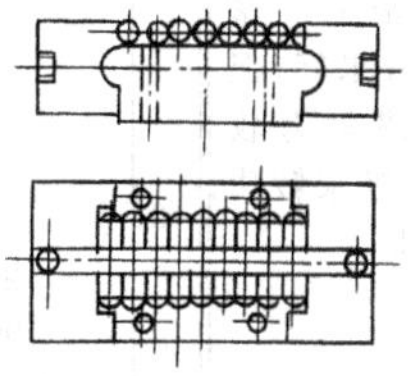 循环滚针导轨型（滚针中部凹槽，带端头型） LNS…GRNU

第 2 章　滚动轴承的特性与选用

1　常用滚动轴承的特性

通用轴承的结构与特性见表 14.2-1，关节轴承的结构与特性见表 14.2-2，直线运动滚动支承的结构、特性与应用见表 14.2-3～表 14.2-5。

表 14.2-1　通用滚动轴承的结构与特性

序号	结构简图、代号、名称	一般特性	其他特性
深沟球轴承			
1	60000 型 深沟球轴承	1. 承载能力较小，额定动载荷比为 1 2. 主要承受径向载荷，也可同时承受一定的轴向载荷。当轴承的径向游隙加大时，具有角接触轴承的功能，可承受较大的轴向载荷 3. 允许一定的轴向位移，但轴向位移限制在轴向游隙范围内 4. 摩擦因数小，极限转速高	结构简单，使用方便，工作期间不需保养，适于高速，应用极为广泛
2	60000—Z型 一面带防尘盖的深沟球轴承		防尘盖用 08 或 10 钢制造，与内圈挡边之间存在径向间隙。安装使用时不用清洗和添加润滑脂
3	60000—2Z型 两面带防尘盖的深沟球轴承		
4	60000—LS型 一面带密封圈的深沟球轴承（接触式）		采用钢骨架或丁腈橡胶密封圈。密封唇与内圈挡边径向接触，为接触式密封。密封效果好，但摩擦阻力较大，极限转速较低
5	60000—2LS型 两面带密封圈的深沟球轴承（接触式）		

序号	结构简图、代号、名称	一般特性	其他特性
深沟球轴承			
6	60000—RZ型 一面带密封圈的深沟球轴承（非接触式）	1. 承载能力较小，额定动载荷比为 1 2. 主要承受径向载荷，也可同时承受一定的轴向载荷。当轴承的径向游隙加大时，具有角接触轴承的功能，可承受较大的轴向载荷 3. 允许一定的轴向位移，但轴向位移限制在轴向游隙范围内 4. 摩擦因数小，极限转速高	采用钢骨架或丁腈橡胶密封圈。密封唇与内圈挡边不接触，为不接触密封。轴承在安装时不用清洗和添加润滑剂
7	60000—2RZ型 两面带密封圈的深沟球轴承（非接触式）		
8	60000—N型 带止动槽的深沟球轴承		装上止动环后可简化轴承在座孔内的轴向定位。轴承部件的轴向尺寸较小
9	60000—ZN型 带止动槽及单面防尘盖的深沟球轴承		
调心球轴承			
10	10000(TN1、M)型 圆柱孔调心球轴承	1. 承载能力较小，额定动载荷比为 0.6～0.9 2. 主要承受径向载荷，也可同时承受少量的轴向载荷，不宜承受纯轴向载荷	—

（续）

序号	结构简图、代号、名称	一般特性	其他特性
	调心球轴承		
11	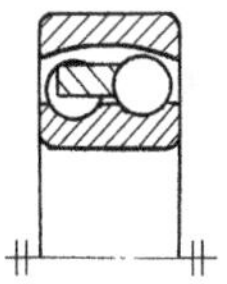 10000K(KTN、KM)型 圆锥孔调心球轴承(孔的锥度为 1∶12)	3. 具有很好的调心性，可以自动补偿由于轴的挠曲和壳体变形产生的同轴度误差，适用于支承座孔不能严格对中的部件中 4. 极限转速中 TN1—尼龙保持架 M—黄铜实体保持架	可微调轴承的径向游隙
12	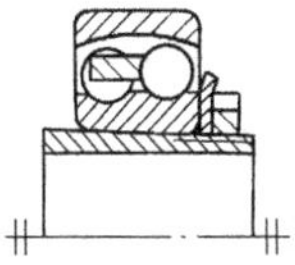 10000K(KTN、KM)+H型 带紧定套的调心球轴承		用于无轴肩的光轴，安装拆卸方便，还可微调轴承的径向游隙
	角接触球轴承		
13	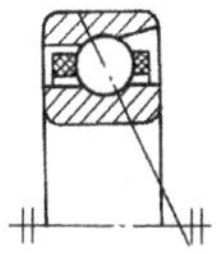 70000C(AC)型 锁口在外圈的单列角接触球轴承	1. 承载能力较大，额定动载荷比为1~1.4 2. 可以同时承受径向载荷和轴向载荷，也可承受纯轴向载荷，接触角越大，轴向承载能力越大 3. 只能承受一个方向的轴向载荷，在承受径向载荷时，会引起附加轴向力，一般成对使用，使轴向力相平衡 4. 极限转速高	70000C 接触角 $\alpha=15°$ 70000AC 接触角 $\alpha=25°$ 70000B 接触角 $\alpha=40°$
14	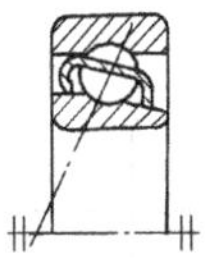 70000B型 锁口在内圈的单列角接触球轴承		
15	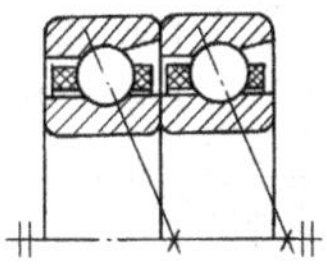 70000C(AC、B)/DT型 成对安装的角接触球轴承(串联排列)	1. 能承受较大的单向轴向载荷，承载能力随接触角的增大而增加 2. 能限制轴或外壳在一个方向上的轴向位移 3. 极限转速中	用于承受较大的轴向载荷
	角接触球轴承		
16	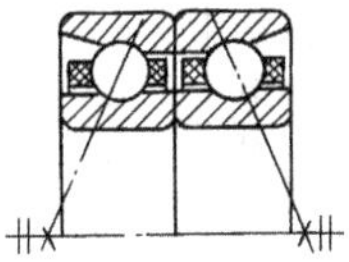 70000C(AC、B)/DB型 成对安装的角接触球轴承(背对背排列)	1. 能承受双向轴向载荷，承载能力随接触角的增大而增加 2. 通过预紧可限制轴或外壳的轴向位移 3. 通过预紧可增加轴承的刚度和旋转精度 4. 极限转速中	有较大的抗弯刚度，适合悬臂轴的支承
17	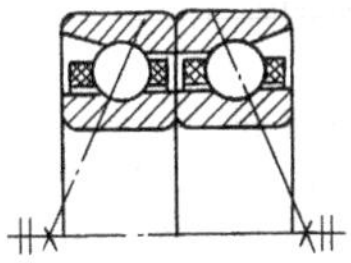 70000C(AC、B)/DB型 成对安装的角接触球轴承(面对面排列)		—
18	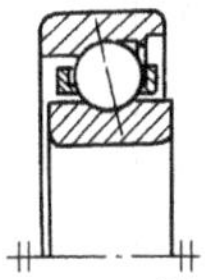 S70000J型 外圈可分离型角接触球轴承	1. 承载能力较大 2. 能承受以径向载荷为主的径、轴向联合载荷 3. 能限制轴和外壳的单向轴向位移 4. 极限转速高	内外圈可分别安装，适用于安装条件受限制的部位，一般成对使用
19	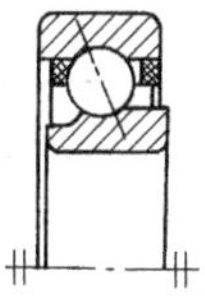 SN70000型 内圈可分离型角接触球轴承		
20	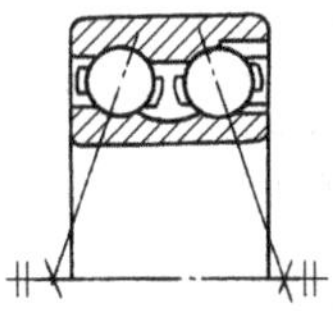 00000型 双列角接触球轴承	1. 承载能力大 2. 能承受双向轴向载荷，还可以承受一定的倾覆力矩 3. 具有成对安装的背对背轴承的特点，但宽度较窄 4. 极限转速高	接触角 $\alpha=30°$，刚度较好

（续）

序号	结构简图、代号、名称	一般特性	其他特性
四点接触球轴承			
21	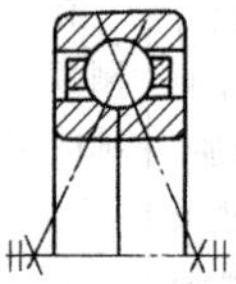 QJ0000型 四点接触球轴承（双半内圈）	1. 装球数量多，故承载能力较大，额定动载荷比1.4~1.8 2. 可承受双向轴向载荷，可限制轴或外壳在两个方向的轴向位移 3. 具有成对安装的角接触球轴承的特性，但占用轴向空间更小 4. 无载荷或纯径向载荷作用时，钢球与套圈呈四点接触；在纯轴向载荷作用时，钢球与套圈为二点接触 5. 极限转速高	结构紧凑，属可分离型轴承，接触角为35°
22	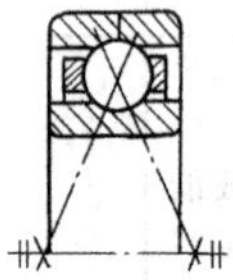 QJF0000型 四点接触球轴承（双半外圈）		
圆柱滚子轴承			
23	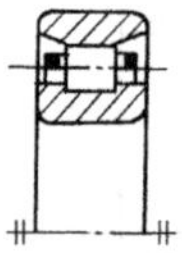 N型 外圈无挡边的圆柱滚子轴承	1. 承载能力大，额定动载荷比1.5~3 2. 不能承受轴向载荷 3. 不能限制轴和外壳的轴向位移 4. 属分离型轴承，安装、拆卸非常方便，尤其当内外圈与轴和壳体都是过盈配合时，更显其优点 5. 极限转速高	常用作游动支承
24	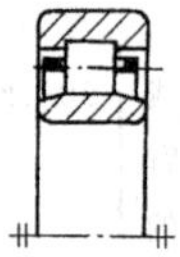 NU型 内圈无挡边的圆柱滚子轴承		

序号	结构简图、代号、名称	一般特性	其他特性
圆柱滚子轴承			
25	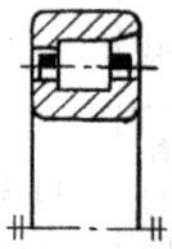 NF型 外圈单挡边的圆柱滚子轴承	1. 径向承载能力大，额定动载荷比1.5~3 2. 能承受较小的单方向的轴向载荷 3. 能限制轴和外壳的单向轴向位移 4. 属分离型轴承，安装、拆卸非常方便，尤其当内外圈与轴和壳体都是过盈配合时，更显其优点 5. 极限转速高	需成对使用
26	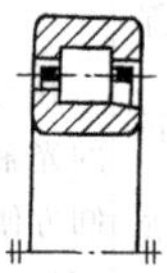 NJ型 内圈单挡边的圆柱滚子轴承		
27	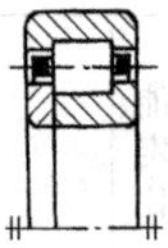 NUP型 内圈单挡边带平挡圈的圆柱滚子轴承	1. 承载能力大，额定动载荷比1.5~3 2. 能承受较小的双向轴向载荷 3. 能限制轴和外壳的双向轴向位移 4. 属分离型轴承，安装、拆卸非常方便，尤其当内外圈与轴和壳体都是过盈配合时，更显其优点 5. 极限转速高	用于轴向安装尺寸较小的场合
28	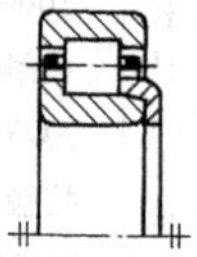 NH(NJ+HJ)型 内圈单挡边并带斜挡圈的圆柱滚子轴承		
29	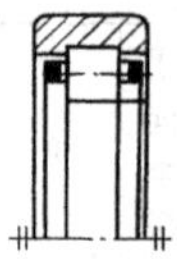 RNU型 无内圈圆柱滚子轴承	1. 额定动载荷比1.5~3 2. 不能承受轴向载荷，不能限制轴和外壳的轴向位移 3. 与轴承接触的轴颈表面或外壳孔表面直接作为轴承的内、外滚道表面，其表面硬度、加工精度和表面质量应与套圈滚道相近 4. 极限转速高	占用径向尺寸小，用于径向尺寸受限制的部件中

（续）

序号	结构简图、代号、名称	一般特性	其他特性
	圆柱滚子轴承		
30	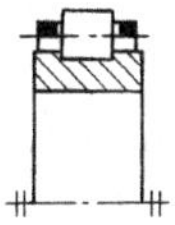 RN型 无外圈圆柱滚子轴承	1. 额定动载荷比 1.5~3 2. 不能承受轴向载荷，不能限制轴和外壳的轴向位移 3. 与轴承接触的轴颈表面或外壳孔表面直接作为轴承的内、外滚道表面，其表面硬度、加工精度和表面质量应与套圈滚道相近 4. 极限转速高	占用径向尺寸小，用于径向尺寸受限制的部件中
31	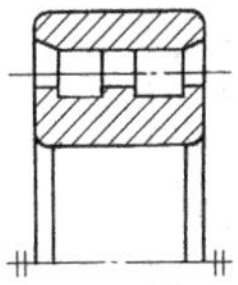 NN型 双列圆柱滚子轴承	1. 径向承载能力大，额定动载荷比 2.6~5.2 2. 不能承受轴向载荷 3. 不能限制轴和外壳的轴向位移 4. 极限转速高 5. 有圆柱孔和圆锥孔两种结构，圆锥孔轴承可微量调整轴承游隙	结构紧凑，分离型，刚性大，受载后变形小，可用作游动支承，特别适于用作机床主轴轴承
32	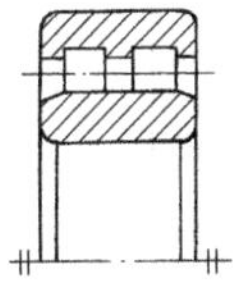 NNU型 内圈无挡边双列圆柱滚子轴承		
33	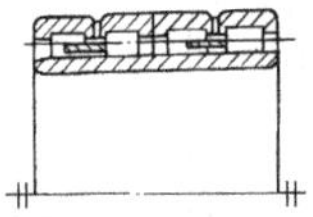 FC型 双半外圈四列圆柱滚子轴承	1. 径向承载能力很大，额定动载荷比 4.5~6 2. 不能承受轴向载荷 3. 不能限制轴向位移 4. 极限转速高 5. 轴承套圈和滚动体组件可方便地分离，轴承的清洗、检查和装拆都很方便	结构紧凑，分离型，刚性大。主要用于重型机械和轧钢机械中
34	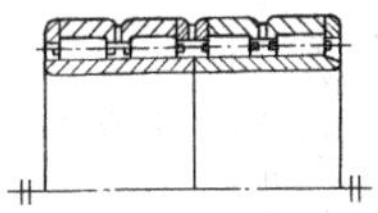 FCDP型 双半内圈四列圆柱滚子轴承		
35	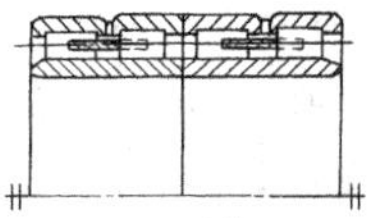 FCD型 双半外圈、双半内圈四列圆柱滚子轴承	1. 径向承载能力很大，额定动载荷比 4.5~6 2. 不能承受轴向载荷 3. 不能限制轴向位移 4. 极限转速高 5. 轴承套圈和滚动体组件可方便地分离，轴承的清洗、检查和装拆都很方便	结构紧凑，分离型，刚性大。主要用于重型机械和轧钢机械中
	调心滚子轴承		
36	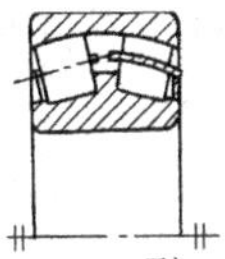 20000型 圆柱孔调心滚子轴承	1. 承载能力大，额定动载荷比2.3~5.2 2. 主要承受径向载荷，也能承受任一方向的轴向载荷，适于在重载和振动载荷下工作，不能承受纯轴向载荷 3. 轴和外壳的轴向位移限制在轴向游隙范围内 4. 调心性好，能补偿同轴度误差 5. 极限转速低	—
37	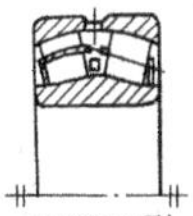 20000C型 圆柱孔调心滚子轴承（改进型）		经优化设计的结构型式，滚子和滚道间的摩擦减小，承载能力较强，应优先选用
38	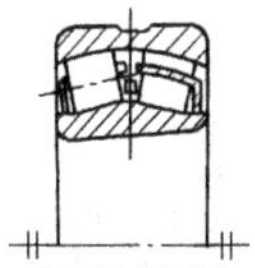 20000CK型 圆锥孔调心滚子轴承（内孔锥度 1∶12）	CC—改进型，钢板（带）冲压保持架 CACM—黄铜车制实体保持架 TN1—尼龙保持架 W33—外圈有润滑油槽和三个润滑油孔	与锥形轴颈配合时，内圈沿轴向移动可以微量调整轴承的径向游隙

（续）

序号	结构简图、代号、名称	一般特性	其他特性
	调心滚子轴承		
39	20000CK30型 圆锥孔调心滚子轴承（内孔锥度 1∶30）	1. 承载能力大，额定动载荷比2.3~5.2 2. 主要承受径向载荷，也能承受任一方向的轴向载荷，适于在重载和振动载荷下工作，不能承受纯轴向载荷 3. 轴和外壳的轴向位移限制在轴向游隙范围内 4. 调心性好，能补偿同轴度误差 5. 极限转速低 CC—改进型，钢板（带）冲压保持架 CACM—黄铜车制实体保持架 TN1—尼龙保持架 W33—外圈有润滑油槽和三个润滑油孔	与锥形轴颈配合时，内圈沿轴向移动可以微量调整轴承的径向游隙
40	20000K+H型 带紧定套的调心滚子轴承（内孔锥度 1∶12）		可安装在没有轴肩的光轴上，适用于经常安装和拆卸轴承的场合
	圆锥滚子轴承		
41	30000型 单列圆锥滚子轴承	1. 额定动载荷比1.5~2.5 2. 能承受单向轴向载荷，在径向载荷作用下会产生附加轴向力，一般成对使用 3. 能限制轴和外壳在一个方向的轴向位移 4. 极限转速低	313 系列具有较大的接触角，可以承受更大的轴向载荷。其他系列的接触角在 10°~18°范围内
42	350000型 双列圆锥滚子轴承	1. 额定动载荷比 2.6~4.3 2. 在承受径向载荷的同时，可承受双向轴向载荷 3. 限制轴和外壳的轴向位移在轴向游隙范围内 4. 极限转速中	改变隔圈的厚度可以调整轴承的径向游隙
	圆锥滚子轴承		
43	380000型 四列圆锥滚子轴承	1. 承载能力很大，额定动载荷比4.5~7.4 2. 能承受较大的双向轴向载荷 3. 限制轴和外壳的轴向位移在轴向游隙范围内 4. 极限转速低	改变隔圈的厚度可以调整轴承的径向游隙。主要用于重型机械，如轧钢机械等
	推力球轴承		
44	51000型 单向推力球轴承	1. 承载能力较低，额定动载荷比为 1 2. 不能承受径向载荷，只能承受一个方向的轴向载荷，可限制轴和外壳在一个方向的轴向位移 3. 极限转速低	属分离型轴承
45	52000型 双向推力球轴承	1. 承载能力较低，额定动载荷比为 1 2. 不能承受径向载荷，能承受两个方向的轴向载荷，可限制轴和外壳在两个方向的轴向位移 3. 极限转速低	
	推力滚子轴承		
46	29000型 推力调心滚子轴承	1. 额定动载荷比 1.7~2.2 2. 承受以轴向载荷为主的轴、径向联合载荷，径向载荷不得超过轴向载荷的 55% 3. 摩擦因数较低，极限转速中	具有调心性

（续）

序号	结构简图、代号、名称	一般特性	其他特性
	推力滚子轴承		
47	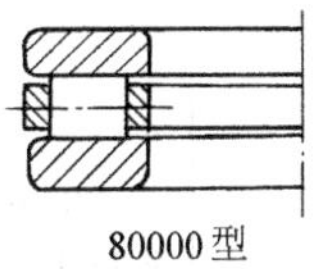 80000 型 推力圆柱滚子轴承	1. 承载能力较大 2. 可以承受单向轴向载荷 3. 刚性大，占用轴向空间小 4. 极限转速低	—
48	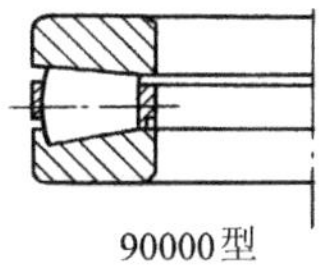 90000 型 推力圆锥滚子轴承		转速高于推力圆柱滚子轴承
	滚针轴承		
49	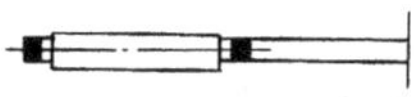 AXK 型 推力滚针和保持架组件	1. 承载能力较小 2. 与滚针组件相接触的两个端面作为滚动面，其表面硬度、加工精度和表面质量应与座圈滚道相近 3. 极限转速低	占用轴向空间最小
50	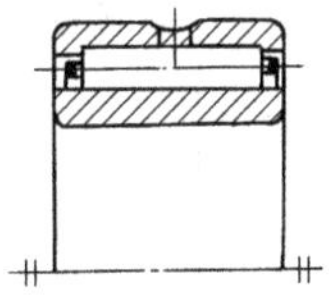 NA、NKI 型 单列滚针轴承	1. 只能承受径向载荷，不能承受轴向载荷 2. 滚动体为细而长的滚子（长度为直径的 3～5 倍，直径≤5mm），径向尺寸小，结构紧凑，适用于径向尺寸受限制的场合 3. 极限转速高	可分别安装内圈和外圈
51	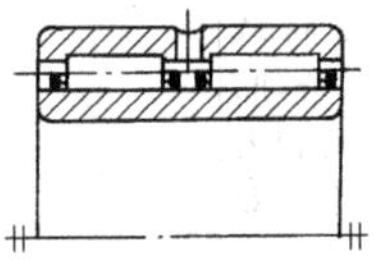 NA6900型 双列滚针轴承		

序号	结构简图、代号、名称	一般特性	其他特性
	滚针轴承		
52	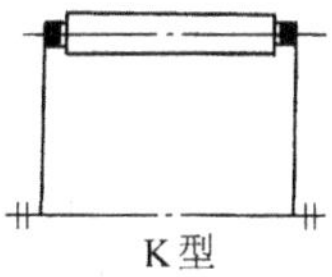 K 型 向心滚针和保持架组件	1. 与组件接触的轴颈表面和外壳孔表面直接作为轴承的内、外滚道表面，其表面硬度、加工精度和表面质量应与套圈滚道相近 2. 极限转速低	径向尺寸最小，适用于径向尺寸受限制的场合
53	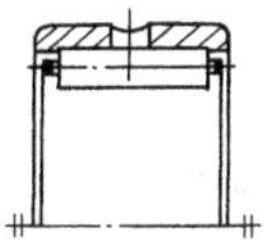 RNA、NK 型 无内圈滚针轴承	1. 能承受径向载荷，不能承受轴向载荷 2. 与轴承接触的轴颈表面直接作为轴承的内滚道表面，其表面硬度、加工精度和表面质量应与套圈滚道相近 3. 采用压入配合装进座孔中，无须进行轴向定位 4. 极限转速低	
54	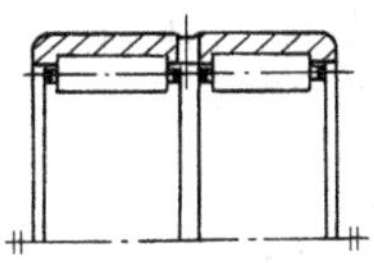 RNA6900 型 双列无内圈滚针轴承		
55	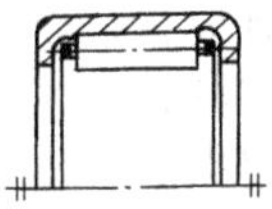 HK0000 型 穿孔型冲压外圈滚针轴承	1. 由薄壁冲压外圈、保持架和整组滚针组成，成本低，载荷容量大 2. 装配前注入足量的润滑脂，工作时一般不再润滑 3. 极限转速低	
56	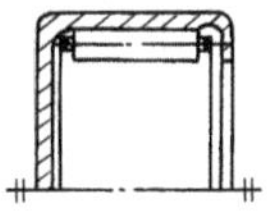 BK0000 型 封口型冲压外圈滚针轴承		用于轴颈无伸出端的支承，能承受小的轴向游动，端面起密封作用

（续）

序号	结构简图、代号、名称	一般特性	其他特性
	外球面球轴承		
57	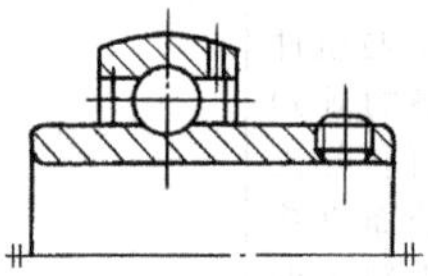 UC型 带紧定螺钉外球面球轴承	1. 承载能力较小，额定动载荷比为 1 2. 主要承受径向载荷，也能承受一定的轴向载荷 3. 内部结构与深沟球轴承相同，但内圈宽于外圈，外圈具有球形外表面，与轴承座的凹球面相配，能自动调心 4. 内孔与轴之间有间隙，可用紧定螺钉、偏心套或紧定套把内圈固定在轴上 5. 结构紧凑，装卸方便，密封好，适用于简单支承	适用于旋转方向变化的场合
58	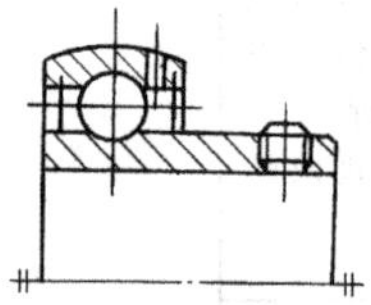 UB型 带紧定螺钉外球面球轴承（一端平头）		
59	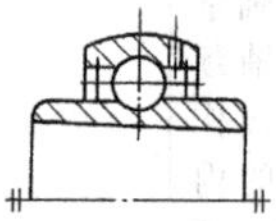 UK型 圆锥孔外球面球轴承		适用于旋转方向变化、转速较高且运转较平稳的场合
60	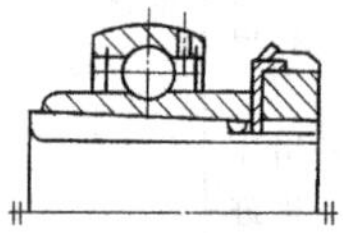 UK+H型 带紧定套外球面球轴承		
61	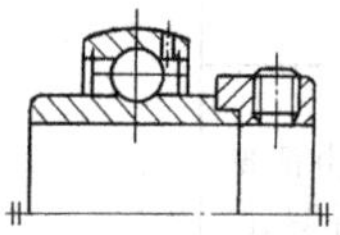 UEL型 带偏心套外球面球轴承		适用于旋转方向不变化的场合
62	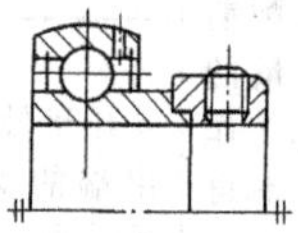 UE型 带偏心套外球面球轴承（一端平头）		

序号	结构简图、代号、名称	一般特性	其他特性
	组合轴承		
63	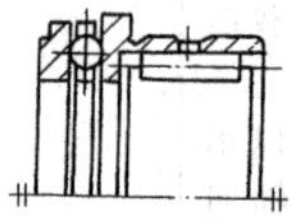 NKX 型 滚针和单向推力球组合轴承	1. 两套轴承分别承受较大的径向载荷和轴向载荷，受载合理，承载能力较大 2. 可限制单向轴向位移 3. 体积小，重量轻，结构紧凑	适用于径向尺寸和轴向尺寸均受限制的场合
64	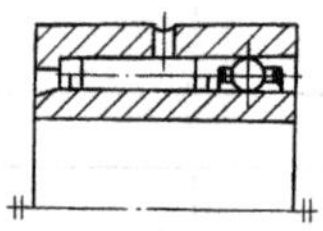 NKXA型 滚针和单向推力角接触球组合轴承		适用于径向尺寸和轴向尺寸受限制的场合
65	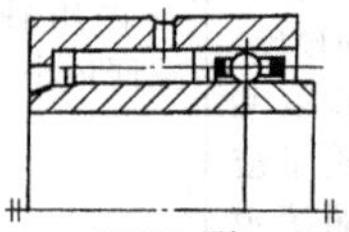 NKIB型 滚针和双向推力角接触球组合轴承		
66	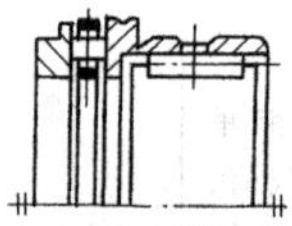 NKXR 型 滚针和单向推力圆柱滚子组合轴承		
67	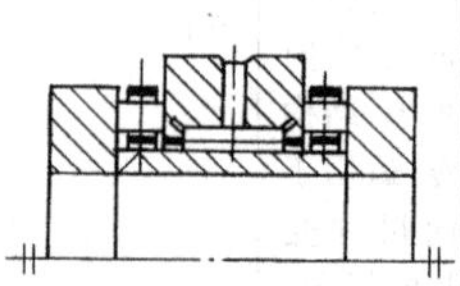 ZARN型 滚针和双向推力圆柱滚子组合轴承	1. 可承受较大的径向载荷和轴向载荷，受载合理，承载能力较大 2. 限制双向轴向位移 3. 体积小，重量轻，结构紧凑	

表 14.2-2　关节轴承的结构与特性

序号	结构简图、代号、名称	载荷特性	结构特点
向心关节轴承			
1	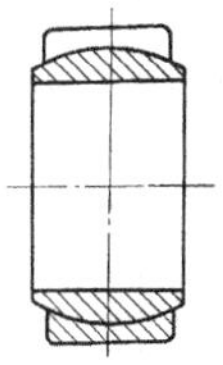 GE…E 型 向心关节轴承	径向载荷和任一方向较小的轴向载荷	单缝外圈 无润滑油槽
2	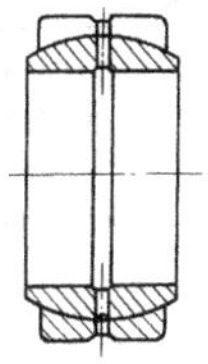 GE…ES 型 向心关节轴承		单缝外圈 有润滑油槽
3	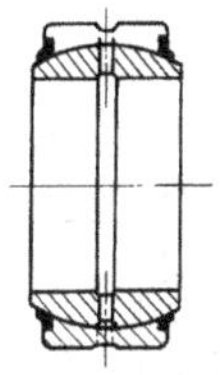 GE…ES-2RS 型 向心关节轴承		单缝外圈 有润滑油槽 两面带密封圈
4	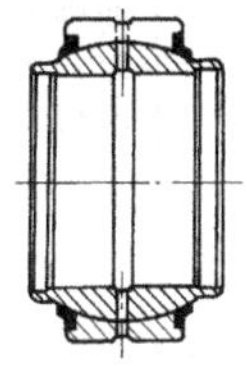 GEEW…ES-2RS 型 向心关节轴承	径向载荷和任一方向较大的轴向载荷	单缝外圈，有润滑油槽，两面带密封圈
5	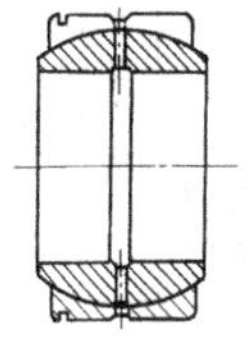 GE…ESN 型 向心关节轴承	径向载荷和任一方向不大的轴向载荷，但轴向载荷由止动环承受时，承受轴向载荷的能力降低	单缝外圈，有润滑油槽，外圈有止动槽
6	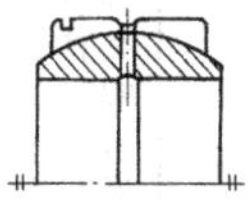 GE…XSN 型 向心关节轴承		双缝外圈（部分外圈）有润滑油槽，外圈有止动槽
向心关节轴承			
7	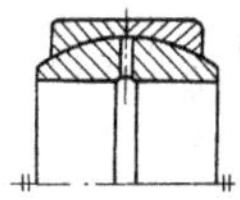 GE…HS 型 向心关节轴承	径向载荷和任一方向不大的轴向载荷	内圈有润滑油槽，双半外圈，磨损后游隙可调整
8	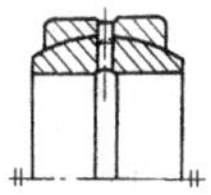 GE…DE1 型 向心关节轴承		内圈为淬硬轴承钢，外圈为轴承钢，在内圈装配时挤压成形，有润滑油槽和油孔。内径小于 15mm 的轴承，无润滑油槽和油孔
9	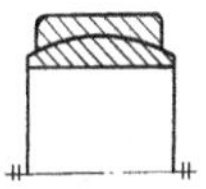 GE…DEM1 型 向心关节轴承		内圈为淬硬轴承钢，外圈为轴承钢，在内圈装配时挤压成形，轴承装入轴承座后在外圈上压出端沟，使轴承轴向固定
10	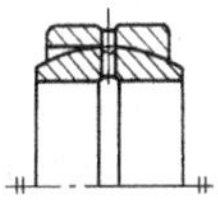 GE…DS 型 向心关节轴承	径向载荷和不大的轴向载荷（装配槽一般不能承受轴向载荷）	外圈有装配槽和润滑油槽，只限于大尺寸的轴承
11	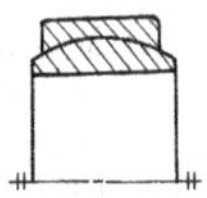 GE…C 型 GE…T 型 自润滑向心关节轴承	径向载荷和任一方向不大的轴向载荷	挤压外圈，外圈滑动表面为烧结青铜复合材料；内圈为淬硬轴承钢，滑动表面镀硬铬，只限于小尺寸的轴承 外圈为轴承钢，滑动表面为一层聚四氟乙烯织物；内圈为淬硬轴承钢，滑动表面镀硬铬

（续）

序号	结构简图、代号、名称	载荷特性	结构特点
	向心关节轴承		
12	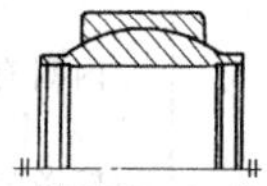 GEEW…T型 自润滑宽内圈向心关节轴承	方向不变的载荷，在承受径向载荷的同时能承受任一方向不大的轴向载荷	外圈为轴承钢，滑动表面为一层聚四氟乙烯织物；内圈为淬硬轴承钢，滑动表面镀硬铬
13	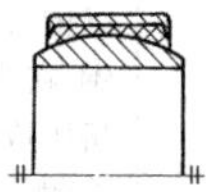 GE…F型 自润滑向心关节轴承	方向不变的中等径向载荷	外圈为淬硬轴承钢，滑动表面为以聚四氟乙烯为添加剂的玻璃纤维增强塑料；内圈为淬硬轴承钢，滑动表面镀硬铬
14	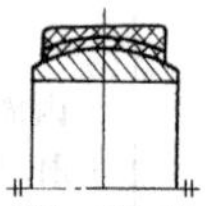 GE…F2型 自润滑向心关节轴承	方向不变的中等径向载荷	外圈为玻璃纤维增强塑料，滑动表面为以聚四氟乙烯为添加剂的玻璃纤维增强塑料；内圈为淬硬轴承钢，滑动表面镀硬铬
15	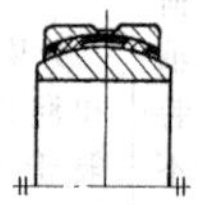 GE…FSA型 自润滑向心关节轴承	较重的径向载荷	外圈为中碳钢，滑动表面由以聚四氟乙烯为添加剂的玻璃纤维增强塑料圆片组成并用固定器定于外圈上；内圈为淬硬轴承钢，用于大型和特大型轴承
16	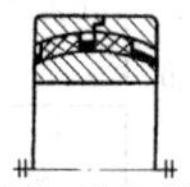 GE…FIH型 自润滑向心关节轴承	较重的径向载荷	外圈为淬硬轴承钢，内圈为中碳钢，滑动表面由以聚四氟乙烯为添加剂的玻璃纤维增强塑料圆片组成并用固定器固定于内圈上，用于大型和特大型轴承，双半外圈

序号	结构简图、代号、名称	载荷特性	结构特点
	角接触关节轴承		
17	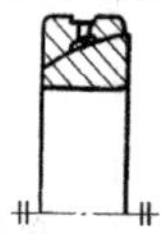 GAC…S型 角接触关节轴承	径向载荷和一方向的轴向（联合）载荷	内、外圈均为淬硬轴承钢，外圈有油槽和油孔
18	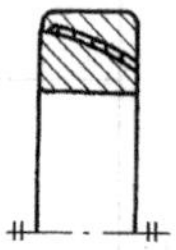 GAC…F型 自润滑角接触关节轴承	径向载荷和一方向的轴向（联合）载荷	外圈为淬硬轴承钢，滑动表面为以聚四氟乙烯为添加剂的玻璃纤维增强塑料；内圈为淬硬轴承钢，滑动表面镀硬铬
	推力关节轴承		
19	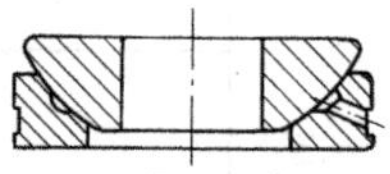 GX…S型 推力关节轴承	一方向的轴向载荷或联合载荷（此时其径向载荷值不得大于轴向载荷的50%）	轴圈和座圈均为淬硬轴承钢，座圈有油槽和油孔
20	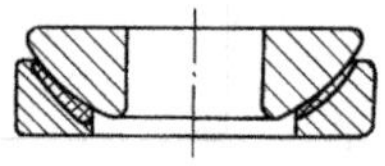 GX…F型 自润滑推力关节轴承	一方向的轴向载荷或联合载荷（此时其径向载荷值不得大于轴向载荷的50%）	座圈为淬硬轴承钢，滑动表面为以聚四氟乙烯为添加剂的纤维增强塑料；轴圈为淬硬轴承钢，滑动表面镀硬铬
	杆端关节轴承		
21	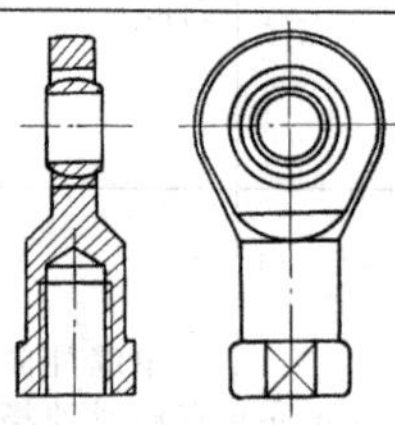 SI…E型 杆端关节轴承	径向载荷和任一方向小于或等于20%径向载荷的轴向载荷	系GE…E型轴承与杆端的组装体，杆端带内螺纹，材料为碳素结构钢，无润滑油槽
22	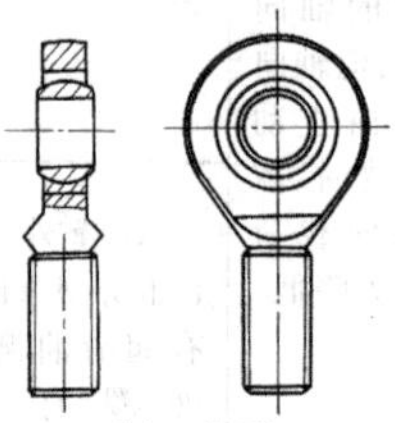 SA…E型 杆端关节轴承	径向载荷和任一方向小于或等于20%径向载荷的轴向载荷	系GE…E型轴承与杆端的组装体，杆端带外螺纹，材料为碳素结构钢，无润滑油槽

（续）

序号	结构简图、代号、名称	载荷特性	结构特点
杆端关节轴承			
23	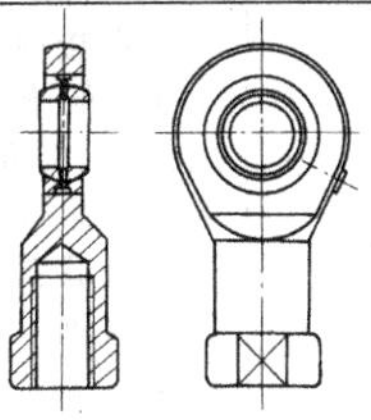 SI…ES 型 杆端关节轴承	径向载荷和任一方向小于或等于20%径向载荷的轴向载荷	系 GE…ES 型轴承与杆端的组装体，杆端带内螺纹，材料为碳素结构钢，有润滑油槽
24	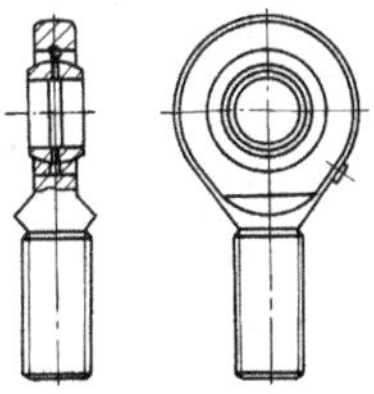 SA…ES 型 杆端关节轴承		系 GE…ES 型轴承与杆端的组装体，杆端带外螺纹，材料为碳素结构钢，有润滑油槽
25	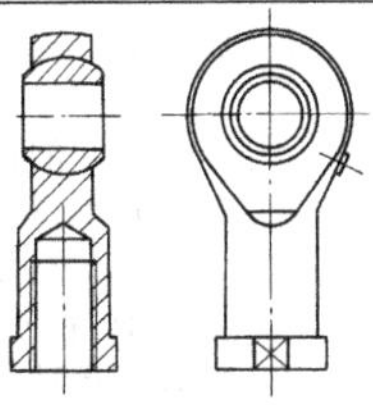 SIB…S 型 整体杆端关节轴承		杆端带内螺纹，材料为碳素结构钢，内圈为淬硬轴承钢，有润滑油槽
26	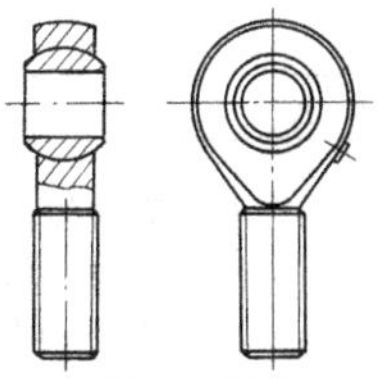 SAB…S 型 整体杆端关节轴承		杆端带外螺纹，材料为碳素结构钢，内圈为淬硬轴承钢，有润滑油槽
27	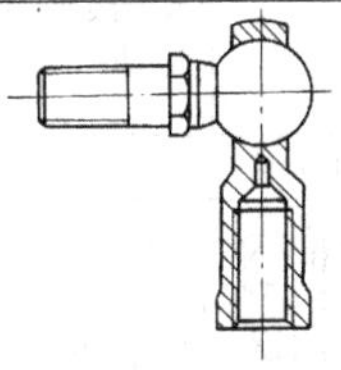 SQ…型 球头杆端关节轴承	径向载荷和任一方向不大的轴向载荷	杆端为碳素结构钢；球头为渗碳钢
28	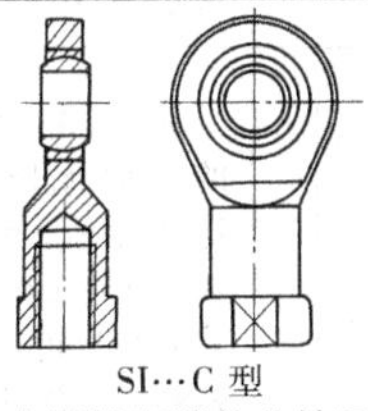 SI…C 型 自润滑杆端关节轴承	方向不变的载荷，在承受径向载荷的同时承受任一方向小于或等于20%径向载荷的轴向载荷	系 GE…C 型轴承与杆端的组装体 杆端带内螺纹，材料为碳素结构钢

序号	结构简图、代号、名称	载荷特性	结构特点
杆端关节轴承			
29	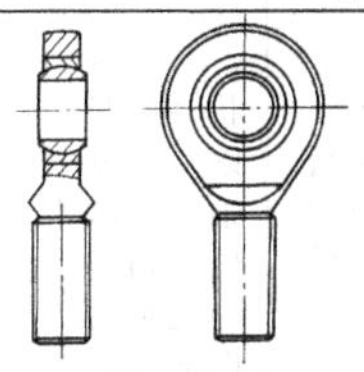 SA…C 型 自润滑杆端关节轴承	方向不变的载荷，在承受径向载荷的同时承受任一方向小于或等于20%径向载荷的轴向载荷	系 GE…C 型轴承与杆端的组装体 杆端带外螺纹，材料为碳素结构钢
30	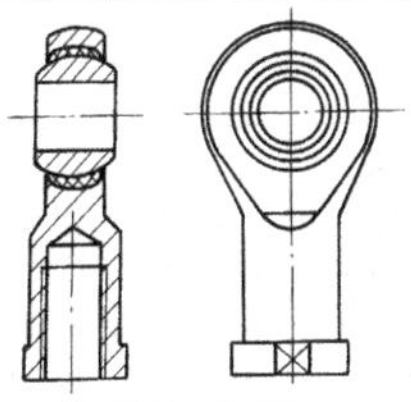 SIR…C 型 自润滑整体杆端关节轴承	方向不变的径向载荷	杆端带内螺纹，材料为碳素结构钢，滑动表面为烧结青铜复合材料；内圈为淬硬轴承钢，滑动表面镀硬铬
31	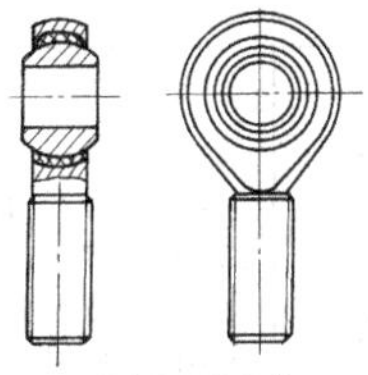 SAB…C 型 自润滑整体杆端关节轴承		杆端带外螺纹，材料为碳素结构钢，滑动表面为烧结青铜复合材料；内圈为淬硬轴承钢，滑动表面镀硬铬
32	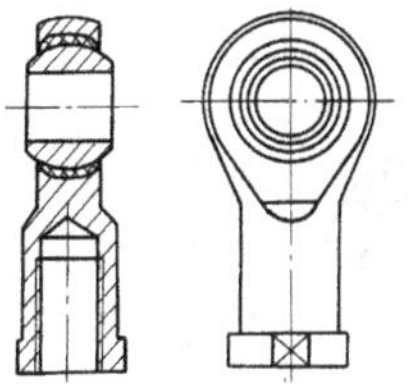 SIB…F 型 自润滑整体杆端关节轴承		杆端带内螺纹，材料为碳素结构钢，滑动表面为以聚四氟乙烯为添加剂的玻璃纤维增强塑料；内圈为淬硬轴承钢，滑动表面镀硬铬
33	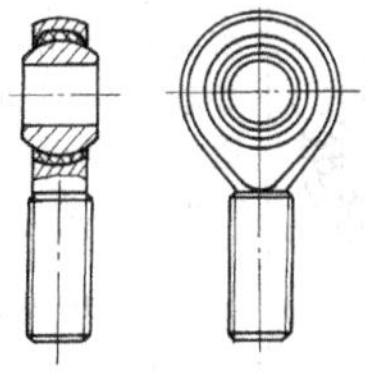 SAB…F 型 自润滑整体杆端关节轴承		杆端带外螺纹，材料为碳素结构钢，滑动表面为以聚四氟乙烯为添加剂的玻璃纤维增强塑料；内圈为淬硬轴承钢，滑动表面镀硬铬
34	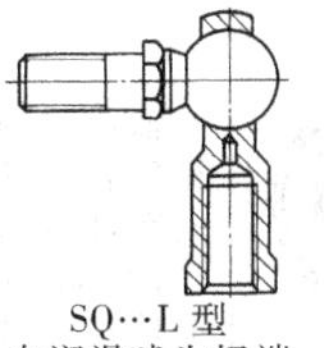 SQ…L 型 自润滑球头杆端关节轴承	径向载荷和任一方向不大的轴向载荷	由特殊自润滑合金材料制成

注：新增加的结构类型可参阅 GB/T 304.1—2002。

表 14.2-3 直线运动滚动支承的结构

序号	结构简图、代号、名称	结构特点
	直线运动球轴承	
1	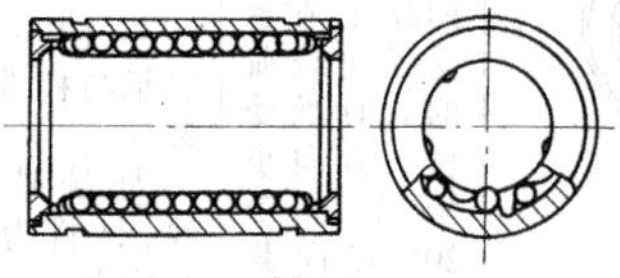 LB… 套筒型	外套为一圆筒状，圆周均布三组以上钢球支承导轴，导轴上无沟槽，球在外套与导轴之间循环滚动做无限直线运动，可承受轻的径向载荷
2	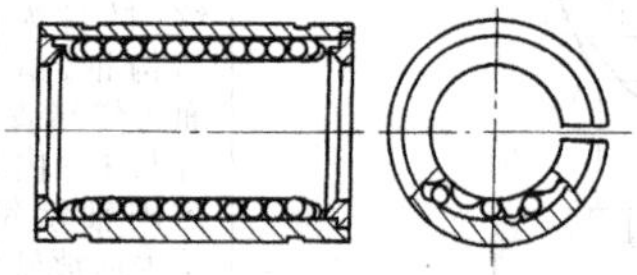 LB…AJ 调整游隙型	将套筒型轴承轴向开一窄缝，利用轴承座调整轴承与导轴之间的径向游隙
3	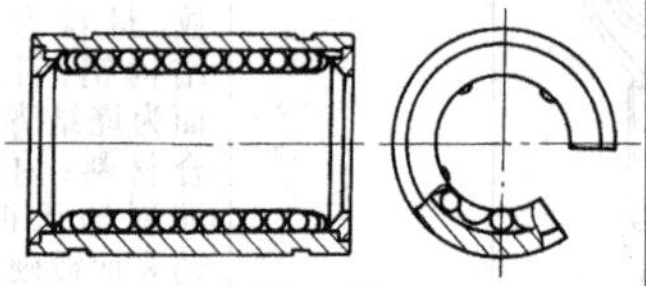 LB…OP 开口型	将套筒型轴承沿轴向切去一组钢球相对应的一个扇形面，可调整径向间隙
4	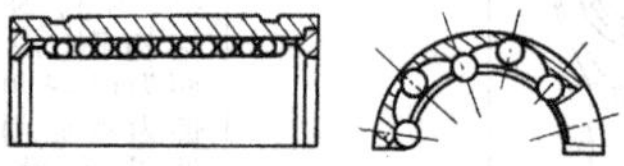 LB…HF 半型	此轴承恰是套筒型轴承的一半，可径向安装。用在有中间支承的导轴上
5	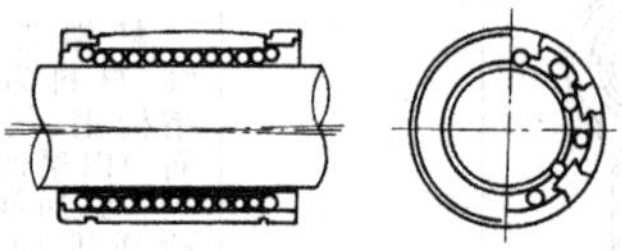 LB…BP 镶滚道板调心型	外套内镶有数条弧形滚道板承受载荷，滚道板沟道曲率半径与钢球的相似，故承载能力增加，滚道板可调心 0.5°，做无限直线运动，可加工成开口型
6	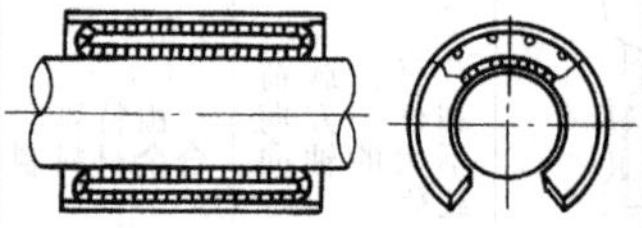 LB…RA 径向循环型	轴承的椭圆形循环滚道，占用径向空间，钢球数量多，承载能力较套筒型大，做无限直线运动
7	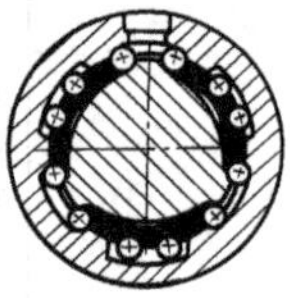 LB…BS 球花键型	三点接触，接触角大，能传递转矩，导轴为花键轴式，可预加载荷，承受重载荷，可作为径向轴承使用，每条滚道有一组循环球，直线运动，行程无限
8	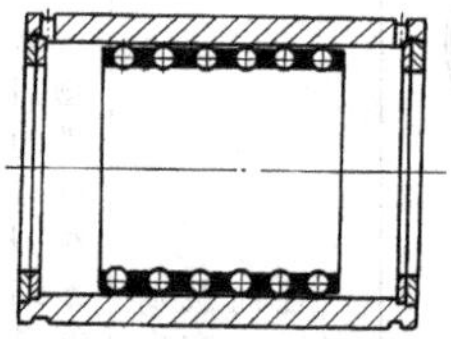 LB…ST 往复旋转型	可同时做直线往复及旋转运动，钢球非循环运动，行程有限，精度高，摩擦因数低，可承受中等载荷
9	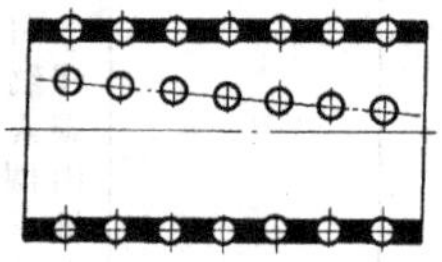 LB…BC 球和保持架组件	无外套的往复旋转型轴承，精度高，刚性好，常用于冲压模具导向轴，直线往复运动行程有限，球不能做循环运动，承受中等载荷
	直线运动滚子轴承	
10	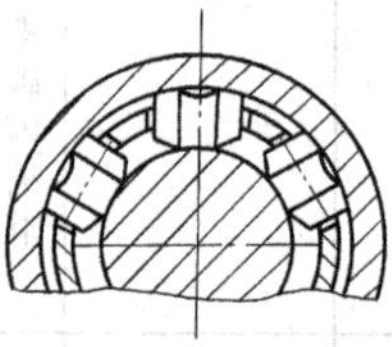 LR… 非循环直线运动滚子轴承	滚动体与导轴及外套滚道均为线接触，故承载能力大，刚性好，仅做有限直线运动，滚子非循环运动
	滚动直线球导轨支承	
11	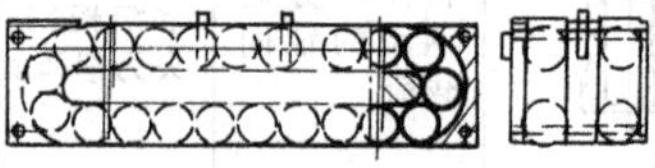 LBS…DB 双列循环球导轨支承	滚动体为循环球的平面导轨支承，做直线往复运动，行程无限，可承受轻、中载荷
12	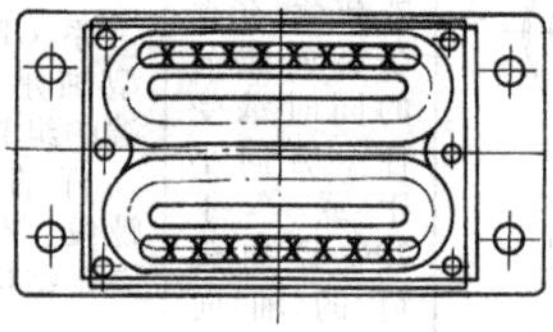 LBS…FB 球导板	薄型，装配简单的平面无限直线运动支承，摩擦因数为 0.002 ~ 0.003，只可承受极轻载荷，亦可用塑料保持架

（续）

序号	结构简图、代号、名称	结构特点
	滚动直线球导轨支承	
13	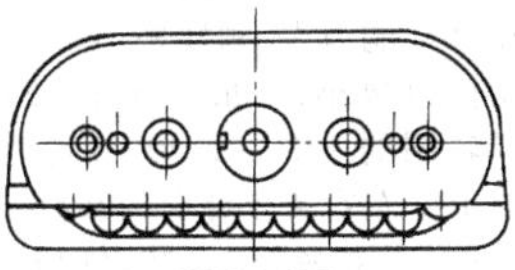 LBS…BB 盒式球导轨支承	沿 V 形槽做无限直线运动，结构紧凑，球与滚道之间隙可用偏心销微调，可承受中等载荷
14	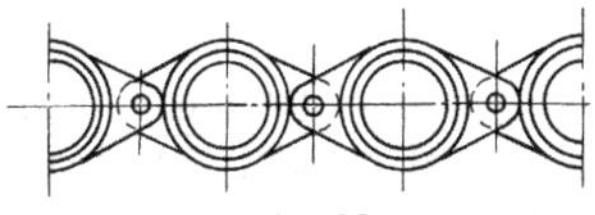 LBS…CB 链球支承	属冲程式，可在成对 V 形或弧形导轨内做有限行程往复运动，结构简单，精度高，摩擦因数低，可承受轻载荷
	滚动直线滚子导轨支承	
15	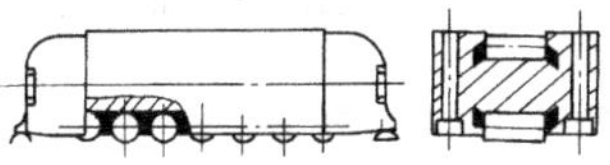 LRS…SG 径向安装孔循环滚子导轨支承	由滚道基体和一组滚子组成，径向安装孔。做平面无限直线运动，可用塑料保持架以降低噪声，可承受重载荷
16	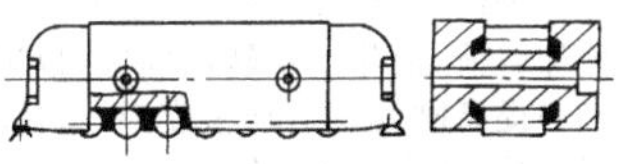 LRS…SGK 轴向安装孔循环滚子导轨支承	由滚道基体和一组滚子组成，轴向安装孔。做平面无限直线运动，可用塑料保持架以降低噪声，可承受重载荷
17	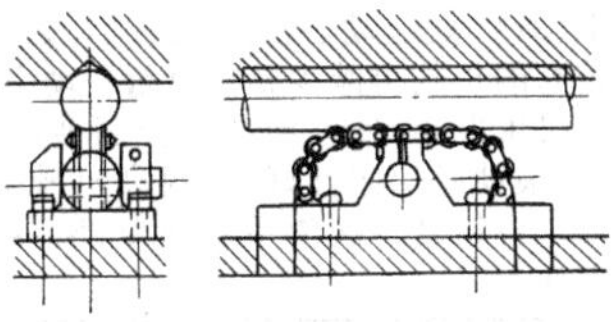 LRS…RC 循环滚子链圆导轨支承	支承滚子的凹形表面，其曲率半径与导轴的相似，承载能力大大提高，行程无限，但滚子加工困难
18	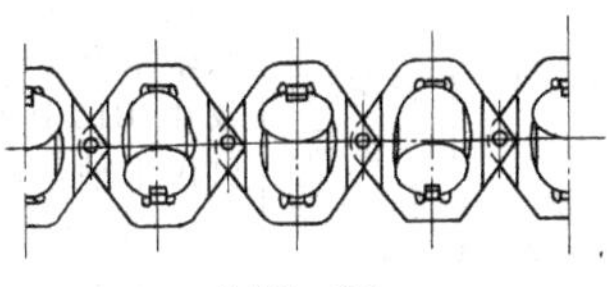 LRS…CR 交叉滚子链支承	支承滚子的回转轴呈 90°交叉，可承受双向载荷。在 V 形滚道上做有限直线运动，可承受重载荷
	滚动直线滚子导轨支承	
19	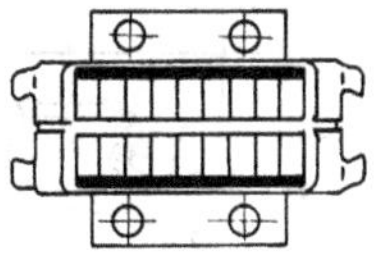 LRS…DR 双列循环滚子导轨支承	由滚道基体和一组滚子组成，滚子成双列，做平面无限直线运动，可用塑料保持架，以降低噪声，可承受重载荷
	滚动直线滚针导轨支承	
20	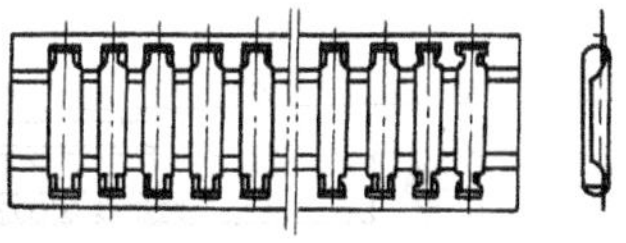 LNS…NC 滚针和保持架平型组件	由保持架和滚针组成，做平面有限运动，平型组件。用金属或塑料保持架，可承受重载荷
21	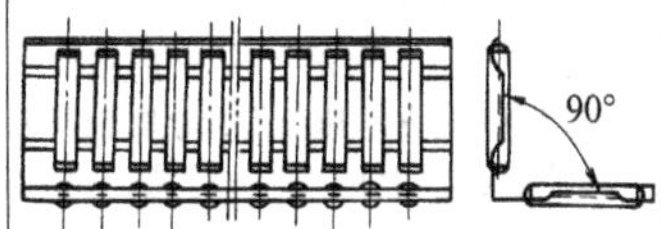 LNS…NCW 滚针和保持架 V 型组件	由保持架和滚针组成，做平面有限运动，V 型组件。用金属或塑料保持架，可承受重载荷
22	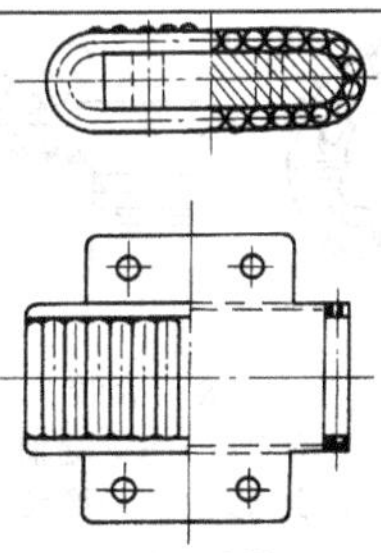 LNS…RN 循环滚针导轨支承	由滚道基体和一组滚针组成，滚针端部为阶梯形。做无限直线往复运动，寿命长，可承受重载荷
23	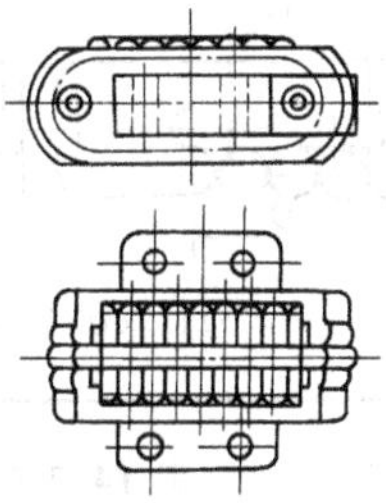 LNS…GRN 循环滚针导轨支承	由滚道基体和一组滚针组成，滚针中部凹槽，带冲压外壳。做无限直线往复运动，寿命长，可承受重载荷
24	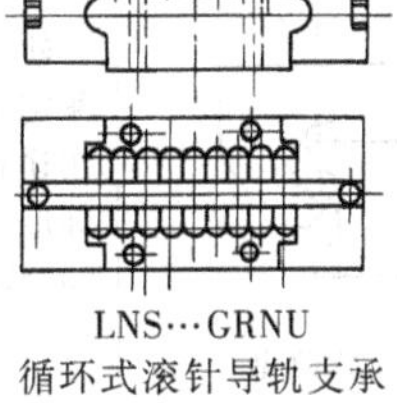 LNS…GRNU 循环式滚针导轨支承	由滚道基体和一组滚针组成，滚针中部凹槽，带端头型。做无限直线往复运动，寿命长，可承受重载荷

表 14.2-4 直线运动滚动支承的特性与应用

序号	结构简图、类型、名称	特性与应用
1	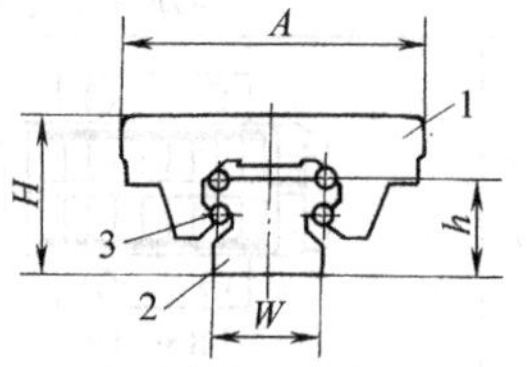 A H h W 1 2 3 滚动直线球导轨副 1—滑块 2—导轨 3—滚珠	滚动体与圆弧沟槽相接触，与点接触相比承载能力大，刚性好 摩擦因数小，一般小于0.005，仅为滑动导轨副的1/50～1/20，节省动力，可以承受上下左右4个方向的载荷 磨损小，寿命长，安装、维修及润滑简便。运动灵活，无冲击，在低速微量进给时，能很好地控制位置尺寸
2	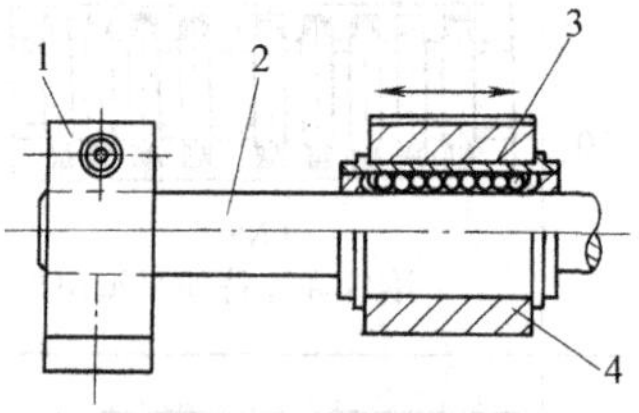 1 2 3 4 滚动直线导套副 1—导轨一端支承座 2—导轨轴 3—直线运动球轴承(外购件) 4—直线运动球轴承支座	摩擦因数小，只有0.001～0.004，节省动力。微量移动灵活、准确，低速时无蠕动爬行 精度高，行程长，移动速度快。具有自调整能力，可降低相配件加工精度。维修、润滑简便 导轨与导套呈圆柱形，造价低，但滚动体与轴呈点接触，承载能力较小，适用于精度要求较高、载荷较轻的场合
3	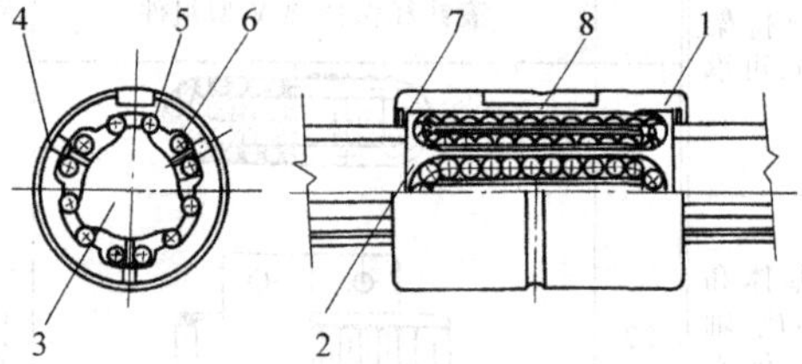 4 5 6 7 8 1 3 2 滚动直线花键副 1—花键套 2—保持架 3—花键轴 4—油孔 5—承载滚珠列 6—退出滚珠列 7—橡胶密封垫 8—键槽	摩擦阻力极小，可进行高速旋转或直线往复运动(速度可达100m/min以上)。摩擦阻力几乎与运动速度无关，在低速微动往复运动时，不会出现爬行现象 可采用变换滚珠直径大小的办法施加预加载荷，消除正反转的间隙，以减少冲击和提高刚度及运动精度，承载能力强，寿命长，精度保持性好
4	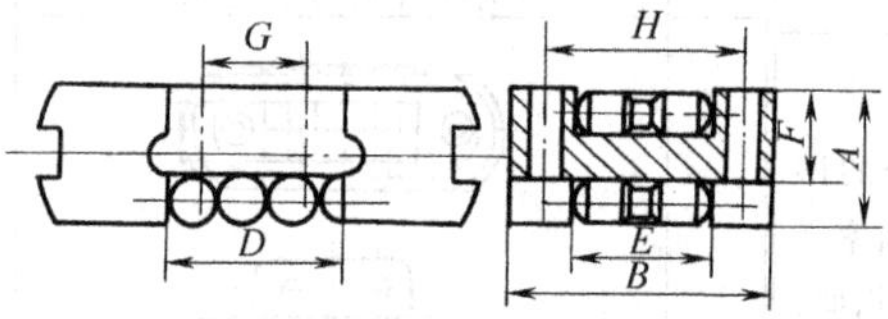 G D H F A E B 滚动直线滚子导轨副	滚动体为圆柱滚子，承载能力大约为球轴承的10倍以上 摩擦因数小，且动、静摩擦因数之差较小，对反复起动、停车、反向且变化频率较高的机构可减少整机重量及动力消耗 灵敏度高，低速微调时控制准确，无爬行，滚动时导向性好，可提高机械随动性及定位精度。润滑系统简单，装拆、调整方便

表 14.2-5 滚动直线导轨副的特性与应用

序号	结构简图、名称	特性与应用	主要厂家及牌号
1	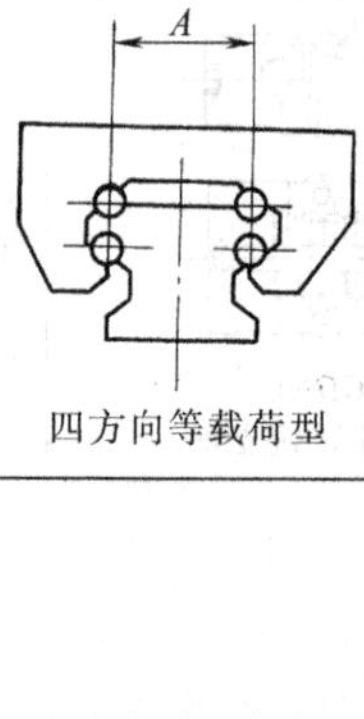 A 四方向等载荷型	轨道两侧各有互成45°的两列承载滚珠。上、下和左、右额定载荷相同。额定载荷大，刚性好，可承受冲击及重载，用途较广，如加工中心、数控机床、机器人、机械手等。A为标准参数(也为型号代码)：20、25、30、35、40、45、50、55、65、80	南京GGB型(南京轴承有限公司)、汉中HJG-D型(海红汉中轴承厂)、上海SGA型(上海轴承有限公司)、济宁JSA型(济宁精益轴承有限公司)

（续）

序号	结构简图、名称	特性与应用	主要厂家及牌号
2	轻载荷型（双边单列）	轨道两侧各有一列承载滚珠。结构轻、薄、短小，且调整方便，可承受上下左右的载荷及不大的力矩，是集成电路片传输装置、医疗设备、办公自动化设备和机器人等的常用导轨。A 为标准参数（也为型号代码）：8、10、12、15、20	南京 GGC、GGE 型（南京轴承有限公司），汉中 HJG-D15 型（海红汉中轴承厂），上海 SGC 型（上海轴承有限公司）
3	分离型（单边双列） 1—滑块　2—导轨	两列滚珠与运动平面均成 45°接触，因此同一平面只要安装一组导轨，就可以上下左右均匀地承载。若采用两组平行导轨，上下左右可承受同一额定载荷，间隙调整方便，广泛用于电加工机床、精密工作台等电子机械设备（参数尚未标准化）	南京 GGF 型（南京轴承有限公司）、汉中 HJG-$\frac{25}{35}$T 型（海红汉中轴承厂），上海 SGB 型（上海轴承有限公司）
4	径向型	垂直向下和左右水平额定载荷大，对垂直向下载荷的精度稳定性较好，运行噪声小，可用于电加工机床、各种检验仪器中。d 为标准参数（也为型号代码）：20、25、30、35、40、45、50、55、65、80	南京 GGA 型（南京轴承有限公司）
5	交叉滚柱 V 型 1—滑块　2—轨道	采用圆柱滚子代替滚珠，且相邻滚子安装位置交错 90°，采用 V 型导轨，其接触面长为原来的 1.7 倍，刚性为 2 倍，寿命为 6 倍；适用于轻、重载荷，无间隙，运动平稳无冲击的场合，如精密内外圆磨床、电子计算机、电加工机床、测量仪器、医疗器械和木工机械等（尺寸及精度与日本 THK 同）	上海 SGV 型（上海组合夹具厂）

2　滚动轴承的选用

2.1　滚动轴承的类型选择

不同结构的滚动轴承具有不同的工作特性，不同的使用场合和安装部位对轴承的结构和性能有不同的要求。因此滚动轴承的类型选择无固定的模式可循，一般在选择轴承时可从以下几个方面进行综合考虑。

2.1.1　有效空间

通常在机械设计中，轴承的选定是在轴的结构设计基本确定后进行的。因此，轴承安装处的轴颈尺寸和安装空间是已知的，它们就是初步选择轴承类型的主要依据。一般来说，当轴颈尺寸较小时，选用各种球轴承；轴颈尺寸较大时，选用各种滚子轴承，当轴承的径向安装空间较小时，可选择直径尺寸较小的17、37、08~68、09~69 系列轴承，无外圈或无内圈圆柱滚子轴承，或者滚针轴承。当轴承的轴向安装尺寸较小时，可选用宽度较小的 82、93、08、09、00~04、17~19、10~13 系列轴承或高度较小的 70~74、90~95 系列轴承，也可选用外圈带止动槽的深沟球轴承。

2.1.2　承载能力

滚动轴承的承载能力与轴承类型和尺寸有关。相同外形尺寸下，滚子轴承的承载能力约为球轴承的1.5~3 倍。向心类轴承主要用于承受径向载荷。推力类轴承主要用于承受轴向载荷。角接触轴承可同时承受径向载荷和轴向载荷的联合作用，其轴向载荷能力的大小随接触角 α 的增大而增大。深沟球轴承的接触角 α 为零，但由于球与滚道间存在微量间隙，有轴向载荷作用时，内外圈产生相对位移，形成不大的接触角，故也能承受较小的轴向载荷。

滚动轴承的承载能力一般用额定动载荷比粗略表示。其含义为某种轴承的额定动载荷值与相同外形尺寸的深沟球轴承（或推力球轴承）额定动载荷的比值。各类轴承的额定动载荷比见表 14.2-1。

滚动轴承的选用，既应满足外载荷的要求，又应尽量发挥轴承本身的承载能力。当用一个轴承承受力矩载荷时，若使用角接触球轴承，因每转中钢球的接触角和钢球的公转速度都是变化的，会在保持架上产生很大的接触应力和相对滑动速度，从而引起保持架的胶合破坏。若使用圆锥滚子轴承，由于边缘应力很大，会引起滚子和滚道的早期点蚀。因此，原则上要用两个轴承承受力矩载荷。

轴向游动支承只承受径向载荷，宜使用只承受径向力的轴承，以免产生附加轴向力，如内圈无挡边或外圈无挡边的圆柱滚子轴承。

受纯轴向载荷的支承，一般采用推力圆柱滚子轴承或带球面座垫的单向推力球轴承。转速很高、离心力很大时，可采用深沟球轴承。

轴向定位支承，通常受联合载荷作用。轴承的选用应视载荷角 $\beta=\arctan(F_a/F_r)$ 的大小而有所不同。

当载荷角 β 很小时，可采用无挡边圆柱滚子轴承和各种类型的向心轴承，且接触角越小越有利。

当载荷角 β 较大时，可采用角接触球轴承、圆锥滚子轴承和内圈有挡边的圆柱滚子轴承，并要求其公称接触角 α 稍大于载荷角 β，如图 14.2-1 所示。也可采用由向心轴承和推力轴承分别承受径向力和轴向力的组合方式。这种组合方式的优点在于，各轴承受力合理，且具有较高的刚性。

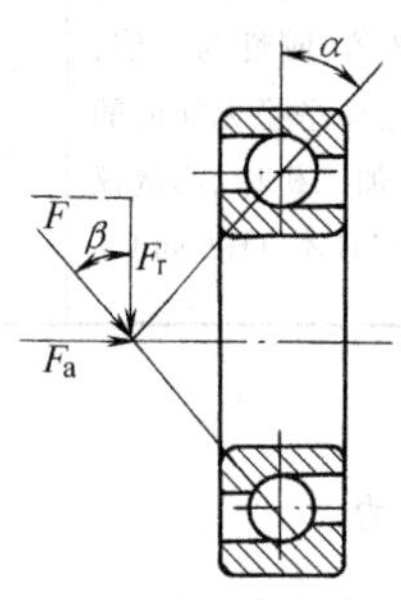

图 14.2-1　接触角与载荷角

2.1.3　速度特性

滚动轴承的工作转速上升到一定限度后，滚动体和保持架的惯性力，以及极小的形状偏差，不仅导致运转状态的恶化，而且造成摩擦面间温度升高和润滑剂的性能变化，从而导致滚动体回火或轴承元件的胶合失效。

在一定载荷和润滑条件下，滚动轴承所能允许的最高转速称为轴承的极限转速。它与轴承类型、尺寸、精度、游隙、保持架的材料与结构、润滑方式、润滑剂的性质与用量、载荷的大小与方向以及散热条件等因素有关。

通用轴承在不同润滑条件下的极限转速 n_{lim} 见表 14.6-1~表 14.6-35。表中数值仅适用于当量动载荷 $P\leqslant 0.1C$、润滑与冷却条件正常、向心轴承仅受径向载荷、推力轴承仅受轴向载荷条件下的 P0 级精度的轴承。

当轴承在重载荷（$P>0.1C$）条件下工作时，因接触应力增大、润滑状态变差，所允许的最高工作转速降低，其值可由下式计算得到

$$n_{max}\leqslant f_1 f_2 n_{lim} \tag{14.2-1}$$

式中　f_1——载荷系数，如图 14.2-2 所示；

f_2——载荷分布系数，如图 14.2-3 所示。

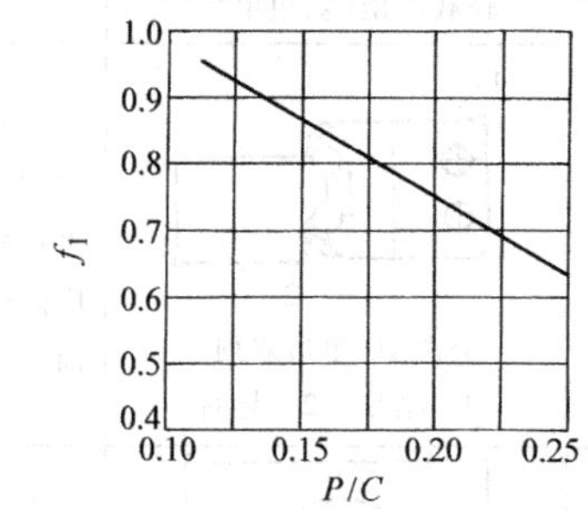

图 14.2-2　载荷系数 f_1

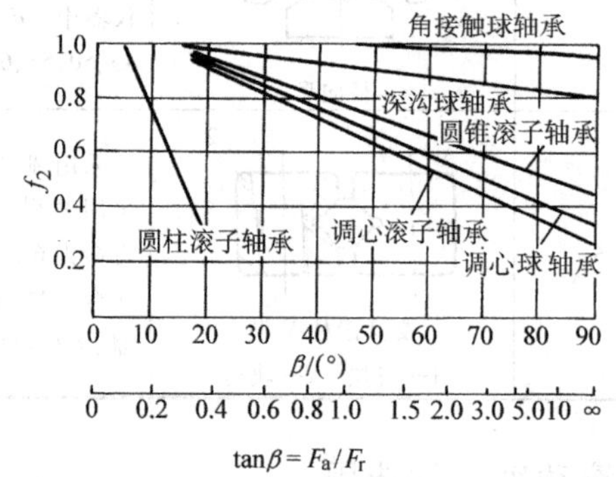

图 14.2-3　载荷分布系数 f_2

如果极限转速不能满足要求，需另选轴承或采取改进措施，如提高轴承精度、加大球轴承的游隙、采用青铜或夹布胶木保持架及采用喷油或油雾润滑等。若综合使用以上各项措施，可使极限转速提高一倍以上。

一般来说，深沟和角接触球轴承、圆柱滚子轴承具有较高的极限转速。

当轴承内径相同时，外径越小，则滚动体越小越轻，运转时滚动体作用于外圈滚道上的离心力越小，因而更适合于高速下工作。故高速时，宜选用超轻、特轻及轻系列轴承。

重系列及特重系列轴承只用在低速重载的场合。

保持架的材料与结构对转速的影响极大，实体保持架比冲压保持架允许的极限转速要高。

推力轴承的极限转速很低。当工作转速较高，又有较大的纯轴向载荷或径轴向联合载荷作用时，可采用向心轴承与角接触轴承的组合方式。

2.1.4 摩擦特性

存在于轴承内部各元件间的摩擦，不仅影响轴承的温升、功率损耗、承载能力和使用寿命，而且在各种控制仪表、伺服电动机以及精密机械中，还影响系统的精度和可靠性。

轴承中的摩擦是以摩擦力矩的大小度量的。摩擦力矩与轴承类型、结构、尺寸及加工精度等因素有关，也受载荷、转速和润滑等条件的影响。

摩擦力矩一般是在加载轴向载荷的情况下测量。但受轴向载荷作用时，摩擦特性好的轴承，不一定在受径向载荷时摩擦特性也同样好。因此，必要时，也需要在径向载荷条件下，测量其摩擦力矩。

通常，轴承的摩擦力矩

$$M_f = \mu \frac{d}{2} F \tag{14.2-2}$$

式中 M_f——摩擦力矩（N·mm）；

μ——摩擦因数，见表 14.2-6；

d——轴承内径（mm）；

F——外载荷（N）。

一般来说，球轴承比滚子轴承的摩擦力矩小。受纯径向载荷时向心轴承的摩擦力矩较小，受纯轴向载荷时，推力轴承的摩擦力矩较小。受径向载荷和轴向载荷联合作用时，当载荷角 β 与接触角 α 接近相等时，其摩擦力矩较小。

表 14.2-6 滚动轴承的摩擦因数

轴承类型	摩擦因数 μ
深沟球轴承	0.0015～0.003
调心球轴承	0.001～0.003
角接触球轴承	0.0015～0.002
双列角接触球轴承	0.0024～0.003
圆柱滚子轴承	0.001～0.003
滚针轴承	0.002
调心滚子轴承	0.002～0.003
圆锥滚子轴承	0.002～0.005
推力球轴承	0.0012
推力调心球轴承	0.003
推力圆柱滚子轴承	0.004
推力滚针轴承	0.004

2.1.5 调心性

由于外壳孔和轴的加工与安装误差，以及受载后轴的挠曲变形，轴和内外圈轴线在工作中不可能保持重合，会产生一定的偏斜。轴线的偏斜将引起轴承内部接触应力的不均匀分布，造成轴承的早期失效。

轴承能够自动补偿轴和外壳孔中心线的相对偏斜，从而保证轴承正常工作状态的能力，即轴承的调心性。

调心球轴承和调心滚子轴承具有良好的调心性能。外球面深沟球轴承，其球面外径与外壳孔的凹球面相配合，调心范围更大。

各类滚子轴承，尤其滚针轴承对轴线偏斜最为敏感，应尽可能避免在有轴线偏斜的条件下使用。常用轴承所允许的轴线偏斜量见表 14.2-7。

表 14.2-7 常用轴承所允许的轴线偏斜量

轴承类型			允许角度误差
深沟球轴承(0 组游隙)			8′
深沟球轴承(3 组游隙)			12′
深沟球轴承(4 组游隙)			16′
圆柱滚子轴承(N、NU 型)			4′
圆柱滚子轴承(其他结构)			2′
圆锥滚子轴承			2′
调心球轴承	尺寸系列	12	2.5°
		13	3°
		14	3°
		22	2.5°
		23	3°
调心滚子轴承		213	1°
		222	1.5°
		223	2°
		230	1.5°
		231	1.5°
		232	2.5°
		239	1.5°
		240	2°
		241	2.5°

2.1.6 运转精度

用滚动轴承支承的轴，其轴向及径向运转精度既与轴承零件的精度及弹性变形有关，也与相邻部件的精度及弹性变形有关。

就轴承本身而言，旋转套圈的径向圆跳动与轴向圆跳动、滚动体的直径差、轴承的工作游隙及刚度等都不同程度地影响着轴承的运转精度。

从相邻部件看，轴承套圈的配合状态、配合表面的圆度，定位轴肩或挡肩的垂直度以及外壳的刚度等对轴承的运转精度也产生影响。

转轴和旋转套圈的径向圆跳动一般是由轴承滚道的制造误差引起的，如内圈滚道与内孔表面的同轴度偏差，外圈滚道与外圆表面的同轴度偏差及内外滚道的圆度偏差等。转轴和旋转套圈的轴向圆跳动则是由轴的弯曲变形、轴肩或外壳孔挡肩的垂直度偏差引起的。轴承安装后，这两种跳动互相影响。当外圈轴向被紧固时，旋转内圈和轴肩的轴向圆跳动将引起滚道歪斜，进而造成滚道的径向圆跳动。因此，对于所有能承受轴向载荷的精密向心轴承，安装后既要测量径向圆跳动，又要测量滚道轴向圆跳动。

从理论上讲，滚动体的直径偏差会引起轴承

的跳动和轴的偏转；但实际上在优质轴承中几乎见不到这种干扰。这是由于滚动体的直径差特别小，同时接触处的弹性变形又能使这种误差得到补偿的缘故。

为了达到精确地同心引导，轴承内滚动体与滚道间应无游隙。但由于热变形和制造等方面的原因，径向工作游隙需限制在一定的数值范围内。工作游隙越大，由轴承引起的轴的偏转越大，因此对于运动精度要求高的轴承，应选用 2 组游隙值；同时通过结构处理，如对轴承进行轴向调整或使用圆锥孔轴承，使其工作游隙尽可能小。

轴承与轴和外壳孔的配合间隙也会导致轴的中心偏移，影响轴承与轴的运转精度，因此，对于运转精度要求高的轴承，需选用过盈配合；对于游动支承，常使用圆柱滚子轴承，因为这种轴承的两个套圈，在安装时都可采用过盈配合。

轴承的套圈一般比较薄，因此与轴承相配合的轴和外壳孔的形状误差也会影响轴承的运转精度，因此配合件的精度必须与轴承相一致。

载荷对轴承的运转精度也有关系。作用载荷越大，滚动体和滚道的变形越大，轴的偏转亦越大。可见，正确选用滚动轴承有利于提高轴承及轴的运转精度。

2.1.7　振动噪声特性

滚动轴承的振动和噪声是由于某种原因产生的振动，通过与之相连的零部件传到机器表面，引起空气振动，形成噪声。

滚动轴承中最基本的振动是滚动体通过振动。即使滚动轴承的几何形状完全正确，承受径向载荷时，由于存在径向游隙，运转过程中滚动体逐渐进入和退出载荷区，使得内圈中心的径向位置发生周期性变化，从而产生频率为滚动体公转速度与滚动体个数乘积的振动，即滚动体通过振动。

另一类振动是与制造有关的振动，包括内外圈及滚动体的形状误差和表面波纹度引起的振动、保持架的振动等。研究表明，滚动体与套圈的表面粗糙度对振动影响不大，而滚动体、内圈滚道和外圈滚道的波纹度对振动的影响依次递减。

还有一类与轴承安装使用有关的振动。这与安装条件、轴承座的刚度及座孔的加工精度有关，也与轴承的密封形式及润滑剂的性质有关。

可见，滚动轴承的振动和噪声是设计、制造、安装和使用中所存在的各种问题的综合反映。

降低轴承的振动和噪声，除提高轴承及支座的设计水平、制造精度和安装质量外，还可通过适当减小径向游隙、采用间隙调整和预紧装置及使用性能良好的润滑剂等措施。

2.1.8　工作性能比较

常用滚动轴承工作性能比较见表 14.2-8。

表 14.2-8　常用滚动轴承工作性能比较

名称		深沟球轴承	外球面球轴承	角接触球轴承	调心球轴承	调心滚子轴承	圆柱滚子轴承				滚针轴承	圆锥滚子轴承		推力球轴承		推力圆柱滚子轴承	推力圆锥滚子轴承	推力调心滚子轴承
							单挡边	斜挡圈	无挡边	双列		单列	双列	单向	双向			
承载能力	径向载荷	中	中	中	中	优	优	优	优	优	良	良	优	无	无	无	无	差
	轴向载荷	差	差	良	差	中	差	差	无	无	无	良	良	良	良	优	优	优
	轴向载荷方向	↔	↔	←	↔	↔	←	←	无	无	无	←	↔	←	↔	←	←	←
高速性		优	优	优	良	中	良	良	优	良	良	中	中	无	无	差	差	差
高精度性		优	良	优	中	中	优	优	优	良	中	良	良	良	中	中	差	差
低噪声性		优	优	优	中	差	优	优	良	良	差	中	中	中	中	中	中	中
刚性		中	中	中	差	中	良	良	良	优	良	良	优	良	良	优	优	良
调心性		差	优	中	优	优	无	无	无	无	无	中	无	无	无	无	无	优
摩擦性		优	优	优	良	中	优	优	优	良	差	中	中	良	良	中	中	中
可分离性		不可	不可	可	不可	不可	可	可	可	可	可	可	可	可	可	可	可	可
可否用作固定支承		可	可	可	可	可	不可	可	不可	不可	不可	可	可	不可	不可	不可	不可	不可
可否用作游动支承		可	不可	不可	可	可	可	可	可	可	可	不可	可	不可	不可	不可	不可	不可
使用寿命		长	长	长	较短	较长	很长	很长	很长	长	较长	很长	长	较短	较短	较长	较长	较长
价格		低	较低	低	较高	高	较低	较低	较低	较高	较低	较低	较高	低	低	较低	较高	高

2.2　滚动轴承的尺寸选择

在轴承类型和预期寿命确定以后，轴承的尺寸（包括尺寸系列与内径）主要取决于轴承所受的载荷。载荷越大，轴承尺寸应越大。

2.2.1　按额定动载荷选择轴承尺寸

轴承的寿命与载荷的关系

$$L_{10}=\left(\frac{f_tC}{P}\right)^{\varepsilon} \quad (14.2\text{-}3)$$

或

$$L_{10h}=\frac{10^6}{60n}\left(\frac{f_tC}{P}\right)^{\varepsilon} \quad (14.2\text{-}4)$$

式中　L_{10}——基本额定寿命（10^6r）；

f_t——温度系数，见表 14.2-9；

C——基本额定动载荷（N），见本篇第 3 章有关论述；

P——当量动载荷（N），见本篇第 3 章有关论述；

L_{10h}——基本额定寿命（h）；

n——轴承工作转速（r/min）。

对车辆轴承基本额定寿命往往以千米为单位，这时有

$$L_{10S}=\frac{\pi D}{1000}L_{10} \quad (14.2\text{-}5)$$

式中　L_{10S}——基本额定寿命（km）；

D——车轮直径（m）。

表 14.2-9　温度系数 f_t

工作温度/℃	<120	125	150	175	200	225	250	300
f_t	1.00	0.95	0.90	0.85	0.80	0.75	0.70	0.60

为了简化计算，取 500h 作为基本额定寿命，可导出如下速度系数 f_n 和寿命系数 f_h

$$f_n=\left(\frac{\frac{100}{3}}{n}\right)^{1/\varepsilon}$$

$$f_h=\left(\frac{L_{10h}}{500}\right)^{1/\varepsilon}$$

这时，轴承所需的基本额定动载荷

$$C'=\frac{f_h}{f_n}P \quad (14.2\text{-}6)$$

在初步选定轴承的尺寸以后，可以根据以上公式计算出轴承在给定工作条件下的基本额定寿命。若计算所得基本额定寿命小于给定的预期寿命，说明选定轴承的尺寸偏小，应适当加大轴承内径或选取尺寸系列较大的轴承，再次进行寿命计算；若计算所得基本额定寿命比预期寿命大得很多，说明选定轴承的尺寸偏大，应适当减小轴承内径或采用较小尺寸系列的轴承。可见，式（14.2-3）~式（14.2-5）是用于判断选定轴承是否满足寿命要求的校核公式。

如果轴承的预期寿命 L_h' 和转速 n 均已知，当量动载荷 P 也已确定，可由式（14.2-4）求得轴承所需基本额定动载荷

$$C'=\frac{P}{f_t}\sqrt[\varepsilon]{\frac{60nL_h'}{10^6}} \quad (14.2\text{-}7)$$

式中　ε——寿命指数（球轴承 $\varepsilon=3$，滚子轴承 $\varepsilon=10/3$）。

不同应用场合下，轴承的预期寿命 L_h' 可从表 14.2-10 中查取。根据 C' 可以很容易地从本篇第 6 章中的相应表格中选定基本额定动载荷 $C\geqslant C'$ 的轴承型号。

表 14.2-10　不同应用场合下预期寿命 L_h'

使　用　条　件	使用寿命/h
不经常使用的仪器和设备	300~3000
短期或间断使用的机械，中断使用不致引起严重后果，如手动机械、农业机械、装配起重机、自动送料装置	3000~8000
间断使用的机械，中断使用将引起严重后果，如发电站辅助设备、流水作业的传动装置、带式运输机、车间起重机	8000~12000
每天 8h 工作的机械，但经常不是满载荷使用，如电动机、一般齿轮装置、压碎机、起重机和一般机械	10000~25000
每天 8h 工作，满载荷使用，如机床、木材加工机械、工程机械、印刷机械、分离机、离心机	20000~30000
24h 连续工作的机械，如压缩机、泵、电动机、轧机齿轮装置、纺织机械	40000~50000
24h 连续工作的机械，中断使用将引起严重后果，如纤维机械、造纸机械、电站主要设备、给水排水设备、矿用泵、矿用通风机	≈100000

2.2.2 按额定静载荷选择轴承尺寸

当轴承工作中处于静止或近似静止的状态时，为了防止轴承在冲击载荷作用下产生过大的塑性变形，需要控制轴承的基本额定静载荷。轴承的基本额定静载荷

$$C_0 \geqslant S_0 P_0 \tag{14.2-8}$$

式中 C_0——基本额定静载荷（N），见本篇第3章的有关论述；

S_0——安全系数，见本篇第3章；

P_0——当量静载荷（N），见本篇第3章的有关论述。

对某些载荷变化较大，尤其在转动中有较大的冲击载荷作用的旋转轴承，在按基本额定动载荷计算并选定轴承的尺寸系列和内径以后，还必须对基本额定静载荷加以校核。

2.3 滚动轴承的公差等级选择

滚动轴承的公差等级按尺寸公差和旋转精度由低到高分为5级：PN、P6（6x）、P5、P4、P2级。向心轴承（圆锥滚子轴承除外）公差等级分为5级：PN、P6、P5、P4、P2级；圆锥滚子轴承公差等级分为4级：PN、P6x、P5、P4级；推力轴承公差等级分为4级：PN、P6、P5、P4级。各等级的公差数值见GB/T 307.1—2005、GB/T 307.4—2012和GB/T 275—2015。

尺寸公差指轴承内径、外径和宽度等尺寸的加工精度。旋转精度指内圈和外圈的径向圆跳动、内圈的轴向圆跳动、外圈表面对基准面的垂直度、内外圈端面的平行度等。

各类轴承都制造有PN级公差等级的产品。高于PN级公差等级的轴承可按表14.2-11选用。使用高公差等级轴承时，相应的轴与外壳孔的加工精度也应提高。

表14.2-12列出了部分机械设备中使用高公差等级轴承的实例，供选择时参考。

2.4 滚动轴承的游隙选择

滚动轴承的游隙分为径向游隙 u_r 和轴向游隙 u_a。它们分别表示一个套圈固定时，另一套圈沿径向和轴向由一个极限位置到另一个极限位置的移动量，如图14.2-4所示。

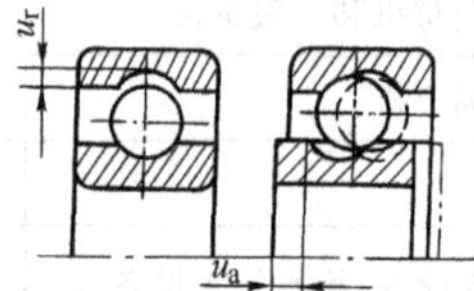

图14.2-4 滚动轴承的游隙

各类滚动轴承的游隙数值见GB/T 4604.1—2012、GB/T 4604.2—2013和GB/T 25766—2010。

各类轴承的径向游隙 u_r 和轴向游隙 u_a 之间有一定的对应关系，如图14.2-5所示。

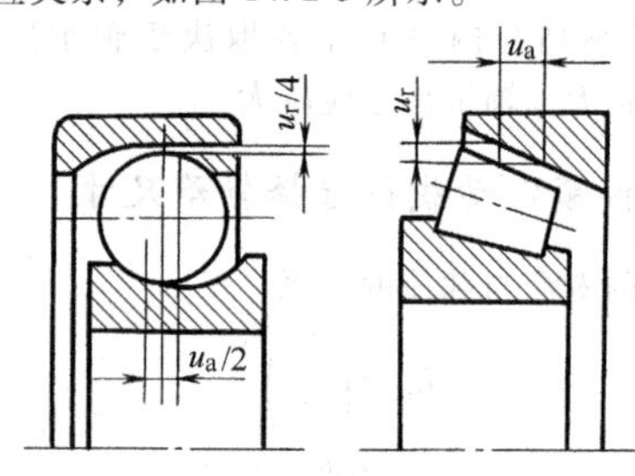

图14.2-5 径向游隙和轴向游隙的关系

径向游隙又分为原始游隙、安装游隙和工作游隙。原始游隙指未安装前的游隙。各种轴承的原始游隙分组数值见表14.2-13～表14.2-28。

严格说来，轴承的基本额定动载荷是随游隙的大小而变化的。产品样本中所列的基本额定载荷（C 和 C_0）是工作游隙为零时的载荷数值。

试验分析表明，使轴承寿命最大的工作游隙值是一个比零稍小的数值。

合理的轴承游隙的选择，应在原始游隙的基础上，考虑因配合、内外圈热变形以及载荷等因素所引起的游隙变化，以使工作游隙接近最佳状态。

轴承零件在工作中的温度是不同的，在稳定状态下，内圈比外圈的温度高，膨胀量大，从而使径向游隙减小。径向游隙的减小量 Δu（mm）可由式（14.2-9）估定

$$\Delta u = \Delta t \alpha (d + D)/2 \tag{14.2-9}$$

式中 Δt——内外圈温差；

α——钢的线胀系数，$\alpha = 0.000011$；

d——轴承内径；

D——轴承外径。

在一般条件下 Δt 约为5～10℃，当工作温度较高以及轴承散热条件不好时，Δt 可达15～20℃。

如有外部热源影响轴承时，径向游隙的变化会更大。外热源既可使径向游隙减小，也可使径向游隙增大，主要取决于热量是从轴颈还是外壳导入轴承。

此外，过盈配合也将造成轴承径向游隙的减小。

轴承的径向游隙是在考虑上述温度及配合等因素的影响下确定的，所以在一般工作条件下，应优先选用基本组N值；在温度较高或有外热源存在，或配合的过盈量较大时，在需要降低摩擦力矩、改善调心性能以及深沟球轴承承受较大轴向载荷的场合，宜采用较大游隙组；当运转精度要求较高，或需严格限制轴向位移时，宜用较小游隙组。

角接触球轴承、圆锥滚子轴承及内圈带锥孔的轴承，其工作游隙可以在安装或使用中调整。

转速很低或在回转运动中产生振荡的轴承，可采用无游隙或预紧安装。

表 14.2-11　轴承的制造精度

轴承类型	轴承结构型式		系列代号	精度级别[①]		
				P6	P5	P4
深沟球轴承	单列		62800、61900、16000、6000、6200、6300	△	△	△
			6400	△	△	—
	单列带防尘盖		所有系列	△	—	—
调心球轴承	双列		内径小于或等于 80mm 的轴承	△	△	—
			内径大于 80mm 的轴承	△	—	—
圆柱滚子轴承	单列		N1000、NU200、N2200、N300、N2300	△	△	△
			N400	△	△	—
			NU1000、NU200、NU2200、NU300、NU2300	△	△	△
			NU400、NJ200、NJ2200、NJ300、NJ2300、NJ400	△	△	—
	双列		NN3000、NN4900	△	△	△
角接触球轴承	单列	分离型	所有系列	△	△	△
		锁口在外圈上	7000C、7000AC、7200C、7200AC	△	△	△
			7200B、7300B、7400B	△	△	—
		锁口在内圈上	B7100、B7100AC、B7200C、B7200AC	△	△	△
			B7300C、B7300AC	△	△	—
		四点接触	QJ1900、QJ100、QJ1000、QJ200	△	△	△
			QJ300	△	△	—
	成对双联		接触角 15°和 25°，尺寸系列 00、01 的轴承	△	△	△
	双列		所有系列	△	—	—
圆锥滚子轴承	单列		30200、30300、31300、32000、32300、32200、32900、33000、33100、33200	△	△	△
推力球轴承	单向		所有系列	△	△	△

① 标有“△”表示目前已生产。

表 14.2-12　高精度轴承选用参考表

设备类型	轴承精度等级				
	深沟球轴承	圆柱滚子轴承	角接触球轴承	圆锥滚子轴承	推力与角接触推力球轴承
普通车床主轴		P5、P4	P5	P5	P5、P4
精密车床主轴		P4	P5、P4	P5、P4	P5、P4
铣床主轴		P5、P4	P5	P5	P5、P4
镗床主轴		P5、P4	P5、P4	P5、P4	P5、P4
坐标镗床主轴		P4、P2	P4、P2	P4、P2	P4
机械磨头			P5、P4	P4	P5
高速磨头			P4	P2	P4、P2
精密仪表	P5、P4		P5、P4		
增压器	P5		P5		
航空发动机主轴	P5	P5	P5、P4		

表 14.2-13 深沟球轴承径向游隙(摘自 GB/T 4604.1—2012) (μm)

公称内径 d/mm		2 组		N 组		3 组		4 组		5 组	
超过	到	min	max	min	max	min	max	min	max	min	max
2.5	6	0	7	2	13	8	23	—	—	—	—
6	10	0	7	2	13	8	23	14	29	20	37
10	18	0	9	3	18	11	25	18	33	25	45
18	24	0	10	5	20	13	28	20	36	28	48
24	30	1	11	5	20	13	28	23	41	30	53
30	40	1	11	6	20	15	33	28	46	40	64
40	50	1	11	6	23	18	36	30	51	45	73
50	65	1	15	8	28	23	43	38	61	55	90
65	80	1	15	10	30	25	51	46	71	65	105
80	100	1	18	12	36	30	58	53	84	75	120
100	120	2	20	15	41	36	66	61	97	90	140
120	140	2	23	18	48	41	81	71	114	105	160
140	160	2	23	18	53	46	91	81	130	120	180
160	180	2	25	20	61	53	102	91	147	135	200
180	200	2	30	25	71	63	117	107	163	150	230
200	225	2	35	25	85	75	140	125	195	175	265
225	250	2	40	30	95	85	160	145	225	205	300
250	280	2	45	35	105	90	170	155	245	225	340
280	315	2	55	40	115	100	190	175	270	245	370
315	355	3	60	45	125	110	210	195	300	275	410
355	400	3	70	55	145	130	240	225	340	315	460
400	450	3	80	60	170	150	270	250	380	350	520
450	500	3	90	70	190	170	300	280	420	390	570
500	560	10	100	80	210	190	330	310	470	440	630
560	630	10	110	90	230	210	360	340	520	490	700
630	710	20	130	110	260	240	400	380	570	540	780
710	800	20	140	120	290	270	450	430	630	600	860
800	900	20	160	140	320	300	500	480	700	670	960
900	1000	20	170	150	350	330	550	530	770	740	1040
1000	1120	20	180	160	380	360	600	580	850	820	1150
1120	1250	20	190	170	410	390	650	630	920	890	1260
1250	1400	30	200	190	440	420	700	680	1000	—	—
1400	1600	30	210	210	470	450	750	730	1060	—	—

表 14.2-14 调心球轴承径向游隙(摘自 GB/T 4604.1—2012) (μm)

公称内径 d/mm		圆柱孔										圆锥孔									
		2 组		N 组		3 组		4 组		5 组		2 组		N 组		3 组		4 组		5 组	
超过	到	min	max	min	max	min	max	min	max	min	max	min	max	min	max	min	max	min	max	min	max
2.5	6	1	8	5	15	10	20	15	25	21	33	—	—	—	—	—	—	—	—	—	—
6	10	2	9	6	17	12	25	19	33	27	42	—	—	—	—	—	—	—	—	—	—
10	14	2	10	6	19	13	26	21	35	30	48	—	—	—	—	—	—	—	—	—	—
14	18	3	12	8	21	15	28	23	37	32	50	—	—	—	—	—	—	—	—	—	—
18	24	4	14	10	23	17	30	25	39	34	52	7	17	13	26	20	33	28	42	37	55
24	30	5	16	11	24	19	35	29	46	40	58	9	20	15	28	23	39	33	50	44	62
30	40	6	18	13	29	23	40	34	53	46	66	12	24	19	35	29	46	40	59	52	72
40	50	6	19	14	31	25	44	37	57	50	71	14	27	22	39	33	52	45	65	58	79
50	65	7	21	16	36	30	50	45	69	62	88	18	32	27	47	41	61	56	80	73	99
65	80	8	24	18	40	35	60	54	83	76	108	23	39	35	57	50	75	69	98	91	123
80	100	9	27	22	48	42	70	64	96	89	124	29	47	42	68	62	90	84	116	109	144
100	120	10	31	25	56	50	83	75	114	105	145	35	56	50	81	75	108	100	139	130	170

（续）

公称内径 d/mm		圆柱孔										圆锥孔									
		2 组		N 组		3 组		4 组		5 组		2 组		N 组		3 组		4 组		5 组	
超过	到	min	max	min	max	min	max	min	max	min	max	min	max	min	max	min	max	min	max	min	max
120	140	10	38	30	68	60	100	90	135	125	175	40	68	60	98	90	130	120	165	155	205
140	160	15	44	35	80	70	120	110	161	150	210	45	74	65	110	100	150	140	191	180	240
160	180	15	50	40	92	82	138	126	185	—	—	50	85	75	127	117	173	161	220	—	—
180	200	17	57	47	105	93	157	144	212	—	—	55	95	85	143	131	195	182	250	—	—
200	225	18	62	50	115	100	170	155	230	—	—	63	107	95	160	145	215	200	275	—	—
225	250	20	70	57	130	115	195	175	255	—	—	70	120	107	180	165	245	230	310	—	—
250	280	23	78	65	145	125	220	200	295	—	—	78	133	120	200	180	275	255	350	—	—
280	315	27	90	75	165	145	250	230	335	—	—	87	150	135	225	205	310	280	385	—	—
315	355	32	100	85	185	165	285	260	380	—	—	97	165	150	250	220	340	310	430	—	—
355	400	35	110	90	205	185	325	295	430	—	—	105	180	160	275	245	375	335	470	—	—
400	450	38	125	100	230	205	345	315	465	—	—	115	200	170	300	260	400	360	510	—	—
450	500	40	135	110	255	230	380	345	510	—	—	120	215	180	325	275	425	380	545	—	—

表 14.2-15　圆柱滚子轴承和滚针轴承径向游隙（摘自 GB/T 4604.1—2012）　　（μm）

公称内径 d/mm		圆柱孔										圆锥孔							
		2 组		N 组		3 组		4 组		5 组		2 组		N 组		3 组		4 组	
超过	到	min	max	min	max	min	max	min	max	min	max	min	max	min	max	min	max	min	max
—	10	0	25	20	45	35	60	50	75	—	—	15	40	30	55	40	65	50	75
10	24	0	25	20	45	35	60	50	75	65	90	15	40	30	55	40	65	50	75
24	30	0	25	20	45	35	60	50	75	70	95	20	45	35	60	45	70	55	80
30	40	5	30	25	50	45	70	60	85	80	105	20	45	40	65	55	80	70	95
40	50	5	35	30	60	50	80	70	100	95	125	25	55	45	75	60	90	75	105
50	65	10	40	40	70	60	90	80	110	110	140	30	60	50	80	70	100	90	120
65	80	10	45	40	75	65	100	90	125	130	160	35	70	60	95	85	120	110	145
80	100	15	50	50	85	75	110	105	140	155	190	40	75	70	105	95	130	120	155
100	120	15	55	50	90	85	125	125	165	180	220	50	90	90	130	115	155	140	180
120	140	15	50	60	105	100	145	145	190	200	245	55	100	100	145	130	175	160	205
140	160	20	70	70	120	115	165	165	215	225	275	60	110	110	160	145	195	180	230
160	180	25	75	75	125	120	170	170	220	250	300	75	125	125	175	160	210	195	245
180	200	35	90	90	145	140	195	195	250	275	330	85	140	140	195	180	235	220	275
200	225	45	105	105	165	160	220	220	280	305	365	95	155	155	215	200	260	245	305
225	250	45	110	110	175	170	235	235	300	330	395	105	170	170	235	220	285	270	335
250	280	55	125	120	195	190	260	260	330	370	440	115	185	185	255	240	310	295	365
280	315	55	130	130	205	200	275	275	350	410	485	130	205	205	280	265	340	325	400
315	355	65	145	145	225	225	305	305	385	455	530	145	225	225	305	290	370	355	435
355	400	100	190	190	280	280	370	370	460	510	600	165	255	255	345	330	420	405	495
400	450	110	210	210	310	310	410	410	510	565	665	185	285	285	385	370	470	455	555
450	500	110	220	220	330	330	440	440	550	625	735	205	315	315	425	410	520	505	615
500	560	120	240	240	360	360	480	480	600	—	—	230	350	350	470	455	575	560	680
560	630	140	260	260	380	380	500	500	620	—	—	260	380	380	500	500	620	620	740
630	710	145	285	285	425	425	565	565	705	—	—	295	435	435	575	565	705	695	835
710	800	150	310	310	470	470	630	630	790	—	—	325	485	485	645	630	790	775	935
800	900	180	350	350	520	520	690	690	860	—	—	370	540	540	710	700	870	860	1030
900	1000	200	390	390	580	580	770	770	960	—	—	410	600	600	790	780	970	960	1150
1000	1120	220	430	430	640	640	850	850	1060	—	—	455	665	665	875	860	1075	1065	1275
1120	1250	230	470	470	710	710	950	950	1190	—	—	490	730	730	970	960	1200	1200	1440
1250	1400	270	530	530	790	790	1050	1050	1310	—	—	550	810	810	1070	1070	1330	1330	1590
1400	1600	330	610	610	890	890	1170	1170	1450	—	—	640	920	920	1200	1200	1480	1480	1760
1600	1800	380	700	700	1020	1020	1340	1340	1660	—	—	700	1020	1020	1340	1340	1660	1660	1980
1800	2000	400	760	760	1120	1120	1480	1480	1840	—	—	760	1120	1120	1480	1480	1840	1840	2200

表 14.2-16 调心滚子轴承径向游隙（摘自 GB/T 4604.1—2012） （μm）

公称内径 d/mm		圆柱孔										圆锥孔									
		2 组		N 组		3 组		4 组		5 组		2 组		N 组		3 组		4 组		5 组	
超过	到	min	max	min	max	min	max	min	max	min	max	min	max	min	max	min	max	min	max	min	max
14	18	10	20	20	35	35	45	45	60	60	75	—	—	—	—	—	—	—	—	—	—
18	24	10	20	20	35	35	45	45	60	60	75	15	25	25	35	35	45	45	60	60	75
24	30	15	25	25	40	40	55	55	75	75	95	20	30	30	40	40	55	55	75	75	95
30	40	15	30	30	45	45	60	60	80	80	100	25	35	35	50	50	65	65	85	85	105
40	50	20	35	35	55	55	75	75	100	100	125	30	45	45	60	60	80	80	100	100	130
50	65	20	40	40	65	65	90	90	120	120	150	40	55	55	75	75	95	95	120	120	160
65	80	30	50	50	80	80	110	110	145	145	180	50	70	70	95	95	120	120	150	150	200
80	100	35	60	60	100	100	135	135	180	180	225	55	80	80	110	110	140	140	180	180	230
100	120	40	75	75	120	120	160	160	210	210	260	65	100	100	135	135	170	170	220	220	280
120	140	50	95	95	145	145	190	190	240	240	300	80	120	120	160	160	200	200	260	260	330
140	160	60	110	110	170	170	220	220	280	280	350	90	130	130	180	180	230	230	300	300	380
160	180	65	120	120	180	180	240	240	310	310	390	100	140	140	200	200	260	260	340	340	430
180	200	70	130	130	200	200	260	260	340	340	430	110	160	160	220	220	290	290	370	370	470
200	225	80	140	140	220	220	290	290	380	380	470	120	180	180	250	250	320	320	410	410	520
225	250	90	150	150	240	240	320	320	420	420	520	140	200	200	270	270	350	350	450	450	570
250	280	100	170	170	260	260	350	350	460	460	570	150	220	220	300	300	390	390	490	490	620
280	315	110	190	190	280	280	370	370	500	500	630	170	240	240	330	330	430	430	540	540	680
315	355	120	200	200	310	310	410	410	550	550	690	190	270	270	360	360	470	470	590	590	740
355	400	130	220	220	340	340	450	450	600	600	750	210	300	300	400	400	520	520	650	650	820
400	450	140	240	240	370	370	500	500	660	660	820	230	330	330	440	440	570	570	720	720	910
450	500	140	260	260	410	410	550	550	720	720	900	260	370	370	490	490	630	630	790	790	1000
500	560	150	280	280	440	440	600	600	780	780	1000	290	410	410	540	540	680	680	870	870	1100
560	630	170	310	310	480	480	650	650	850	850	1100	320	460	460	600	600	760	760	980	980	1230
630	710	190	350	350	530	530	700	700	920	920	1190	350	510	510	670	670	850	850	1090	1090	1360
710	800	210	390	390	580	580	700	700	1010	1010	1300	390	570	570	750	750	960	960	1220	1220	1500
800	900	230	430	430	650	650	860	860	1120	1120	1440	440	640	640	840	840	1070	1070	1370	1370	1690
900	1000	260	480	480	710	710	930	930	1220	1220	1570	480	710	710	930	930	1190	1190	1520	1520	1860

表 14.2-17 双列圆柱滚子轴承径向游隙 （μm）

公称内径 d/mm		圆 柱 孔						圆 锥 孔			
		1 组		2 组		3 组		1 组		2 组	
超过	到	min	max	min	max	min	max	min	max	min	max
—	24	5	15	10	20	20	30	10	20	20	30
24	30	5	15	10	25	25	35	15	25	25	35
30	40	5	15	12	25	25	40	15	25	25	40
40	50	5	18	15	30	30	45	17	30	30	45
50	65	5	20	15	35	35	50	20	35	35	50
65	80	10	25	20	40	40	60	25	40	40	60
80	100	10	30	25	45	45	70	35	55	45	70
100	120	10	30	25	50	50	80	40	60	50	80
120	140	10	35	30	60	60	90	45	70	60	90
140	160	10	35	35	65	65	100	50	75	65	100
160	180	10	40	35	75	75	110	55	85	75	110
180	200	15	45	40	80	80	120	60	90	80	120
200	225	15	50	45	90	90	135	60	95	90	135
225	250	15	50	50	100	100	150	65	100	100	150
250	280	20	55	55	110	110	165	75	110	110	165
280	315	20	60	60	120	120	180	80	120	120	180
315	355	20	65	65	135	135	200	90	135	135	200
355	400	25	75	75	150	150	225	100	150	150	225
400	450	25	85	85	170	170	255	110	170	170	255
450	500	25	95	95	190	190	285	120	190	190	285

表 14.2-18　双列和四列圆锥滚子轴承径向游隙　(μm)

公称内径 d/mm		1组		2组		N组		3组		4组		5组	
超过	到	min	max	min	max	min	max	min	max	min	max	min	max
—	30	0	10	10	20	20	30	40	50	50	60	70	80
30	40	0	12	12	25	25	40	45	60	60	75	80	95
40	50	0	15	15	30	30	45	50	65	65	80	90	110
50	65	0	15	15	30	30	50	50	70	70	90	90	120
65	80	0	20	20	40	40	60	60	80	80	110	110	150
80	100	0	20	20	45	45	70	70	100	100	130	130	170
100	120	0	25	25	50	50	80	80	110	110	150	150	200
120	140	0	30	30	60	60	90	90	120	120	170	170	230
140	160	0	30	30	65	65	100	100	140	140	190	190	260
160	180	0	35	35	70	70	110	110	150	150	210	210	280
180	200	0	40	40	80	80	120	120	170	170	230	230	310
200	225	0	40	40	90	90	140	140	190	190	260	260	340
225	250	0	50	50	100	100	150	150	210	210	290	290	380
250	280	0	50	50	110	110	170	170	230	230	320	320	420
280	315	0	60	60	120	120	180	180	250	250	350	350	460
315	355	0	70	70	140	140	210	210	280	280	390	390	510
355	400	0	70	70	150	150	230	230	310	310	440	440	580
400	450	0	80	80	170	170	260	260	350	350	490	490	650
450	500	0	90	90	190	190	290	290	390	390	540	540	720
500	560	0	100	100	210	210	320	320	430	430	590	590	790
560	630	0	110	110	230	230	350	350	480	480	660	660	880
630	710	0	130	130	260	260	400	400	540	540	740	740	910
710	800	0	140	140	290	290	450	450	610	610	830	830	1100
800	900	0	160	160	330	330	500	500	670	670	920	920	1240
900	1000	0	180	180	360	360	540	540	720	720	980	980	1300
1000	1120	0	200	200	400	400	600	600	820				
1120	1250	0	220	220	450	450	670	670	900				
1250	1400	0	250	250	500	500	750	750	980				

表 14.2-19　外球面球轴承径向游隙　(μm)

轴承公称内径 d/mm		圆柱孔						圆锥孔					
		2组		N组		3组		2组		N组		3组	
超过	到	min	max	min	max	min	max	min	max	min	max	min	max
10	18	3	18	10	25	18	33	10	25	18	33	25	45
18	24	5	20	12	28	20	36	12	28	20	36	28	48
24	30	5	20	12	28	23	41	12	28	23	41	30	53
30	40	6	20	13	33	28	46	13	33	28	46	40	64
40	50	6	23	14	36	30	51	14	36	30	51	45	73
50	65	8	28	18	43	38	61	18	43	38	61	55	90
65	80	10	30	20	51	46	71	20	51	46	71	65	105
80	100	12	36	24	58	53	84	24	58	53	84	75	120
100	120	15	41	28	66	61	97	28	66	61	97	90	140
120	140	18	48	33	81	71	114	33	81	71	114	105	160

表 14.2-20 四点接触球轴承轴向游隙（摘自 GB/T 4604.2—2013） (μm)

公称内径 d/mm		2组		N组		3组		4组	
超过	到	min	max	min	max	min	max	min	max
10	18	15	65	50	95	85	130	120	165
18	40	25	75	65	110	100	150	135	185
40	60	35	85	75	125	110	165	150	200
60	80	45	100	85	140	125	175	165	215
80	100	55	110	95	150	135	190	180	235
100	140	70	130	115	175	160	220	205	265
140	180	90	155	135	200	185	250	235	300
180	220	105	175	155	225	210	280	260	330
220	260	120	195	175	250	230	305	290	360
260	300	135	215	195	275	255	335	315	390
300	350	155	240	220	305	285	370	350	430
350	400	175	265	245	330	310	400	380	470
400	450	190	285	265	360	340	435	415	510
450	500	210	310	290	390	365	470	445	545
500	560	225	335	315	420	400	505	485	595
560	630	250	365	340	455	435	550	530	645
630	710	270	395	375	500	475	600	580	705
710	800	290	425	405	540	520	655	635	770
800	900	315	460	440	585	570	715	695	840
900	1000	335	490	475	630	615	770	755	910

表 14.2-21 E、EH 系列关节轴承径向游隙 (μm)

d/mm		向心关节轴承 E系列						杆端关节轴承 E、EH系列					
		2组		N组		3组		2组		N组		3组	
超过	到	min	max	min	max	min	max	min	max	min	max	min	max
2.5	12	8	32	32	68	68	104	4	32	16	68	34	104
12	20	10	40	40	82	82	124	5	40	20	82	41	124
20	35	12	50	50	100	100	150	6	50	25	100	50	150
35	60	15	60	60	120	120	180	8	60	30	120	60	180
60	80	18	72	72	142	142	212	9	72	36	142	71	212
80	90	18	72	72	142	142	212	—	—	—	—	—	—
90	140	18	85	85	165	165	245	—	—	—	—	—	—
140	200	18	100	100	192	192	284	—	—	—	—	—	—
200	240	18	110	110	214	214	318	—	—	—	—	—	—
240	300	18	125	125	239	239	353	—	—	—	—	—	—

表 14.2-22 G、GH 系列关节轴承径向游隙 (μm)

d/mm		向心关节轴承 G系列						杆端关节轴承 G、GH系列					
		2组		N组		3组		2组		N组		3组	
超过	到	min	max	min	max	min	max	min	max	min	max	min	max
2.5	10	8	32	32	68	68	104	4	32	16	68	34	104
10	17	10	40	40	82	82	124	5	40	20	82	41	124
17	30	12	50	50	100	100	150	6	50	25	100	50	150
30	50	15	60	60	120	120	180	8	60	30	120	60	180
50	70	18	72	72	142	142	212	9	72	36	142	71	212
70	80	18	72	72	142	142	212	—	—	—	—	—	—
80	120	18	85	85	165	165	245	—	—	—	—	—	—
120	180	18	100	100	192	192	284	—	—	—	—	—	—
180	220	18	110	110	214	214	318	—	—	—	—	—	—
220	280	18	125	125	239	239	353	—	—	—	—	—	—

表 14.2-23　C 系列关节轴承径向游隙　(μm)

d/mm		N 组		d/mm		N 组	
超过	到	min	max	超过	到	min	max
300	340	125	239	850	1060	195	405
340	420	135	261	1060	1400	220	470
420	530	145	285	1400	1700	240	540
530	670	160	320	1700	2000	260	610
670	850	170	350				

表 14.2-24　K 系列关节轴承径向游隙　(μm)

d/mm		2 组			N 组			3 组		
		min		max	min		max	min		max
超过	到	向心关节轴承	杆端关节轴承		向心关节轴承	杆端关节轴承		向心关节轴承	杆端关节轴承	
2.5	8	8	4	32	32	16	68	68	34	104
8	16	10	5	40	40	20	82	82	41	124
16	25	12	6	50	50	25	100	100	50	150
25	40	15	8	60	60	30	120	120	60	180
40	50	18	9	72	72	36	142	142	71	212

表 14.2-25　H 系列关节轴承径向游隙　(μm)

d/mm		2 组		N 组		3 组		d/mm		2 组		N 组		3 组	
超过	到	min	max	min	max	min	max	超过	到	min	max	min	max	min	max
90	120	18	85	85	165	165	245	380	480	—	—	145	285	—	—
120	180	18	100	100	192	192	284	480	600	—	—	160	320	—	—
180	240	18	110	110	214	214	318	600	750	—	—	170	350	—	—
240	300	18	125	125	239	239	353	750	950	—	—	195	405	—	—
300	380	—	—	135	261	—	—	950	1000	—	—	220	470	—	—

表 14.2-26　W 系列关节轴承径向游隙　(μm)

d/mm		2 组		N 组		3 组		d/mm		2 组		N 组		3 组	
超过	到	min	max	min	max	min	max	超过	到	min	max	min	max	min	max
2.5	12	8	32	32	68	68	104	90	125	18	85	85	165	165	245
12	20	10	40	40	82	82	124	125	200	18	100	100	192	192	284
20	32	12	50	50	100	100	150	200	250	18	125	125	239	239	353
32	50	15	60	60	120	120	180	250	320	18	135	135	261	261	387
50	90	18	72	72	142	142	212								

表 14.2-27　K 系列关节轴承径向游隙（摩擦副材料为钢/青铜）　(μm)

d/mm		向心关节轴承						杆端关节轴承					
		2 组		N 组		3 组		2 组		N 组		3 组	
超过	到	min		max		min		max		min		max	
2.5	6	4	34	10	50	42	72	2	34 (22)	5	50 (40)	21	72 (65)
6	10	5	41	13	61	52	88	3	41 (27)	7	61 (49)	26	88 (78)
10	18	6	49	16	75	64	107	3	49 (33)	8	75 (59)	32	107 (93)
18	30	7	59	20	92	77	102	4	59 (40)	10	92 (72)	39	120 (103)
30	50	9	71	25	112	98	150	5	71 (48)	13	112 (87)	49	150 (125)

注：对于特殊结构的杆端关节轴承（如组装结构和整体结构），允许采用括号内的值。

表 14.2-28　自润滑向心关节轴承径向游隙　(μm)

d/mm		N 组		d/mm		N 组	
超过	到	min	max	超过	到	min	max
4	12	4	28	20	30	6	44
12	20	5	35				

第 3 章　滚动轴承计算

1　滚动轴承的失效形式

滚动轴承的失效形式主要有疲劳点蚀、过量的永久变形和磨损等。轴承在正常的条件下使用时，内圈、外圈和滚动体上的接触应力都是变化的，工作一定时间后，接触表面就可能发生疲劳点蚀，以致造成疲劳剥落。故疲劳点蚀是轴承的正常失效形式，它决定了轴承的工作寿命。轴承的寿命一般指疲劳寿命。

转速很低或间歇往复摆动的轴承，在过大的静载荷或冲击载荷作用下，会使套圈滚道和滚动体接触处的局部应力超过材料的屈服强度，以致表面发生过大的塑性变形，使轴承不能正常工作。

在润滑不良和密封不严的情况下，轴承工作时，接触面容易发生磨损。转速越高，磨损越严重。磨损会使轴承的游隙增加，振动和噪声增大，各项技术性能急剧下降，导致轴承失效。

此外，轴承还有胶合、烧伤、套圈断裂、滚动体压碎、保持架磨损和断裂及锈蚀等失效形式。在正常的使用条件下，这些失效是可以避免的，因此称之为非正常失效。

2　通用轴承计算

本节相关内容摘自 GB/T 6391—2010、GB/T 6930—2002、GB/T 4662—2012。

2.1　基本额定寿命

轴承的疲劳寿命指一套轴承，其中一个套圈（或垫圈）或滚动体的材料出现第一个疲劳扩展迹象之前，一个套圈（或垫圈）相对另一个套圈（或垫圈）的转速或在一定转速下工作的小时数。大量试验证明，滚动轴承的疲劳寿命是相当离散的。同一批生产的同一型号轴承，在完全相同的条件下运转，疲劳寿命各不相同，甚至相差数十倍。因此对于一个具体的轴承很难预知其确切的疲劳寿命，但是一批轴承的疲劳寿命却服从一定的概率分布规律。

为了兼顾轴承工作的可靠性与经济性，对一批同型号的轴承，在相同的条件下运转，把 10% 轴承发生疲劳点蚀之前的寿命定义为这批轴承的基本额定寿命，用 L_{10} 表示，单位为 10^6r，或用一定转速下运转的小时数 L_{10h}（h）表示。设计中通常取基本额定寿命作为轴承的寿命指标。这就是说，单个轴承能达到基本额定寿命的可靠度为 90%。

2.2　基本额定载荷

2.2.1　基本额定动载荷

滚动轴承的基本额定动载荷指在特定条件下，轴承承受恒定载荷的能力。对向心轴承来说，是承受大小和方向恒定的纯径向载荷的能力，称为径向基本额定动载荷，用 C_r 表示。对推力轴承来说，是承受大小和方向恒定的纯轴向载荷的能力，称为轴向基本额定动载荷，用 C_a 表示。

上述特定条件包括：

1）轴承材料为高质量淬硬钢。

2）失效概率为 10%。

3）基本额定寿命 L_{10} 等于 10^6r。

4）向心轴承的套圈之间只产生径向位移，推力轴承的套圈之间只产生轴向位移。

简单地说，基本额定动载荷就是使轴承的基本额定寿命等于 1（10^6r）的载荷。它与轴承的滚动体个数、滚动体直径、滚动体列数、滚子的长度等结构参数有关，是衡量轴承承载能力的主要指标。

（1）单套轴承的基本额定动载荷

滚动轴承基本额定动载荷的计算公式见表 14.3-1。常用滚动轴承的基本额定动载荷的数值可从本篇第 6 章中的相应表格中查到。

（2）成对安装和多套安装轴承的基本额定动载荷

1）两套相同的向心轴承，成对安装在同一轴上的同一个支承位置，整体运转，这对轴承的基本额定动载荷按一套双列轴承计算。

2）两套和两套以上相同的向心轴承，以“串联”方式安装在同一轴上的同一个支承位置，整体运转，若能保证载荷均匀分布，这一轴承组合的径向基本额定动载荷，对于球轴承，等于轴承数的 0.7 次幂乘以单列轴承的径向基本额定动载荷；对于滚子轴承，等于轴承数的 7/9 次幂乘以单列轴承的径向基本额定动载荷。

3）两列或多列球径相同的推力球轴承，承受同一方向的轴向载荷作用时，其轴向基本额定动载荷按式（14.3-1）计算：

$$C_a=(Z_1+Z_2+\cdots+Z_n)\times[(Z_1/C_{a1})^{10/3}+(Z_2/C_{a2})^{10/3}+\cdots+(Z_n/C_{an})^{10/3}]^{-3/10} \tag{14.3-1}$$

式中　Z_1、Z_2、…、Z_n——各列轴承的球数；

C_{a1}、C_{a2}、…、C_{an}——各单列轴承的轴向基本额定动载荷。

4）两列或多列滚子直径相同的推力滚子轴承，承受同一方向的轴向载荷时，其轴向基本额定动载荷按式（14.3-2）计算：

$$C_a=(Z_1L_{we1}+Z_2L_{we2}+\cdots+Z_nL_{wen})\times[(Z_1L_{we1}/C_{a1})^{9/2}+(Z_2L_{we2}/C_{a2})^{9/2}+\cdots+(Z_nL_{wen}/C_{an})^{9/2}]^{-2/9} \quad (14.3\text{-}2)$$

式中　L_{we1}、L_{we2}、…、L_{wen}——各列滚子的有效长度。

表 14.3-1　基本额定动载荷的计算公式

轴承类型			名称	符号	计算公式 $D_w\leqslant25.4$mm	计算公式 $D_w>25.4$mm	说明
向心轴承	球轴承		径向基本额定动载荷	C_r	$b_mf_c(i\cos\alpha)^{0.7}Z^{2/3}D_w^{1.8}$	$3.647b_mf_c(i\cos\alpha)^{0.7}Z^{2/3}D_w^{1.4}$	f_c—系数，见表 14.3-2 b_m—系数，见表 14.3-3 i—滚动体列数 α—接触角 Z—滚动体个数 D_w、D_{we}—分别为球和滚子直径(mm) L_{we}—滚子有效长度(mm)
	滚子轴承				$b_mf_c(iL_{we}\cos\alpha)^{7/9}Z^{3/4}D_{we}^{29/27}$		
推力轴承	球轴承	$\alpha=90°$	轴向基本额定动载荷	C_a	$b_mf_cZ^{2/3}D_w^{1.8}$	$3.647b_mf_cZ^{2/3}D_w^{1.4}$	
		$\alpha\neq90°$			$b_mf_c(\cos\alpha)^{0.7}\tan\alpha Z^{2/3}D_w^{1.8}$	$3.647b_mf_c(\cos\alpha)^{0.7}\tan\alpha Z^{2/3}D_w^{1.4}$	
	滚子轴承	$\alpha=90°$			$b_mf_cL_{we}^{7/9}Z^{3/4}D_{we}^{29/27}$		
		$\alpha\neq90°$			$b_mf_c(L_{we}\cos\alpha)^{7/9}\tan\alpha Z^{3/4}D_{we}^{29/27}$		

表 14.3-2　系数 f_c 值

向心球轴承

$D_w\cos\alpha/D_{pw}$	深沟球轴承和单、双列角接触球轴承	双列深沟球轴承	单、双列调心球轴承	磁电动机球轴承
0.05	46.7	44.2	17.3	16.2
0.06	49.1	46.5	18.6	17.4
0.07	51.1	48.4	19.9	18.5
0.08	52.8	50.0	21.1	19.5
0.09	54.3	51.4	22.3	20.6
0.10	55.5	52.6	23.4	21.5
0.12	57.5	54.5	25.6	23.4
0.14	58.8	55.7	27.7	25.3
0.16	59.6	56.5	29.7	27.1
0.18	59.9	56.8	31.7	28.8
0.20	59.9	56.8	33.5	30.5
0.22	59.6	56.5	35.2	32.1
0.24	59.0	55.9	36.8	33.7
0.26	58.2	55.1	38.2	35.2
0.28	57.1	54.1	39.4	36.6
0.30	56.0	53.0	40.3	37.8
0.32	54.6	51.8	40.9	38.9
0.34	53.2	50.4	41.2	39.8
0.36	51.7	48.9	41.3	40.4
0.38	50.0	47.4	41.0	40.8
0.40	48.4	45.8	40.4	40.9

推力球轴承

D_w/D_{pw}	$\alpha=90°$	$D_w\cos\alpha/D_{pw}$	$45°\leqslant\alpha<60°$	$\alpha=60°$	$\alpha=75°$
0.01	36.7	0.01	42.1	39.2	37.3
0.02	45.2	0.02	51.7	48.1	45.9
0.03	51.1	0.03	58.2	54.2	51.7
0.04	55.7	0.04	63.3	58.9	56.1
0.05	59.5	0.05	67.3	62.6	59.7
0.06	62.9	0.06	70.7	65.8	62.7
0.07	65.8	0.07	73.5	68.4	65.2
0.08	68.5	0.08	75.9	70.7	67.3
0.09	71.0	0.09	78.0	72.6	69.2
0.10	73.3	0.10	79.7	74.2	70.7
0.12	77.4	0.12	82.3	76.6	
0.14	81.1	0.14	84.1	78.3	
0.16	84.4	0.16	85.1	79.2	
0.18	87.4	0.18	85.5	79.6	
0.20	90.2	0.20	85.4	79.5	
0.22	92.8	0.22	84.9		
0.24	95.3	0.24	84.0		
0.26	97.6	0.26	82.8		
0.28	99.8	0.28	81.3		
0.30	101.9	0.30	79.6		
0.32	103.9				
0.34	105.8				

（续）

向心滚子轴承									
$D_{we}\cos\alpha/D_{pw}$	0.01	0.02	0.03	0.04	0.05	0.06	0.07	0.08	0.09
f_c	52.1	60.8	66.5	70.7	74.1	76.9	79.2	81.2	82.8
$D_{we}\cos\alpha/D_{pw}$	0.10	0.12	0.14	0.16	0.18	0.20	0.22	0.24	0.26
f_c	84.2	86.4	87.7	88.5	88.8	88.7	88.2	87.5	86.4
$D_{we}\cos\alpha/D_{pw}$	0.28	0.30							
f_c	85.2	83.8							

推力滚子轴承					
D_{we}/D_{pw}	$\alpha=90°$	$D_{we}\cos\alpha$	$45°\leqslant\alpha<60°$	$60°\leqslant\alpha<75°$	$75\leqslant\alpha<90°$
0.01	105.4	0.01	109.7	107.1	105.6
0.02	122.9	0.02	127.8	124.7	123.0
0.03	134.5	0.03	139.5	136.2	134.3
0.04	143.4	0.04	148.3	144.7	142.8
0.05	150.7	0.05	155.2	151.5	149.4
0.06	156.9	0.06	160.9	157.0	154.9
0.07	162.4	0.07	165.6	161.6	159.4
0.08	167.2	0.08	169.5	165.5	163.2
0.09	171.7	0.09	172.8	168.7	166.4
0.10	175.7	0.10	175.5	171.4	169.0
0.12	183.0	0.12	179.7	175.4	173.0
0.14	189.4	0.14	182.3	177.9	175.5
0.16	195.1	0.16	183.7	179.3	
0.18	200.3	0.18	184.1	179.7	
0.20	205.0	0.20	183.7	179.3	
0.22	209.4	0.22	182.6		
0.24	213.5	0.24	180.9		
0.26	217.3	0.26	178.7		
0.28	220.9				
0.30	224.3				
说明	D_{pw}—球或滚子组的节圆直径（mm） 对表中数据的中间值，f_c 值由线性内插法求得				

表 14.3-3 系数 b_m 值

轴承类型			b_m
向心轴承	向心球轴承	径向接触和角接触沟型球轴承以及调心球轴承（有装填槽和外球面轴承除外）	1.3
		有装填槽的轴承	1.1
		外球面轴承	1.3
	向心滚子轴承	圆柱滚子轴承、圆锥滚子轴承和机制套圈的滚针轴承	1.1
		冲压外圈滚针轴承	1
		调心滚子轴承	1.15
推力轴承	推力球轴承	推力球轴承	1.3
	推力滚子轴承	圆柱滚子轴承和滚针轴承	1
		圆锥滚子轴承	1.1
		调心滚子轴承	1.15

2.2.2 基本额定静载荷

基本额定静载荷是为了限制轴承的永久变形，引进的一种假想载荷，它代表轴承承受静止载荷的能力。

当向心轴承处于静止状态或缓慢运转状态时，使受载最大的滚动体与滚道接触中心处的接触应力达到以下数值的径向载荷称为径向基本额定静载荷，用 C_{0r} 表示。

4600MPa　调心球轴承

4200MPa　其他向心球轴承

4000MPa　向心滚子轴承

当推力轴承处于静止状态或缓慢运转状态时，使受载最大的滚动体与滚道接触中心处的接触应力达到以下数值的轴向载荷称为轴向基本额定静载荷，用 C_{0a} 表示。

4200MPa　推力球轴承

4000MPa　推力滚子轴承

基本额定静载荷的计算公式见表 14.3-4 和表 14.3-5。常用轴承的基本额定静载荷可以从本篇第 6 章的相关表格中查到。

表 14.3-4　基本额定静载荷的计算公式

轴承类型	名称	计算公式
向心球轴承 向心滚子轴承	径向基本额定静载荷	$C_{0r}=f_0 iZD_w^2\cos\alpha$ $C_{0r}=44\left(1-\dfrac{D_{we}\cos\alpha}{D_{pw}}\right)iZL_{we}D_{we}\cos\alpha$
单向或双向推力球轴承 单向或双向推力滚子轴承	轴向基本额定静载荷	$C_{0a}=f_0 ZD_w^2\sin\alpha$ $C_{0a}=220\left(1-\dfrac{D_{we}\cos\alpha}{D_{pw}}\right)ZL_{we}D_{we}\sin\alpha$

注：表中 f_0 值见表 14.3-5。

表 14.3-5　系数 f_0 值

$\dfrac{D_w\cos\alpha}{D_{pw}}$	系数 f_0			$\dfrac{D_w\cos\alpha}{D_{pw}}$	系数 f_0		
	深沟球轴承、角接触球轴承	调心球轴承	推力球轴承		深沟球轴承、角接触球轴承	调心球轴承	推力球轴承
0	14.7	1.9	61.6	0.21	13.7	2.8	45
0.01	14.9	2	60.8	0.22	13.5	2.9	44.2
0.02	15.1	2	59.9	0.23	13.2	2.9	43.5
0.03	15.3	2.1	59.1	0.24	13	3	42.7
0.04	15.5	2.1	58.3	0.25	12.8	3	41.9
0.05	15.7	2.1	57.5	0.26	12.5	3.1	41.2
0.06	15.9	2.2	56.7	0.27	12.3	3.1	40.5
0.07	16.1	2.2	55.9	0.28	12.1	3.2	39.7
0.08	16.3	2.3	55.1	0.29	11.8	3.2	39
0.09	16.5	2.3	54.3	0.3	11.6	3.3	38.2
0.1	16.4	2.4	53.5	0.31	11.4	3.3	37.5
0.11	16.1	2.4	52.7	0.32	11.2	3.4	36.8
0.12	15.9	2.4	51.9	0.33	10.9	3.4	36
0.13	15.6	2.5	51.2	0.34	10.7	3.5	35.3
0.14	15.4	2.5	50.4	0.35	10.5	3.5	34.6
0.15	15.2	2.6	49.6	0.36	10.3	3.6	
0.16	14.9	2.6	48.8	0.37	10	3.6	
0.17	14.7	2.7	48	0.38	9.8	3.7	
0.18	14.4	2.7	47.3	0.39	9.6	3.8	
0.19	14.2	2.8	46.5	0.4	9.4	3.8	
0.2	14	2.8	45.7				

2.3　当量载荷

2.3.1　当量动载荷

轴承的基本额定动载荷是在如下假定的载荷条件下确定的：向心轴承仅承受径向载荷，推力轴承仅承受轴向载荷。实际上，轴承在大多数应用场合，同时受径向载荷和轴向载荷的联合作用。因此在进行轴承寿命计算时，必须把实际载荷转换成与额定动载荷的载荷条件相一致的载荷，称为当量动载荷。径向当量动载荷是一恒定的径向载荷，轴向当量动载荷是一恒定的轴向载荷。轴承在当量动载荷作用下的寿命与在实际载荷作用下的寿命相当。

1）在大小和方向恒定的径向载荷和轴向载荷作用下，当量动载荷

$$P=XF_r+YF_a \tag{14.3-3}$$

式中　P——当量动载荷（N）；

F_r——轴承所受径向载荷（N）；

F_a——轴承所受轴向载荷（N）；

X——径向动载荷系数；

Y——轴向动载荷系数。

各类轴承当量动载荷的计算系数 X、Y 的取值见表 14.3-6 和表 14.3-7。

表 14.3-6　向心轴承的系数 X、Y

轴承类型	相对轴向载荷		单列轴承				双列轴承				e
			$F_a/F_r\leqslant e$		$F_a/F_r>e$		$F_a/F_r\leqslant e$		$F_a/F_r>e$		
	F_a/C_{0r}	$F_a/(ZD_w^2)$	X	Y	X	Y	X	Y	X	Y	
深沟球轴承	0.014	0.172	1	0	0.56	2.30	1	0	0.56	2.30	0.19
	0.028	0.345				1.99				1.99	0.22
	0.056	0.689				1.71				1.71	0.26
	0.084	1.03				1.55				1.55	0.28
	0.11	1.38				1.45				1.45	0.30
	0.17	2.07				1.31				1.31	0.34
	0.28	3.45				1.15				1.15	0.38
	0.42	5.17				1.04				1.04	0.42
	0.56	6.89				1.00				1.00	0.44

（续）

轴承类型		相对轴向载荷		单列轴承				双列轴承				e
				$F_a/F_r \leqslant e$		$F_a/F_r > e$		$F_a/F_r \leqslant e$		$F_a/F_r > e$		
		F_a/C_{0r}	$F_a/(ZD_w^2)$	X	Y	X	Y	X	Y	X	Y	
角接触球轴承	α=5°	0.014	0.172	1	0	此类轴承用单列深沟球轴承的 X、Y 和 e 值		1	2.78	0.78	3.74	0.23
		0.028	0.345						2.40		3.23	0.26
		0.056	0.689						2.07		2.78	0.30
		0.085	1.03						1.87		2.52	0.34
		0.11	1.38						1.75		2.36	0.36
		0.17	2.07						1.58		2.13	0.40
		0.28	3.45						1.39		1.87	0.45
		0.42	5.17						1.26		1.69	0.50
		0.56	6.89						1.21		1.63	0.52
	α=10°	0.014	0.172	1	0	0.46	1.88	1	2.18	0.75	3.06	0.29
		0.029	0.345				1.71		1.98		2.78	0.32
		0.057	0.689				1.52		1.76		2.47	0.36
		0.086	1.03				1.41		1.63		2.29	0.38
		0.11	1.38				1.34		1.55		2.18	0.40
		0.17	2.07				1.23		1.42		2.00	0.44
		0.29	3.45				1.10		1.27		1.79	0.49
		0.43	5.17				1.01		1.17		1.64	0.54
		0.57	6.89				1.00		1.16		1.63	0.54
	α=15°（7000C）	0.015	0.172	1	0	0.44	1.47	1	1.65	0.72	2.39	0.38
		0.029	0.345				1.40		1.57		2.28	0.40
		0.058	0.689				1.30		1.46		2.11	0.43
		0.087	1.03				1.23		1.38		2.00	0.46
		0.12	1.38				1.19		1.34		1.93	0.47
		0.17	2.07				1.12		1.26		1.82	0.50
		0.29	3.45				1.02		1.14		1.66	0.55
		0.44	5.17				1.00		1.12		1.63	0.56
		0.58	6.89				1.00		1.12		1.63	0.56
	α=20°	—	—	1	0	0.43	1.00	1	1.09	0.70	1.63	0.57
	α=25°（7000AC）	—	—			0.41	0.87		0.92	0.67	1.41	0.68
	α=30°	—	—			0.39	0.76		0.78	0.63	1.24	0.80
	α=35°	—	—			0.37	0.66		0.66	0.60	1.07	0.95
	α=40°（7000B）	—	—			0.35	0.57		0.55	0.57	0.93	1.14
	α=45°	—	—			0.33	0.50		0.47	0.54	0.81	1.34
圆锥滚子轴承 α≠0°				1	0	0.40	0.40cotα	1	0.45cotα	0.67	0.67cotα	1.5tanα

表 14.3-7 推力轴承的系数 X、Y

轴承类型	α	单向轴承①		双向轴承				e
		$F_a/F_r > e$		$F_a/F_r \leqslant e$		$F_a/F_r > e$		
		X	Y	X	Y	X	Y	
推力球轴承	45°	0.66	1	1.18	0.59	0.66	1	1.25
	50°	0.73		1.37	0.57	0.73		1.49
	55°	0.81		1.60	0.56	0.81		1.79
	60°	0.92		1.90	0.55	0.92		2.17
	65°	1.06		2.30	0.54	1.06		2.68
	70°	1.28		2.90	0.53	1.28		3.43
	75°	1.66		3.89	0.52	1.66		4.67
	80°	2.43		5.86	0.52	2.43		7.09
	85°	4.80		11.75	0.51	4.80		14.29
	α≠90°	$1.25\tan\alpha\times\left(1-\frac{2}{3}\sin\alpha\right)$	1	$\frac{20}{13}\tan\alpha\times\left(1-\frac{1}{3}\sin\alpha\right)$	$\frac{10}{13}\times\left(1-\frac{1}{3}\sin\alpha\right)$	$1.25\tan\alpha\times\left(1-\frac{2}{3}\sin\alpha\right)$	1	1.25tanα
推力滚子轴承 α≠90°		tanα	1	1.5tanα	0.67	tanα	1	1.5tanα

① 对单向推力轴承，$F_a/F_r \leqslant e$ 不适用。

2）当轴承还承受恒定的力矩载荷作用时，当量动载荷可按式（14.3-4）计算：

$$P_m = f_m P \tag{14.3-4}$$

式中 P_m——考虑力矩载荷的当量动载荷（N）；

f_m——力矩载荷系数，见表 14.3-8。

表 14.3-8　力矩载荷系数 f_m 值

载荷大小	f_m
力矩载荷较小时	1.5
力矩载荷较大时	2

3）当轴承承受冲击载荷时，当量动载荷

$$P_d = f_d P \qquad (14.3\text{-}5)$$

式中　P_d——考虑冲击载荷的当量动载荷（N）；

f_d——冲击载荷系数，见表 14.3-9。

4）当轴承受变载荷或在变速条件下工作时，采用由式（14.3-6）计算的平均当量动载荷：

$$P_m = \sqrt[3]{\frac{1}{N}\int_0^N P^3 \mathrm{d}N} \qquad (14.3\text{-}6)$$

式中　P_m——平均当量动载荷（N）；

N——载荷变动一个周期内的总转数（r）。

对于如图 14.3-1 所示的载荷与转速之间的关系，平均当量动载荷

$$P_m = \sqrt[3]{\frac{N_1P_1^3+N_2P_2^3+N_3P_3^3+\cdots}{N}} \qquad (14.3\text{-}7)$$

式中　P_1、P_2、P_3、…是在 N_1、N_2、N_3、…转速时的当量动载荷

$$N_1+N_2+N_3+\cdots = N$$

表 14.3-9　冲击载荷系数 f_d 值

载荷性质	f_d	举　例
无冲击或轻微冲击	1.0~1.2	电动机、汽轮机、通风机、水泵
中等冲击	1.2~1.8	车辆、机床、起重机、冶金设备、内燃机
强大冲击	1.8~3.0	破碎机、轧钢机、石油钻机、振动筛

5）当轴承的转速不变，载荷在 P_{min} 和 P_{max} 之间线性变化时，当量动载荷

$$P_m = \frac{1}{3}(P_{min}+2P_{max}) \qquad (14.3\text{-}8)$$

6）当轴承的转速不变，载荷随时间单调而连续地周期性变化时，平均当量动载荷按图 14.3-2 给出的公式计算。

7）当轴承载荷由大小和方向均不变的固定载荷 F_1（如转子重量等）和大小不变的旋转载荷 F_2（如不平衡量引起的离心力等）组成时，如图 14.3-3 所示，平均当量动载荷按式（14.3-9）计算。

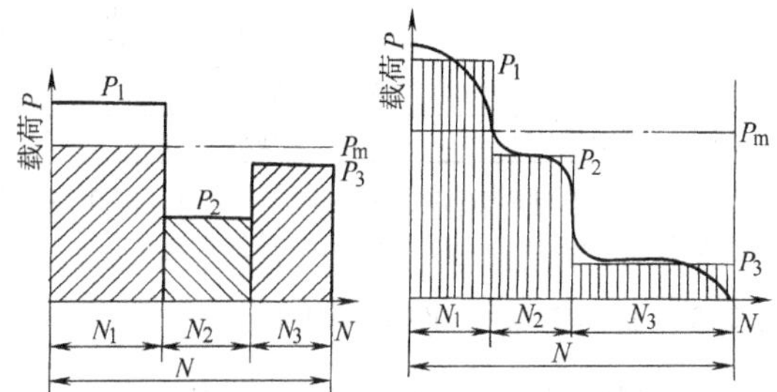

图 14.3-1　轴承载荷与转速之间的关系

一般情况	正弦曲线	正弦曲线上半部
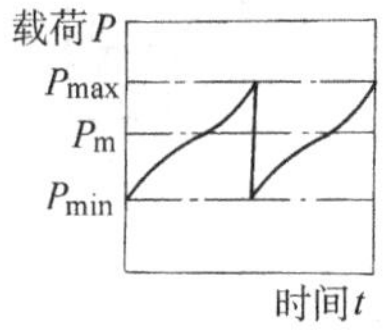 载荷P, P_{max}, P_m, P_{min}, 时间t	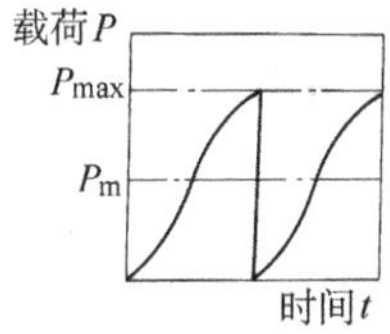 载荷P, P_{max}, P_m, 时间t	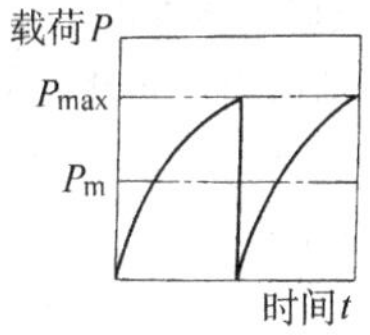 载荷P, P_{max}, P_m, 时间t
$P_m=\frac{1}{3}(P_{min}+2P_{max})$	$P_m=0.65P_{max}$	$P_m=0.75P_{max}$

图 14.3-2　平均当量动载荷的近似计算

$$P_m = \phi_m(F_1+F_2) \qquad (14.3\text{-}9)$$

式中　ϕ_m——按图 14.3-4 确定。

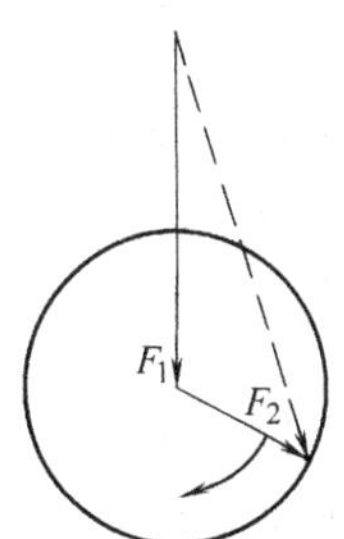

图 14.3-3　F_1 和 F_2 组成的轴承载荷

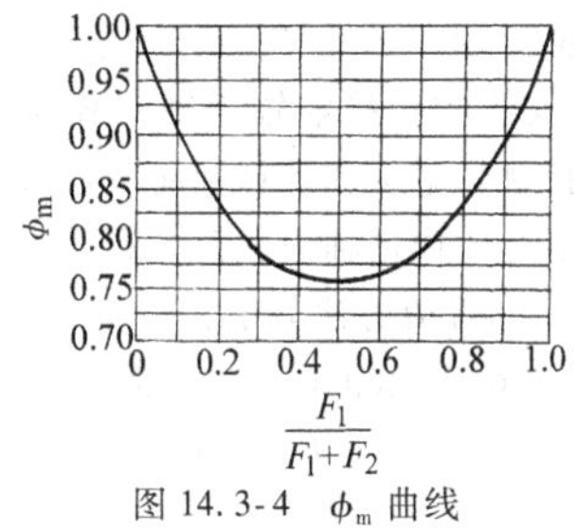

图 14.3-4　ϕ_m 曲线

2.3.2　当量静载荷

当轴承处于静止状态或缓慢运转状态时，若轴承

的实际受载情况与基本额定静载荷的假定情况不同，要将实际载荷转换为当量静载荷。

对于向心轴承，当 $\alpha=0°$ 时，径向当量静载荷为

$$P_{0r}=F_r \quad (14.3\text{-}10)$$

当 $\alpha\neq0°$ 时，径向当量静载荷取下列两式计算出的较大值

$$P_{0r}=X_0F_r+Y_0F_a \quad (14.3\text{-}11)$$

$$P_{0r}=F_r$$

式中　X_0——径向静载荷系数，见表 14.3-10；

F_r——径向载荷（N）；

Y_0——轴向静载荷系数，见表 14.3-10；

F_a——轴向载荷（N）。

对推力轴承，轴向当量静载荷取下列两式中的较大值

$$\begin{cases}P_{0a}=2.3F_r\tan\alpha+F_a, & \alpha\neq90°\\ P_{0a}=F_a, & \alpha=90°\end{cases} \quad (14.3\text{-}12)$$

式中　F_r、F_a——轴承的径向载荷和轴向载荷。

表 14.3-10　向心轴承的系数 X_0、Y_0

轴承类型			单列轴承		双列轴承	
			X_0	$Y_0$②	X_0	$Y_0$②
向心球轴承	深沟球轴承①		0.6	0.5	0.6	0.5
	角接触球轴承 α=	5°	0.5	0.52	1	1.04
		10°	0.5	0.5	1	1
		15°	0.5	0.46	1	0.92
		20°	0.5	0.42	1	0.84
		25°	0.5	0.38	1	0.76
		30°	0.5	0.33	1	0.66
		35°	0.5	0.29	1	0.58
		40°	0.5	0.26	1	0.52
		45°	0.5	0.22	1	0.44
	调心球轴承　$\alpha\neq0°$		0.5	$0.22\cot\alpha$	1	$0.44\cot\alpha$
向心滚子轴承	向心滚子轴承　$\alpha\neq0°$		0.5	$0.22\cot\alpha$	1	$0.44\cot\alpha$

① 许可的 F_a/C_{0r} 最大值与轴承设计（内部游隙和沟道深度）有关。

② 对于中间接触角的 Y_0 值，用线性插入法求取。

2.3.3　角接触轴承的载荷计算

1）载荷作用中心。角接触轴承在计算支承反力时，首先要确定载荷作用中心 O 点的位置（见图 14.3-5），其位置参数 a 的数值可由本篇第 6 章轴承基本尺寸与数据表格查得。

2）内部轴向力。角接触轴承在承受纯径向载荷时，将产生附加轴向力 S，计算公式为

角接触球轴承

$$S=eF_r \quad (14.3\text{-}13)$$

e 的数值可由表 14.3-6 查出。

圆锥滚子轴承

$$S=F_r/(2Y) \quad (14.3\text{-}14)$$

式中　Y 应取表 14.3-6 中 $F_a/F_r>e$ 的数值。

3）成对安装的角接触轴承轴向载荷计算。对成对安装的角接触轴承，在计算轴向载荷时，要同时考虑由径向力引起的内部轴向载荷 S 和作用于轴上的轴向工作载荷 F_a。计算方法如下：

在图 14.3-6a 所示正排列中，若

$$S_1+F_a>S_2$$

则

$$\begin{cases}F_{a1}=S_1\\ F_{a2}=S_1+F_a\end{cases} \quad (14.3\text{-}15a)$$

若　$S_1+F_a<S_2$

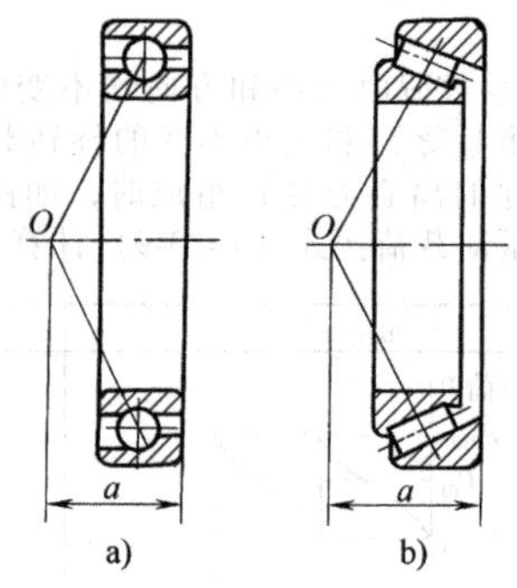

图 14.3-5　角接触轴承的载荷作用中心

a）角接触球轴承　b）圆锥滚子轴承

则

$$\begin{cases}F_{a1}=S_2-F_a\\ F_{a2}=S_2\end{cases} \quad (14.3\text{-}15b)$$

在图 14.3-6b 所示反排列中，若

$$F_a+S_2>S_1$$

则

$$\begin{cases}F_{a1}=F_a+S_2\\ F_{a2}=S_2\end{cases} \quad (14.3\text{-}16a)$$

若　$F_a+S_2<S_1$

则

$$\begin{cases}F_{a1}=S_1\\ F_{a2}=S_1-F_a\end{cases} \quad (14.3\text{-}16b)$$

若外加轴向力 F_a 的方向与图示方向相反，则只需轴承 1 和轴承 2 交换一下标号，计算公式仍为上面各式。

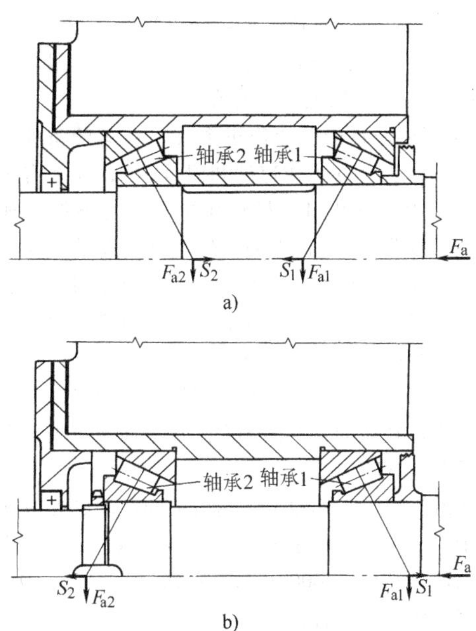

图 14.3-6　成对安装的角接触轴承轴向载荷计算
a）正排列　b）反排列

2.3.4　静不定支承的载荷计算

图 14.3-7 所示为一端成对安装两个同一型号的角接触轴承，另一端安装一个只能承受径向载荷的向心轴承的静不定支承结构。若轴的变形忽略不计，可参照图 14.3-8 采用试算迭代的方法求出每个轴承承受的载荷，计算步骤如下：

1）假定合成径向载荷 F_r 作用在中点 O 处，可算出

$$F_r^{(1)} = \frac{Fl_1}{l}$$

2）由 $\frac{F_a\cot\alpha}{F_r^{(1)}}$ 值查图 14.3-8，找出相应的 $\frac{b_1}{b}$ 值。其中，对角接触球轴承

$$\cot\alpha = \frac{1.25}{e}$$

对圆锥滚子轴承

$$\cot\alpha = 2.5Y$$

式中　e、Y 值可由表 14.3-6 查出。

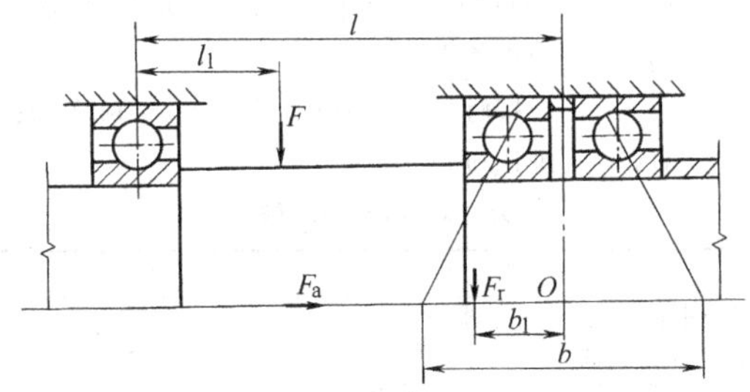

图 14.3-7　静不定支承结构

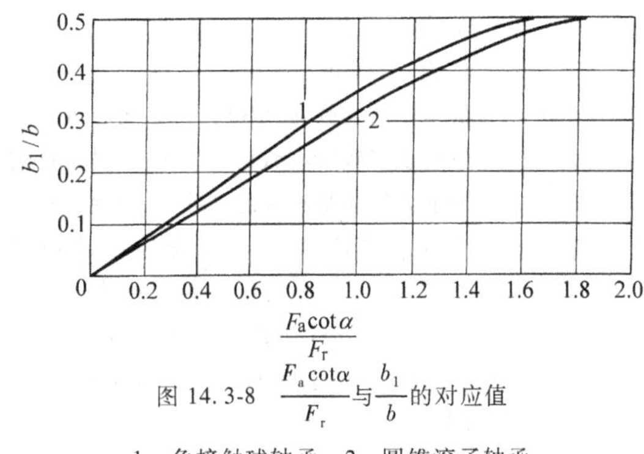

图 14.3-8　$\frac{F_a\cot\alpha}{F_r}$ 与 $\frac{b_1}{b}$ 的对应值

1—角接触球轴承　2—圆锥滚子轴承

3）根据 b_1 值，可由下式计算 $F_r^{(2)}$

$$F_r^{(2)} = \frac{Fl_1}{l-b_1}$$

这样，经过几次迭代，$F_r^{(n)}$ 与 $F_r^{(n-1)}$ 比较接近或 b_1 值在两次迭代中比较接近时，即可得到 F_r 的值。

成对安装两个同一型号的角接触轴承，可按双列轴承进行寿命计算，其基本额定动载荷和当量动载荷均应取双列轴承的数值。如单列轴承的基本额定动载荷为 C_{rI}，则双列轴承的基本额定动载荷为

角接触球轴承　$C_r = 1.62C_{rI}$

圆锥滚子轴承　$C_r = 1.71C_{rI}$

2.4　通用轴承的寿命计算

2.4.1　额定寿命计算

轴承的寿命与所受载荷的大小有关，载荷越大，在接触表面引起的接触应力越大，因而在轴承零件发生疲劳点蚀前所经历的总转数越小，即轴承的寿命越短。大量试验表明，表征轴承载荷 P 与基本额定寿命 L_{10} 的 P-L_{10} 曲线近似于一条双曲线，其方程可写作

$$P^{\varepsilon}L_{10} = \text{常数}$$

根据基本额定动载荷的定义可知，在基本额定动载荷 C 的作用下，轴承的基本额定寿命等于 1，即 $L_{10}=1$（10^6r），将此关系代入上式，则有

$$P^{\varepsilon}L_{10} = C^{\varepsilon}\times 1$$

由此得出滚动轴承的基本额定寿命

$$L_{10} = \left(\frac{C}{P}\right)^{\varepsilon} \tag{14.3-17}$$

实际计算中，轴承的工作转速是已知的，这时用小时数表示轴承的寿命比较方便，于是得以小时数为单位的基本额定寿命计算式

$$L_{10h} = \frac{10^6}{60n}\left(\frac{C}{P}\right)^{\varepsilon} \tag{14.3-18}$$

式中 L_{10h}——基本额定寿命（h）；

n——转速（r/min）；

C——基本额定动载荷（N），对于向心轴承为径向基本额定动载荷，$C=C_r$；对于推力轴承为轴向基本额定动载荷，$C=C_a$；

P——当量动载荷（N），考虑冲击载荷时 $P=P_d$，在变速变载荷或旋转载荷作用下为平均当量动载荷，即 $P=P_m$；

ε——寿命指数（球轴承 $\varepsilon=3$，滚子轴承 $\varepsilon=10/3$）。

2.4.2 修正额定寿命计算

使用基本额定寿命 L_{10} 作为选择与评定轴承寿命的一般准则通常是令人满意的。这个寿命与 90%的可靠度、当前常用材料和加工质量以及常规运转条件相关。

许多使用场合要求对各种不同的可靠度、特殊的轴承性能以及运转条件不属于正常情况下的轴承寿命进行计算，这时，可采用以下修正基本额定寿命计算公式

$$L_{na}=a_1a_2a_3L_{10} \tag{14.3-19}$$

式中 L_{na}——特殊的轴承性能和运转条件、可靠度为 $(100-n)\%$ 的修正额定寿命（10^6r）；

a_1——可靠性寿命修正系数；

a_2——特殊的轴承性能寿命修正系数；

a_3——运转条件的寿命修正系数。

1）可靠性寿命修正系数 a_1：一般情况下是以 90%的可靠度来评定轴承的疲劳寿命，这时 $a_1=1$；但在一些场合，要求可靠度高于 90%，这时的 a_1 系数可按表 14.3-11 选取。

表 14.3-11 可靠性寿命修正系数 a_1

可靠度（%）	90	95	96	97	98	99
a_1	1	0.62	0.53	0.44	0.33	0.21
L_{na}	L_{10a}	L_{5a}	L_{4a}	L_{3a}	L_{2a}	L_{1a}

2）特殊的轴承性能寿命修正系数 a_2：采用特殊种类与质量的材料和特殊的制造工艺以及专门的设计来达到特殊的寿命特性要求时，用系数 a_2 反映寿命值的变化。

根据目前的技术状况，尚不能对 a_2 值与定量表示的材料特性或滚道几何形状之间的关系做出规定，但选取 a_2 值时，可从下列几个方面选取经验值。

采用夹杂物含量非常低或经过特别分析处理的钢材，可取 $a_2 \geqslant 1$。若采用特殊的热处理造成材料硬度降低而导致轴承寿命下降，应相应减小 a_2 的值。选取 a_2 值时，还应考虑是否涉及滚动体与滚道之间接触应力均匀性提高或降低的特殊设计。

如采用特殊的材料、工艺或设计，而润滑却不良时，a_2 通常不能取大于 1 的值。

3）运转条件的寿命修正系数 a_3：运转条件包括润滑充分与否（在工作速度和温度下），外来有害物质存在与否，以及引起材料性能改变的条件（如高温造成硬度降低）。正常的运转条件，即轴承安装正确，润滑充分，防止外界物质侵入的措施得当，且没有引起材料性能改变的高温，滚动接触表面之间由润滑油膜完全隔开时，可取 $a_3=1$。

润滑条件十分理想，足以在轴承滚动接触表面形成弹性流体动压油膜，而大大降低表面疲劳失效概率时，可取 $a_3>1$。

润滑不良，工作温度下润滑剂的运动黏度对球轴承小于 13mm²/s，对于滚子轴承小于 20mm²/s，或转速特别低［$nD_{pw}<10000$，n 为转速（r/min），D_{pw} 为轴承滚动体组节圆直径］时，应取 $a_3<1$。

2.5 通用轴承的额定静载荷校核计算

对于处于静止和缓慢运转状态下的轴承，或者受载变化较大，尤其承受较大冲击载荷的轴承，为了防止轴承零件的接触表面产生过大的塑性变形，需要对载荷加以一定的限制或者要求轴承的静载荷承载能力达到一定水平。这些要求可以通过如下的额定静载荷校核计算予以实现：

$$C_0 \geqslant S_0P_0 \tag{14.3-20}$$

式中 C_0——额定静载荷，其值从本篇第 6 章的相关表格中查取；

P_0——当量静载荷；

S_0——安全系数。

若轴承经特殊热处理或高温工作等原因引起材料表面硬度降低，轴承的静载荷能力将下降。

材料硬度对轴承额定静载荷的影响由下式计算：

$$C_{0H}=\eta_H C_0 \tag{14.3-21}$$

$$\eta_H=f_H\left(\frac{HV}{800}\right)^2 \tag{14.3-22}$$

式中 C_{0H}——根据材料硬度修正后的额定静载荷；

η_H——硬度系数；

f_H——与接触类型有关的系数，见表 14.3-12；

HV——维氏硬度值。

表 14.3-12 f_H 值

接触类型	f_H
球与平面接触（调心球轴承）	1
球与沟道接触	1.5
滚子与滚子接触（向心滚子轴承）	2
滚子与平面接触	2.5

对静止轴承、缓慢摆动和转速极低的轴承，安全系数可参照表 14.3-13 选取。对载荷变化较大，尤其受较大冲击载荷作用的旋转轴承，若转速较低，对运转精度和摩擦力矩要求不高时，取 $S_0<1$，否则取 $S_0>1$。一般情况下可参考表 14.3-14 选取。

对于推力调心滚子轴承，无论其旋转与否，均应取 $S_0\geqslant4$。

另外，还要考虑轴承配合部位的刚度。轴承箱的刚度较低时，应选较高的安全系数，否则，应选较低的安全系数。

表 14.3-13 静止轴承的安全系数 S_0 值

轴承的使用场合	S_0
飞机变距螺旋桨叶片	≥0.5
水坝闸门装置	≥1
吊桥	≥1.5
附加动载荷较小的大型起重机吊钩	≥1
附加动载荷很大的小型装卸起重机起重吊钩	≥1.6

表 14.3-14 旋转轴承的安全系数 S_0 值

使用要求或载荷性质	S_0	
	球轴承	滚子轴承
对旋转精度及平稳性要求高，或承受冲击载荷	1.5~2	2.5~4
正常使用	0.5~2	1~3.5
对旋转精度及平稳性要求较低，没有冲击和振动	0.5~2	1~3

3 关节轴承计算

关节轴承的失效形式主要是摩擦、磨损失效，而不像通用轴承主要是疲劳失效。在选择这类轴承时，一般是根据轴承所受载荷情况和抗摩擦、磨损的能力，确定所需轴承的额定载荷，并据此来选择轴承的类型及型号。或是根据支承结构的要求和工况条件选定轴承型号后，再验算轴承寿命是否满足要求。

3.1 关节轴承的符号及含义（见表 14.3-15）

表 14.3-15 关节轴承的符号及含义

符号	含义	单位	符号	含义	单位
B	关节轴承内(轴)圈公称宽度	mm	X_r	径向轴承当量载荷系数	—
C	关节轴承外(座)圈公称宽度	mm	X_{ra}	角接触轴承当量载荷系数	—
H	推力关节轴承公称高度	mm	Y_a	推力轴承当量载荷系数	—
T	角接触关节轴承公称宽度	mm	$[p]$	材料许用应力极限	N/mm^2
d_m	关节轴承滑动球面公称直径	mm	$\overline{C}$	轴承中工作表面的有效接触宽度	mm
$\overline{d}_m$	滑动球面等效直径	mm	$I(\varepsilon)$	积分参数	—
C_d	关节轴承额定动载荷	N	f_p	载荷变化频率	Hz
C_{dr}	关节轴承径向额定动载荷	N	k	耐压系数	N/mm^2
C_{da}	关节轴承轴向额定动载荷	N	a	系数	—
C_s	关节轴承额定静载荷	N	G	系数	—
C_{sr}	径向额定静载荷	N	L	关节轴承初润滑寿命	摆次
C_{sa}	轴向额定静载荷	N	L_R	关节轴承重润滑寿命	摆次
f_r	径向轴承额定动载荷系数	N/mm^2	L_w	关节轴承重润滑间隔	摆次
f_{ra}	角接触轴承额定动载荷系数	N/mm^2	t	温度	°C
f_a	推力轴承额定动载荷系数	N/mm^2	v	关节轴承滑动速度	mm/s
f	关节轴承摆动频率	min^{-1}	K_M	与摩擦副材料有关的系数	—
f_s	额定静载荷系数	—	α_k	载荷特性寿命系数	—
P	关节轴承当量动载荷	N	α_t	温度寿命系数	—
P_r	径向当量静载荷	N	α_v	滑动速度寿命系数	—
P_a	轴向当量静载荷	N	α_p	载荷寿命系数	—
p	名义接触压力	N/mm^2	α_z	轴承质量与润滑寿命系数	—
F_{min}	最小载荷	N	α_h	重润滑间隔寿命系数	—
F_{max}	最大载荷	N	α_β	重润滑摆角寿命系数	—
F_a	轴向载荷	N	β	摆角	°
F_r	径向载荷	N	ζ	折算系数	—

3.2 关节轴承的额定载荷（见表 14.3-16）

f_r、f_{ra}、f_a 和 $f_s=f_s$（$[p]$，ε，d_m）与轴承接触副材料和结构型式尺寸及径向游隙等因素有关，表 14.3-17~表 14.3-19 列出了正常游隙值下的各系数值，X_r、X_{ra}和 Y_a 值见表 14.3-20。

表 14.3-16 关节轴承额定载荷计算公式 (N)

类型	额定动载荷	额定静载荷	当量动载荷	当量静载荷
向心关节轴承	$C_{dr}=f_r C d_m$	$C_{sr}=f_s C d_m$	$P=X_r F_r$	$P_r=X_r F_r$
角接触关节轴承	$C_{dr}=f_{ra}(B+C-T)d_m$	$C_{sr}=f_s(B+C-T)d_m$	$P=X_{ra}F_r$	$P_r=X_{ra}F_r$
推力关节轴承	$C_{da}=f_a(B+C-H)d_m$	$C_{sa}=f_s(B+C-H)d_m$	$P=Y_a F_a$	$P_a=Y_a F_a$
杆端关节轴承	当杆端关节轴承为向心型时,采用向心关节轴承的方法计算 当杆端关节轴承为球头型时,采用推力关节轴承的方法计算 当 C_{sr}超过杆体材料屈服强度的许用值时,取该许用值作为计算 C_{sr}的依据			

注：当关节轴承在一个摆动周期内承受变动载荷时，其当量动载荷为 $P=\sqrt{\dfrac{F_{min}^2+F_{max}^2}{2}}$。

表 14.3-17 向心关节轴承的 f_r、f_s 值

d_m/mm		摩擦副材料							
		钢/钢		钢/铜		钢/PTFE 织物		钢/PTFE 复合物	
超过	到	f_r	f_s	f_r	f_s	f_r	f_s	f_r	f_s
5	400	85	425	50	125	120	242	90	225
400	500	87	435	—	—	125	261	—	—
500	700	90	454	—	—	136	268	—	—
700	1000	93	468	—	—	138	278	—	—
1000	1200	93	475	—	—	138	284	—	—

表 14.3-18 角接触关节轴承的 f_{ra}、f_s 值

d_m/mm		摩擦副材料			
		钢/钢		钢/PTFE 织物	
超过	到	f_{ra}	f_s	f_{ra}	f_s
5	55	85.5	426	128	254.0
55	500	88	440	132	263.5

表 14.3-19 推力关节轴承的 f_a、f_s 值

d_m/mm		摩擦副材料			
		钢/钢		钢/PTFE 织物	
超过	到	f_a	f_s	f_a	f_s
5	60	170	855	255	512
60	100	185	924	280	560
100	110	185	966	280	575
110	150	190	966	288	575
150	200	180	920	275	550
200	220	180	768	275	462
220	300	155	768	230	462
300	500	143	710	222	425
500	700	—	—	256	529

表 14.3-20 关节轴承的 X_r、X_{ra}、Y_a 值

F_a/F_r	0	0.1	0.2	0.3	0.4
X_r	1	1.3	1.7	2.45	3.5

F_a/F_r	0	0.5	1	1.5	2	2.5	3
X_{ra}	1	1.22	1.51	1.86	2.265	2.63	3

F_a/F_r	0	0.1	0.2	0.4	0.4	0.5
Y_a	1	1.1	1.22	1.33	1.48	1.61

3.3 关节轴承的寿命计算

关节轴承的寿命与载荷、材料和工作条件有关。

3.3.1 初润滑寿命计算

一般情况下，关节轴承的寿命为

$$L=\alpha_k\alpha_t\alpha_p\alpha_v\alpha_z\frac{K_M C_d}{vP} \tag{14.3-23}$$

式中 v——轴承球面滑动速度（mm/s）；

P——当量动载荷（N）；

其他系数分别从表 14.3-21~表 14.3-23 中选取。

关节轴承的球面滑动速度（mm/s）为

$$v=2.9089\times10^{-4}\beta f\bar{d}_m \tag{14.3-24}$$

式中，$\bar{d}_m=\zeta d_m$，折算系数 ζ 的值见表 14.3-24。

关节轴承中的名义接触压力（N/mm²）为

$$p=k\frac{P}{C_d} \tag{14.3-25}$$

式中，耐压系数 k 值见表 14.3-25。

3.3.2 重润滑寿命计算

对于需维护的关节轴承，应定期更换轴承中的润滑剂，此时轴承的寿命估算方法如下：

$$L_R=\alpha_h\alpha_\beta L \tag{14.3-26}$$

式中 α_h、α_β——按表 14.3-27 选取。

3.3.3 分段载荷下的寿命计算

当关节轴承承受分段载荷作用时，其寿命为

$$L = T\Big/\sum_{i=1}^{n}\frac{T_i}{L_i} \tag{14.3-27}$$

式中 $T=\sum_{i=1}^{n}T_i$；

n——载荷的分段数；

T_i——第 i 段载荷的作用时间；

L_i——第 i 段载荷下的计算寿命。

3.4 关节轴承的工作能力计算

关节轴承属于非液体摩擦滑动轴承，其工作能力受

制于磨损失效和胶合失效，为此，必须对轴承滑动表面的相对速度 v、名义接触应力 p 和 pv 值加以限制，即

$$v \leqslant [v]$$

$$p \leqslant [p]$$

$$pv \leqslant [pv]$$

式中　$[v]$、$[p]$、$[pv]$——分别是滑动速度、名义压力和 pv 的许用值，见表 14.3-26。

$$pv = 2.9089\times10^{-4} k\beta f \bar{d}_m \frac{P}{C_d} \quad (14.3\text{-}28)$$

不同材料接触副的 pv 值限制范围见表 14.3-26。

表 14.3-21　寿命系数

系数	摩擦副材料				
	钢/钢	钢/铜	钢/PTFE 织物	钢/PTFE 复合物	备　注
K_M	830	207600	2.592×10^5	2.946×10^5	
α_k	1	1	1	1	恒定载荷
	1	1	$(0.6062\sim6.0207)\times10^{-3} f_p p^{1.11}$	$(0.6062\sim3.1309)\times10^{-3} f_p p^{1.25}$	脉动载荷
	2	2	$(0.433\sim4.3005)\times10^{-3} f_p p^{1.11}$	$(0.433\sim2.2364)\times10^{-3} f_p p^{1.25}$	交变载荷
α_t	1	1	1	1	$t\leqslant60°C$
	0.9	$(1.15\sim2.5)\times10^{-3} t$	$(1.225\sim3.75)\times10^{-3} t$	$(2.2\sim0.02)t$	$60°C<t\leqslant100°C$
	0.8	$(2.1\sim0.012)t$	$(1.35\sim0.005)t$	—	$100°C<t\leqslant150°C$
	0.6	—	—	—	$150°C<t\leqslant200°C$
α_v	$v^{0.86}\beta^{0.84}f^{0.64}$	$v^{0.4}f^{0.8}$	$\dfrac{f}{1.00475av\times1.0093^{\beta}}$	$\dfrac{f}{1.00344av}$	
α_p	$\alpha_p = G/P^b$				G、b 值见表 14.3-22
a			$a=1.0193^p$	$a=1.0399^p$	

表 14.3-22　G、b 值

p/N·mm^{-2}		摩擦副材料							
		钢/钢		钢/铜		钢/PTFE 织物		钢/PTFE 复合物	
超过	到	G	b	G	b	G	b	G	b
0	10	2	0	0.25	0	15.3460	0.0488	4.5102	0.2230
10	25	80.533	1.465	1	0.6	15.3460	0.0488	4.5102	0.2230
25	45	80.533	1.465	1	0.6	22.9060	0.1732	13.7170	0.5686
45	65	80.533	1.465	—	—	47.7259	0.3660	13.7170	0.5686
65	100	80.533	1.465	—	—	157.9193	0.6527	13.7170	0.5686
100	150	—	—	—	—	402.0115	0.8556	—	—

表 14.3-23　系数 α_z

润滑与结构	油脂润滑		自润滑
	无油槽	有油槽	
α_z	0.1~0.5	0.3~1	0.5~1

表 14.3-24　折算系数 ζ 值

轴承类型	向心轴承	角接触轴承	推力轴承
ζ	1	0.9	0.7

表 14.3-25　耐压系数 k 值

摩擦副材料	钢/钢	钢/铜	钢/PTFE 织物	钢/PTFE 复合物
k	100	50	150	100

表 14.3-26　v、p、pv 的许用值

摩擦副材料	钢/钢	钢/铜	钢/PTFE 织物	钢/PTFE 复合物
$[v]$/mm·s^{-1}	100	100	300	300
$[p]$/N·mm^{-2}	100	50	150	100
$[pv]$/N·mm^{-2}·mm·s^{-1}	400	400	300	300

表 14.3-27　系数 α_h、α_β

$h=L/L_w$	1	5	10	20	30	40	50
α_h	1	2	2.85	4	4.9	5.45	5.45

β/(°)	≤7	10	15	20	25	30	35	40
α_β	0.8	1	2.4	3.7	4.6	5.2	5.2	5.2

4　直线运动滚动支承计算

常用的 3 种直线运动导轨基本性能比较见表 14.3-28。滚动直线导轨的运行速度已达 200m/min，在欧美各国 2/3 以上的高速数控机床都采用了滚动直线导轨，它已在各种现代机械设备中得到越来越广泛的应用。

表 14.3-28　直线运动导轨基本性能比较

运动形式	滑动导轨	滚动直线导轨	静压导轨
摩擦因数	$\mu=0.04\sim0.06$	$\mu=0.003\sim0.005$	$\mu=0.0005\sim0.001$
运行速度	低	低~高	中~高
刚　度	高	较高	较低
寿　命	三者相近		
可靠性	高	较高	较差

4.1　直线运动系统的载荷

直线运动系统所承受的载荷受工件重力及重心位置的变化、驱动力 F 及工作阻力 R 作用位置的变化、起动及停止时加速或减速引起的速度变化等因素的影响而发生变化。表 14.3-29 给出了 7 种常见的四滑块工作台直线运动系统载荷计算方法。

表 14.3-29 直线运动系统常见受载情况的计算

	使用条件	作用在一个滑块上的载荷	应用
1	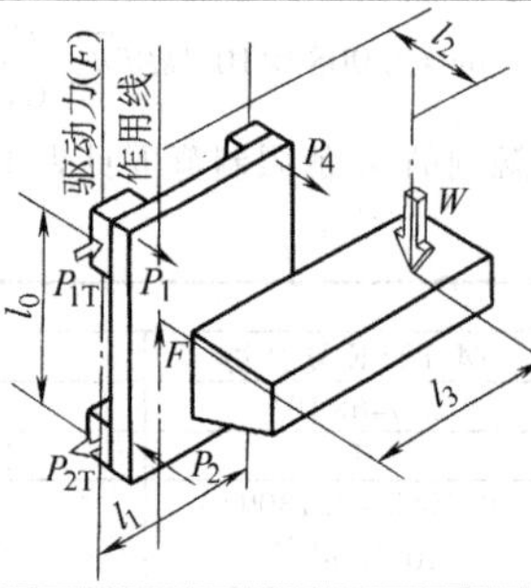 驱动力(F) 作用线 P_4 W l_2 l_0 P_{1T} P_1 F l_3 P_{2T} P_2 l_1	$P_1 \sim P_4 = \frac{W}{2} \times \frac{l_2}{l_0}$ $P_{1T} \sim P_{4T} = \frac{W}{2} \times \frac{l_3}{l_0}$ 式中 W—外加载荷 P_1、P_2、…—垂直于运动平面的支反力，下同 P_{1T}、P_{2T}、…—平行于运动平面且垂直于导轨的支反力，下同 F—驱动(推)力	立式导轨 匀速运动或静止时用左列公式计算。起动及停止时因惯性力引起的载荷变化参见本表7。常见于工业用立式机械手、自动喷涂机械、起重机等场合
2	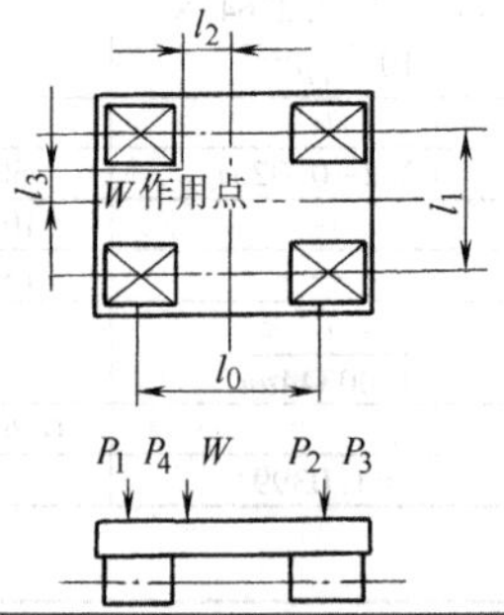 l_2 l_3 W作用点 l_1 l_0 P_1 P_4 W P_2 P_3	$P_1 = \frac{W}{4} + \frac{W}{2} \times \frac{l_2}{l_0} - \frac{W}{2} \times \frac{l_3}{l_1}$ $P_2 = \frac{W}{4} - \frac{W}{2} \times \frac{l_2}{l_0} - \frac{W}{2} \times \frac{l_3}{l_1}$ $P_3 = \frac{W}{4} - \frac{W}{2} \times \frac{l_2}{l_0} + \frac{W}{2} \times \frac{l_3}{l_1}$ $P_4 = \frac{W}{4} + \frac{W}{2} \times \frac{l_2}{l_0} + \frac{W}{2} \times \frac{l_3}{l_1}$	卧式导轨之一(滑块移动) 匀速或静止时的卧式导轨(滑块移动)用左列公式计算。直线运动且 $l_2 l_3$ 变化时，平均载荷的计算参见表14.3-30平均载荷部分。常见于工业用卧式机械手、自动压力机械、X-Y平台
3	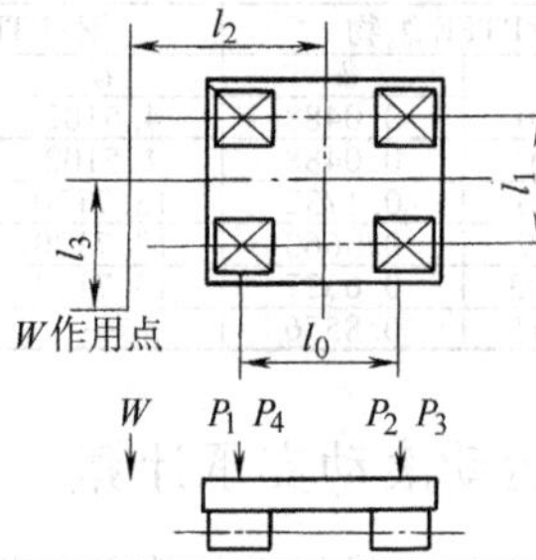 l_2 l_1 l_3 W作用点 l_0 W P_1 P_4 P_2 P_3	$P_1 = \frac{W}{4} + \frac{W}{2} \times \frac{l_2}{l_0} - \frac{W}{2} \times \frac{l_3}{l_1}$ $P_2 = \frac{W}{4} - \frac{W}{2} \times \frac{l_2}{l_0} - \frac{W}{2} \times \frac{l_3}{l_1}$ $P_3 = \frac{W}{4} - \frac{W}{2} \times \frac{l_2}{l_0} + \frac{W}{2} \times \frac{l_3}{l_1}$ $P_4 = \frac{W}{4} + \frac{W}{2} \times \frac{l_2}{l_0} + \frac{W}{2} \times \frac{l_3}{l_1}$	卧式导轨之二(滑块移动) 匀速或静止时的卧式导轨(滑块移动)用左列公式计算，如工业用机械手、工厂运送机械、X-Y平台
4	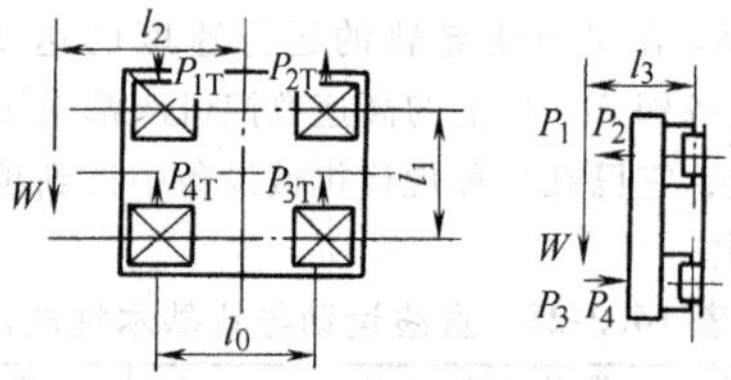 l_2 P_{1T} P_{2T} P_{4T} P_{3T} W l_1 l_0 l_3 P_1 P_2 W P_3 P_4	$P_1 \sim P_4 = \frac{W}{2} \times \frac{l_3}{l_1}$ $P_{1T} = P_{4T} = \frac{W}{4} + \frac{W}{2} \times \frac{l_2}{l_0}$ $P_{2T} = P_{3T} = \frac{W}{4} - \frac{W}{2} \times \frac{l_2}{l_0}$	横梁导轨 匀速运动或静止时的垂直导轨用左列公式计算，常见于交叉式轨道、工业用机械手
5	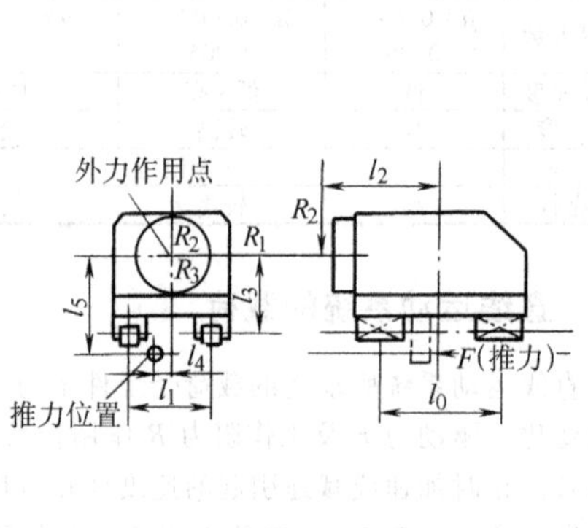 外力作用点 R_2 R_3 R_1 l_5 l_3 l_4 l_1 推力位置 l_2 R_2 F(推力) l_0	R_1 作用时 $P_1 \sim P_4 = \frac{R_1}{2} \times \frac{l_5}{l_0}$ $P_{1T} \sim P_{4T} = \frac{R_1}{2} \times \frac{l_4}{l_0}$ R_2 作用时 $P_1 = P_4 = \frac{R_2}{4} + \frac{R_2}{2} \times \frac{l_2}{l_0}$ $P_2 = P_3 = \frac{R_2}{4} - \frac{R_2}{2} \times \frac{l_2}{l_0}$ R_3 作用时 $P_1 \sim P_4 = \frac{R_3}{2} \times \frac{l_3}{l_1}$ $P_{1T} = P_{4T} = \frac{R_3}{4} + \frac{R_3}{2} \times \frac{l_2}{l_0}$ $P_{2T} = P_{3T} = \frac{R_3}{4} - \frac{R_3}{2} \times \frac{l_2}{l_0}$	承受水平及垂直外力时的导轨 常见于钻孔机组、铣床、车床、机械加工中心等切削机械

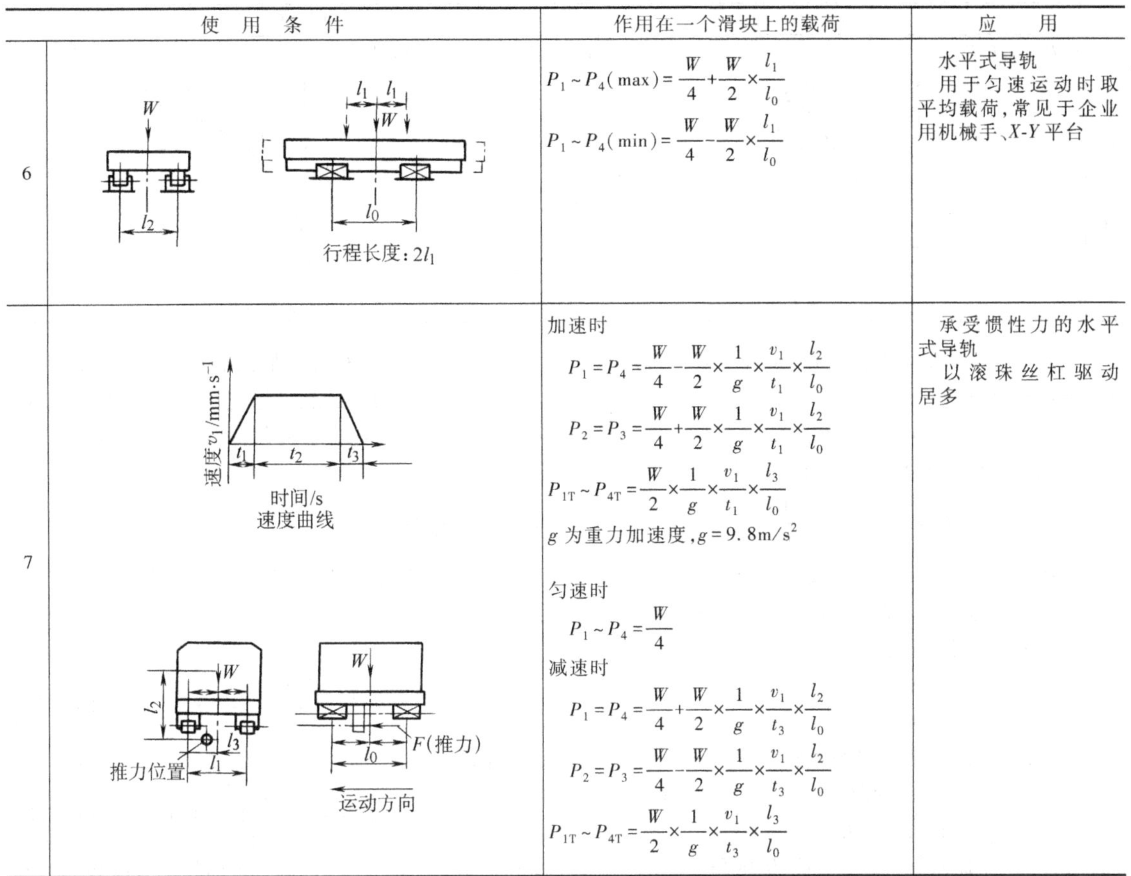

（续）

	使用条件	作用在一个滑块上的载荷	应用
6	W；l_1 l_1 W；l_2；l_0；行程长度：$2l_1$	$P_1 \sim P_4(\max)=\frac{W}{4}+\frac{W}{2}\times\frac{l_1}{l_0}$ $P_1 \sim P_4(\min)=\frac{W}{4}-\frac{W}{2}\times\frac{l_1}{l_0}$	水平式导轨 用于匀速运动时取平均载荷，常见于企业用机械手、X-Y 平台
7	速度 v_1/mm·s^{-1}；t_1 t_2 t_3；时间/s；速度曲线 W；l_2；l_3；推力位置；l_1；W；F(推力)；l_0；运动方向	加速时 $P_1=P_4=\frac{W}{4}-\frac{W}{2}\times\frac{1}{g}\times\frac{v_1}{t_1}\times\frac{l_2}{l_0}$ $P_2=P_3=\frac{W}{4}+\frac{W}{2}\times\frac{1}{g}\times\frac{v_1}{t_1}\times\frac{l_2}{l_0}$ $P_{1T}\sim P_{4T}=\frac{W}{2}\times\frac{1}{g}\times\frac{v_1}{t_1}\times\frac{l_3}{l_0}$ g 为重力加速度，$g=9.8\text{m/s}^2$ 匀速时 $P_1\sim P_4=\frac{W}{4}$ 减速时 $P_1=P_4=\frac{W}{4}+\frac{W}{2}\times\frac{1}{g}\times\frac{v_1}{t_3}\times\frac{l_2}{l_0}$ $P_2=P_3=\frac{W}{4}-\frac{W}{2}\times\frac{1}{g}\times\frac{v_1}{t_3}\times\frac{l_2}{l_0}$ $P_{1T}\sim P_{4T}=\frac{W}{2}\times\frac{1}{g}\times\frac{v_1}{t_3}\times\frac{l_3}{l_0}$	承受惯性力的水平式导轨 以滚珠丝杠驱动居多

有些机械工作过程中载荷是变化的，如工业机械手及机床，这时就要按平均（或当量）载荷 P_m 来进行直线运动滚动支承的计算。常见的 3 种变载荷下的平均载荷 P_m 计算公式见表 14.3-30。

表 14.3-30　常见的平均载荷（P_m）计算公式

	载荷变化	计算公式
阶梯式变化载荷	载荷 P；P_1 P_m P_2 P_n；L_1 L_2 L_3；L；总行走的距离 L	$$P_m=\sqrt[3]{\frac{1}{L}(P_1^3L_1+P_2^3L_2+\cdots+P_n^3L_n)} \quad (14.3\text{-}29)$$ 式中　P_m—平均载荷(N) P_n—变动载荷(N) L—总运行距离(m) L_n—承受 P_n 载荷时行走的距离(m)
单调式变化载荷	载荷 P；P_{max}；P_m；P_{min}；L；总行走的距离 L	$$P_m\approx\frac{1}{3}(P_{min}+2P_{max}) \quad (14.3\text{-}30)$$ 式中　P_{min}—最小载荷(N) P_{max}—最大载荷(N)

（续）

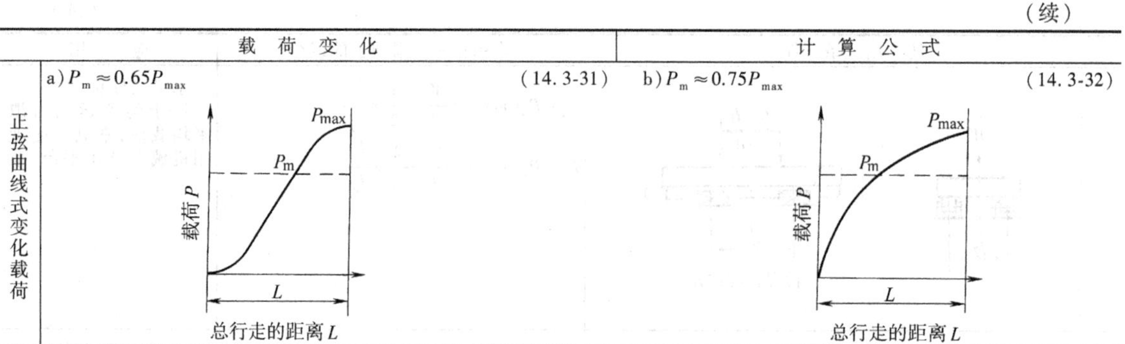

当支承同时承受垂直载荷 P_V 及水平载荷 P_H 时，其计算载荷可取

$$P_C = P_V + P_H \qquad (14.3\text{-}33)$$

当支承还承受转矩 M 时，计算载荷

$$P_C = P_V + P_H + C_0 \frac{M}{M_t} \qquad (14.3\text{-}34)$$

式中 P_C——计算载荷，指直线运动滚动功能部件所承受的垂直于运动方向的载荷（kN）；

C_0——额定静载荷；

M——转矩；

M_t——额定转矩。

当考虑摩擦力引起的载荷和转矩时，摩擦力

$$F = \mu P + f \qquad (14.3\text{-}35)$$

式中 P——支承面法向压力；

μ——摩擦因数，$\mu = 0.003 \sim 0.005$；

f——密封件摩擦阻力，参见表 14.3-31。

表 14.3-31 滚动直线导轨副密封件摩擦阻力参考值

型号	20	25	30	35	45	55
阻力/N	3	5	15	25	30	35

4.2 直线运动滚动支承的承载能力

滚动功能部件的主要失效形式是滚动元件与滚道的疲劳点蚀与塑性变形，其相应的计算准则为寿命（或动载荷）计算和静载荷计算。某些滚动功能部件还具有滚动体循环装置，循环装置的失效主要靠正确的制造、安装与使用维护来避免。

4.2.1 当量载荷计算

一般情况下，当量载荷

$$P_E = P_C \text{ 或 } P_E = P_m$$

当各个方向的载荷同时作用于滚动直线导轨副中的滑块上时，当量载荷

$$P_E = |P_R - P_L| + P_T \qquad (14.3\text{-}36)$$

式中 P_m——平均载荷（N）；

P_R——径向载荷（即指向导轨面的载荷）（N）；

P_L——反径向载荷（与 P_R 方向相反的载荷）（N）；

P_T——水平方向载荷（与 P_R 方向垂直的载荷）（N）。

4.2.2 寿命计算

直线运动滚动功能部件寿命计算的基本公式如下：

滚动体为球时

$$L = \left(\frac{f_H f_T f_C}{f_W} \times \frac{C}{P_E}\right)^3 \times 50 \qquad (14.3\text{-}37)$$

滚动体为滚子时

$$L = \left(\frac{f_H f_T f_C}{f_W} \times \frac{C}{P_E}\right)^{10/3} \times 100 \qquad (14.3\text{-}38)$$

式中 L——额定寿命，指一组同样的直线运动滚动功能部件，在相同条件下运行，其数量的 90%不发生疲劳时所能达到的总运行距离（km）；

f_H——硬度系数，f_H =（实际硬度 HRC 值/58HRC)$^{3.6}$，一般厂家滚动元件及滚道表面的实际硬度均在 58HRC 以上，f_H 均可取 1；

f_T——温度系数，见表 14.3-32；

f_C——接触系数，见表 14.3-33；

f_W——载荷系数，见表 14.3-34；

C——基本额定动载荷，指垂直于运动方向且大小不变地作用于一组同样的直线运动滚动功能部件上使额定寿命为 L = 50km（对球形滚动体）或 L = 100km（对滚子形滚动体）时的载荷（kN），其数值见本篇第 6 章相关表格。

表 14.3-32 温度系数 f_T

工作温度/°C	f_T
≤100	1.00
>100～150	0.90
>150～200	0.73
>200～250	0.6

表 14.3-33 接触系数 f_C

每根导轨上的滑块(或导套)数或每根轴上花键套个数	f_C
1	1.00
2	0.81
3	0.72
4	0.66
5	0.61

表 14.3-34 载荷系数 f_W

工作条件	f_W
无外部冲击或振动的低速运动场合，速度小于 15m/min	1～1.5
无明显冲击或振动的中速运动场合，速度小于 60m/min	1.5～2
有外部冲击或振动的高速运动场合，速度大于 60m/min	2～3.5

用小时数表示的额定寿命 L_h 为

$$L_h = 8.3L/ln \tag{14.3-39}$$

式中 l——直线运动部件单向行程长度（m）；

n——直线运动部件每分钟往返次数（min^{-1}）。

4.2.3 静载荷计算

$$\frac{C_0}{P_0} \geqslant f_s \tag{14.3-40}$$

式中 C_0——基本额定静载荷，指直线运动滚动功能部件中承受最大接触应力的滚动体与滚道的塑性变形之和为滚动体直径1/10000时的载荷（kN）；

P_0——滚动功能部件在垂直于运动方向所受的最大静载荷（kN），当各个方向的载荷同时作用于滚动直线导轨副的滑块上时，$P_0 = P_E$；

f_s——静态安全系数，考虑起动与停止时惯性力对 P_0 的影响，其值见表 14.3-35。

表 14.3-35 静态安全系数 f_s

运动条件	载荷条件	f_s 的下限
不经常运动情况	冲击小，导轨挠曲变形小时	1.0～1.3
	有冲击、扭曲载荷作用时	2.0～3.0
普通运动情况	普通载荷、导轨挠曲变形小时	1.0～1.5
	有冲击、扭曲载荷作用时	2.5～5.0

第4章　滚动轴承的组合设计

机器中的轴一般都是用滚动轴承（以下简称轴承）支承的。轴的支承结构设计对于保证轴的运转精度，发挥轴承的工作能力起着重要作用。支承结构的设计，需要综合考虑轴承的配置、轴向位置的限定与调整、轴的热膨胀补偿、轴承游隙调整、轴承的紧固、轴承的润滑和密封等问题。

1　轴承配置

轴一般采用双支承结构，每个支承由1~2个轴承组成。受纯径向载荷的轴，两支承可取向心轴承对称布置。受径向载荷和轴向载荷联合作用的轴，两支承通常选用同型号的角接触轴承，此时，两轴承的配置可取以下三种方式之一。

1.1　背对背排列

当载荷作用中心处于轴承中心线之外（见图14.4-1a）时，此轴承配置称背对背排列（外圈宽、端面相对）。这种排列支点间跨距较大，悬臂长度较小，故悬臂端刚性较大。当轴受热伸长时，轴承游隙增大，因此不会发生轴承卡死破坏。如采用预紧安装，当轴受热伸长时，预紧量将减小。

1.2　面对面排列

当载荷作用中心处于轴承中心线之内（见图14.4-1b）时，此轴承配置称面对面排列（外圈窄端面相对）。这种排列结构简单、装拆方便。当轴受热伸长时，轴承游隙减小，容易造成轴承卡死，因此要特别注意轴承游隙的调整。

1.3　串联排列

载荷作用中心处于轴承中心线同一侧的轴承配置方式（见图14.4-1c）称串联排列（外圈宽、窄端面相对）。这种排列适于轴向载荷大，需多个轴承联合承载的情况。

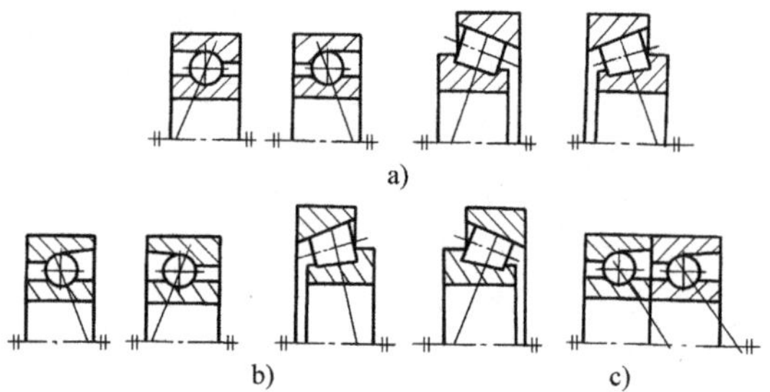

图14.4-1　角接触型轴承的配置方式
a）背对背排列　b）面对面排列　c）串联排列

2　支承结构的基本形式

轴的径向位置一般由两个支承共同限定，而轴向位置则可以有不同的限定方法，由此可将支承结构分为下面三种基本形式。

2.1　两端固定支承

两端固定支承指两个支承端各限制一个方向的轴向位移的支承形式。

在纯径向载荷或轴向载荷较小的联合载荷作用下的轴，一般采用向心轴承组成两端固定支承（见图14.4-2），并在其中一个支承端，使轴承外圈与外壳孔间采用较松的配合，同时在外圈与端盖间留出适当的空隙，以适应轴的受热伸长。

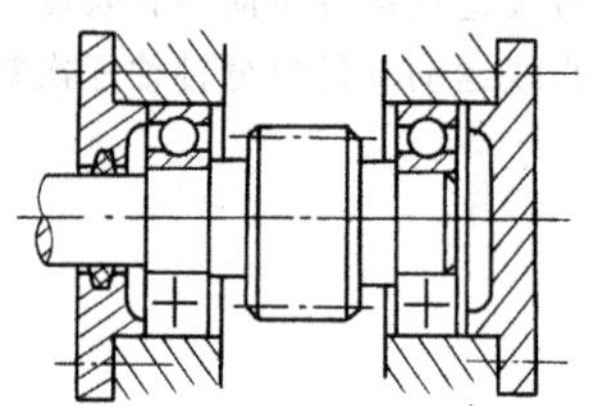

图14.4-2　两端固定支承一

受径向和轴向载荷联合作用的轴，多采用角接触轴承面对面或背对背排列组成两端固定支承（见图14.4-3）。这种支承结构可以在安装或检修时，通过调整某个轴承套圈的轴向位置，以使轴承达到所要求的游隙或预紧量。由于轴承游隙可调，这种支承结构特别适用于旋转精度要求高的机械。

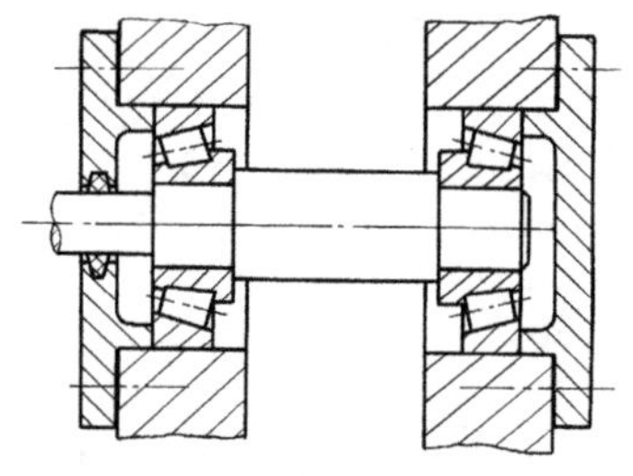

图14.4-3　两端固定支承二

支承部件在工作中，轴的温度一般高于外壳的温度，因此轴与轴承内圈的膨胀量（包括轴向伸长量和径向膨胀量）均大于外圈。这种变化对于面对面排列的支承结构，将使游隙减小，而对于背对背排列的圆锥滚子轴承支承结构，其游隙变化可分为以下三种情况（见图 14.4-4）。

1）外滚道锥顶重合时，轴向膨胀量和径向膨胀量基本平衡，预调游隙保持不变。

2）外滚道锥顶交错时，径向膨胀量大于轴向膨胀量，工作游隙减小。

3）外滚道锥顶不相交时，轴向膨胀量大于径向膨胀量，工作游隙增大。

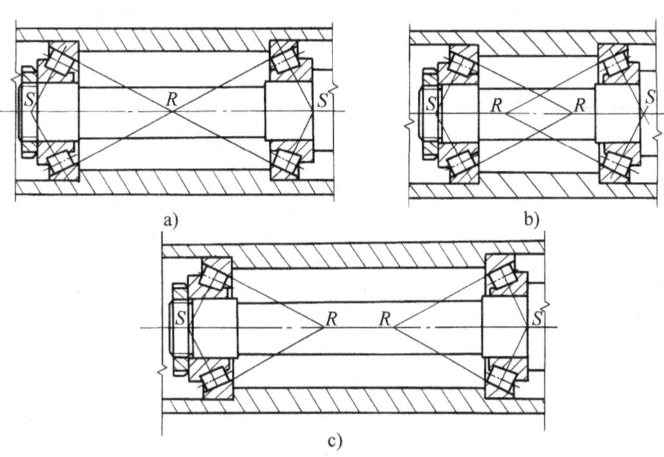
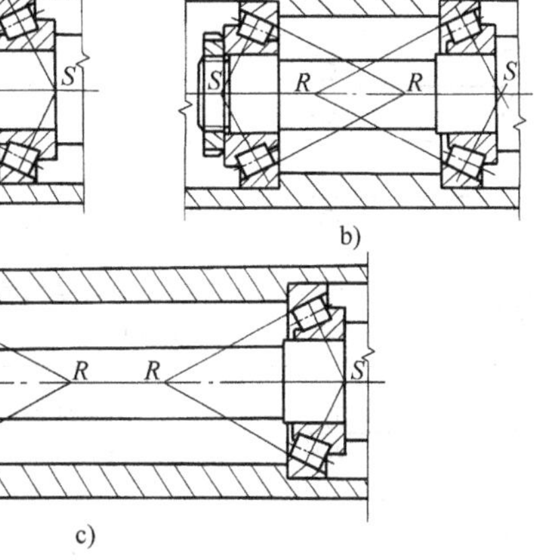

图 14.4-4　圆锥滚子轴承背对背排列支承结构

a）锥顶重合　b）锥顶交错　c）锥顶不相交

2.2　固定-游动支承

固定-游动支承指在轴的一个支承端使轴承与轴及外壳孔的位置相对固定（称固定端），以实现轴在该方向上的轴向定位。而在轴的另一支承端，使轴承与轴或外壳孔间可以相对移动（称游动端），以补偿轴因热变形及制造安装误差所引起的长度变化，见图 14.4-5。

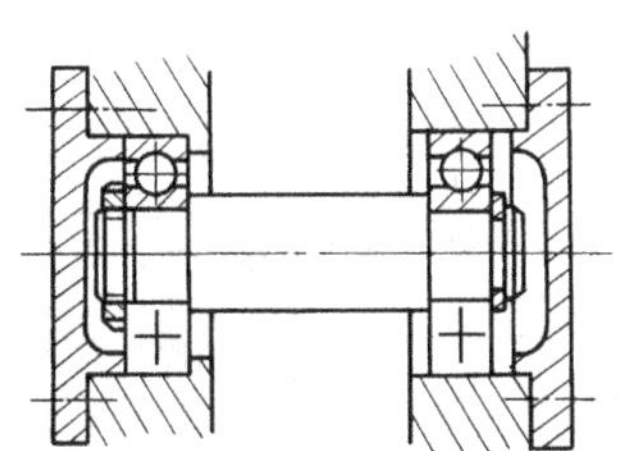

图 14.4-5　固定-游动支承

显然，在这种支承中，轴的轴向定位精度取决于固定端轴承轴向游隙量的大小。因此用一对角接触球轴承或圆锥滚子轴承组成的固定端的轴向定位精度，要比用一套深沟球轴承的精度高。

固定端轴承通常可选用：

1）深沟球轴承，承受径向载荷和一定的轴向载荷。

2）一对角接触球轴承或圆锥滚子轴承，承受径向载荷和双向轴向载荷。

3）向心轴承与推力轴承组合，或者不同类型的角接触轴承组合，以分别承受径向载荷和轴向载荷。

固定端轴承的内外圈，应分别与轴和外壳孔做轴向定位和固定。

游动端对轴的长度变化的补偿，最简单有效的方法是采用内圈无挡边或外圈无挡边的圆柱滚子轴承。当采用其他类型轴承时，可根据载荷形式和工作条件，分别使内圈与轴或外圈与外壳孔成间隙配合，以满足轴向游动的需要。

固定-游动支承的运转精度高，对各种工作条件的适应性强，因此在各种机床主轴、工作温度较高的蜗杆轴以及跨距较大的长轴支承中得到了广泛的应用。

2.3　两端游动支承

在两端游动支承结构中，两个支承端的轴承都对轴不做精确的轴向定位，因此都属于游动支承。此类支承常用于轴的轴向位置已由其他零件限定的场合，如人字齿轮轴支承。

几乎所有不需要调整的轴承，均可用作游动支承。如用深沟球轴承或调心滚子轴承构成游动支承，内外圈之一采用间隙配合。用内圈或外圈无挡边圆柱滚子轴承作为游动支承时，轴承本身就可进行长度调整。角接触球轴承不宜用作游动支承。

两端游动支承不需精确限定轴的轴向位置，因此安装时不必调整轴承的轴向游隙。工作中，即使处于不利的发热状态，轴承也不会被卡死。

常见支承结构见表 14.4-1。

表 14.4-1　常见支承结构

支承形式	序号	简　　图	轴承配置 固定端	轴承配置 游动端	承受轴向载荷情况	轴热伸长补偿方式	其他特点
两端固定	1		一对深沟球轴承		能承受单向轴向载荷（应指向不留间隙的一端）	外圈端面与端盖间的间隙	转速高，结构简单，调整方便
	2	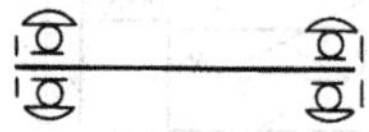	一对外球面深沟球轴承		能承受双向轴向载荷	轴承游隙	
	3	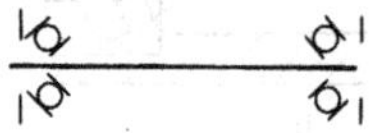	一对角接触球轴承（面对面排列）				
	4		一对角接触球轴承（背对背排列）				
	5		一对外圈单挡边圆柱滚子轴承		能承受较小的双向轴向载荷	外圈端面与端盖间隙	结构简单，调整方便
	6		一对圆锥滚子轴承（面对面排列）		能承受双向轴向载荷	轴承游隙	
	7		一对圆锥滚子轴承（背对背排列）				
	8		两套深沟球轴承与推力球轴承组合				用于转速较低的立轴
	9	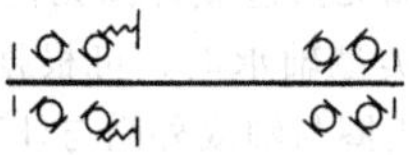	角接触球轴承串联构成背对背排列			轴受热伸长后轴承游隙增大，靠预紧弹簧保持预紧量	用于转速较高的场合
	10	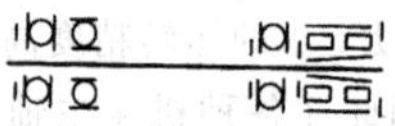	深沟球轴承、推力球轴承与带锥度双列圆柱滚子轴承组合			轴承游隙	通过径向预紧可提高支承刚性
固定-游动	11		深沟球轴承			右端深沟球轴承外圈与轴承座孔为间隙配合	允许转速高，结构简单，调整方便
	12	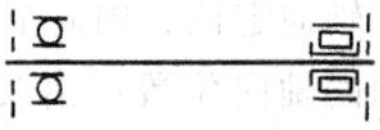	深沟球轴承	外圈无挡边圆柱滚子轴承		滚子相对外圈滚道轴向移动	结构简单，调整方便
	13	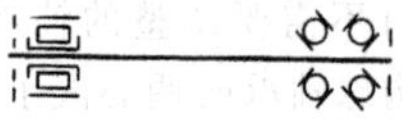	成对安装角接触球轴承（背对背）	外圈无挡边圆柱滚子轴承			通过轴向预紧可提高支承刚性
	14	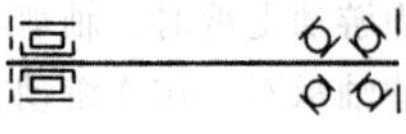	成对安装角接触球轴承（面对面）	外圈无挡边圆柱滚子轴承			
	15	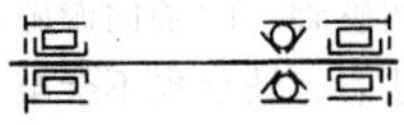	三点接触球轴承与外圈无挡边圆柱滚子轴承	外圈无挡边圆柱滚子轴承		左端支承滚子相对外圈滚道轴向移动	允许转速较高，能承受较大的径向载荷，结构紧凑

（续）

支承形式	序号	简图	轴承配置		承受轴向载荷情况	轴热伸长补偿方式	其他特点
			固定端	游动端			
固定-游动	16		圆锥孔双列圆柱滚子轴承与双向推力球轴承	圆锥孔双列圆柱滚子轴承	能承受双向轴向载荷	左端支承滚子相对外圈滚道轴向移动	可承受较大的径、轴向载荷，支承刚性好
	17		成对安装圆锥滚子轴承（背对背）	外圈无挡边圆柱滚子轴承			可承受较大的径、轴向载荷，结构简单，调整方便
	18		成对安装圆锥滚子轴承（面对面）	外圈无挡边圆柱滚子轴承			
	19		成对安装角接触球轴承（背对背）	成对安装角接触球轴承（串联）		右端轴承外圈与轴承座孔为间隙配合	允许转速较高
	20		双向推力角接触球轴承与圆锥孔双列圆柱滚子轴承	内圈无挡边圆柱滚子轴承		左端轴承滚子相对内圈滚道轴向移动	旋转精度较高，能承受较大的径向、轴向载荷，刚性好
	21		一对调心滚子轴承		能承受较小的双向轴向载荷	右端轴承外圈与轴承座为间隙配合	适用于径向载荷较大的轴，具有调心性能
两端游动	22		一对外圈无挡边圆柱滚子轴承		不能承受轴向载荷	两端轴承的滚子相对外圈滚道移动	用于要求轴能轴向游动的场合
	23		一对无内圈滚针轴承			两端支承处滚针相对轴移动	

3　轴向紧固

为了防止滚动轴承在轴上和外壳孔内发生不必要的轴向移动，轴承内圈或外圈应做轴向紧固。轴向紧固包括轴向定位和轴向固定。

3.1　轴向定位

轴承内外圈一般靠轴和外壳孔的挡肩定位。为了保证轴承端面与挡肩接触，防止过渡圆角与轴承倒角相碰（见图 14.4-6），轴和外壳孔的单向最大圆角半径应符合表 14.4-2 的规定。

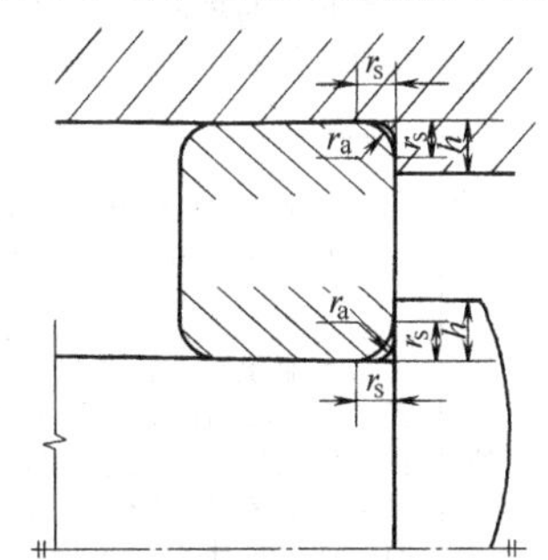

图 14.4-6　轴承倒角半径 r_a 与挡肩高度 h 的关系

表 14.4-2　轴和外壳孔单向最大圆角半径　(mm)

轴承最小单向倒角 r_s	r_{as} max	轴承最小单向倒角 r_s	r_{as} max
0.05	0.05	2.0	2.0
0.08	0.08	2.1	2.1
0.10	0.10	3.0	2.5
0.15	0.15	4.0	3.0
0.20	0.20	5.0	4.0
0.30	0.30	6.0	5.0
0.60	0.60	7.5	6.0
1.00	1.00	9.5	8.0
1.10	1.10	12.0	10.0
1.50	1.50	15.0	12.0

表 14.4-3　挡肩最小高度　(mm)

轴承最小单向倒角 r_s	h min		轴承最小单向倒角 r_s	h min	
	一般情况	特殊情况①		一般情况	特殊情况①
0.05	0.2	—	2.0	5	4.5
0.08	0.3	—	2.1	6	5.5
0.10	0.4	—	3.0	7	6.5
0.15	0.6	—	4.0	9	8.0
0.20	0.8	—	5.0	11	10.0
0.30	1.2	1.0	6.0	14	12.0
0.60	2.5	2.0	7.5	18	—
1.00	3.0	2.5	9.5	22	—
1.10	3.5	3.3	12.0	27	—
1.50	4.5	4.0	15.0	32	—

① 特殊情况指推力载荷极小，或要求挡肩小的情况。

挡肩的高度 h 不仅应保证与轴承端面的充分接触，而且要便于安装和拆卸工具的使用。一般情况下，挡肩最小高度应符合表14.4-3的规定。

3.2 轴向固定

轴承的轴向固定是为了使轴承始终处于定位面所限定的位置上，因此轴向固定包括内圈在轴上的固定和外圈在外壳孔内的固定。尽管轴承的内外圈都要求准确的定位，但并不一定要同时做轴向固定。在两端固定的支承结构中，每个支承端只受单向轴向载荷，故只需从一个方向加以轴向固定。在固定-游动支承中，固定端承受双向轴向载荷，故需双向轴向固定。游动端应根据轴承类型和游动方式采用不同的固定结构。

3.3 轴向紧固装置

轴向紧固装置的种类很多，选用时应考虑轴向载荷的大小、转速的高低、轴承类型及其在轴上的安装位置和装拆条件等。载荷越大，转速越高，轴向紧固应越可靠，这时，内圈多采用锁紧螺母、止动垫圈；外圈多采用端盖、螺纹环等。轴向载荷较小，转速较低时，内圈多采用弹性挡圈、紧定套、退卸套，外圈多采用孔用弹性挡圈、止动环等。已标准化的轴向紧固装置如下：

1）锁紧螺母与止动垫圈。锁紧螺母与止动垫圈必须同时使用，止动垫圈起防松作用。

2）弹性挡圈。弹性挡圈分轴用弹性挡圈和孔用弹性挡圈两种。由于这种挡圈结构简单、尺寸小，广泛应用于转速不高、载荷较小的场合。

3）紧定套和退卸套。紧定套的内孔为圆柱面，用以与轴相配合，外表面为圆锥面，用以与锥孔轴承内孔相配合。紧定套沿轴向有一切口，尾部车有外螺纹。它与锁紧螺母配合使用时，可使轴承沿紧定套锥面轴向移动，实现其轴向紧固。此种紧固装置结构简单、装拆方便，适用于转速不高、轴向载荷不大的光轴。

退卸套的结构与紧定套相似。使用时可用轴上的锁紧螺母将退卸套推入轴承孔内，以达到紧固轴承的目的。尾部的外螺纹是供拆卸轴承用的。

4）常见的轴承内外圈紧固方式。轴承内圈的紧固方式见表14.4-4，外圈的紧固方式见表14.4-5。

表14.4-4 轴承内圈的紧固方式

序号	简图	紧固方式	特点
1	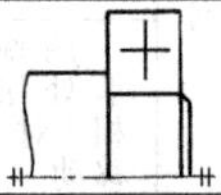	内圈靠轴肩定位，外圈外侧以端盖紧固	结构简单、装拆方便，占用空间小，可用于两端固定支承中
2	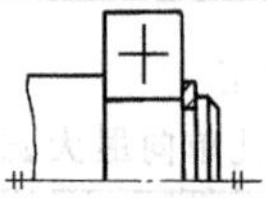	内圈用弹性挡圈紧固	结构简单、装拆方便，占用空间小，多用于向心轴承的紧固
3		内圈用锁紧螺母与止动垫圈紧固	结构简单、装拆方便、紧固可靠
4	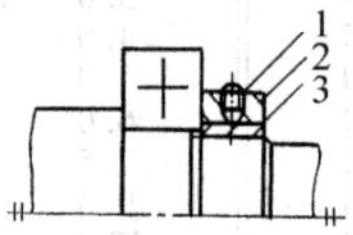 1 2 3	用螺母2紧固内圈，紧定螺钉1防松，垫片3用软金属制造，以增强防松效果，并防止螺纹被压坏	常用于机床主轴的端部支承或中间支承
5	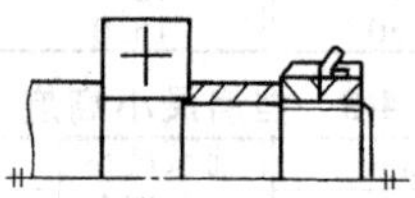	用两个螺母和一个套筒紧固内圈	双螺母防松可靠，套筒可防止螺母将轴承压斜
6	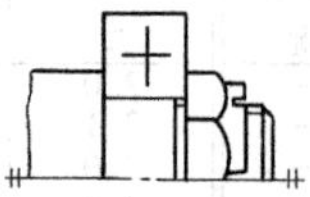	用螺母紧固内圈，开口销防松	防松可靠，常用于振动较大的场合。装配工艺性不好
7	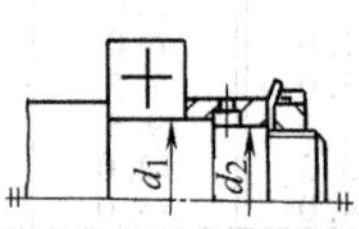 d_1 d_2	用阶梯套筒紧固内圈，套筒与轴颈 d_1 及 d_2 为过盈配合	可克服螺母端面与轴心线不垂直引起的变形，适用于高速精密机床主轴。装配时先将套筒加热装在轴上，冷却后，在套筒和主轴间通入压力油，使套筒胀大，再用螺母调整套筒的位置

（续）

序号	简　图	紧固方式	特　点
8	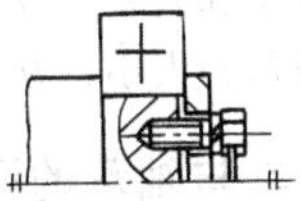	在轴端用压板和螺钉紧固，用弹簧垫片和铁丝防松	不能调整轴承游隙，多用于轴颈较大（d>70mm）的场合，不在轴上车螺纹，允许转速较高
9	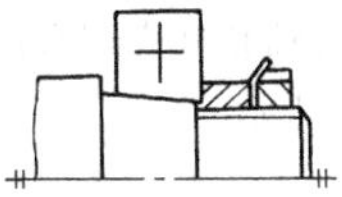	带锥度的轴承内孔和锥度轴颈相配合，由垫圈螺母紧固	可调整轴承的径向游隙，适用于带锥孔的轴承
10	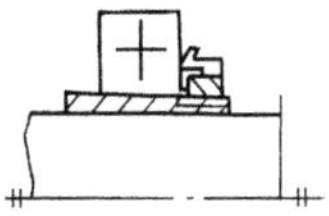	用紧定套（或退卸套）、螺母和止动垫圈紧固内圈	可调整轴承的轴向位置和径向游隙，装拆方便，多用于调心球轴承的内圈紧固。适用于不便加工轴肩的多支点轴的支承

表 14.4-5　轴承外圈的紧固方式

序号	简　图	紧固方式	特　点
1	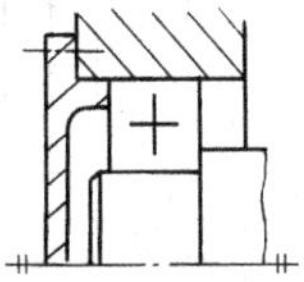	外圈用端盖紧固	结构简单，紧固可靠，调整方便
2	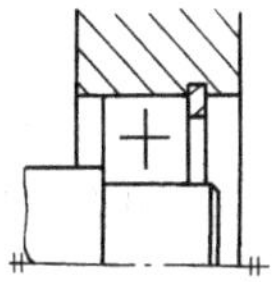	外圈用弹性挡圈紧固	结构简单、装拆方便，占用空间小，多用于向心轴承
3	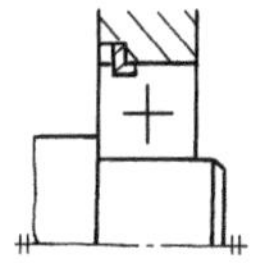	外圈用止动环紧固	用于轴向尺寸受限制的部件，外壳孔不需加工凸肩
4	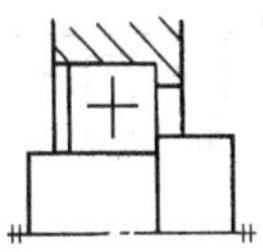	外圈由挡肩定位	结构简单，工作可靠
5	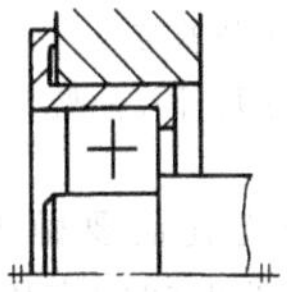	外圈由套筒上的挡肩定位，再用端盖紧固	结构简单，外壳孔可为通孔，利用垫片可调整轴系的轴向位置，装配工艺性好
6	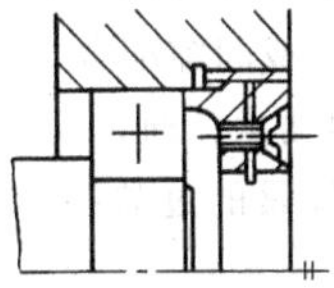	外圈由带螺纹的端盖紧固，端盖上有一开口槽，用螺钉拧入即可防松	多用于角接触轴承。缺点是要在孔内加工螺纹
7	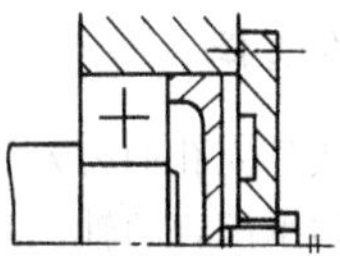	外圈用螺钉和调节环紧固	便于调整轴承游隙，用于角接触轴承的紧固

4　滚动轴承的配合（摘自 GB/T 307.1—2005，GB/T 307.4—2012，GB/T 275—2015）

滚动轴承内圈与轴的配合采用基孔制，外圈与外壳孔的配合采用基轴制。与一般的圆柱面配合不同，由于轴承内外径的上极限偏差均为零，故在配合种类相同的条件下，内圈与轴颈的配合较紧，外圈与外壳孔的配合较松。

滚动轴承的配合种类和公差等级应根据轴承的类型、精度、尺寸以及载荷的大小、方向和性质确定。

4.1　轴孔公差带及其与轴承的配合

普通级公差轴承与轴和外壳配合的常用公差带如图 14.4-7 和图 14.4-8 所示。

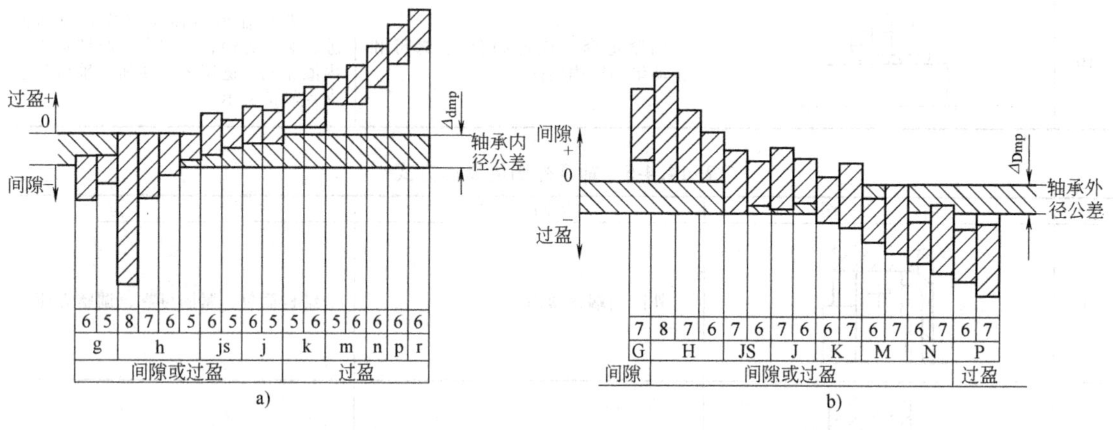

图 14.4-7　普通级公差轴承的常用公差带

a）普通级公差轴承与轴配合的常用公差带　b）普通级公差轴承与外壳孔配合常用公差带

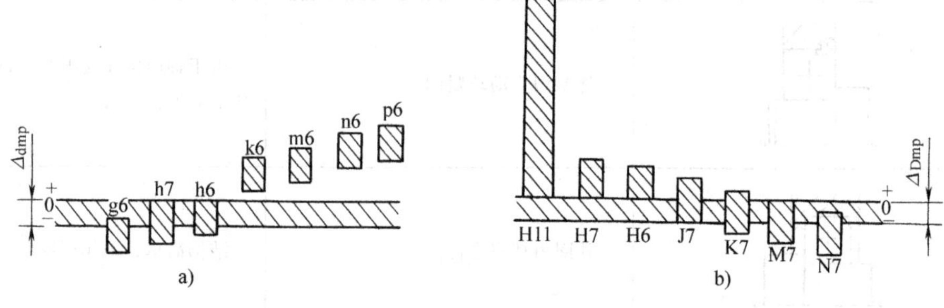

图 14.4-8　关节轴承的常用公差带

a）关节轴承与轴配合常用公差带　b）关节轴承与外壳孔配合常用公差带

注：Δ_{dmp}为轴承内圈单一平面平均内径的偏差；Δ_{Dmp}为轴承外圈单一平面平均外径的偏差。

4.2　轴承配合选择的基本原则

4.2.1　配合种类的选择

1）相对于载荷方向旋转的套圈与轴或外壳孔，应选择过渡配合或过盈配合。过盈量的大小，以轴承在载荷下工作时，其套圈在轴上或外壳孔内的配合表面上不产生“爬行”现象为原则。

2）相对于载荷方向固定的套圈与轴或外壳孔，应选择过渡配合或间隙配合。

3）相对于轴或外壳孔需要做轴向移动的套圈（游动圈）以及需要经常拆卸的套圈与轴或外壳孔，应选择较松的过渡配合或间隙配合。

4）承受重载荷的轴承，通常应比承受轻载荷或正常载荷的轴承选用较紧的过盈配合，且载荷越重，过盈量应越大。

4.2.2　公差等级的选择

与轴承配合的轴或外壳孔的公差等级与轴承精度有关。与普通级精度轴承配合的轴，其公差等级一般为 IT6，外壳孔一般为 IT7。

对旋转精度和运转的平稳性有较高要求的场合（如电动机等），轴的公差等级应为 IT5，外壳孔应为 IT6。

4.2.3　公差带的选择

当量径向载荷 P 可分为：轻、正常和重 3 种情况，它们与轴承额定动载荷 C 之间的关系见表 14.4-6。

根据 P 的大小和性质，轴和外壳孔的公差带代号见表 14.4-7～表 14.4-10。关节轴承的公差带代号见表 14.4-11、表 14.4-12。

表 14.4-6　当量径向载荷与额定动载荷的关系

P	P 与 C 之比
轻	$P\leqslant 0.07C$
正常	$0.07C<P\leqslant 0.15C$
重	$0.15C<P$

对于向心型和角接触型轴承而言，大多数情况下，轴旋转且径向载荷方向不变，即轴承内圈相对载荷方向旋转，故轴和内圈一般选作过渡配合或过盈配合。当轴不转动，即轴承内圈相对载荷方向静止时，轴和内圈可选作过渡配合或间隙配合。

当载荷方向相对轴承外圈摆动或旋转时，外圈与外壳孔之间应避免用间隙配合。

表 14.4-7　向心轴承和轴的配合、轴公差带

圆柱孔轴承							
载荷情况			举例	深沟球轴承、调心球轴承和角接触球轴承	圆柱滚子轴承和圆锥滚子轴承	调心滚子轴承	轴公差带
				轴承公称内径/mm			
内圈承受旋转载荷或方向不定载荷	轻载荷		输送机、轻载齿轮箱	≤18 >18～100 >100～200 —	— ≤40 >40～140 >140～200	— ≤40 >40～100 >100～200	h5 j6① k6① m6①
	正常载荷		一般通用机械、电动机、泵、内燃机、直齿轮传动装置	≤18 >18～100 >100～140 >140～200 >200～280 — —	— ≤40 >40～100 >100～140 >140～200 >200～400 —	— ≤40 >40～65 >65～100 >100～140 >140～280 >280～500	j5、js5 k5② m5② m6 n6 p6 r6
	重载荷		铁路机车车辆轴箱、牵引电动机、破碎机等	—	>50～140 >140～200 >200 —	>50～100 >100～140 >140～200 >200	n6③ p6③ r6③ r7③
内圈承受固定载荷	所有载荷	内圈需在轴向易移动	非旋转轴上的各种轮子	所有尺寸			f6 g6
		内圈不需在轴向易移动	张紧轮、绳轮				h6 j6
仅有轴向载荷			所有尺寸				j6、js6
圆锥孔轴承							
所有载荷	铁路机车车辆轴箱		装在退卸套上		所有尺寸		h8（IT6）④⑤
	一般机械传动		装在紧定套上		所有尺寸		h9（IT7）④⑤

① 凡对精度有较高要求的场合，应用 j5、k5…代替 j6、k6…。

② 圆锥滚子轴承、角接触球轴承配合对游隙影响不大，可用 k6、m6 代替 k5、m5。

③ 重载荷下轴承游隙应选大于 N 组。

④ 凡有较高精度或转速要求的场合，应选用 h7（IT5）代替 h8（IT6）等。

⑤ IT6、IT7 表示圆柱度公差数值。

表 14.4-8　向心轴承和外壳孔的配合、孔公差带

载荷情况		举　例	其他状况	孔公差带①	
				球轴承	滚子轴承
外圈承受固定载荷	轻、正常、重	一般机械、铁路机车车辆轴箱	轴向易移动,可采用剖分式轴承座	H7、G7②	
	冲击		轴向能移动,可采用整体或剖分式轴承座	J7、JS7	
方向不定载荷	轻、正常	电动机、泵、曲轴主轴承			
	正常、重		轮毂轴承 轴向不移动,采用整体式轴承座	K7	
	重、冲击	牵引电动机		M7	
外圈承受旋转载荷	轻	带张紧轮		J7	K7
	正常	轮毂轴承		M7	N7
	重			—	N7、P7

① 并列公差带随尺寸的增大从左至右选择，对旋转精度有较高要求时，可相应提高一个公差等级。

② 不适用于剖分式外壳。

表 14.4-9　推力轴承和轴的配合、轴公差带

载荷情况		轴承类型	轴承公称内径/mm	轴公差带
仅有轴向载荷		推力球和推力圆柱滚子轴承	所有尺寸	j6、js6
径向和轴向联合载荷	轴圈承受固定载荷	推力调心滚子轴承、推力角接触球轴承、推力圆锥滚子轴承	≤250	j6
			>250	js6
	轴圈承受旋转载荷或方向不定载荷		≤200	k6①
			>200~400	m6
			>400	n6

① 要求较小过盈时，可分别用 j6、k6、m6 代替 k6、m6、n6。

表 14.4-10　推力轴承和外壳孔的配合、孔公差带

载荷情况		轴承类型	孔公差带
仅有轴向载荷		推力球轴承	H8
		推力圆柱、圆锥滚子轴承	H7
		推力调心滚子轴承	—①
径向和轴向联合载荷	座圈承受固定载荷	推力角接触球轴承、推力调心滚子轴承、推力圆锥滚子轴承	H7
	座圈承受旋转载荷或方向不定载荷		K7②
			M7③

① 轴承座孔与座圈间间隙为 0.001D（D 为轴承公称外径）。

② 一般工作条件。

③ 有较大径向载荷时。

表 14.4-11　关节轴承与轴配合的公差带

轴承类型	工作条件	轴公差带 套圈滑动接触表面类型	
		非自润滑	自润滑
向心关节轴承	各种载荷,浮动支承	h6,h7	h6,g6
	各种载荷,固定支承	m6	k6
角接触关节轴承 推力关节轴承	各种载荷	m6,n6	m6
杆端关节轴承	不定向载荷	n6,p6	m6,n6
	一般条件	h6,h7	h6,g6

注：内圈采用 h6 和 h7 配合时，轴颈需淬硬。

表 14.4-12　关节轴承与外壳孔配合的公差带

轴承类型	工作条件		孔公差带 套圈滑动接触表面类型	
			非自润滑	自润滑
向心关节轴承	轻载荷	浮动支承	H6,H7	H7
	重载荷	固定支承	M7	K7
	轻合金外壳孔		N7	M7
角接触关节轴承	各种载荷	浮动支承	J7	J7
		固定支承	M7	M7
推力关节轴承	纯轴向载荷		H11	H11
	联合载荷		J7	J7

4.2.4　外壳结构型式的选择

外壳结构原则上应选用整体式，尤其当外壳孔的公差等级为 IT6 时更应如此。剖分式外壳装拆方便，适用于间隙配合，对紧于 K7（包括 K7）的配合，不应采用剖分式结构。

4.3　配合面的几何公差

轴颈和外壳孔表面的圆柱度公差、轴肩和外壳孔的轴向圆跳动（见图 14.4-9、图 14.4-10），均应不超过表 14.4-13、表 14.4-14 中的数值。

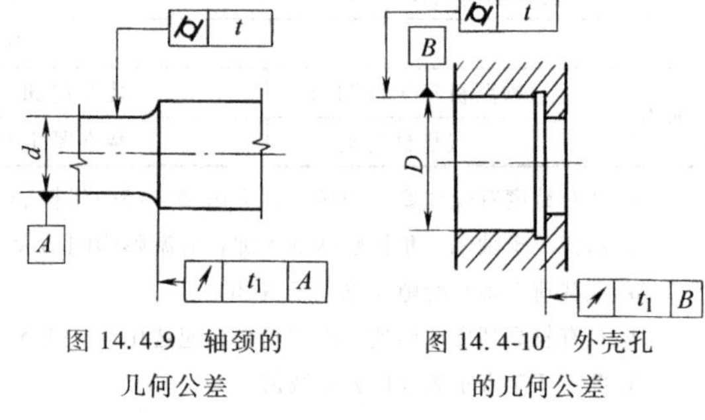

图 14.4-9　轴颈的几何公差　　图 14.4-10　外壳孔的几何公差

表 14.4-13　通用轴承轴和外壳孔的几何公差

公称尺寸/mm		圆柱度 t/μm				轴向圆跳动 t_1/μm			
		轴颈		外壳孔		轴肩		外壳孔肩	
		轴承公差等级							
>	≤	N	6 (6X)	N	6 (6X)	N	6 (6X)	N	6 (6X)
—	6	2.5	1.5	4	2.5	5	3	8	5
6	10	2.5	1.5	4	2.5	6	4	10	6
10	18	3	2	5	3	8	5	12	8
18	30	4	2.5	6	4	10	6	15	10
30	50	4	2.5	7	4	12	8	20	12
50	80	5	3	8	5	15	10	25	15
80	120	6	4	10	6	15	10	25	15
120	180	8	5	12	8	20	12	30	20
180	250	10	7	14	10	20	12	30	20
250	315	12	8	16	12	25	15	40	25
315	400	13	9	18	13	25	15	40	25
400	500	15	10	20	15	25	15	40	25
500	630	—	—	22	16	—	—	50	30
630	800	—	—	25	18	—	—	50	30
800	1000	—	—	28	20	—	—	60	40
1000	1250	—	—	33	24	—	—	60	40

表 14.4-14　关节轴承配合表面的表面粗糙度和几何公差　(μm)

轴承公称直径/mm		圆柱度公差 t		轴向圆跳动 t_1		垫圈两端面平行度公差 t_2	表面粗糙度 Ra		
		轴颈	外壳孔	轴肩	外壳孔肩		轴颈表面	外壳孔表面	轴肩、垫圈及外壳孔肩端面
超过	到	max							
3	6	4	—	8	—	12	1.6	1.6	3.2
6	10	4	4	9	9	15			
10	18	5	5	11	11	18			
18	30	6	6	13	13	21			
30	50	7	7	16	16	25			
50	80	8	8	19	19	30			
80	120	10	10	22	22	35	3.2	3.2	3.2
120	150	12	12	25	25	40			
150	180	12	12	25	25	40			
180	250	14	14	29	29	46			
250	315	16	16	32	32	52			
315	400	18	18	36	36	57			
400	500	20	20	40	40	63			
500	630	22	22	44	44	70	6.3	6.3	12.5
630	800	25	25	50	50	80			
800	1000	28	28	56	56	92			

注：表面粗糙度和几何公差，轴颈表面、轴肩和内垫圈端面以内径查表确定；外壳孔表面、外壳孔挡肩和外垫圈以外径查表确定。

4.4　配合表面的表面粗糙度

轴颈和外壳孔配合表面的表面粗糙度应符合表 14.4-14、表 14.4-15 的规定。

表 14.4-15　通用轴承配合面的表面粗糙度

轴或外壳孔直径/mm		轴或外壳孔配合表面直径公差等级					
		IT7		IT6		IT5	
		表面粗糙度 Ra/μm					
>	≤	磨	车	磨	车	磨	车
	80	1.6	3.2	0.8	1.6	0.4	0.8
80	500	1.6	3.2	1.6	3.2	0.8	1.6
500	1250	3.2	6.3	1.6	3.2	1.6	3.2
端面		3.2	6.3	6.3	6.3	6.3	3.2

5 轴承的预紧

滚动轴承的预紧指在安装时使轴承内部滚动体与套圈间保持一定的初始压力和弹性变形，以减小工作载荷下轴承的实际变形量，从而改善支承刚度、提高旋转精度的一种措施。

轴承的预紧分轴向预紧和径向预紧，轴向预紧又分定位预紧和定压预紧。

5.1 定位预紧

将一对轴承的外圈或内圈磨去一定厚度或在其间加装垫片（见图 14.4-11），以使轴承在一定的轴向载荷作用下产生预变形的方法称为定位预紧。

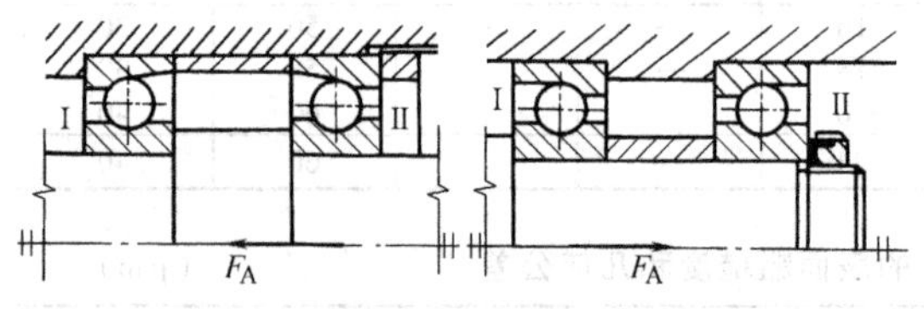

图 14.4-11 轴承定位预紧结构

一对深沟球轴承在定位预紧安装下的载荷-变形曲线如图 14.4-12 所示。

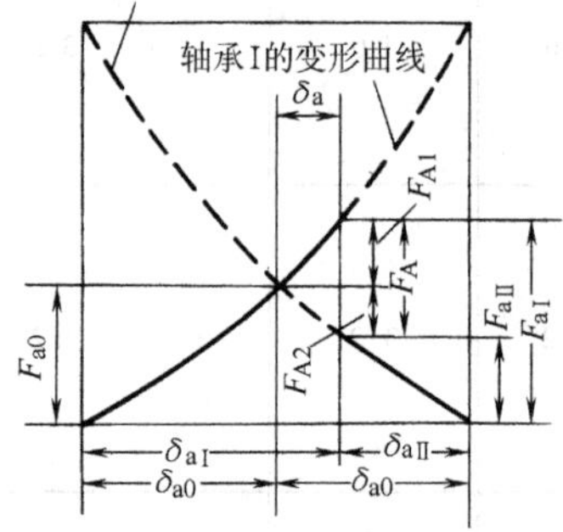

图 14.4-12 载荷-变形曲线

预紧前，两轴承的内圈与内垫片间存在间隙，施加轴向预紧力 F_{a0} 后，轴向间隙消除，轴承内部产生的轴向变形 $\delta_{a\,\mathrm{I}}$、$\delta_{a\,\mathrm{II}}$ 均为 δ_{a0}。

当继续施加轴向载荷 F_A 时，两轴承的轴向变形和轴向载荷发生如下变化（见图 14.4-12）。

$$\delta_{a\,\mathrm{I}} = \delta_{a0} + \delta_a \qquad \delta_{a\,\mathrm{II}} = \delta_{a0} - \delta_a$$

$$F_{a\,\mathrm{I}} = F_{a0} + F_{A1} \qquad F_{a\,\mathrm{II}} = F_{a0} - F_{A2}$$

当 F_A 增大到使 $F_{A2}=F_{a0}$ 时，轴承 II 将处于卸载状态，此时支承系统的轴向变形量为

$$\delta_a = \delta_{a0}$$

若不加预紧，使轴承 II 卸载的支承系统变形量（轴承 I 的变形量）为

$$\delta_a = 2\delta_{a0}$$

可见，与不预紧相比，定位预紧可提高支承刚度 1 倍。

预紧量过小将达不到预紧的目的，预紧量过大又会使轴承中的接触应力和摩擦阻力增大，从而导致轴承寿命的缩短。合适的预紧量应根据表 14.4-16 中的公式画出轴承的载荷-变形曲线，再由不同的载荷情况和使用要求确定。

表 14.4-16 轴向变形量的计算公式

轴承类型	轴向变形量 δ_a/mm
深沟球轴承 角接触球轴承	$\dfrac{0.002F_A^{2/3}}{D_g^{1/3}Z^{2/3}\ (\sin\alpha)^{5/3}}$
推力球轴承	$\dfrac{0.0024F_A^{2/3}}{D_g^{1/3}Z^{2/3}\ (\sin\alpha)^{5/3}}$
圆锥滚子轴承	$\dfrac{0.0006F_A^{2/3}}{Z^{0.9}L^{0.8}\ (\sin\alpha)^{1.9}}$
说明	D_g—滚动体直径（mm），Z—滚动体数，α—接触角（°），L—滚子长度（mm）

轻度预紧用于高速、轻载条件下，要求提高旋转精度和减轻振动的支承。中度或重度预紧用于中速、中载和低速重载条件下，要求增大支承刚度的场合。

定位预紧时，滚动体与滚道应始终保持接触，为此所需要的最小预紧载荷 $F_{a0\min}$ 可按表 14.4-17 所列公式确定。

表 14.4-17 定位预紧的最小预紧载荷 $F_{a0\min}$

轴承类型	载荷条件	
	纯轴向载荷 F_A	径、轴向联合载荷 F_A、F_r
角接触球轴承	$0.35F_A$	$1.7F_{r\,\mathrm{I}}\tan\alpha_{\mathrm{I}} - \dfrac{F_A}{2}$ $1.7F_{r\,\mathrm{II}}\tan\alpha_{\mathrm{II}} + \dfrac{F_A}{2}$
圆锥滚子轴承	$0.5F_A$	$1.9F_{r\,\mathrm{I}}\tan\alpha_{\mathrm{I}} - \dfrac{F_A}{2}$ $1.9F_{r\,\mathrm{II}}\tan\alpha_{\mathrm{II}} + \dfrac{F_A}{2}$
说明	$F_{r\,\mathrm{I}}$—轴承 I 所承受的径向载荷(kN)；$F_{r\,\mathrm{II}}$—轴承 II 承受的径向载荷(kN)；α_{I}—轴承 I 的接触角(°)；α_{II}—轴承 II 的接触角(°)	

5.2 定压预紧

利用弹簧使轴承承受一定的轴向载荷并产生预变形的方法（见图 14.4-13）称为定压预紧。

一对角接触球轴承采用定压预紧时的载荷-变形曲线如图 14.4-14 所示。图中弹簧产生的预紧载荷为 F_{a0}，当外部轴向载荷 F_A 作用到轴上时，轴承 I 的轴向变形增加 δ_a，而轴承 II 的变形量几乎不变。因此，

定压预紧不会出现卸载状态，且预紧量不受温度变化的影响，但对轴承刚度的提高不大。

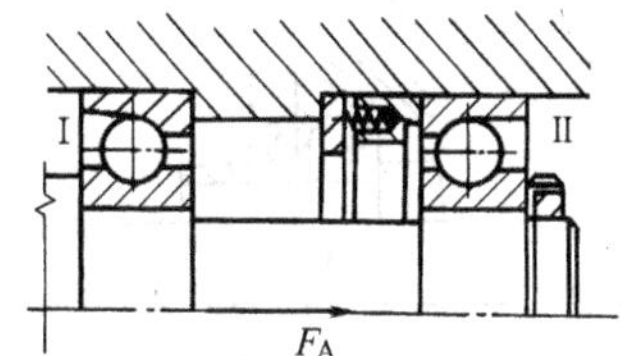

图 14.4-13　轴承定压预紧结构

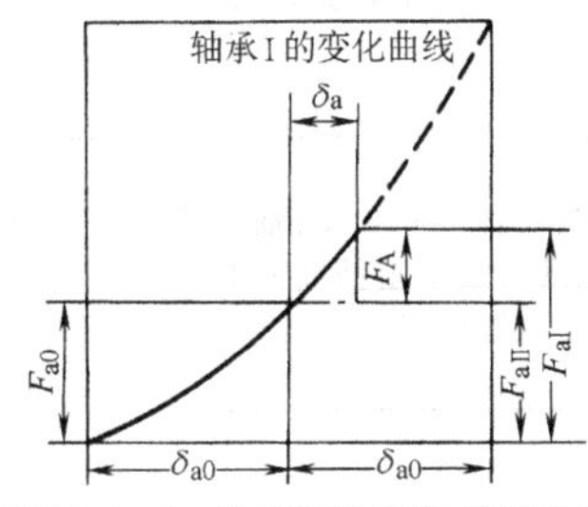

图 14.4-14　定压预紧载荷-变形曲线

5.3　径向预紧

利用轴承和轴颈的过盈配合，使轴承内圈膨胀，以消除径向游隙并产生一定预变形的方法，称为轴承的径向预紧。通常，这种预紧可以通过带锥孔的轴承内圈在带锥面的衬套或轴颈上移动来实现。

6　轴承的密封

为了防止润滑剂泄出，并防止灰尘、切屑微粒及其他杂物和水分侵入，轴承必须进行必要的密封，以保持良好的润滑条件和工作环境，使轴承达到预期的工作寿命。通常在选择轴承密封形式时，应考虑以下因素：

1）轴承外部工作环境。

2）轴承的转速与工作温度。

3）轴的支承结构与特点。

4）润滑剂的种类与性能。

轴承的密封装置一般分为非接触式和接触式两类。

6.1　非接触式密封

非接触式密封包括间隙式、迷宫式和垫圈式等不同结构。由于在此类装置中，密封件不与轴或配合件直接接触，因此可用于高速运转轴承的密封。非接触密封装置的结构与特点见表 14.4-18。

表 14.4-18　非接触式密封

序号	密封形式		简　　图	说　　明
1	间隙式	缝隙式间隙	a)	轴与端盖配合面之间间隙越小，轴向宽度越长，密封效果越好。一般径向间隙取 0.1～0.3mm。适用于环境比较干净的脂润滑条件
2	间隙式	沟槽式间隙	b)	在端盖配合面上开有沟槽，充填润滑脂以提高密封效果
3	间隙式	W 形间隙	c)	用于油润滑。在轴或套上开有 W 形槽，借以甩回渗漏出来的润滑油。端盖孔内也开有回油槽，将甩到孔壁上的油回收入轴承或箱内
4	迷宫式	径向迷宫	d)	径向迷宫曲路是由套和端盖的径向间隙构成迷宫曲路沿轴向展开，故径向尺寸紧凑。曲路折回次数越多，密封越可靠。适用于较脏的工作环境

（续）

序号	密封形式		简图	说明
5	迷宫式	轴向迷宫	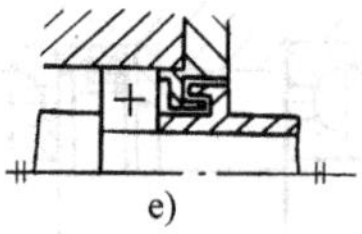 e)	轴向迷宫曲路由套和端盖间的轴向间隙构成。迷宫曲路沿径向展开，曲路折回次数不宜过多。由于装拆方便，端盖无须剖分，应用较径向迷宫广泛
6		组合式迷宫	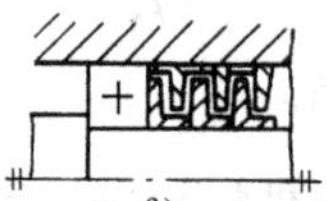 f)	组合式迷宫曲路是由两组 T 形垫圈构成，占用空间小，成本低，适于成批生产。此类垫圈成组安装，数量越多，密封效果越好
7	垫圈式	旋转垫圈	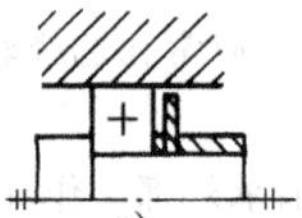 g)	工作时，垫圈与轴一起转动，轴的转速越高，密封效果越好。旋转垫圈既可用来阻挡油的泄出，又可阻挡杂物的侵入，视垫圈所在位置而定
8		静止垫圈	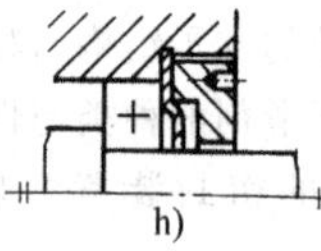 h)	固定在轴承外圈上的垫圈工作时静止不动。主要用来阻挡外界灰尘、杂物的侵入

6.2 接触式密封

接触式密封包括毛毡密封、橡胶密封等。在此类密封装置中，密封件与轴或其他配合件直接接触，故工作中产生摩擦、磨损，并使温度升高。一般适用于中、低速运转条件下轴承的密封，见表 14.4-19。

表 14.4-19 接触式密封

序号	密封形式		简图	说明
1	毛毡密封	单毡圈式	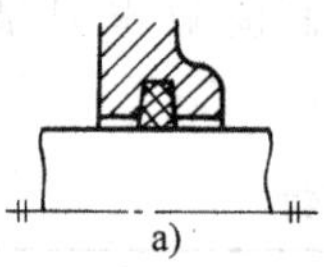 a)	主要用于脂润滑，用于对干净环境下工作的轴承进行密封。一般接触处的圆周速度不超过 4~5m/s，允许工作温度可达90°C。如果表面经过抛光，毛毡质量较好，圆周速度可达 7~8m/s 毡圈与轴之间的摩擦较大，长期使用易把轴磨出沟槽。一般多采用轴套与毛毡圈接触的结构
2		双毡圈式	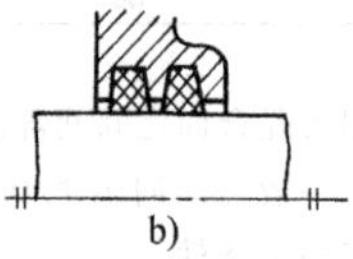 b)	
3		多毡圈式	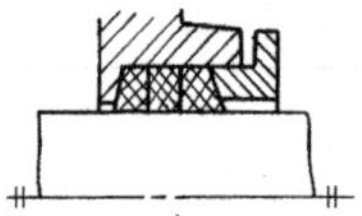 c)	
4	橡胶密封	密封唇向里	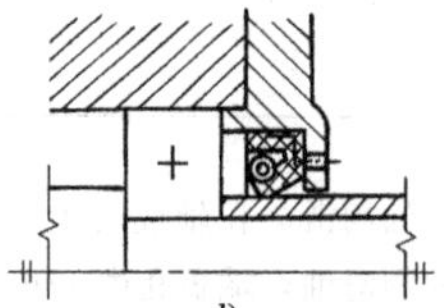 d)	密封圈用耐油橡胶制成，用于脂润滑或油润滑的轴承密封。接触处的圆周速度不超过 7m/s，温度不高于100°C 为了保持密封圈的压力，密封圈用弹簧圈紧箍在轴上，使密封唇呈锐角状。图 d 的密封唇面向轴承，用于防止润滑油的泄出，图 e 的密封唇背向轴承，用于防止灰尘杂物的侵入
5		密封唇向外	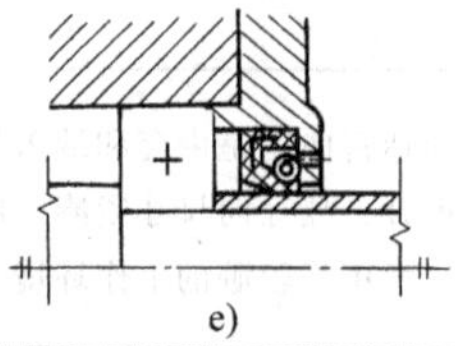 e)	

（续）

序号	密封形式		简　　图	说　　明
6	橡胶密封	双密封圈	f)	图 f 同时采用两个密封圈相对安装，既可防止润滑油泄出，又可防止灰尘杂物侵入

根据工作环境和对密封的不同要求，工程中往往综合运用几种不同的密封形式，以期达到更好的密封效果，如图 14.4-15 所示。

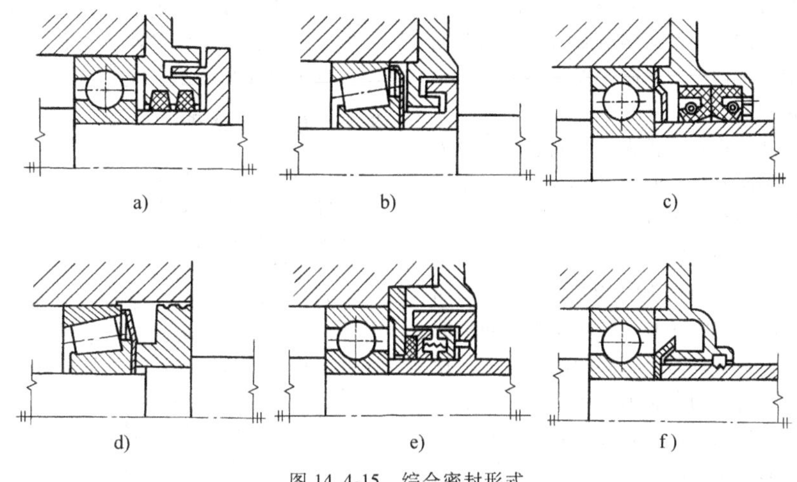

图 14.4-15　综合密封形式

7　轴承的润滑

7.1　润滑的作用

在运转过程中，轴承内部各元件间均存在不同程度的相对滑动，从而导致摩擦发热和元件的磨损。因此工作中必须对轴承进行可靠的润滑。润滑轴承的主要目的是：

1）减小摩擦发热，避免工作温度过高。

2）降低磨损。

3）防止锈蚀。

4）散热（油润滑）。

5）密封（脂润滑）。

7.2　润滑剂的选择

选择润滑剂时应考虑的因素有：

1）轴承的工作温度。各种润滑剂都有其各自适于工作的温度范围。过高的工作温度会使润滑剂的黏度降低，润滑效果变差，以致完全失效。正常的工作温度应使润滑油的黏度，对于球轴承不低于 $1.3\times10^{-5}m^2/s$，对于滚子轴承不低于 $2\times10^{-5}m^2/s$。

2）轴承的工作载荷。润滑油的黏度是随压力而变化的，当轴承所受载荷增大时，润滑区内润滑油的压力增加、黏度降低，从而导致油膜厚度减薄，甚至破裂。因此，轴承工作载荷越大，所选润滑油的黏度也应越大。

表 14.4-20　各种润滑方式下轴承允许的 *dn* 值　　（$mm\cdot r\cdot min^{-1}$）

轴承类型	脂润滑	油浴润滑	滴油润滑	循环油润滑	喷雾润滑
深沟球轴承	160000	250000	400000	600000	
调心球轴承	160000	250000	400000	—	
角接触球轴承	160000	250000	400000	600000	
圆柱滚子轴承	120000	250000	400000	600000	>600000
圆锥滚子轴承	100000	160000	230000	300000	
调心滚子轴承	80000	120000	—	250000	
推力球轴承	40000	60000	120000	150000	

3）轴承的工作转速。工作中，轴承转速越高，内部摩擦发热量越大。为了控制轴承的温升，通常对轴承的 dn 值［d 为轴承内径(mm)，n 为转速(r/min)］加以限制。各类轴承在不同润滑剂和润滑方式下所允许的 dn 值见表 14.4-20。

7.3　润滑剂的种类

7.3.1　润滑脂

润滑脂是由润滑油、稠化剂和添加剂在高温下混合而成的。根据稠化剂的种类，润滑脂可分为钙基润滑脂、钠基润滑脂、钙钠基润滑脂、锂基润滑脂、铝基润滑脂和二硫化钼润滑脂等。

润滑脂的主要性能指标是锥入度、滴点、机械安定性、氧化安定性和防腐性。润滑脂的选择应根据轴承的工作条件、温度和载荷等进行。

滴点一般用来评价润滑脂的高温性能。轴承的实际工作温度应低于润滑脂滴点 10~20℃；合成润滑脂的使用温度应低于滴点 20~30℃。锥入度表示润滑脂的软硬或承载能力。在重载荷下工作的轴承，应使用锥入度小的润滑脂。钙基润滑脂不易溶于水，适于潮湿、水分较多的工作环境。钠基润滑脂易溶于水，适于干燥、水分较少的工作环境。

一般轴承多采用脂润滑。脂润滑的优点是：油膜强度高；油脂黏附性好，不易流失，使用时间较长；密封简单，能防止灰尘、水分和其他杂物进入轴承。其缺点是：转速较高时，摩擦损耗的功率较大。

润滑脂的不足或过多，都会导致轴承工作中温升增大，磨损加快，故润滑脂的填充量要适度。一般来说，以填充量占轴承与外壳空间的 1/3~1/2 为宜。

7.3.2　润滑油

润滑油包括特制的矿物油、植物油和合成润滑油。

润滑油的性能指标有黏度、黏-温特性、酸值、腐蚀性、闪点及凝固点等。

黏度指润滑油内部相对运动的摩擦阻力。黏度的大小，直接影响润滑油的流动性和在摩擦面间形成润滑油膜的能力，因此黏度是选择润滑油的重要依据。

在高速或高温条件下工作的轴承，一般采用油润滑。油润滑的优点：润滑可靠、摩擦因数小，具有良好的冷却和清洗作用，可用多种润滑方式以适应不同的工作条件。其缺点是需要复杂的密封装置和供油设备。

当轴承浸在油中时（油浴润滑），油面高度不应超过最下面滚动体的中心。转速较高时，应采用滴油或油雾润滑。

8　轴承的安装与拆卸

滚动轴承的套圈和滚动体有较高的加工精度和表面粗糙度。为了保证轴承的工作精度和寿命，必须仔细地安装和拆卸。轴承装拆方法不正确，常常是引起轴承早期损坏的原因之一。

轴承的安装、拆卸方法，应根据轴承的结构、尺寸大小及配合性质而定。安装、拆卸轴承的作用力应直接加在紧配合的套圈端面上，切不可通过滚动体传递压力，以免在轴承工作表面上形成压痕，影响轴承的正常工作，以致造成早期失效。轴承的保持架、密封圈及防尘盖等零件很容易变形，安装、拆卸时的作用力也不能加在这些零件上。

8.1　圆柱孔轴承的安装

1）内圈与轴紧配合，外圈与外壳孔配合较松时，可用压力机借助于软金属材料做的装配套管，先把轴承压装到轴上（见图 14.4-16a），然后将轴连同轴承一起装入外壳孔内。

2）外圈与外壳孔紧配合，内圈与轴配合较松时，可用类似的方法，借助于装配套管，先把轴承装入外壳孔内，然后将轴装进轴承（见图 14.4-16b）。

3）对于内圈与轴间需要较大过盈量的大、中型轴承，常采用加热安装的方法，即将轴承或套圈放入油箱中，均匀加热至 80~100°C，然后从油中取出装到轴上。

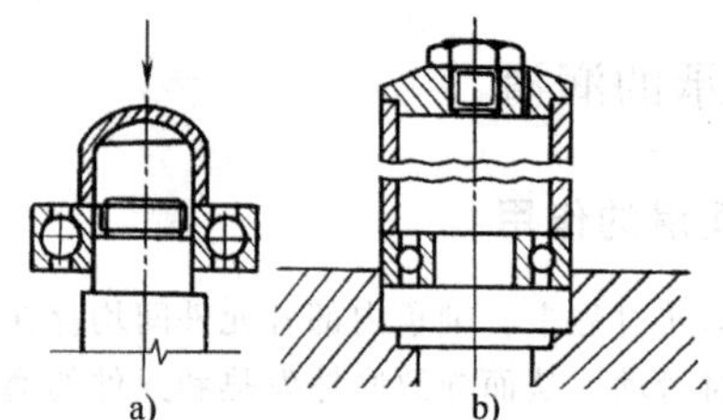

图 14.4-16　圆柱孔轴承的安装
a）内圈安装　b）外圈安装

8.2　圆锥孔轴承的安装

圆锥孔轴承可以直接装在有锥度的轴颈上，或装在紧定套或退卸套的锥面上（见图 14.4-17）。

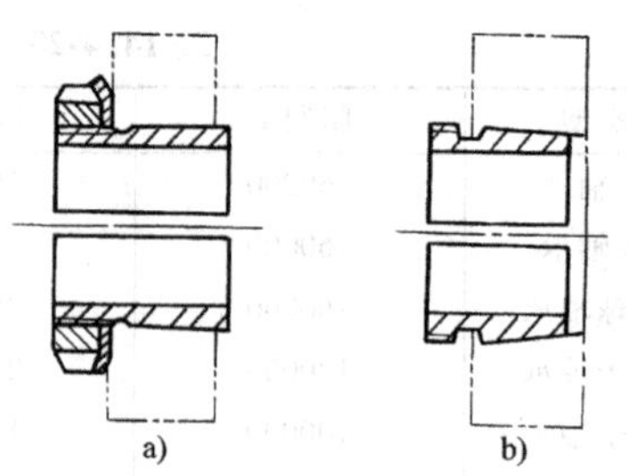

图 14.4-17　紧定套与退卸套
a）紧定套　b）退卸套

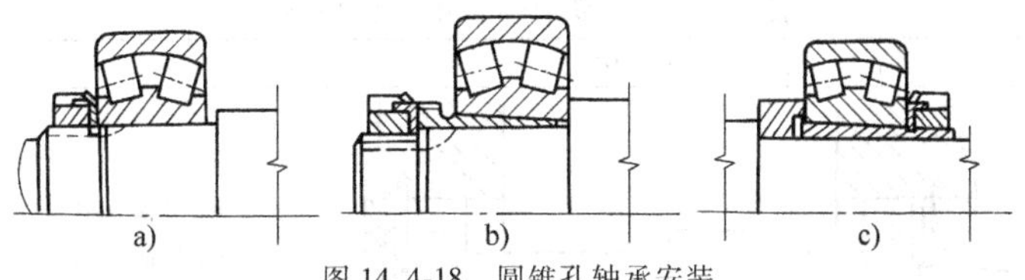

图 14.4-18　圆锥孔轴承安装
a）锁紧螺母安装　b）退卸套安装　c）紧定套安装

此种轴承有较严格的配合，当轴承进入锥形轴颈或轴套时，由于内圈膨胀使轴承径向游隙减小，故可通过控制轴承压进锥形配合面的距离，调整径向游隙。

不可分离型轴承的径向游隙，可用塞尺测量，也可以根据轴承在轴向的移动量，计算径向游隙的减小量。可分离型轴承，可用外径千分尺测量内圈的膨胀，以求得径向游隙的减小量。

直接装在锥形轴颈上的圆锥孔轴承，可以和一般圆柱孔轴承一样，使用装配套管或加热等方法安装，也可采用锁紧螺母安装。

通过紧定套或退卸套安装的圆锥孔轴承，一般采用锁紧螺母安装（见图 14.4-18）。

8.3　角接触轴承的安装

角接触球轴承采用一般圆柱孔轴承的安装方法。圆锥滚子轴承的内外圈，则应分别安装。安装中，应仔细调整这类轴承的轴向游隙和预紧量。

轴承游隙或预紧量的大小，与支承结构的形式、轴承间距、轴和外壳的材料有关，应根据工作要求计算确定。轴向游隙可用指示表检查，游隙大小可通过端盖、调整环、螺纹环或锁紧螺母等调整。

8.4　推力轴承的安装

推力轴承的轴圈与轴一般取过渡配合，座圈与外壳孔一般取间隙配合，故这种轴承容易安装。不过对于双向推力轴承，轴圈必须进行轴向固定，从而防止其相对于轴发生转动。

安装推力轴承时，应检查轴圈对轴的中心线的垂直度、轴向游隙并加以调整。在高速运转条件下，还应适当预紧，以防止因滚动体惯性力矩引起的相对滑动。

8.5　滚动轴承的拆卸

滚动轴承的拆卸，一般应以不影响轴承及其配合件的精度为原则。因此，拆卸力不应直接或间接地作用于滚动体上。

8.5.1　不可分离型轴承的拆卸

轴承与轴一般配合较紧，与外壳孔配合较松，故可先将轴承与轴一起从外壳孔中取出，然后再从轴上卸下轴承。在这两次拆卸过程中，拆卸力应分别直接加于轴承外圈和内圈上。从轴上拆卸轴承时，可使用压力机和其他拆卸工具（见图 14.4-19）。

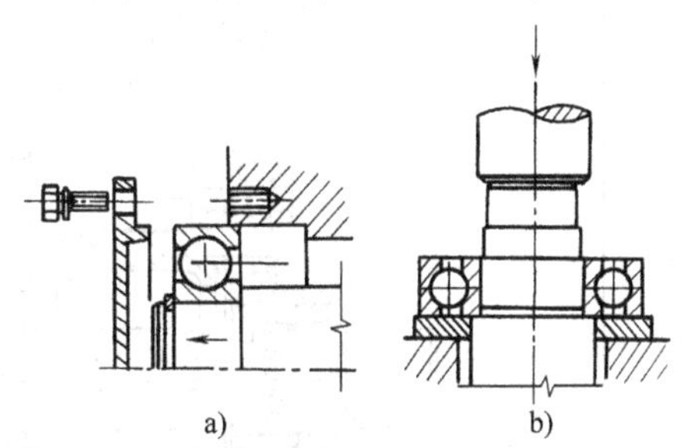

图 14.4-19　不可分离型轴承的拆卸
a）外圈拆卸　b）内圈拆卸

8.5.2　分离型轴承的拆卸

分离型轴承的拆卸，可先把轴连同内圈一起取出，然后再用压力机等将内圈取下，将外圈取出（见图 14.4-20）。

9　滚动轴承组合典型结构

滚动轴承组合典型结构见表 14.4-21。

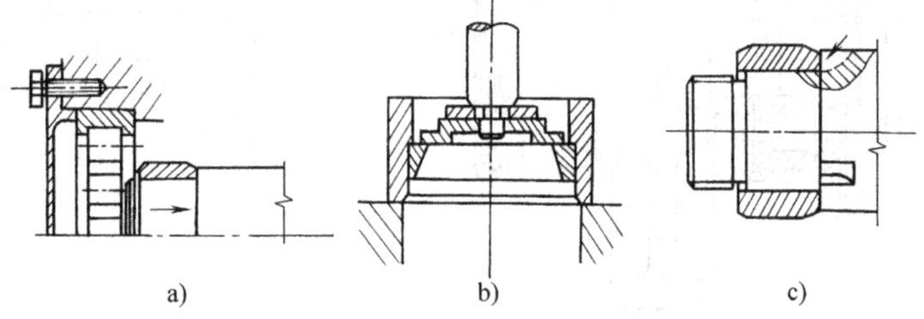

图 14.4-20　分离型轴承的拆卸
a）轴的拆卸　b）外圈拆卸　c）内圈拆卸

表 14.4-21 滚动轴承组合典型结构

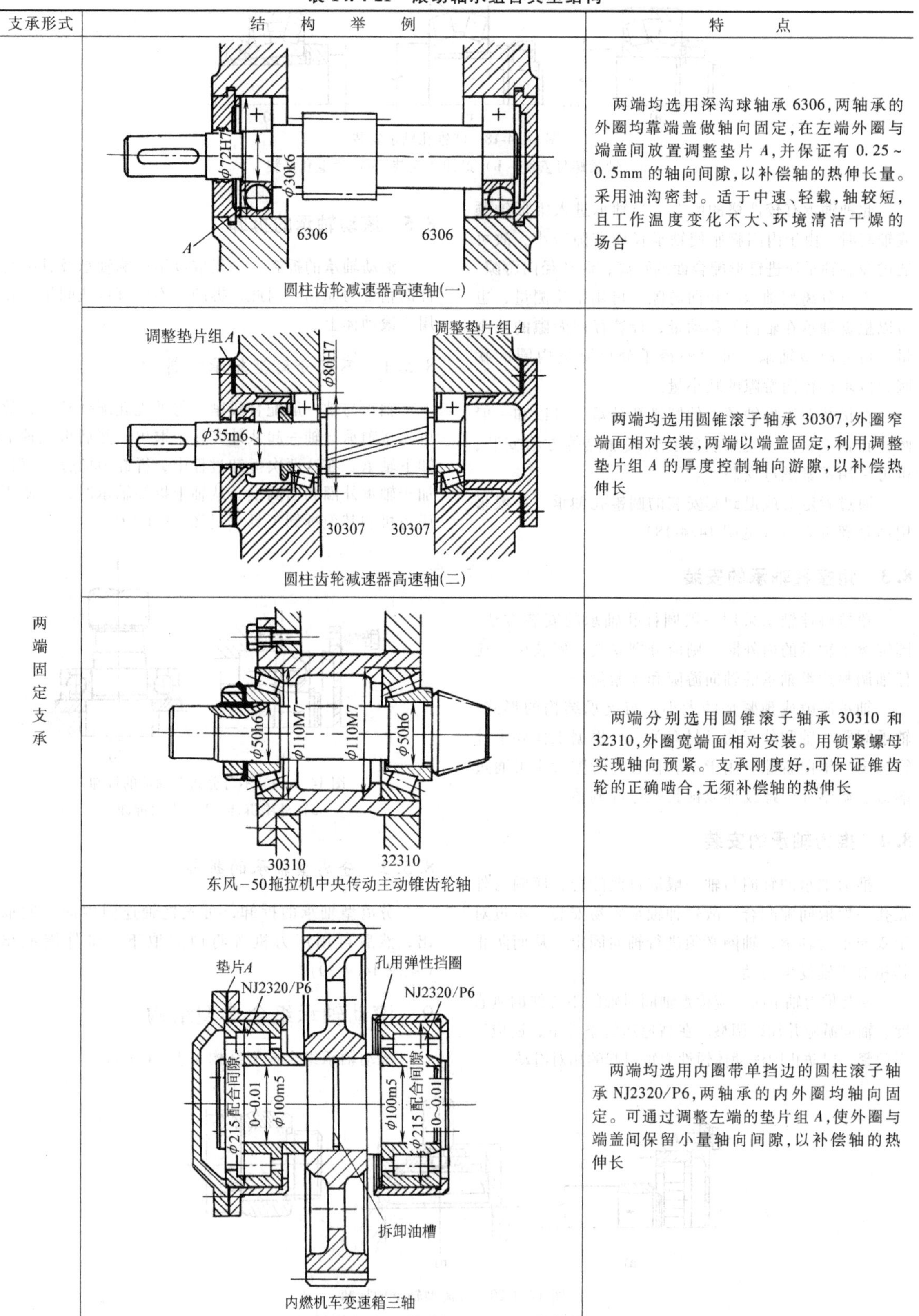

支承形式	结构举例	特点
两端固定支承	圆柱齿轮减速器高速轴(一)	两端均选用深沟球轴承 6306,两轴承的外圈均靠端盖做轴向固定,在左端外圈与端盖间放置调整垫片 A,并保证有 0.25~0.5mm 的轴向间隙,以补偿轴的热伸长量。采用油沟密封。适于中速、轻载,轴较短,且工作温度变化不大、环境清洁干燥的场合
	圆柱齿轮减速器高速轴(二)	两端均选用圆锥滚子轴承 30307,外圈窄端面相对安装,两端以端盖固定,利用调整垫片组 A 的厚度控制轴向游隙,以补偿热伸长
	东风-50拖拉机中央传动主动锥齿轮轴	两端分别选用圆锥滚子轴承 30310 和 32310,外圈宽端面相对安装。用锁紧螺母实现轴向预紧。支承刚度好,可保证锥齿轮的正确啮合,无须补偿轴的热伸长
	内燃机车变速箱三轴	两端均选用内圈带单挡边的圆柱滚子轴承 NJ2320/P6,两轴承的内外圈均轴向固定。可通过调整左端的垫片组 A,使外圈与端盖间保留小量轴向间隙,以补偿轴的热伸长

（续）

支承形式	结构举例	特点
固定-游动支承	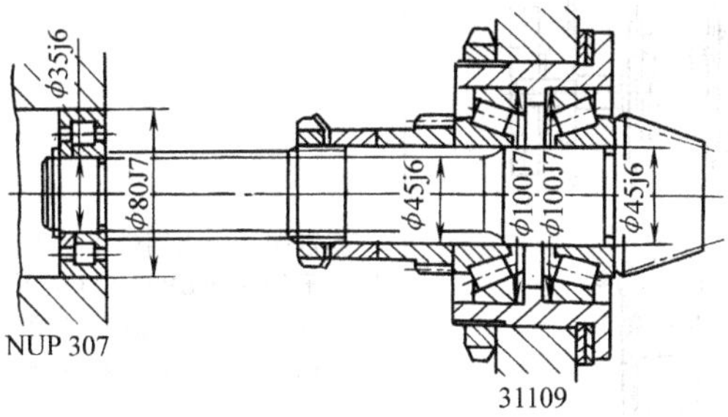 东方红－40拖拉机中央传动锥齿轮轴	固定端选用两个圆锥滚子轴承 31109，外圈宽端面相对安装。游动端选用圆柱滚子轴承 NUP307，外圈与外壳孔为间隙配合，可补偿轴的热伸长。固定端两个圆锥滚子轴承可预紧安装，故支承刚性好。固定端采用套杯安装，锥齿轮的啮合位置易保证
	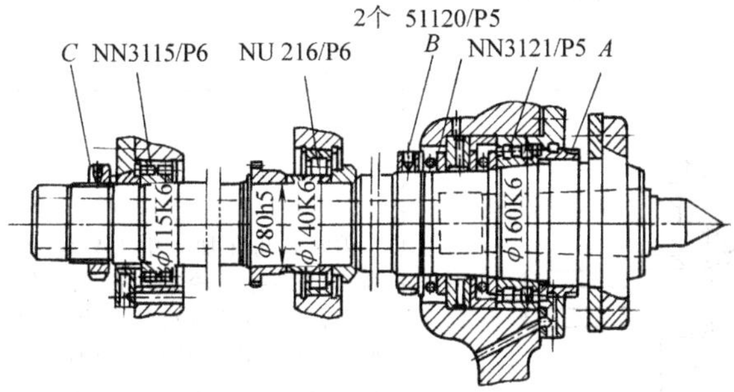 卧式车床主轴	前支承为固定端，由双列圆柱滚子轴承 NN3121/P5 和两个推力球轴承 51120/P5 组成。前者内孔为锥孔，可实现径向预紧和调整径向游隙，后者可承受双向轴向载荷。中央支承选用圆柱滚子轴承 NU216/P6，后支承选用双列圆柱滚子轴承 NN3115/P6，均用以承受径向载荷，并以滚子相对外圈的轴向移动补偿热伸长
	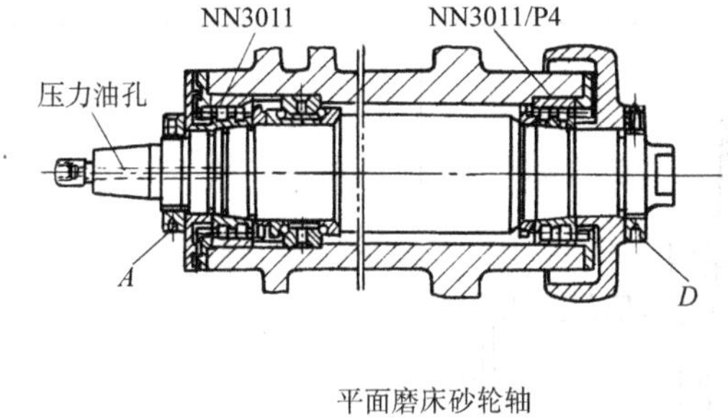 平面磨床砂轮轴	前支承为固定端，由双列圆柱滚子轴承和双向角接触推力球轴承组成，可承受双向轴向载荷。后支承为游动端，选用 NN3011/P4 轴承，利用滚子与外圈的轴向移动补偿轴的热伸长
	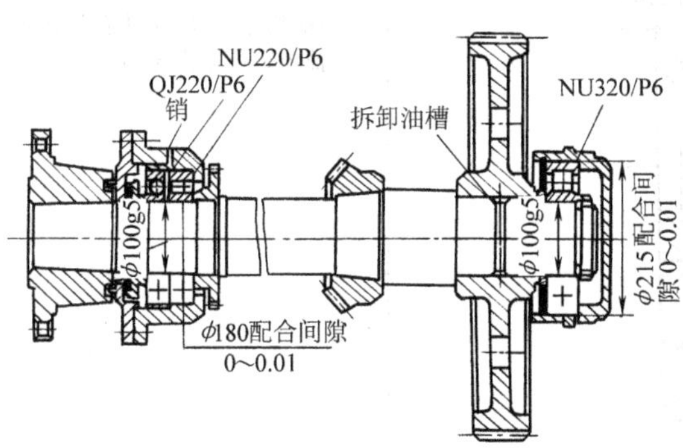 内燃机车变速器三轴	左端为固定端，由圆柱滚子轴承 NU220/P6 和四点接触球轴承 QJ220/P6 组成。前者承受径向载荷，后者与外壳孔不接触，仅承受双向轴向载荷。右端为游动端，选用圆柱滚子轴承 NU320/P6 承受径向载荷，利用滚子与内圈的轴向移动补偿轴的热伸长

（续）

支承形式	结　构　举　例	特　　点
固定-游动支承	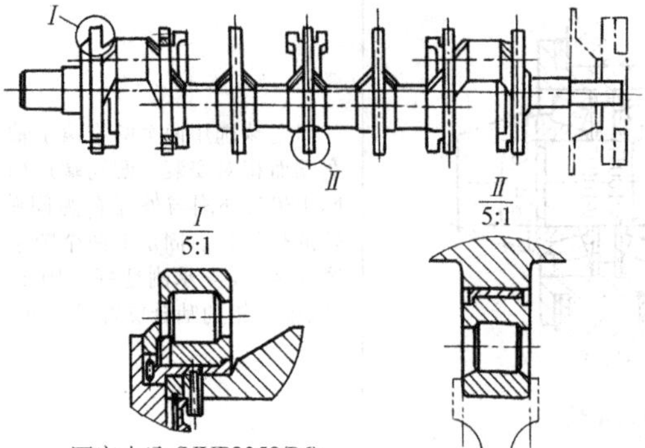 I II I 5:1 II 5:1 固定支承 (NUP2358/P6) 游动支承 (N 2358/P6) 内燃机主轴	固定端选用内圈带单挡边并带平挡圈的圆柱滚子轴承 NUP2358/P6，其他支承均为游动支承，选用圆柱滚子轴承 N2358/P6，利用滚子相对外圈的轴向移动补偿轴的热伸长
两端游动支承	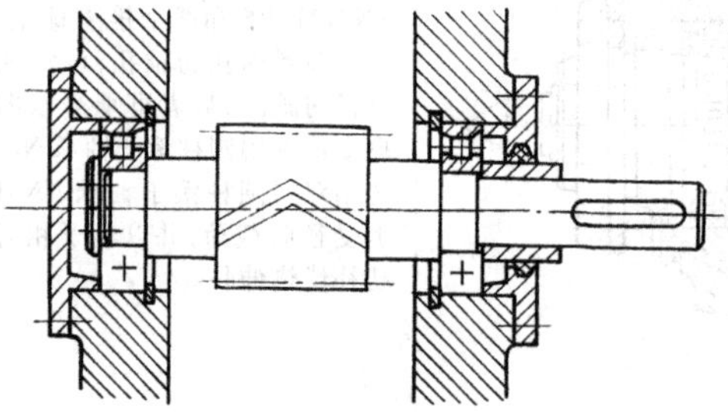 减速器人字齿轮轴	因螺旋角在加工中不易做到左右完全相等，为使人字齿轮正确啮合，工作中要求轴能左右移动，以免齿轮卡死，故采用两端游动支承。选用外圈无挡边的圆柱滚子轴承，内外圈均轴向固定，滚子相对外圈可轴向移动
	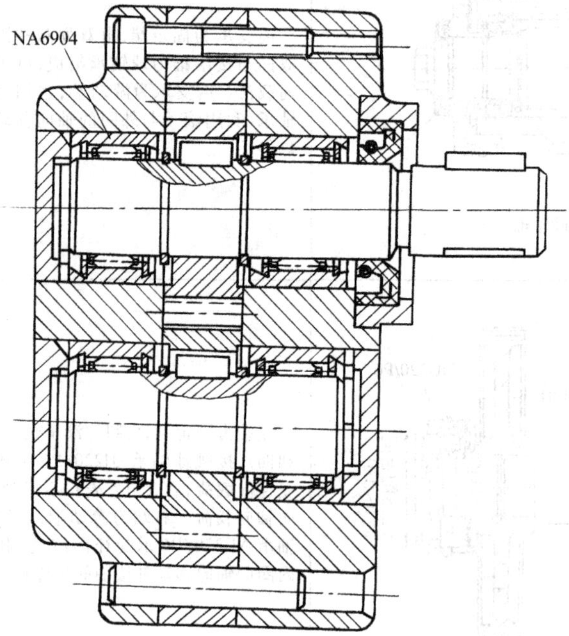 NA6904 齿轮轴泵	两端均采用无内圈滚针轴承作为游动支承，轴向定位靠齿轮端面

第 5 章　滚动轴承支承设计实例

1　立柱式旋臂起重机支承设计

立柱式旋臂起重机由一个可沿地面轨道运动的门架和安装在门架上的回转部分组成。门架和回转部分间用立柱和滚动轴承支承，立柱分固定式和旋转式两种，如图 14.5-1 和图 14.5-2 所示。

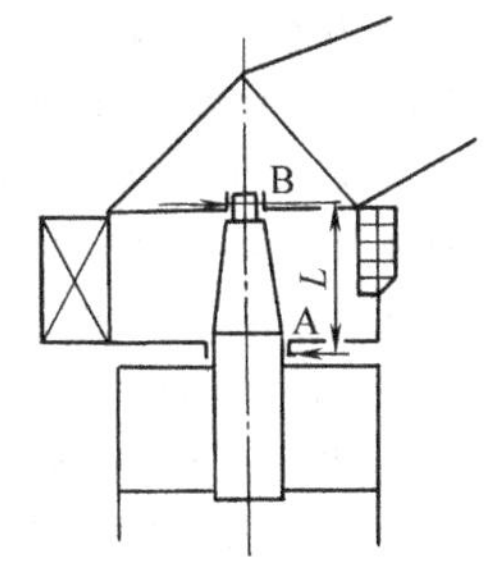

图 14.5-1　立柱固定式旋臂起重机简图

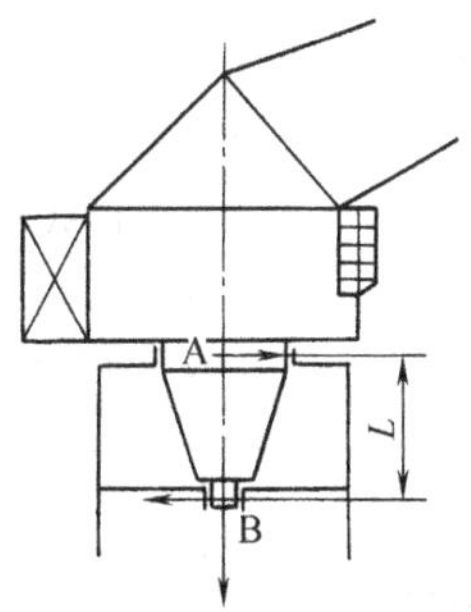

图 14.5-2　立柱转动式旋臂起重机简图

两种结构中，提升重量和回转部件的重量均由立柱支承轴承 B 承受，此外，轴承 B 还必须传递由倾覆力矩产生的径向反力。设置在立柱较大直径处的游动支承 A 只承受径向力，因直径较大，多安装支承滚轮或导向滚轮。本例只介绍立柱支承 B 的设计。

1.1　轴承组合设计

轴承 B 在工作中受到很大的轴向载荷，因此需要有很高的轴向承载能力。在钢结构中，由于外壳孔的同轴度误差和弹性变形不可避免，又要求轴承具有较强的角度调整性，因此选用推力调心滚子轴承（接触角 $\alpha=50°$）。

为使推力调心滚子轴承的承载圆弧不至过小，其载荷比应满足关系

$$F_r/F_a \leqslant e = 1.5\tan\alpha$$

否则，需要在支承部位 B 处再配置一套向心轴承，或者增大支承部位 A 和 B 间的距离，以减轻推力调心滚子轴承的径向载荷。

1.2　寿命计算

1）已知数据。回转部件总重（包括吊挂重量）

$$G = 470\text{kN}$$

倾覆力矩与风压力 B 处产生的径向反力

$$F_r = 250\text{kN}$$

接触角

$$\alpha = 50°$$

2）载荷与寿命。回转部件总重量即为轴承所需承受的轴向载荷，因此

$$F_a = G = 470\text{kN}$$

于是有

$$F_r/F_a = \frac{250}{470} = 0.53 < 1.5\tan 50° = 0.55$$

所以，只需在支承部位使用一套推力调心滚子轴承，如图 14.5-3 所示。

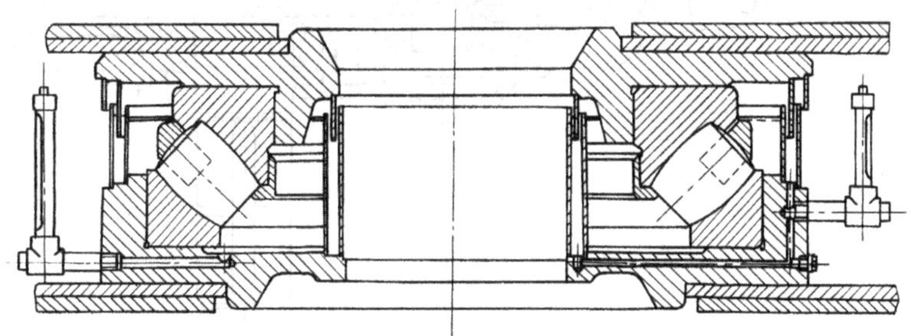

图 14.5-3　立柱式旋臂起重机立柱支承

轴承 B 在实际工作中的回转速度很慢，故可以用静载荷来判定轴承支承的可靠性。

对于接触角 $\alpha<90°$ 的推力轴承，其当量静载荷可按式（14.3-12）计算，即

$$P_0 = F_a + 2.3F_r\tan\alpha = 1145\text{kN}$$

在已知工况条件下，取轴承的静态安全系数 $f_s=2$，轴承所需具备的最小基本额定静载荷

$$C_0' = f_s P_0 = 2290\text{kN}$$

由此选用基本额定静载荷 $C_0=2753\text{kN}$ 的推力调心滚子轴承 29330 作为立柱支承轴承。

1.3 配合与安装

因立柱支承轴承的内圈受局部载荷作用，内圈与轴采用较松的过渡配合，轴颈公差精度取为 j6。外圈受循环负荷，本应与外壳孔过盈配合，但为了安装和拆卸的方便，外壳孔一般加工至 J7 级精度。

1.4 润滑与密封

立柱支承通常采用油浴润滑，以使用加有高压添加剂的矿物油较为合适，若将轴承完全浸入油中运转，还能实现对挡边的良好润滑。通常，油位至少应达到保持架上缘。这样高的油位不仅能够保证全部滚动面和滑动面的良好润滑，而且可以防止轴承被锈蚀。

2 圆锥圆柱齿轮减速器支承设计

减速器是用于原动机和工作机之间的独立的闭式传动装置。由于齿轮减速器具有结构紧凑、传动效率高、传动准确可靠及使用维护方便等优点，故在各种机械设备中应用甚广。

齿轮减速器种类很多，其中圆锥圆柱齿轮减速器用于传递两垂直相交轴间的运动和动力。

圆锥圆柱齿轮减速器一般采用中心剖分式结构，箱体采用以小锥齿轮的轴线为对称中心的对称结构，以便大锥齿轮调头安装，改变输出轴的方向。

图 14.5-4 所示为一圆锥圆柱齿轮减速器的结构简图。

2.1 轴承组合设计

主动小锥齿轮轴为悬臂结构，采用固定-游动支承。固定端由面对面安装的两套 31300 系列圆锥滚子轴承组成。这是因为该系列圆锥滚子轴承接触角较大，承受轴向力的能力较强，并能对锥齿轮啮合加以精确引导。游动端由一套 NUP2300E 系列圆柱滚子轴承构成，用以承受锥齿轮的径向力。锥齿轮的啮合间隙，可以通过垫圈 G_1 和 G_2 加以调整。

中间轴和输出轴均采用圆锥滚子轴承组成两端固定支承。

2.2 寿命计算

1）已知数据：

传递功率	$P=135\text{kW}$
输入转速	$n_1=750\text{r/min}$
输出转速	$n_2=67\text{r/min}$
总减速比	$i=11.2$

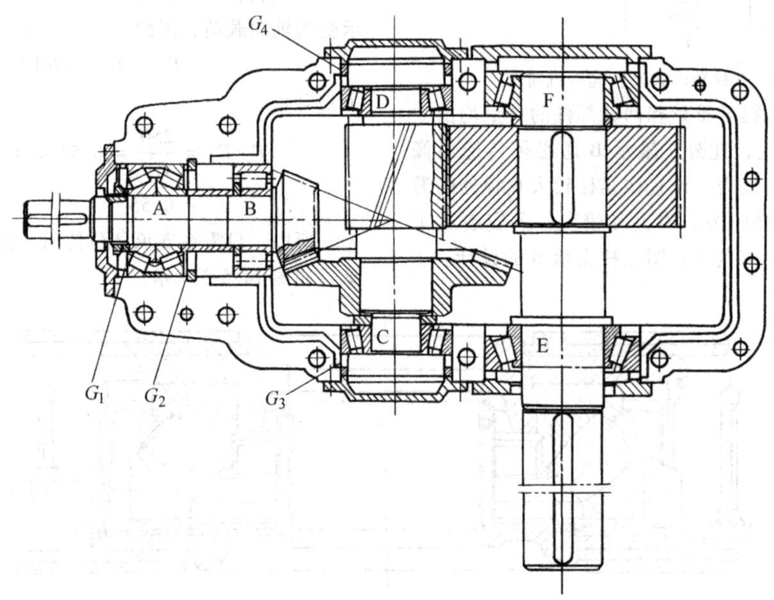

图 14.5-4　圆锥圆柱齿轮减速器结构简图

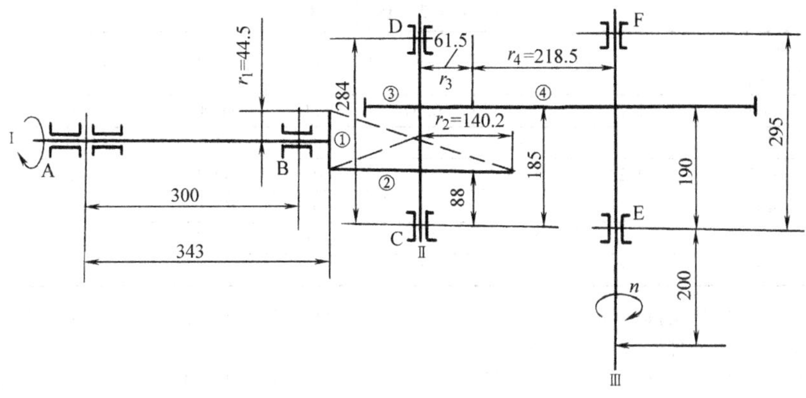

图 14.5-5　减速器传动系统示意图及相对位置尺寸

锥齿轮减速比　$i_1=3.15$

斜齿轮减速比　$i_2=3.55$

压力角　$\alpha=20°$

节圆锥角　$\delta_1=15°$（小锥齿轮）

$\delta_2=75°$（大锥齿轮）

螺旋角　$\beta_1=35°$（锥齿轮）

$\beta_2=10°$（斜齿轮）

输出端径向载荷　$Q=50\text{kN}$

传动简图及相对位置尺寸如图 14.5-5 所示。

2）轴承载荷：各轴转矩为

$$T_{\mathrm{I}}=9550\frac{P}{n_1}=1719\text{kN}\cdot\text{m}$$

$$T_{\mathrm{II}}=T_{\mathrm{I}}\,i_1=5415\text{kN}\cdot\text{m}$$

$$T_{\mathrm{III}}=T_{\mathrm{I}}\,i=19252\text{kN}\cdot\text{m}$$

弧齿锥齿轮传动中的作用力为

圆周力　$F_{t1}=F_{t2}=T_{\mathrm{I}}/r_1=38.6\text{kN}$

径向力　$F_{r1}=F_{t1}(\tan\alpha\cos\delta_1/\cos\beta_1-\tan\beta_1\sin\delta_1)=9.57\text{kN}$

$F_{r2}=F_{t1}(\tan\alpha\sin\delta_1/\cos\beta_1+\tan\beta_1\cos\delta_1)=30.5\text{kN}$

轴向力　$F_{a1}=F_{r2}=30.5\text{kN}$

$F_{a2}=F_{r1}=9.57\text{kN}$

斜齿轮传动中的作用力为

圆周力　$F_{t3}=F_{t4}=T_{\mathrm{II}}/r_3=88.1\text{kN}$

径向力　$F_{r3}=F_{r4}=F_{t3}\tan\alpha/\cos\beta_2=32.6\text{kN}$

轴向力　$F_{a3}=F_{a4}=F_{t3}\tan\beta_2=15.5\text{kN}$

在轴Ⅱ上，斜齿轮的轴向力应与锥齿轮的轴向力相反，因 $F_{a3}>F_{a2}$，轴承 C 只受本身内部轴向力的作用。轴承 D 所受轴向载荷为

$$F_a = F_{a3} - F_{a2} = 5.9\text{kN}$$

轴承 C、D 所受径向载荷的计算数值见表 14.5-1，由式（14.3-14）可求得它们所产生的内部轴向力为

$$S_C = 0.5\times F_{rC}/Y_C = 16.7\text{kN}$$

$$S_D = 0.5\times F_{rD}/Y_D = 20.4\text{kN}$$

式中　$Y_C=Y_D=1.8$

由此求得轴承 C 和 D 所受轴向载荷为

$$F_{aC} = S_C = 16.7\text{kN}$$

$$F_{aD} = F_a + S_C = 22.6\text{kN}$$

同样的计算可得到Ⅰ轴和Ⅲ轴上轴承 A、B 和 E、F 所受的载荷值，见表 14.5-1。

表 14.5-1　轴承 A、B、C、D、E、F 所受的载荷值

轴号	轴承部件	轴承型号	F_r/kN	F_a/kN
Ⅰ	A	32315	6.4	30.5
	B	NUP2315E	44.6	0
Ⅱ	C	30320	60.1	16.7
	D	30320	73.6	22.6
Ⅲ	E	30228	68.4	34.5
	F	30228	71.5	19

3）轴承寿命：根据上述计算载荷，可求出各轴承的当量动载荷 P 与寿命 L_h，计算结果见表 14.5-2。

通用传动装置中，轴承的工作寿命一般要求大于 7200h。由此可知，上述减速器中，3 根传动轴的支承设计均满足寿命要求。

2.3　配合与安装

主动锥齿轮轴上的圆柱滚子轴承，系轴向游动轴承，因此将其外圈以可移动方式配合于 H6 级精度的外壳孔内。由两套圆锥滚子轴承面对面安装构成的固定端，一般用端盖通过外圈进行调整，因此应将外圈间隙配合于 H6 级精度的外壳孔中。安装在中间轴上的两套圆锥滚子轴承为适应轴的热伸长，也应将外壳孔加工到 H6 级精度。

3 根轴上所有轴承的内圈均受循环载荷，故全部采用过盈配合的方式，安装在 k5 级精度的轴上。

表 14.5-2　计算结果

轴承部位	基本额定动载荷 C_r/kN	F_a/F_r	e	X	Y	P/kN	$n/\mathrm{r\cdot min^{-1}}$	L_h/h
A	348	4.77	0.83	0.67	1.218	41.44	750	26730
B	245	0	—	1	0	44.6	750	6496
C	405	0.28	0.34	1	0	60.1	238	40451
D	405	0.31	0.34	1	0	73.6	238	20588
E	408	0.5	0.43	0.4	1.4	68.4	67	68404
F	408	0.27	0.43	1	0	71.5	67	82594

当载荷很大时，可将轴的精度降为 m6。

为便于减速器中轴承部件的装拆，箱体采用中心剖分式。为保证锥齿轮的良好啮合，可通过Ⅰ轴上的垫圈 G_1、G_2 和Ⅱ轴上的垫圈 G_3、G_4 来调整锥齿轮的啮合间隙。

2.4　润滑与密封

由于大锥齿轮的线速度已超过 2m/s，因此该减速器里的全部轴承均采用飞溅润滑，即依靠大锥齿轮的旋转将油甩到箱体内壁上，然后经上箱壁和下箱座剖分面上的输油沟，以及轴承盖上的导油槽，将油引入轴承。

为保证良好的润滑，应控制箱体内油面的高度。一般情况下，应至少把大锥齿轮的整个齿宽的 70% 浸入油中。

为了防止减速器周围环境中的灰尘、水气、酸气和其他杂质侵入轴承内，同时防止箱内润滑油外漏，在轴伸出端盖的部位应设置密封装置，在多数情况下，使用橡胶密封圈。

第 6 章　常用滚动轴承的基本尺寸与数据㊀

1　深沟球轴承（见表 14.6-1～表 14.6-4）

表 14.6-1　深沟球轴承（部分摘自 GB/T 276—2013）

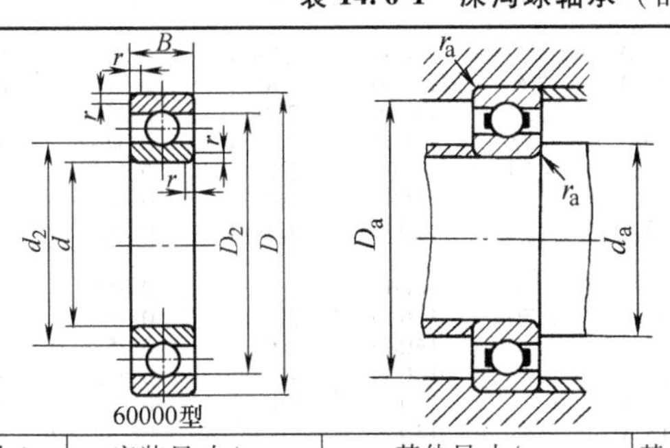

径向当量动载荷

当 $F_a/F_r \leqslant e$ 时，$P_r = F_r$

当 $F_a/F_r > e$ 时，$P_r = 0.56F_r + YF_a$

其中系数 Y、e 的值见表 14.3-6

径向当量静载荷

当 $P_{0r} < F_r$ 时，$P_{0r} = F_r$

当 $P_{0r} \geqslant F_r$ 时，$P_{0r} = 0.6F_r + 0.5F_a$

公称尺寸/mm			安装尺寸/mm			其他尺寸/mm			基本额定载荷/kN		极限转速/r·min⁻¹		质量/kg	轴承代号
d	D	B	d_a min	D_a max	r_a max	d_2 ≈	D_2 ≈	r min	C_r	C_{0r}	脂	油	W ≈	60000 型
3	8	3	4.2	6.8	0.15	4.5	6.5	0.15	0.45	0.15	38000	48000	0.0008	619/3
	10	4	4.2	8.8	0.15	5.2	8.1	0.15	0.65	0.22	38000	48000	0.002	623
4	9	3.5	4.8	8.2	0.1	5.52	7.48	0.1	0.55	0.18	38000	48000	0.0008	628/4
	11	4	5.2	9.8	0.15	5.9	9.1	0.15	0.95	0.35	36000	45000	0.002	619/4
	13	5	5.6	11.4	0.2	6.7	10.1	0.2	1.15	0.4	36000	45000	0.0003	624
	16	5	6.4	13.6	0.3	8.4	10.1	0.3	1.88	0.68	32000	40000	0.005	634
5	13	4	6.6	11.4	0.2	7.35	10.1	0.2	1.08	0.42	34000	43000	0.0025	619/5
	14	5	6.6	12.4	0.2	7.35	10.1	0.2	1.05	0.5	30000	38000	0.0045	605
	16	5	7.4	13.6	0.3	8.4	12.6	0.3	1.88	0.68	32000	40000	0.004	625
	19	6	7.4	17.0	0.3	10.7	15.3	0.3	2.80	1.02	28000	36000	0.008	635
6	13	5	7.2	11.8	0.15	7.9	11.1	0.15	1.08	0.42	34000	43000	0.0021	628/6
	15	5	7.6	13.4	0.2	8.6	12.4	0.2	1.48	0.60	32000	40000	0.0045	619/6
	17	6	8.4	14.6	0.3	9.0	14	0.3	1.95	0.72	30000	38000	0.006	606
	19	6	8.4	17.0	0.3	10.7	15.7	0.3	2.80	1.05	28000	36000	0.008	626
7	14	5	8.2	12.8	0.15	9.0	12	0.15	1.18	0.50	32000	40000	0.0024	628/7
	17	5	9.4	15.2	0.3	9.6	14.4	0.3	2.02	0.80	30000	38000	0.0057	619/7
	19	6	9.4	16.6	0.3	10.7	15.3	0.3	2.88	1.08	28000	36000	0.007	607
	22	7	9.4	19.6	0.3	11.8	18.2	0.3	3.28	1.35	26000	34000	0.014	627
8	16	5	9.6	14.4	0.2	10.8	14	0.2	1.32	0.65	30000	38000	0.004	628/8
	19	6	10.4	17.2	0.3	11.0	16	0.3	2.25	0.92	28000	36000	0.0085	619/8
	22	7	10.4	19.6	0.3	11.8	18.2	0.3	3.32	1.38	26000	34000	0.015	608
	24	8	10.4	21.6	0.3	12.8	19.2	0.3	3.35	1.40	24000	32000	0.016	628
9	17	5	10.6	15.4	0.2	11.1	14.9	0.2	1.60	0.72	28000	36000	0.0042	628/9
	20	6	11.4	18.2	0.3	12.0	17	0.3	2.48	1.08	27000	34000	0.0092	619/9
	24	7	11.4	21.6	0.3	14.2	19.2	0.3	3.35	1.40	22000	30000	0.016	609
	26	8	11.4	23.6	0.3	14.4	21.1	0.3	4.45	1.95	22000	30000	0.019	629
10	19	5	12.0	17	0.3	12.6	16.4	0.3	1.80	0.93	28000	36000	0.005	61800
	22	6	12.4	20	0.3	13.5	18.5	0.3	2.70	1.30	25000	32000	0.008	61900
	26	8	12.4	23.6	0.3	14.9	21.3	0.3	4.58	1.98	22000	30000	0.019	6000
	30	9	15.0	26	0.6	17.4	23.8	0.6	5.10	2.38	20000	26000	0.032	6200
	35	11	15.0	30.0	0.6	19.4	27.6	0.6	7.65	3.48	18000	24000	0.053	6300
12	21	5	14	19	0.3	14.6	18.4	0.3	1.90	1.00	24000	32000	0.005	61801
	24	6	14.4	22	0.3	15.5	20.6	0.3	2.90	1.50	22000	28000	0.008	61901
	28	7	14.4	25.6	0.3	16.7	23.3	0.3	5.10	2.40	20000	26000	0.015	16001
	28	8	14.4	25.6	0.3	17.4	23.8	0.3	5.10	2.38	20000	26000	0.022	6001
	32	10	17.0	28	0.6	18.3	26.1	0.6	6.82	3.05	19000	24000	0.035	6201
	37	12	18.0	32	1	19.3	29.7	1	9.72	5.08	17000	22000	0.051	6301

㊀ 本章除标准参数外，还包括洛阳轴承研究所的数据。

（续）

公称尺寸/mm			安装尺寸/mm			其他尺寸/mm			基本额定载荷/kN		极限转速/r·min^{-1}		质量/kg	轴承代号
d	D	B	d_a min	D_a max	r_a max	d_2 ≈	D_2 ≈	r min	C_r	C_{0r}	脂	油	W ≈	60000型
15	24	5	17	22	0.3	17.6	21.4	0.3	2.10	1.30	22000	30000	0.005	61802
	28	7	17.4	26	0.3	18.3	24.7	0.3	4.30	2.30	20000	26000	0.012	61902
	32	8	17.4	29.6	0.3	20.2	26.8	0.3	5.60	2.80	19000	24000	0.023	16002
	32	9	17.4	29.6	0.3	20.4	26.6	0.3	5.58	2.85	19000	24000	0.031	6002
	35	11	20.0	32	0.6	21.6	29.4	0.6	7.65	3.72	18000	22000	0.045	6202
	42	13	21.0	37	1	24.3	34.7	1	11.5	5.42	16000	20000	0.080	6302
17	26	5	19	24	0.3	19.6	23.4	0.3	2.20	1.5	20000	28000	0.007	61803
	30	7	19.4	28	0.3	20.3	26.7	0.3	4.60	2.6	19000	24000	0.014	61903
	35	8	19.4	32.6	0.3	22.7	29.3	0.3	6.00	3.3	18000	22000	0.028	16003
	35	10	19.4	32.6	0.3	22.9	29.1	0.3	6.00	3.25	17000	21000	0.040	6003
	40	12	22.0	36	0.6	24.6	33.4	0.6	9.58	4.78	16000	20000	0.064	6203
	47	14	23.0	41.0	1	26.8	38.2	1	13.5	6.58	15000	18000	0.109	6303
	62	17	24.0	55.0	1	31.9	47.1	1.1	22.7	10.8	11000	15000	0.268	6403
20	32	7	22.4	30	0.3	23.5	28.6	0.3	3.50	2.20	18000	24000	0.015	61804
	37	9	22.4	34.6	0.3	25.2	31.8	0.3	6.40	3.70	17000	22000	0.031	61904
	42	8	22.4	39.6	0.3	27.1	34.9	0.3	7.90	4.50	16000	19000	0.052	16004
	42	12	25.0	38	0.6	26.9	35.1	0.6	9.38	5.02	16000	19000	0.068	6004
	47	14	26.0	42	1	29.3	39.7	1	12.8	6.65	14000	18000	0.103	6204
	52	15	27.0	45.0	1	29.8	42.2	1.1	15.8	7.88	13000	16000	0.142	6304
	72	19	27.0	65.0	1	38.0	56.1	1.1	31.0	15.2	9500	13000	0.400	6404
25	37	7	27.4	35	0.3	28.2	33.8	0.3	4.3	2.90	16000	20000	0.017	61805
	42	9	27.4	40	0.3	30.2	36.8	0.3	7.0	4.50	14000	18000	0.038	61905
	47	8	27.4	44.6	0.3	33.1	40.9	0.3	8.8	5.60	13000	17000	0.059	16005
	47	12	30	43	0.6	31.9	40.1	0.6	10.0	5.85	13000	17000	0.078	6005
	52	15	31	47	1	33.8	44.2	1	14.0	7.88	12000	15000	0.127	6205
	62	17	32	55	1	36.0	51.0	1.1	22.2	11.5	10000	14000	0.219	6305
	80	21	34	71	1.5	42.3	62.7	1.5	38.2	19.2	8500	11000	0.529	6405
30	42	7	32.4	40	0.3	33.2	38.8	0.3	4.70	3.60	13000	17000	0.019	61806
	47	9	32.4	44.6	0.3	35.2	41.8	0.3	7.20	5.00	12000	16000	0.043	61906
	55	9	32.4	52.6	0.3	38.1	47.0	0.3	11.2	7.40	11000	14000	0.084	16006
	55	13	36	50.0	1	38.4	47.7	1	13.2	8.30	11000	14000	0.113	6006
	62	16	36	56	1	40.8	52.2	1	19.5	11.5	9500	13000	0.200	6206
	72	19	37	65	1	44.8	59.2	1.1	27.0	15.2	9000	11000	0.349	6306
	90	23	39	81	1.5	48.6	71.4	1.5	47.5	24.5	8000	10000	0.710	6406
35	47	7	37.4	45	0.3	38.2	43.8	0.3	4.90	4.00	11000	15000	0.023	61807
	55	10	40	51	0.6	41.1	48.9	0.6	9.50	6.80	10000	13000	0.078	61907
	62	9	37.4	59.6	0.3	44.6	53.5	0.3	12.2	8.80	9500	12000	0.107	16007
	62	14	41	56	1	43.3	53.7	1	16.2	10.5	9500	12000	0.148	6007
	72	17	42	65	1	46.8	60.2	1.1	25.5	15.2	8500	11000	0.288	6207
	80	21	44	71	1.5	50.4	66.6	1.5	33.4	19.2	8000	9500	0.455	6307
	100	25	44	91	1.5	54.9	80.1	1.5	56.8	29.5	6700	8500	0.926	6407
40	52	7	42.4	50	0.3	43.2	48.8	0.3	5.10	4.40	10000	13000	0.026	61808
	62	12	45	58	0.6	46.3	55.7	0.6	13.7	9.90	9500	12000	0.103	61908
	68	9	42.4	65.6	0.3	49.6	58.5	0.3	12.6	9.60	9000	11000	0.125	16008
	68	15	46	62	1	48.8	59.2	1	17.0	11.8	9000	11000	0.185	6008
	80	18	47	73	1	52.8	67.2	1.1	29.5	18.0	8000	10000	0.368	6208
	90	23	49	81	1.5	56.5	74.6	1.5	40.8	24.0	7000	8500	0.639	6308
	110	27	50	100	2	63.9	89.1	2	65.5	37.5	6300	8000	1.221	6408
45	58	7	47.4	56	0.3	48.3	54.7	0.3	6.40	5.60	9000	12000	0.030	61809
	68	12	50	63	0.6	51.8	61.2	0.6	14.1	10.90	8500	11000	0.123	61909
	75	10	50	70	0.6	55.0	65.0	0.6	15.6	12.2	8000	10000	0.155	16009
	75	16	51	69	1	54.2	65.9	1	21.0	14.8	8000	10000	0.230	6009
	85	19	52	78	1	58.8	73.2	1.1	31.5	20.5	7000	9000	0.416	6209
	100	25	54	91	1.5	63.0	84.0	1.5	52.8	31.8	6300	7500	0.837	6309
	120	29	55	110	2	70.7	98.3	2	77.5	45.5	5600	7000	1.520	6409
50	65	7	52.4	62.6	0.3	54.3	60.7	0.3	6.6	6.1	8500	10000	0.043	61810
	72	12	55	68	0.6	56.3	65.7	0.6	14.5	11.7	8000	9500	0.122	61910
	80	10	55	75	0.6	60.0	70.0	0.6	16.1	13.1	8000	9500	0.166	16010
	80	16	56	74	1	59.2	70.9	1	22.0	16.2	7000	9000	0.250	6010
	90	20	57	83	1	62.4	77.6	1.1	35.0	23.2	6700	8500	0.463	6210
	110	27	60	100	2	69.1	91.9	2	61.8	38.0	6000	7000	1.082	6310
	130	31	62	118	2.1	77.3	107.8	2.1	92.2	55.2	5300	6300	1.855	6410

（续）

公称尺寸/mm			安装尺寸/mm			其他尺寸/mm			基本额定载荷/kN		极限转速/r·min^{-1}		质量/kg	轴承代号
d	D	B	d_a min	D_a max	r_a max	d_2 ≈	D_2 ≈	r min	C_r	C_{0r}	脂	油	W ≈	60000 型
55	72	9	57.4	69.6	0.3	60.2	66.9	0.3	9.1	8.4	8000	9500	0.070	61811
	80	13	61	75	1	62.9	72.2	1	15.9	13.2	7500	9000	0.170	61911
	90	11	60	85	0.6	67.3	77.7	0.6	19.4	16.2	7000	8500	0.207	16011
	90	18	62	83	1	65.4	79.7	1.1	30.2	21.8	7000	8500	0.362	6011
	100	21	64	91	1.5	68.9	86.1	1.5	43.2	29.2	6000	7500	0.603	6211
	120	29	65	110	2	76.1	100.9	2	71.5	44.8	5600	6700	1.367	6311
	140	33	67	128	2.1	82.8	115.2	2.1	100	62.5	4800	6000	2.316	6411
60	78	10	62.4	75.6	0.3	66.2	72.9	0.3	9.1	8.7	7000	8500	0.093	61812
	85	13	66	80	1	67.9	77.2	1	16.4	14.2	6700	8000	0.181	61912
	95	11	65	90	0.6	72.3	82.7	0.6	19.9	17.5	6300	7500	0.224	16012
	95	18	67	89	1	71.4	85.7	1.1	31.5	24.2	6300	7500	0.385	6012
	110	22	69	101	1.5	76.0	94.1	1.5	47.8	32.8	5600	7000	0.789	6212
	130	31	72	118	2.1	81.7	108.4	2.1	81.8	51.8	5000	6000	1.710	6312
	150	35	72	138	2.1	87.9	122.2	2.1	109	70.0	4500	5600	2.811	6412
65	85	10	69	81	0.6	71.1	78.9	0.6	11.9	11.5	6700	8000	0.13	61813
	90	13	71	85	1	72.9	82.2	1	17.4	16.0	6300	7500	0.196	61913
	100	11	70	95	0.6	77.3	87.7	0.6	20.5	18.6	6000	7000	0.241	16013
	100	18	72	93	1	75.3	89.7	1.1	32.0	24.8	6000	7000	0.410	6013
	120	23	74	111	1.5	82.5	102.5	1.5	57.2	40.0	5000	6300	0.990	6213
	140	33	77	128	2.1	88.1	116.9	2.1	93.8	60.5	4500	5300	2.100	6313
	160	37	77	148	2.1	94.5	130.6	2.1	118	78.5	4300	5300	3.342	6413
70	90	10	74	86	0.6	76.1	83.9	0.6	12.1	11.9	6300	7500	0.138	61814
	100	16	76	95	1	79.3	90.7	1	23.7	21.1	6000	7000	0.336	61914
	110	13	75	105	0.6	83.8	96.2	0.6	27.9	25.0	5600	6700	0.386	16014
	110	20	77	103	1	82.0	98.0	1.1	38.5	30.5	5600	6700	0.575	6014
	125	24	79	116	1.5	89.0	109.0	1.5	60.8	45.0	4800	6000	1.084	6214
	150	35	82	138	2.1	94.8	125.3	2.1	105	68.0	4300	5000	2.550	6314
	180	42	84	166	2.5	105.6	146.4	3	140	99.5	3800	4500	4.896	6414
75	95	10	79	91	0.6	81.1	88.9	0.6	12.5	12.8	6000	7000	0.147	61815
	105	16	81	100	1	84.3	95.7	1	24.3	22.5	5600	6700	0.355	61915
	115	13	80	110	0.6	88.8	101.2	0.6	28.7	26.8	5300	6300	0.411	16015
	115	20	82	108	1	88.0	104.0	1.1	40.2	33.2	5300	6300	0.603	6015
	130	25	84	121	1.5	94.0	115.0	1.5	66.0	49.5	4500	5600	1.171	6215
	160	37	87	148	2.1	101.3	133.7	2.1	113	76.8	4000	4800	3.050	6315
	190	45	89	176	2.5	112.1	155.9	3	154	115	3600	4300	5.739	6415
80	100	10	84	96	0.6	86.1	93.9	0.6	12.7	13.3	5600	6700	0.155	61816
	110	16	86	105	1	89.3	100.7	1	24.9	23.9	5300	6300	0.375	61916
	125	14	85	120	0.6	95.8	109.2	0.6	33.1	31.4	5000	6000	0.539	16016
	125	22	87	118	1	95.2	112.8	1.1	47.5	39.8	5000	6000	0.821	6016
	140	26	90	130	2	100.0	122.0	2	71.5	54.2	4300	5300	1.448	6216
	170	39	92	158	2.1	107.9	142.2	2.1	123	86.5	3800	4500	3.610	6316
	200	48	94	186	2.5	117.1	162.9	3	163	125	3400	4000	6.752	6416
85	110	13	90	105	1	92.5	102.5	1	19.2	19.8	5000	6300	0.245	61817
	120	18	92	113.5	1	95.8	109.2	1.1	31.9	29.7	4800	6000	0.507	61917
	130	14	90	125	0.6	100.8	114.2	0.6	34	33.3	4500	5600	0.568	16017
	130	22	92	123	1	99.4	117.6	1.1	50.8	42.8	4500	5600	0.848	6017
	150	28	95	140	2	107.1	130.9	2	83.2	63.8	4000	5000	1.803	6217
	180	41	99	166	2.5	114.4	150.6	3	132	96.5	3600	4300	4.284	6317
	210	52	103	192	3	123.5	171.5	4	175	138	3200	3800	7.933	6417
90	115	13	95	110	1	97.5	107.5	1	19.5	20.5	4800	6000	0.258	61818
	125	18	97	118.5	1	100.8	114.2	1.1	32.8	31.5	4500	5600	0.533	61918
	140	16	96	134	1	107.3	122.8	1	41.5	39.3	4300	5300	0.671	16018
	140	24	99	131	1.5	107.2	126.8	1.5	58.0	49.8	4300	5300	1.10	6018
	160	30	100	150	2	111.7	138.4	2	95.8	71.5	3800	4800	2.17	6218
	190	43	104	176	2.5	120.8	159.2	3	145	108	3400	4000	4.97	6318
	225	54	108	207	3	131.8	183.2	4	192	158	2800	3600	9.56	6418
95	120	13	100	115	1	102.5	112.5	1	19.8	21.3	4500	5600	0.27	61819
	130	18	102	124	1	105.8	119.2	1.1	33.7	33.3	4300	5300	0.56	61919
	145	16	101	139	1	112.3	127.8	1	42.7	41.9	4000	5000	0.71	16019
	145	24	104	136	1.5	110.2	129.8	1.5	57.8	50.0	4000	5000	1.15	6019
	170	32	107	158	2.1	118.1	146.9	2.1	110	82.8	3600	4500	2.62	6219
	200	45	109	186	2.5	127.1	167.9	3	157	122	3200	3800	5.74	6319

（续）

公称尺寸/mm			安装尺寸/mm			其他尺寸/mm			基本额定载荷/kN		极限转速/$r \cdot min^{-1}$		质量/kg	轴承代号
d	D	B	d_a min	D_a max	r_a max	d_2 ≈	D_2 ≈	r min	C_r	C_{0r}	脂	油	W ≈	60000 型
100	125	13	105	120	1	107.5	117.5	1	20.1	22.0	4300	5300	0.28	61820
	140	20	107	133	1	112.3	127.8	1.1	42.7	41.9	4000	5000	0.77	61920
	150	16	106	144	1	118.3	133.8	1	43.8	44.3	3800	4800	0.74	16020
	150	24	109	141	1.5	114.6	135.4	1.5	64.5	56.2	3800	4800	1.18	6020
	180	34	112	168	2.1	124.8	155.3	2.1	122	92.8	3400	4300	3.19	6220
	215	47	114	201	2.5	135.6	179.4	3	173	140	2800	3600	7.09	6320
	250	58	118	232	3	146.4	203.6	4	223	195	2400	3200	12.9	6420
105	130	13	110	125	1	112.5	122.5	1	20.3	22.7	4000	5000	0.30	61821
	145	20	112	138	1	117.3	132.8	1.1	43.9	44.3	3800	4800	0.81	61921
	160	18	111	154	1	123.7	141.3	1	51.8	50.6	3600	4500	1.00	16021
	160	26	115	150	2	121.5	143.6	2	71.8	63.2	3600	4500	1.52	6021
	190	36	117	178	2.1	131.3	163.7	2.1	133	105	3200	4000	3.78	6221
	225	49	119	211	2.5	142.1	187.9	3	184	153	2600	3200	8.05	6321
110	140	16	115	135	1	119.3	130.7	1	28.1	30.7	3800	5000	0.50	61822
	150	20	117	143	1	122.3	137.8	1.1	43.6	44.4	3600	4500	0.84	61922
	170	19	116	164	1	130.7	149.3	1	57.4	56.7	3400	4300	1.27	16022
	170	28	120	160	2	129.1	152.9	2	81.8	72.8	3400	4300	1.89	6022
	200	38	122	188	2.1	138.9	173.2	2.1	144	117	3000	3800	4.42	6222
	240	50	124	226	2.5	150.2	199.8	3	205	178	2400	3000	9.53	6322
	280	65	128	262	3	163.6	226.5	4	225	238	2000	2800	18.34	6422
120	150	16	125	145	1	129.3	140.7	1	28.9	32.9	3400	4300	0.54	61824
	165	22	127	158	1	133.7	151.3	1.1	55.0	56.9	3200	4000	1.13	61924
	180	19	126	174	1	140.7	159.3	1	58.8	60.4	3000	3800	1.374	16024
	180	28	130	170	2	137.7	162.4	2	87.5	79.2	3000	3800	1.99	6024
	215	40	132	203	2.1	149.4	185.6	2.1	155	131	2600	3400	5.30	6224
	260	55	134	246	2.5	163.3	216.7	3	228	208	2200	2800	12.2	6324
130	165	18	137	158	1	140.8	154.2	1.1	37.9	42.9	3200	4000	0.736	61826
	180	24	139	171	1.5	145.2	164.8	1.5	65.1	67.2	3000	3800	1.496	61926
	200	22	137	193	1	153.6	176.4	1.1	79.7	79.2	2800	3600	1.868	16026
	200	33	140	190	2	151.4	178.7	2	105	96.8	2800	3600	3.08	6026
	230	40	144	216	2.5	162.9	199.1	3	165	148.0	2400	3200	6.12	6226
	280	58	148	262	3	176.2	233.8	4	253	242	2000	2600	14.77	6326
140	175	18	147	168	1	150.8	164.2	1.1	38.2	44.3	3000	3800	0.784	61828
	190	24	149	181	1.5	155.2	174.8	1.5	66.6	71.2	2800	3600	1.589	61928
	210	22	147	203	1	163.6	186.4	1.1	82.1	85	2400	3200	2.00	16028
	210	33	150	200	2	160.6	189.5	2	116	108	2400	3200	3.17	6028
	250	42	154	236	2.5	175.8	214.2	3	179	167	2000	2800	7.77	6228
	300	62	158	282	3	189.5	250.5	4	275	272	1900	2400	18.33	6328
150	190	20	157	183	1	162.3	177.8	1.1	49.1	57.1	2800	3400	1.114	61830
	210	28	160	180	2	168.6	191.4	2	84.7	90.2	2600	3200	2.454	61930
	225	24	157	218	1	175.6	199.4	1.1	91.9	98.5	2200	3000	2.638	16030
	225	35	162	213	2.1	172.0	203.0	2.1	132	125	2200	3000	3.903	6030
	270	45	164	256	2.5	189.0	231.0	3	203	199	1900	2600	9.78	6230
	320	65	168	302	3	203.6	266.5	4	288	295	1700	2200	21.87	6330
160	200	20	167	193	1	172.3	187.8	1.1	49.6	59.1	2600	3200	1.176	61832
	220	28	170	190	2	178.6	201.4	2	86.9	95.5	2400	3000	2.589	61932
	240	25	169	231	1.5	187.6	212.4	1.5	98.7	107	2000	2800	2.835	16032
	240	38	172	228	2.1	183.8	216.3	2.1	145	138	2000	2800	4.83	6032
	290	48	174	276	2.5	203.1	246.9	3	215	218	1800	2400	12.22	6232
	340	68	178	322	3	221.6	284.5	4	313	340	1600	2000	26.43	6332
170	215	22	177	208	1	183.7	201.3	1.1	61.5	73.3	2200	3000	1.545	61834
	230	28	180	220	2	188.6	211.4	2	88.8	100	2000	2800	2.725	61934
	260	28	179	251	1.5	201.4	228.7	1.5	118	130	1900	2600	4.157	16034
	260	42	182	248	2.1	196.8	233.2	2.1	170	170	1900	2600	6.50	6034
	310	52	188	292	3	216.0	264.0	4	245	260	1700	2200	15.241	6234
	360	72	188	342	3	237.0	303.0	4	335	378	1500	1900	31.14	6334
180	225	22	187	218	1	193.7	211.3	1.1	62.3	75.9	2000	2800	1.621	61836
	250	33	190	240	2	201.6	228.5	2	118	133	1900	2600	4.062	61936
	280	31	190	270	2	214.5	245.5	2	144	157	1800	2400	5.135	16036
	280	46	192	268	2.1	212.4	251.6	2.1	188	198	1800	2400	8.51	6036
	320	52	198	302	3	227.5	277.9	4	262	285	1600	2000	15.518	6236

（续）

公称尺寸/mm			安装尺寸/mm			其他尺寸/mm			基本额定载荷/kN		极限转速/r · min^{-1}		质量/kg	轴承代号
d	D	B	d_a min	D_a max	r_a max	d_2 ≈	D_2 ≈	r min	C_r	C_{0r}	脂	油	W ≈	60000 型
190	240	24	199	231	1.5	205.2	224.9	1.5	75.1	91.6	1900	2600	2.1	61838
	260	33	200	250	2	211.6	238.5	2	117	133	1800	2400	4.216	61938
	290	31	200	280	2	224.5	255.5	2	149	168	1700	2200	5.429	16038
	290	46	202	278	2.1	220.4	259.7	2.1	188	200	1700	2200	8.865	6038
	340	55	208	322	3	241.2	294.6	4	285	322	1500	1900	18.691	6238
200	250	24	209	241	1.5	215.2	234.9	1.5	74.2	91.2	1800	2400	2.178	61840
	280	38	212	268	2.1	224.5	255.5	2.1	149	168	1700	2200	5.879	61940
	310	34	210	300	2	238.5	271.6	2	167	191	1800	2000	6.624	16040
	310	51	212	298	2.1	234.2	275.8	2.1	205	225	1600	2000	11.64	6040
	360	58	218	342	3	253.0	307.0	4	288	332	1400	1800	22.577	6240
220	270	24	229	261	1.5	235.2	254.9	1.5	76.4	97.8	1700	2200	2.369	61844
	300	38	232	288	2.1	244.5	275.5	2.1	152	178	1600	2000	6.340	61944
	340	37	232	328	2.1	262.5	297.6	2.1	181	216	1400	1800	9.285	16044
	340	56	234	326	2.5	257.0	304.0	3	252	268	1400	1800	18.0	6044
	400	65	238	382	3	282.0	336.0	4	355	365	1200	1600	36.5	6244
240	300	28	250	290	2	259.0	282	2	83.5	108	1500	1900	4.50	61848
	320	38	252	308	2.1	266.0	294.0	2.1	142	178	1400	1800	8.2	61948
	360	37	252	348	2.1	281.0	319	2.1	172	210	1200	1600	14.5	16048
	360	56	254	346	2.5	277.0	324	3	270	292	1200	1600	20.0	6048
	440	72	258	422	3	308.0	373	4	358	467	1000	1400	53.9	6248
260	320	28	270	310	2	279.0	302.0	2	95	128	1300	1700	4.85	61852
	360	46	272	348	2.1	292.0	328.0	2.1	210	268	1200	1600	13.70	61952
	400	44	274	386	2.5	306.0	354.0	3	235	310	1100	1500	22.5	16052
	400	65	278	382	3	304.0	357.0	4	292	372	1100	1500	28.80	6052
280	350	33	290	340	2	302.0	329.0	2	135	178	1200	1600	7.4	61856
	380	46	292	368	2.1	312.0	349.0	2.1	210	268	1100	1400	15.0	61956
	420	65	298	402	3	324.0	376.0	4	305	408	950	1300	32.10	6056
300	380	38	312	368	2.1	326.0	356.0	2.1	162	222	1100	1400	11.0	61860
	420	56	314	406	2.5	338.0	382.0	3	270	370	1000	1300	21.10	61960
320	400	38	332	388	2.1	346.0	375.0	2.1	168	235	1000	1300	11.80	61864
	440	56	334	426	2.5	358.0	402.0	3	275	392	950	1200	23.0	61964
	480	74	338	462	3	370.0	431.0	4	345	510	900	1100	48.4	6064
340	460	56	354	446	2.5	378.0	422.0	3	292	418	900	1100	27.0	61968
360	540	82	382	518	4	416.0	485.0	5	400	622	750	950	68.0	6072
380	480	46	392	468	2.1	412.0	449.0	2.1	235	348	800	1000	20.5	61876
400	600	90	422	478	4	462.0	536.0	5	512	868	630	800	89.4	6080
460	580	56	474	566	2.5	498.0	542.0	3	322	538	600	750	36.28	61892
500	670	78	522	648	4	555.0	615.0	5	445	808	500	630	79.50	619/500
	720	100	528	692	5	568.0	650.0	6	625	1178	450	560	117.00	60/500

表 14.6-2　带防尘盖的深沟球轴承（部分摘自 GB/T 276—2013）

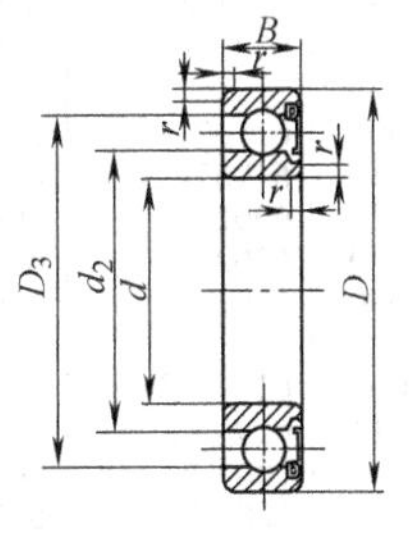

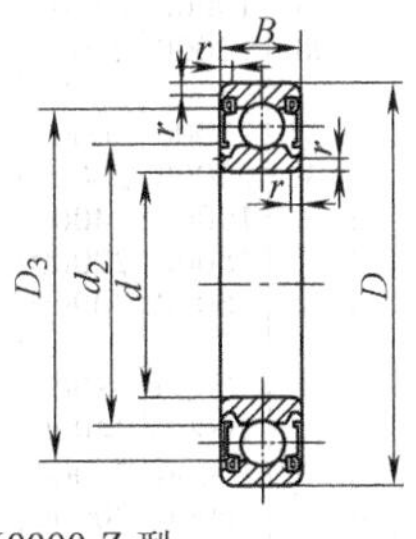

60000-Z 型

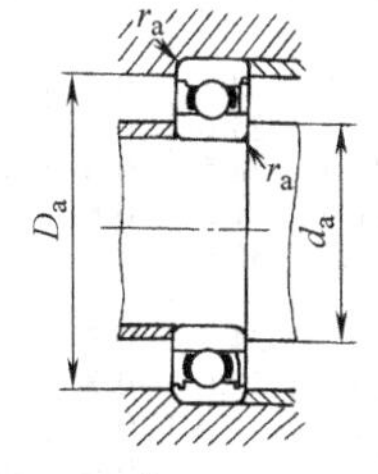

60000-2Z 型

当量载荷计算同表 14.6-1

代号含义

Z——一面带防尘盖

2Z—两面带防尘盖

（续）

公称尺寸/mm			安装尺寸/mm			其他尺寸/mm			基本额定载荷/kN		极限转速/r·min^{-1}		质量/kg	轴承代号	
d	D	B	d_a min	D_a max	r_a max	d_2 ≈	D_3 ≈	r min	C_r	C_{0r}	脂	油	W ≈	60000-Z 型	60000-2Z 型
3	8	3	4.2	6.8	0.15	4.5	6.8	0.15	0.45	0.15	38000	48000	0.0008	619/3-Z	619/3-2Z
	10	4	4.2	8.8	0.15	5.2	8.3	0.15	0.65	0.22	38000	48000	0.002	623-Z	623-2Z
4	9	3.5	4.8	8.2	0.1	5.52	7.8	0.1	0.55	0.18	38000	48000	0.0008	628/4-Z	628/4-2Z
	11	4	5.2	9.8	0.15	5.9	9.6	0.15	0.95	0.35	36000	45000	0.002	619/4-Z	619/4-2Z
	13	5	5.6	11.4	0.2	6.7	10.8	0.2	1.15	0.4	36000	45000	0.0003	624-Z	624-2Z
	16	5	6.4	13.6	0.3	8.4	13.3	0.3	1.88	0.68	32000	40000	0.005	634-Z	634-2Z
5	13	4	6.6	11.4	0.2	7.35	10.7	0.2	1.08	0.42	34000	43000	0.0025	619/5-Z	619/5-2Z
	14	5	6.6	12.4	0.2	7.35	11.1	0.2	1.05	0.5	30000	38000	0.0045	605-Z	605-2Z
	16	5	7.4	13.6	0.3	8.4	13.3	0.3	1.88	0.68	32000	40000	0.004	625-Z	625-2Z
	19	6	7.4	17.0	0.3	10.7	16.8	0.3	2.80	1.02	28000	36000	0.008	635-Z	635-2Z
6	13	5	7.2	11.8	0.15	7.9	11.8	0.15	1.08	0.42	34000	43000	0.0021	628/6-Z	628/6-2Z
	15	5	7.6	13.4	0.2	8.6	13	0.2	1.48	0.60	32000	40000	0.0045	619/6-Z	619/6-2Z
	17	6	8.4	14.6	0.3	9.0	14.7	0.3	1.95	0.72	30000	38000	0.006	606-Z	606-2Z
	19	6	8.4	17.0	0.3	10.7	16.8	0.3	2.80	1.05	28000	36000	0.008	626-Z	626-2Z
7	14	5	8.2	12.8	0.15	9.0	12.5	0.15	1.18	0.50	32000	40000	0.0024	628/7-Z	628/7-2Z
	17	5	9.4	15.2	0.3	9.6	15.1	0.3	2.02	0.80	30000	38000	0.0057	619/7-Z	619/7-2Z
	19	6	9.4	16.6	0.3	10.7	16.5	0.3	2.88	1.08	28000	36000	0.007	607-Z	607-2Z
	22	7	9.4	19.6	0.3	11.8	19.3	0.3	3.28	1.35	26000	34000	0.014	627-Z	627-2Z
8	16	5	9.6	14.4	0.2	10.8	14.5	0.2	1.32	0.65	30000	38000	0.004	628/8-Z	628/8-2Z
	19	6	10.4	17.2	0.3	11.0	17.1	0.3	2.25	0.92	28000	36000	0.0085	619/8-Z	619/8-2Z
	22	7	10.4	19.6	0.3	11.8	19.3	0.3	3.32	1.38	26000	34000	0.015	608-Z	608-2Z
	24	8	10.4	21.6	0.3	12.8	20.3	0.3	3.35	1.40	24000	32000	0.016	628-Z	628-2Z
9	17	5	10.6	15.4	0.2	11.1	15.4	0.2	1.60	0.72	28000	36000	0.0042	628/9-Z	628/9-2Z
	20	6	11.4	18.2	0.3	12.0	18.1	0.3	2.48	1.08	27000	34000	0.0092	619/9-Z	619/9-2Z
	24	7	11.4	21.6	0.3	14.2	20.3	0.3	3.35	1.40	22000	30000	0.016	609-Z	609-2Z
	26	8	11.4	23.6	0.3	14.4	22.2	0.3	4.45	1.95	22000	30000	0.019	629-Z	629-2Z
10	19	5	12.0	17	0.3	12.6	17.3	0.3	1.8	0.93	28000	36000	0.005	61800-Z	61800-2Z
	19	6	12.0	17	0.3	12.6	16.4	0.3	1.6	0.75	26000	34000	0.0063	62800-Z	62800-2Z
	22	6	12.4	20	0.3	13.5	19.4	0.3	2.7	1.3	25000	32000	0.008	61900-Z	61900-2Z
	22	8	12.4	20	0.3	13.5	18.5	0.3	2.7	1.28	25000	32000	0.015	62900-Z	62900-2Z
	26	8	12.4	23.6	0.3	14.9	22.6	0.3	4.58	1.98	22000	30000	0.020	6000-Z	6000-2Z
	30	9	15	26	0.6	17.4	25.2	0.6	5.10	2.38	20000	26000	0.030	6200-Z	6200-2Z
	35	11	15	30	0.6	19.4	29.5	0.6	7.65	3.48	18000	24000	0.050	6300-Z	6300-2Z
12	21	5	14	19	0.3	14.6	19.3	0.3	1.9	1.0	24000	32000	0.005	61801-Z	61801-2Z
	24	6	14.4	22	0.3	15.5	21.5	0.3	2.9	1.5	22000	28000	0.008	61901-Z	91901-2Z
	28	8	14.4	25.6	0.3	17.4	24.8	0.3	5.10	2.38	20000	26000	0.022	6001-Z	6001-2Z
	32	10	17	28	0.6	18.3	28.0	0.6	6.82	3.05	19000	24000	0.040	6201-Z	6201-2Z
	37	12	18	32	1	19.3	31.6	1	9.72	5.08	17000	22000	0.060	6301-Z	6301-2Z
15	24	5	17	22	0.3	17.6	22.3	0.3	2.1	1.3	22000	30000	0.005	61802-Z	61802-2Z
	28	7	17.4	26	0.3	18.3	25.6	0.3	4.3	2.3	20000	26000	0.012	61902-Z	61902-2Z
	32	9	17.4	29.6	0.3	20.4	28.5	0.3	5.58	2.85	19000	24000	0.030	6002-Z	6002-2Z
	35	11	20	32.0	0.6	21.6	31.3	0.6	7.65	3.72	18000	22000	0.040	6202-Z	6202-2Z
	42	13	21	37	1	24.3	36.6	1	11.5	5.42	16000	20000	0.080	6302-Z	6302-2Z
17	26	5	19	24	0.3	19.6	24.3	0.3	2.2	1.5	20000	28000	0.007	61803-Z	61803-2Z
	30	7	19.4	28	0.3	20.3	27.6	0.3	4.6	2.6	19000	24000	0.014	61903-Z	61903-2Z
	35	10	19.4	32.6	0.3	22.9	31.0	0.3	6.00	3.25	17000	21000	0.040	6003-Z	6003-2Z
	40	12	22	36	0.6	24.6	35.3	0.6	9.58	4.78	16000	20000	0.060	6203-Z	6203-2Z
	47	14	23	41	1	26.8	40.1	1	13.5	6.58	15000	18000	0.110	6303-Z	6303-2Z

（续）

公称尺寸/mm			安装尺寸/mm			其他尺寸/mm			基本额定载荷/kN		极限转速/r·min^{-1}		质量/kg	轴承代号	
d	D	B	d_a min	D_a max	r_a max	d_2 ≈	D_3 ≈	r min	C_r	C_{0r}	脂	油	W ≈	60000-Z 型	60000-2Z 型
20	32	7	22.4	30	0.3	23.5	29.7	0.3	3.5	2.2	18000	24000	0.015	61804-Z	61804-2Z
	37	9	22.4	34.6	0.3	25.2	32.9	0.3	6.4	3.7	17000	22000	0.031	61904-Z	61904-2Z
	42	12	25	38	0.6	26.9	37.0	0.6	9.38	5.02	16000	19000	0.070	6004-Z	6004-2Z
	47	14	26	42	1	29.3	41.6	1	12.8	6.65	14000	18000	0.10	6204-Z	6204-2Z
	52	15	27	45	1	29.8	44.4	1.1	15.8	7.88	13000	16000	0.140	6304-Z	6304-2Z
25	37	7	27.4	35	0.3	28.2	34.9	0.3	4.3	2.9	16000	20000	0.017	61805-Z	61805-2Z
	42	9	27.4	40	0.3	30.2	37.9	0.3	7.0	4.5	14000	18000	0.038	61905-Z	61905-2Z
	47	12	30	43	0.6	31.9	42.0	0.6	10.0	5.85	13000	17000	0.080	6005-Z	6005-2Z
	52	15	31	47	1	33.8	46.4	1	14.0	7.88	12000	15000	0.120	6205-Z	6205-2Z
	62	17	32	55	1	36.0	53.2	1.1	22.2	11.5	10000	14000	0.220	6305-Z	6305-2Z
30	42	7	32.4	40	0.3	33.2	39.9	0.3	4.7	3.6	13000	17000	0.019	61806-Z	61806-2Z
	47	9	32.4	44.6	0.3	35.2	42.9	0.3	7.2	5.0	12000	16000	0.043	61906-Z	61906-2Z
	55	13	36	50	1	38.4	49.9	1	13.2	8.3	11000	14000	0.120	6006-Z	6006-2Z
	62	16	36	56	1	40.8	54.4	1	19.5	11.5	9500	13000	0.190	6206-Z	6206-2Z
	72	19	37	65	1	44.8	61.4	1.1	27.0	15.2	9000	11000	0.350	6306-Z	6306-2Z
35	47	7	37.4	45	0.3	38.2	44.9	0.3	4.9	4.0	11000	15000	0.023	61807-Z	61807-2Z
	55	10	40	51	0.6	41.1	50.3	0.6	9.5	6.8	10000	13000	0.078	61907-Z	61907-2Z
	62	14	41	56	1	43.3	55.9	1	16.2	10.5	9500	12000	0.160	6007-Z	6007-2Z
	72	17	42	65	1	46.8	62.4	1.1	25.5	15.2	8500	11000	0.270	6207-Z	6207-2Z
	80	21	44	71	1.5	50.4	68.8	1.5	33.4	19.2	8000	9500	0.420	6307-Z	6307-2Z
40	52	7	42.4	50	0.3	43.2	49.9	0.3	5.1	4.4	10000	13000	0.026	61808-Z	61808-2Z
	62	12	45	58	0.6	46.3	57.1	0.6	13.7	9.9	9500	12000	0.103	61908-Z	61908-2Z
	68	15	46	62	1	48.8	61.4	1	17.0	11.8	9000	11000	0.190	6008-Z	6008-2Z
	80	18	47	73	1	52.8	69.4	1.1	29.5	18.0	8000	10000	0.370	6208-Z	6208-2Z
	90	23	49	81	1.5	56.5	77.0	1.5	40.8	24.0	7000	8500	0.630	6308-Z	6308-2Z
45	58	7	47.4	56	0.3	48.3	55.8	0.3	6.4	5.6	9000	12000	0.030	61809-Z	61809-2Z
	68	12	50	63	0.6	51.8	62.6	0.6	14.1	10.9	8500	11000	0.123	61909-Z	61909-2Z
	75	16	51	69	1	54.2	68.1	1	21.0	14.8	8000	10000	0.230	6009-Z	6009-2Z
	85	19	52	78	1	58.8	75.7	1.1	31.5	20.5	7000	9000	0.420	6209-Z	6209-2Z
	100	25	54	91	1.5	63.0	86.5	1.5	52.8	31.8	6300	7500	0.830	6309-Z	6309-2Z
50	65	7	52.4	62.6	0.3	54.3	61.8	0.3	6.6	6.1	8500	10000	0.043	61810-Z	61810-2Z
	72	12	55	68	0.6	56.3	67.1	0.6	14.5	11.7	8000	9500	0.122	61910-Z	61910-2Z
	80	16	56	74	1	59.2	73.1	1	22.0	16.2	7000	9000	0.280	6010-Z	6010-2Z
	90	20	57	83	1	62.4	80.1	1.1	35.0	23.2	6700	8500	0.470	6210-Z	6210-2Z
	110	27	60	100	2	69.1	94.4	2	61.8	38.0	6000	7000	1.080	6310-Z	6310-2Z
55	72	9	57.4	69.6	0.3	60.2	68.3	0.3	9.1	8.4	8000	9500	0.070	61811-Z	61811-2Z
	80	13	61	75	1	62.9	73.6	1	15.9	13.2	7500	9000	0.170	61911-Z	61911-2Z
	90	18	62	83	1	65.4	82.2	1.1	30.2	21.8	7000	8500	0.380	6011-Z	6011-2Z
	100	21	64	91	1.5	68.9	88.6	1.5	43.2	29.2	6000	7500	0.580	6211-Z	6211-2Z
	120	29	65	110	2	76.1	103.4	2	71.5	44.8	5600	6700	1.370	6311-Z	6311-2Z
60	78	10	62.4	75.6	0.3	66.2	74.6	0.3	9.1	8.7	7000	8500	0.093	61812-Z	61812-2Z
	85	13	66	80	1	67.9	78.6	1	16.4	14.2	6700	8000	0.181	61912-Z	61912-2Z
	95	18	67	89	1	71.4	88.2	1.1	31.5	24.2	6300	7500	0.390	6012-Z	6012-2Z
	110	22	69	101	1.5	76.0	96.5	1.5	47.8	32.8	5600	7000	0.770	6212-Z	6212-2Z
	130	31	72	118	2.1	81.7	111.1	2.1	81.8	51.8	5000	6000	1.710	6312-Z	6312-2Z
65	85	10	69	81	0.6	71.1	80.6	0.6	11.9	11.5	6700	8000	0.130	61813-Z	61813-2Z
	90	13	71	85	1	72.9	83.6	1	17.4	16.0	6300	7500	0.196	61913-Z	61913-2Z
	100	18	72	93	1	75.3	92.2	1.1	32.0	24.8	6000	7000	0.420	6013-Z	6013-2Z
	120	23	74	111	1.5	82.5	105.0	1.5	57.2	40.0	5000	6300	0.980	6213-Z	6213-2Z
	140	33	77	128	2.1	88.1	119.7	2.1	93.8	60.5	4500	5300	2.090	6313-Z	6313-2Z
70	90	10	74	86	0.6	76.1	85.6	0.6	12.1	11.9	6300	7500	0.138	61814-Z	61814-2Z
	100	16	76	95	1	79.3	92.6	1	23.7	21.1	6000	7000	0.336	61914-Z	61914-2Z
	110	20	77	103	1	82.0	100.5	1.1	38.5	30.5	5600	6700	0.570	6014-Z	6014-2Z
	125	24	79	116	1.5	89.0	111.8	1.5	60.8	45.0	4800	6000	1.040	6214-Z	6214-2Z
	150	35	82	138	2.1	94.8	128.0	2.1	105	68.0	4300	5000	2.60	6314-Z	6314-2Z

（续）

公称尺寸/mm			安装尺寸/mm			其他尺寸/mm			基本额定载荷/kN		极限转速/r·min^{-1}		质量/kg	轴承代号	
d	D	B	d_a min	D_a max	r_a max	d_2 ≈	D_3 ≈	r min	C_r	C_{0r}	脂	油	W ≈	60000-Z 型	60000-2Z 型
75	95	10	79	91	0.6	81.1	90.6	0.6	12.5	12.8	6000	7000	0.147	61815-Z	61815-2Z
	105	16	81	100	1	84.3	97.6	1	24.3	22.5	5600	6700	0.355	61915-Z	61915-2Z
	115	20	82	108	1	88.0	106.5	1.1	40.2	33.2	5300	6300	0.640	6015-Z	6015-2Z
	130	25	84	121	1.5	94.0	117.8	1.5	66.0	49.5	4500	5600	1.180	6215-Z	6215-2Z
	160	37	87	148	2.1	101.3	136.5	2.1	113	76.8	4000	4800	3.050	6315-Z	6315-2Z
80	100	10	84	96	0.6	86.1	95.6	0.6	12.7	13.3	5600	6700	0.155	61816-Z	61816-2Z
	110	16	86	105	1	89.3	102.6	1	24.9	23.9	5300	6300	0.375	61916-Z	61916-2Z
	125	22	87	118	1	95.2	115.6	1.1	47.5	39.8	5000	6000	0.830	6016-Z	6016-2Z
	140	26	90	130	2	100.0	124.8	2	71.5	54.2	4300	5300	1.380	6216-Z	6216-2Z
	170	39	92	158	2.1	107.9	144.9	2.1	123	86.5	3800	4500	3.620	6316-Z	6316-2Z
85	110	13	90	105	1	92.5	104.4	1	19.2	19.8	5000	6300	0.245	61817-Z	61817-2Z
	120	18	92	113.5	1	95.8	111.1	1.1	31.9	29.7	4800	6000	0.507	61917-Z	61917-2Z
	130	22	92	123	1	99.4	120.4	1.1	50.8	42.8	4500	5600	0.860	6017-Z	6017-2Z
	150	28	95	140	2	107.1	133.7	2	83.2	63.8	4000	5000	1.750	6217-Z	6217-2Z
	180	41	99	166	2.5	114.4	153.4	3	132	96.5	3600	4300	4.270	6317-Z	6317-2Z
90	115	13	95	110	1	97.5	109.4	1	19.5	20.5	4800	6000	0.258	61818-Z	61818-2Z
	125	18	97	118.5	1	100.8	116.1	1.1	32.8	31.5	4500	5600	0.533	61918-Z	61918-2Z
	140	24	99	131	1.5	107.2	129.6	1.5	58.0	49.8	4300	5300	1.10	6018-Z	6018-2Z
	160	30	100	150	2	111.7	141.1	2	95.8	71.5	3800	4800	2.20	6218-Z	6218-2Z
95	120	13	100	115	1	102.5	114.4	1.0	19.8	21.3	4500	5600	0.27	61819-Z	61819-2Z
	130	18	102	124	1	105.8	121.1	1.1	33.7	33.3	4300	5300	0.558	61919-Z	61919-2Z
	145	24	104	136	1.5	110.2	132.6	1.5	57.8	50.0	4000	5000	1.14	6019-Z	6019-2Z
	170	32	107	158	2.1	118.1	149.7	2.1	110	82.8	3600	4500	2.62	6219-Z	6219-2Z
100	125	13	105	120	1	107.5	119.4	1.0	20.1	22.0	4300	5300	0.283	61820-Z	61820-2Z
	140	20	107	133	1	112.3	130.1	1.1	42.7	41.9	4000	5000	0.774	61920-Z	61920-2Z
	150	24	109	141	1.5	114.6	138.2	1.5	64.5	56.2	3800	4800	1.250	6020-Z	6020-2Z
	180	34	112	168	2.1	124.8	158.0	2.1	122	92.8	3400	4300	3.200	6220-Z	6220-2Z
105	130	13	110	125	1	112.5	124.4	1.0	20.3	22.7	4000	5000	0.295	61821-Z	61821-2Z
	145	20	112	138	1	117.3	135.1	1.1	43.9	44.3	3800	4800	0.808	61921-Z	61921-2Z
	160	26	115	150	2	121.5	146.4	2	71.8	63.2	3600	4500	1.52	6021-Z	6021-2Z
110	140	16	115	135	1	119.3	133.0	1.0	28.1	30.7	3800	5000	0.496	61822-Z	61822-2Z
	150	20	117	143	1	122.3	140.1	1.1	43.6	44.4	3600	4500	0.835	61922-Z	61922-2Z
	170	28	120	160	2	129.1	155.7	2	81.8	72.8	3400	4300	1.87	6022-Z	6022-2Z
120	150	16	125	145	1	129.3	143.0	1.0	28.9	32.9	3400	4300	0.536	61824-Z	61824-2Z
	165	22	127	158	1	133.7	153.6	1.1	55	56.9	3200	4000	1.131	61924-Z	61924-2Z
	180	28	130	170	2	137.7	165.2	2	87.5	79.2	3000	3800	2.00	6024-Z	6024-2Z
130	165	18	137	158	1	140.8	156.5	1.1	37.9	42.9	3200	4000	0.736	61826-Z	61826-2Z
	180	24	139	171	1.5	145.2	167.1	1.5	65.1	67.2	3000	3800	1.496	61926-Z	61926-2Z
140	175	18	147	168	1	150.8	166.5	1.1	38.2	44.3	3000	3800	0.784	61828-Z	61828-2Z

表 14.6-3　带止动槽及单面防尘盖的深沟球轴承（部分摘自 GB/T 276—2013）

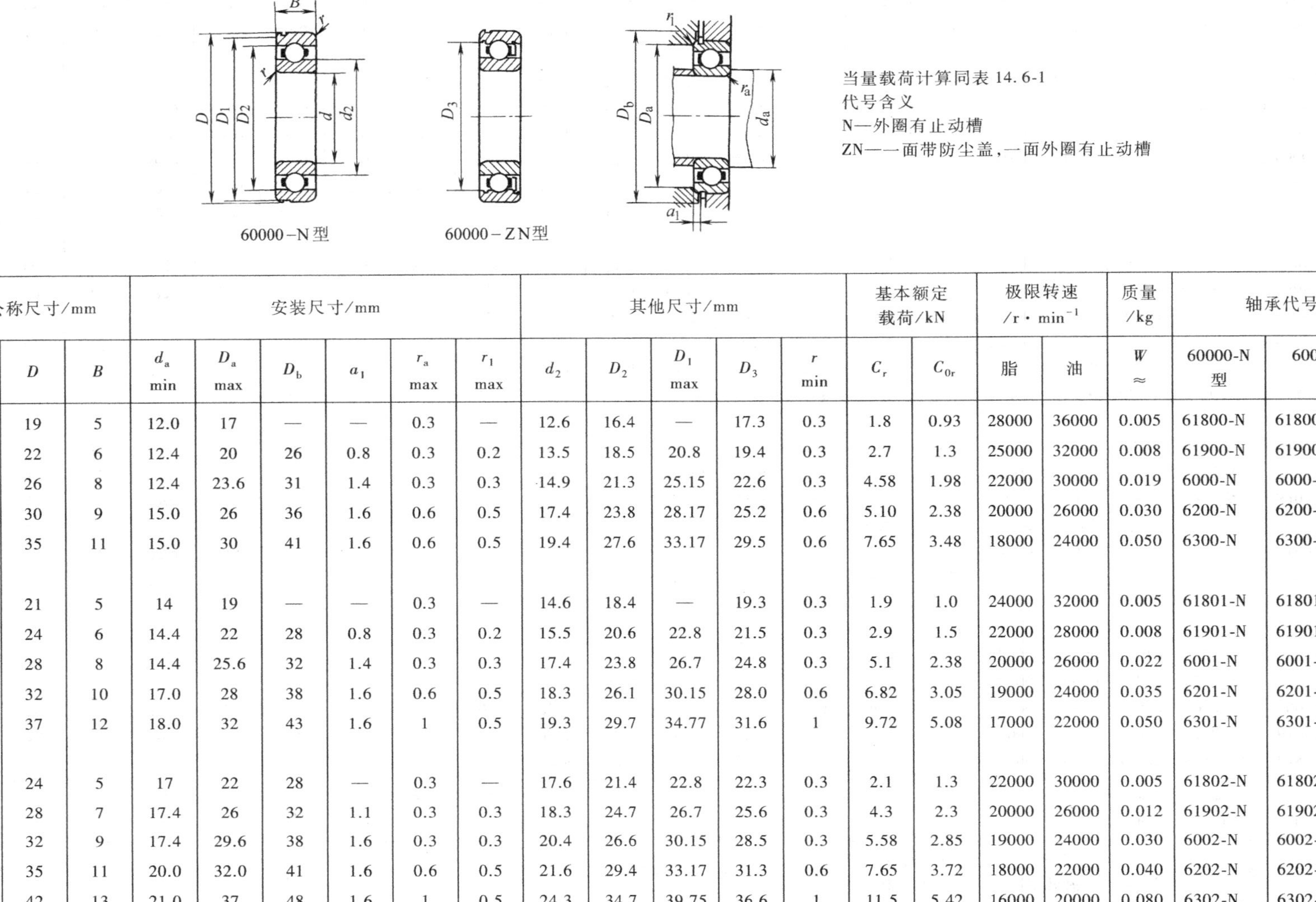

60000-N型　　60000-ZN型

当量载荷计算同表 14.6-1
代号含义
N—外圈有止动槽
ZN——面带防尘盖，一面外圈有止动槽

公称尺寸/mm			安装尺寸/mm						其他尺寸/mm					基本额定载荷/kN		极限转速/r·min^{-1}		质量/kg	轴承代号	
d	D	B	d_a min	D_a max	D_b	a_1	r_a max	r_1 max	d_2	D_2	D_1 max	D_3	r min	C_r	C_{0r}	脂	油	W ≈	60000-N 型	60000-ZN 型
10	19	5	12.0	17	—	—	0.3	—	12.6	16.4	—	17.3	0.3	1.8	0.93	28000	36000	0.005	61800-N	61800-ZN
	22	6	12.4	20	26	0.8	0.3	0.2	13.5	18.5	20.8	19.4	0.3	2.7	1.3	25000	32000	0.008	61900-N	61900-ZN
	26	8	12.4	23.6	31	1.4	0.3	0.3	14.9	21.3	25.15	22.6	0.3	4.58	1.98	22000	30000	0.019	6000-N	6000-ZN
	30	9	15.0	26	36	1.6	0.6	0.5	17.4	23.8	28.17	25.2	0.6	5.10	2.38	20000	26000	0.030	6200-N	6200-ZN
	35	11	15.0	30	41	1.6	0.6	0.5	19.4	27.6	33.17	29.5	0.6	7.65	3.48	18000	24000	0.050	6300-N	6300-ZN
12	21	5	14	19	—	—	0.3	—	14.6	18.4	—	19.3	0.3	1.9	1.0	24000	32000	0.005	61801-N	61801-ZN
	24	6	14.4	22	28	0.8	0.3	0.2	15.5	20.6	22.8	21.5	0.3	2.9	1.5	22000	28000	0.008	61901-N	61901-ZN
	28	8	14.4	25.6	32	1.4	0.3	0.3	17.4	23.8	26.7	24.8	0.3	5.1	2.38	20000	26000	0.022	6001-N	6001-ZN
	32	10	17.0	28	38	1.6	0.6	0.5	18.3	26.1	30.15	28.0	0.6	6.82	3.05	19000	24000	0.035	6201-N	6201-ZN
	37	12	18.0	32	43	1.6	1	0.5	19.3	29.7	34.77	31.6	1	9.72	5.08	17000	22000	0.050	6301-N	6301-ZN
15	24	5	17	22	28	—	0.3	—	17.6	21.4	22.8	22.3	0.3	2.1	1.3	22000	30000	0.005	61802-N	61802-ZN
	28	7	17.4	26	32	1.1	0.3	0.3	18.3	24.7	26.7	25.6	0.3	4.3	2.3	20000	26000	0.012	61902-N	61902-ZN
	32	9	17.4	29.6	38	1.6	0.3	0.3	20.4	26.6	30.15	28.5	0.3	5.58	2.85	19000	24000	0.030	6002-N	6002-ZN
	35	11	20.0	32.0	41	1.6	0.6	0.5	21.6	29.4	33.17	31.3	0.6	7.65	3.72	18000	22000	0.040	6202-N	6202-ZN
	42	13	21.0	37	48	1.6	1	0.5	24.3	34.7	39.75	36.6	1	11.5	5.42	16000	20000	0.080	6302-N	6302-ZN

（续）

公称尺寸/mm			安装尺寸/mm						其他尺寸/mm					基本额定载荷/kN		极限转速/r·min^{-1}		质量/kg	轴承代号	
d	D	B	d_a min	D_a max	D_b	a_1	r_a max	r_1 max	d_2	D_2	D_1 max	D_3	r min	C_r	C_{0r}	脂	油	W ≈	60000-N型	60000-ZN型
17	26	5	19	24	—	—	0.3	—	19.6	23.4	—	24.3	0.3	2.2	1.5	20000	28000	0.007	61803-N	61803-ZN
	30	7	19.4	28	34	1.1	0.3	0.3	20.3	26.7	28.7	27.6	0.3	4.6	2.6	19000	24000	0.014	61903-N	61903-ZN
	35	10	19.4	32.6	42	1.6	0.3	0.3	22.9	29.1	33.17	31	0.3	6.0	3.25	17000	21000	0.040	6003-N	6003-ZN
	40	12	22.0	36	46	1.6	0.6	0.5	24.6	33.4	38.1	35.3	0.6	9.58	4.78	16000	20000	0.060	6203-N	6203-ZN
	47	14	23	41	54	2	1	0.5	26.8	38.2	44.6	40.1	1	13.5	6.58	15000	18000	0.110	6303-N	6303-ZN
	62	17	24	55	69	2.7	1	0.5	31.9	47.1	59.61	—	1.1	22.7	10.8	11000	15000	0.268	6403-N	6403-ZN
20	32	7	22.4	30	36	1.1	0.3	0.3	23.5	28.6	30.7	29.7	0.3	3.5	2.2	18000	24000	0.015	61804-N	61804-ZN
	37	9	22.4	34.6	41	1.4	0.3	0.3	25.2	31.8	35.7	32.9	0.3	6.4	3.7	17000	22000	0.031	61904-N	61904-ZN
	42	12	25	38	49	1.6	0.6	0.5	26.9	35.1	39.75	37	0.6	9.38	5.02	16000	19000	0.070	6004-N	6004-ZN
	47	14	26	42	54	2	1	0.5	29.3	39.7	44.6	41.6	1	12.8	6.65	14000	18000	0.100	6204-N	6204-ZN
	52	15	27	45	59	2	1	0.5	29.8	42.2	49.73	44.6	1.1	15.8	7.88	13000	16000	0.140	6304-N	6304-ZN
	72	19	27	65	80	2.7	1	0.5	38.0	56.1	68.81	—	1.1	31.0	15.2	9500	13000	0.40	6404-N	6404-ZN
25	37	7	27.4	35	41	1.1	0.3	0.3	28.2	33.8	35.7	34.9	0.3	4.3	2.9	16000	20000	0.017	61805-N	61805-ZN
	42	9	27.4	40	46	1.4	0.3	0.3	30.2	36.8	40.7	37.9	0.3	7.0	4.5	14000	18000	0.038	61905-N	61905-ZN
	47	12	30	43	54	1.6	0.6	0.6	31.9	40.1	44.6	42	0.6	10.0	5.85	13000	17000	0.080	6005-N	6005-ZN
	52	15	31	47	59	2	1	1	33.8	44.2	49.73	46.4	1	14.0	7.88	12000	15000	0.120	6205-N	6205-ZN
	62	17	32	55	69	2.6	1	1	36.0	51.0	59.61	53.2	1.1	22.2	11.5	10000	14000	0.220	6305-N	6305-ZN
	80	21	34	71	88	2.7	1.5	1.5	42.3	62.7	76.81	—	1.5	38.2	19.2	8500	11000	0.529	6405-N	6405-ZN
30	42	7	32.4	40	46.0	1.1	0.3	0.3	33.2	38.8	40.7	39.9	0.3	4.7	3.6	13000	17000	0.019	61806-N	61806-ZN
	47	9	32.4	44.6	51.0	1.4	0.3	0.3	35.2	41.8	45.7	42.9	0.3	7.2	5.0	12000	16000	0.043	61906-N	61906-ZN
	55	13	36.0	50	62.0	1.6	1	0.5	38.4	47.7	52.6	49.9	1	13.2	8.3	11000	14000	0.120	6006-N	6006-ZN
	62	16	36.0	56.0	69.0	2.6	1	0.5	40.8	52.2	59.61	54.4	1	19.5	11.5	9500	13000	0.190	6206-N	6206-ZN
	72	19	37.0	65.0	80.0	2.6	1	0.5	44.8	59.2	68.81	61.4	1.1	27.0	15.2	9000	11000	0.350	6306-N	6306-ZN
	90	23	39	81	98.0	2.7	1.5	0.5	48.6	71.4	86.79	—	1.5	47.5	24.5	8000	10000	0.710	6406-N	6406-ZN
35	47	7	37.4	45	46.0	1.1	0.3	0.3	38.2	43.8	45.7	44.9	0.3	4.9	4.0	11000	15000	0.023	61807-N	61807-ZN
	55	10	40	51	54.0	1.4	0.6	0.5	41.1	48.9	53.7	50.3	0.6	9.5	6.8	10000	13000	0.078	61907-N	61907-ZN
	62	14	41.0	56	69.0	1.6	1	0.5	43.3	53.7	59.61	55.9	1	16.2	10.5	9500	12000	0.160	6007-N	6007-ZN

（续）

公称尺寸/mm			安装尺寸/mm						其他尺寸/mm					基本额定载荷/kN		极限转速/r·min^{-1}		质量/kg	轴承代号	
d	D	B	d_a min	D_a max	D_b	a_1	r_a max	r_1 max	d_2	D_2	D_1 max	D_3	r min	C_r	C_{0r}	脂	油	W ≈	60000-N型	60000-ZN型
35	72	17	42.0	65	80.0	2.6	1	0.5	46.8	60.2	68.81	62.4	1.1	25.5	15.2	8500	11000	0.270	6207-N	6207-ZN
	80	21	44.0	71.0	88.0	2.6	1.5	0.5	50.4	66.6	76.81	68.8	1.5	33.4	19.2	8000	9500	0.420	6307-N	6307-ZN
	100	25	44	91	108.0	2.7	1.5	0.5	54.9	80.1	96.8	—	1.5	56.8	29.5	6700	8500	0.926	6407-N	6407-ZN
40	52	7	42.4	50	51.0	1.1	0.3	0.3	43.2	48.8	50.7	49.9	0.3	5.1	4.4	10000	13000	0.026	61808-N	61808-ZN
	62	12	45	58	61.0	1.4	0.6	0.5	46.3	55.7	60.7	57.1	0.6	13.7	9.9	9500	12000	0.103	61908-N	61908-ZN
	68	15	46.0	62.0	76.0	2	1	0.5	48.8	59.2	64.82	61.4	1	17.0	11.8	9000	11000	0.190	6008-N	6008-ZN
	80	18	47.0	73.0	88.0	2.6	1	0.5	52.8	67.2	76.81	69.4	1.1	29.5	18.0	8000	10000	0.370	6208-N	6208-ZN
	90	23	49.0	81.0	98.0	2.6	1.5	0.5	56.5	74.6	86.79	77.0	1.5	40.8	24.0	7000	8500	0.630	6308-N	6308-ZN
	110	27	50	100	118.0	2.7	2	0.5	63.9	89.1	106.81	—	2	65.5	37.5	6300	8000	1.221	6408-N	6408-ZN
45	58	7	47.4	56	57.0	1.1	0.3	0.3	48.3	54.7	56.7	55.8	0.3	6.4	5.6	9000	12000	0.030	61809-N	61809-ZN
	68	12	50	63	66.0	1.4	0.6	0.5	51.8	61.2	66.7	62.6	0.6	14.1	10.9	8500	11000	0.123	61909-N	61909-ZN
	75	16	51.0	69.0	83.0	2	1	0.5	54.2	65.9	71.83	68.1	1	21.0	14.8	8000	10000	0.230	6009-N	6009-ZN
	85	19	52.0	78.0	93.0	2.6	1	0.5	58.8	73.2	81.81	75.7	1.1	31.5	20.5	7000	9000	0.420	6209-N	6209-ZN
	100	25	54	91	108.0	2.6	1.5	0.5	63.0	84.0	96.8	86.5	1.5	52.8	31.8	6300	7500	0.837	6309-N	6309-ZN
	120	29	55	110	131.0	3.4	2	0.5	70.7	98.3	115.21	—	2	77.5	45.5	5600	7000	1.520	6409-N	6409-ZN
50	65	7	52.4	62.6	69.0	1.1	0.3	0.3	54.3	60.7	63.7	61.8	0.3	6.6	6.1	8500	10000	0.043	61810-N	61810-ZN
	72	12	55	68	76.0	1.4	0.6	0.5	56.3	65.7	70.7	67.1	0.6	14.5	11.7	8000	9500	0.122	61910-N	61910-ZN
	80	16	56	74	88	2	1	0.5	59.2	70.9	76.81	73.1	1	22.0	16.2	7000	9000	0.280	6010-N	6010-ZN
	90	20	57	83	98	2.6	1	0.5	62.4	77.6	86.79	80.1	1.1	35.0	23.2	6700	8500	0.470	6210-N	6210-ZN
	110	27	60	100	118	2.6	2	0.5	69.1	91.9	106.81	94.4	2	61.8	38.0	6000	7000	1.080	6310-N	6310-ZN
	130	31	62	118	141.0	3.4	2.1	0.5	77.3	107.8	125.22	—	2.1	92.2	55.2	5300	6300	1.855	6410-N	6410-ZN
55	72	9	57.4	69.6	76.0	1.4	0.3	0.3	60.2	66.9	70.7	68.3	0.3	9.1	8.4	8000	9500	0.070	61811-N	61811-ZN
	80	13	61	75	86.0	1.7	1	0.5	62.9	72.2	77.9	73.6	1	15.9	13.2	7500	9000	0.170	61911-N	61911-ZN
	90	18	62	83	98	2.2	1	0.5	65.4	79.7	86.79	82.2	1.1	30.2	21.8	7000	8500	0.380	6011-N	6011-ZN
	100	21	64	91	108	2.6	1.5	0.5	68.9	86.1	96.8	88.6	1.5	43.2	29.2	6000	7500	0.580	6211-N	6211-ZN
	120	29	65	110	131	3.2	2	0.5	76.1	100.9	115.21	103.4	2	71.5	44.8	5600	6700	1.370	6311-N	6311-ZN
	140	33	67	128	151.0	4.1	2.1	0.5	82.8	115.2	135.23	—	2.1	100	62.5	4800	6000	2.316	6411-N	6411-ZN

（续）

公称尺寸/mm			安装尺寸/mm						其他尺寸/mm					基本额定载荷/kN		极限转速/r·min^{-1}		质量/kg	轴承代号	
d	D	B	d_a min	D_a max	D_b	a_1	r_a max	r_1 max	d_2	D_2	D_1 max	D_3	r min	C_r	C_{0r}	脂	油	W ≈	60000-N型	60000-ZN型
60	78	10	62.4	75.6	84.0	1.4	0.3	0.3	66.2	72.9	76.2	74.6	0.3	9.1	8.7	7000	8500	0.093	61812-N	61812-ZN
	85	13	66	80	91.0	1.7	1	0.5	67.9	77.2	82.9	78.6	1	16.4	14.2	6700	8000	0.181	61912-N	61912-ZN
	95	18	67	89	103	2.2	1	0.5	71.4	85.7	91.82	88.2	1.1	31.5	24.2	6300	7500	0.390	6012-N	6012-ZN
	110	22	69	101	118	2.6	1.5	0.5	76.0	94.1	106.81	96.5	1.5	47.8	32.8	5600	7000	0.770	6212-N	6212-ZN
	130	31	72	118	141	3.2	2.1	0.5	81.7	108.4	125.22	111.1	2.1	81.8	51.8	5000	6000	1.710	6312-N	6312-ZN
	150	35	72	138	161.0	4.1	2.1	0.5	87.9	122.2	145.24	—	2.1	109	70.0	4500	5600	2.811	6412-N	6412-ZN
65	85	10	69	81	91.0	1.4	0.6	0.5	71.1	78.9	82.9	80.6	0.6	11.9	11.5	6700	8000	0.130	61813-N	61813-ZN
	90	13	71	85	96.0	1.7	1	0.5	72.9	82.2	87.9	83.6	1	17.4	16.0	6300	7500	0.196	61913-N	61913-ZN
	100	18	72	93	108	2.2	1	0.5	75.3	89.7	96.8	92.2	1.1	32.0	24.8	6000	7000	0.420	6013-N	6013-ZN
	120	23	74	111	131	3.2	1.5	0.5	82.5	102.5	115.21	105.0	1.5	57.2	40.0	5000	6300	0.980	6213-N	6213-ZN
	140	33	77	128	151	3.9	2.1	0.5	88.1	116.9	135.23	119.7	2.1	93.8	60.5	4500	5300	2.090	6313-N	6313-ZN
	160	37	77	148	171.0	4.1	2.1	0.5	94.5	130.6	155.22	—	2.1	118	78.5	4300	5300	3.342	6413-N	6413-ZN
70	90	10	74	86	96.0	1.4	0.6	0.5	76.1	83.9	87.9	85.6	0.6	12.1	11.9	6300	7500	0.138	61814-N	61814-ZN
	100	16	76	95	106.0	2.1	1	0.5	79.3	90.7	97.9	92.6	1	23.7	21.1	6000	7000	0.336	61914-N	61914-ZN
	110	20	77	103	118	2.2	1	0.5	82.0	98.0	106.81	100.5	1.1	38.5	30.5	5600	6700	0.57	6014-N	6014-ZN
	125	24	79	116	136	3.2	1.5	0.5	89.0	109.0	120.22	111.8	1.5	60.8	45.0	4800	6000	1.04	6214-N	6214-ZN
	150	35	82	138	161	3.9	2.1	0.5	94.8	125.3	145.24	128.0	2.1	105	68.0	4300	5000	2.60	6314-N	6314-ZN
	180	42	84	166	194	4.8	2.5	0.5	105.6	146.4	173.66	—	3	140	99.5	3800	4500	4.896	6414-N	6414-ZN
75	95	10	79	91	101.0	1.4	0.6	0.5	81.1	88.9	92.9	90.6	0.6	12.5	12.8	6000	7000	0.147	61815-N	61815-ZN
	105	16	81	100	112.0	2.1	1	0.5	84.3	95.7	102.6	97.6	1	24.3	22.5	5600	6700	0.355	61915-N	61915-ZN
	115	20	82	108	123	2.2	1	0.5	88.0	104.0	111.81	106.5	1.1	40.2	33.2	5300	6300	0.64	6015-N	6015-ZN
	130	25	84	121	141	3.2	1.5	0.5	94.0	115.0	125.22	117.8	1.5	66.0	49.5	4500	5600	1.180	6215-N	6215-ZN
	160	37	87	148	171	3.9	2.1	0.5	101.3	133.7	155.22	136.5	2.1	113	76.8	4000	4800	3.050	6315-N	6315-ZN
	190	45	89	176	204	4.8	2.5	0.5	112.1	155.9	183.64	—	3	154	115	3600	4300	5.739	6415-N	6415-ZN
80	100	10	84	96	106.0	1.4	0.6	0.5	86.1	93.9	97.9	95.6	0.6	12.7	13.3	5600	6700	0.155	61816-N	61816-ZN

（续）

公称尺寸/mm			安装尺寸/mm						其他尺寸/mm					基本额定载荷/kN		极限转速/r·min^{-1}		质量/kg	轴承代号	
d	D	B	d_a min	D_a max	D_b	a_1	r_a max	r_1 max	d_2	D_2	D_1 max	D_3	r min	C_r	C_{0r}	脂	油	W ≈	60000-N 型	60000-ZN 型
80	110	16	86	105	117.0	2.1	1	0.5	89.3	100.7	107.6	102.6	1	24.9	23.9	5300	6300	0.375	61916-N	61916-ZN
	125	22	87	118	136	2.2	1	0.5	95.2	112.8	120.22	115.6	1.1	47.5	39.8	5000	6000	0.830	6016-N	6016-ZN
	140	26	90	130	151	3.9	2	0.5	100.0	122.0	135.23	124.8	2	71.5	54.2	4300	5300	3.620	6216-N	6216-ZN
	170	39	92	158	184	4.6	2.1	0.5	107.9	142.0	163.65	144.9	2.1	123	86.5	3800	4500	3.620	6316-N	6316-ZN
	200	48	94	186	214	4.8	2.5	0.5	117.1	162.9	193.65	—	3	163	125	3400	4000	6.740	6416-N	6416-ZN
85	110	13	90	105	91.0	1.7	1	0.5	92.5	102.5	107.6	104.4	1	19.2	19.8	5000	6300	0.245	61817-N	61817-ZN
	120	18	92	113.5	127.0	2.6	1	0.5	95.8	109.2	117.6	111.1	1.1	31.9	29.7	4800	6000	0.507	61917-N	61917-ZN
	130	22	92	123	141	2.2	1	0.5	99.4	117.6	125.22	120.4	1.1	50.8	42.8	4500	5600	0.860	6017-N	6017-ZN
	150	28	95	140	161	3.9	2	0.5	107.1	130.9	145.24	133.7	2	83.2	63.8	4000	5000	1.750	6217-N	6217-ZN
	180	41	99	166	191	4.6	2.5	0.5	114.4	150.6	173.66	153.4	3	132	96.5	3600	4300	4.270	6317-N	6317-ZN
	210	52	103	192	224	4.8	3	0.5	123.5	171.5	203.6	—	4	175	138	3200	3800	7.933	6417-N	6417-ZN
90	115	13	95	110	122.0	1.7	1	0.5	97.5	107.5	112.6	109.4	1	19.5	20.5	4800	6000	0.258	61818-N	61818-ZN
	125	18	97	118.5	132.0	2.6	1	0.5	100.8	114.2	122.6	116.1	1.1	32.8	31.5	4500	5600	0.533	61918-N	61918-ZN
	140	24	99	131	151	2.8	1.5	0.5	107.2	126.8	135.23	129.6	1.5	58.0	49.8	4300	5300	1.10	6018-N	6018-ZN
	160	30	100	150	171	3.9	2	0.5	111.7	138.4	155.22	141.1	2	95.8	71.5	3800	4800	2.20	6218-N	6218-ZN
95	120	13	100	115	127.0	1.7	1	0.5	102.5	112.5	117.6	114.4	1	19.8	21.3	4500	5600	0.270	61819-N	61819-ZN
	130	18	102	124	137.0	2.8	1	0.5	105.8	119.2	127.6	121.1	1.1	33.7	33.3	4300	5300	0.558	61919-N	61919-ZN
	145	24	104	136	156	2.8	1.5	0.5	110.2	129.8	140.23	132.6	1.5	57.8	50.0	4000	5000	1.140	6019-N	6019-ZN
	170	32	107	158	184	4.6	2.1	0.5	118.1	146.9	163.65	149.7	2.1	110	82.8	3600	4500	2.350	6219-N	6219-ZN
100	125	13	105	120	132.0	1.7	1	0.5	107.5	117.5	122.6	119.4	1	20.1	22.0	4300	5300	0.283	61820-N	61820-ZN
	140	20	107	133	147.0	2.8	1	0.5	112.3	127.8	137.6	130.1	1.1	42.7	41.9	4000	5000	0.774	61920-N	61920-ZN
	150	24	109	141	161	2.8	1.5	0.5	114.6	135.4	145.24	138.2	1.5	64.5	56.2	3800	4800	1.250	6020-N	6020-ZN
	180	34	112	168	194	4.6	2.1	0.5	124.8	155.3	173.66	158.0	2.1	122	92.8	3400	4300	3.120	6220-N	6220-ZN

表 14.6-4 带密封圈的深沟球轴承（部分摘自 GB/T 276—2013）

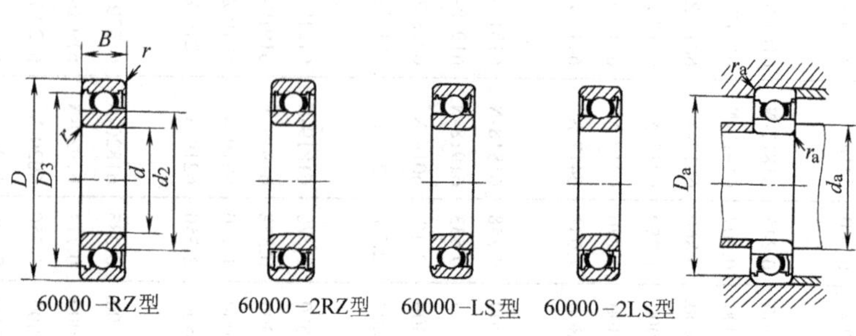

当量载荷计算同表 14.6-1

代号含义

RZ——一面带橡胶骨架密封圈（非接触式）

2RZ—两面带橡胶骨架密封圈（非接触式）

LS——一面带橡胶骨架密封圈（接触式）

2LS—两面带橡胶骨架密封圈（接触式）

公称尺寸/mm			安装尺寸/mm			其他尺寸/mm			基本额定载荷/kN		极限转速/r·min^{-1}		质量/kg	轴承代号	
d	D	B	d_a min	D_a max	r_a max	d_2	D_3	r min	C_r	C_{0r}	脂	油	W ≈	60000-RZ 型 60000-LS 型	60000-2RZ 型 60000-2LS 型
10	19	5	12	17	0.3	12.6	17.3	0.3	1.8	0.93	21000		0.005	61800-LS	61800-2LS
	19	5	12	17	0.3	12.6	17.3	0.3	1.8	0.93	28000	36000	0.005	61800-RZ	61800-2RZ
	22	6	12.4	20	0.3	13.5	19.4	0.3	2.7	1.3	19000		0.008	61900-LS	61900-2LS
	22	6	12.4	20	0.3	13.5	19.4	0.3	2.7	1.3	25000	32000	0.008	61900-RZ	61900-2RZ
	26	8	12.4	23.6	0.3	14.9	22.6	0.3	4.58	1.98	15000		0.019	6000-LS	6000-2LS
	26	8	12.4	23.6	0.3	14.9	22.6	0.3	4.58	1.98	22000	30000	0.019	6000-RZ	6000-2RZ
	30	9	15	26	0.6	17.4	25.2	0.6	5.10	2.38	14000		0.030	6200-LS	6200-2LS
	30	9	15	26	0.6	17.4	25.2	0.6	5.10	2.38	20000	26000	0.030	6200-RZ	6200-2RZ
	35	11	15	30	0.6	19.4	29.5	0.6	7.65	3.48	12000		0.050	6300-LS	6300-2LS
	35	11	15	30	0.6	19.4	29.5	0.6	7.65	3.48	18000	24000	0.050	6300-RZ	6300-2RZ
12	21	5	14.0	19	0.3	14.6	19.3	0.3	1.9	1.0	18000		0.005	61801-LS	61801-2LS
	21	5	14.0	19	0.3	14.6	19.3	0.3	1.9	1.0	24000	32000	0.005	61801-RZ	61801-2RZ
	24	6	14.4	22	0.3	15.5	25.6	0.3	2.9	1.5	17000		0.008	61901-LS	61901-2LS
	24	6	14.4	22	0.3	15.5	25.6	0.3	2.9	1.5	22000	28000	0.008	61901-RZ	61901-2RZ
	28	8	14.4	25.6	0.3	17.4	24.8	0.3	5.10	2.38	14000		0.020	6001-LS	6001-2LS
	28	8	14.4	25.6	0.3	17.4	24.8	0.3	5.10	2.38	20000	26000	0.020	6001-RZ	6001-2RZ
	32	10	17	28.0	0.6	18.3	28.0	0.6	6.82	3.05	13000		0.040	6201-LS	6201-2LS
	32	10	17	28.0	0.6	18.3	28.0	0.6	6.82	3.05	19000	24000	0.040	6201-RZ	6201-2RZ
	37	12	18	32.0	1	19.3	31.6	1	9.72	5.08	12000		0.060	6301-LS	6301-2LS
	37	12	18	32.0	1	19.3	31.6	1	9.72	5.08	17000	22000	0.060	6301-RZ	6301-2RZ
15	24	5	17.0	22	0.3	17.6	22.3	0.3	2.1	1.3	17000		0.005	61802-LS	61802-2LS
	24	5	17.0	22	0.3	17.6	22.3	0.3	2.1	1.3	22000	30000	0.005	61802-RZ	61802-2RZ
	28	7	17.4	26	0.3	18.3	25.6	0.3	4.3	2.3	15000		0.012	61902-LS	61902-2LS
	28	7	17.4	26	0.3	18.3	25.6	0.3	4.3	2.3	20000	26000	0.012	61902-RZ	61902-2RZ
	32	9	17.4	29.6	0.3	20.4	28.5	0.3	5.58	2.85	13000		0.030	6002-LS	6002-2LS
	32	9	17.4	29.6	0.3	20.4	28.5	0.3	5.58	2.85	19000	24000	0.030	6002-RZ	6002-2RZ
	35	11	20	32	0.6	21.6	31.3	0.6	7.65	3.72	12000		0.040	6202-LS	6202-2LS
	35	11	20	32	0.6	21.6	31.3	0.6	7.65	3.72	18000	22000	0.040	6202-RZ	6202-2RZ
	42	13	21	37	1	24.3	36.6	1	11.5	5.42	11000		0.080	6302-LS	6302-2LS

（续）

公称尺寸/mm			安装尺寸/mm			其他尺寸/mm			基本额定载荷/kN		极限转速/r·min⁻¹		质量/kg	轴承代号	
d	D	B	d_a min	D_a max	r_a max	d_2	D_3	r min	C_r	C_{0r}	脂	油	W ≈	60000-RZ 型 60000-LS 型	60000-2RZ 型 60000-2LS 型
15	42	13	21	37	1	24.3	36.6	1	11.5	5.42	16000	20000	0.080	6302-RZ	6302-2RZ
17	26	5	19.0	24	0.3	19.6	24.3	0.3	2.2	1.5	15000		0.007	61803-LS	61803-2LS
	26	5	19.0	24	0.3	19.6	24.3	0.3	2.2	1.5	20000	28000	0.007	61803-RZ	61803-2RZ
	30	7	19.4	28	0.3	20.3	27.6	0.3	4.6	2.6	14000		0.014	61903-LS	61903-2LS
	30	7	19.4	28	0.3	20.3	27.6	0.3	4.6	2.6	19000	24000	0.014	61903-RZ	61903-2RZ
	35	10	19.4	32.6	0.3	22.9	31.0	0.3	6.00	3.25	12000		0.040	6003-LS	6003-2LS
	35	10	19.4	32.6	0.3	22.9	31.0	0.3	6.00	3.25	17000	21000	0.040	6003-RZ	6003-2RZ
	40	12	22	36.0	0.6	24.6	35.3	0.6	9.58	4.78	11000		0.060	6203-LS	6203-2LS
	40	12	22	36.0	0.6	24.6	35.3	0.6	9.58	4.78	16000	20000	0.060	6203-RZ	6203-2RZ
	47	14	23	41.0	1	26.8	40.1	1	13.5	6.58	10000		0.110	6303-LS	6303-2LS
	47	14	23	41.0	1	26.8	40.1	1	13.5	6.58	15000	18000	0.110	6303-RZ	6303-2RZ
20	32	7	22.4	30	0.3	23.5	29.7	0.3	3.5	2.2	14000		0.015	61804-LS	61084-2LS
	32	7	22.4	30	0.3	23.5	29.7	0.3	3.5	2.2	18000	24000	0.015	61804-RZ	61804-2RZ
	37	9	22.4	34.6	0.3	25.2	32.9	0.3	6.4	3.7	13000		0.031	61904-LS	61904-2LS
	37	9	22.4	34.6	0.3	25.2	32.9	0.3	6.4	3.7	17000	22000	0.031	61904-RZ	61904-2RZ
	42	12	25	38.0	0.6	26.9	37.0	0.6	9.38	5.02	11000		0.070	6004-LS	6004-2LS
	42	12	25	38.0	0.6	26.9	37.0	0.6	9.38	5.02	16000	19000	0.070	6004-RZ	6004-2RZ
	47	14	26	42.0	1	29.3	41.6	1	12.8	6.65	9500		0.100	6204-LS	6204-2LS
	47	14	26	42.0	1	29.3	41.6	1	12.8	6.65	14000	18000	0.100	6204-RZ	6204-2RZ
	52	15	27	45	1	29.8	44.4	1.1	15.8	7.88	9000		0.140	6304-LS	6304-2LS
	52	15	27	45	1	29.8	44.4	1.1	15.8	7.88	13000	16000	—	6304-RZ	6304-2RZ
25	37	7	27.4	35	0.3	28.2	34.9	0.3	4.3	2.9	12000		0.017	61805-LS	61805-2LS
	37	7	27.4	35	0.3	28.2	34.9	0.3	4.3	2.9	16000	20000	0.017	61805-RZ	61805-2RZ
	42	9	27.4	40	0.3	30.2	37.9	0.3	7.0	4.5	11000		0.038	61905-LS	61905-2LS
	42	9	27.4	40	0.3	30.2	37.9	0.3	7.0	4.5	14000	18000	0.038	61905-RZ	61905-2RZ
	47	12	30	43	0.6	31.9	42.0	0.6	10.0	5.85	9000		0.080	6005-LS	6005-2LS
	47	12	30	43	0.6	31.9	42.0	0.6	10.0	5.85	13000	17000	0.080	6005-RZ	6005-2RZ
	52	15	31	47	1	33.8	46.4	1	14.0	7.88	8000		0.120	6205-LS	6205-2LS
	52	15	31	47	1	33.8	46.4	1	14.0	7.88	12000	15000	0.120	6205-RZ	6205-2RZ
	62	17	32	55	1	36.0	53.2	1.1	22.2	11.5	6800		0.220	6305-LS	6305-2LS
	62	17	32	55	1	36.0	53.2	1.1	22.2	11.5	10000	14000	0.220	6305-RZ	6305-2RZ
30	42	7	32.4	40	0.3	33.2	39.9	0.3	4.7	3.6	11000		0.019	61806-LS	61806-2LS
	42	7	32.4	40	0.3	33.2	39.9	0.3	4.7	3.6	13000	17000	0.019	61806-RZ	61806-2RZ
	47	9	32.4	44.6	0.3	35.2	42.9	0.3	7.2	5.0	9000		0.043	61906-LS	61906-2LS
	47	9	32.4	44.6	0.3	35.2	42.9	0.3	7.2	5.0	12000	16000	0.043	61906-RZ	61906-2RZ
	55	13	36	50	1	38.4	49.8	1	13.2	8.30	7500		0.120	6006-LS	6006-2LS
	55	13	36	50	1	38.4	49.8	1	13.2	8.30	11000	14000	0.120	6006-RZ	6006-2RZ
	62	16	36	56	1	40.8	54.4	1	19.5	11.5	6700		0.190	6206-LS	6206-2LS

（续）

公称尺寸/mm			安装尺寸/mm			其他尺寸/mm			基本额定载荷/kN		极限转速/r·min^{-1}		质量/kg	轴承代号	
d	D	B	d_a min	D_a max	r_a max	d_2	D_3	r min	C_r	C_{0r}	脂	油	W ≈	60000-RZ 型 60000-LS 型	60000-2RZ 型 60000-2LS 型
30	62	16	36	56	1	40.8	54.4	1	19.5	11.5	9500	13000	0.190	6206-RZ	6206-2RZ
	72	19	37	65	1	44.8	61.4	1.1	27.0	15.2	6000		0.350	6306-LS	6306-2LS
	72	19	37	65	1	44.8	61.4	1.1	27.0	15.2	9000	11000	0.350	6306-RZ	6306-2RZ
35	47	7	37.4	45	0.3	38.2	44.9	0.3	4.9	4.0	9000		0.023	61807-LS	61807-2LS
	47	7	37.4	45	0.3	38.2	44.9	0.3	4.9	4.0	11000	15000	0.023	61807-RZ	61807-2RZ
	55	10	40	51	0.6	41.1	50.3	0.6	9.5	6.8	7500		0.078	61907-LS	61907-2LS
	55	10	40	51	0.6	41.1	50.3	0.6	9.5	6.8	10000	13000	0.078	61907-RZ	61907-2RZ
	62	14	41	56	1	43.3	55.9	1	16.2	10.5	6500		0.160	6007-LS	6007-2LS
	62	14	41	56	1	43.3	55.9	1	16.2	10.5	9500	12000	0.160	6007-RZ	6007-2RZ
	72	17	42	65	1	46.8	62.4	1.1	25.5	15.2	5800		0.270	6207-LS	6207-2LS
	72	17	42	65	1	46.8	62.4	1.1	25.5	15.2	8500	11000	0.270	6207-RZ	6207-2RZ
	80	21	44	71	1.5	50.4	68.8	1.5	33.4	19.2	5400		0.420	6307-LS	6307-2LS
	80	21	44	71	1.5	50.4	68.8	1.5	33.4	19.2	8000	9500	0.420	6307-RZ	6307-2RZ
40	52	7	42.4	50	0.3	43.2	49.9	0.3	5.1	4.4	7500		0.026	61808-LS	61808-2LS
	52	7	42.4	50	0.3	43.2	49.9	0.3	5.1	4.4	10000	13000	0.026	61808-RZ	61808-2RZ
	62	12	45	58	0.6	46.3	57.1	0.6	13.7	9.9	7000		0.103	61908-LS	61908-2LS
	62	12	45	58	0.6	46.3	57.1	0.6	13.7	9.9	9500	12000	0.103	61908-RZ	61908-2RZ
	68	15	46	62	1	48.8	61.4	1	17.0	11.8	6000		0.190	6008-LS	6008-2LS
	68	15	46	62	1	48.8	61.4	1	17.0	11.8	9000	11000	0.190	6008-RZ	6008-2RZ
	80	18	47	73	1	52.8	69.4	1.1	29.5	18.0	5400		0.370	6208-LS	6208-2LS
	80	18	47	73	1	52.8	69.4	1.1	29.5	18.0	8000	10000	0.370	6208-RZ	6208-2RZ
	90	23	49	81	1.5	56.5	77.0	1.5	40.8	24.0	4800		0.630	6308-LS	6308-2LS
	90	23	49	81	1.5	56.5	77.0	1.5	40.8	24.0	7000	8500	0.630	6308-RZ	6308-2RZ
45	58	7	47.4	56	0.3	48.3	55.8	0.3	6.4	5.6	6800		0.030	61809-LS	61809-2LS
	58	7	47.4	56	0.3	48.3	55.8	0.3	6.4	5.6	9000	12000	0.030	61809-RZ	61809-2RZ
	68	12	50	63	0.6	51.8	62.6	0.6	14.1	10.9	6400		0.123	61909-LS	61909-2LS
	68	12	50	63	0.6	51.8	62.6	0.6	14.1	10.9	8500	11000	0.123	61909-RZ	61909-2RZ
	75	16	51	69	1	54.2	68.1	1	21.0	14.8	5400		0.240	6009-LS	6009-2LS
	75	16	51	69	1	54.2	68.1	1	21.0	14.8	8000	10000	0.240	6009-RZ	6009-2RZ
	85	19	52	78	1	58.8	75.7	1.1	31.5	20.5	4800		0.420	6209-LS	6209-2LS
	85	19	52	78	1	58.8	75.7	1.1	31.5	20.5	7000	9000	0.420	6209-RZ	6209-2RZ
	100	25	54	91	1.5	63.0	86.5	1.5	52.8	31.8	4300		0.830	6309-LS	6309-2LS
	100	25	54	91	1.5	63.0	86.5	1.5	52.8	31.8	6300	7500	0.830	6309-RZ	6309-2RZ
50	65	7	52.4	62.6	0.3	54.3	61.8	0.3	6.6	6.1	6400		0.043	61810-LS	61810-2LS
	65	7	52.4	62.6	0.3	54.3	61.8	0.3	6.6	6.1	8500	10000	0.043	61810-RZ	61810-2RZ
	72	12	55	68	0.6	56.3	67.1	0.6	14.5	11.7	6000		0.122	61910-LS	61910-2LS
	72	12	55	68	0.6	56.3	67.1	0.6	14.5	11.7	8000	9500	0.122	61910-RZ	61910-2RZ
	80	16	56	74	1	59.2	73.1	1	22.0	16.2	4800		0.280	6010-LS	6010-2LS
	80	16	56	74	1	59.2	73.1	1	22.0	16.2	7000	9000	0.280	6010-RZ	6010-2RZ
	90	20	57	83	1	62.4	80.1	1.1	35.0	23.2	4600		0.470	6210-LS	6210-2LS

（续）

公称尺寸/mm			安装尺寸/mm			其他尺寸/mm			基本额定载荷/kN		极限转速/r·min^{-1}		质量/kg	轴承代号	
d	D	B	d_a min	D_a max	r_a max	d_2	D_3	r min	C_r	C_{0r}	脂	油	W ≈	60000-RZ 型 60000-LS 型	60000-2RZ 型 60000-2LS 型
50	90	20	57	83	1	62.4	80.1	1.1	35.0	23.2	6700	8500	0.470	6210-RZ	6210-2RZ
	110	27	60	100	2	69.1	94.4	2	61.8	38.0	4100		1.080	6310-LS	6310-2LS
	110	27	60	100	2	69.1	94.4	2	61.8	38.0	6000	7000	1.080	6310-RZ	6310-2RZ
55	72	9	57.4	69.6	0.3	60.2	68.3	0.3	9.1	8.4	6000		0.070	61811-LS	61811-2LS
	72	9	57.4	69.6	0.3	60.2	68.3	0.3	9.1	8.4	8000	9500	0.070	61811-RZ	61811-2RZ
	80	13	61	75	1	62.9	73.6	1	15.9	13.2	5600		0.170	61911-LS	61911-2LS
	80	13	61	75	1	62.9	73.6	1	15.9	13.2	7500	9000	0.170	61911-RZ	61911-2RZ
	90	18	62	83	1	65.4	82.2	1.1	30.2	21.8	4800		0.380	6011-LS	6011-2LS
	90	18	62	83	1	65.4	82.2	1.1	30.2	21.8	7000	8500	0.380	6011-RZ	6011-2RZ
	100	21	64	91	1.5	68.9	88.6	1.5	43.2	29.2	4100		0.580	6211-LS	6211-2LS
	100	21	64	91	1.5	68.9	88.6	1.5	43.2	29.2	6000	7500	0.580	6211-RZ	6211-2RZ
	120	29	65	110	2	76.1	103.4	2	71.5	44.8	3800		1.370	6311-LS	6311-2LS
	120	29	65	110	2	76.1	103.4	2	71.5	44.8	5600	6700	1.370	6311-RZ	6311-2RZ
60	78	10	62.4	75.6	0.3	66.2	74.6	0.3	9.1	8.7	5300		0.093	61812-LS	61812-2LS
	78	10	62.4	75.6	0.3	66.2	74.6	0.3	9.1	8.7	7000	8500	0.093	61812-RZ	61812-2RZ
	85	13	66	80	1	67.9	78.6	1	16.4	14.2	5000		0.181	61912-LS	61912-2LS
	85	13	66	80	1	67.9	78.6	1	16.4	14.2	6700	8000	0.181	61912-RZ	61912-2RZ
	95	18	67	89	1	71.4	88.2	1.1	31.5	24.2	4300		0.410	6012-LS	6012-2LS
	95	18	67	89	1	71.4	88.2	1.1	31.5	24.2	6300	7500	0.410	6012-RZ	6012-2RZ
	110	22	69	101	1.5	76.0	96.5	1.5	47.8	32.8	3800		0.770	6212-LS	6212-2LS
	110	22	69	101	1.5	76.0	96.5	1.5	47.8	32.8	5600	7000	0.770	6212-RZ	6212-2RZ
	130	31	72	118	2.1	81.7	111.1	2.1	81.8	51.8	3400		1.710	6312-LS	6312-2LS
	130	31	72	118	2.1	81.7	111.1	2.1	81.8	51.8	5000	6000	1.710	6312-RZ	6312-2RZ
65	85	10	69	81	0.6	71.1	80.6	0.6	11.9	11.5	5000		0.130	61813-LS	61813-2LS
	85	10	69	81	0.6	71.1	80.6	0.6	11.9	11.5	6700	8000	0.130	61813-RZ	61813-2RZ
	90	13	71	85	1	72.9	83.6	1	17.4	16.0	4700		0.196	61913-LS	61913-2LS
	90	13	71	85	1	72.9	83.6	1	17.4	16.0	6300	7500	0.196	61913-RZ	61913-2RZ
	100	18	72	93	1	75.3	92.2	1.1	32.0	24.8	4100		0.410	6013-LS	6013-2LS
	100	18	72	93	1	75.3	92.2	1.1	32.0	24.8	6000	7000	0.410	6013-RZ	6013-2RZ
	120	23	74	111	1.5	82.5	105.0	1.5	57.2	40.0	3400		0.980	6213-LS	6213-2LS
	120	23	74	111	1.5	82.5	105.0	1.5	57.2	40.0	5000	6300	0.980	6213-RZ	6213-2RZ
	140	33	77	128	2.1	88.1	119.7	2.1	93.8	60.5	3000		2.090	6313-LS	6313-2LS
	140	33	77	128	2.1	88.1	119.7	2.1	93.8	60.5	4500	5300	2.090	6313-RZ	6313-2RZ
70	90	10	74	86	0.6	76.1	85.6	0.6	12.1	11.9	4700		0.138	61814-LS	61814-2LS
	90	10	74	86	0.6	76.1	85.6	0.6	12.1	11.9	6300	7500	0.138	61814-RZ	61814-2RZ
	100	16	76	95	1	79.3	92.6	1	23.7	21.1	4500		0.336	61914-LS	61914-2LS
	100	16	76	95	1	79.3	92.6	1	23.7	21.1	6000	7000	0.336	61914-RZ	61914-2RZ
	110	20	77	103	1	82.0	100.5	1.1	38.5	30.5	3800		0.60	6014-LS	6014-2LS
	110	20	77	103	1	82.0	100.5	1.1	38.5	30.5	5600	6700	0.60	6014-RZ	6014-2RZ
	125	24	79	116	1.5	89.0	111.8	1.5	60.8	45.0	3300		1.04	6214-LS	6214-2LS

（续）

公称尺寸/mm			安装尺寸/mm			其他尺寸/mm			基本额定载荷/kN		极限转速/r·min^{-1}		质量/kg	轴承代号	
d	D	B	d_a min	D_a max	r_a max	d_2	D_3	r min	C_r	C_{0r}	脂	油	W ≈	60000-RZ 型 60000-LS 型	60000-2RZ 型 60000-2LS 型
70	125	24	79	116	1.5	89.0	111.8	1.5	60.8	45.0	4800	6000	1.04	6214-RZ	6214-2RZ
	150	35	82	138	2.1	94.8	128.0	2.1	105	68.0	2900		2.60	6314-LS	6314-2LS
	150	35	82	138	2.1	94.8	128.0	2.1	105	68.0	4300	5000	2.60	6314-RZ	6314-2RZ
75	95	10	79	91	0.6	81.1	90.6	0.6	12.5	12.8	4500		0.147	61815-LS	61815-2LS
	95	10	79	91	0.6	81.1	90.6	0.6	12.5	12.8	6000	7000	0.147	61815-RZ	61815-2RZ
	105	16	81	100	1	84.3	97.6	1	24.3	22.5	4200		0.355	61915-LS	61915-2LS
	105	16	81	100	1	84.3	97.6	1	24.3	22.5	5600	6700	0.355	61915-RZ	61915-2RZ
	115	20	82	108	1	88.0	106.5	1.1	40.2	33.2	3600		0.64	6015-LS	6015-2LS
	115	20	82	108	1	88.0	106.5	1.1	40.2	33.2	5300	6300	0.64	6015-RZ	6015-2RZ
	130	25	84	121	1.5	94.0	117.8	1.5	66.0	49.5	3000		1.18	6215-LS	6215-2LS
	130	25	84	121	1.5	94.0	117.8	1.5	66.0	49.5	4500	5600	1.18	6215-RZ	6215-2RZ
	160	37	87	148	2.1	101.3	136.5	2.1	113	76.8	2800		3	6315-LS	6315-2LS
	160	37	87	148	2.1	101.3	136.5	2.1	113	76.8	4000	4800	3	6315-RZ	6315-2RZ
80	100	10	84	96	0.6	86.1	95.6	0.6	12.7	13.3	4200		0.155	61816-LS	61816-2LS
	100	10	84	96	0.6	86.1	95.6	0.6	12.7	13.3	5600	6700	0.155	61816-RZ	61816-2RZ
	110	16	86	105	1	89.3	102.6	1	24.9	23.9	4000		0.375	61916-LS	61916-2LS
	110	16	86	105	1	89.3	102.6	1	24.9	23.9	5300	6300	0.375	61916-RZ	61916-2RZ
	125	22	87	118	1	95.2	115.6	1.1	47.5	39.8	3400		1.05	6016-LS	6016-2LS
	125	22	87	118	1	95.2	115.6	1.1	47.5	39.8	5000	6000	1.05	6016-RZ	6016-2RZ
	140	26	90	130	2	100.0	124.8	2	71.5	54.2	2900		1.38	6216-LS	6216-2LS
	140	26	90	130	2	100.0	124.8	2	71.5	54.2	4300	5300	1.38	6216-RZ	6216-2RZ
	170	39	92	158	2.1	107.9	144.9	2.1	123	86.5	2600		3.62	6316-LS	6316-2LS
	170	39	92	158	2.1	107.9	144.9	2.1	123	86.5	3800	4500	3.62	6316-RZ	6316-2RZ
85	110	13	90	105	1	92.5	104.4	1	19.2	19.8	3800		0.245	61817-LS	61817-2LS
	110	13	90	105	1	92.5	104.4	1	19.2	19.8	5000	6300	0.245	61817-RZ	61817-2RZ
	120	18	92	113.5	1	95.8	111.1	1.1	31.9	29.7	3600		0.507	61917-LS	61917-2LS
	120	18	92	113.5	1	95.8	111.1	1.1	31.9	29.7	4800	6000	0.507	61917-RZ	61917-2RZ
	130	22	92	123	1	99.4	120.4	1.1	50.8	42.8	3200		1.10	6017-LS	6017-2LS
	130	22	92	123	1	99.4	120.4	1.1	50.8	42.8	4500	5600	1.10	6017-RZ	6017-2RZ
	150	28	95	140	2	107.1	133.7	2	83.2	63.8	2800		1.75	6217-LS	6217-2LS
	150	28	95	140	2	107.1	133.7	2	83.2	63.8	4000	5000	1.75	6217-RZ	6217-2RZ
	180	41	99	166	2.5	114.4	153.4	3	132	96.5	2400		4.27	6317-LS	6317-2LS
	180	41	99	166	2.5	114.4	153.4	3	132	96.5	3600	4300	4.27	6317-RZ	6317-2RZ
90	115	13	95	110	1	97.5	109.4	1	19.5	20.5	3600		0.258	61818-LS	61818-2LS
	115	13	95	110	1	97.5	109.4	1	19.5	20.5	4800	6000	0.258	61818-RZ	61818-2RZ
	125	18	97	118.5	1	100.8	116.1	1.1	32.8	31.5	3400		0.533	61918-LS	61918-2LS
	125	18	97	118.5	1	100.8	116.1	1.1	32.8	31.5	4500	5600	0.533	61918-RZ	61918-2RZ
	140	24	99	131	1.5	107.2	129.6	1.5	58.0	49.8	3000		1.16	6018-LS	6018-2LS
	140	24	99	131	1.5	107.2	129.6	1.5	58.0	49.8	4300	5300	1.16	6018-RZ	6018-2RZ
	160	30	100	150	2	111.7	141.1	2.0	95.8	71.5	2600		2.18	6218-LS	6218-2LS

（续）

公称尺寸/mm			安装尺寸/mm			其他尺寸/mm			基本额定载荷/kN		极限转速/r · min^{-1}		质量/kg	轴承代号	
d	D	B	d_a min	D_a max	r_a max	d_2	D_3	r min	C_r	C_{0r}	脂	油	W ≈	60000-RZ 型 60000-LS 型	60000-2RZ 型 60000-2LS 型
90	160	30	100	150	2	111.7	141.1	2.0	95.8	71.5	3800	4800	2.18	6218-RZ	6218-2RZ
	190	43	104	176	2.5	120.8	164.0	3	145	108	2200		4.96	6318-LS	6318-2LS
	190	43	104	176	2.5	120.8	164.0	3	145	108	3400	4000	4.96	6318-RZ	6318-2RZ
95	120	13	100	115	1	102.5	114.4	1	19.8	21.3	3400		0.27	61819-LS	61819-2LS
	120	13	100	115	1	102.5	114.4	1	19.8	21.3	4500	5600	0.27	61819-RZ	61819-2RZ
	130	18	102	124	1	105.8	121.1	1.1	33.7	33.3	3200		0.558	61919-LS	61919-2LS
	130	18	102	124	1	105.8	121.1	1.1	33.7	33.3	4300	5300	0.558	61919-RZ	61919-2RZ
	145	24	104	136	1.5	110.2	132.6	1.5	57.8	50.0	2800		1.21	6019-LS	6019-2LS
	145	24	104	136	1.5	110.2	132.6	1.5	57.8	50.0	4000	5000	1.21	6019-RZ	6019-2RZ
	170	32	107	158	2.1	118.1	149.7	2.1	110	82.8	2400		2.62	6219-LS	6219-2LS
	170	32	107	158	2.1	118.1	149.7	2.1	110	82.8	3600	4500	2.62	6219-RZ	6219-2RZ
100	125	13	105	120	1	107.5	119.4	1	20.1	22.0	3200		0.283	61820-LS	61820-2LS
	125	13	105	120	1	107.5	119.4	1	20.1	22.0	4300	5300	0.283	61820-RZ	61820-2RZ
	140	20	107	133	1	112.3	130.1	1.1	42.7	41.9	3000		0.774	61920-LS	61920-2LS
	140	20	107	133	1	112.3	130.1	1.1	42.7	41.9	4000	5000	0.774	61920-RZ	61920-2RZ
	150	24	109	141	1.5	114.6	138.2	1.5	64.5	56.2	2600		1.25	6020-LS	6020-2LS
	150	24	109	141	1.5	114.6	138.2	1.5	64.5	56.2	3800	4800	1.25	6020-RZ	6020-2RZ
	180	34	112	168	2.1	124.8	158.0	2.1	122	92.8	2200		3.2	6220-LS	6220-2LS
	180	34	112	168	2.1	124.8	158.0	2.1	122	92.8	3400	4300	3.2	6220-RZ	6220-2RZ
105	130	13	110	125	1	112.5	124.4	1	20.3	22.7	3000		0.295	61821-LS	61821-2LS
	130	13	110	125	1	112.5	124.4	1	20.3	22.7	4000	5000	0.295	61821-RZ	61821-2RZ
	145	20	112	138	1	117.3	135.1	1.1	43.9	44.3	2900		0.808	61921-LS	61921-2LS
	145	20	112	138	1	117.3	135.1	1.1	43.9	44.3	3800	4800	0.808	61921-RZ	61921-2RZ
	160	26	115	150	2	121.5	146.4	2	71.8	63.2	2400		1.52	6021-LS	6021-2LS
	160	26	115	150	2	121.5	146.4	2	71.8	63.2	3600	4500	1.52	6021-RZ	6021-2RZ
110	140	16	115	135	1	119.3	133.0	1	28.1	30.7	2900		0.496	61822-LS	61822-2LS
	140	16	115	135	1	119.3	133.0	1	28.1	30.7	3800	5000	0.496	61822-RZ	61822-2RZ
	150	20	117	143	1	122.3	140.1	1.1	43.6	44.4	2700		0.835	61922-LS	61922-2LS
	150	20	117	143	1	122.3	140.1	1.1	43.6	44.4	3600	4500	0.835	61922-RZ	61922-2RZ
	170	28	120	160	2	129.1	155.7	2	81.8	72.8	2200		1.87	6022-LS	6022-2LS
	170	28	120	160	2	129.1	155.7	2	81.8	72.8	3400	4300	1.87	6022-RZ	6022-2RZ
120	150	16	125	145	1	129.3	143.0	1	28.9	32.9	2600		0.536	61824-LS	61824-2LS
	150	16	125	145	1	129.3	143.0	1	28.9	32.9	3400	4300	0.536	61824-RZ	61824-2RZ
	165	22	127	158	1	133.7	153.6	1.1	55	56.9	2400		1.131	61924-LS	61924-2LS
	165	22	127	158	1	133.7	153.6	1.1	55	56.9	3200	4000	1.131	61924-RZ	61924-2RZ
	180	28	130	170	2	137.7	165.2	2	87.5	79.2	2000		2	6024-LS	6024-2LS
	180	28	130	170	2	137.7	165.2	2	87.5	79.2	3000	3800	2	6024-RZ	6024-2RZ

2　调心球轴承（见表 14.6-5、表 14.6-6）

表 14.6-5　调心球轴承（部分摘自 GB/T 281—2013）

圆柱孔型　圆锥孔型

径向当量动载荷：

当 $F_a/F_r \leqslant e$ 时，$P_r=F_r+Y_1F_a$

当 $F_a/F_r>e$ 时，$P_r=0.65F_r+Y_2F_a$

径向当量静载荷：

$P_{0r}=F_r+Y_0F_a$

代号含义

K—圆锥孔（锥度 1 : 12）

TN—尼龙保持架

M—黄铜实体保持架

公称尺寸/mm			安装尺寸/mm			其他尺寸/mm			计算系数				基本额定载荷/kN		极限转速/r·min⁻¹		质量/kg	轴承代号	
d	D	B	d_a max	D_a max	r_a max	d_2	D_2	r min	e	Y_1	Y_2	Y_0	C_r	C_{0r}	脂	油	W ≈	圆柱孔 10000（TN、M）型	圆锥孔 10000 K（KTN、KM）型
10	30	9	15	25	0.6	16.7	24.4	0.6	0.32	2.0	3.0	2.0	5.48	1.20	24000	28000	0.035	1200	1200 K
	30	9	15	25	0.6	16.7	23.5	0.6	0.31	2.1	3.17	2.1	5.40	1.20	24000	28000	0.035	1200 TN	1200 KTN
	30	14	15	25	0.6	15.3	23.32	0.6	0.62	1.0	1.6	1.1	7.12	1.58	24000	28000	0.050	2200	2200 K
	30	14	15	25	0.6	15.6	23.3	0.6	0.48	1.3	2.0	1.4	8.00	1.70	24000	28000	0.054	2200 TN	—
	35	11	15	30	0.6	—	—	0.6	0.33	1.9	3.0	2.0	7.22	1.62	20000	24000	0.06	1300	1300 K
	35	11	15	30	0.6	18.5	26.4	0.6	0.33	1.9	3.0	2.0	7.30	1.60	20000	24000	0.062	1300 TN	—
	35	17	15	30	0.6	—	—	0.6	0.66	0.95	1.5	1.0	11.0	2.45	18000	22000	0.09	2300	2300 K
	35	17	15	30	0.6	17.1	25.4	0.6	0.56	1.1	1.7	1.1	10.8	2.40	18000	22000	0.097	2300 TN	—
12	32	10	17	27	0.6	18.5	26.2	0.6	0.33	1.9	2.9	2.0	5.55	1.25	22000	26000	0.042	1201	1201 K
	32	10	17	27	0.6	18.4	25.5	0.6	0.32	1.9	3.0	2.1	6.20	1.40	22000	26000	0.042	1201 TN	1201 KTN
	32	14	17	27	0.6	—	—	0.6	—	—	—	—	8.80	1.80	22000	26000	—	2201	2201 K
	32	14	17	27	0.6	17.6	25.6	0.6	0.45	1.4	2.2	1.5	8.50	1.90	22000	26000	0.059	2201 TN	—
	37	12	18	31	1	20.0	30.8	1	0.35	1.8	2.8	1.9	9.42	2.12	18000	22000	0.07	1301	1301 K
	37	12	18	31	1	20.0	29.2	1	0.34	1.8	2.8	1.9	9.40	2.10	18000	22000	0.071	1301 TN	—
	37	17	18	31	1	—	—	1	—	—	—	—	12.5	2.72	17000	22000	—	2301	2301 K
	37	17	18	31	1	18.8	27.5	1	0.53	1.1	1.9	1.3	11.5	2.60	17000	22000	0.105	2301 TN	—
15	35	11	20	30	0.6	20.9	29.9	0.6	0.33	1.9	3.0	2.0	7.48	1.75	18000	22000	0.051	1202	1202 K
	35	11	20	30	0.6	21.0	29.0	0.6	0.30	2.1	3.2	2.2	7.40	1.70	18000	22000	0.051	1202 TN	1202 KTN
	35	14	20	30	0.6	20.8	30.4	0.6	0.50	1.3	2.0	1.3	7.65	1.80	18000	22000	0.06	2202	2202 K
	35	14	20	30	0.6	20.5	28.6	0.6	0.39	1.6	2.5	1.7	8.70	2.00	18000	22000	0.066	2202 TN	—
	42	13	21	36	1	23.6	34.1	1	0.33	1.9	2.9	2.0	9.50	2.28	16000	20000	0.1	1302	1302 K
	42	13	21	36	1	23.9	33.7	1	0.31	2.0	3.1	2.1	10.8	2.60	16000	20000	0.097	1302 TN	—
	42	17	21	36	1	23.2	35.2	1	0.51	1.2	1.9	1.3	12.0	2.88	14000	18000	0.11	2302	2302 K
	42	17	21	36	1	23.9	33.5	1	0.46	1.4	2.1	1.4	11.8	2.90	14000	18000	0.126	2302 TN	—
17	40	12	22	35	0.6	24.2	33.7	0.6	0.31	2.0	3.2	2.1	7.90	2.02	16000	20000	0.076	1203	1203 K

（续）

公称尺寸/mm			安装尺寸/mm			其他尺寸/mm			计算系数				基本额定载荷/kN		极限转速/r·min^{-1}		质量/kg	轴承代号	
d	D	B	d_a max	D_a max	r_a max	d_2	D_2	r min	e	Y_1	Y_2	Y_0	C_r	C_{0r}	脂	油	W ≈	圆柱孔10000（TN、M）型	圆锥孔10000 K（KTN、KM）型
17	40	12	22	35	0.6	24.1	32.8	0.6	0.30	2.1	3.2	2.2	8.90	2.20	16000	20000	0.075	1203 TN	1203 KTN
	40	16	22	35	0.6	23.5	34.3	0.6	0.50	1.2	1.9	1.3	9.00	2.45	16000	20000	0.09	2203	2203 K
	40	16	22	35	0.6	23.6	33.1	0.6	0.40	1.6	2.4	1.6	10.5	2.50	16000	20000	0.098	2203 TN	—
	47	14	23	41	1	26.4	38.3	1	0.33	1.9	3.0	2.0	12.5	3.18	14000	17000	0.14	1303	1303 K
	47	14	23	41	1	28.9	39.5	1	0.30	2.1	3.2	2.2	12.8	3.40	14000	17000	0.131	1303 TN	—
	47	19	23	41	1	25.8	39.4	1	0.52	1.2	1.9	1.3	14.5	3.58	13000	16000	0.17	2303	2303 K
	47	19	23	41	1	26.5	37.5	1	0.50	1.3	1.9	1.3	14.5	3.60	13000	16000	0.175	2303 TN	—
20	47	14	26	41	1	28.9	39.1	1	0.27	2.3	3.6	2.4	9.95	2.65	14000	17000	0.12	1204	1204 K
	47	14	26	41	1	29.2	39.6	1	0.30	2.1	3.2	2.2	12.8	3.40	14000	17000	0.12	1204 TN	1204 KTN
	47	18	26	41	1	28.0	40.4	1	0.48	1.3	2.0	1.4	12.5	3.28	14000	17000	0.15	2204	2204 K
	47	18	26	41	1	27.4	39.3	1	0.40	1.6	2.4	1.6	16.8	4.20	14000	17000	0.152	2204 TN	2204 KTN
	52	15	27	45	1	31.3	43.6	1.1	0.29	2.2	3.4	2.3	12.5	3.38	12000	15000	0.17	1304	1304 K
	52	15	27	45	1	32.4	43.4	1.1	0.28	2.2	3.4	2.3	14.2	4.00	12000	15000	0.169	1304 TN	1304 KTN
	52	21	27	45	1	28.8	43.7	1.1	0.51	1.2	1.9	1.3	17.8	4.75	11000	14000	0.22	2304	2304 K
	52	21	27	45	1	29.5	40.9	1.1	0.44	1.4	2.2	1.5	18.2	4.70	11000	14000	0.238	2304 TN	2304 KTN
25	52	15	31	46	1	33.1	44.9	1	0.27	2.3	3.6	2.4	12.0	3.30	12000	14000	0.14	1205	1205 K
	52	15	31	46	1	33.3	44.2	1	0.28	2.3	3.5	2.4	14.2	4.00	12000	14000	0.148	1205 TN	1205 KTN
	52	18	31	46	1	33.0	44.7	1	0.41	1.5	2.3	1.5	12.5	3.40	12000	14000	0.19	2205	2205 K
	52	18	31	46	1	32.6	44.6	1	0.33	1.9	3.0	2.0	16.8	4.40	12000	14000	0.17	2205 TN	2205 KTN
	62	17	32	55	1	37.8	52.5	1.1	0.27	2.3	3.5	2.4	17.8	5.05	10000	13000	0.26	1305	1305 K
	62	17	32	55	1	37.3	50.3	1.1	0.28	2.2	3.5	2.3	18.8	5.50	10000	13000	0.272	1305 TN	1305 KTN
	62	24	32	55	1	35.2	52.5	1.1	0.47	1.3	2.1	1.4	24.5	6.48	9500	12000	0.35	2305	2305 K
	62	24	32	55	1	36.1	50.0	1.1	0.41	1.5	2.3	1.6	24.5	6.50	9500	12000	0.375	2305 TN	2305 KTN
30	62	16	36	56	1	40.1	53.2	1	0.24	2.6	4.0	2.7	15.8	4.70	10000	12000	0.23	1206	1206 K
	62	16	36	56	1	40.0	51.7	1	0.25	2.5	3.9	2.7	15.5	4.70	10000	12000	0.228	1206 TN	1206 KTN
	62	20	36	56	1	40.0	53.0	1	0.39	1.6	2.4	1.7	15.2	4.60	10000	12000	0.26	2206	2206 K
	62	20	36	56	1	38.8	53.4	1	0.33	1.9	3.0	2.0	23.8	6.60	10000	12000	0.275	2206 TN	2206 KTN
	72	19	37	65	1	44.9	60.9	1.1	0.26	2.4	3.8	2.6	21.5	6.28	8500	11000	0.4	1306	1306 K
	72	19	37	65	1	44.9	59.0	1.1	0.25	2.5	3.9	2.6	21.2	6.30	8500	11000	0.399	1306 TN	1306 KTN
	72	27	37	65	1	41.7	60.9	1.1	0.44	1.4	2.2	1.5	31.5	8.68	8000	10000	0.5	2306	2306 K
	72	27	37	65	1	41.9	58.5	1.1	0.43	1.5	2.3	1.5	31.5	8.70	8000	10000	0.556	2306 TN	2306 KTN
35	72	17	42	65	1	47.5	60.7	1.1	0.23	2.7	4.2	2.9	15.8	5.08	8500	10000	0.32	1207	1207 K
	72	17	42	65	1	47.1	60.2	1.1	0.23	2.7	4.2	2.9	18.8	5.90	8500	10000	0.328	1207 TN	1207 KTN
	72	23	42	65	1	46.0	62.2	1.1	0.38	1.7	2.6	1.8	21.8	6.65	8500	10000	0.44	2207	2207 K
	72	23	42	65	1	45.1	61.9	1.1	0.31	2.0	3.1	2.1	30.5	8.70	8500	10000	0.425	2207 TN	2207 KTN
	80	21	44	71	1.5	51.5	69.5	1.5	0.25	2.6	4.0	2.7	25.0	7.95	7500	9500	0.54	1307	1307 K
	80	21	44	71	1.5	51.7	67.1	1.5	0.25	2.5	3.9	2.6	26.2	8.50	7500	9500	0.534	1307 TN	1307 KTN
	80	31	44	71	1.5	46.5	68.4	1.5	0.46	1.4	2.1	1.4	39.2	11.0	7100	9000	0.68	2307	2307 K
	80	31	44	71	1.5	47.7	66.6	1.5	0.39	1.6	2.5	1.7	39.5	11.2	7100	9000	0.763	2307 TN	2307 KTN
40	80	18	47	73	1	53.6	68.8	1.1	0.22	2.9	4.4	3.0	19.2	6.40	7500	9000	0.41	1208	1208 K
	80	18	47	73	1	53.6	66.7	1.1	0.22	2.9	4.5	3.0	20.0	6.90	7500	9000	0.43	1208 TN	1208 KTN

（续）

公称尺寸/mm			安装尺寸/mm			其他尺寸/mm			计算系数				基本额定载荷/kN		极限转速/r·min^{-1}		质量/kg	轴承代号	
d	D	B	d_a max	D_a max	r_a max	d_2	D_2	r min	e	Y_1	Y_2	Y_0	C_r	C_{0r}	脂	油	W ≈	圆柱孔 10000（TN、M）型	圆锥孔 10000 K（KTN、KM）型
40	80	23	47	73	1	52.4	68.8	1.1	0.24	1.9	2.9	2.0	22.5	7.38	7500	9000	0.53	2208	2208 K
	80	23	47	73	1	52.1	69.3	1.1	0.29	2.2	3.4	2.3	31.8	10.2	7500	9000	0.523	2208 TN	2208 KTN
	90	23	49	81	1.5	57.5	76.8	1.5	0.24	2.6	4.0	2.7	29.5	9.50	6700	8500	0.71	1308	1308 K
	90	23	49	81	1.5	60.6	78.7	1.5	0.24	2.6	4.1	2.8	33.7	11.3	6700	8500	0.723	1308 TN	1308 KTN
	90	33	49	81	1.5	53.5	76.8	1.5	0.43	1.5	2.3	1.5	44.8	13.2	6300	8000	0.93	2308	2308 K
	90	33	49	81	1.5	53.4	76.2	1.5	0.40	1.6	2.5	1.7	54.0	15.8	6300	8000	1.013	2308 TN	2308 KTN
45	85	19	52	78	1	57.3	73.7	1.1	0.21	2.9	4.6	3.1	21.8	7.32	7100	8500	0.49	1209	1209 K
	85	19	52	78	1	57.4	71.7	1.1	0.22	2.9	4.5	3.0	23.5	8.30	7100	8500	0.489	1209 TN	1209 KTN
	85	23	52	78	1	57.5	74.1	1.1	0.31	2.1	3.2	2.2	23.2	8.00	7100	8500	0.55	2209	2209 K
	85	23	52	78	1	55.3	72.4	1.1	0.26	2.4	3.8	2.5	32.5	10.5	7100	8500	0.574	2209 TN	2209 KTN
	100	25	54	91	1.5	63.7	85.7	1.5	0.25	2.5	3.9	2.6	38.0	12.8	6000	7500	0.96	1309	1309 K
	100	25	54	91	1.5	67.7	87.0	1.5	0.23	2.7	4.2	2.8	38.8	13.5	6000	7500	0.978	1309 TN	1309 KTN
	100	36	54	91	1.5	60.2	86.0	1.5	0.42	1.5	2.3	1.6	55.0	16.2	5600	7100	1.25	2309	2309 K
	100	36	54	91	1.5	60.0	85.0	1.5	0.37	1.7	2.6	1.8	63.8	19.2	5600	7100	1.351	2309 TN	2309 KTN
50	90	20	57	83	1	62.3	78.7	1.1	0.20	3.1	4.8	3.3	22.8	8.08	6300	8000	0.54	1210	1210 K
	90	20	57	83	1	62.3	77.5	1.1	0.21	3.0	4.6	3.1	26.5	9.50	6300	8000	0.55	1210 TN	1210 KTN
	90	23	57	83	1	62.5	79.3	1.1	0.29	2.2	3.4	2.3	23.2	8.45	6300	8000	0.68	2210	2210 K
	90	23	57	83	1	61.3	79.3	1.1	0.24	2.7	4.1	2.8	33.5	11.2	6300	8000	0.596	2210 TN	2210 KTN
	110	27	60	100	2	70.1	95.0	2	0.24	2.7	4.1	2.8	43.2	14.2	5600	6700	1.21	1310	1310 K
	110	27	60	100	2	70.3	90.6	2	0.24	2.7	4.1	2.8	43.8	15.2	5600	6700	1.301	1310 TN	1310 KTN
	110	40	60	100	2	65.8	94.4	2	0.43	1.5	2.3	1.6	64.5	19.8	5000	6300	1.64	2310	2310 K
	110	40	60	100	2	67.7	91.4	2	0.34	1.9	2.9	2.0	64.8	20.2	5000	6300	1.839	2310 TN	2310 KTN
55	100	21	64	91	1.5	70.1	88.4	1.5	0.20	3.2	5.0	3.4	26.8	10.0	6000	7100	0.72	1211	1211 K
	100	21	64	91	1.5	70.7	86.4	1.5	0.19	3.3	5.1	3.4	27.8	10.5	6000	7100	0.717	1211 TN	1211 KTN
	100	25	64	91	1.5	69.7	87.8	1.5	0.28	2.3	3.5	2.4	26.8	9.95	6000	7100	0.81	2211	2211 K
	100	25	64	91	1.5	67.6	87.4	1.5	0.23	2.7	4.2	2.8	39.2	13.5	6000	7100	0.81	2211 TN	2211 KTN
	120	29	65	110	2	77.7	104	2	0.23	2.7	4.2	2.8	51.5	18.2	5000	6300	1.58	1311	1311 K
	120	29	65	110	2	78.7	101.5	2	0.23	2.7	4.2	2.8	52.8	18.8	5000	6300	1.641	1311 TN	1311 KTN
	120	43	65	110	2	72	103	2	0.41	1.5	2.4	1.6	75.2	23.5	4800	6000	2.1	2311	2311 K
	120	43	65	110	2	73.9	99.7	2	0.33	1.9	3.0	2.0	75.2	24.0	4800	6000	2.345	2311 TN	2311 KTN
60	110	22	69	101	1.5	77.8	97.5	1.5	0.19	3.4	5.3	3.6	30.2	11.5	5300	6300	0.9	1212	1212 K
	110	22	69	101	1.5	78.6	95.7	1.5	0.18	3.4	5.3	3.6	31.2	12.2	5300	6300	0.917	1212 TN	1212 KTN
	110	28	69	101	1.5	75.5	96.1	1.5	0.28	2.3	3.5	2.4	34.0	12.5	5300	6300	1.1	2212	2212 K
	110	28	69	101	1.5	74.8	96.0	1.5	0.24	2.6	4.0	2.7	46.5	16.2	5300	6300	1.109	2212 TN	2212 KTN
	130	31	72	118	2.1	87	115	2.1	0.23	2.8	4.3	2.9	57.2	20.8	4500	5600	1.96	1312	1312 K
	130	31	72	118	2.1	87.1	111.5	2.1	0.23	2.8	4.3	2.9	58.2	21.2	4500	5600	2.023	1312 TN	1312 KTN
	130	46	72	118	2.1	76.9	112	2.1	0.41	1.6	2.5	1.6	86.8	27.5	4300	5300	2.6	2312	2312 K
	130	46	72	118	2.1	80.0	108.5	2.1	0.33	1.9	3.0	2.0	87.5	28.2	4300	5300	2.912	2312 TN	2312 KTN
65	120	23	74	111	1.5	85.3	105	1.5	0.17	3.7	5.7	3.9	31.0	12.5	4800	6000	0.92	1213	1213 K
	120	23	74	111	1.5	85.7	104.0	1.5	0.18	3.6	5.6	3.8	35.0	13.8	4800	6000	1.155	1213 TN	1213 KTN
	120	31	74	111	1.5	81.9	105	1.5	0.28	2.3	3.5	2.4	43.5	16.2	4800	6000	1.5	2213	2213 K

（续）

公称尺寸/mm			安装尺寸/mm			其他尺寸/mm			计算系数				基本额定载荷/kN		极限转速/r·min^{-1}		质量/kg	轴承代号	
d	D	B	d_a max	D_a max	r_a max	d_2	D_2	r min	e	Y_1	Y_2	Y_0	C_r	C_{0r}	脂	油	W ≈	圆柱孔 10000（TN、M）型	圆锥孔 10000 K（KTN、KM）型
65	120	31	74	111	1.5	80.9	104.5	1.5	0.24	2.6	4.0	2.7	56.8	20.2	4800	6000	1.504	2213 TN	2213 KTN
	140	33	77	128	2.1	92.5	122	2.1	0.23	2.8	4.3	2.9	61.8	22.8	4300	5300	2.39	1313	1313 K
	140	33	77	128	2.1	90.4	115.7	2.1	0.23	2.7	4.2	2.9	62.8	22.8	4300	5300	2.528	1313 TN	1313 KTN
	140	48	77	128	2.1	85.5	122	2.1	0.38	1.6	2.6	1.7	96.0	32.5	3800	4800	3.2	2313	2313 K
	140	48	77	128	2.1	87.6	118.4	2.1	0.32	2.0	3.1	2.1	97.2	31.8	3800	4800	3.477	2313 TN	2313 KTN
70	125	24	79	116	1.5	87.4	109	1.5	0.18	3.5	5.4	3.7	34.5	13.5	4800	5600	1.29	1214	1214 K
	125	24	79	116	1.5	88.7	106.9	1.5	0.18	3.5	5.4	3.7	34.5	13.5	4800	5600	1.345	1214 M	1214 KM
	125	31	79	116	1.5	87.5	111	1.5	0.27	2.4	3.7	2.5	44.0	17.0	4500	5600	1.62	2214	2214 K
	125	31	79	116	1.5	88.1	109.3	1.5	0.23	2.7	4.2	2.9	55.2	19.5	4500	5600	1.575	2214 TN	2214 KTN
	150	35	82	138	2.1	97.7	129	2.1	0.22	2.8	4.4	2.9	74.5	27.5	4000	5000	3.0	1314	1314 K
	150	35	82	138	2.1	97.2	125.1	2.1	0.23	2.8	4.3	2.9	75.0	28.5	4000	5000	3.267	1314 M	1314 KM
	150	51	82	138	2.1	91.6	130	2.1	0.38	1.7	2.6	1.8	110	37.5	3600	4500	3.9	2314	2314 K
	150	51	82	138	2.1	91.7	126.1	2.1	0.37	1.7	2.6	1.8	113	37.2	3600	4500	5.358	2314 M	2314 KM
75	130	25	84	121	1.5	93	116	1.5	0.17	3.6	5.6	3.8	38.8	15.2	4300	5300	1.35	1215	1215 K
	130	25	84	121	1.5	93.9	113.3	1.5	0.17	3.7	5.7	3.8	38.8	15.5	4300	5300	1.461	1215 M	1215 KM
	130	31	84	121	1.5	93.1	117	1.5	0.25	2.5	3.9	2.6	44.2	18.0	4300	5300	1.72	2215	2215 K
	130	31	84	121	1.5	93.2	113.9	1.5	0.22	2.9	4.4	3.0	56.5	20.8	4300	5300	1.619	2215 TN	2215 KTN
	160	37	87	148	2.1	104	138	2.1	0.22	2.8	4.4	3.0	79.0	29.8	3800	4500	3.6	1315	1315 K
	160	37	87	148	2.1	106.0	135.0	2.1	0.22	2.8	4.4	3.0	78.8	30.0	3800	4500	3.898	1315 M	1315 KM
	160	55	87	148	2.1	97.8	139	2.1	0.38	1.7	2.6	1.7	122	42.8	3400	4300	4.7	2315	2315 K
	160	55	87	148	2.1	98.8	135.2	2.1	0.37	1.7	2.7	1.8	126	42.2	3400	4300	6.535	2315 M	2315 KM
80	140	26	90	130	2	101	125	2	0.18	3.6	5.5	3.7	39.5	16.8	4000	5000	1.65	1216	1216 K
	140	26	90	130	2	102	121.7	2	0.17	3.7	5.7	3.9	39.5	16.2	4000	5000	1.792	1216 M	1216 KM
	140	33	90	130	2	98.8	124	2	0.25	2.5	3.9	2.6	48.8	20.2	4000	5000	2.19	2216	2216 K
	140	33	90	130	2	98.9	124.5	2	0.22	2.9	4.4	3.0	65.2	25.5	4000	5000	2.057	2216 TN	2216 KTN
	170	39	92	158	2.1	109	147	2.1	0.22	2.9	4.5	3.1	88.5	32.8	3600	4300	4.2	1316	1316 K
	170	39	92	158	2.1	110.2	140.7	2.1	0.22	2.8	4.4	3.0	86.5	32.8	3600	4300	4.648	1316 M	1316 KM
	170	58	92	158	2.1	104	148	2.1	0.39	1.6	2.5	1.7	128	45.5	3200	4000	5.7	2316	2316 K
	170	58	92	158	2.1	105.4	144.4	2.1	0.37	1.7	2.6	1.8	137	47.5	3200	4000	7.785	2316 M	2316 KM
85	150	28	95	140	2	107	134	2	0.17	3.7	5.7	3.9	48.8	20.5	3800	4500	2.1	1217	1217 K
	150	28	95	140	2	107.1	129	2	0.17	3.6	5.6	3.8	47.8	19.5	3800	4500	2.240	1217 M	1217 KM
	150	36	95	140	2	105	133	2	0.25	2.5	3.8	2.6	58.2	23.5	3800	4500	2.53	2217	2217 K
	150	36	95	140	2	104.7	130.3	2	0.22	2.9	4.5	3.0	66.3	26.2	3800	4500	2.611	2217 TN	2217 KTN
	180	41	99	166	2.5	117	158	3	0.22	2.9	4.5	3.0	97.8	37.8	3400	4000	5.0	1317	1317 K
	180	41	99	166	2.5	117.4	149.4	3	0.22	2.9	4.4	3.0	97.8	38.5	3400	4000	5.475	1317 M	1317 KM
	180	60	99	166	2.5	111	157	3	0.38	1.7	2.6	1.7	140	51.0	3000	3800	6.70	2317	2317 K
	180	60	99	166	2.5	114.6	153.6	3	0.36	1.8	2.7	1.8	140	51.5	3000	3800	8.982	2317 M	2317 KM

（续）

公称尺寸/mm			安装尺寸/mm			其他尺寸/mm			计算系数				基本额定载荷/kN		极限转速/r·min^{-1}		质量/kg	轴承代号	
d	D	B	d_a max	D_a max	r_a max	d_2	D_2	r min	e	Y_1	Y_2	Y_0	C_r	C_{0r}	脂	油	W ≈	圆柱孔 10000 (TN、M)型	圆锥孔 10000 K (KTN、KM)型
90	160	30	100	150	2	112	142	2	0.17	3.8	5.7	4.0	56.5	23.2	3600	4300	2.5	1218	1218 K
	160	30	100	150	2	113.9	137.2	2	0.18	3.6	5.5	3.7	52.5	21.7	3600	4300	2.753	1218 M	1218 KM
	160	40	100	150	2	112	142	2	0.27	2.4	3.7	2.5	70.0	28.5	3600	4300	3.22	2218	2218 K
	160	40	100	150	2	112.6	139	2	0.26	2.4	3.7	2.5	70.2	28.5	3600	4300	4.073	2218 M	2218 KM
	190	43	104	176	2.5	122	165	3	0.22	2.8	4.4	2.9	115	44.5	3200	3800	6.0	1318	1318 K
	190	43	104	176	2.5	126.7	162.4	3	0.23	2.7	4.2	2.9	115.8	46.2	3200	3800	6.418	1318 M	1318 KM
	190	64	104	176	2.5	115	164	3	0.39	1.6	2.5	1.7	142	57.2	2800	3600	7.9	2318	2318 K
	190	64	104	176	2.5	119.4	160.5	3	0.37	1.7	2.6	1.8	152	57.8	2800	3600	10.722	2318 M	2318 KM
95	170	32	107	158	2.1	120	151	2.1	0.17	3.7	5.7	3.9	63.5	27.0	3400	4000	3.0	1219	1219 K
	170	32	107	158	2.1	121.8	147.6	2.1	0.17	3.7	5.7	3.8	63.8	26.8	3400	4000	3.314	1219 M	1219 KM
	170	43	107	158	2.1	118	151	2.1	0.26	2.4	3.7	2.5	82.8	33.8	3400	4000	4.2	2219	2219 K
	170	43	107	158	2.1	119.1	147.9	2.1	0.27	2.3	3.6	2.5	83.2	34.2	3400	4000	5.024	2219 M	2219 KM
	200	45	109	186	2.5	127	174	3	0.23	2.8	4.3	2.9	132	50.8	3000	3600	7.0	1319	1319 K
	200	45	109	186	2.5	131.1	170.2	3	0.24	2.6	4.0	2.7	132	52.4	3000	3600	7.5	1319 M	1319 KM
	200	67	109	186	2.5	—	—	3	0.38	1.7	2.6	1.8	162	64.2	2800	3400	9.2	2319	2319 K
	200	67	109	186	2.5	125.1	168.6	3	0.37	1.7	2.7	1.8	165	64.2	2800	3400	12.414	2319 M	2319 KM
100	180	34	112	168	2.1	127	159	2.1	0.18	3.5	5.4	3.7	68.5	29.2	3200	3800	3.7	1220	1220 K
	180	34	112	168	2.1	128.5	155.4	2.1	0.17	3.7	5.7	3.8	69.2	29.5	3200	3800	3.979	1220 M	1220 KM
	180	46	112	168	2.1	125	160	2.1	0.27	2.3	3.6	2.5	97.2	40.5	3200	3800	5.0	2220	2220 K
	180	46	112	168	2.1	125.7	156.8	2.1	0.27	2.4	3.7	2.5	97.5	40.5	3200	3800	6.065	2220 M	2220 KM
	215	47	114	201	2.5	—	185	3	0.24	2.7	4.1	2.8	142	57.2	2800	3400	8.64	1320	1320 K
	215	47	114	201	2.5	140.3	181	3	0.24	2.7	4.1	2.8	145	59.5	2800	3400	9.240	1320 M	1320 KM
	215	73	114	201	2.5	—	—	3	0.37	1.7	2.6	1.8	192	78.5	2400	3200	12.4	2320	2320 K
	215	73	114	201	2.5	134.5	182.5	3	0.37	1.7	2.6	1.8	192	78.5	2400	3200	15.949	2320 M	2320 KM
105	190	36	117	178	2.1	134	167	2.1	0.18	3.5	5.5	3.7	74	32.2	3000	3600	4.4	1221	1221 K
	190	36	117	178	2.1	135.6	163.7	2.1	0.17	3.7	5.7	3.9	74.5	32.2	3000	3600	4.727	1221 M	1221 KM
	190	50	117	178	2.1	—	—	2.1	—	—	—	—	—	—	3000	3600	—	2221	2221 K
	190	50	117	178	2.1	131.9	164.8	2.1	0.27	2.3	3.6	2.4	110	46.5	3000	3600	7.391	2221 M	—
	225	49	119	211	2.5	—	—	3	0.24	2.6	4.1	2.7	152	64.5	2600	3200	9.55	1321	1321 K
	225	49	119	211	2.5	148.5	190.8	3	0.24	2.7	4.3	2.8	150	63.5	2600	3200	10.544	1321 M	—
	225	77	119	211	2.5	140.8	190.9	3	0.36	1.7	2.7	1.8	205	86.8	2400	3000	18.284	2321 M	2321 KM
110	200	38	122	188	2.1	140	176	2.1	0.17	3.6	5.6	3.8	87.2	37.5	2800	3400	5.2	1222	1222 K
	200	38	122	188	2.1	142.5	173.2	2.1	0.17	3.6	5.6	3.8	88.0	38.5	2800	3400	5.578	1222 M	1222 KM
	200	53	122	188	2.1	137	177	2.1	0.28	2.2	3.5	2.4	125	52.2	2800	3400	7.2	2222	2222 K
	200	53	122	188	2.1	138.3	174.1	2.1	0.28	2.3	3.5	2.4	125	52.2	2800	3400	8.759	2222 M	2222 KM
	240	50	124	226	2.5	154	206	3	0.23	2.8	4.3	2.9	162	72.8	2400	3000	11.8	1322	1322 K
	240	50	124	226	2.5	157.8	201.9	3	0.23	2.8	4.3	2.9	162	72.5	2400	3000	12.452	1322 M	1322 KM
	240	80	124	226	2.5	—	—	3	0.39	1.6	2.5	1.7	215	94.2	2200	2800	17.6	2322	2322 K
	240	80	124	226	2.5	149.8	202.6	3	0.37	1.7	2.7	1.8	215	94.2	2200	2800	21.967	2322 M	2322 KM

表 14.6-6　带紧定套的调心球轴承（部分摘自 GB/T 281—2013）

10000K(KTN、KM)+H型

当量载荷计算同表 14.6-5
代号含义
同前
H0000—紧定套

公称尺寸/mm			安装尺寸/mm					其他尺寸/mm					计算系数				基本额定载荷/kN		极限转速/r·min⁻¹		质量/kg	轴承代号
d_1	D	B	d_a max	d_b min	D_a max	B_a min	r_a max	d_2	D_2	B_1	B_2	r min	e	Y_1	Y_2	Y_0	C_r	C_{0r}	脂	油	W ≈	10000K(KTN、KM)+H0000 型
17	47	14	28	23	41	5	1	32	39.1	24	7	1	0.27	2.3	3.6	2.4	9.95	2.65	14000	17000	—	1203 K+H 203
	47	14	29	23	41	5	1	32	39.5	24	7	1	0.3	2.1	3.2	2.2	12.8	3.4	14000	17000	—	1203 KTN+H 203
	47	18	28	23	41	5	1	32	40.4	28	7	1	0.48	1.3	2.0	1.4	12.5	3.28	14000	17000	—	2203 K+H 303
	47	18	27	23	41	5	1	32	39.3	28	7	1	0.40	1.6	2.4	1.7	16.8	4.2	14000	17000	—	2203 KTN+H 303
	52	15	31	23	45	8	1	32	43.6	28	7	1.1	0.29	2.2	3.4	2.3	12.5	3.38	12000	15000	—	1303 K+H 303
	52	15	32	23	45	8	1	32	43.4	28	7	1.1	0.28	2.2	3.4	2.3	14.2	4.0	12000	15000	—	1303 KTN+H 303
	52	21	28	24	45	5	1	32	43.7	31	7	1.1	0.51	1.2	1.9	1.3	17.8	4.75	11000	14000	—	2303 K+H 2303
	52	21	29	24	45	5	1	32	40.9	31	7	1.1	0.44	1.4	2.2	1.5	18.2	4.7	11000	14000	—	2303 KTN+H 2303
20	52	15	33	28	46	5	1	38	44.9	26	8	1	0.27	2.3	3.6	2.4	12.0	3.30	12000	14000	0.21	1204 K+H 204
	52	15	33	28	46	5	1	38	44.2	26	8	1	0.28	2.3	3.5	2.4	14.2	4.0	12000	14000	0.218	1204 KTN+H 204
	52	18	33	28	46	5	1	38	44.7	29	8	1	0.41	1.5	2.3	1.5	12.5	3.40	12000	14000	0.35	2204 K+H 304
	52	18	32	28	46	5	1	38	44.6	29	8	1	0.33	1.9	3.0	2.0	16.8	4.40	12000	14000	0.329	2204 KTN+H 304
	62	17	37	28	55	6	1	38	52.5	29	8	1.1	0.27	2.3	3.5	2.4	17.8	5.05	10000	13000	0.51	1304 K+H 304
	62	17	37	28	55	6	1	38	50.3	29	8	1.1	0.28	2.2	3.5	2.3	18.8	5.50	10000	13000	0.521	1304 KTN+H 304
	62	24	34	30	55	5	1	38	52.5	35	8	1.1	0.47	1.3	2.1	1.4	24.5	6.48	9500	12000	—	2304 K+H 2304
	62	24	36	30	55	5	1	38	50.0	35	8	1.1	0.41	1.5	2.3	1.6	24.5	6.50	9500	12000	—	2304 KTN+H 2304
25	62	16	40	33	56	5	1	45	53.2	27	8	1	0.24	2.6	4.0	2.7	15.8	4.70	10000	12000	0.33	1205 K+H 205
	62	16	40	33	56	5	1	45	51.7	27	8	1	0.25	2.5	3.9	2.7	15.5	4.70	10000	12000	0.328	1205 KTN+H 205
	62	20	40	33	56	5	1	45	53	31	8	1	0.39	1.6	2.4	1.7	15.2	4.60	10000	12000	0.37	2205 K+H 305
	62	20	38	33	56	5	1	45	53.4	31	8	1	0.33	1.9	3.0	2.0	23.8	6.60	10000	12000	0.384	2205 KTN+H 305
	72	19	44	33	65	6	1	45	60.9	31	8	1.1	0.26	2.4	3.8	2.6	21.5	6.28	8500	11000	0.51	1305 K+H 305
	72	19	44	33	65	6	1	45	59.0	31	8	1.1	0.25	2.5	3.9	2.6	21.2	6.30	8500	11000	0.504	1305 KTN+H 305
	72	27	41	35	65	5	1	45	60.9	38	8	1.1	0.44	1.4	2.2	1.5	31.5	8.68	8000	10000	0.63	2305 K+H 2305
	72	27	41	35	65	5	1	45	58.5	38	8	1.1	0.43	1.5	2.3	1.5	31.5	8.70	8000	10000	0.685	2305 KTN+H 2305
30	72	17	47	38	65	5	1	52	60.7	29	9	1.1	0.23	2.7	4.2	2.9	15.8	5.08	8500	10000	0.45	1206 K+H 206
	72	17	47	38	65	5	1	52	60.2	29	9	1.1	0.23	2.7	4.2	2.9	18.8	5.90	8500	10000	0.457	1206 KTN+H 206
	72	23	46	39	65	5	1	52	62.2	35	9	1.1	0.38	1.7	2.6	1.8	21.8	6.65	8500	10000	0.58	2206 K+H 306
	72	23	45	39	65	5	1	52	61.9	35	9	1.1	0.31	2.0	3.1	2.1	30.5	8.70	8500	10000	0.563	2206 KTN+H 306

（续）

公称尺寸 /mm			安装尺寸 /mm					其他尺寸 /mm					计算系数				基本额定载荷 /kN		极限转速 /r·min^{-1}		质量 /kg	轴承代号
d_1	D	B	d_a max	d_b min	D_a max	B_a min	r_a max	d_2	D_2	B_1	B_2	r min	e	Y_1	Y_2	Y_0	C_r	C_{0r}	脂	油	W ≈	10000K(KTN、KM)+H0000 型
30	80	21	51	39	71	7	1.5	52	69.5	35	9	1.5	0.25	2.6	4.0	2.7	25	7.95	7500	9500	0.68	1306 K+H 306
	80	21	51	39	71	7	1.5	52	67.1	35	9	1.5	0.25	2.5	3.9	2.6	26.2	8.50	7500	9500	0.673	1306 KTN+H 306
	80	31	46	40	71	5	1.5	52	68.4	43	9	1.5	0.46	1.4	2.1	1.4	39.2	11	7100	9000	0.85	2306 K+H 2306
	80	31	47	40	71	5	1.5	52	66.0	43	9	1.5	0.39	1.6	2.5	1.7	39.5	11.2	7100	9000	0.931	2306 KTN+H 2306
35	80	18	53	43	73	6	1	58	68.8	31	10	1.1	0.22	2.9	4.4	3.0	19.2	6.40	7500	9000	0.58	1207 K+H 207
	80	18	53	43	73	6	1	58	66.7	31	10	1.1	0.22	2.9	4.5	3.0	20.0	6.90	7500	9000	0.599	1207 KTN+H 207
	80	23	52	44	73	6	1	58	68.8	36	10	1.1	0.24	1.9	2.9	2.0	22.5	7.38	7500	9000	0.72	2207 K+H 307
	80	23	52	44	73	6	1	58	69.3	36	10	1.1	0.29	2.2	3.4	2.3	31.8	10.2	7500	9000	0.711	2207 KTN+H 307
	90	23	57	44	81	6	1.5	58	76.8	36	10	1.5	0.24	2.6	4.0	2.7	29.5	9.5	6700	8500	0.9	1307 K+H 307
	90	23	61	44	81	6	1.5	58	78.7	36	10	1.5	0.24	2.6	4.1	2.8	33.7	11.0	6700	8500	0.917	1307 KTN+H 307
	90	33	53	45	81	6	1.5	58	76.8	46	10	1.5	0.43	1.5	2.3	1.5	44.8	13.2	6300	8000	1.15	2307 K+H 2307
	90	33	53	45	81	6	1.5	58	76.2	46	10	1.5	0.40	1.6	2.5	1.7	54.0	15.8	6300	8000	1.23	2307 KTN+H 2307
40	85	19	57	48	78	6	1	65	73.7	33	11	1.1	0.21	2.9	4.6	3.1	21.8	7.32	7100	8500	0.72	1208 K+H 208
	85	19	59	48	78	6	1	65	71.7	33	11	1.1	0.22	2.9	4.5	3.0	23.5	8.30	7100	8500	0.718	1208 KTN+H 208
	85	23	57	50	78	8	1	65	74.1	39	11	1.1	0.31	2.1	3.2	2.2	23.2	8.00	7100	8500	0.8	2208 K+H 308
	85	23	55	50	78	8	1	65	72.4	39	11	1.1	0.26	2.4	3.8	2.5	32.5	10.5	7100	8500	0.822	2208 KTN+H 308
	100	25	63	50	91	6	1.5	65	85.7	39	11	1.5	0.25	2.5	3.9	2.6	38.0	12.8	6000	7500	1.21	1308 K+H 308
	100	25	67	50	91	6	1.5	65	87.0	39	11	1.5	0.23	2.7	4.2	2.8	38.8	13.5	6000	7500	1.225	1308 KTN+H 308
	100	36	60	50	91	6	1.5	65	86	50	11	1.5	0.42	1.5	2.3	1.6	54.0	16.2	5600	7100	1.51	2308 K+H 2308
	100	36	60	50	91	6	1.5	65	85	50	11	1.5	0.37	1.7	2.6	1.8	63.8	19.2	5600	7100	1.625	2308 KTN+H 2308
45	90	20	62	53	83	6	1	70	78.7	35	12	1.1	0.20	3.1	4.8	2.3	22.8	8.08	6300	8000	0.81	1209 K+H 209
	90	20	62	53	83	6	1	70	77.5	35	12	1.1	0.21	3.0	4.6	3.1	26.5	9.50	6300	8000	0.816	1209 KTN+H 209
	90	23	62	55	83	10	1	70	79.3	42	12	1.1	0.29	2.2	3.4	2.3	23.2	8.45	6300	8000	0.98	2209 K+H 309
	90	23	61	55	83	10	1	70	79.3	42	12	1.1	0.24	2.7	4.1	2.8	33.5	11.2	6300	8000	0.859	2209 KTN+H 309
	110	27	70	55	100	6	2	70	95	42	12	2	0.24	2.7	4.1	2.8	43.2	14.2	5600	6700	1.51	1309 K+H 309
	110	27	70	55	100	6	2	70	90.6	42	12	2	0.24	2.7	4.1	2.8	43.8	15.2	5600	6700	1.602	1309 KTN+H 309
	110	40	65	56	100	6	2	70	94.4	55	12	2	0.43	1.5	2.3	1.6	64.5	19.8	5000	6300	2	2309 K+H 2309
	110	40	67	56	100	6	2	70	91.4	55	12	2	0.34	1.9	2.9	2.0	64.8	20.2	5000	6300	2.097	2309 KTN+H 2309
50	100	21	70	60	91	7	1.5	75	88.4	37	12	1.5	0.2	3.2	5.0	3.4	26.8	10	6000	7100	1.03	1210 K+H 210
	100	21	70	60	91	7	1.5	75	86.4	37	12	1.5	0.19	3.3	5.1	3.4	27.8	10.5	6000	7100	1.025	1210 KTN+H 210
	100	25	69	60	91	11	1.5	75	87.8	45	12	1.5	0.28	2.3	3.5	2.4	26.8	9.95	6000	7100	1.2	2210 K+H 310
	100	25	67	60	91	11	1.5	75	87.4	45	12	1.5	0.23	2.7	4.2	2.8	39.2	13.5	6000	7100	1.196	2210 KTN+H 310
	120	29	77	60	110	7	2	75	104	45	12	2	0.23	2.7	4.2	2.8	51.5	18.2	5000	6300	1.97	1310 K+H 310

（续）

公称尺寸 /mm			安装尺寸 /mm					其他尺寸 /mm					计算系数				基本额定载荷 /kN		极限转速 /r·min^{-1}		质量 /kg	轴承代号
d_1	D	B	d_a max	d_b min	D_a max	B_a min	r_a max	d_2	D_2	B_1	B_2	r min	e	Y_1	Y_2	Y_0	C_r	C_{0r}	脂	油	W ≈	10000K（KTN、KM）+ H0000 型
50	120	29	78	60	110	7	2	75	101.5	45	12	2	0.23	2.7	4.2	2.8	52.8	18.8	5000	6300	2.026	1310 KTN+H 310
	120	43	72	61	110	7	2	75	103	59	12	2	0.41	1.5	2.4	1.6	75.2	23.5	4800	6000	2.52	2310 K+H 2310
	120	43	73	61	110	7	2	75	99.7	59	12	2	0.33	1.9	3.0	2.0	75.2	24	4800	6000	2.761	2310 KTN+H 2310
55	110	22	77	64	101	7	1.5	80	97.5	38	13	1.5	0.19	3.4	5.3	3.6	30.2	11.5	5300	6300	1.25	1211 K+H 211
	110	22	78	64	101	7	1.5	80	95.7	38	13	1.5	0.18	3.4	5.3	3.6	31.2	12.2	5300	6300	1.265	1211 KTN+H 211
	110	28	75	65	101	10	1.5	80	96.1	47	13	1.5	0.28	2.3	3.5	2.4	34.0	12.5	5300	6300	1.49	2211 K+H 311
	110	28	74	65	101	10	1.5	80	96.0	47	13	1.5	0.24	2.6	4.0	2.7	46.5	16.2	5300	6300	1.512	2211 KTN+H 311
	130	31	87	65	118	7	2.1	80	115	47	13	2.1	0.23	2.8	4.3	2.9	57.2	20.8	4500	5600	2.35	1311 K+H 311
	130	31	87	65	118	7	2.1	80	111.5	47	13	2.1	0.23	2.8	4.3	2.9	58.2	21.2	4500	5600	2.49	1311 KTN+H 311
	130	46	76	66	118	7	2.1	80	112	62	13	2.1	0.41	1.6	2.5	1.6	86.8	27.5	4300	5300	3.09	2311 K+H 2311
	130	46	80	66	118	7	2.1	80	108.5	62	13	2.1	0.33	1.9	3.0	2.0	87.5	28.2	4300	5300	3.402	2311 KTN+H 2311
60	120	23	85	70	111	7	1.5	85	105	40	14	1.5	0.17	3.7	5.7	3.9	31.0	12.5	4800	6000	1.32	1212 K+H 212
	120	23	85	70	111	7	1.5	85	104	40	14	1.5	0.18	3.6	5.6	3.8	35.0	13.8	4800	6000	1.552	1212 KTN+H 212
	120	31	81	70	111	9	1.5	85	105	50	14	1.5	0.28	2.3	3.5	2.4	43.5	16.2	4800	6000	1.96	2212 K+H 312
	120	31	80	70	111	9	1.5	85	104.5	50	14	1.5	0.24	2.6	4.0	2.7	56.8	20.2	4800	6000	1.964	2212 KTN+H 312
	140	33	92	70	128	7	2.1	85	122	50	14	2.1	0.23	2.8	4.3	2.9	61.8	22.2	4300	5300	2.85	1312 K+H 312
	140	33	89	70	128	7	2.1	85	115.7	50	14	2.1	0.23	2.7	4.2	2.9	62.8	22.8	4300	5300	2.993	1312 KTN+H 312
	140	48	85	72	128	7	2.1	85	122	65	14	2.1	0.38	1.6	2.6	1.7	96.0	32.5	3800	4800	3.75	2312 K+H 2312
	140	48	87	72	128	7	2.1	85	118.4	65	14	2.1	0.32	2.0	3.1	2.1	97.2	31.8	3800	4800	4.022	2312 KTN+H 2312
65	130	25	93	80	121	7	1.5	98	116	43	15	1.5	0.17	3.6	5.6	3.8	38.8	15.2	4300	5300	2.06	1213 K+H 213
	130	25	93	80	121	7	1.5	98	113.3	43	15	1.5	0.17	3.7	5.7	3.8	38.8	15.5	4300	5300	2.171	1213 KM+H 213
	130	31	93	80	121	13	1.5	98	117	55	15	1.5	0.25	2.5	3.9	2.6	44.2	18.0	4300	5300	2.55	2213 K+H 313
	130	31	93	80	121	13	1.5	98	113.9	55	15	1.5	0.22	2.9	4.4	3.0	56.5	20.8	4300	5300	2.457	2213 KTN+H 313
	160	37	104	80	148	7	2.1	98	138	55	15	2.1	0.22	2.8	4.4	3.0	79.0	29.8	3800	4500	4.43	1313 K+H 313
	160	37	106	80	148	7	2.1	98	135	55	15	2.1	0.22	2.8	4.4	3.0	78.8	30.0	3800	4500	4.741	1313 KM+H 313
	160	55	97	82	148	7	2.1	98	139	73	15	2.1	0.38	1.7	2.6	1.7	122	42.8	3400	4300	5.75	2313 K+H 2313
	160	55	98	82	148	7	2.1	98	135.2	73	15	2.1	0.37	1.7	2.7	1.8	126	42.2	3400	4300	7.585	2313 KM+H 2313
70	140	26	101	85	130	7	2	105	125	46	17	2	0.18	3.6	5.5	3.7	39.5	16.8	4000	5000	2.53	1214 K+H 214
	140	26	102	85	130	7	2	105	121.7	46	17	2	0.17	3.7	3.7	3.9	39.5	16.2	4000	5000	2.672	1214 KM+H 214
	140	33	98	85	130	13	2	105	124	59	17	2	0.25	2.5	3.9	2.6	48.8	20.2	4000	5000	3.19	2214 K+H 314
	140	33	98	85	130	13	2	105	124.5	59	17	2	0.22	2.9	4.4	3.0	65.2	25.5	4000	5000	3.053	2214 KTN+H 314
	170	39	109	85	158	7	2.1	105	147	59	17	2.1	0.22	2.9	4.5	3.1	88.5	32.8	3600	4300	5.2	1314 K+H 314
	170	39	110	85	158	7	2.1	105	141.7	59	17	2.1	0.22	2.8	4.4	3.0	86.5	32.8	3600	4300	5.652	1314 KM+H 314
	170	58	104	88	158	7	2.1	105	148	78	17	2.1	0.39	1.6	2.5	1.7	128	45.5	3200	4000	7.0	2314 K+H 2314
	170	58	105	88	158	7	2.1	105	144.4	78	17	2.1	0.37	1.7	2.6	1.8	135	47.5	3200	4000	9.085	2314 KM+H 2314

（续）

公称尺寸 /mm			安装尺寸 /mm					其他尺寸 /mm					计算系数				基本额定载荷 /kN		极限转速 $/r \cdot min^{-1}$		质量 /kg	轴承代号
d_1	D	B	d_a max	d_b min	D_a max	B_a min	r_a max	d_2	D_2	B_1	B_2	r min	e	Y_1	Y_2	Y_0	C_r	C_{0r}	脂	油	W ≈	10000K(KTN、KM)+H0000 型
75	150	28	107	90	140	8	2	110	134	50	18	2	0.17	3.7	5.7	3.9	48.8	20.5	3800	4500	3.1	1215 K+H 215
	150	28	107	90	140	8	2	110	129	50	18	2	0.17	3.6	5.6	3.8	47.8	19.5	3800	4500	3.24	1215 KM+H 215
	150	36	105	91	140	13	2	110	133	63	18	2	0.25	2.5	3.8	2.6	58.2	23.5	3800	4500	3.73	2215 K+H 315
	150	36	104	91	140	13	2	110	130.3	63	18	2	0.22	2.9	4.5	3.0	66.2	26.2	3800	4500	3.805	2215 KTN+H 315
	180	41	117	91	166	8	2.1	110	158	63	18	3	0.22	2.9	4.5	3.0	97.8	37.8	3400	4000	6.7	1315 K+H 315
	180	41	117	91	166	8	2.1	110	149.4	63	18	3	0.22	2.9	4.4	3.0	97.8	38.5	3400	4000	7.175	1315 KM+H 315
	180	60	111	94	166	8	2.5	110	157	82	18	3	0.38	1.7	2.6	1.7	140	51.5	3000	3800	8.15	2315 K+H 2315
	180	60	114	94	166	8	2.5	110	153.6	82	18	3	0.36	1.8	2.7	1.8	140	51.5	3000	3800	10.432	2315 KM+H 2315
80	160	30	112	95	150	8	2	120	142	52	18	2	0.17	3.8	5.7	4.0	56.5	23.2	3600	4300	3.7	1216 K+H 216
	160	30	113	95	150	8	2	120	137.2	52	18	2	0.18	3.6	5.5	3.7	52.5	21.8	3600	4300	3.953	1216 KM+H 216
	160	40	112	96	150	11	2	120	142	65	18	2	0.27	2.4	3.7	2.5	70.0	28.5	3600	4300	4.57	2216 K+H 316
	160	40	112	96	150	11	2	120	139	65	18	2	0.26	2.4	3.7	2.5	70.2	28.5	3600	4300	5.423	2216 KM+H 316
	190	43	122	96	176	8	2.5	120	165	65	18	3	0.22	2.8	4.4	2.9	115	44.5	3200	3800	7.35	1316 K+H 316
	190	43	126	96	176	8	2.5	120	162.4	65	18	3	0.23	2.7	4.2	2.9	115.8	46.2	3200	3800	7.768	1316 KM+H 316
	190	64	115	100	176	8	2.5	120	164	86	18	3	0.39	1.6	2.5	1.7	142	57.2	2800	3600	9.6	2316 K+H 2316
	190	64	119	100	176	8	2.5	120	160.5	86	18	3	0.37	1.7	2.6	1.8	152	57.8	2800	3600	12.422	2316 KM+H 2316
85	170	32	120	100	158	8	2.1	125	151	55	19	2.1	0.17	3.7	5.7	3.9	63.5	27.0	3400	4000	4.35	1217 K+H 217
	170	32	121	100	158	8	2.1	125	147.6	55	19	2.1	0.17	3.7	5.7	3.8	63.8	26.8	3400	4000	4.664	1217 KM+H 217
	170	43	118	102	158	10	2.1	125	157	68	19	2.1	0.26	2.4	3.7	2.5	82.8	33.8	3400	4000	5.75	2217 K+H 317
	170	43	119	102	158	10	2.1	125	147.9	68	19	2.1	0.27	2.3	3.6	2.5	83.2	34.2	3400	4000	6.574	2217 KM+H 317
	200	45	126	102	186	8	2.5	125	174	68	19	3	0.23	2.8	4.3	2.9	132	50.8	3000	3600	8.55	1317 K+H 317
	200	45	133	102	186	8	2.5	125	170.2	68	19	3	0.24	2.6	4.0	2.7	132	52.4	3000	3600	9.0	1317 KM+H 317
	200	67	—	105	186	8	2.5	125	—	90	19	3	0.38	1.7	2.6	1.8	162	64.2	2800	3400	—	2317 K+H 2317
	200	67	125	105	186	8	2.5	125	168.6	90	19	3	0.37	1.7	2.7	1.8	165	64.8	2800	3400	—	2317 KM+H 2317
90	180	34	127	106	168	8	2.1	130	159	58	20	2.1	0.18	3.5	5.4	3.7	68.5	29.2	3200	3800	5.2	1218 K+H 218
	180	34	128	106	168	8	2.1	130	155.4	58	20	2.1	0.17	3.7	5.7	3.7	69.2	29.5	3200	3800	5.479	1218 KM+H 218
	180	46	125	108	168	9	2.1	130	160	71	20	2.1	0.27	2.3	3.6	2.5	97.2	40.5	3200	3800	6.7	2218 K+H 318
	180	46	125	108	168	9	2.1	130	156.8	71	20	2.1	0.27	2.4	3.7	2.5	97.5	40.5	3200	3800	8.305	2218 KM+H 318
	215	47	136	108	201	8	2.5	130	185	71	20	3	0.24	2.7	4.1	2.8	142	57.2	2800	3400	10.34	1318 K+H 318
	215	47	140	108	201	8	2.5	130	181	71	20	3	0.24	2.7	4.1	2.8	145	59.5	2800	3400	10.94	1318 KM+H 318
	215	73	—	110	201	7	2.5	130	—	97	20	3	0.37	1.7	2.6	1.8	192	78.5	2400	3200	—	2318 K+H 2318
	215	73	134	110	201	8	2.5	130	182.5	97	20	3	0.37	1.7	2.6	1.8	192	78.5	2400	3200	—	2318 KM+H 2318
100	200	38	140	116	188	8	2.1	145	176	63	21	2.1	0.17	3.6	5.6	3.8	87.2	37.5	2800	3400	7.1	1220 K+H 220
	200	38	142	116	188	8	2.1	145	173.1	63	21	2.1	0.17	3.6	5.6	3.8	88.0	38.5	2800	3400	7.478	1220 KM+H 220
	200	53	137	118	188	7	2.1	145	177	77	21	2.1	0.28	2.2	3.5	2.4	125	52.2	2800	3400	9.4	2220 K+H 320
	200	53	138	118	188	7	2.1	145	174.1	77	21	2.1	0.28	2.3	3.5	2.4	125	52.2	2800	3400	10.959	2220 KM+H 320
	240	50	154	118	226	10	2.5	145	206	77	21	3	0.23	2.8	4.3	2.9	162	72.8	2400	3000	14	1320 K+H 320
	240	50	157	118	226	10	2.5	145	201.9	77	21	3	0.23	2.8	4.3	2.9	162	72.5	2400	3000	14.652	1320 KM+H 320

3　角接触球轴承（见表 14.6-7～表 14.6-11）

表 14.6-7　角接触球轴承（部分摘自 GB/T 292—2007）

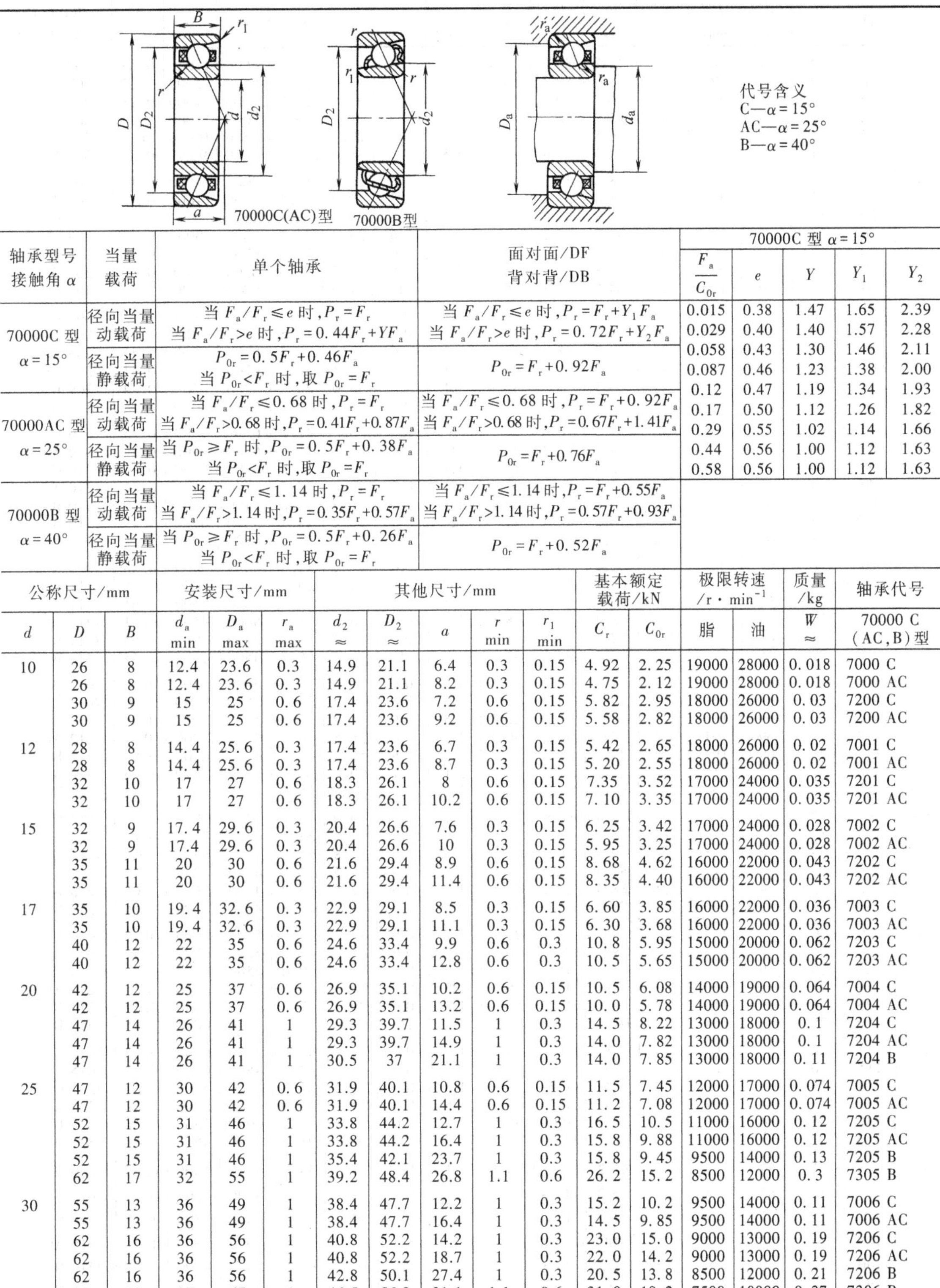

轴承型号 接触角 α	当量载荷	单个轴承	面对面/DF 背对背/DB
70000C 型 α=15°	径向当量动载荷	当 $F_a/F_r \le e$ 时，$P_r=F_r$ 当 $F_a/F_r>e$ 时，$P_r=0.44F_r+YF_a$	当 $F_a/F_r \le e$ 时，$P_r=F_r+Y_1F_a$ 当 $F_a/F_r>e$ 时，$P_r=0.72F_r+Y_2F_a$
	径向当量静载荷	$P_{0r}=0.5F_r+0.46F_a$ 当 $P_{0r}<F_r$ 时，取 $P_{0r}=F_r$	$P_{0r}=F_r+0.92F_a$
70000AC 型 α=25°	径向当量动载荷	当 $F_a/F_r \le 0.68$ 时，$P_r=F_r$ 当 $F_a/F_r>0.68$ 时，$P_r=0.41F_r+0.87F_a$	当 $F_a/F_r \le 0.68$ 时，$P_r=F_r+0.92F_a$ 当 $F_a/F_r>0.68$ 时，$P_r=0.67F_r+1.41F_a$
	径向当量静载荷	当 $P_{0r} \ge F_r$ 时，$P_{0r}=0.5F_r+0.38F_a$ 当 $P_{0r}<F_r$ 时，取 $P_{0r}=F_r$	$P_{0r}=F_r+0.76F_a$
70000B 型 α=40°	径向当量动载荷	当 $F_a/F_r \le 1.14$ 时，$P_r=F_r$ 当 $F_a/F_r>1.14$ 时，$P_r=0.35F_r+0.57F_a$	当 $F_a/F_r \le 1.14$ 时，$P_r=F_r+0.55F_a$ 当 $F_a/F_r>1.14$ 时，$P_r=0.57F_r+0.93F_a$
	径向当量静载荷	当 $P_{0r} \ge F_r$ 时，$P_{0r}=0.5F_r+0.26F_a$ 当 $P_{0r}<F_r$ 时，取 $P_{0r}=F_r$	$P_{0r}=F_r+0.52F_a$

70000C 型 α=15°				
$\frac{F_a}{C_{0r}}$	e	Y	Y_1	Y_2
0.015	0.38	1.47	1.65	2.39
0.029	0.40	1.40	1.57	2.28
0.058	0.43	1.30	1.46	2.11
0.087	0.46	1.23	1.38	2.00
0.12	0.47	1.19	1.34	1.93
0.17	0.50	1.12	1.26	1.82
0.29	0.55	1.02	1.14	1.66
0.44	0.56	1.00	1.12	1.63
0.58	0.56	1.00	1.12	1.63

公称尺寸/mm			安装尺寸/mm			其他尺寸/mm					基本额定载荷/kN		极限转速/r·min⁻¹		质量/kg	轴承代号
d	D	B	d_a min	D_a max	r_a max	d_2 ≈	D_2 ≈	a	r min	r_1 min	C_r	C_{0r}	脂	油	W ≈	70000 C (AC,B)型
10	26	8	12.4	23.6	0.3	14.9	21.1	6.4	0.3	0.15	4.92	2.25	19000	28000	0.018	7000 C
	26	8	12.4	23.6	0.3	14.9	21.1	8.2	0.3	0.15	4.75	2.12	19000	28000	0.018	7000 AC
	30	9	15	25	0.6	17.4	23.6	7.2	0.6	0.15	5.82	2.95	18000	26000	0.03	7200 C
	30	9	15	25	0.6	17.4	23.6	9.2	0.6	0.15	5.58	2.82	18000	26000	0.03	7200 AC
12	28	8	14.4	25.6	0.3	17.4	23.6	6.7	0.3	0.15	5.42	2.65	18000	26000	0.02	7001 C
	28	8	14.4	25.6	0.3	17.4	23.6	8.7	0.3	0.15	5.20	2.55	18000	26000	0.02	7001 AC
	32	10	17	27	0.6	18.3	26.1	8	0.6	0.15	7.35	3.52	17000	24000	0.035	7201 C
	32	10	17	27	0.6	18.3	26.1	10.2	0.6	0.15	7.10	3.35	17000	24000	0.035	7201 AC
15	32	9	17.4	29.6	0.3	20.4	26.6	7.6	0.3	0.15	6.25	3.42	17000	24000	0.028	7002 C
	32	9	17.4	29.6	0.3	20.4	26.6	10	0.3	0.15	5.95	3.25	17000	24000	0.028	7002 AC
	35	11	20	30	0.6	21.6	29.4	8.9	0.6	0.15	8.68	4.62	16000	22000	0.043	7202 C
	35	11	20	30	0.6	21.6	29.4	11.4	0.6	0.15	8.35	4.40	16000	22000	0.043	7202 AC
17	35	10	19.4	32.6	0.3	22.9	29.1	8.5	0.3	0.15	6.60	3.85	16000	22000	0.036	7003 C
	35	10	19.4	32.6	0.3	22.9	29.1	11.1	0.3	0.15	6.30	3.68	16000	22000	0.036	7003 AC
	40	12	22	35	0.6	24.6	33.4	9.9	0.6	0.3	10.8	5.95	15000	20000	0.062	7203 C
	40	12	22	35	0.6	24.6	33.4	12.8	0.6	0.3	10.5	5.65	15000	20000	0.062	7203 AC
20	42	12	25	37	0.6	26.9	35.1	10.2	0.6	0.15	10.5	6.08	14000	19000	0.064	7004 C
	42	12	25	37	0.6	26.9	35.1	13.2	0.6	0.15	10.0	5.78	14000	19000	0.064	7004 AC
	47	14	26	41	1	29.3	39.7	11.5	1	0.3	14.5	8.22	13000	18000	0.1	7204 C
	47	14	26	41	1	29.3	39.7	14.9	1	0.3	14.0	7.82	13000	18000	0.1	7204 AC
	47	14	26	41	1	30.5	37	21.1	1	0.3	14.0	7.85	13000	18000	0.11	7204 B
25	47	12	30	42	0.6	31.9	40.1	10.8	0.6	0.15	11.5	7.45	12000	17000	0.074	7005 C
	47	12	30	42	0.6	31.9	40.1	14.4	0.6	0.15	11.2	7.08	12000	17000	0.074	7005 AC
	52	15	31	46	1	33.8	44.2	12.7	1	0.3	16.5	10.5	11000	16000	0.12	7205 C
	52	15	31	46	1	33.8	44.2	16.4	1	0.3	15.8	9.88	11000	16000	0.12	7205 AC
	52	15	31	46	1	35.4	42.1	23.7	1	0.3	15.8	9.45	9500	14000	0.13	7205 B
	62	17	32	55	1	39.2	48.4	26.8	1.1	0.6	26.2	15.2	8500	12000	0.3	7305 B
30	55	13	36	49	1	38.4	47.7	12.2	1	0.3	15.2	10.2	9500	14000	0.11	7006 C
	55	13	36	49	1	38.4	47.7	16.4	1	0.3	14.5	9.85	9500	14000	0.11	7006 AC
	62	16	36	56	1	40.8	52.2	14.2	1	0.3	23.0	15.0	9000	13000	0.19	7206 C
	62	16	36	56	1	40.8	52.2	18.7	1	0.3	22.0	14.2	9000	13000	0.19	7206 AC
	62	16	36	56	1	42.8	50.1	27.4	1	0.3	20.5	13.8	8500	12000	0.21	7206 B
	72	19	37	65	1	46.5	56.2	31.1	1.1	0.6	31.0	19.2	7500	10000	0.37	7306 B

（续）

公称尺寸/mm			安装尺寸/mm			其他尺寸/mm					基本额定载荷/kN		极限转速/r·min^{-1}		质量/kg	轴承代号
d	D	B	d_a min	D_a max	r_a max	d_2 ≈	D_2 ≈	a	r min	r_1 min	C_r	C_{0r}	脂	油	W ≈	70000 C (AC,B)型
35	62	14	41	56	1	43.3	53.7	13.5	1	0.3	19.5	14.2	8500	12000	0.15	7007 C
	62	14	41	56	1	43.3	53.7	18.3	1	0.3	18.5	13.5	8500	12000	0.15	7007 AC
	72	17	42	65	1	46.8	60.2	15.7	1.1	0.6	30.5	20.0	8000	11000	0.28	7207 C
	72	17	42	65	1	46.8	60.2	21	1.1	0.6	29.0	19.2	8000	11000	0.28	7207 AC
	72	17	42	65	1	49.5	58.1	30.9	1.1	0.6	27.0	18.8	7500	10000	0.3	7207 B
	80	21	44	71	1.5	52.4	63.4	34.6	1.5	0.6	38.2	24.5	7000	9500	0.51	7307 B
40	68	15	46	62	1	48.8	59.2	14.7	1	0.3	20.0	15.2	8000	11000	0.18	7008 C
	68	15	46	62	1	48.8	59.2	20.1	1	0.3	19.0	14.5	8000	11000	0.18	7008 AC
	80	18	47	73	1	52.8	67.2	17	1.1	0.6	36.8	25.8	7500	10000	0.37	7208 C
	80	18	47	73	1	52.8	67.2	23	1.1	0.6	35.2	24.5	7500	10000	0.37	7208 AC
	80	18	47	73	1	56.4	65.7	34.5	1.1	0.6	32.5	23.5	6700	9000	0.39	7208 B
	90	23	49	81	1.5	59.3	71.5	38.8	1.5	0.6	46.2	30.5	6300	8500	0.67	7308 B
	110	27	50	100	2	64.6	85.4	38.7	2	1	67.0	47.5	6000	8000	1.4	7408 B
45	75	16	51	69	1	54.2	65.9	16	1	0.3	25.8	20.5	7500	10000	0.23	7009 C
	75	16	51	69	1	54.2	65.9	21.9	1	0.3	25.8	19.5	7500	10000	0.23	7009 AC
	85	19	52	78	1	58.8	73.2	18.2	1.1	0.6	38.5	28.5	6700	9000	0.41	7209 C
	85	19	52	78	1	58.8	73.2	24.7	1.1	0.6	36.8	27.2	6700	9000	0.41	7209 AC
	85	19	52	78	1	60.5	70.2	36.8	1.1	0.6	36.0	26.2	6300	8500	0.44	7209 B
	100	25	54	91	1.5	66	80	42.0	1.5	0.6	59.5	39.8	6000	8000	0.9	7309 B
50	80	16	56	74	1	59.2	70.9	16.7	1	0.3	26.5	22.0	6700	9000	0.25	7010 C
	80	16	56	74	1	59.2	70.9	23.2	1	0.3	25.2	21.0	6700	9000	0.25	7010 AC
	90	20	57	83	1	62.4	77.7	19.4	1.1	0.6	42.8	32.0	6300	8500	0.46	7210 C
	90	20	57	83	1	62.4	77.7	26.3	1.1	0.6	40.8	30.5	6300	8500	0.46	7210 AC
	90	20	57	83	1	65.5	75.2	39.4	1.1	0.6	37.5	29.0	5600	7500	0.49	7210 B
	110	27	60	100	2	74.2	88.8	47.5	2	1	68.2	48.0	5000	6700	1.15	7310 B
	130	31	62	118	2.1	77.6	102.4	46.2	2.1	1.1	95.2	64.2	5000	6700	2.08	7410 B
55	90	18	62	83	1	65.4	79.7	18.7	1.1	0.6	37.2	30.5	6000	8000	0.38	7001 C
	90	18	62	83	1	65.4	79.7	25.9	1.1	0.6	35.2	29.2	6000	8000	0.38	7011 AC
	100	21	64	91	1.5	68.9	86.1	20.9	1.5	0.6	52.8	40.5	5600	7500	0.61	7211 C
	100	21	64	91	1.5	68.9	86.1	28.6	1.5	0.6	50.5	38.5	5600	7500	0.61	7211 AC
	100	21	64	91	1.5	72.4	83.4	43	1.5	0.6	46.2	36.0	5300	7000	0.65	7211 B
	120	29	65	110	2	80.5	96.3	51.4	2	1	78.8	56.5	4500	6000	1.45	7311 B
60	95	18	67	88	1	71.4	85.7	19.4	1.1	0.6	38.2	32.8	5600	7500	0.4	7012 C
	95	18	67	88	1	71.4	85.7	27.1	1.1	0.6	36.2	31.5	5600	7500	0.4	7012 AC
	110	22	69	101	1.5	76	94.1	22.4	1.5	0.6	61.0	48.5	5300	7000	0.8	7212 C
	110	22	69	101	1.5	76	94.1	30.8	1.5	0.6	58.5	46.2	5300	7000	0.8	7212 AC
	110	22	69	101	1.5	79.3	91.5	46.7	1.5	0.6	56.0	44.5	4800	6300	0.84	7212 B
	130	31	72	118	2.1	87.1	104.2	55.4	2.1	1.1	90.0	66.3	4300	5600	1.85	7312 B
	150	35	72	138	2.1	91.4	118.6	55.7	2.1	1.1	118	85.5	4300	5600	3.56	7412 B
65	100	18	72	93	1	75.3	89.8	20.1	1.1	0.6	40.0	35.5	5300	7000	0.43	7013 C
	100	18	72	93	1	75.3	89.8	28.2	1.1	0.6	38.0	33.8	5300	7000	0.43	7013 AC
	120	23	74	111	1.5	82.5	102.5	24.2	1.5	0.6	69.8	55.2	4800	6300	1	7213 C
	120	23	74	111	1.5	82.5	102.5	33.5	1.5	0.6	66.5	52.5	4800	6300	1	7213 AC
	120	23	74	111	1.5	88.4	101.2	51.1	1.5	0.6	62.5	53.2	4300	5600	1.05	7213 B
	140	33	77	128	2.1	93.9	112.4	59.5	2.1	1.1	102	77.8	4000	5300	2.25	7313 B
70	110	20	77	103	1	82	98	22.1	1.1	0.6	48.2	43.5	5000	6700	0.6	7014 C
	110	20	77	103	1	82	98	30.9	1.1	0.6	45.8	41.5	5000	6700	0.6	7014 AC
	125	24	79	116	1.5	89	109	25.3	1.5	0.6	70.2	60.0	4500	6700	1.1	7214 C
	125	24	79	116	1.5	89	109	35.1	1.5	0.6	69.2	57.5	4500	6700	1.1	7214 AC
	125	24	79	116	1.5	91.1	104.9	52.9	1.5	0.6	70.2	57.2	4300	5600	1.15	7214 B
	150	35	82	138	2.1	100.9	120.5	63.7	2.1	1.1	115	87.2	3600	4800	2.75	7314 B
75	115	20	82	108	1	88	104	22.7	1.1	0.6	49.5	46.5	4800	6300	0.63	7015 C
	115	20	82	108	1	88	104	32.2	1.1	0.6	46.8	44.2	4800	6300	0.63	7015 AC
	130	25	84	121	1.5	94	115	26.4	1.5	0.6	79.2	65.8	4300	5600	1.2	7215 C
	130	25	84	121	1.5	94	115	36.6	1.5	0.6	75.2	63.0	4300	5600	1.2	7215 AC
	130	25	84	121	1.5	96.1	109.9	55.5	1.5	0.6	72.8	63.0	4000	5300	1.3	7215 B
	160	37	87	148	2.1	107.9	128.6	68.4	2.1	1.1	125	98.5	3400	4500	3.3	7315 B
80	125	22	87	118	1	95.2	112.8	24.7	1.1	0.6	58.5	55.8	4500	6000	0.85	7016 C
	125	22	87	118	1	95.2	112.8	34.9	1.1	0.6	55.5	53.2	4500	6000	0.85	7016 AC
	140	26	90	130	2	100	122	27.7	2	1	89.5	78.2	4000	5300	1.45	7216 C
	140	26	90	130	2	100	122	38.9	2	1	85.0	74.5	4000	5300	1.45	7216 AC
	140	26	90	130	2	103.2	117.8	59.2	2	1	80.2	69.5	3600	4800	1.55	7216 B
	170	39	82	158	2.1	114.8	136.8	71.9	2.1	1.1	135	110	3600	4800	3.9	7316 B

（续）

公称尺寸/mm			安装尺寸/mm			其他尺寸/mm					基本额定载荷/kN		极限转速/r·min^{-1}		质量/kg	轴承代号
d	D	B	d_a min	D_a max	r_a max	d_2 ≈	D_2 ≈	a	r min	r_1 min	C_r	C_{0r}	脂	油	W ≈	70000 C (AC,B)型
85	130	22	92	123	1	99.4	117.6	25.4	1.1	0.6	62.5	60.2	4300	5600	0.89	7017 C
	130	22	92	123	1	99.4	117.6	36.1	1.1	0.6	59.2	57.2	4300	5600	0.89	7017 AC
	150	28	95	140	2	107.1	131	29.9	2	1	99.8	85.0	3800	5000	1.8	7217 C
	150	28	95	140	2	107.1	131	41.6	2	1	94.8	81.5	3800	5000	1.8	7217 AC
	150	28	95	140	2	110.1	126	63.6	2	1	93.0	81.5	3400	4500	1.95	7217 B
	180	41	99	166	2.5	121.2	145.6	76.1	3	1.1	48	122	3000	4000	4.6	7317 B
90	140	24	99	131	1.5	107.2	126.8	27.4	1.5	0.6	71.5	69.8	4000	5300	1.15	7018 C
	140	24	99	131	1.5	107.2	126.8	38.8	1.5	0.6	67.5	66.5	4000	5300	1.15	7018 AC
	160	30	100	150	2	111.7	138.4	31.7	2	1	22	105	3600	4800	2.25	7218 C
	160	30	100	150	2	111.7	138.4	44.2	2	1	18	100	3600	4800	2.25	7218 AC
	160	30	100	150	2	118.1	135.2	67.9	2	1	05	94.5	3200	4300	2.4	7218 B
	190	43	104	176	2.5	128.6	153.2	80.2	3	1.1	58	138	2800	3800	5.4	7318 B
95	145	24	104	136	1.5	110.2	129.8	28.1	1.5	0.6	73.5	73.2	3800	5000	1.2	7019 C
	145	24	104	136	1.5	110.2	129.8	40	1.5	0.6	69.5	69.8	3800	5000	1.2	7019 AC
	170	32	107	158	2.1	118.1	147	33.8	2.1	1.1	35	115	3400	4500	2.7	7219 C
	170	32	107	158	2.1	118.1	147	46.9	2.1	1.1	28	108	3400	4500	2.7	7219 AC
	170	32	107	158	2.1	126.1	144.4	72.5	2.1	1.1	20	108	3000	4000	2.9	7219 B
	200	45	109	186	2.5	135.4	161.5	84.4	3	1.1	72	155	2800	3800	6.25	7319 B
100	150	24	109	141	1.5	114.6	135.4	28.7	1.5	0.6	79.2	78.5	3800	5000	1.25	7020 C
	150	24	109	141	1.5	114.6	135.4	41.2	1.5	0.6	75	74.8	3800	5000	1.25	7020 AC
	180	34	112	168	2.1	124.8	155.3	35.8	2.1	1.1	148	128	3200	4300	3.25	7220 C
	180	34	112	168	2.1	124.8	155.3	49.7	2.1	1.1	142	122	3200	4300	3.25	7220 AC
	180	34	112	168	2.1	130.9	150.5	75.7	2.1	1.1	130	115	2600	3600	3.45	7220 B
	215	47	114	201	2.5	144.5	172.5	89.6	3	1.1	188	180	2400	3400	7.75	7320 B
105	160	26	115	150	2	121.5	143.6	30.8	2	1	88.5	88.8	3600	4800	1.6	7021 C
	160	26	115	150	2	121.5	143.6	43.9	2	1	83.8	84.2	3600	4800	1.6	7021 AC
	190	36	117	178	2.1	131.3	163.8	37.8	2.1	1.1	162	145	3000	4000	3.85	7221 C
	190	36	117	178	2.1	131.3	163.8	52.4	2.1	1.1	155	138	3000	4000	3.85	7221 AC
	190	36	117	178	2.1	137.5	159	79.9	2.1	1.1	142	130	2600	3600	4.1	7221 B
	225	49	119	211	2.5	151.4	180.7	93.7	3	1.1	202	195	2200	3200	8.8	7321 B
110	170	28	120	160	2	129.1	152.9	32.8	2	1	100	102	3600	4800	1.95	7022 C
	170	28	120	160	2	129.1	152.9	46.7	2	1	95.5	97.2	3600	4800	1.95	7022 AC
	200	38	122	188	2.1	138.9	173.2	39.8	2.1	1.1	175	162	2800	3800	4.55	7222 C
	200	38	122	188	2.1	138.9	173.2	55.2	1.1	2.1	168	155	2800	3800	4.55	7222 AC
	200	38	122	188	2.1	144.8	166.8	84	2.1	1.1	155	145	2400	3400	4.8	7222 B
	240	50	124	226	2.5	160.3	192	98.4	3	1.1	225	225	2000	3000	10.5	7322 B
120	180	28	130	170	2	137.7	162.4	34.1	2	1	108	110	2800	3800	2.1	7024 C
	180	28	130	170	2	137.7	162.4	48.9	2	1	102	105	2800	3800	2.1	7024 AC
	215	40	132	203	2.1	149.4	185.7	42.4	2.1	1.1	188	180	2400	3400	5.4	7224 C
	215	40	132	203	2.1	149.4	185.7	59.1	2.1	1.1	180	172	2400	3400	5.4	7224 AC
130	200	33	140	190	2	151.4	178.7	38.6	2	1	128	135	2600	3600	3.2	7026 C
	200	33	140	190	2	151.4	178.7	54.9	2	1	122	128	2600	3200	3.2	7026 AC
	230	40	144	216	2.5	162.9	199.3	44.3	3	1.1	205	210	2200	3200	6.25	7226 C
	230	40	144	216	2.5	162.9	199.3	62.2	3	1.1	195	200	2200	3200	6.25	7226 AC
140	210	33	150	200	2	162	188	40	2	1	140	145	2400	3400	3.62	7028 C
	210	33	150	200	2	162	188	59.2	2	1	140	150	2200	3200	3.62	7028 AC
	250	42	154	236	2.5	—	—	41.7	3	1.1	230	245	1900	2800	9.36	7228 C
	250	42	154	236	2.5	—	—	68.6	3	1.1	230	235	1900	2800	9.24	7228 AC
	300	62	158	282	3	—	—	111	4	1.5	288	315	1700	2400	22.44	7328 B
150	225	35	162	213	2.1	174	201	43	2.1	1.1	160	155	2200	3200	4.83	7030 C
	225	35	162	213	2.1	174	201	63.2	2.1	1.1	152	168	2000	3000	4.83	7030 AC
160	290	48	174	276	2.5	—	—	47.9	3	1.1	262	298	1700	2400	14.5	7232 C
	290	48	174	276	2.5	—	—	78.9	3	1.1	248	278	1700	2400	14.5	7232 AC
170	260	42	182	248	2.1	—	—	73.4	2.1	1.1	192	222	1800	2600	8.25	7034 AC
	310	52	188	292	3	—	—	51.5	4	1.5	322	390	1600	2200	19.2	7234 C
	310	52	188	292	3	—	—	84.5	4	1.5	305	368	1600	2200	17.2	7234 AC
180	320	52	198	302	3	—	—	52.6	4	1.5	335	415	1500	2000	18.1	7236 C
	320	52	198	302	3	—	—	87	4	1.5	315	388	1500	2000	18.1	7236 AC
190	290	46	202	278	2.1	—	—	81.5	2.1	1.1	215	262	1600	2200	10.7	7038 AC
200	310	51	212	298	2.1	—	—	87.7	2.1	1.1	252	325	1500	2000	14.04	7040 AC
	360	58	218	342	3	—	—	58.8	4	1.5	360	475	1300	1800	25.2	7240 C
	360	58	218	342	3	—	—	97.3	4	1.5	345	448	1300	1800	25.2	7240 AC
220	400	65	238	382	3	—	—	108.1	4	1.5	358	482	1100	1600	38.5	7244 AC

表 14.6-8 成对安装角接触球轴承（部分摘自 GB/T 292—2007）

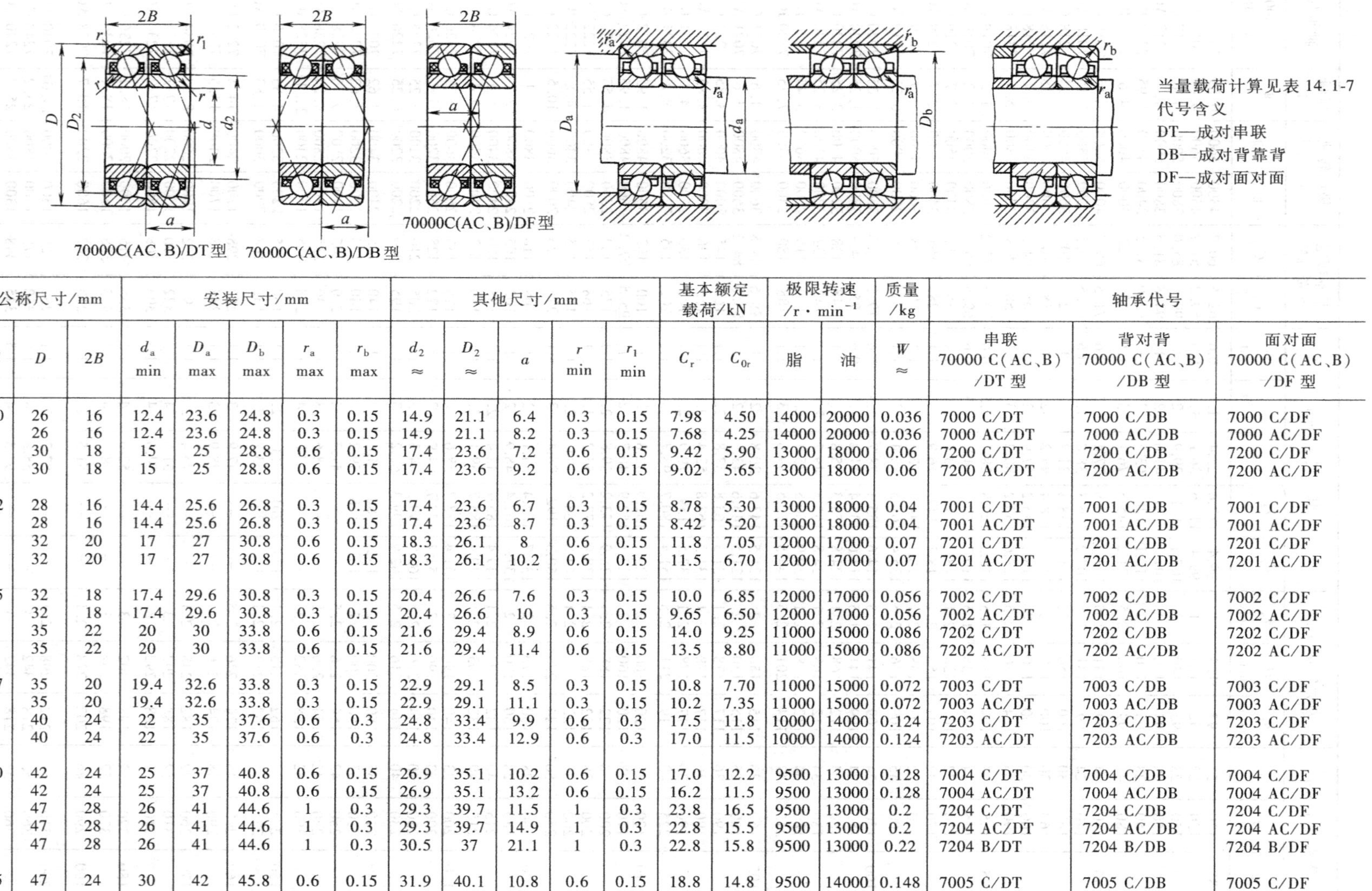

当量载荷计算见表 14.1-7

代号含义

DT—成对串联

DB—成对背靠背

DF—成对面对面

公称尺寸/mm			安装尺寸/mm					其他尺寸/mm					基本额定载荷/kN		极限转速 /r·min⁻¹		质量 /kg	轴承代号		
d	D	2B	d_a min	D_a max	D_b max	r_a max	r_b max	d_2 ≈	D_2 ≈	a	r min	r_1 min	C_r	C_{0r}	脂	油	W ≈	串联 70000 C(AC、B) /DT 型	背对背 70000 C(AC、B) /DB 型	面对面 70000 C(AC、B) /DF 型
10	26	16	12.4	23.6	24.8	0.3	0.15	14.9	21.1	6.4	0.3	0.15	7.98	4.50	14000	20000	0.036	7000 C/DT	7000 C/DB	7000 C/DF
	26	16	12.4	23.6	24.8	0.3	0.15	14.9	21.1	8.2	0.3	0.15	7.68	4.25	14000	20000	0.036	7000 AC/DT	7000 AC/DB	7000 AC/DF
	30	18	15	25	28.8	0.6	0.15	17.4	23.6	7.2	0.6	0.15	9.42	5.90	13000	18000	0.06	7200 C/DT	7200 C/DB	7200 C/DF
	30	18	15	25	28.8	0.6	0.15	17.4	23.6	9.2	0.6	0.15	9.02	5.65	13000	18000	0.06	7200 AC/DT	7200 AC/DB	7200 AC/DF
12	28	16	14.4	25.6	26.8	0.3	0.15	17.4	23.6	6.7	0.3	0.15	8.78	5.30	13000	18000	0.04	7001 C/DT	7001 C/DB	7001 C/DF
	28	16	14.4	25.6	26.8	0.3	0.15	17.4	23.6	8.7	0.3	0.15	8.42	5.20	13000	18000	0.04	7001 AC/DT	7001 AC/DB	7001 AC/DF
	32	20	17	27	30.8	0.6	0.15	18.3	26.1	8	0.6	0.15	11.8	7.05	12000	17000	0.07	7201 C/DT	7201 C/DB	7201 C/DF
	32	20	17	27	30.8	0.6	0.15	18.3	26.1	10.2	0.6	0.15	11.5	6.70	12000	17000	0.07	7201 AC/DT	7201 AC/DB	7201 AC/DF
15	32	18	17.4	29.6	30.8	0.3	0.15	20.4	26.6	7.6	0.3	0.15	10.0	6.85	12000	17000	0.056	7002 C/DT	7002 C/DB	7002 C/DF
	32	18	17.4	29.6	30.8	0.3	0.15	20.4	26.6	10	0.3	0.15	9.65	6.50	12000	17000	0.056	7002 AC/DT	7002 AC/DB	7002 AC/DF
	35	22	20	30	33.8	0.6	0.15	21.6	29.4	8.9	0.6	0.15	14.0	9.25	11000	15000	0.086	7202 C/DT	7202 C/DB	7202 C/DF
	35	22	20	30	33.8	0.6	0.15	21.6	29.4	11.4	0.6	0.15	13.5	8.80	11000	15000	0.086	7202 AC/DT	7202 AC/DB	7202 AC/DF
17	35	20	19.4	32.6	33.8	0.3	0.15	22.9	29.1	8.5	0.3	0.15	10.8	7.70	11000	15000	0.072	7003 C/DT	7003 C/DB	7003 C/DF
	35	20	19.4	32.6	33.8	0.3	0.15	22.9	29.1	11.1	0.3	0.15	10.2	7.35	11000	15000	0.072	7003 AC/DT	7003 AC/DB	7003 AC/DF
	40	24	22	35	37.6	0.6	0.3	24.8	33.4	9.9	0.6	0.3	17.5	11.8	10000	14000	0.124	7203 C/DT	7203 C/DB	7203 C/DF
	40	24	22	35	37.6	0.6	0.3	24.8	33.4	12.9	0.6	0.3	17.0	11.5	10000	14000	0.124	7203 AC/DT	7203 AC/DB	7203 AC/DF
20	42	24	25	37	40.8	0.6	0.15	26.9	35.1	10.2	0.6	0.15	17.0	12.2	9500	13000	0.128	7004 C/DT	7004 C/DB	7004 C/DF
	42	24	25	37	40.8	0.6	0.15	26.9	35.1	13.2	0.6	0.15	16.2	11.5	9500	13000	0.128	7004 AC/DT	7004 AC/DB	7004 AC/DF
	47	28	26	41	44.6	1	0.3	29.3	39.7	11.5	1	0.3	23.8	16.5	9500	13000	0.2	7204 C/DT	7204 C/DB	7204 C/DF
	47	28	26	41	44.6	1	0.3	29.3	39.7	14.9	1	0.3	22.8	15.5	9500	13000	0.2	7204 AC/DT	7204 AC/DB	7204 AC/DF
	47	28	26	41	44.6	1	0.3	30.5	37	21.1	1	0.3	22.8	15.8	9500	13000	0.22	7204 B/DT	7204 B/DB	7204 B/DF
25	47	24	30	42	45.8	0.6	0.15	31.9	40.1	10.8	0.6	0.15	18.8	14.8	9500	14000	0.148	7005 C/DT	7005 C/DB	7005 C/DF

（续）

公称尺寸/mm			安装尺寸/mm					其他尺寸/mm					基本额定载荷/kN		极限转速/r·min^{-1}		质量/kg	轴承代号		
d	D	$2B$	d_a min	D_a max	D_b max	r_a max	r_b max	d_2 ≈	D_2 ≈	a	r min	r_1 min	C_r	C_{0r}	脂	油	W ≈	串联 70000 C(AC、B) /DT 型	背对背 70000 C(AC、B) /DB 型	面对面 70000 C(AC、B) /DF 型
25	47	24	30	42	45.8	0.6	0.15	31.9	40.1	14.4	0.6	0.15	18.0	14.2	9500	14000	0.148	7005 AC/DT	7005 AC/DB	7005 AC/DF
	52	30	31	46	49.6	1	0.3	33.8	44.2	12.7	1	0.3	26.8	21.0	8000	11000	0.24	7205 C/DT	7205 C/DB	7205 C/DF
	52	30	31	46	49.6	1	0.3	33.8	44.2	16.4	1	0.3	25.5	19.8	8000	11000	0.24	7205 AC/DT	7205 AC/DB	7205 AC/DF
	52	30	31	46	49.6	1	0.3	35.4	42.1	23.7	1	0.3	25.5	18.8	8000	11000	0.26	7205 B/DT	7205 B/DB	7205 B/DF
	62	34	32	55	57	1	0.6	39.2	48.4	26.8	1.1	0.6	42.5	30.5	6700	10000	—	7305 B/DT	7305 B/DB	7305 B/DF
30	55	26	36	49	52.6	1	0.3	38.4	47.7	12.2	1	0.3	24.5	20.5	6700	10000	0.22	7006 C/DT	7006 C/DB	7006 C/DF
	55	26	36	49	52.6	1	0.3	38.4	47.7	16.4	1	0.3	23.0	19.8	6700	10000	0.22	7006 AC/DT	7006 AC/DB	7006 AC/DF
	62	32	36	56	59.6	1	0.3	40.8	52.2	14.2	1	0.3	37.2	30.0	6300	9500	0.38	7206 C/DT	7206 C/DB	7206 C/DF
	62	32	36	56	59.6	1	0.3	40.8	52.2	18.7	1	0.3	35.5	28.5	6300	9000	0.38	7206 AC/DT	7206 AC/DB	7206 AC/DF
	62	32	36	56	59.6	1	0.3	42.8	50.1	27.4	1	0.3	33.2	27.5	6300	9000	0.42	7206 B/DT	7206 B/DB	7206 B/DF
	72	38	37	65	67	1	0.6	46.8	56.2	31.1	1.1	0.6	50.2	38.5	6000	8500	0.74	7306 B/DT	7306 B/DB	7306 B/DF
35	62	28	41	56	59.6	1	0.3	43.3	53.7	13.5	1	0.3	31.5	28.5	6000	8500	0.3	7007 C/DT	7007 C/DB	7007 C/DF
	62	28	41	56	59.6	1	0.3	43.3	53.7	18.3	1	0.3	30.0	27.0	6000	8500	0.3	7007 AC/DT	7007 AC/DB	7007 AC/DF
	72	34	42	65	67	1	0.6	46.8	60.2	15.3	1.1	0.6	49.0	40.0	5600	7500	0.56	7207 C/DT	7207 C/DB	7207 C/DF
	72	34	42	65	67	1	0.6	46.8	60.2	21	1.1	0.6	47.0	38.5	5600	7500	0.56	7207 AC/DT	7207 AC/DB	7207 AC/DF
	72	34	42	65	67	1	0.6	49.5	58.1	30.9	1.1	0.6	43.7	37.5	5600	7500	0.6	7207 B/DT	7207 B/DB	7207 B/DF
	80	42	44	71	75	1.5	0.6	52.4	63.4	34.6	1.5	0.6	61.8	49.0	5300	7000	1.02	7307 B/DT	7307 B/DB	7307 B/DF
40	68	30	46	62	65.6	1	0.3	48.8	59.2	14.7	1	0.3	32.5	30.5	5600	7500	0.36	7008 C/DT	7008 C/DB	7008 C/DF
	68	30	46	62	65.6	1	0.3	48.8	59.2	20.1	1	0.3	30.8	29.0	5600	7500	0.36	7008 AC/DT	7008 AC/DB	7008 AC/DF
	80	36	47	73	75	1	0.6	52.8	67.2	17	1.1	0.6	59.5	51.5	5300	7000	0.74	7208 C/DT	7208 C/DB	7208 C/DF
	80	36	47	73	75	1	0.6	52.8	67.2	23	1.1	0.6	57.0	49.0	5300	7000	0.74	7208 AC/DT	7208 AC/DB	7208 AC/DF
	80	36	47	73	75	1	0.6	56.4	65.7	34.5	1.1	0.6	52.5	47.0	5300	7000	0.78	7208 B/DT	7208 B/DB	7208 B/DF
	90	46	49	81	85	1.5	0.6	59.3	71.5	38.8	1.5	0.6	74.8	61.0	4500	6300	1.34	7308 B/DT	7308 B/DB	7308 B/DF
45	75	32	51	69	72.6	1	0.3	54.2	65.9	16	1	0.3	41.8	41.0	5300	7000	0.46	7009 C/DT	7009 C/DB	7009 C/DF
	75	32	51	69	72.6	1	0.3	54.2	65.9	21.9	1	0.3	41.8	39.0	5300	7000	0.46	7009 AC/DT	7009 AC/DB	7009 AC/DF
	85	38	52	78	80	1	0.6	58.8	73.2	18.2	1.1	0.6	62.5	57.0	4500	6300	0.82	7209 C/DT	7209 C/DB	7209 C/DF
	85	38	52	78	80	1	0.6	58.8	73.2	24.7	1.1	0.6	59.5	54.5	4500	6300	0.82	7209 AC/DT	7209 AC/DB	7209 AC/DF
	85	38	52	78	80	1	0.6	60.5	70.2	36.8	1.1	0.6	58.2	52.5	4500	6300	0.88	7209 B/DT	7209 B/DB	7209 B/DF
	100	50	54	91	95	1.5	0.6	66	80	42.9	1.5	0.6	96.5	79.5	4000	5600	1.8	7309 B/DT	7309 B/DB	7309 B/DF
50	80	32	56	74	77.6	1	0.3	59.2	70.9	16.7	1	0.3	43.0	44.0	4500	6300	0.5	7010 C/DT	7010 C/DB	7010 C/DF
	80	32	56	74	77.6	1	0.3	59.2	70.9	23.2	1	0.3	40.8	42.0	4500	6300	0.5	7010 AC/DT	7010 AC/DB	7010 AC/DF
	90	40	57	83	85	1	0.6	62.4	77.7	19.4	1.1	0.6	69.2	64.0	4300	6000	0.92	7210 C/DT	7210 C/DB	7210 C/DF
	90	40	57	83	85	1	0.6	62.4	77.7	26.3	1.1	0.6	66.2	61.0	4300	6000	0.92	7210 AC/DT	7210 AC/DB	7210 AC/DF
	90	40	57	83	85	1	0.6	65.4	75.2	39.4	1.1	0.6	60.8	58.0	4300	6000	0.98	7210 B/DT	7210 B/DB	7210 B/DF
	110	54	60	100	104	2	1	74.2	88.8	47.5	2	1	110	96.0	3800	5300	2.3	7310 B/DT	7310 B/DB	7310 B/DF
55	90	36	62	83	85	1	0.6	66	79	18.7	1.1	0.6	60.2	64.0	4000	5600	0.76	7011 C/DT	7011 C/DB	7011 C/DF
	90	36	62	83	85	1	0.6	66	79	25.9	1.1	0.6	57.0	58.5	4000	5600	0.76	7011 AC/DT	7011 AC/DB	7011 AC/DF
	100	42	64	91	95	1.5	0.6	68.9	86.1	20.9	1.5	0.6	85.5	81.0	3800	5300	1.22	7211 C/DT	7211 C/DB	7211 C/DF

（续）

公称尺寸/mm			安装尺寸/mm					其他尺寸/mm					基本额定载荷/kN		极限转速/r·min^{-1}		质量/kg	轴承代号		
d	D	$2B$	d_a min	D_a max	D_b max	r_a max	r_b max	d_2 ≈	D_2 ≈	a	r min	r_1 min	C_r	C_{0r}	脂	油	W ≈	串联 70000 C(AC、B) /DT 型	背对背 70000 C(AC、B) /DB 型	面对面 70000 C(AC、B) /DF 型
55	100	42	64	91	95	1.5	0.6	68.9	86.1	28.6	1.5	0.6	81.8	77.0	3800	5300	1.22	7211 AC/DT	7211 AC/DB	7211 AC/DF
	100	42	64	91	95	1.5	0.6	72.4	83.4	43	1.5	0.6	74.8	72.0	3800	5300	1.3	7211 B/DT	7211 B/DB	7211 B/DF
	120	58	65	110	114	2	1	80.5	96.4	51.4	2	1	128	112	3400	4800	2.9	7311 B/DT	7311 B/DB	7311 B/DF
60	95	36	67	88	90	1	0.6	71.4	85.7	19.38	1.1	0.6	61.8	65.5	3800	5300	0.8	7012 C/DT	7012 C/DB	7012 C/DF
	95	36	67	88	90	1	0.6	71.4	85.7	27.1	1.1	0.6	58.6	63.0	3800	5300	0.8	7012 AC/DT	7012 AC/DB	7012 AC/DF
	110	44	69	101	105	1.5	0.6	76	94.1	22.4	1.5	0.6	98.8	97.0	3600	5000	1.6	7212 C/DT	7212 C/DB	7212 C/DF
	110	44	69	101	105	1.5	0.6	76	94.1	30.8	1.5	0.6	94.2	92.5	3600	5000	1.6	7212 AC/DT	7212 AC/DB	7212 AC/DF
	110	44	69	101	105	1.5	0.6	79.3	91.5	46.7	1.5	0.6	90.8	89.0	3600	5000	1.68	7212 B/DT	7212 B/DB	7212 B/DF
	130	62	72	118	123	2.1	1	87.1	104.2	55.4	2.1	1.1	145	135	3400	4500	3.7	7312 B/DT	7312 B/DB	7312 B/DF
65	100	36	72	93	95	1	0.6	75.3	89.8	20.1	1.1	0.6	64.8	71.0	3600	5000	0.86	7013 C/DT	7013 C/DB	7013 C/DF
	100	36	72	93	95	1	0.6	75.3	89.8	28.2	1.1	0.6	61.5	67.5	3600	5000	0.86	7013 AC/DT	7013 AC/DB	7013 AC/DF
	120	46	74	111	115	1.5	0.6	82.5	102.5	24.2	1.5	0.6	112	110	3400	4500	2	7213 C/DT	7213 C/DB	7213 C/DF
	120	46	74	111	115	1.5	0.6	82.5	102.5	33.5	1.5	0.6	108	105	3400	4500	2	7213 AC/DT	7213 AC/DB	7213 AC/DF
	120	46	74	111	115	1.5	0.6	88.4	101.2	51.1	1.5	0.6	102	105	3400	4500	2.1	7213 B/DT	7213 B/DB	7213 B/DF
	140	66	77	128	133	2.1	1	93.9	112.4	59.5	2.1	1.1	165	155	3000	4000	4.5	7313 B/DT	7313 B/DB	7313 B/DF
70	110	40	77	103	105	1	0.6	82	98	22.1	1.1	0.6	78.0	87.0	3400	4800	1.2	7014 C/DT	7014 C/DB	7014 C/DF
	110	40	77	103	105	1	0.6	82	98	30.9	1.1	0.6	74.2	83.0	3400	4800	1.2	7014 AC/DT	7014 AC/DB	7014 AC/DF
	125	48	79	116	120	1.5	0.6	89	109	25.3	1.5	0.6	115	120	3200	4300	2.2	7214 C/DT	7214 C/DB	7214 C/DF
	125	48	79	116	120	1.5	0.6	89	109	35.1	1.5	0.6	112	115	3200	4300	2.2	7214 AC/DT	7214 AC/DB	7214 AC/DF
	125	48	79	116	120	1.5	0.6	91.1	104.9	52.9	1.5	0.6	115	115	3200	4300	2.3	7214 B/DT	7214 B/DB	7214 B/DF
	150	70	82	138	143	2.1	1	100.9	120.5	63.7	2.1	1.1	185	175	2800	3600	5.5	7314 B/DT	7314 B/DB	7314 B/DF
75	115	40	82	108	110	1	0.6	88	104	22.7	1.1	0.6	80.2	93.0	3400	4500	1.26	7015 C/DT	7015 C/DB	7015 C/DF
	115	40	82	108	110	1	0.6	88	104	32.2	1.1	0.6	75.8	88.5	3400	4500	1.26	7015 AC/DT	7015 AC/DB	7015 AC/DF
	130	50	84	121	125	1.5	0.6	94	115	26.4	1.5	0.6	128	132	3000	4000	2.4	7215 C/DT	7215 C/DB	7215 C/DF
	130	50	84	121	125	1.5	0.6	94	115	36.6	1.5	0.6	122	125	3000	4000	2.4	7215 AC/DT	7215 AC/DB	7215 AC/DF
	130	50	84	121	125	1.5	0.6	96.1	109.9	55.5	1.5	0.6	118	125	3000	4000	2.6	7215 B/DT	7215 B/DB	7215 B/DF
	160	74	87	148	153	2.1	1	107.9	128.6	68.4	2.1	1.1	202	198	2600	3400	6.6	7315 B/DT	7315 B/DB	7315 B/DF
80	125	44	87	118	120	1	0.6	95.2	112.8	24.7	1.1	0.6	94.8	112	3200	4300	1.7	7016 C/DT	7016 C/DB	7016 C/DF
	125	44	87	118	120	1	0.6	95.2	112.8	34.9	1.1	0.6	90.0	105	3200	4300	1.7	7016 AC/DT	7016 AC/DB	7016 AC/DF
	140	52	90	130	134	2	1	100	122	27.7	2	1	145	155	2800	3600	2.9	7216 C/DT	7216 C/DB	7216 C/DF
	140	52	90	130	134	2	1	100	122	28.9	2	1	138	148	2800	3600	2.9	7216 AC/DT	7216 AC/DB	7216 AC/DF
	140	52	90	130	134	2	1	103.2	117.8	59.2	2	1	130	138	2800	3600	3.1	7216 B/DT	7216 B/DB	7216 B/DF
	170	78	92	158	163	2.1	1	114.8	136.8	71.9	2.1	1.1	218	220	2400	3400	7.8	7316 B/DT	7316 B/DB	7316 B/DF
85	130	44	92	123	125	1	0.6	99.4	117.6	25.4	1.1	0.6	102	120	3000	4000	1.78	7017 C/DT	7017 C/DB	7017 C/DF
	130	44	92	123	125	1	0.6	99.4	117.6	36.1	1.1	0.6	95.8	115	3000	4000	1.78	7017 AC/DT	7017 AC/DB	7217 AC/DF
	150	56	95	140	144	2	1	107.1	131	29.9	2	1	162	170	2600	3400	3.6	7217 C/DT	7217 C/DB	7217 C/DF
	150	56	95	140	144	2	1	107.1	131	41.6	2	1	152	162	2600	3400	3.6	7217 AC/DT	7217 AC/DB	7217 AC/DF

（续）

公称尺寸/mm			安装尺寸/mm					其他尺寸/mm					基本额定载荷/kN		极限转速/$r \cdot min^{-1}$		质量/kg	轴承代号		
d	D	$2B$	d_a min	D_a max	D_b max	r_a max	r_b max	d_2 ≈	D_2 ≈	a	r min	r_1 min	C_r	C_{0r}	脂	油	W ≈	串联 70000 C(AC、B) /DT 型	背对背 70000 C(AC、B) /DB 型	面对面 70000 C(AC、B) /DF 型
85	150	56	95	140	144	2	1	110.1	126	63.3	2	1	150	162	2600	3400	3.9	7217 B/DT	7217 B/DB	7217 B/DF
	180	82	99	166	173	2.5	1	121.2	145.6	76.1	3	1.1	240	245	2400	3200	9.2	7317 B/DT	7317 B/DB	7317 B/DF
90	140	48	99	131	135	1.5	0.6	107.2	126.8	27.4	1.5	0.6	115	140	2800	3600	2.3	7018 C/DT	7018 C/DB	7018 C/DF
	140	48	99	131	135	1.5	0.6	107.2	126.8	38.8	1.5	0.6	110	132	2800	3600	2.3	7018 AC/DT	7018 AC/DB	7018 AC/DF
	160	60	100	150	154	2	1	111.7	138.4	31.7	2	1	198	210	2400	3400	4.5	7218 C/DT	7218 C/DB	7218 C/DF
	160	60	100	150	154	2	1	111.7	138.4	44.2	2	1	192	200	2400	3400	4.5	7218 AC/DT	7218 AC/DB	7218 AC/DF
	160	60	100	150	154	2	1	118.1	135.2	67.9	2	1	170	188	2400	3400	4.8	7218 B/DT	7218 B/DB	7218 B/DF
	190	86	104	176	183	2.5	1	128.6	153.2	80.2	3	1.1	255	275	2200	3000	10.8	7318 B/DT	7318 B/DB	7318 B/DF
95	145	48	104	136	140	1.5	0.6	110.2	129.8	28.1	1.5	0.6	118	145	2600	3400	2.4	7019 C/DT	7019 C/DB	7019 C/DF
	145	48	104	136	140	1.5	0.6	110.2	129.8	40	1.5	0.6	112	138	2600	3400	2.4	7019 AC/DT	7019 AC/DB	7019 AC/DF
	170	64	107	158	163	2.1	1	118.1	147	33.8	2.1	1.1	218	228	2400	3200	5.4	7219 C/DT	7219 C/DB	7219 C/DF
	170	64	107	158	163	2.1	1	118.1	147	46.9	2.1	1.1	208	218	2400	3200	5.4	7219 AC/DT	7219 AC/DB	7219 AC/DF
	170	64	107	158	163	2.1	1	126.1	144.4	72.5	2.1	1.1	195	218	2400	3200	5.8	7219 B/DT	7219 B/DB	7219 B/DF
	200	90	109	186	193	2.5	1	135.4	161.5	84.4	3	1.1	278	310	2000	2800	12.5	7319 B/DT	7319 B/DB	7319 B/DF
100	150	48	109	141	145	1.5	0.6	114.6	135.4	28.7	1.5	0.6	128	158	2600	3400	2.5	7020 C/DT	7020 C/DB	7020 C/DF
	150	48	109	141	145	1.5	0.6	114.6	135.4	41.2	1.5	0.6	122	150	2600	3400	2.5	7020 AC/DT	7020 AC/DB	7020 AC/DF
	180	68	112	168	173	2.1	1	124.8	155.3	35.8	2.1	1.1	240	255	2200	3000	6.5	7220 C/DT	7220 C/DB	7220 C/DF
	180	68	112	168	173	2.1	1	124.8	155.3	49.7	2.1	1.1	230	245	2200	3000	6.5	7220 AC/DT	7220 AC/DB	7220 AC/DF
	180	68	112	168	173	2.1	1	130.9	150.5	75.7	2.1	1.1	210	230	2200	3000	6.9	7220 B/DT	7220 B/DB	7220 B/DF
	215	94	114	201	208	2.5	1	144.5	172.5	89.6	3	1.1	305	360	1800	2400	15.5	7320 B/DT	7320 B/DB	7320 B/DF
105	160	52	115	150	154	2	1	121.5	143.6	30.8	2	1	142	178	2600	3400	3.2	7021 C/DT	7021 C/DB	7021 C/DF
	160	52	115	150	154	2	1	121.5	143.6	43.9	2	1	135	168	2600	3400	3.2	7021 AC/DT	7021 AC/DB	7021 AC/DF
	190	72	117	178	183	2.1	1	131.3	163.8	37.8	2.1	1.1	262	290	2000	2800	7.7	7221 C/DT	7221 C/DB	7221 C/DF
	190	72	117	178	183	2.1	1	131.3	163.8	52.4	2.1	1.1	250	275	2000	2800	7.7	7221 AC/DT	7221 AC/DB	7221 AC/DF
	190	72	117	178	183	2.1	1	137.5	159	79.9	2.1	1.1	230	258	2000	2800	8.2	7221 B/DT	7221 B/DB	7221 B/DF
	225	98	119	211	218	2.5	1	151.4	180.7	93.7	3	1.1	328	392	1700	2400	17.6	7321 B/DT	7321 B/DB	7321 B/DF
110	170	56	120	160	164	2	1	129.1	152.9	32.8	2	1	162	205	2400	3400	3.9	7022 C/DT	7022 C/DB	7022 C/DF
	170	56	120	160	164	2	1	129.1	152.9	46.7	2	1	155	195	2400	3400	3.9	7022 AC/DT	7022 AC/DB	7022 AC/DF
	200	76	122	188	193	2.1	1	138.9	173.2	39.8	2.1	1.1	285	325	1900	2600	9.1	7222 C/DT	7222 C/DB	7222 C/DF
	200	76	122	188	193	2.1	1	138.9	173.2	55.2	2.1	1.1	272	310	1900	2600	9.1	7222 AC/DT	7222 AC/DB	7222 AC/DF
	200	76	122	188	193	2.1	1	144.8	166.8	84	2.1	1.1	250	290	1900	2600	9.6	7222 B/DT	7222 B/DB	7222 B/DF
	240	100	124	226	233	2.5	1	160.3	192	98.4	3	1.1	365	450	1500	2200	22.56	7322 B/DT	7322 B/DB	7322 B/DF

（续）

公称尺寸/mm			安装尺寸/mm					其他尺寸/mm					基本额定载荷/kN		极限转速/r·min^{-1}		质量/kg	轴承代号		
d	D	$2B$	d_a min	D_a max	D_b max	r_a max	r_b max	d_2 ≈	D_2 ≈	a	r min	r_1 min	C_r	C_{0r}	脂	油	W ≈	串联 70000 C(AC、B) /DT 型	背对背 70000 C(AC、B) /DB 型	面对面 70000 C(AC、B) /DF 型
120	180	56	130	170	174	2	1	137.7	162.4	34.1	2	1	175	222	1900	2600	4.2	7024 C/DT	7024 C/DB	7024 C/DF
	180	56	130	170	174	2	1	137.7	162.4	48.9	2	1	165	210	1900	2600	4.2	7024 AC/DT	7024 AC/DB	7024 AC/DF
	215	80	132	203	208	2.1	1	149.4	185.7	42.4	2.1	1.1	305	362	1700	2400	10.8	7224 C/DT	7224 C/DB	7224 C/DF
	215	80	132	203	208	2.1	1	149.4	185.7	59.1	2.1	1.1	292	345	1700	2400	10.8	7224 AC/DT	7224 AC/DB	7224 AC/DF
130	200	66	140	190	194	2	1	151.4	178.7	38.6	2	1	208	272	1800	2400	6.4	7026 C/DT	7026 C/DB	7026 C/DF
	200	66	140	190	194	2	1	151.4	178.7	54.9	2	1	198	258	1800	2400	6.4	7026 AC/DT	7026 AC/DB	7026 AC/DF
	230	80	144	216	223	2.5	1	162.9	199.3	44.3	3	1.1	332	418	1500	2200	12.5	7226 C/DT	7226 C/DB	7226 C/DF
	230	80	144	216	223	2.5	1	162.9	199.3	62.2	3	1.1	315	400	1500	2200	12.5	7226 AC/DT	7226 AC/DB	7226 AC/DF
140	210	66	150	200	204	2	1	—	—	—	2	1	228	290	1700	2400	7.24	7028 C/DT	7028 C/DB	7028 C/DF
	210	66	150	200	204	2	1	—	—	59.2	2	1	228	300	1500	2200	7.84	7028 AC/DT	7028 AC/DB	7028 AC/DF
	250	84	154	236	243	2.5	1	—	—	41.7	3	1.1	372	490	1300	2000	18.72	7228 C/DT	7228 C/DB	7228 C/DF
	250	84	154	236	243	2.5	1	—	—	68.6	3	1.1	372	470	1300	2000	18.48	7228 AC/DT	7228 AC/DB	7228 AC/DF
	300	124	158	282	291	3	1.5	—	—	111	4	1.5	465	630	1200	1700	44.88	7328 B/DT	7328 B/DB	7328 B/DF
150	225	70	162	213	218	2.1	1	—	—	—	2.1	1.1	260	312	1500	2200	9.66	7030 C/DT	7030 C/DB	7030 C/DF
	225	70	162	213	218	2.1	1	—	—	63.2	2.1	1.1	245	335	1400	2000	9.66	7030 AC/DT	7030 AC/DB	7030 AC/DF
160	290	96	174	276	283	2.5	1	—	—	47.9	3	1.1	425	595	1200	1700	29	7232 C/DT	7232 C/DB	7232 C/DF
	290	96	174	276	283	2.5	1	—	—	78.9	3	1.1	402	555	1200	1700	29	7232 AC/DT	7232 AC/DB	7232 AC/DF
170	260	84	182	248	253	2.1	1	—	—	73.4	2.1	1.1	310	445	1200	1800	16.5	7034 AC/DT	7034 AC/DB	7034 AC/DF
	310	104	188	292	301	3	1.5	—	—	51.5	4	1.5	522	780	1100	1500	38.4	7234 C/DT	7234 C/DB	7234 C/DF
	310	104	188	292	301	3	1.5	—	—	84.5	4	1.5	495	735	1100	1500	34.4	7234 AC/DT	7234 AC/DB	7234 AC/DF
180	320	104	198	302	311	3	1.5	—	—	52.6	4	1.5	542	830	1000	1400	36.2	7236 C/DT	7236 C/DB	7236 C/DF
	320	104	198	302	311	3	1.5	—	—	87	4	1.5	510	775	1000	1400	36.2	7236 AC/DT	7236 AC/DB	7236 AC/DF
190	290	92	202	278	283	2.1	1	—	—	81.5	2.1	1.1	348	525	1100	1500	21.4	7038 AC/DT	7038 AC/DB	7038 AC/DF
200	310	102	212	298	302	2.1	1	—	—	87.7	2.1	1.1	410	650	1000	1400	28.08	7040 AC/DT	7040 AC/DB	7040 AC/DF
	360	116	218	342	351	3	1.5	—	—	58.8	4	1.5	585	950	900	1300	50.4	7240 C/DT	7240 C/DB	7240 C/DF
	360	116	218	342	351	3	1.5	—	—	97.3	4	1.5	558	895	900	1300	50.4	7240 AC/DT	7240 AC/DB	7240 AC/DF
220	400	130	238	382	391	3	1.5	—	—	108.1	4	1.5	580	965	750	1100	77	7244 AC/DT	7244 AC/DB	7244 AC/DF

表 14.6-9　分离型角接触球轴承（部分摘自 GB/T 292—2007）

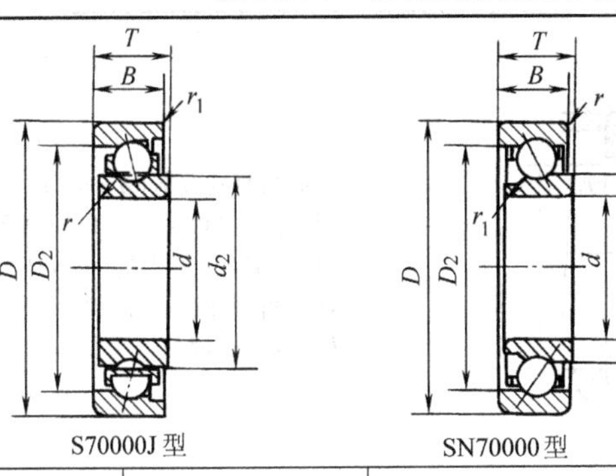

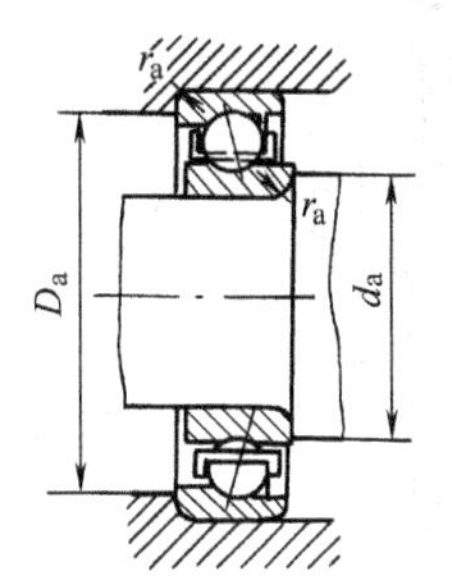

当量载荷计算见表 14.6-7
代号含义
S—外圈可分离
SN—内圈可分离
J—钢板冲压保持架

公称尺寸/mm			安装尺寸/mm			其他尺寸/mm					基本额定载荷/kN		极限转速 /r·min⁻¹		质量 /kg	轴承代号
d	D	B	d_a min	D_a max	r_a max	d_2 ≈	D_2 ≈	T	r min	r_1 min	C_r	C_{0r}	脂	油	W ≈	S 70000J 型 SN 70000 型
3	10	4	4.2	8.8	0.15	7.7	5.55	4	0.15	0.08	0.25	0.18	36000	48000	0.015	S 723 J
5	13	4	6.6	11.4	0.2	7.25	10.1	4	0.2	0.1	0.45	0.42	32000	43000	0.0023	S 719/5 J
	16	5	7.4	13.6	0.3	8.1	12.8	5	0.3	0.15	1.10	0.82	30000	40000	0.046	S 725 J
6	15	5	7.6	13.4	0.2	8.8	12.2	5	0.2	0.1	1.10	0.92	30000	40000	0.0039	S 719/6 J
	19	6	8.4	16.6	0.3	9.5	15.45	6	0.3	0.15	1.50	1.12	26000	36000	—	S 726 J
7	22	7	9.4	19.6	0.3	10.7	17.6	7	0.3	0.15	2.20	1.30	24000	34000	0.022	S 727 J
8	22	7	10.4	19.6	0.3	12.1	17.8	7	0.3	0.15	1.60	1.40	24000	34000	—	S 708 J
	24	8	10.4	21.6	0.3	12.1	19	8	0.3	0.15	2.20	1.25	22000	30000	—	S 728 J
9	26	8	11.4	23.6	0.3	14.2	20.8	8	0.3	0.15	2.20	1.25	20000	29000	—	S 729 J
10	26	8	12.4	23.6	0.3	14.5	21.2	8	0.3	0.15	2.30	2.45	19000	28000	—	S 7000 J
	30	9	15	25	0.6	15.9	24.1	9	0.6	0.15	3.60	3.20	18000	26000	0.03	S 7200 J
12	28	8	14.4	25.6	0.3	16.7	23.3	8	0.3	0.15	2.30	2.68	18000	26000	—	S 7001 J
	32	7	14.4	29.6	0.3	17.7	24.6	7	0.3	—	2.50	3.00	17000	24000	0.028	S 78201 J
15	32	9	17.4	29.6	0.3	19.9	27.2	9	0.3	0.15	2.50	3.68	17000	24000	0.028	S 7002 J
	35	8	17.4	32.6	0.3	20.7	29	8	0.3	—	3.30	4.00	16000	22000	0.035	S 78202 J
	35	11	20	30	0.6	20.7	29.5	11	0.6	—	6.70	4.50	16000	22000	0.0436	SN 7202 J
	35	11	20	30	0.6	20.5	29.2	11	0.6	0.15	3.70	4.50	16000	22000	0.044	S 7202 J
17	40	12	22	35	0.6	23.4	33.8	12	0.6	—	9.20	6.45	15000	20000	0.0596	SN 7203 J
20	42	12	25	37	0.6	26.1	36.1	12	0.6	0.15	3.80	4.92	14000	19000	0.065	S 7004 J
	47	14	26	41	1	27.9	39.8	14	1	—	10.1	8.05	13000	18000	0.0946	SN 7204 J
25	52	15	31	46	1	32.9	44.4	15	1	—	12.8	9.55	11000	16000	0.114	SN 7205 J
30	62	16	36	56	1	40.3	52.7	16	1	—	17.8	14.8	9000	13000	0.187	SN 7206 J
600	730	60	614	716	2.5	—	—	60	3	—	332	888	380	500	60.7	S 718/600
800	980	82	822	958	4	—	—	—	5	—	568	1890	200	300	132	S 718/800
1180	1420	106	1208	1392	5	—	—	—	6	—	850	3580	—	—	332	S 718/1180

表 14.6-10 双列角接触球轴承(部分摘自 GB/T 296—2015)

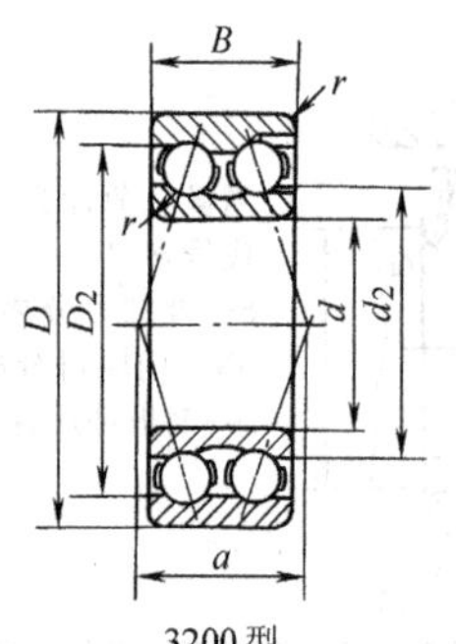

3200 型

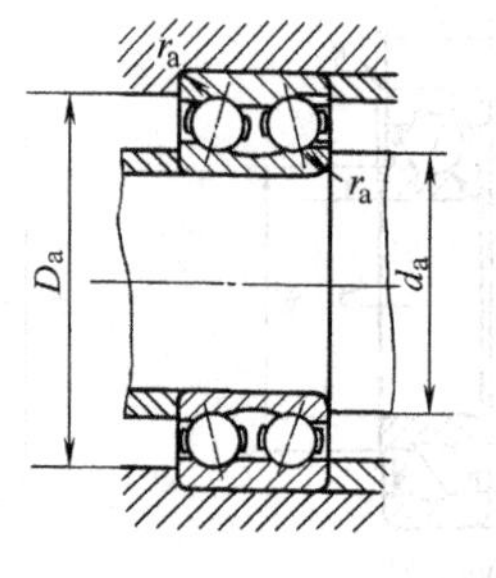

径向当量动载荷($\alpha=30°$)

当 $F_a/F_r \leqslant 0.8$ 时 $P_r=F_r+0.78F_a$

当 $F_a/F_r>0.8$ 时 $P_r=0.63F_r+1.24F_a$

径向当量静载荷($\alpha=30°$)

$P_{0r}=F_r+0.66F_a$

公称尺寸/mm			安装尺寸/mm			其他尺寸/mm				基本额定载荷/kN		极限转速/r·min^{-1}		质量/kg	轴承代号
d	D	B	d_a min	D_a max	r_a max	d_2 ≈	D_2 ≈	a	r min	C_r	C_{0r}	脂	油	W ≈	3200 型 3300 型
10	30	14.3	15	25	0.6	17.7	23.6	18	0.6	7.42	4.30	16000	22000	0.054	3200
12	32	15.9	17	27	0.6	19.1	26.5	20	0.6	10.2	5.60	15000	20000	0.058	3201
15	35	15.9	20	30	0.6	22.1	29.5	22	0.6	11.2	6.80	12000	17000	0.066	3202
17	40	17.5	22	35	0.6	25.2	33.6	25	0.6	14.0	8.65	10000	15000	0.1	3203
20	47	20.6	26	41	1	29.6	39.5	30	1	18.5	12.0	9000	13000	0.16	3204
	52	22.2	27	45	1	31.8	42.6	32	1.1	22.2	14.2	8500	12000	0.22	3304
25	52	20.6	31	46	1	34.6	44.5	33	1	20.2	14.0	8000	11000	0.18	3205
	62	25.4	32	55	1	38.4	51.4	38	1.1	31.2	2.8	7500	10000	0.35	3305
30	62	23.8	36	56	1	41.4	53.2	38	1	25.2	20.0	7000	9500	0.29	3206
	72	30.2	37	65	1	39.8	64.1	44	1.1	36.8	28.5	6300	8500	0.53	3306
35	72	27	42	65	1	48.1	61.9	45	1.1	33.5	27.5	6000	8000	0.44	3207
	80	34.9	44	71	1.5	44.6	70.1	49	1.5	44.0	34.0	5600	7500	0.73	3307
40	80	30.2	47	73	1	47.8	72.1	49	1.1	40.5	33.5	5600	7500	0.58	3208
	90	36.5	49	81	1.5	50.8	80.1	56	1.5	53.2	43.0	5000	6700	0.95	3308
45	85	30.2	52	78	1	52.8	77.1	52	1.1	42.8	38.0	5000	6700	0.63	3209
	100	39.7	54	91	1.5	63.8	86.3	64	1.5	64.8	73.5	4500	6000	1.40	3309
50	90	30.2	57	83	1	57.8	82.1	56	1.1	42.8	39.0	4800	6300	0.66	3210
	110	44.4	60	100	2	73.3	97.0	73	2	79.2	96.5	4000	5300	1.95	3310
55	100	33.3	64	91	1.5	70.4	88.3	64	1.5	51.5	67.0	4300	5600	1.05	3211
	120	49.2	65	110	2	81.0	110	80	2	85.8	108	3800	5000	2.55	3311
60	110	36.5	69	101	1.5	78.0	98.3	71	1.5	65.0	85.0	3800	5000	1.4	3212
	130	54	72	118	2.1	87.2	115	86	2.1	100	128	3400	4500	3.25	3312
65	120	38.1	74	111	1.5	83.7	105	76	1.5	70.2	95.0	3600	4800	1.75	3213
	140	58.7	77	128	2.1	92.5	122	94	2.1	115	150	3200	4300	4.1	3313
70	125	39.7	79	116	1.5	90.6	111	81	1.5	68.8	98.0	3200	4300	1.90	3214
	150	63.5	82	138	2.1	99.2	131	101	2.1	132	172	2800	3800	5.05	3314
75	130	41.3	84	121	1.5	94.7	116	84	1.5	75.8	110	3200	4300	2.10	3215
	160	68.3	87	148	2.1	106	139	107	2.1	142	185	2600	3600	6.15	3315
80	140	44.4	90	130	2	102	127	91	2	90.8	135	2800	3800	2.65	3216
	170	68.3	92	158	2.1	113	148	112	2.1	158	212	2400	3400	6.95	3316
85	150	49.2	95	140	2	107	133	97	2	98	145	2600	3600	3.40	3217
	180	73	99	166	2.5	120	157	119	3	175	240	2200	3200	8.30	3317
90	160	52.4	100	150	2	115	143	104	2	115	172	2400	3400	4.15	3218
	190	73	104	176	2.5	128	169	125	3	198	285	2000	3000	9.25	3318

（续）

公称尺寸/mm			安装尺寸/mm			其他尺寸/mm				基本额定载荷/kN		极限转速/r·min^{-1}		质量/kg	轴承代号
d	D	B	d_a min	D_a max	r_a max	d_2 ≈	D_2 ≈	a	r min	C_r	C_{0r}	脂	油	W ≈	3200 型 3300 型
95	170	55.6	107	158	2.1	124	154	111	2.1	132	205	2200	3200	5.00	3219
	200	77.8	109	186	2.5	135	178	133	3	215	315	1900	2800	11.0	3319
100	180	60.3	112	168	2.1	129	160	118	2.1	142	220	2000	3000	6.10	3220
	215	82.6	114	201	2.5	142	187	139	3	230	355	1800	2600	13.5	3320
110	200	69.8	122	188	2.1	143	178	132	2.1	170	270	1900	2800	8.80	3222
	240	92.1	124	226	2.5	155	205	153	3	262	425	1700	2400	19.0	3322

表 14.6-11　四点接触球轴承（部分摘自 GB/T 294—2015）

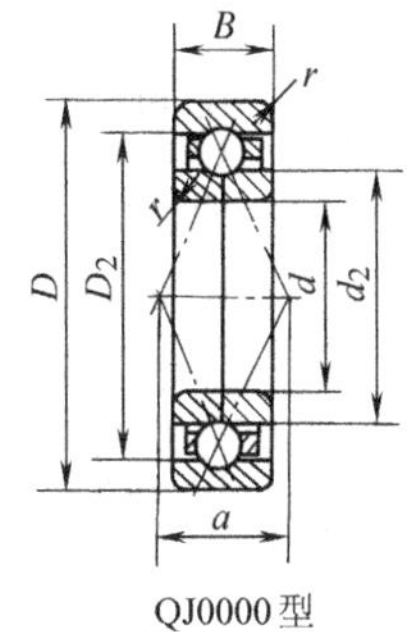
QJ0000 型

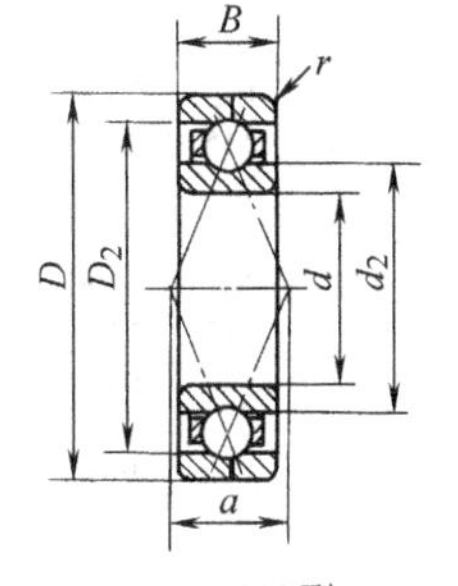
QJF0000 型

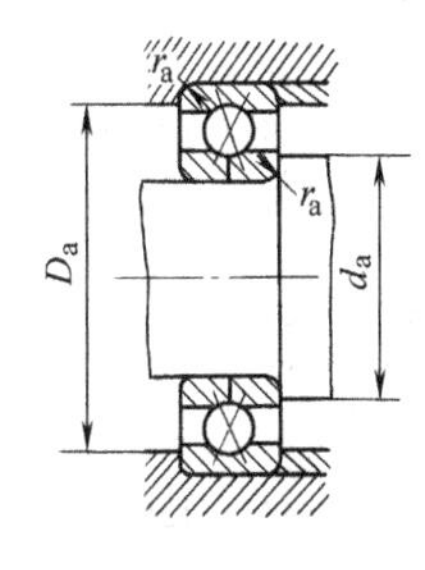

径向当量动载荷

当 $F_a/F_r \leqslant 0.95$ 时，$P_r = F_r$

当 $F_a/F_r > 0.95$ 时，$P_r = 0.37F_r + 0.66F_a$

径向当量静载荷

当 $P_{0r} \geqslant F_r$ 时，$P_{0r} = 0.5F_r + 0.29F_a$

当 $P_{0r} < F_r$ 时，取 $P_{0r} = F_r$

代号含义

QJ—双半内圈

QJF—双半外圈

公称尺寸/mm			安装尺寸/mm			其他尺寸/mm				基本额定载荷/kN		极限转速/r·min^{-1}		质量/kg	轴承代号
d	D	B	d_a min	D_a max	r_a max	d_2 ≈	D_2 ≈	a	r min	C_r	C_{0r}	脂	油	W ≈	QJ 0000 型 QJF 0000 型
30	72	19	37	65	1	45.8	58.2	36	1.1	44.5	31.2	6700	9000	0.42	QJ 306
35	72	17	42	65	1	—	—	—	1.1	28.0	25.8	6300	8500	0.356	QJF 207
	80	21	44	71	1.5	50.7	64.3	40	1.5	53.2	37.2	6000	8000	0.57	QJ 307
40	80	18	47	73	1	—	—	—	1.1	36.0	32.0	6000	8000	0.394	QJF 208
	80	18	47	73	1	54	66	42	1.1	40.5	37.0	6700	9000	0.391	QJ 208
45	85	19	52	78	1	—	—	—	1.1	40.0	37.8	5300	7000	0.43	QJF 209
	100	25	54	91	1.5	—	—	—	1.5	55.5	50.2	4800	6300	0.923	QJF 309
50	90	20	57	83	1	—	—	—	1.1	41.8	40.2	5000	6700	0.514	QJF 210
	90	20	57	83	1	63.5	76.5	49	1.1	55.5	44.8	5000	6700	0.52	QJ 210
	110	27	60	100	2	—	—	—	2	73.5	72.2	4500	6000	1.2	QJF 310
	110	27	60	100	2	70	90	56	2	85.0	80.0	5000	6700	1.33	QJ 310
55	100	21	64	91	1.5	—	—	—	1.5	50.2	50.2	4500	6000	0.76	QJF 211
	100	21	64	91	1.5	70.3	84.7	54	1.5	71.0	62.0	5300	7000	0.769	QJ 211
	120	29	65	110	2	—	—	—	2	86.5	85.0	4000	5300	1.48	QJF 311
	120	29	65	110	2	77.2	97.8	61	2	115	86.5	4000	5300	1.48	QJ 311
60	110	22	69	101	1.5	—	—	—	1.5	62.8	63.8	4300	5600	1.0	QJF 212
	110	22	69	101	1.5	77	93	60	1.5	81.0	71.0	4800	6300	0.99	QJ 212
	130	31	72	118	2.1	—	—	—	2.1	93.5	93.2	3800	5000	2.2	QJF 312
65	120	23	74	111	1.5	—	—	—	1.5	65.2	67.8	3800	5000	1.12	QJF 213
	120	23	74	111	1.5	84.5	101	65	1.5	90.0	83.0	4300	5600	1.2	QJ 213
	140	33	77	128	2.1	—	—	—	2.1	105	102	3400	4500	2.32	QJF 313
70	125	24	79	116	1.5	89	106	68	1.5	98.0	91.5	4300	5600	2.32	QJ 214

（续）

公称尺寸/mm			安装尺寸/mm			其他尺寸/mm				基本额定载荷/kN		极限转速/r·min^{-1}		质量/kg	轴承代号
d	D	B	d_a min	D_a max	r_a max	d_2 ≈	D_2 ≈	a	r min	C_r	C_{0r}	脂	油	W ≈	QJ 0000 型 QJF 0000 型
70	150	35	82	138	2.1	97.3	123	77	2.1	168	132	3200	4300	3.15	QJ 314
75	130	25	84	121	1.5	93.8	112	72	1.5	108	98.0	4000	5300	1.45	QJ 215
85	180	41	99	166	2.5	117	148	93	3	210	188	2600	3600	5.5	QJ 317
90	140	24	99	131	1.5	—	—	—	1.5	102	130	3200	4300	—	QJ 1018
	160	30	100	150	2.0	114	136	88	2	165	150	3200	4300	2.91	QJ 218
	190	43	104	176	2.5	124	156	98	3	238	228	2400	3400	6.41	QJ 318
100	180	34	112	168	2.1	127	153	98	2.1	212	192	2800	3800	4.05	QJ 220
110	170	28	120	160	2	—	—	—	2	150	195	3000	4000	—	QJ 1022
	200	38	122	188	2.1	141	169	109	2.1	255	245	2400	3400	5.76	QJ 222
	240	50	122	188	2.1	154	196	23	2.1	328	345	2000	3000	12.4	QJ 322
120	180	28	130	170	2	—	—	—	2	152	208	2200	3200	—	QJ 1024
	215	40	132	203	2.1	152	183	117	2	280	275	2200	3200	6.49	QJ 224
	260	55	134	246	2.5	169	211	133	3	352	392	1600	2200	15.3	QJ 324
130	200	33	140	190	2	—	—	—	2	202	230	2000	2700	—	QJ 1026
	230	40	144	216	2.5	165	195	126	3	288	290	1900	2800	7.28	QJ 226
140	210	33	150	200	2	—	—	—	2	205	242	1900	2600	—	QJ 1028
	250	42	154	236	2.5	179	211	137	3	292	352	1500	2000	10.5	QJ 228
	300	62	158	282	3	196	244	154	4	422	512	1300	1800	22.4	QJ 328
150	225	35	162	213	2.1	174	201	131	2.1	225	275	1800	2400	4.59	QJ 1030
	270	45	164	256	2.5	194	226	147	3	302	372	1400	1900	12.4	QJ 230
160	240	38	172	228	2.1	—	—	140	2.1	260	318	1600	2200	—	QJ 1032
	290	48	174	276	2.5	207	243	158	3	352	455	1300	1800	14.7	QJ 232
170	260	42	182	248	2.1	198.8	231.2	151	2.1	200	350	1500	2000	7.45	QJ 1034
	310	52	188	292	3	222	258	168	4	358	480	1200	1700	18.1	QJ 234
180	280	46	192	268	2.1	212.7	247.8	161	2.1	335	408	1400	1800	10.7	QJ 1036
	320	52	198	302	3	231	269	175	4	392	545	1100	1600	—	QJ 236
190	290	46	202	278	2.1	—	—	168	2.1	348	430	1300	1700	—	QJ 1038
200	310	51	212	298	2.1	—	—	179	2.1	382	498	1200	1600	—	QJ 1040
220	340	56	234	326	2.5	259	301	196	3	448	622	1000	1400	18	QJ 1044
240	360	56	254	346	2.5	282.2	318	210	3	458	655	950	1300	21	QJ 1048
260	400	65	278	382	3	—	—	—	4	510	765	850	1200	—	QJ 1052
280	420	65	298	402	3	—	—	245	4	540	835	800	1000	—	QJ 1056
300	460	74	318	442	3	—	—	—	4	630	1040	700	950	—	QJ 1060
320	480	74	338	462	3	—	—	280	4	650	1090	650	850	—	QJ 1064
340	520	82	362	498	4	—	—	301	5	725	1270	600	800	—	QJ 1068
360	540	82	382	518	4	—	—	—	5	768	1380	530	700	—	QJ 1072
380	560	82	402	538	4	—	—	—	5	805	1430	500	670	—	QJ 1076

4 圆柱滚子轴承(见表 14.6-12~表 14.6-16)

表 14.6-12　圆柱滚子轴承(部分摘自 GB/T 283—2007)

NU型　NJ型　NUP型

径向当量动载荷

$P_r=F_r$

对轴向承载圆柱滚子轴承(NJ、NUP 型)

对于 2、3 系列

当 $0<F_a/F_r\leqslant0.12$ 时,$P_r=F_r+0.3F_a$

当 $0.12<F_a/F_r\leqslant0.3$ 时,$P_r=0.94F_r+0.8F_a$

对于 22、23 系列

当 $0<F_a/F_r\leqslant0.18$ 时,$P_r=F_r+0.2F_a$

当 $0.18<F_a/F_r\leqslant0.3$ 时,$P_r=0.94F_r+0.53F_a$

径向当量静载荷

$P_{0r}=F_r$

代号含义

NU—内圈无挡边

NJ—内圈单挡边

NUP—内圈无挡边并带平挡圈

E—加强型,内圈结构改进,增大承载能力

公称尺寸/mm				安装尺寸/mm							其他尺寸/mm				基本额定载荷/kN		极限转速/r·min^{-1}		质量/kg	轴承代号		
d	D	B	F_W	d_a max	d_a min	d_b min	d_c min	D_a max	r_a max	r_b max	d_2	D_2	r min	r_1 min	C_r	C_{0r}	脂	油	W ≈	NU 型	NJ 型	NUP 型
15	35	11	19.3	—	17	21	23	31	0.6	0.3	22	26.4	0.6	0.3	8.35	5.5	15000	19000	—	NU 202	NJ 202	—
17	40	12	22.9	—	19	24	27	36	0.6	0.3	25.5	30.9	0.6	0.3	9.55	7.0	14000	18000	—	NU 203	NJ 203	NUP 203
	47	14	27	—	21	27	30	42	1	0.6	—	—	1	0.6	13.5	10.8	13000	17000	0.147	NU 303	NJ 303	—
20	42	12	25.5	—	22	27	—	38	0.6	0.3	—	—	0.6	0.3	11.0	9.2	13000	17000	0.09	NU 1004	—	—
	47	14	26.5	26	24	29	32	42	1	0.6	29.7	38.5	1	0.6	27.0	24.0	12000	16000	0.117	NU 204 E	NJ 204 E	NUP 204 E
	47	18	26.5	26	24	29	32	42	1	0.6	29.7	38.5	1	0.6	32.2	30.0	12000	16000	0.149	NU 2204 E	NJ 2204 E	NUP 2204 E
	52	15	27.5	27	24	30	33	45.5	1	0.6	31.2	42.3	1.1	0.6	30.5	25.5	11000	15000	0.155	NU 304 E	NJ 304 E	NUP 304 E
	52	21	27.5	27	24	30	33	45.5	1	0.6	29.7	38.5	1.1	0.6	41.0	37.5	10000	14000	0.216	NU 2304 E	NJ 2304 E	NUP 2304 E
25	47	12	30.5	30	27	32	—	43	0.6	0.3	—	38.8	0.6	0.3	11.5	10.2	11000	15000	0.1	NU 1005	—	—
	52	15	31.5	31	29	34	37	47	1	0.6	34.7	43.5	1	0.6	28.8	26.8	11000	14000	0.14	NU 205 E	NJ 205 E	NUP 205 E
	52	18	31.5	31	29	34	37	47	1	0.6	34.7	43.5	1	0.6	34.5	33.8	11000	14000	0.168	NU 2205 E	NJ 2205 E	NUP 2205 E
	62	17	34	33	31.5	37	40	55.5	1	1	38.1	50.4	1.1	1.1	40.2	35.8	9000	12000	0.251	NU 305 E	NJ 305 E	NUP 305 E
	62	24	34	33	31.5	37	40	55.5	1	1	38.1	50.4	1.1	1.1	56.0	54.5	9000	12000	0.355	NU 2305 E	NJ 2305 E	NUP 2303 E

（续）

公称尺寸/mm				安装尺寸/mm							其他尺寸/mm				基本额定载荷/kN		极限转速/r·min^{-1}		质量/kg	轴承代号		
d	D	B	F_W	d_a max	d_a min	d_b min	d_c min	D_a max	r_a max	r_b max	d_2	D_2	r min	r_1 min	C_r	C_{0r}	脂	油	W ≈	NU型	NJ型	NUP型
30	55	13	36.5	35	34	38	—	50	1	0.6	—	45.6	1	0.6	13.5	12.8	9500	12000	0.12	NU 1006	—	—
	62	16	37.5	37	34	40	44	57	1	0.6	41.3	52.3	1	0.6	37.8	35.5	8500	11000	0.214	NU 206 E	NJ 206 E	NUP 206 E
	62	20	37.5	37	34	40	44	57	1	0.6	41.3	52.3	1	0.6	47.8	48.0	8500	11000	0.268	NU 2206 E	NJ 2206 E	NUP 2206 E
	72	19	40.5	40	36.5	44	48	65.5	1	1	45	58.6	1.1	1.1	51.5	48.2	8000	10000	0.377	NU 306 E	NJ 306 E	NUP 306 E
	72	27	40.5	40	36.5	44	48	65.5	1	1	45	58.6	1.1	1.1	73.2	75.5	8000	10000	0.538	NU 2306 E	NJ 2306 E	NUP 2306 E
	90	23	45	44	38	47	52	82	1.5	1.5	50.5	65.8	1.5	1.5	59.8	53.0	7000	9000	0.73	NU 406	NJ 406	NUP 406
35	62	14	42	41	39	44	—	57	1	0.6	—	54.5	1	0.6	20.5	18.8	8500	11000	0.16	NU 1007	—	—
	72	17	44	43	39	46	50	65.5	1	0.6	48.3	60.5	1.1	0.6	48.8	48.0	7500	9500	0.311	NU 207 E	NJ 207 E	NUP 207 E
	72	23	44	43	39	46	50	65.5	1	0.6	48.3	60.5	1.1	0.6	60.2	63.0	7500	9500	0.414	NU 2207 E	NJ 2207 E	NUP 2207 E
	80	21	46.2	45	41.5	48	53	72	1.5	1	51.1	66.3	1.5	1.1	65.0	63.2	7000	9000	0.501	NU 307 E	NJ 307 E	NUP 307 E
	80	31	46.2	45	41.5	48	53	72	1.5	1	51.1	66.3	1.5	1.1	91.8	98.2	7000	9000	0.738	NU 2307 E	NJ 2307 E	NUP 2307 E
	100	25	53	52	43	55	61	92	1.5	1.5	59	75.3	1.5	1.5	74.2	68.2	6000	7500	0.94	NU 407	NJ 407	NUP 407
40	68	15	47	46	44	49	—	63	1	0.6	—	57.6	1	0.6	22.2	22.0	7500	9500	0.22	NU 1008	NJ 1008	—
	80	18	49.5	49	46.5	52	56	73.5	1	1	54.2	67.6	1.1	1.1	54.0	53.0	7000	9000	0.394	NU 208 E	NJ 208 E	NUP 208 E
	80	23	49.5	49	46.5	52	56	73.5	1	1	54.2	67.6	1.1	1.1	70.8	75.2	7000	9000	0.507	NU 2208 E	NJ 2208 E	NUP 2208 E
	90	23	52	51	48	55	60	82	1.5	1.5	57.7	75.4	1.5	1.5	80.5	77.8	6300	8000	0.68	NU 308 E	NJ 308	NUP 308 E
	90	33	52	51	48	55	60	82	1.5	1.5	57.7	75.4	1.5	1.5	110	118	6300	8000	0.974	NU 2308 E	NJ 2308 E	NUP 2308 E
	110	27	58	57	49	60	67	101	2	2	64.8	83.3	2	2	94.8	89.8	5600	7000	1.25	NU 408	NJ 408	NUP 408
45	75	16	52.5	52	49	54	—	70	1	0.6	—	63.9	1	0.6	24.2	23.8	6500	8500	0.26	NU 1009	NJ 1009	—
	85	19	54.5	54	51.5	57	61	78.5	1	1	59.2	72.6	1.1	1.1	61.2	63.8	6300	8000	0.45	NU 209 E	NJ 209 E	NUP 209 E
	85	23	54.5	54	51.5	57	61	78.5	1	1	59.2	72.6	1.1	1.1	74.5	82.0	6300	8000	0.55	NU 2209 E	NJ 2209 E	NUP 2209 E
	100	25	58.5	57	53	60	66	92	1.5	1.5	64.7	83.6	1.5	1.5	97.5	98.0	5600	7000	0.93	NU 309 E	NJ 309 E	NUP 309 E
	100	36	58.5	57	53	60	66	92	1.5	1.5	64.7	83.6	1.5	1.5	135	152	5600	7000	1.34	NU 2309 E	NJ 2309 E	NUP 2309 E
	120	29	64.5	63	54	66	74	111	2	2	71.8	91.4	2	2	108	100	5000	6300	1.8	NU 409	NJ 409	NUP 409
50	80	16	57.5	57	54	59	—	75	1	0.6	—	68.9	1	0.6	26.2	27.5	6300	8000	—	NU 1010	NJ 1010	—
	90	20	59.5	58	56.5	62	67	83.5	1	1	64.2	77.6	1.1	1.1	64.2	69.2	6000	7500	0.505	NU 210 E	NJ 210 E	NUP 210 E
	90	23	59.5	58	56.5	62	67	83.5	1	1	64.2	77.6	1.1	1.1	77.8	88.8	6000	7500	0.59	NU 2210 E	NJ 2210 E	NUP 2210 E
	110	27	65	63	59	67	73	101	2	2	71.2	91.7	2	2	110	112	5300	6700	1.2	NU 310 E	NJ 310 E	NUP 310 E
	110	40	65	63	59	67	73	101	2	2	71.2	91.7	2	2	162	185	5300	6700	1.79	NU 2310 E	NJ 2310 E	NUP 2310 E
	130	31	70.8	69	61	73	81	119	2.1	2.1	78.8	101	2.1	2.1	125	120	4800	6000	2.3	NU 410	NJ 410	NUP 410

（续）

公称尺寸/mm				安装尺寸/mm							其他尺寸/mm				基本额定载荷/kN		极限转速/r·min^{-1}		质量/kg	轴承代号		
d	D	B	F_W	d_a max	d_a min	d_b min	d_c min	D_a max	r_a max	r_b max	d_2	D_2	r min	r_1 min	C_r	C_{0r}	脂	油	W ≈	NU 型	NJ 型	NUP 型
55	90	18	64.5	63	60	66	—	83.5	1	1	—	79	1.1	1	37.5	40.0	5600	7000	0.45	NU 1011	NJ 1011	—
	100	21	66	65	61.5	68	73	92	1.5	1	70.9	86.2	1.5	1.1	84.0	95.5	5300	6700	0.68	NU 211 E	NJ 211 E	NUP 211 E
	100	25	66	65	61.5	68	73	92	1.5	1	70.9	86.2	1.5	1.1	99.2	118	5300	6700	0.81	NU 2211 E	NJ 2211 E	NUP 2211 E
	120	29	70.5	69	64	72	80	111	2	2	77.4	100.6	2	2	135	138	4800	6000	1.53	NU 311 E	NJ 311 E	NUP 311 E
	120	43	70.5	69	64	72	80	111	2	2	77.4	100.6	2	2	198	228	4800	6000	2.28	NU 2311 E	NJ 2311 E	NUP 2311 E
	140	33	77.2	76	66	79	87	129	2.1	2.1	85.2	108	2.1	2.1	135	132	4300	5300	2.8	NU 411	NJ 411	NUP 411
60	95	18	69.5	68	65	71	—	88.5	1	1	—	81.6	1.1	1	40.2	45.0	5300	6700	0.48	NU 1012	NJ 1012	—
	110	22	72	71	68	75	80	102	1.5	1.5	77.7	95.8	1.5	1.5	94.0	102	5000	6300	0.86	NU 212 E	NJ 212 E	NUP 212 E
	110	28	72	71	68	75	80	102	1.5	1.5	77.7	95.8	1.5	1.5	128	152	5000	6300	1.12	NU 2212 E	NJ 2212 E	NUP 2212 E
	130	31	77	75	71	79	86	119	2.1	2.1	84.3	109.9	2.1	2.1	148	155	4500	5600	1.87	NU 312 E	NJ 312 E	NUP 312 E
	130	46	77	75	71	79	86	119	2.1	2.1	84.3	109.9	2.1	2.1	222	260	4500	5600	2.81	NU 2312 E	NJ 2312 E	NUP 2312 E
	150	35	83	82	71	85	94	139	2.1	2.1	91.8	116	2.1	2.1	162	162	4000	5000	3.4	NU 412	NJ 412	NUP 412
65	100	18	74.5	73	70	76	—	93.5	1	1	—	86.6	1.1	1	40	46.5	4800	6000	0.51	NU 1013	NJ 1013	—
	120	23	78.5	77	73	81	87	112	1.5	1.5	84.6	104	1.5	1.5	108	118	4500	5600	1.08	NU 213 E	NJ 213 E	NUP 213 E
	120	31	78.5	77	73	81	87	112	1.5	1.5	84.6	104	1.5	1.5	148	180	4500	5600	1.48	NU 2213 E	NJ 2213 E	NUP 2213 E
	140	33	82.5	81	76	85	93	129	2.1	2.1	90.6	118.8	2.1	2.1	178	188	4000	5000	2.31	NU 313 E	NJ 313 E	NUP 313 E
	140	48	82.5	81	76	85	93	129	2.1	2.1	90.6	118.8	2.1	2.1	245	285	4000	5000	3.34	NU 2313 E	NJ 2313 E	NUP 2313 E
	160	37	89.5	88	76	91	100	149	2.1	2.1	98.5	124	2.1	2.1	178	178	3800	4800	4	NU 413	NJ 413	NUP 413
70	110	20	80	78	75	82	—	103.5	1	1	—	95.4	1.1	1	49.8	57.0	4800	6000	0.71	NU 1014	NJ 1014	—
	125	24	83.5	82	78	86	92	117	1.5	1.5	89.6	109	1.5	1.5	118	135	4300	5300	1.2	NU 214 E	NJ 214E	NUP 214 E
	125	31	83.5	82	78	86	92	117	1.5	1.5	89.6	109	1.5	1.5	155	192	4300	5300	1.56	NU 2214 E	NJ 2214 E	NUP 2214 E
	150	35	89	87	81	92	100	139	2.1	2.1	97.5	127	2.1	2.1	205	220	3800	4800	2.86	NU 314 E	NJ 314 E	NUP 314 E
	150	51	89	87	81	92	100	139	2.1	2.1	97.5	127	2.1	2.1	272	320	3800	4800	4.1	NU 2314 E	NJ 2314 E	NUP 2314 E
	180	42	100	99	83	102	112	167	2.5	2.5	110	139	3	3	225	232	3400	4300	5.9	NU 414	NJ 414	NUP 414
75	115	20	85	83	80	87	—	108.5	1	1	—	101	1.1	1	54.0	61.2	4500	5600	0.74	NU 1015	NJ 1015	—
	130	25	88.5	87	83	90	96	122	1.5	1.5	94.6	114	1.5	1.5	130	155	4000	5000	1.32	NU 215 E	NJ 215 E	NUP 215 E
	130	31	88.5	87	83	90	96	122	1.5	1.5	94.6	114	1.5	1.5	162	205	4000	5000	1.64	NU 2215 E	NJ 2215 E	NUP 2215 E
	160	37	95	93	86	97	106	149	2.1	2.1	104.2	136.5	2.1	2.1	258	260	3600	4500	3.43	NU 315 E	NJ 315 E	NUP 315 E
	160	55	95.5	93	86	98	107	149	2.1	2.1	104	129	2.1	2.1	258	308	3600	4500	5.4	NU 2315	NJ 2315	NUP 2315
	190	45	104.5	103	88	107	118	177	2.5	2.5	116	147	3	3	262	272	3200	4000	7.1	NU 415	NJ 415	NUP 415

（续）

公称尺寸/mm				安装尺寸/mm							其他尺寸/mm				基本额定载荷/kN		极限转速/r·min^{-1}		质量/kg	轴承代号		
d	D	B	F_W	d_a max	d_a min	d_b min	d_c min	D_a max	r_a max	r_b max	d_2	D_2	r min	r_1 min	C_r	C_{0r}	脂	油	W ≈	NU 型	NJ 型	NUP 型
80	125	22	91.5	90	85	94	—	118.5	1	1	—	109	1.1	1	62.0	77.8	4300	5300	1	NU 1016	NJ 1016	—
	140	26	95.3	94	89	97	104	131	2	2	101.1	123.1	2	2	138	165	3800	4800	1.58	NU 216 E	NJ 216 E	NUP 216 E
	140	33	95.3	94	89	97	104	131	2	2	101.1	123.1	2	2	185	242	3800	4800	2.05	NU 2216 E	NJ 2216 E	NUP 2216 E
	170	39	101	99	91	105	114	159	2.1	2.1	110.1	144.2	2.1	2.1	258	282	3400	4300	4.05	NU 316 E	NJ 316 E	NUP 316 E
	170	58	103	99	91	106	114	159	2.1	2.1	111	136	2.1	2.1	270	328	3400	4300	6.4	NU 2316	NJ 2316	NUP 2316
	200	48	110	109	93	112	124	187	2.5	2.5	122	156	3	3	298	315	3000	3800	8.3	NU 416	NJ 416	NUP 416
85	130	22	96.5	95	90	99	—	123.5	1	1	—	114	1.1	1	67.5	81.6	4000	5000	1.05	NU 1017	NJ 1017	—
	150	28	100.5	99	94	104	110	141	2	2	107.1	131.7	2	2	165	192	3600	4500	2	NU 217 E	NJ 217 E	NUP 217 E
	150	36	100.5	99	94	104	110	141	2	2	107.1	131.7	2	2	215	272	3600	4500	2.58	NU 2217 E	NJ 2217 E	NUP 2217 E
	180	41	108	106	98	110	119	167	2.5	2.5	117.4	153	3	3	292	332	3200	4000	4.82	NU 317 E	NJ 317 E	NUP 317 E
	180	60	108	106	98	111	120	167	2.5	2.5	117	144	3	3	308	380	3200	4000	7.4	NU 2317	NJ 2317	NUP 2317
	210	52	113	111	101	115	128	194	3	3	126	162	4	4	328	345	2800	3600	9.8	NU 417	NJ 417	NUP 417
90	140	24	103	101	96.5	106	—	132	1.5	1	—	122	1.5	1.1	77.5	94.8	3800	4800	1.36	NU 1018	NJ 1018	—
	160	30	107	105	99	109	116	151	2	2	113.9	140	2	2	180	215	3400	4300	2.44	NU 218 E	NJ 218 E	NUP 218 E
	160	40	107	105	99	109	116	151	2	2	113.9	140	2	2	240	312	3400	4300	3.26	NU 2218 E	NJ 2218 E	NUP 2218 E
	190	43	113.5	111	103	117	127	177	2.5	2.5	123.7	161.9	3	3	312	348	3000	3800	5.59	NU 318 E	NJ 318 E	NUP 318 E
	190	64	115	111	103	118	128	177	2.5	2.5	125	153	3	3	325	395	3000	3800	8.4	NU 2318	NJ 2318	NUP 2318
	225	54	123.5	122	106	125	139	209	3	3	137	175	4	4	368	392	2400	3200	11	NU 418	NJ 418	NUP 418
95	145	24	108	106	101.5	111	—	137	1.5	1	—	127	1.5	1.1	79.0	98.5	3600	4500	1.4	NU 1019	NJ 1019	—
	170	32	112.5	111	106	116	123	159	2.1	2.1	120.2	148.9	2.1	2.1	218	262	3200	4000	2.96	NU 219 E	NJ 219 E	NUP 219 E
	170	43	112.5	111	106	116	123	159	2.1	2.1	120.2	148.9	2.1	2.1	288	368	3200	4000	3.97	NU 2219 E	NJ 2219 E	NUP 2219 E
	200	45	121.5	119	108	124	134	187	2.5	2.5	131.7	169.9	3	3	330	380	2800	3600	6.52	NU 319 E	NJ 319 E	NUP 319 E
	200	67	121.5	119	108	124	135	187	2.5	2.5	132	161	3	3	388	500	2800	3600	10.4	NU 2319	NJ 2319	NUP 2319
	240	55	133.5	132	111	136	149	224	3	3	147	185	4	4	395	428	2200	3000	14	NU 419	NJ 419	NUP 419
100	150	24	113	111	106.5	116	—	142	1.5	1	—	132	1.5	1.1	81.8	102	3400	4300	1.5	NU 1020	NJ 1020	—
	180	34	119	117	111	122	130	169	2.1	2.1	127	157.2	2.1	2.1	245	302	3000	3800	3.58	NU 220 E	NJ 220 E	NUP 220 E
	180	46	119	117	111	122	130	169	2.1	2.1	127	157.2	2.1	2.1	332	440	3000	3800	4.86	NU 2220 E	NJ 2220 E	NUP 2220 E
	215	47	127.5	125	113	132	143	202	2.5	2.5	139.1	182.3	3	3	382	425	2600	3200	7.89	NU 320 E	NJ 320 E	NUP 320 E
	215	73	129.5	125	113	132	143	202	2.5	2.5	140	172	3	3	435	558	2600	3200	13.5	NU 2320	NJ 2320	NUP 2320
	250	58	139	137	116	141	156	234	3	3	153	194	4	4	438	480	2000	2800	16	NU 420	NJ 420	NUP 420

（续）

公称尺寸/mm				安装尺寸/mm							其他尺寸/mm				基本额定载荷/kN		极限转速/r·min^{-1}		质量/kg	轴承代号		
d	D	B	F_W	d_a max	d_a min	d_b min	d_c min	D_a max	r_a max	r_b max	d_2	D_2	r min	r_1 min	C_r	C_{0r}	脂	油	W ≈	NU 型	NJ 型	NUP 型
105	160	26	119.5	118	112	122	—	151	2	1	—	140	2	1.1	95.8	122	3200	4000	1.9	NU 1021	NJ 1021	—
	190	36	126.8	124	116	129	137	179	2.1	2.1	135	159	2.1	2.1	195	235	2800	3600	4	NU 221	NJ 221	NUP 221
	225	49	135	132	118	137	149	212	2.5	2.5	147	181	3	3	338	392	2200	3000	—	NU 321	NJ 321	NUP 321
	260	60	144.5	143	121	147	162	244	3	3	159	202	4	4	532	602	1900	2600	—	NU 421	NJ 421	NUP 421
110	170	28	125	124	116.5	128	—	161	2	1	131	149	2	1.1	120	155	3000	3800	2.3	NU 1022	NJ 1022	—
	200	38	132.5	130	121	135	144	189	2.1	2.1	141.3	174.1	2.1	2.1	292	360	2600	3400	5.02	NU 222 E	NJ 222 E	NUP 222 E
	200	53	132.5	130	121	135	144	189	2.1	2.1	141	167	2.1	2.1	328	445	2600	3400	7.5	NU 2222	NJ 2222	NUP 2222
	240	50	143	140	123	145	158	227	2.5	2.5	155	192	3	3	368	428	2000	2800	11	NU 322	NJ 322	NUP 322
	240	80	143	140	123	145	158	227	2.5	2.5	155	201	3	3	560	740	2000	2800	17.5	NU 2322	NJ 2322	NUP 2322
	280	65	155	153	126	157	173	264	3	3	171	216	4	4	540	602	1800	2400	22	NU 422	NJ 422	NUP 422
120	180	28	135	134	126.5	138	—	171	2	1	—	159	2	1.1	135	168	2600	3400	2.96	NU 1024	NJ 1024	—
	215	40	143.5	141	131	146	156	204	2.1	2.1	153	188.1	2.1	2.1	338	422	2200	3000	6.11	NU 224 E	NJ 224 E	NUP 224 E
	215	58	143.5	141	131	146	156	204	2.1	2.1	153	180	2.1	2.1	362	522	2200	3000	9.5	NU 2224	NJ 2224	NUP 2224
	260	55	154	151	133	156	171	247	2.5	2.5	168	209	3	3	460	552	1900	2600	14	NU 324	NJ 324	NUP 324
	260	86	154	151	133	156	171	247	2.5	2.5	168	219	3	3	662	868	1900	2600	22.5	NU 2324	NJ 2324	NUP 2324
	310	72	170	168	140	172	190	290	4	4	188	238	5	5	672	772	1700	2200	30	NU 424	NJ 424	NUP 424
130	200	33	148	146	136.5	151	—	191	2	1	—	175	2	1.1	160	212	2400	3200	3.7	NU 1026	NJ 1026	—
	230	40	156	151	143	158	168	217	2.5	2.5	165	192	3	3	270	352	2000	2800	7	NU 226	NJ 226	NUP 226
	230	64	156	151	143	158	168	217	2.5	2.5	—	—	3	3	385	552	2000	2800	11.5	NU 2226	NJ 2226	NUP 2226
	280	58	167	164	146	169	184	264	3	3	182	225	4	4	515	620	1700	2200	18	NU 326	NJ 326	NUP 326
	280	93	167	164	146	169	184	264	3	3	182	236	4	4	785	1060	1700	2200	28.5	NU 2326	NJ 2326	NUP 2326
	340	78	185	183	150	187	208	320	4	4	—	—	5	5	820	942	1500	1900	39	NU 426	NJ 426	NUP426
140	210	33	158	156	146.5	161	—	201	2	1	—	185	2	1.1	165	220	2000	2800	4	NU 1028	NJ 1028	—
	250	42	169	166	153	171	182	237	2.5	2.5	179	208	3	3	315	415	1800	2400	9.1	NU 228	NJ 228	NUP 228
	250	68	169	166	153	171	182	237	2.5	2.5	179	208	3	3	458	700	1800	2400	15	NU 2228	NJ 2228	NUP 2228
	300	62	180	176	156	182	198	284	3	3	196	241	4	4	570	690	1600	2000	22	NU 328	NJ 328	NUP 328
	300	102	180	176	156	182	198	284	3	3	192	252	4	4	865	1180	1600	2000	37	NU 2328	NJ 2328	NUP 2328
	360	82	196	195	160	200	222	340	4	4	—	—	5	5	885	1020	1400	1800	—	NU 428	NJ 428	NUP 428

（续）

公称尺寸/mm				安装尺寸/mm							其他尺寸/mm				基本额定载荷/kN		极限转速/r·min^{-1}		质量/kg	轴承代号		
d	D	B	F_W	d_a max	d_a min	d_b min	d_c min	D_a max	r_a max	r_b max	d_2	D_2	r min	r_1 min	C_r	C_{0r}	脂	油	W ≈	NU 型	NJ 型	NUP 型
150	225	35	169.5	167	158	173	—	214	2.1	1.5	—	198	2.1	1.5	198	268	1900	2600	4.8	NU 1030	NJ 1030	—
	270	45	182	179	163	184	196	257	2.5	2.5	193	225	3	3	378	490	1700	2200	11	NU 230	NJ 230	NUP 230
	270	73	182	179	163	184	196	257	2.5	2.5	193	225	3	3	555	772	1700	2200	17	NU 2230	NJ 2230	NUP 2230
	320	65	193	190	166	195	213	304	3	3	209	270	4	4	622	765	1500	1900	26	NU 330	NJ 330	NUP 330
	320	108	193	190	166	195	213	304	3	3	209	270	4	4	975	1340	1500	1900	45	NU 2330	NJ 2330	NUP 2330
	380	85	209	210	170	216	237	360	4	4	—	—	5	5	955	1100	1300	1700	53	NU 430	NJ 430	NUP 430
160	240	38	180	178	168	184	—	229	2.1	1.5	—	211	2.1	1.5	222	302	1800	2400	6	NU 1032	NJ 1032	—
	290	48	195	192	173	197	210	277	2.5	2.5	206	250	3	3	425	552	1600	2000	14	NU 232	NJ 232	NUP 232
	290	80	195	190	173	196	209	277	2.5	2.5	205	252	3	3	618	898	1600	2000	25	NU 2232	NJ 2232	NUP 2232
	340	68	208	200	176	211	228	324	3	3	—	—	4	4	658	825	1400	1800	31.6	NU 332	NJ 332	NUP 332
	340	114	208	200	176	211	228	324	3	3	—	—	4	4	1018	1430	1400	1800	55.8	NU 2332	NJ 2332	NUP 2332
170	260	42	193	190	181	197	—	249	2.1	2.1	—	227	2.1	2.1	268	365	1700	2200	8.14	NU 1034	NJ 1034	—
	310	52	208	204	186	211	233	294	3	3	220	269	4	4	445	650	1500	1900	17.1	NU 234	NJ 234	NUP 234
	360	72	220	216	186	223	241	344	3	3	—	290	4	4	750	952	1300	1700	36	NU 334	NJ 334	NUP 334
	360	120	220	212	186	223	241	344	3	3	—	290	4	4	1162	1650	1300	1700	63	NU 2334	NJ 2334	NUP 2334
180	280	46	205	203	191	209	—	269	2.1	2.1	215	244	2.1	2.1	315	438	1600	2000	10.1	NU 1036	NJ 1036	—
	320	52	218	214	196	221	233	304	3	3	230	279	4	4	445	650	1400	1800	18	NU 236	NJ 236	NUP 236
	380	75	232	227	196	235	255	364	3	3	252	306	4	4	875	1100	1200	1600	42	NU 336	NJ 336	NUP 336
	380	126	232	222	196	236	255	364	3	3	252	306	4	4	1268	1780	1200	1600	71.2	NU 2336	NJ 2336	NUP 2336
190	290	46	215	213	201	219	—	279	2.1	2.1	—	254	2.1	2.1	350	495	1500	1900	—	NU 1038	NJ 1038	—
	340	55	231	227	206	234	247	324	3	3	244	295	4	4	535	745	1300	1700	23	NU 238	NJ 238	NUP 238
	340	92	231	227	206	234	247	324	3	3	—	295	4	4	1022	1570	1300	1700	38.5	NU 2238	NJ 2238	NUP 2238
	400	78	245	240	210	248	268	380	4	4	—	322	5	5	925	1190	1100	1500	50	NU 338	NJ 338	NUP 338

（续）

公称尺寸/mm				安装尺寸/mm							其他尺寸/mm				基本额定载荷/kN		极限转速/r·min^{-1}		质量/kg	轴承代号		
d	D	B	F_W	d_a max	d_a min	d_b min	d_c min	D_a max	r_a max	r_b max	d_2	D_2	r min	r_1 min	C_r	C_{0r}	脂	油	W ≈	NU 型	NJ 型	NUP 型
200	310	51	229	226	211	233	—	299	2.1	2.1	239	269	2.1	2.1	428	615	1400	1800	14.3	NU 1040	NJ 1040	—
	360	58	244	240	216	247	261	344	3	3	258	312	4	4	598	842	1200	1600	26	NU 240	NJ 240	NUP 240
	360	98	244	—	216	247	261	344	3	3	—	—	4	4	1172	1725	1200	1600	—	NU 2240	NJ 2240	NUP 2240
	420	80	260	254	220	263	283	400	4	4	—	—	5	5	1018	1290	1000	1400	—	NU 340	NJ 340	NUP 340
220	340	56	250	248	233	254	—	327	2.5	2.5	262	297	3	3	470	685	1200	1600	—	NU 1044	NJ 1044	—
	400	65	270	266	236	273	289	384	3	3	286	332	4	4	735	1050	1000	1400	36	NU 244	NJ 244	NUP 244
	400	108	270	—	236	274	—	384	3	3	—	332	4	4	1425	2330	1000	1400	62	NU 2244	NJ 2244	NUP 2244
	460	88	284	278	240	287	—	440	4	4	307	371	5	5	1132	1465	900	1200	75	NU 344	NJ 344	—
240	360	56	270	268	253	275	—	347	2.5	2.5	282	317	3	3	492	745	1000	1400	21	NU 1048	NJ 1048	—
	440	72	295	293	256	298	316	424	3	3	313	365	4	4	922	1345	900	1200	48.2	NU 248	NJ 248	NUP 248
	500	95	310	296	260	313	—	480	4	4	335	403	5	5	1352	1810	800	1000	97.1	NU 348	NJ 348	—
260	400	65	296	292	276	300	—	384	3	3	309	349	4	4	620	932	950	1300	31	NU 1052	NJ 1052	—
280	420	65	316	311	296	320	—	404	3	3	329	369	4	4	628	965	850	1100	33	NU 1056	NJ 1056	—
300	460	74	340	335	316	344	—	444	3	3	356	402	4	4	922	1470	800	1000	44.4	NU 1060	NJ 1060	—
	540	85	364	358	320	368	392	520	4	4	387	451	5	5	1425	2190	700	900	87.2	NU 260	NJ 260	—
320	480	74	360	355	336	364	—	464	3	3	376	422	4	4	932	1520	750	950	47	NU 1064	NJ 1064	—
400	600	90	450	446	420	455	—	580	4	4	470	527	5	5	1488	2480	560	700	88.8	NU 1080	NJ 1080	—

注：质量为 NJ 型的数据。

表 14.6-13 圆柱滚子轴承（部分摘自 GB/T 283—2007）

N型　NF型　NH(NJ+HJ)型

径向当量动载荷

$P_r = F_r$

对轴向承载圆柱滚子轴承（NF、NH 型）

对于 2、3 系列

当 $0 < F_a/F_r \leq 0.12$ 时，$P_r = F_r + 0.3F_a$

当 $0.12 < F_a/F_r \leq 0.3$ 时，$P_r = 0.94F_r + 0.8F_a$

对于 22、23 系列

当 $0 < F_a/F_r \leq 0.18$ 时，$P_r = F_r + 0.2F_a$

当 $0.18 < F_a/F_r \leq 0.3$ 时，$P_r = 0.94F_r + 0.53F_a$

径向当量静载荷

$P_{0r} = F_r$

代号含义

N—外圈无挡边

NF—外圈单挡边

NH—内圈单挡边（NJ）并带斜挡边（HJ）

E—加强型

公称尺寸/mm				安装尺寸/mm				其他尺寸/mm					基本额定载荷/kN		极限转速/r·min⁻¹		质量/kg	轴承代号		
d	D	B	E_w	d_a min	D_a max	r_a max	r_b max	d_2	D_2	B_1	r min	r_1 min	C_r	C_{0r}	脂	油	W ≈	N 型	NF 型	NH(NJ+HJ)型
15	35	11	29.3	19	—	0.6	0.3	22	26.4	—	0.6	0.3	8.35	5.5	15000	19000	—	N 202	NF 202	—
17	40	12	33.9	21	—	0.6	0.3	25.5	30.9	—	0.6	0.3	9.55	7.0	14000	18000	—	N 203	NF 203	—
20	42	12	36.5	24	—	0.6	0.3	28.3	—	—	0.6	0.3	11.0	8.0	13000	17000	0.09	N 1004	—	—
	47	14	40	25	42	1	0.6	29.9	36.7	3	1	0.6	13.0	11.0	12000	16000	0.11	—	NF 204	NJ 204+HJ 204
	47	14	41.5	25	42	1	0.6	29.7	—	—	1	0.6	27.0	24.0	12000	16000	0.117	N 204 E	—	—
	47	18	41.5	25	42	1	0.6	29.7	—	—	1	0.6	22.2	30.0	12000	16000	0.149	N 2204 E	—	—
	52	15	44.5	26.5	47	1	0.6	31.8	39.8	4	1.1	0.6	18.8	15.0	11000	15000	0.17	—	NF 304	NJ 304+HJ 304
	52	15	45.5	26.5	47	1	0.6	31.2	—	—	1.1	0.6	30.5	25.5	11000	15000	0.155	N 304 E	—	—
	52	21	45.5	26.5	47	1	0.6	31.2	—	—	1.1	0.6	41.0	37.5	10000	14000	0.216	N 2304 E	—	—
25	47	12	41.5	29	—	0.6	0.3	—	—	—	0.6	0.3	11.5	10.2	11000	15000	0.1	N 1005	—	—
	52	15	45	30	47	1	0.6	34.9	41.6	3	1	0.6	14.8	12.8	11000	14000	0.16	—	NF 205	NJ 205+HJ 205
	52	15	46.5	30	47	1	0.6	34.7	—	—	1	0.6	28.8	26.8	11000	14000	0.14	N 205 E	—	—
	52	18	—	30	—	1	0.6	34.9	41.6	3	1	0.6	22.2	19.8	11000	14000	—	—	—	NJ 2205+HJ 2205
	52	18	46.5	30	47	1	0.6	34.7	—	—	1	0.6	34.5	33.8	11000	14000	0.168	N 2205 E	—	—
	62	17	53	31.5	55	1	1	39	48	4	1.1	1.1	26.8	22.5	9000	12000	0.2	—	NF 305	NJ 305+HJ 305
	62	17	54	31.5	55	1	1	38.1	—	—	1.1	1.1	40.2	35.8	9000	12000	0.251	N 305 E	—	—
	62	24	53	31.5	55	1	1	39	48	—	1.1	1.1	40.2	39.2	9000	12000	—	—	NF 2305	—
	62	24	54	31.5	55	1	1	38.1	—	—	1.1	1.1	55.8	54.5	9000	12000	0.355	N 2305 E	—	—
30	62	16	53.5	36	56	1	0.6	41.8	49.1	4	1	0.6	20.5	18.2	8500	11000	0.2	—	NF 206	NJ 206+HJ 206
	62	16	55.5	36	56	1	0.6	41.3	—	—	1	0.6	37.8	35.5	8500	11000	0.214	N 206 E	—	—
	62	20	53.5	36	—	1	0.6	41.8	49.1	4	1	0.6	30.2	30.2	8500	11000	0.29	—	—	NJ 2206+HJ 2206
	62	20	55.5	36	56	1	0.6	41.3	—	—	1	0.6	47.8	48.0	8500	11000	0.268	N 2206 E	—	—

（续）

公称尺寸/mm				安装尺寸/mm				其他尺寸/mm					基本额定载荷/kN		极限转速/r·min^{-1}		质量/kg	轴承代号		
d	D	B	E_w	d_a min	D_a max	r_a max	r_b max	d_2	D_2	B_1	r min	r_1 min	C_r	C_{0r}	脂	油	W ≈	N 型	NF 型	NH(NJ+HJ)型
30	72	19	62	37	64	1	1	45.9	56.7	5	1.1	1.1	35.0	31.5	8000	10000	0.3	—	NF 306	NJ 306+HJ 306
	72	19	62.5	37	64	1	1	45	—	—	1.1	1.1	51.5	48.2	8000	10000	0.377	N 306 E	—	—
	72	27	62	37	64	1	1	45.9	56.7	—	1.1	1.1	48.8	47.5	8000	10000	0.6	—	NF 2306	—
	72	27	62.5	37	64	1	1	45	—	—	1.1	1.1	73.2	75.5	8000	10000	0.538	N 2306 E	—	—
	90	23	73	39	—	1.5	1.5	50.5	65.8	7	1.5	1.5	60.0	53.0	7000	9000	0.73	N 406	—	NJ 406+HJ 406
35	72	17	61.8	42	64	1	0.6	47.6	56.8	4	1.1	0.6	29.8	28.0	7500	9500	0.3	—	NF 207	NJ 207+HJ 207
	72	17	64	42	64	1	0.6	48.3	—	—	1.1	0.6	48.8	48.0	7500	9500	0.311	N 207 E	—	—
	72	23	61.8	42	—	1	0.6	47.6	56.8	4	1.1	0.6	45.8	48.5	7500	9500	0.45	—	—	NJ 2207+HJ 2207
	72	23	64	42	64	1	0.6	48.3	—	—	1.1	0.6	60.2	63.0	7500	9500	0.414	N 2207 E	—	—
	80	21	68.2	44	71	1.5	1	50.8	62.4	6	1.5	1.1	41.0	39.2	7000	9000	0.56	—	NF 307	NJ 307+HJ 307
	80	21	70.2	44	71	1.5	1	51.1	—	—	1.5	1.1	62.0	63.2	7000	9000	0.501	N307 E	—	—
	80	31	68.2	44	71	1.5	1	50.8	62.4	—	1.5	1.1	54.8	57.0	7000	9000	0.85	—	NF 2307	—
	80	31	70.2	44	71	1.5	1	51.5	—	—	1.5	1.1	87.5	98.2	7000	9000	0.738	N 2307 E	—	—
	100	25	83	44	—	1.5	1.5	59	75.3	8	1.5	1.5	70.8	68.2	6000	7500	0.94	N 407	—	NJ 407+HJ 407
40	68	15	61	45	—	1	0.6	50.3	—	—	1	0.6	21.2	22.0	7500	9500	0.22	N 1008	—	—
	80	18	70	47	72	1	1	54.2	64.7	5	1.1	1.1	37.5	38.2	7000	9000	0.4	—	NF 208	NJ 208+HJ 208
	80	18	71.5	47	72	1	1	54.2	—	—	1.1	1.1	51.5	53.0	7000	9000	0.394	N 208 E	—	—
	80	23	70	47	—	1	1	54.2	64.7	5	1.1	1.1	52.0	57.8	7000	9000	0.53	—	—	NJ 2208+HJ 2208
	80	23	71.5	47	72	1	1	54.2	—	—	1.1	1.1	67.5	75.2	7000	9000	0.507	N 2208 E	—	—
	90	23	77.5	49	80	1.5	1.5	58.4	71.2	7	1.5	1.5	48.8	47.5	6300	8000	0.7	—	NF 308	NJ 308+HJ 308
	90	23	80	49	80	1.5	1.5	57.7	—	—	1.5	1.5	76.8	77.8	6300	8000	0.68	N 308 E	—	—
	90	33	77.5	49	80	1.5	1.5	58.4	71.2	—	1.5	1.5	70.8	76.8	6300	8000	1.1	—	NF 2308	—
	90	33	80	49	80	1.5	1.5	57.7	—	—	1.5	1.5	105	118	6300	8000	0.974	N 2308 E	—	—
	110	27	92	50	—	2	2	64.8	83.3	8	2	2	90.5	89.8	5600	7000	1.25	N 408	—	NJ 408+HJ 408
45	85	19	75	52	77	1	1	59	69.7	5	1.1	1.1	39.8	41.0	6300	8000	0.5	—	NF 209	NJ 209+HJ 209
	85	19	76.5	52	77	1	1	59.2	—	—	1.1	1.1	58.5	63.8	6300	8000	0.45	N 209 E	—	—
	85	23	75	52	—	1	1	59	69.7	5	1.1	1.1	54.8	62.2	6300	8000	0.59	—	—	NJ 2209+HJ 2209
	85	23	76.5	52	77	1	1	59.2	—	—	1.1	1.1	71.0	82.0	6300	8000	0.55	N 2209 E	—	—
	100	25	86.5	54	89	1.5	1.5	64	79.3	7	1.5	1.5	66.8	66.8	5600	7000	0.9	—	NF 309	NJ 309+HJ 309
	100	25	88.5	54	89	1.5	1.5	64.7	—	—	1.5	1.5	93.0	98.0	5600	7000	0.93	N 309 E	—	—
	100	36	86.5	54	89	1.5	1.5	64	79.6	—	1.5	1.5	91.5	100	5600	7000	1.5	—	NF 2309	—
	100	36	88.5	54	89	1.5	1.5	64.7	—	—	1.5	1.5	130	152	5600	7000	1.34	N 2309 E	—	—
	120	29	100.5	55	—	2	2	71.8	91.4	8	2	2	102	100	5000	6300	1.8	N 409	—	N 409+HJ 409
50	80	16	72.5	55	—	1	0.6	—	—	—	1	0.6	25.0	27.5	6300	8000	—	N 1010	—	—

（续）

公称尺寸/mm				安装尺寸/mm				其他尺寸/mm					基本额定载荷/kN		极限转速/r·min⁻¹		质量/kg	轴承代号		
d	D	B	E_w	d_a min	D_a max	r_a max	r_b max	d_2	D_2	B_1	r min	r_1 min	C_r	C_{0r}	脂	油	W ≈	N 型	NF 型	NH(NJ+HJ)型
50	90	20	80.4	57	83	1	1	64.6	75.1	5	1.1	1.1	43.2	48.5	6000	7500	0.6	—	NF 210	NJ 210+HJ 210
	90	20	81.5	57	83	1	1	64.2	—	—	1.1	1.1	61.2	69.2	6000	7500	0.505	N 210 E	—	—
	90	23	80.4	57	—	1	1	64.6	75.1	5	1.1	1.1	57.2	69.2	6000	7500	0.65	—	—	NJ 2210+HJ 2210
	90	23	81.5	57	83	1	1	64.2	—	—	1.1	1.1	74.2	88.8	6000	7500	0.59	N 2210 E	—	—
	110	27	95	60	98	2	2	71	87.3	8	2	2	76.0	79.5	5300	6700	1.2	—	NF 310	NJ 310+HJ 310
	110	27	97	60	98	2	2	71.2	—	—	2	2	105	112	5300	6700	1.2	N 310 E	—	—
	110	40	95	60	98	2	2	71	87.3	8	2	2	112	132	5300	6700	1.85	—	NF 2310	—
	110	40	97	60	98	2	2	71.2	—	—	2	2	155	185	5300	6700	1.79	N 2310 E	—	—
	130	31	110.8	62	—	2.1	2.1	78.8	101	9	2.1	2.1	120	120	4800	6000	2.3	N 410	—	NJ 410+HJ 410
55	90	18	80.5	61.5	—	1	1	—	—	—	1.1	1	37.5	40.0	5600	7000	0.45	N 1011	—	—
	100	21	88.5	64	91	1.5	1	70.8	82.7	6	1.5	1.1	55.2	60.2	5300	6700	0.7	—	NF 211	NJ 211+HJ 211
	100	21	90.0	64	91	1.5	1	70.2	—	—	1.5	1.1	84.0	95.5	5300	6700	0.68	N 211 E	—	—
	100	25	88.5	64	—	1.5	1	70.8	82.7	6	1.5	1.1	74.2	87.5	5300	6700	0.86	—	—	NJ 2211+HJ 2211
	100	25	90	64	91	1.5	1	70.9	—	—	1.5	1.1	99.2	118	5300	6700	0.81	N 2211 E	—	—
	120	29	104.5	65	107	2	2	77.2	95.8	9	2	2	102	105	4800	6000	1.7	—	NF 311	NJ 311+HJ 311
	120	29	106.5	65	107	2	2	77.4	—	—	2	2	135	138	4800	6000	1.53	N 311 E	—	—
	120	43	104.5	65	107	2	2	77.2	95.8	9	2	2	135	148	4800	6000	2.4	—	NF 2311	NJ 2311+HJ 2311
	120	43	106.5	65	107	2	2	77.4	—	—	2	2	200	228	4800	6000	2.28	N 2311 E	—	—
	140	33	117.2	67	—	2.1	2.1	85.2	108	10	2.1	2.1	135	132	4300	5300	2.8	N 411	—	NJ 411+HJ 411
60	95	18	85.5	66.5	—	1	1	72.9	—	—	1.1	1	40.5	45.0	5300	6700	0.48	N 1012	—	—
	110	22	97	69	100	1.5	1.5	—	—	6	1.5	1.5	65.8	73.5	5000	6300	0.9	—	NF 212	NJ 212+HJ 212
	110	22	100	69	100	1.5	1.5	77.7	—	—	1.5	1.5	94.0	102	5000	6300	0.86	N 212 E	—	—
	110	28	97	69	—	1.5	1.5	—	—	6	1.5	1.5	95.5	118	5000	6300	1.25	—	—	NJ 2212+HJ 2212
	110	28	100	69	100	1.5	1.5	77.7	—	—	1.5	1.5	128	152	5000	6300	1.12	N 2212 E	—	—
	130	31	113	72	116	2.1	2.1	84.2	104	9	2.1	2.1	125	128	4500	5600	2	—	NF 312	NJ 312+HJ 312
	130	31	115	72	116	2.1	2.1	84.3	—	—	2.1	2.1	148	155	4500	5600	1.87	N 312 E	—	—
	130	46	113	72	116	2.1	2.1	84.2	104	9	2.1	2.1	162	195	4500	5600	2	—	NF 2312	NJ 2312+HJ 2312
	130	46	115	72	116	2.1	2.1	84.3	—	—	2.1	2.1	222	260	4500	5600	2.81	N 2312 E	—	—
	150	35	127	72	—	2.1	2.1	91.8	116	10	2.1	2.1	162	162	4000	5000	3.4	N 412	—	NJ 412+HJ 412
65	120	23	105.5	74	108	1.5	1.5	84.8	98.9	6	1.5	1.5	76.8	87.5	4500	5600	1.1	—	NF 213	NJ 213+HJ 213
	120	23	108.5	74	108	1.5	1.5	84.6	—	—	1.5	1.5	108	118	4500	5600	1.08	N 213 E	—	—
	120	31	105.5	74	—	1.5	1.5	84.8	98.6	6	1.5	1.5	112	145	4500	5600	—	—	—	NJ 2213+HJ 2213
	120	31	108.5	74	108	1.5	1.5	84.6	—	—	1.5	1.5	148	180	4500	5600	1.48	N 2213 E	—	—
	140	33	121.5	77	125	2.1	2.1	91	112	10	2.1	2.1	130	135	4000	5000	2.5	—	NF 313	NJ 313+HJ 313
	140	33	124.5	77	125	2.1	2.1	90.6	—	—	2.1	2.1	178	188	4000	5000	2.31	N 313 E	—	—

（续）

公称尺寸/mm				安装尺寸/mm				其他尺寸/mm					基本额定载荷/kN		极限转速/$r \cdot min^{-1}$		质量/kg	轴承代号		
d	D	B	E_w	d_a min	D_a max	r_a max	r_b max	d_2	D_2	B_1	r min	r_1 min	C_r	C_{0r}	脂	油	W ≈	N 型	NF 型	NH(NJ+HJ)型
65	140	48	121.5	77	125	2.1	2.1	91	112	10	2.1	2.1	182	210	4000	5000	4	—	NF 2313	NJ 2313+HJ 2313
	140	48	124.5	77	125	2.1	2.1	90.6	—	—	2.1	2.1	245	285	4000	5000	3.34	N 2313 E	—	—
	160	37	135.3	77	—	2.1	2.1	98.5	124	11	2.1	2.1	178	178	3800	4800	4	N 413	—	NJ 413+ HJ 413
70	110	20	100	76.5	—	1	1	84.5	—	—	1.1	1	49.8	57.0	4800	6000	0.71	N 1014	—	—
	125	24	110.5	79	114	1.5	1.5	89.6	104	7	1.5	1.5	76.8	87.5	4300	5300	1.3	—	NF 214	NJ 214+HJ 214
	125	24	113.5	79	114	1.5	1.5	89.6	—	—	1.5	1.5	118	135	4300	5300	1.2	N 214 E	—	—
	125	31	110.5	79	—	1.5	1.5	89.6	104	7	1.5	1.5	112	145	4300	5300	1.7	—	—	NJ 2214+HJ 2214
	125	31	113.5	79	114	1.5	1.5	89.6	—	—	1.5	1.5	155	192	4300	5300	1.56	N 2214 E	—	—
	150	35	130	82	134	2.1	2.1	98	120	10	2.1	2.1	152	162	3800	4800	3.1	—	NF 314	NJ 314+HJ 314
	150	35	133	82	134	2.1	2.1	97.5	—	—	2.1	2.1	205	220	3800	4800	2.86	N 314 E	—	—
	150	51	130	82	134	2.1	2.1	98	120	10	2.1	2.1	222	260	3800	4800	4.4	—	NF 2314	NJ 2314+HJ 2314
	150	51	133	82	134	2.1	2.1	97.5	—	—	2.1	2.1	272	320	3800	4800	4.1	N 2314 E	—	—
	180	42	152	84	—	2.5	2.5	110	139	12	3	3	225	232	3400	4300	5.9	N 414	—	NJ 414+HJ 414
75	130	25	116.5	84	120	1.5	1.5	94	110	7	1.5	1.5	93.2	110	4000	5000	1.4	—	NF215	NJ 215+HJ 215
	130	25	118.5	84	120	1.5	1.5	94.6	—	—	1.5	1.5	130	155	4000	5000	1.32	N 215 E	—	—
	130	31	116.5	84	—	1.5	1.5	94	110	7	1.5	1.5	130	165	4000	5000	1.8	—	—	NJ 2215+HJ 2215
	130	31	118.5	84	120	1.5	1.5	94.6	—	—	1.5	1.5	162	205	4000	5000	1.64	N 2215 E	—	—
	160	37	139.5	87	143	2.1	2.1	104	129	11	2.1	2.1	172	188	3600	4500	3.7	—	NF 315	NJ 315+HJ 315
	160	37	143	87	143	2.1	2.1	104.2	—	—	2.1	2.1	238	260	3600	4500	3.43	N 315 E	—	—
	160	55	139.5	87	143	2.1	2.1	104	129	11	2.1	2.1	258	308	3600	4500	5.4	N 2315	NF 2315	NJ 2315+5HJ 2315
	190	45	160.5	89	—	2.5	2.5	116	147	13	3	3	262	272	3200	4000	7.1	N 415	—	NJ 415+HJ 415
80	125	22	113.5	86.5	—	1	1	—	—	—	1.1	1	62.0	77.8	4300	5300	1	N 1016	—	—
	140	26	125	90	128	2	2	101	118	8	2	2	108	125	3800	4800	1.7	—	NF 216	NJ 216+HJ 216
	140	26	127.3	90	128	2	2	101.1	—	—	2	2	138	165	3800	4800	1.58	N 216 E	—	—
	140	33	125	90	—	2	2	101	118	8	2	2	152	195	3800	4800	2.2	—	—	NJ 2216+HJ 2216
	140	33	127.3	90	128	2	2	101.1	—	—	2	2	188	242	3800	4800	2.05	N 2216 E	—	—
	170	39	147	92	151	2.1	2.1	111	136	11	2.1	2.1	185	200	3400	4300	4.4	—	NF 316	NJ 316+HJ 316
	170	39	151	92	151	2.1	2.1	110.1	—	—	2.1	2.1	258	282	3400	4300	4.05	N 316 E	—	—
	170	58	147	92	151	2.1	2.1	111	136	11	2.1	2.1	270	328	3400	4300	6.4	N 2316	NF 2316	NJ 2316+HJ 2316
	200	48	170	94	—	2.5	2.5	122	156	13	3	3	298	315	3000	3800	8.3	N 416	—	NJ 416+HJ 416
85	150	28	133.8	95	137	2	2	108	126	8	2	2	120	145	3600	4500	2.1	—	NF 217	NJ 217+HJ 217
	150	28	136.5	95	137	2	2	107.1	—	—	2	2	165	192	3600	4500	2	N 217 E	—	—
	150	36	133.8	95	—	2	2	108	126	8	2	2	172	230	3600	4500	2.8	—	—	NJ 2217+HJ 2217
	150	36	136.5	95	137	2	2	107.1	—	—	2	2	215	272	3600	4500	2.58	N 2217 E	—	—

（续）

公称尺寸/mm				安装尺寸/mm				其他尺寸/mm					基本额定载荷/kN		极限转速/r·min⁻¹		质量/kg	轴承代号		
d	D	B	E_w	d_a min	D_a max	r_a max	r_b max	d_2	D_2	B_1	r min	r_1 min	C_r	C_{0r}	脂	油	W ≈	N 型	NF 型	NH(NJ+HJ)型
85	180	41	156	99	160	2.5	2.5	117	144	12	3	3	222	242	3200	4000	5.2	—	NF 317	NJ 317+HJ 317
	180	41	160	99	160	2.5	2.5	117.4	—	—	3	3	295	332	3200	4000	4.82	N 317 E	—	—
	180	60	156	99	160	2.5	2.5	117	144	12	3	3	310	380	3200	4000	7.4	N 2317	NF 2317	NJ 2317+HJ 2317
	210	52	179.5	103	—	3	3	126	162	14	4	4	328	345	2800	3600	9.8	N 417	—	NJ 417+HJ 417
90	140	24	127	98	—	1.5	1	—	—	—	1.5	1.1	77.5	94.8	3800	4800	1.36	N 1018	—	—
	160	30	143	100	146	2	2	114	134	9	2	2	148	178	3400	4300	2.5	—	NF 218	NJ 218+HJ 218
	160	30	145	100	146	2	2	113.9	—	—	2	2	180	215	3400	4300	2.44	N 218 E	—	—
	160	40	143	100	—	2	2	114	134	9	2	2	202	268	3400	4300	3.5	—	—	NJ 2218+HJ 2218
	160	40	145	100	146	2	2	113.9	—	—	2	2	240	312	3400	4300	3.26	N 2218 E	—	—
	190	43	165	104	169	2.5	2.5	125	153	12	3	3	238	265	3000	3800	6.1	—	NF 318	NJ 318+HJ 318
	190	43	169.5	104	169	2.5	2.5	123.7	—	—	3	3	312	348	3000	3800	5.59	N 318 E	—	—
	190	64	165	104	169	2.5	2.5	125	153	12	3	3	325	395	3000	3800	8.4	N 2318	NF 2318	NJ 2318+HJ 2318
	225	54	191.5	108	—	3	3	137	175	14	4	4	368	392	2400	3200	11	N 418	—	NJ 418+HJ 418
95	170	32	151.5	107	155	2.1	2.1	121	142	9	2.1	2.1	160	190	3200	4000	3.2	—	NF 219	NJ 219+HJ 219
	170	32	154.5	107	155	2.1	2.1	120.2	—	—	2.1	2.1	218	262	3200	4000	2.96	N 219 E	—	—
	170	43	151.5	107	—	2.1	2.1	121	142	9	2.1	2.1	225	298	3200	4000	4.5	—	—	NJ 2219+HJ 2219
	170	43	154.5	107	155	2.1	2.1	120.2	—	—	2.1	2.1	288	368	3200	4000	3.97	N 2219 E	—	—
	200	45	173.5	109	178	2.5	2.5	132	161	13	3	3	258	288	2800	3600	7	—	NF 319	NJ 319+HJ 319
	200	45	177.5	109	178	2.5	2.5	131.7	—	—	3	3	330	380	2800	3600	6.52	N 319 E	—	—
	200	67	173.5	109	178	2.5	2.5	132	161	13	3	3	388	500	2800	3600	10.4	N 2319	NF 2319	NJ 2319+HJ 2319
	240	55	201.5	113	—	3	3	147	185	15	4	4	396	428	2200	3000	14	N 419	—	NJ 419+HJ 419
100	150	24	137	108	—	1.5	1	—	—	—	1.5	1.1	81.8	102	3400	4300	1.5	N 1020	—	—
	180	34	160	112	164	2.1	2.1	128	150	10	2.1	2.1	175	212	3000	3800	3.5	—	NF 220	NJ 220+HJ 220
	180	34	163	112	164	2.1	2.1	127	—	—	2.1	2.1	245	302	3000	3800	3.58	N 220 E	—	—
	180	46	160	112	—	2.1	2.1	128	150	10	2.1	2.1	252	335	3000	3800	5.2	—	—	NJ 2220+HJ 2220
	180	46	163	112	164	2.1	2.1	127	—	—	2.1	2.1	332	440	3000	3800	4.86	N 2220 E	—	—
	215	47	185.5	114	190	2.5	2.5	140	172	13	3	3	295	340	2600	3200	8.6	—	NF 320	NJ 320+HJ 320
	215	47	191.5	114	190	2.5	2.5	139.1	—	—	3	3	382	425	2600	3200	7.89	N 320 E	—	—
	215	73	185.5	114	190	2.5	2.5	140	172	13	3	3	435	558	2600	3200	13.5	N 2320	NF 2320	NJ 2320+HJ 2320
	250	58	211	118	—	3	3	153	194	16	4	4	438	480	2000	2800	16	N 420	—	NJ 420+HJ 420
105	160	26	145.5	114	—	2	1	125.5	—	—	2	1.1	95.8	122	3200	4200	1.9	N 1021	—	—
	190	36	168.8	117	173	2.1	2.1	135	159	10	2.1	2.1	195	235	2800	3600	4	N 221	NF 221	NJ 221+HJ 221
	225	49	196	119	199	2.5	2.5	147	181	13	3	3	338	392	2200	3000	—	N 321	NF 321	NJ 321+HJ 321

（续）

公称尺寸/mm				安装尺寸/mm				其他尺寸/mm					基本额定载荷/kN		极限转速/r·min^{-1}		质量/kg	轴承代号		
d	D	B	E_w	d_a min	D_a max	r_a max	r_b max	d_2	D_2	B_1	r min	r_1 min	C_r	C_{0r}	脂	油	W ≈	N型	NF型	NH(NJ+HJ)型
105	260	60	220.5	123	—	3	3	159	202	16	4	4	532	602	1900	2600	—	N 421	—	NJ 421+HJ 421
110	170	28	155	119	—	2	1	131	—	—	2	1.1	120	155	3000	3800	2.3	N 1022	—	—
	200	38	178.5	122	182	2.1	2.1	141	167	11	2.1	2.1	230	285	2600	3400	5	—	NF 222	NJ 222+HJ 222
	200	38	180.5	122	182	2.1	2.1	141.3	—	—	2.1	2.1	292	360	2600	3400	5.02	N 222 E	—	—
	200	53	178.5	122	—	2.1	2.1	141	167	11	2.1	2.1	328	445	2600	3400	7.5	N 2222	NF 2222	NJ 2222+HJ 2222
	240	50	207	124	211	2.5	2.5	155	192	14	3	3	368	428	2000	2800	11	N 322	NF 322	NJ 322+HJ 322
	240	80	207	124	211	2.5	2.5	155	201	14	3	3	560	740	2000	2800	7.5	N 2322	NF 2322	NJ 2322+HJ 2322
	280	65	235	128	—	3	3	171	216	17	4	4	540	602	1800	2400	22	N 422	—	NJ 422+HJ 422
120	180	28	165	129	—	2	1	156	—	—	2	1.1	135	168	2600	3400	2.96	N 1024	—	—
	215	40	191.5	132	196	2.1	2.1	153	180	11	2.1	2.1	240	332	2200	3000	6.4	—	NF 224	NJ 224+HJ 224
	215	40	195.5	132	196	2.1	2.1	153	—	—	2.1	2.1	338	422	2200	3000	6.11	N 224 E	—	—
	215	58	191.5	132	—	2.1	2.1	153	180	11	2.1	2.1	362	522	2200	3000	9.5	N 2224	—	NJ 2224+HJ 2224
	260	55	226	134	230	2.5	2.5	168	209	14	3	3	460	552	1900	2600	14	N 324	NF 324	NJ 324+HJ 324
	260	86	226	134	230	2.5	2.5	168	219	14	3	3	662	868	1900	2600	22.5	N 2324	NF 2324	NJ 2324+HJ 2324
	310	72	260	142	—	4	4	188	238	17	5	5	672	772	1700	2200	30	N 424	—	NJ 424+HJ 424
130	200	33	182	139	—	2	1	156	—	—	2	1.1	160	212	2400	3200	3.7	N 1026	—	—
	230	40	204	144	208	2.5	2.5	165	192	11	3	3	270	352	2000	2800	7	N 226	NF 226	NJ 226+HJ 226
	230	64	204	144	—	2.5	2.5	167	195	11	3	3	385	552	2000	2800	11.5	N 2226	NF 2226	NJ 2226+HJ 2226
	280	58	243	148	247	3	3	182	225	14	4	4	515	620	1700	2200	18	N 326	NF 326	NJ 326+HJ 326
	280	93	243	148	247	3	3	182	236	14	4	4	785	1060	1700	2200	28.5	N 2326	NF 2326	NJ 2326+HJ 2326
	340	78	285	152	—	4	4	—	—	18	5	5	820	942	1500	1900	39	N 426	—	NJ 426+HJ 426
140	210	33	192	149	—	2	1	—	—	—	2	1.1	165	220	2000	2800	4	N 1028	—	—
	250	42	221	154	—	2.5	2.5	179	208	11	3	3	315	415	1800	2400	9.1	N 228	NF 228	NJ 228+HJ 228
	250	68	221	154	—	2.5	2.5	179	208	11	3	3	458	700	1800	2400	15	N 2228	—	NJ 2228 HJ 2228
	300	62	260	158	—	3	3	196	241	15	4	4	570	690	1600	2000	22	N 328	NF 328	NJ 328+HJ 328
	300	102	260	158	—	3	3	192	252	15	4	4	865	1180	1600	2000	37	N 2328	NF 2328	NJ 2328+HJ 2328
	360	82	304	162	—	4	4	—	—	18	5	5	885	1020	1400	1800	—	N 428	—	NJ 428+HJ 428
150	225	35	205.5	161	—	2.1	1.5	177	—	—	2.1	1.5	198	268	1900	2600	4.8	N 1030	—	—
	270	45	238	164	—	2.5	2.5	193	225	12	3	3	378	490	1700	2200	11	N 230	NF 230	NJ 230+HJ 230
	270	73	238	164	—	2.5	2.5	193	225	12	3	3	555	772	1700	2200	17	N 2230	NF 2230	NJ 2230+HJ 2230
	320	65	277	168	—	3	3	209	270	15	4	4	625	765	1500	1900	26	N 330	NF 330	NJ 330+HJ 330
	320	108	277	168	—	3	3	209	270	15	4	4	975	1340	1500	1900	45	N 2330	NF 2330	NJ 2330+HJ 2330
	380	85	321	172	—	4	4	—	—	20	5	5	955	1100	1300	1700	53	N 430	—	NJ 430+HJ 430

（续）

公称尺寸/mm				安装尺寸/mm				其他尺寸/mm					基本额定载荷/kN		极限转速/r·min^{-1}		质量/kg	轴承代号		
d	D	B	E_w	d_a min	D_a max	r_a max	r_b max	d_2	D_2	B_1	r min	r_1 min	C_r	C_{0r}	脂	油	W ≈	N 型	NF 型	NH(NJ+HJ)型
160	240	38	220	171	—	2.1	1.5	—	—	—	2.1	1.5	222	302	1800	2400	6	N 1032	—	—
	290	48	255	174	—	2.5	2.5	206	250	12	3	3	425	552	1600	2000	14	N 232	NF 232	NJ 232+HJ 232
	290	80	255	174	—	2.5	2.5	205	252	12	3	3	618	898	1600	2000	25	N 2232	—	NJ 2232+HJ 2232
	340	68	292	178	—	3	3	—	—	—	4	4	658	825	1400	1800	31.6	N 332	NF 332	NJ 332+HJ 332
	340	114	292	178	—	3	3	—	—	—	4	4	1018	1430	1400	1800	55.8	N 2332	NF 2332	—
170	260	42	237	181	—	2.1	2.1	201	—	—	2.1	2.1	268	365	1700	2200	8.14	N 1034	—	—
	310	52	272	188	—	3	3	220	269	12	4	4	445	650	1500	1900	17.1	N 234	NF 234	NJ 234+HJ 234
	360	72	310	188	—	3	3	—	—	—	4	4	750	952	1300	1700	36	N 334	—	—
	360	120	310	188	—	3	3	—	290	—	4	4	1162	1650	1300	1700	63	N 2334	NF 2334	—
180	280	46	255	191	—	2.1	2.1	215	—	—	2.1	2.1	315	438	1600	2000	10.1	N 1036	—	—
	320	52	282	198	—	3	3	230	279	12	4	4	445	650	1400	1800	18	N 236	NF 236	NJ 236+HJ 236
	380	75	328	198	—	3	3	252	—	—	4	4	875	1100	1200	1600	42	N 336	—	—
	380	126	328	198	—	3	3	—	306	—	4	4	1268	1780	1200	1600	71.2	N 2336	NF 2336	—
190	290	46	265	201	—	2.1	2.1	225	—	—	2.1	2.1	350	495	1500	1900	10.0	N 1038	—	—
	340	55	299	208	—	3	3	244	295	13	4	4	535	745	1300	1700	23	N 238	NF 238	NJ 238+HJ 238
	340	92	299	208	—	3	3	—	295	13	4	4	1022	1570	1300	1700	38.5	N 2238	—	NJ 2238+HJ 2238
	400	78	345	212	—	4	4	264	—	—	5	5	925	1190	1100	1500	50	N 338	—	—
200	310	51	281	211	—	2.1	2.1	239	—	—	2.1	2.1	428	615	1400	1800	14.3	N 1040	—	—
	360	58	316	218	—	3	3	258	312	14	4	4	598	842	1200	1600	26	N 240	NF 240	NJ 240+HJ 240
	360	98	316	218	—	3	3	256	313	14	4	4	1172	1725	1200	1600	—	N 2240	—	NJ 2240+HJ 2240
	420	80	360	222	—	4	4	280	—	—	5	5	1018	1290	1000	1400	—	N 340	—	—
220	340	56	310	233	—	2.5	2.5	—	—	—	3	3	470	685	1200	1600	—	N 1004	—	—
	400	65	350	238	—	3	3	286	332	15	4	4	735	1050	1000	1400	36	N 244	NF 244	NJ 244+HJ 244
	400	108	350	238	—	3	3	—	—	—	4	4	1425	2330	1000	1400	62	N 2244	—	—
240	360	56	330	253	—	2.5	2.5	282	—	—	3	3	492	745	1000	1400	21	N 1048	—	—
	440	72	385	258	—	3	3	313	365	16	4	4	922	1345	900	1200	48.2	N 248	NF 248	NJ 248+HJ 248
	500	95	430	262	—	4	4	—	—	—	5	5	1352	1810	800	1000	97.1	N 348	—	—
260	400	65	364	276	—	3	3	309	—	—	4	4	620	932	950	1300	31	N 1052	—	—
280	420	65	384	296	—	3	3	329	—	—	4	4	628	965	850	1100	33	N 1056	—	—
300	460	74	420	316	—	3	3	356	—	—	4	4	922	1470	800	1000	44.4	N 1060	—	—
	540	85	475	322	487	4	4	—	—	—	5	5	1425	2190	700	900	87.2	N 260	—	—
320	480	74	440	336	—	3	3	376	—	—	4	4	932	1520	750	950	47	N 1064	—	—
400	600	90	550	420	—	4	4	470	—	—	5	5	1488	2480	560	700	88.8	N 1080	—	—

表 14.6-14　无外圈圆柱滚子轴承（部分摘自 GB/T 283—2007）

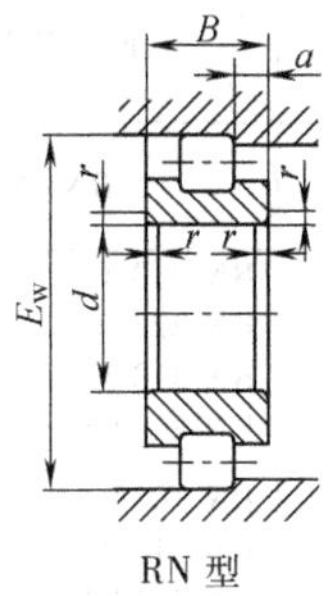

RN 型

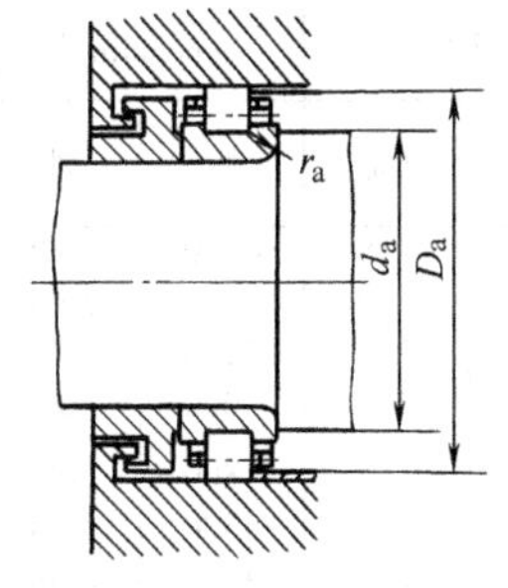

代号含义

RN—无外圈，内圈有双挡边

E—加强型

公称尺寸/mm			安装尺寸/mm			其他尺寸/mm		基本额定载荷/kN		极限转速/r·min^{-1}		质量/kg	轴承代号
d	E_W	B	d_a min	D_a max	r_a max	a	r min	C_r	C_{0r}	脂	油	W ≈	RN 型
20	41.5	14	25	37.3	1	2.5	1	27.0	24.0	12000	16000	—	RN 204 E
	41.5	18	25	37.3	1	3.5	1	32.2	30.0	12000	16000	—	RN 2204 E
	45.5	15	26.5	41.2	1	2.5	1.1	30.5	25.5	11000	15000	—	RN 304 E
	45.5	21	26.5	41.2	1	3.5	1.1	41.0	37.5	10000	14000	—	RN 2304 E
25	46.5	15	30	42.3	1	3	1	28.8	26.8	11000	14000	—	RN 205 E
	46.5	18	30	42.3	1	3.5	1	34.5	33.8	11000	14000	—	RN 2205 E
	54	17	31.5	49.4	1	3	1.1	40.2	35.8	9000	12000	—	RN 305 E
	54	24	31.5	49.4	1	4	1.1	55.8	54.5	9000	12000	—	RN 2305 E
30	55.5	16	36	50.5	1	3	1	37.8	35.5	8500	11000	—	RN 206 E
	55.5	20	36	50.5	1	3.5	1	47.2	48.0	8500	11000	—	RN 2206 E
	62.5	19	37	58.2	1	3.5	1.1	51.5	48.2	8000	10000	—	RN 306 E
	62.5	27	37	58.2	1	4.5	1.1	73.2	75.5	8000	10000	—	RN 2306 E
35	64	17	42	59	1	3	1.1	48.8	48.0	7500	9500	—	RN 207 E
	64	23	42	59	1	4.5	1.1	60.2	63.0	7500	9500	—	RN 2207 E
	70.2	21	44	64.3	1.5	3.5	1.5	65.0	63.2	7000	9000	—	RN 307 E
	70.2	31	44	64.3	1.5	5	1.5	91.8	98.2	7000	9000	—	RN 2307 E
	83	25	44	—	1.5	—	1.5	74.2	68.2	6000	7500	0.64	RN 407
40	71.5	18	47	66.2	1	3.5	1.1	54.0	53.0	7000	9000	—	RN 208 E
	71.5	23	47	66.2	1	4	1.1	70.8	75.2	7000	9000	—	RN 2208 E
	80	23	49	73.3	1.5	4	1.5	80.5	77.8	6300	8000	—	RN 308 E
	80	33	49	73.3	1.5	5.5	1.5	110	118	6300	8000	—	RN 2308 E
	92	27	50	—	2	—	2	94.8	89.8	5600	7000	—	RN 408
45	76.5	19	52	71.2	1	3.5	1.1	61.2	63.8	6300	8000	—	RN 209 E
	76.5	23	52	71.2	1	4	1.1	74.5	82.0	6300	8000	—	RN 2209 E
	88.5	25	54	81.5	1.5	4.5	1.5	97.5	98.0	5600	7000	—	RN 309 E
	88.5	36	54	81.5	1.5	6	1.5	135	152	5600	7000	—	RN 2309 E
50	72.5	16	55	—	1	—	1	26.2	27.5	6300	8000	—	RN 1010
	81.5	20	57	77	1	4	1.1	64.2	69.2	6000	7500	—	RN 210 E
	81.5	23	57	77	1	4	1.1	77.8	88.8	6000	7500	—	RN 2210 E
	97	27	60	89.6	2	5	2	110	112	5300	6700	—	RN 310 E
	97	40	60	89.6	2	6.5	2	162	185	5300	6700	—	RN 2310 E
55	90	21	64	85	1.5	3.5	1.5	84.0	95.5	5300	6700	—	RN 211E
	90	25	64	85	1.5	4	1.5	99.2	118	5300	6700	—	RN 2211E
	106.5	29	65	98.2	2	5	2	135	138	4800	6000	—	RN 311E
	106.5	43	65	98.2	2	6.5	2	200	228	4800	6000	—	RN 2311E
60	86.5	18	66.5	—	1	—	1.1	40.2	45.0	5300	6700	0.303	RN 1012
	100	22	69	93.2	1.5	4	1.5	94.0	102	5000	6300	—	RN 212 E
	100	28	69	93.2	1.5	4	1.5	128	152	5000	6300	—	RN 2212E
	115	31	72	106.5	2.1	5.5	2.1	148	155	4500	5600	—	RN 312E
	115	46	72	106.5	2.1	7	2.1	222	260	4500	5600	—	RN 2312E

（续）

公称尺寸/mm			安装尺寸/mm			其他尺寸/mm		基本额定载荷/kN		极限转速/r·min^{-1}		质量/kg	轴承代号
d	E_W	B	d_a min	D_a max	r_a max	a	r min	C_r	C_{0r}	脂	油	W ≈	RN 型
65	108.5	23	74	101	1.5	4	1.5	108	118	4500	5600	—	RN 213 E
	108.5	31	74	101	1.5	4.5	1.5	148	180	4500	5600	—	RN 2213E
	124.5	33	77	114.6	2.1	5.5	2.1	178	188	4000	5000	—	RN 313 E
	124.5	48	77	114.6	2.1	8	2.1	245	285	4000	5000	—	RN 2313 E
70	100	20	76.5	—	1	—	1.1	49.8	57.0	4800	6000	—	RN 1014
	113.5	24	79	105.8	1.5	4	1.5	118	135	4300	5300	—	RN 214 E
	113.5	31	79	105.8	1.5	4.5	1.5	155	192	4300	5300	—	RN 2214 E
	133	35	82	123.5	2.1	5.5	2.1	205	220	3800	4800	—	RN 314 E
	133	51	82	123.5	2.1	8.5	2.1	272	320	3800	4800	—	RN 2314 E
75	118.5	25	84	111.4	1.5	4	1.5	130	155	4000	5000	—	RN 215 E
	118.5	31	84	111.4	1.5	4.5	1.5	162	205	4000	5000	—	RN 2215 E
	143	37	87	131.6	2.1	5.5	2.1	238	260	3600	4500	—	RN 315 E
80	127.3	26	90	119.8	2	4.5	2	138	165	3800	4800	—	RN 216 E
	127.3	33	90	119.8	2	4.5	2	185	242	3800	4800	—	RN 2216 E
	151	39	92	139	2.1	6	2.1	258	282	3400	4300	—	RN 316 E
85	136.5	28	95	129	2	4.5	2	165	192	3600	4500	—	RN 217 E
	136.5	36	95	129	2	5	2	215	272	3600	4500	—	RN 2217 E
	160	41	99	147	3	6.5	3	292	332	3200	4000	—	RN 317 E
90	145	30	100	136.4	2	5	2	180	215	3400	4300	—	RN 218 E
	145	40	100	136.4	2	6	2	240	312	3400	4300	—	RN 2218 E
	169.5	43	104	155.5	3	6.5	3	312	348	3000	3800	—	RN 318 E
95	154.5	32	107	145.5	2.1	5	2.1	218	262	3200	4000	—	RN 219 E
	154.5	43	107	145.5	2.1	6.5	2.1	288	368	3200	4000	—	RN 2219 E
	177.5	45	109	163.5	2.5	7.5	3	330	380	2800	3600	—	RN 319 E
100	163	34	112	152.8	2.1	5	2.1	245	302	3000	3800	—	RN 220 E
	163	46	112	152.8	2.1	6	2.1	332	440	3000	3800	—	RN 2220 E
	191.5	47	114	175	2.5	7.5	3	382	425	2600	3200	—	RN 320 E
105	168.8	36	117	161.2	2.1	7.5	2.1	195	235	2800	3600	2.76	RN 221
	195	49	119	184	2.5	9.5	3	338	392	2200	3000	—	RN 321
110	180.5	38	122	170.2	2.1	6	2.1	292	360	2600	3400	—	RN 222 E
	207	50	124	195	2.5	9	3	368	428	2000	2800	—	RN 322
120	195.5	40	132	183.5	2.1	6	2.1	338	422	2200	3000	—	RN 224 E
	226	55	134	213	2.5	9.5	3	460	552	1900	2600	—	RN 324
130	204	40	144	195	2.5	8	3	270	352	2000	2800	4.48	RN 226
	243	58	148	229	3	10	4	515	620	1700	2200	—	RN 326
140	221	42	154	211.5	2.5	8	3	315	415	1800	2400	5.94	RN 228
	260	62	158	245	3	11	4	570	690	1600	2000	13.2	RN 328
150	238	45	164	228	2.5	8.5	3	378	490	1700	2200	—	RN 230
	277	65	168	262	3	11.5	4	622	765	1500	1900	17.04	RN 230
160	255	48	174	245	2.5	9	3	425	552	1600	2000	—	RN 232
	292	68	178	276	3	13	4	658	825	1400	1800	—	RN 332
170	272	52	188	262	3	10	4	445	650	1500	1900	—	RN 234
	310	72	188	293	3	13.5	4	750	952	1300	1700	—	RN 334
180	282	52	198	270	3	10	4	445	650	1400	1800	—	RN 236
	328	75	198	309	3	13.5	4	875	1100	1200	1600	35.9	RN 336
190	299	55	208	286.5	3	10.5	4	535	745	1300	1700	—	RN 238
	345	78	212	325	4	14	5	925	1190	1100	1500	31.6	RN 338
200	316	58	218	302.5	3	11.5	4	598	842	1200	1600	—	RN 240
	360	80	222	340	4	15	5	1018	1290	1000	1400	—	RN 340
220	350	65	238	335	3	12.5	4	735	1050	1000	1400	—	RN 244

表 14.6-15　无内圈圆柱滚子轴承（部分摘自 GB/T 283—2007）

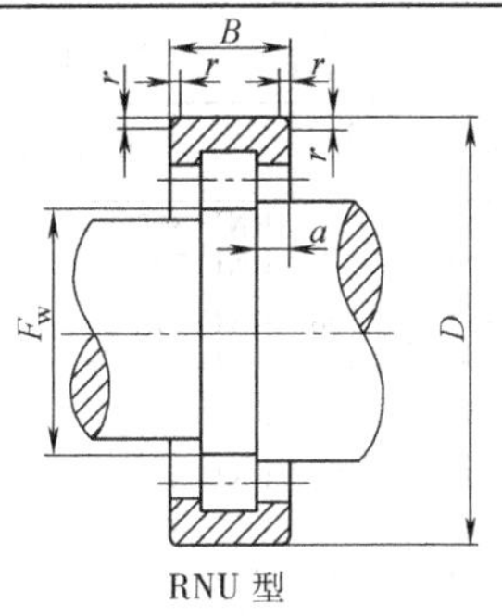

RNU 型

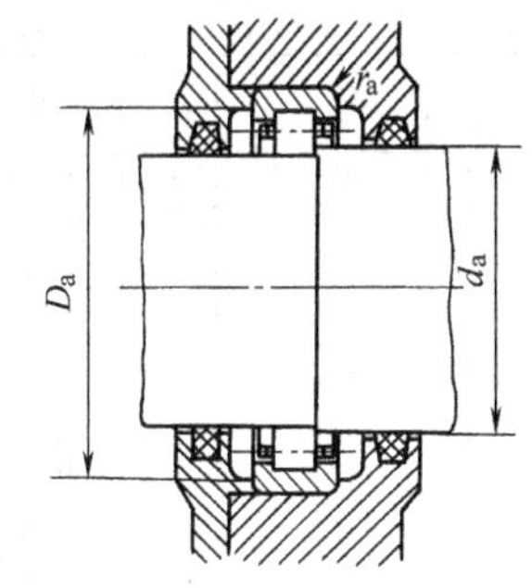

代号含义
RNU—无内圈，外圈有双挡边
E—加强型

公称尺寸/mm			安装尺寸/mm			其他尺寸/mm		基本额定载荷/kN		极限转速/r·min⁻¹		质量/kg	轴承代号
F_W	D	B	d_a max	D_a max	r_a max	a	r min	C_r	C_{0r}	脂	油	W ≈	RNU 型
20	35	11	22.4	31	0.6	3	0.6	8.35	5.5	15000	19000	0.038	RNU 202
22.9	40	12	25.3	36	0.6	3.25	0.6	9.55	7.0	14000	18000	—	RNU 203
26.5	47	14	29.8	42	1	2.5	1	27.0	24.0	12000	16000	0.089	RNU 204 E
	47	18	29.8	42	1	3.5	1	32.2	30.0	12000	16000	0.113	RNU 2204 E
27.5	52	15	32	45.5	1	2.5	1.1	30.5	25.5	11000	15000	0.12	RNU 304 E
	52	21	32	45.5	1	3.5	1.1	41.0	37.5	10000	14000	0.168	RNU 2304 E
30.5	47	12	32.6	43	0.6	3.25	0.6	11.5	10.2	11000	15000	—	RNU 1005
31.5	52	15	34.9	47	1	3	1	28.8	26.8	11000	14000	0.104	RNU 205 E
	52	18	34.9	47	1	3.5	1	34.5	33.8	11000	14000	0.124	RNU 2205 E
34	62	17	39	55.5	1	3	1.1	40.5	35.8	9000	12000	0.193	RNU 305 E
	62	24	39	55.5	1	4	1.1	55.8	54.5	9000	12000	0.272	RNU 2305 E
37.5	62	16	41.8	57	1	3	1	37.8	35.5	8500	11000	0.159	RNU 206 E
	62	20	41.8	57	1	3.5	1	47.8	48.0	8500	11000	0.202	RNU 2206 E
40.5	72	19	46.2	61.5	1	3.5	1.1	51.5	48.2	8000	10000	0.285	RNU 306 E
	72	27	46.2	61.5	1	4.5	1.1	73.5	75.5	8000	10000	0.409	RNU 2306 E
44	72	17	47.4	61.5	1	3	1.1	48.8	48.0	7500	9500	0.233	RNU 207 E
	72	23	47.4	61.5	1	4.5	1.1	60.2	63.0	7500	9500	0.307	RNU 2207 E
46.2	80	21	50.3	72	1.5	3.5	1.5	65.0	63.2	7000	9000	0.379	RNU 307 E
	80	31	50.3	72	1.5	5	1.5	91.8	98.2	7000	9000	0.557	RNU 2307 E
49.5	80	18	54.2	73.5	1	3.5	1.1	54.0	53.0	7000	9000	0.294	RNU 208 E
	80	23	54.2	73.5	1	4	1.1	70.8	75.2	7000	9000	0.38	RNU 2208 E
52	90	23	58.3	82	1.5	4	1.5	80.5	77.8	6300	8000	0.515	RNU 308 E
	90	33	58.3	82	1.5	5.5	1.5	110	118	6300	8000	0.738	RNU 2308 E
54.5	85	19	59	78.5	1	3.5	1.1	61.2	63.8	6300	8000	0.335	RNU 209 E
	85	23	59	78.5	1	4	1.1	74.5	82.0	6300	8000	0.407	RNU 2209 E
58.5	100	25	64	92	1.5	4.5	1.5	97.5	98.0	5600	7000	0.703	RNU 309 E
	100	36	64	92	1.5	6	1.5	135	152	5600	7000	1.01	RNU 2309 E
59.5	90	20	64.1	83.5	1	4	1.1	64.2	69.2	6000	7500	0.369	RNU 210 E
	90	23	64.1	83.5	1	4	1.1	77.8	88.8	6000	7500	0.433	RNU 2210 E
65	110	27	71	101	2	5	2	110	112	5300	6700	0.896	RNU 310 E
	110	40	71	101	2	6.5	2	162	185	5300	6700	1.34	RNU 2310 E
66	100	21	70	92	1.5	3.5	1.5	84.0	95.5	5300	6700	0.508	RNU 211 E
	100	25	70	92	1.5	4	1.5	99.2	118	5300	6700	0.601	RNU 2211 E
70.5	120	29	77.2	111	2	5	2	135	138	4800	6000	1.16	RNU 311 E
	120	43	77.2	111	2	6.5	2	200	228	4800	6000	1.74	RNU 2311 E
72	110	22	77.6	102	1.5	4	1.5	94.0	102	5000	6300	0.632	RNU 212 E
	110	28	77.6	102	1.5	4	1.5	128	152	5000	6300	0.831	RNU 2212 E

（续）

公称尺寸/mm			安装尺寸/mm			其他尺寸/mm		基本额定载荷/kN		极限转速/r·min^{-1}		质量/kg	轴承代号
F_W	D	B	d_a max	D_a max	r_a max	a	r min	C_r	C_{0r}	脂	油	W ≈	RNU型
77	130	31	82.5	119	2.1	5.5	2.1	148	155	4500	5600	1.40	RNU 312 E
	130	46	82.5	119	2.1	7	2.1	222	260	4500	5600	2.12	RNU 2312 E
78.5	120	23	84	112	1.5	4	1.5	108	118	4500	5600	0.796	RNU 213 E
	120	31	84	112	1.5	4.5	1.5	148	180	4500	5600	1.09	RNU 2213 E
80	110	20	83.8	103.5	1	5	1.1	49.8	57.0	4800	6000	—	RNU 1014
82.5	140	33	90.8	129	2.1	5.5	2.1	178	188	4000	5000	1.75	RNU 313 E
	140	48	90.8	129	2.1	8	2.1	245	285	4000	5000	2.54	RNU 2313 E
83.5	125	24	88.6	117	1.5	4	1.5	118	135	4300	5300	0.878	RNU 214 E
	125	31	88.6	117	1.5	4.5	1.5	155	192	4300	5300	1.15	RNU 2214 E
88.5	130	25	92.9	122	1.5	4	1.5	30	155	4000	5000	0.964	RNU 215 E
	130	31	92.9	122	1.5	4.5	1.5	162	205	4000	5000	1.21	RNU 2215 E
89	150	35	97.5	139	2.1	5.5	2.1	205	220	3800	4800	2.18	RNU 314 E
	150	51	97.5	139	2.1	8.5	2.1	272	320	3800	4800	3.11	RNU 2314 E
95	160	37	103.5	149	2.1	5.5	2.1	238	260	3600	4500	2.62	RNU 315 E
95.3	140	26	100	131	2	4.5	2	138	165	3800	4800	1.14	RNU 216 E
	140	33	100	131	2	4.5	2	188	242	3800	4800	1.49	RNU 2216 E
95.5	160	55	103.5	149	2.1	—	2.1	258	308	3600	4500	4.54	RNU 2315
96.5	130	22	100.8	123.5	1	5.5	1.1	67.5	81.6	4000	5000	0.72	RNU 1017
100.5	150	28	107	141	2	4.5	2	165	192	3600	4500	1.48	RNU 217 E
	150	36	107	141	2	5	2	215	272	3600	4500	1.93	RNU 2217 E
101	170	39	111.8	159	2.1	6	2.1	258	282	3400	4300	3.1	RNU 316 E
103	140	24	107.8	132	1.5	6	1.5	77.5	94.8	3800	4800	0.98	RNU 1018
107	160	30	114.2	151	2	5	2	180	215	3400	4300	1.79	RNU 218 E
	160	40	114.2	151	2	6	2	240	312	3400	4300	2.41	RNU 2218 E
108	180	41	115.5	167	2.5	6.5	3	295	332	3200	4000	3.66	RNU 317 E
	180	60	115.5	167	2.5	—	3	310	380	3200	4000	6.47	RNU 2317
112.5	170	32	120	159	2.1	5	2.1	218	262	3200	4000	2.22	RNU 219 E
	170	43	120	159	2.1	6.5	2.1	288	368	3200	4000	2.97	RNU 2219 E
113.5	190	43	125	177	2.5	6.5	3	312	348	3000	3800	4.27	RNU 318 E
119	180	34	128	169	2.1	5	2.1	245	302	3000	3800	2.68	RNU 220 E
	180	46	128	169	2.1	6	2.1	332	440	3000	3800	3.65	RNU 2220 E
121.5	200	45	132	187	2.5	7.5	3	330	380	2800	3600	4.86	RNU 319 E
125	170	28	130.7	161	2	6. 5	2	120	155	3000	3800	1.91	RNU 1022
127.5	215	47	140.5	202	2.5	7.5	3	382	425	2600	3200	5.98	RNU 320 E
132.5	200	38	141.5	189	2.1	6	2.1	292	360	2600	3400	3.69	RNU 222 E
135	180	28	140.7	171	2	6.5	2	135	168	2600	3400	2.31	RNU 1024
	225	49	147	212	2.5	9.5	3	338	392	2200	3000	—	RNU 321
143	240	50	155.5	227	2.5	9	3	368	428	2000	2800	—	RNU 322
143.5	215	40	153	204	2.1	6	2.1	338	422	2200	3000	4.52	RNU 224 E
154	260	55	168.5	247	2.5	9.5	3	460	552	1900	2600	—	RNU 324
156	230	40	165.5	217	2.5	8	3	270	352	2000	2800	5.6	RNU 226
158	210	33	164.5	201	2	8	2	165	220	2000	2800	—	RNU 1028
167	280	58	182	264	3	10	4	515	620	1700	2200	—	RNU 326
169	250	42	179.5	237	2.5	8	3	315	415	1800	2400	—	RNU 228
169.5	225	35	176.7	214	2.1	8.5	2.1	198	268	1900	2600	3.64	RNU 1030
180	300	62	196	284	3	11	4	570	690	1600	2000	—	RNU 328
182	270	45	193	257	2.5	8.5	3	378	490	1700	2200	—	RNU 230
193	320	65	210	304	3	11.5	4	622	765	1500	1900	—	RNU 330
195	290	48	205	277	2.5	9	3	425	552	1600	2000	—	RNU 232
205	280	46	214.5	269	2.1	10.5	2.1	315	438	1600	2000	—	RNU 1036
208	340	68	225	324	3	13	4	658	825	1400	1800	—	RNU 332
	310	52	219.8	294	3	10	4	445	650	1500	1900	—	RNU 234
218	320	52	230.5	304	3	10	4	445	650	1400	2800	—	RNU 236
220	360	72	238	344	3	13.5	4	750	952	1300	1700	—	RNU 334
231	340	55	244.5	324	3	10.5	4	535	745	1300	1700	—	RNU 238
232	380	75	251	364	3	13.5	4	875	1100	1200	1600	—	RNU 336
244	360	58	258	344	3	11	4	598	842	1200	1600	—	RNU 240
245	400	78	265	380	4	14	5	925	1190	1100	1500	—	RNU 338
260	420	80	280	400	4	15	5	1018	1290	1000	1400	—	RNU 340
270	400	65	286	384	3	12.5	4	735	1050	1000	1400	—	RNU 244

表 14.6-16　四列圆柱滚子轴承（部分摘自 JB/T 5389.1—2016）

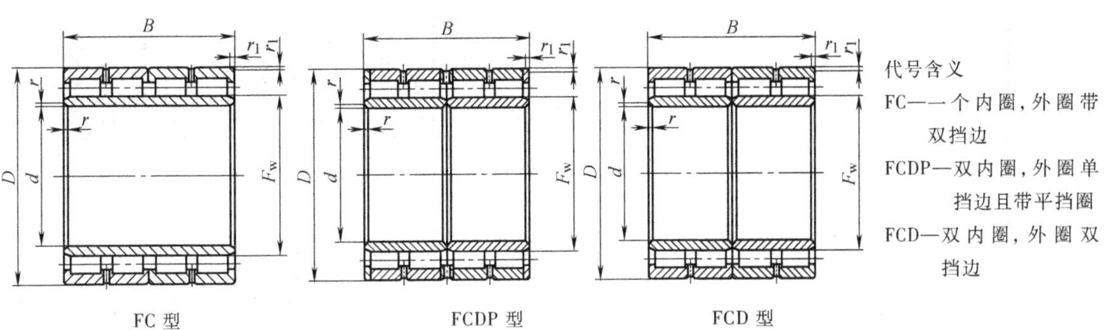

FC 型　　FCDP 型　　FCD 型

主要尺寸/mm						基本额定载荷/kN		轴承代号
d	D	B	F_W	r min	r_1 min	C_r	C_{0r}	
100	140	104	111	1.5	1.1	395	925	FC 2028104
	145	70	113	1.5	1.1	255	540	FC 202970
110	170	120	127	2	2	708	1325	FC 2234120
120	180	105	135	2	2	550	1145	FC 2436105
130	200	125	149	2	2	862	1525	FC 2640125
140	210	125	158	2	2	840	1438	FC 2842125
145	210	155	166	2	2	855	2020	FC 2942155
	225	156	169	2	2	975	2080	FC 2945156
150	225	120	169	2	2	922	1612	FC 3045120
	230	156	174	2	2	990	2145	FC 3046156
160	230	130	180	1.5	1.5	815	1865	FC 3246130
	230	168	180	2.1	2.1	1000	2410	FC 3246168
	240	124	183	2.1	2.1	808	1638	FC 3248124
	240	168	183	2.1	2.1	1102	2438	FC 3248168
170	250	170	192	2.1	2.1	1252	2600	FC 3450170
	260	120	195	2.1	2.1	758	1275	FC 3452120
180	250	156	200	2.1	2.1	995	2490	FC 3650156
	260	168	202	2.1	2.1	1145	2715	FC 3652168
	280	180	207	2.1	2.1	1708	2925	FC 3656180
190	260	168	212	2.1	2.1	1085	2815	FC 3852168
	270	170	212	2.1	2.1	1185	2885	FC 3854170
	270	200	212	2.1	2.1	1345	3395	FC 3854200
	280	200	214	2.1	2.1	1440	3435	FC 3856200
200	270	170	222	2.1	2.1	1120	2985	FC 4054170
	280	200	222	2.1	2.1	1375	3555	FC 4056200
	290	192	226	2.1	2.1	1430	3450	FC 4058192
210	300	210	234	2.1	2.1	1802	4548	FC 4260210
220	310	192	246	2.1	2.1	1500	3760	FC 4462192
	320	210	248	2.1	2.1	1710	4155	FC 4464210
	310	225	244	2.1	2.1	1695	4410	FCD 4462225
230	330	206	260	2.1	2.1	1720	4245	FC 4666206
240	330	220	264	2.1	2.1	1735	4665	FC 4866220
	360	220	272	2.1	2.1	2060	4800	FC 4872220
250	350	220	278	3	3	1885	4885	FC 5070220①
260	370	220	292	3	3	2030	5110	FC 5274220①
	380	280	294	3	3	2580	6560	FCD 5276280
	400	290	296	4	4	2910	6915	FCD 5280290

主要尺寸/mm						基本额定载荷/kN		轴承代号
d	D	B	F_W	r min	r_1 min	C_r	C_{0r}	
270	380	230	298	3	3	2502	5938	FCD 5476230
280	390	220	312	3	3	2105	5465	FC 5678220
	390	275	308	1.5	1.1	2505	6830	FCDP 5678275
	420	280	318	4	4	2930	7130	FCD 5684280
290	410	240	320	4	4	2415	6205	FCD 5882240
	420	300	327	4	4	3010	7815	FCD 5884300
300	420	218	332	4	4	2315	5850	FC 6084218
	420	240	332	4	4	2455	6400	FCD 6084240
	420	300	332	3	3	2920	7995	FCD 6084300①
320	450	240	355	4	4	2665	6835	FCD 6490240
	480	290	364	4	4	3485	7475	FCD 6496290
	480	350	364	4	4	4645	10400	FCD 6496350①
330	460	340	365	4	4	3530	9955	FCD 6692340①
340	460	260	370	4	4	3100	8750	FCD 6892260
	480	350	378	4	4	3830	10605	FCD 6896350①
360	510	370	392	4	4	4280	11880	FCD 72102370①
370	520	380	409	4	4	4430	12510	FCD 74104380①
380	540	400	422	4	4	4850	13570	FCD 76108400①
400	560	410	445	5	5	5070	14575	FCD 80112410①
420	600	440	470	5	5	5875	16530	FCD 84120440
440	620	450	487	5	5	6115	17630	FCD 88124450①
460	650	470	509	5	5	6675	19270	FCD 92130470①
480	680	500	532	6	6	7365	21410	FCD 96136500①
500	720	530	568	6	6	8320	23765	FCD 100144530①
530	780	570	601	6	6	9770	27290	FCD 106156570①
570	815	594	628	6	6	10320	30295	FCD 114163594①
600	820	575	660	6	6	9675	30420	FCD 120164575①
	870	640	682	6	6	11875	34515	FCD 120174640①
650	920	670	723	7.5	7.5	12785	38835	FCD 130184670①
690	980	715	767.5	7.5	7.5	14440	44045	FCD 138196715①
710	1000	715	787.5	7.5	7.5	14645	45195	FCD 142200715①
750	1000	670	813	7.5	7.5	13085	43965	FCD 150200670①
800	1080	700	878	7.5	7.5	14935	49185	FCD 160216700①
830	1080	710	896	8	8	14370	51165	FCD 166216710①
850	1150	840	928	7.5	7.5	18460	62755	FCD 170230840①
1000	1360	800	1084	7.5	7.5	21410	70430	FCD 200272800①

① FCDP 型轴承同 FCD 型轴承外形尺寸和额定载荷相同。

5 调心滚子轴承（见表 14.6-17、表 14.6-18）

表 14.6-17 调心滚子轴承（部分摘自 GB/T 288—2013）

20000型　20000 K型　20000 K30型

径向当量动载荷

当 $F_a/F_r \leqslant e$ 时，$P_r = F_r + Y_1 F_a$

当 $F_a/F_r > e$ 时，$P_r = 0.67F_r + Y_2 F_a$

径向当量静载荷

$P_{0r} = F_r + Y_0 F_a$

代号含义

TN—尼龙保持架

K—圆锥孔（锥度 1∶12）

K30—圆锥孔（锥度 1∶30）

公称尺寸/mm			安装尺寸/mm			其他尺寸/mm				计算系数				基本额定载荷/kN		极限转速/r·min⁻¹		质量/kg	轴承代号	
d	D	B	d_a min	D_a max	r_a max	d_2 ≈	D_2 ≈	B_0	r min	e	Y_1	Y_2	Y_0	C_r	C_{0r}	脂	油	W ≈	圆柱孔	圆锥孔
20	52	15	27	45	1	29.5	42	—	1.1	0.31	2.2	3.3	2.2	31.5	31.2	6000	7500	0.175	21304	21304 K
	52	15	27	45	1	30.5	44.1	—	1.1	0.29	2.3	3.4	2.2	35.8	34.2	6000	7500	0.161	21304 TN	21304 KTN
25	52	18	30	46	1	30.9	43.9	5.5	1	0.35	1.9	2.9	1.9	36.8	36.8	8000	10000	0.177	22205	22205 K
	52	18	30	46	1	28.8	42.8	5.5	1	0.36	1.9	2.8	1.8	45.2	44.0	8000	10000	0.178	22205 TN	22205 KTN
	62	17	32	55	1	36.4	50.8	—	1.1	0.29	2.4	3.5	2.3	42.5	44.2	5300	6700	0.277	21305	21305 K
	62	17	32	55	1	35.9	51.3	—	1.1	0.29	2.4	3.5	2.3	45.5	44.5	5300	6700	0.257	21305 TN	21305 KTN
30	62	20	36	56	1	37.9	52.7	5.5	1	0.32	2.1	3.1	2.1	51.8	55.0	6700	8500	0.283	22206	22206 K
	62	20	35	56	1	37.4	53.3	5.5	1	0.32	2.1	3.1	2.1	58.2	59.5	6700	8500	0.271	22206 TN	22206 KTN
	72	19	37	65	1	43.3	59.6	—	1.1	0.27	2.5	3.7	2.4	57.2	62.0	4500	6000	0.412	21306	21306 K
	72	19	37	65	1	41.2	59.6	—	1.1	0.28	2.4	3.6	2.4	63.8	63.5	4500	6000	0.391	21306 TN	21306 KTN
35	72	23	42	65	1	44.1	60.9	5.5	1.1	0.32	2.1	3.2	2.1	70.2	79.0	5600	7000	0.437	22207	22207 K

（续）

公称尺寸/mm			安装尺寸/mm			其他尺寸/mm				计算系数				基本额定载荷/kN		极限转速/r·min^{-1}		质量/kg	轴承代号	
d	D	B	d_a min	D_a max	r_a max	d_2 ≈	D_2 ≈	B_0	r min	e	Y_1	Y_2	Y_0	C_r	C_{0r}	脂	油	W ≈	圆柱孔	圆锥孔
35	72	23	42	65	1	43.6	61.5	5.5	1.1	0.32	2.1	3.2	2.1	78.2	84.5	5600	7000	0.428	22207 TN	—
	80	21	44	71	1.5	49.1	66.3	—	1.5	0.27	2.5	3.8	2.5	65.2	73.2	4000	5300	0.542	21307	21307 K
	80	21	44	71	1.5	47.6	67.8	—	1.5	0.27	2.5	3.8	2.5	74.2	75.5	4000	5300	0.507	21307 TN	21307 KTN
40	80	23	47	73	1	50.4	69.4	5.5	1.1	0.28	2.4	3.6	2.4	79.0	88.5	5000	6300	0.524	22208	22208 K
	80	23	47	73	1	49.4	70.5	5.5	1.1	0.28	2.4	3.6	2.4	95.0	102	5000	6300	0.524	22208 TN	22208 KTN
	90	23	49	81	1.5	54.0	75.1	—	1.5	0.26	2.6	3.8	2.5	87.2	96.2	3600	4500	0.743	21308	21308 K
	90	23	49	81	1.5	53.5	75.6	—	1.5	0.26	2.6	3.8	2.5	93.5	99.0	3600	4500	0.717	21308 TN	21308 KTN
	90	33	49	81	1.5	51.4	74.3	5.5	1.5	0.38	1.8	2.7	1.8	122	138	4500	6000	1.02	22308	22308 K
	90	33	48	81	1.5	50.9	74.8	5.5	1.5	0.38	1.8	2.7	1.8	132	148	4500	6000	1.02	22308 TN	22308 KTN
45	85	23	52	78	1	54.6	73.6	5.5	1.1	0.26	2.6	3.8	2.5	82.8	95.2	4500	6000	0.571	22209	22209 K
	85	23	52	78	1	53.6	74.7	5.5	1.1	0.26	2.6	3.8	2.5	95.0	102	4500	6000	0.555	22209 TN	22209 KTN
	100	25	54	91	1.5	61.4	84.4	—	1.5	0.25	2.7	4.0	2.6	102	115	3200	4000	1.0	21309	21309 K
	100	25	54	91	1.5	60.4	84.4	—	1.5	0.25	2.7	4.0	2.6	110	120	3200	4000	0.949	21309 TN	21309 KTN
	100	36	54	91	1.5	57.6	82.2	5.5	1.5	0.37	1.8	2.7	1.8	145	170	4000	5300	1.37	22309	22309 K
	100	36	54	91	1.5	57.6	83.3	5.5	1.5	0.37	1.8	2.7	1.8	165	185	4000	5300	1.39	22309 TN	22309 KTN
50	90	23	57	83	1	59.7	78.8	5.5	1.1	0.24	2.8	4.1	2.7	86.0	102	4300	5300	0.614	22210	22210 K
	90	23	57	83	1	58.7	79.8	5.5	1.1	0.24	2.8	4.1	2.7	99.0	110	4300	5300	0.596	22210 TN	22210 KTN
	110	27	60	100	2	66.7	91.7	—	2	0.25	2.7	4.0	2.6	122	140	2800	3800	1.3	21310	21310 K
	110	27	60	100	2	67.3	93.3	—	2	0.25	2.7	4.1	2.7	128	140	2800	3800	1.22	21310 TN	21310 KTN
	110	40	60	100	2	63.4	91.9	5.5	2	0.37	1.8	2.7	1.8	182	212	3800	4800	1.79	22310	22310 K
	110	40	60	100	2	64.1	92.7	5.5	2	0.37	1.8	2.8	1.8	198	228	3800	4800	1.84	22310 TN	22310 KTN
55	100	25	64	91	1.5	66	88	5.5	1.5	0.24	2.8	4.2	2.8	105	125	3800	5000	0.847	22211	22211 K
	100	25	63	91	1.5	65.5	88.5	5.5	1.5	0.24	2.8	4.2	2.8	122	140	3800	5000	0.823	22211 TN	22211 KTN
	120	29	65	110	2	72.6	100.5	—	2	0.25	2.7	4.1	2.7	145	170	2600	3400	1.65	21311	21311 K
	120	29	65	110	2	74.1	102.1	—	2	0.24	2.8	4.2	2.7	148	165	2600	3400	1.57	21311 TN	21311 KTN
	120	43	65	110.	2	69.2	100.5	5.5	2	0.36	1.9	2.8	1.8	215	252	3400	4300	2.31	22311	22311 K
	120	43	65	110	2	68.8	101.2	5.5	2	0.36	1.9	2.8	1.8	232	262	3400	4300	2.32	22311 TN	22311 KTN

（续）

公称尺寸/mm			安装尺寸/mm			其他尺寸/mm				计算系数				基本额定载荷/kN		极限转速 /r·min^{-1}		质量/kg	轴承代号	
d	D	B	d_a min	D_a max	r_a max	d_2 ≈	D_2 ≈	B_0	r min	e	Y_1	Y_2	Y_0	C_r	C_{0r}	脂	油	W ≈	圆柱孔	圆锥孔
60	110	28	69	101	1.5	72.7	96.5	5.5	1.5	0.24	2.8	4.1	2.7	125	155	3600	4500	1.15	22212	22212 K
	110	28	69	101	1.5	72.7	98.6	5.5	1.5	0.24	2.8	4.2	2.7	155	185	3600	4500	1.14	22212 TN	22212 KTN
	130	31	72	118	2.1	79.5	109.3	—	2.1	0.24	2.8	4.2	2.7	165	195	2400	3200	2.08	21312	21312 K
	130	31	72	118	2.1	80	110.8	—	2.1	0.24	2.8	4.2	2.8	175	195	2400	3200	1.96	21312 TN	21312 KTN
	130	46	72	118	2.1	74.9	109	5.5	2.1	0.36	1.9	2.8	1.8	248	292	3200	4000	2.88	22312	22312 K
	130	46	72	118	2.1	75.5	109.6	5.5	2.1	0.36	1.9	2.8	1.9	270	312	3200	4000	2.96	22312 TN	22312 KTN
65	120	31	74	111	1.5	78.4	104	5.5	1.5	0.25	2.7	4.0	2.6	155	195	3200	4000	1.54	22213	22213 K
	120	31	74	111	1.5	77.4	105	5.5	1.5	0.25	2.7	4.0	2.6	178	212	3200	4000	1.53	22213 TN	22213 KTN
	140	33	77	128	2.1	87.4	118.1	—	2.1	0.24	2.9	4.3	2.8	188	228	2200	3000	2.57	21313	21313 K
	140	33	77	128	2.1	86.4	119.1	—	2.1	0.24	2.9	4.3	2.8	202	235	2200	3000	2.45	21313 TN	21313 KTN
	140	48	77	128	2.1	81.5	117.4	5.5	2.1	0.35	1.9	2.9	1.9	272	320	3000	3800	3.47	22313	22313 K
	140	48	77	128	2.1	81.5	118.5	5.5	2.1	0.35	2.0	2.9	1.9	302	355	3000	3800	3.57	22313 TN	22313 KTN
70	125	31	79	116	1.5	84.1	109.7	5.5	1.5	0.24	2.9	4.3	2.8	155	195	3000	3800	1.6	22214	22214 K
	125	31	79	116	1.5	83	110.6	5.5	1.5	0.24	2.9	4.3	2.8	185	225	3000	3800	1.6	22214 TN	22214 KTN
	150	35	82	138	2.1	94.3	127.9	—	2.1	0.23	2.9	4.3	2.8	218	268	2000	2800	3.11	21314	21314 K
	150	35	82	138	2.1	92.8	127.4	—	2.1	0.23	2.9	4.3	2.8	225	265	2000	2800	2.97	21314 TN	21314 KTN
	150	51	82	138	2.1	88.2	125.9	8.3	2.1	0.34	2.0	2.9	1.9	320	395	2800	3400	4.34	22314	22314 K
	150	51	82	138	2.1	87.7	126.5	8.3	2.1	0.34	2.0	2.9	1.9	340	405	2800	3400	4.35	22314 TN	22314 KTN
75	130	31	84	121	1.5	88.2	114.8	5.5	1.5	0.22	3.0	4.5	2.9	165	215	3000	3800	1.69	22215	22215 K
	130	31	84	121	1.5	87.7	115.4	5.5	1.5	0.22	3.0	4.5	2.9	185	232	3000	3800	1.67	22215 TN	22215 KTN
	160	37	87	148	2.1	102.2	137.7	—	2.1	0.23	3.0	4.4	2.9	245	302	1900	2600	3.76	21315	21315 K
	160	37	87	148	2.1	99.5	136	—	2.1	0.23	2.9	4.3	2.9	258	310	1900	2600	3.63	21315 TN	21315 KTN
	160	55	87	148	2.1	94.5	133.8	8.3	2.1	0.35	2.0	2.9	1.9	358	448	2600	3200	5.28	22315	22315 K
	160	55	87	148	2.1	93.7	135.1	8.3	2.1	0.35	2.0	2.9	1.9	390	470	2600	3200	5.33	22315 TN	22315 KTN
80	140	33	90	130	2	95.1	122.8	5.5	2	0.22	3.0	4.5	3.0	180	235	2800	3400	2.13	22216	22216 K
	140	33	90	130	2	93.5	124.2	5.5	2	0.22	3.0	4.5	3.0	218	275	2800	3400	2.09	22216 TN	22216 KTN
	170	39	92	158	2.1	107	144.4	—	2.1	0.23	3.0	4.4	2.9	268	332	1800	2400	4.47	21316	21316 K

（续）

公称尺寸/mm			安装尺寸/mm			其他尺寸/mm				计算系数				基本额定载荷/kN		极限转速/r · min^{-1}		质量/kg	轴承代号	
d	D	B	d_a min	D_a max	r_a max	d_2 ≈	D_2 ≈	B_0	r min	e	Y_1	Y_2	Y_0	C_r	C_{0r}	脂	油	W ≈	圆柱孔	圆锥孔
80	170	39	92	158	2.1	105	143.4	—	2.1	0.23	2.9	4.3	2.9	288	350	1800	2400	4.33	21316 TN	21316 KTN
	170	58	92	158	2.1	100.4	142.5	8.3	2.1	0.34	2.0	2.9	1.9	402	508	2400	3000	6.32	22316	22316 K
	170	58	92	158	2.1	100.4	143.6	8.3	2.1	0.34	2.0	2.9	1.9	422	515	2400	3000	6.27	22316 TN	22316 KTN
85	150	36	95	140	2	100.6	132.2	8.3	2	0.23	3.0	4.4	2.9	218	282	2600	3200	2.67	22217	22217 K
	150	36	95	140	2	101.3	135.9	8.3	2	0.22	3.0	4.5	2.9	270	340	2600	3200	2.64	22217 TN	22217 KTN
	180	41	99	166	2.5	112.9	153.3	—	3	0.23	3.0	4.4	2.9	305	385	1700	2200	5.23	21317	21317 K
	180	41	99	166	2.5	111.9	152.3	—	3	0.23	3.0	4.4	2.9	318	390	1700	2200	5.07	21317 TN	21317 KTN
	180	60	99	166	2.5	106.3	151.6	8.3	3	0.34	2.0	3.0	2.0	442	555	2200	2800	7.27	22317	22317 K
	180	60	99	166	2.5	105.3	152.6	8.3	3	0.34	2.0	3.0	2.0	472	572	2200	2800	7.27	22317 TN	22317 KTN
90	160	40	100	150	2	107.8	141	8.3	2	0.24	2.9	4.3	2.8	258	338	2400	3000	3.38	22218	22218 K
	160	40	100	150	2	107.8	142.1	8.3	2	0.24	2.9	4.3	2.8	288	378	2400	3000	3.35	22218 TN	22218 KTN
	160	52.4	100	150	2	105.5	137.2	5.5	2	0.31	2.2	3.2	2.1	338	482	1800	2400	4.4	23218	23218 K
	190	43	104	176	2.5	119.7	161	—	3	0.23	3.0	4.5	2.9	328	420	1600	2200	6.17	21318	21318 K
	190	43	104	176	2.5	119.7	161	—	3	0.23	3.0	4.5	2.9	338	420	1600	2200	5.88	21318 TN	21318 KTN
	190	64	104	176	2.5	112.8	159.7	8.3	3	0.34	2.0	3.0	2.0	495	640	2200	2600	8.63	22318	22318 K
	190	64	104	176	2.5	111.8	160.8	8.3	3	0.34	2.0	3.0	2.0	532	660	2200	2600	8.72	22318 TN	22318 KTN
95	170	43	107	158	2.1	113.5	148.5	8.3	2.1	0.24	2.8	4.2	2.7	290	390	2200	2800	4.2	22219	22219 K
	170	43	107	158	2.1	113.5	149.6	8.3	2.1	0.24	2.8	4.2	2.7	318	420	2200	2800	4.1	22219 TN	22219 KTN
	200	45	109	186	2.5	129.7	171.9	—	3	0.22	3.1	4.6	3.0	365	485	1700	2200	7.15	21319	21319 K
	200	45	109	186	2.5	127.6	169.8	—	3	0.22	3.0	4.5	3.0	375	482	1700	2200	6.9	21319 TN	21319 KTN
	200	67	109	186	2.5	118.5	168.2	8.3	3	0.34	2.0	3.0	2.0	545	705	2000	2600	9.97	22319	22319 K
	200	67	109	186	2.5	117.5	169.2	8.3	3	0.34	2.0	3.0	2.0	582	728	2000	2600	10.1	22319 TN	22319 KTN
100	165	52	110	155	2	115.5	144.3	5.5	2	0.29	2.3	3.5	2.3	330	510	1700	2200	4.31	23120	23120 K
	180	46	112	168	2.1	120.3	158.1	8.3	2.1	0.24	2.8	4.1	2.7	322	435	2200	2600	5.01	22220	22220 K
	180	46	112	168	2.1	119.3	159.1	8.3	2.1	0.24	2.8	4.1	2.7	378	492	2200	2600	4.97	22220 TN	22220 KTN
	180	60.3	112	168	2.1	118.6	154.5	5.5	2.1	0.32	2.1	3.2	2.1	432	630	1600	2200	6.52	23220	23220 K
	215	47	114	201	2.5	136.6	180.6	—	3	0.22	3.1	4.6	3.0	395	530	1600	2000	8. 81	21320	21320 K

（续）

公称尺寸/mm			安装尺寸/mm			其他尺寸/mm				计算系数				基本额定载荷/kN		极限转速/$r \cdot min^{-1}$		质量/kg	轴承代号	
d	D	B	d_a min	D_a max	r_a max	d_2 ≈	D_2 ≈	B_0	r min	e	Y_1	Y_2	Y_0	C_r	C_{0r}	脂	油	W ≈	圆柱孔	圆锥孔
100	215	47	114	201	2.5	136.6	181.7	—	3	0.22	3.1	4.6	3.0	438	575	1600	2000	8.63	21320 TN	21320 KTN
	215	73	114	201	2.5	126.7	179.8	11.1	3	0.34	2.0	2.9	1.9	635	832	1900	2400	12.8	22320	22320 K
	215	73	114	201	2.5	125.7	180.9	11.1	3	0.34	2.0	2.9	1.9	675	855	1900	2400	13	22320 TN	22320 KTN
105	225	49	119	211	2.5	140.4	186.3	—	3	0.22	3.1	4.5	3.0	418	558	1500	1900	10.0	21321	21321 K
	225	49	119	211	2.5	143.4	190.4	—	3	0.22	3.1	4.6	3.0	458	605	1500	1900	9.75	21321 TN	21321 KTN
110	170	45	120	160	2	125.4	152.1	5.5	2	0.24	2.8	4.2	2.8	280	452	2000	2400	3.68	23022	23022 K
	180	56	120	170	2	126.4	157.9	5.5	2	0.29	2.4	3.5	2.3	388	602	1600	2000	5.51	23122	23122 K
	180	69	120	170	2	124.9	154.2	5.5	2	0.35	1.9	2.8	1.9	470	775	1600	2000	6.63	24122	24122 K
	200	53	122	188	2.1	132.5	173.7	8.3	2.1	0.25	2.7	4.0	2.6	420	588	1900	2400	7.32	22222	22222 K
	200	53	122	188	2.1	132.5	174.8	8.3	2.1	0.25	2.7	4.0	2.6	462	635	1900	2400	7.25	22222 TN	22222 KTN
	200	69.8	122	188	2.1	130.2	169.1	5.5	2.1	0.34	2.0	3.0	2.0	535	800	1500	1900	9.46	23222	23222 K
	240	50	124	226	2.5	150.5	200.5	—	3	0.21	3.2	4.8	3.1	472	635	1400	1800	11.8	21322	21322 K
	240	50	124	226	2.5	150.5	201.5	—	3	0.21	3.2	4.8	3.1	525	695	1400	1800	11.7	21322 TN	21322 KTN
	240	80	124	226	2.5	141	199.6	13.9	3	0.34	2.0	3.0	2.0	735	968	1700	2200	17.5	22322	22322 K
	240	80	124	226	2.5	140	200.7	13.9	3	0.34	2.0	3.0	2.0	815	1058	1700	2200	18.2	22322 TN	22322 KTN
120	180	46	130	170	2	133.5	162.2	5.5	2	0.23	2.9	4.4	2.9	308	500	1800	2200	3.98	23024	23024 K
	180	60	130	170	2	133.1	159.9	5.5	2	0.30	2.3	3.4	2.2	390	675	1500	2000	5.05	24024	24024 K
	200	62	130	190	2	140.1	175.1	5.5	2	0.29	2.4	3.5	2.3	462	722	1400	1800	7.67	23124	23124 K
	200	80	130	190	2	138.2	170.2	5.5	2	0.37	1.8	2.7	1.8	590	998	1400	1800	9.65	24124	24124 K
	215	58	132	203	2.1	143	187.9	11.1	2.1	0.26	2.6	3.9	2.6	492	690	1700	2200	9.0	22224	22224 K
	215	58	132	203	2.1	142	189	11.1	2.1	0.26	2.6	3.9	2.6	558	765	1700	2200	9.1	22224 TN	22224 KTN
	215	76	132	203	2.1	141.5	182.7	8.3	2.1	0.34	2.0	3.0	2.0	625	955	1300	1700	11.7	23224	23224 K
	260	86	134	246	2.5	152.4	216.6	13.9	3	0.34	2.0	3.0	2.0	868	1160	1500	1900	22.2	22324	22324 K
	260	86	134	246	2.5	152.4	216.6	13.9	3	0.34	2.0	3.0	2.0	935	1230	1500	1900	22.9	22324 TN	22324 KTN
130	200	52	140	190	2	148.1	180.5	5.5	2	0.23	2.9	4.3	2.8	382	630	1700	2000	5.85	23026	23026 K
	200	69	140	190	2	145.9	175.8	5.5	2	0.31	2.2	3.2	2.1	485	852	1400	1800	7.55	24026	24026 K
	210	64	140	200	2	148	183.9	8.3	2	0.28	2.4	3.6	2.4	495	802	1300	1700	8.49	23126	23126 K

（续）

公称尺寸/mm			安装尺寸/mm			其他尺寸/mm				计算系数				基本额定载荷/kN		极限转速 /r·min^{-1}		质量/kg	轴承代号	
d	D	B	d_a min	D_a max	r_a max	d_2 ≈	D_2 ≈	B_0	r min	e	Y_1	Y_2	Y_0	C_r	C_{0r}	脂	油	W ≈	圆柱孔	圆锥孔
130	210	80	140	200	2	147.7	181.1	8.3	2	0.35	1.9	2.9	1.9	600	1030	1300	1700	10.3	24126	24126 K
	230	64	144	216	2.5	153.3	200.9	11.1	3	0.26	2.6	3.8	2.5	578	832	1600	2000	11.2	22226	22226 K
	230	64	144	216	2.5	152.3	201.9	11.1	3	0.26	2.6	3.8	2.5	648	912	1600	2000	11.3	22226 TN	22226 KTN
	230	80	144	216	2.5	152.2	196.4	8.3	3	0.33	2.0	3.0	2.0	695	1080	1200	1600	13.8	23226	23226 K
	280	93	148	262	3	164.6	233.5	16.7	4	0.34	2.0	3.0	2.0	990	1340	1400	1800	27.5	22326	22326 K
	280	93	148	262	3	164.6	233.5	16.7	4	0.34	2.0	3.0	2.0	1078	1440	1400	1800	28.6	22326 TN	22326 KTN
140	210	53	150	200	2	158	190.4	8.3	2	0.22	3.0	4.5	2.9	405	680	1600	1900	6.31	23028	23028 K
	210	69	150	200	2	156.3	186.4	5.5	2	0.29	2.3	3.4	2.3	502	895	1300	1700	8.01	24028	24028 K
	225	68	152	213	2.1	159.7	197.4	8.3	2.1	0.28	2.4	3.6	2.4	552	905	1200	1600	10.2	23128	23128 K
	225	85	152	213	2.1	158.2	193.1	8.3	2.1	0.35	1.9	2.9	1.9	688	1200	1200	1600	12.5	24128	24128 K
	250	68	154	236	2.5	167.1	218.5	11.1	3	0.26	2.6	3.9	2.6	658	955	1400	1700	14.2	22228	22228 K
	250	68	154	236	2.5	166.1	219.5	11.1	3	0.26	2.6	3.9	2.6	745	1060	1400	1700	14.4	22228 TN	22228 KTN
	250	88	154	236	2.5	164.2	212.6	11.1	3	0.34	2.0	3.0	2.0	835	1300	1100	1500	18.1	23228	23228 K
	300	102	158	282	3	177.4	250.3	16.7	4	0.34	2.0	2.9	1.9	1160	1610	1300	1700	34.6	22328	22328 K
	300	102	158	282	3	176.3	250.3	16.7	4	0.34	2.0	2.9	1.9	1262	1720	1300	1700	36.2	22328 TN	22328 KTN
150	225	56	162	213	2.1	168.8	203	8.3	2.1	0.22	3.0	4.5	3.0	445	750	1400	1800	7.74	23030	23030 K
	225	75	162	213	2.1	167.6	199.2	5.5	2.1	0.30	2.3	3.4	2.2	585	1070	1200	1500	10.1	24030	24030 K
	250	80	162	238	2.1	173	216.5	11.1	2.1	0.30	2.3	3.4	2.2	758	1250	1100	1400	15.7	23130	23130 K
	250	100	162	238	2.1	171.7	211.6	8.3	2.1	0.37	1.8	2.7	1.8	915	1600	1100	1400	19.0	24130	24130 K
	270	73	164	256	2.5	178.7	234.7	13.9	3	0.26	2.6	3.9	2.6	770	1130	1300	1600	18	22230	22230 K
	270	73	164	256	2.5	178.7	236.8	13.9	3	0.26	2.6	3.9	2.6	858	1230	1300	1600	18.4	22230 TN	22230 KTN
	270	96	164	256	2.5	177.1	228.8	11.1	3	0.34	2.0	3.0	1.9	972	1540	1100	1400	23.2	23230	23230 K
	320	108	168	302	3	189.8	266.3	16.7	4	0.34	2.0	3.0	1.9	1305	1850	1200	1500	42	22330	22330 K
	320	108	168	302	3	190.8	267.3	16.7	4	0.34	2.0	3.0	1.9	1408	1970	1200	1500	43.6	22330 TN	22330 KTN
160	240	60	172	228	2.1	179.5	216.4	11.1	2.1	0.22	3.0	4.5	3.0	522	890	1300	1700	9.43	23032	23032 K
	240	80	172	228	2.1	178.1	212.2	8.3	2.1	0.30	2.3	3.4	2.2	670	1230	1100	1400	12.2	24032	24032 K
	270	86	172	258	2.1	186.5	234.5	13.9	2.1	0.30	2.3	3.4	2.2	868	1440	1000	1300	19.8	23132	23132 K
	270	109	172	258	2.1	184.4	228.4	8.3	2.1	0.37	1.8	2.7	1.8	1068	1880	1000	1300	24.4	24132	24132 K

（续）

公称尺寸/mm			安装尺寸/mm			其他尺寸/mm				计算系数				基本额定载荷/kN		极限转速/r·min^{-1}		质量/kg	轴承代号	
d	D	B	d_a min	D_a max	r_a max	d_2 ≈	D_2 ≈	B_0	r min	e	Y_1	Y_2	Y_0	C_r	C_{0r}	脂	油	W ≈	圆柱孔	圆锥孔
160	290	80	174	276	2.5	191.9	251.4	13.9	3	0.26	2.6	3.8	2.5	870	1290	1200	1500	22.9	22232	22232 K
	290	80	174	276	2.5	190.9	252.4	13.9	3	0.26	2.6	3.8	2.5	978	1430	1200	1500	23.4	22232 TN	22232 KTN
	290	104	174	276	2.5	189.1	244.9	13.9	3	0.34	2.0	2.9	1.9	1120	1780	1100	1400	29.4	23232	23232 K
	340	114	178	322	3	213	279.4	—	4	0.38	1.8	2.7	1.8	1172	1770	800	1000	51	22332	22332 K
170	260	67	182	248	2.1	192.8	233.2	11.1	2.1	0.23	2.9	4.3	2.9	632	1100	1200	1600	12.8	23034	23034 K
	260	90	182	248	2.1	190.7	227.7	8.3	2.1	0.31	2.2	3.2	2.1	812	1520	1000	1300	16.7	24034	24034 K
	280	88	182	268	2.1	195.5	244.4	13.9	2.1	0.29	2.3	3.5	2.3	925	1550	1000	1300	21.1	23134	23134 K
	280	109	182	268	2.1	192.9	238.2	8.3	2.1	0.36	1.9	2.8	1.8	1098	1930	1000	1300	25.5	24134	24134 K
	310	86	188	292	3	205.4	269.6	16.7	4	0.26	2.6	3.8	2.5	1002	1500	1100	1400	28.1	22234	22234 K
	310	86	188	292	3	204.4	270.7	16.7	4	0.26	2.6	3.8	2.5	1120	1660	1100	1400	28.9	22234 TN	22234 KTN
	310	110	188	292	3	205.7	264.4	13.9	4	0.34	2.0	3.0	2.0	1232	2030	900	1200	35.7	23234	23234 K
	360	120	188	342	3	227.4	319	—	4	0.39	1.7	2.6	1.7	1295	2060	750	950	60	22334	22334 K
180	280	74	192	268	2.1	206.1	248.9	13.9	2.1	0.24	2.8	4.2	2.8	738	1310	1200	1400	16.9	23036	23036 K
	280	100	192	268	2.1	204.3	243.1	8.3	2.1	0.32	2.1	3.1	2.1	952	1820	950	1200	22.1	24036	24036 K
	300	96	194	286	2.5	208.5	260.9	13.9	3	0.30	2.3	3.4	2.2	1078	1830	900	1200	26.9	23136	23136 K
	300	118	194	286	2.5	207.8	256.4	11.1	3	0.36	1.9	2.8	1.8	1242	2220	900	1200	32.0	24136	24136 K
	320	86	198	302	3	215.7	280.1	16.7	4	0.25	2.7	3.9	2.6	1038	1590	1100	1300	29.4	22236	22236 K
	320	86	198	302	3	214.7	281.1	16.7	4	0.25	2.7	3.9	2.6	1170	1760	1100	1300	30.2	22236 TN	22236 KTN
	320	112	198	302	3	213.7	274.3	13.9	4	0.33	2.0	3.0	2.0	1315	2170	850	1100	37.9	23236	23236 K
	380	126	198	362	3	240.8	336.5	—	4	0.38	1.8	2.6	1.7	1420	2270	700	900	70	22336	22336 K
190	290	75	202	278	2.1	215.2	260	13.9	2.1	0.23	2.9	4.3	2.8	775	1380	1100	1400	17.7	23038	23038 K
	290	100	202	278	2.1	213.7	254.9	8.3	2.1	0.31	2.2	3.3	2.1	1002	1910	900	1200	23.0	24038	24038 K
	320	104	204	306	2.5	222.6	279.2	13.9	3	0.30	2.2	3.3	2.2	1232	2120	850	1100	33.6	23138	23138 K
	320	128	204	306	2.5	219.3	271.6	11.1	3	0.37	1.8	2.7	1.8	1448	2590	850	1100	40.2	24138	24138 K
	340	120	208	322	3	227.7	291.6	16.7	4	0.33	2.0	3.0	2.0	1488	2490	800	1100	46.1	23238	23238 K
	400	132	212	378	4	255	328.4	—	5	0.36	1.8	2.7	1.8	1568	2530	670	850	81	22338	22338 K
200	310	82	212	298	2.1	228.5	276.7	13.9	2.1	0.24	2.8	4.2	2.8	915	1650	1000	1300	22.7	23040	23040 K

（续）

公称尺寸/mm			安装尺寸/mm			其他尺寸/mm				计算系数				基本额定载荷/kN		极限转速 /r·min^{-1}		质量/kg	轴承代号	
d	D	B	d_a min	D_a max	r_a max	d_2 ≈	D_2 ≈	B_0	r min	e	Y_1	Y_2	Y_0	C_r	C_{0r}	脂	油	W ≈	圆柱孔	圆锥孔
200	310	109	212	298	2.1	226.5	270.8	11.1	2.1	0.32	2.1	3.2	2.1	1150	2220	850	1100	29.3	24040	24040 K
	340	112	214	326	2.5	235.6	295.5	16.7	3	0.31	2.2	3.0	2.2	1418	2460	800	1000	41.6	23140	23140 K
	340	140	214	326	2.5	231.2	285.8	11.1	3	0.38	1.8	2.6	1.7	1622	2950	800	1000	49.9	24140	24140 K
	360	128	218	342	3	240.7	307.8	16.7	4	0.34	2.0	3.0	2.0	1652	2790	750	1000	55.4	23240	23240 K
	420	138	222	398	4	267.4	371.3	—	5	0.38	1.8	2.7	1.7	1680	2720	630	800	94	22340	22340 K
220	340	90	234	326	2.5	252.9	305.8	13.9	3	0.24	2.9	4.3	2.8	1088	1990	950	1200	29.7	23044	23044 K
	340	118	234	326	2.5	248.7	297.5	11.1	3	0.31	2.2	3.2	2.1	1365	2680	750	1000	38.1	24044	24044 K
	370	120	238	352	3	258	332.7	16.7	4	0.30	2.3	3.4	2.2	1612	2820	700	950	51.5	23144	23144 K
	370	150	238	352	3	253.3	313.5	11.1	4	0.38	1.8	2.7	1.8	1900	3490	700	950	62.3	24144	24144 K
	400	144	238	382	3	263.6	340.2	16.7	4	0.34	2.0	2.9	1.9	2125	3620	670	900	78.5	23244	23244 K
	460	145	242	438	4	295.2	406.1	—	5	0.35	1.9	2.8	1.9	1905	3200	560	700	120	22344	22344 K
240	360	92	254	346	2.5	271	325	13.9	3	0.23	3.0	4.4	2.9	1160	2160	850	1100	32.4	23048	23048 K
	360	118	254	346	2.5	267.5	317.8	11.1	3	0.29	2.3	3.4	2.3	1438	2850	700	950	40.8	24048	24048 K
	400	128	258	382	3	278.4	350.6	16.7	4	0.30	2.3	3.4	2.2	1838	3220	670	850	63.7	23148	23148 K
	400	160	258	382	3	274.4	340.9	11.1	4	0.37	1.8	2.7	1.8	2155	3980	670	850	76.9	24148	24148 K
	440	160	258	422	3	289.6	372.5	22.3	4	0.35	2.0	2.9	1.9	2558	4490	630	800	107.3	23248	23248 K
	500	155	262	478	4	322.2	440.9	—	5	0.35	1.9	2.8	1.9	1950	3250	500	630	153	22348	22348 K
260	400	104	278	382	3	297.9	358.1	16.7	4	0.23	2.9	4.3	2.8	1458	2770	800	950	47.7	23052	23052 K
	400	140	278	382	3	293.3	348.2	11.1	4	0.31	2.1	3.2	2.1	1838	3740	630	850	62.4	24052	24052 K
	440	144	278	422	3	306.5	385.2	16.7	4	0.30	2.2	3.3	2.2	2270	4070	600	800	88.2	23152	23152 K
	440	180	278	422	3	300.4	372.4	13.9	4	0.38	1.8	2.7	1.7	2732	5180	600	800	107.6	24152	24152 K
	540	165	288	512	5	351	446.5	—	6	0.34	2.0	2.9	1.9	2480	4190	480	600	191	22352	22352 K
280	420	106	298	402	3	315	379.4	16.7	4	0.22	3.0	4.5	2.9	1582	3000	700	900	50.9	23056	23056 K
	420	140	298	402	3	310	369.6	11.1	4	0.30	2.3	3.4	2.2	1962	3980	600	800	65.8	24056	24056 K
	460	146	302	438	4	324.8	406.1	16.7	5	0.29	2.3	3.5	2.3	2372	4290	560	750	94.1	23056	23156 K
	460	180	302	438	4	318.4	393.8	13.9	5	0.36	1.9	2.8	1.8	2802	5330	560	750	113.2	24156	24156 K
	500	130	302	478	4	355	431.1	—	5	0.28	2.4	3.6	2.4	1900	3380	500	630	—	22256	22256 K

（续）

公称尺寸/mm			安装尺寸/mm			其他尺寸/mm				计算系数				基本额定载荷/kN		极限转速 /r·min^{-1}		质量/kg	轴承代号	
d	D	B	d_a min	D_a max	r_a max	d_2 ≈	D_2 ≈	B_0	r min	e	Y_1	Y_2	Y_0	C_r	C_{0r}	脂	油	W ≈	圆柱孔	圆锥孔
280	580	175	308	552	5	—	—	—	6	0.34	2.0	3.0	1.9	2730	4650	450	560	238	22356	22356 K
300	460	118	318	442	3	344	414.4	16.7	4	0.23	3.0	4.4	2.9	1910	3690	670	850	71.4	23060	23060 K
	460	160	318	442	3	337	401.6	13.9	4	0.31	2.2	3.2	2.1	2422	5010	530	700	94.1	24060	24060 K
	500	160	322	478	4	—	—	—	5	0.32	2.1	3.1	2.0	2150	4420	400	500	133	23160	23160 K
	540	140	322	518	4	378	464.2	—	5	0.28	2.4	3.6	2.4	2070	3450	450	560	134	22260	22260 K
320	480	121	338	462	3	—	—	—	4	0.26	2.6	3.8	2.5	1560	3260	400	500	81.5	23064	23064 K
340	520	133	362	498	4	—	—	—	5	0.25	2.7	4.0	2.6	1780	3810	380	480	109	23068	23068 K
360	540	134	382	518	4	—	—	—	5	0.25	2.7	4.0	2.6	1930	4180	360	450	114	23072	23072 K
380	560	135	402	538	4	—	—	—	5	0.24	2.8	4.1	2.7	1930	4240	340	430	120	23076	23076 K
	620	194	402	598	4	—	—	—	5	0.24	2.0	3.0	2.0	2950	6240	300	380	244	23176	23176 K
400	600	148	422	578	4	—	—	—	5	0.25	2.6	3.8	2.5	2320	5110	300	380	154	23080	23080 K
	820	243	436	784	6	—	—	—	7.5	0.33	2.1	3.1	2.0	5100	9290	240	320	644	22380	22380 K
420	620	150	442	598	4	—	—	—	5	0.24	2.8	4.3	2.8	2320	5110	280	360	160	23084	23084 K
440	650	157	468	622	5	—	—	—	6	0.24	2.8	4.2	2.8	2450	5740	260	340	192	23088	23088 K
460	680	163	488	652	5	—	—	—	6	0.23	2.9	4.4	2.9	2770	6670	220	300	232	23092	23092 K
	760	240	496	724	6	—	—	—	7.5	0.33	2.0	3.0	2.0	4420	9190	190	260	479	23192	23192 K
480	700	165	508	672	5	—	—	—	6	0.24	2.8	4.2	2.8	2820	6440	200	280	232	23096	23096 K
500	720	167	528	692	5	—	—	—	6	0.23	3.0	4.4	2.9	3040	7180	190	260	235	230/500	230/500 K
530	780	185	558	752	5	—	—	—	6	0.23	2.9	4.3	2.8	3580	8310	170	220	304	230/530	230/530 K
560	820	195	588	792	5	—	—	—	6	0.23	2.9	4.3	2.8	3930	9950	160	200	364	230/560	230/560 K
600	870	200	628	842	5	—	—	—	6	0.22	3.0	4.5	2.9	4240	10400	130	170	417	230/600	230/600 K
630	920	212	666	884	6	—	—	—	7.5	0.23	3.0	4.4	2.9	4700	11500	120	160	511	230/630	230/630 K
850	1220	272	886	1184	6	—	—	—	7.5	0.28	2.4	3.5	2.3	8750	22200	75	95	1388	230/850	230/850 K

注：代号不包括结构变化附加代号，结构如有加油槽或油孔等变化，需与厂家联系。

表 14.6-18　带紧定套的调心滚子轴承（部分摘自 GB/T 288—2013）

20000 K+H 型

当量载荷计算同表 14.6-17

代号含义

同前

公称尺寸/mm			安装尺寸/mm					其他尺寸/mm					计算系数				基本额定载荷/kN		极限转速/r·min⁻¹		质量/kg	轴承代号
d_1	D	B	d_a max	d_b min	D_a max	B_a min	r_a max	d_2 ≈	D_2 ≈	B_1	B_2 ≈	r min	e	Y_1	Y_2	Y_0	C_r	C_{0r}	脂	油	W ≈	20000 K+H 型
17	52	15	29	23	45	8	1	29.5	42	28	7	1.1	0.31	2.2	3.3	2.2	31.5	31.2	6000	7500	—	21303 K+H 303
	52	15	30	23	45	8	1	30.5	44.1	28	7	1.1	0.29	2.3	3.4	2.2	35.8	34.2	6000	7500	—	21303 KTN+H 303
20	62	17	36	28	55	6	1	36.4	50.8	29	8	1.1	0.29	2.4	3.5	2.3	42.5	44.2	5300	6700	0.348	21304 K+H 304
	62	17	35	28	55	6	1	35.9	51.3	29	8	1.1	0.29	2.4	3.5	2.3	45.5	44.5	5300	6700	0.328	21304 KTN+H 304
25	72	19	43	33	65	6	1	43.3	59.6	31	8	1.1	0.27	2.5	3.7	2.4	57.2	62	4500	6000	0.507	21305 K+H 305
	72	19	41	33	65	6	1	41.2	59.6	31	8	1.1	0.28	2.4	3.6	2.4	63.8	63.5	4500	6000	0.486	21305 KTN+H 305
30	80	21	49	39	71	7	1.5	49.1	66.3	35	9	1.5	0.27	2.5	3.8	2.5	65.2	73.2	4000	5300	0.682	21306 K+H 306
	80	21	47	39	71	7	1.5	47.6	67.8	35	9	1.5	0.27	2.5	3.8	2.5	74.2	75.5	4000	5300	0.647	21306 KTN+H 306
35	80	23	50	44	73	5	1	50.4	69.4	36	10	1.1	0.28	2.4	3.6	2.4	79	88.5	5000	6300	0.71	22207 K+H 307
	80	23	49	44	73	5	1	49.4	70.5	36	10	1.1	0.28	2.4	3.6	2.4	95	102	5000	6300	0.71	22207 KTN+H 307
	90	23	54	44	81	5	1.5	54	75.1	36	10	1.5	0.26	2.6	3.8	2.5	87.2	96.2	3600	4500	0.93	21307 K+H 307
	90	23	53	44	81	5	1.5	53.5	75.6	36	10	1.5	0.26	2.6	3.8	2.5	93.5	99	3600	4500	0.91	21307 KTN+H 307
	90	33	51	45	81	5	1.5	51.4	74.3	46	10	1.5	0.38	1.8	2.7	1.8	122	138	4500	6000	1.24	22307 K+H 2307
	90	33	50	45	81	5	1.5	50.9	74.8	46	10	1.5	0.38	1.8	2.7	1.8	132	148	4500	6000	1.24	22307 KTN+H 2307
40	85	23	54	50	78	7	1	54.6	73.6	39	11	1.1	0.26	2.6	3.8	2.5	82.8	95.2	4500	6000	0.79	22208 K+H 308
	85	23	53	50	78	7	1	53.6	74.7	39	11	1.1	0.26	2.6	3.8	2.5	95	102	4500	6000	0.78	22208 KTN+H 308
	100	25	61	50	91	5	1.5	61.4	84.4	39	11	1.5	0.25	2.7	4.0	2.6	102	115	3200	4000	1.22	21308 K+H 308
	100	25	60	50	91	5	1.5	60.4	84.4	39	11	1.5	0.25	2.7	4.0	2.6	110	120	3200	4000	1.17	21308 KTN+H 308
	100	36	57	51	91	5	1.5	57.6	82.2	50	11	1.5	0.37	1.8	2.7	1.8	145	170	4000	5300	1.65	22308 K+H 2308
	100	36	57	51	91	5	1.5	57.6	83.3	50	11	1.5	0.37	1.8	2.7	1.8	165	185	4000	5300	1.67	22308 KTN+H 2308

（续）

公称尺寸/mm			安装尺寸/mm					其他尺寸/mm					计算系数				基本额定载荷/kN		极限转速/r·min^{-1}		质量/kg	轴承代号
d_1	D	B	d_a max	d_b min	D_a max	B_a min	r_a max	d_2 ≈	D_2 ≈	B_1	B_2 ≈	r min	e	Y_1	Y_2	Y_0	C_r	C_{0r}	脂	油	W ≈	20000 K+H 型
45	90	23	59	55	83	9	1	59.7	78.8	42	12	1.1	0.24	2.8	4.1	2.7	87.2	102	4300	5300	0.914	22209 K+H 309
	90	23	58	55	83	9	1	58.7	79.8	42	12	1.1	0.24	2.8	4.1	2.7	99.0	110	4300	5300	0.896	22209 KTN+H 309
	110	27	66	55	100	5	2	66.7	91.7	42	12	2	0.25	2.7	4.0	2.6	122	140	2800	3800	1.60	21309 K+H 309
	110	27	67	55	100	5	2	67.3	93.3	42	12	2	0.25	2.7	4.1	2.7	128	140	2800	3800	1.52	21309 KTN+H 309
	110	40	63	56	100	5	2	63.4	91.9	55	12	2	0.37	1.8	2.7	1.8	182	212	3800	4800	2.15	22309 K+H 2309
	110	40	64	56	100	5	2	64.1	92.7	55	12	2	0.37	1.8	2.8	1.8	198	228	3800	4800	2.2	22309 KTN+H 2309
50	100	25	66	60	91	10	1.5	66	88	45	12	1.5	0.24	2.8	4.2	2.8	105	125	3800	5000	1.20	22210 K+H 310
	100	25	65	60	91	10	1.5	65.5	88.5	45	12	1.5	0.24	2.8	4.2	2.8	122	140	3800	5000	1.17	22210 KTN+H 310
	120	29	72	60	110	6	2	72.6	100.5	45	12	2	0.25	2.7	4.1	2.7	145	170	2600	3400	2.00	21310 K+H 310
	120	29	74	60	110	6	2	74.1	102.1	45	12	2	0.24	2.8	4.2	2.7	148	165	2600	3400	1.92	21310 KTN+H 310
	120	43	69	61	110	6	2	69.2	100.5	59	12	2	0.36	1.9	2.8	1.8	215	252	3400	4300	2.73	22310 K+H 2310
	120	43	68	61	110	6	2	68.8	101.2	59	12	2	0.36	1.9	2.8	1.8	232	262	3400	4300	2.74	22310 KTN+H 2310
55	110	28	72	65	101	9	1.5	72.7	96.5	47	13	1.5	0.24	2.8	4.1	2.7	125	155	3600	4500	1.24	22211 K+H 311
	110	28	72	65	101	9	1.5	72.7	98.6	47	13	1.5	0.24	2.8	4.2	2.7	155	185	3600	4500	1.23	22211 KTN+H 311
	130	31	79	65	118	6	2.1	79.5	109.3	47	13	2.1	0.24	2.8	4.2	2.7	165	195	2400	3200	2.17	21311 K+H 311
	130	31	80	65	118	6	2.1	80	110.8	47	13	2.1	0.24	2.8	4.2	2.8	175	195	2400	3200	2.05	21311 KTN+H 311
	130	46	74	67	118	6	2.1	74.9	109	62	13	2.1	0.36	1.9	2.8	1.8	248	292	3200	4000	3.36	22311 K+H 2311
	130	46	75	67	118	6	2.1	75.5	109.6	62	13	2.1	0.36	1.9	2.8	1.9	270	312	3200	4000	3.44	22311 KTN+H 2311
60	120	31	78	70	111	8	1.5	78.4	104	50	14	1.5	0.25	2.7	4.0	2.6	155	195	3200	4000	2	22212 K+H 312
	120	31	77	70	111	8	1.5	77.4	105	50	14	1.5	0.25	2.7	4.0	2.6	178	212	3200	4000	1.99	22212 KTN+H 312
	140	33	87	70	128	6	2.1	87.4	118.1	50	14	2.1	0.24	2.9	4.3	2.8	188	228	2200	3000	3.03	21312 K+H 312
	140	33	86	70	128	6	2.1	86.4	119.1	50	14	2.1	0.24	2.9	4.3	2.8	202	235	2200	3000	2.91	21312 KTN+H 312
	140	48	81	72	128	5	2.1	81.5	117.4	65	14	2.1	0.35	1.9	2.9	1.9	272	320	3000	3800	4.02	22312 K+H 2312
	140	48	81	72	128	5	2.1	81.5	118.5	65	14	2.1	0.35	2.0	2.9	1.9	302	355	3000	3800	4.12	22312 KTN+H 2312
	125	31	84	76	116	9	1.5	84.1	109.7	52	14	1.5	0.24	2.9	4.3	2.8	155	195	3000	3800	1.6	22212 K+H 312
	125	31	83	76	116	9	1.5	83	110.6	52	14	1.5	0.24	2.9	4.3	2.8	185	225	3000	3800	1.6	22212 KTN+H 312
	150	35	94	76	138	6	2.1	94.3	127.9	52	14	2.1	0.23	2.9	4.3	2.8	218	268	2000	2800	3.11	21312 K+H 312
	150	35	92	76	138	6	2.1	92.8	127.4	52	14	2.1	0.23	2.9	4.3	2.8	225	265	2000	2800	2.97	21312 KTN+H 312
	150	51	88	77	138	6	2.1	88.2	125.9	68	14	2.1	0.34	2.0	2.9	1.9	320	395	2800	3400	4.34	22312 K+H 2312
	150	51	87	77	138	6	2.1	87.7	126.5	68	14	2.1	0.34	2.0	2.9	1.9	340	405	2800	3400	4.35	22312 KTN+H 2312
65	130	31	88	81	121	12	1.5	88.2	114.8	55	15	1.5	0.22	3.0	4.5	2.9	165	215	3000	3800	2.52	22213 K+H 313
	130	31	87	81	121	12	1.5	87.7	115.4	55	15	1.5	0.22	3.0	4.5	2.9	185	232	3000	3800	2.5	22213 KTN+H 313
	160	37	102	81	148	6	2.1	102.2	137.7	55	15	2.1	0.23	3.0	4.4	2.9	245	302	1900	2600	4.59	21313 K+H 313
	160	37	99	81	148	6	2.1	99.5	136	55	15	2.1	0.23	2.9	4.3	2.9	258	310	1900	2600	4.46	21313 KTN+H 313
	160	55	94	82	148	5	2.1	94.5	133.8	73	15	2.1	0.35	2.0	2.9	1.9	358	448	2600	3200	6.33	22313 K+H 2313
	160	55	93	82	148	5	2.1	93.7	135.1	73	15	2.1	0.35	2.0	2.9	1.9	390	470	2600	3200	6.38	22313 KTN+H 2313
70	140	33	95	86	130	12	2	95.1	122.8	59	17	2	0.22	2.0	4.5	3.0	180	235	2800	3400	3.13	22214 K+H 314

（续）

公称尺寸/mm			安装尺寸/mm					其他尺寸/mm					计算系数				基本额定载荷/kN		极限转速/r·min^{-1}		质量/kg	轴承代号
d_1	D	B	d_a max	d_b min	D_a max	B_a min	r_a max	d_2 ≈	D_2 ≈	B_1	B_2 ≈	r min	e	Y_1	Y_2	Y_0	C_r	C_{0r}	脂	油	W ≈	20000 K+H 型
70	140	33	93	86	130	12	2	93.5	124.2	59	17	2	0.22	3.0	4.5	3.0	218	275	2800	3400	3.09	22214 KTN+H 314
	170	39	107	86	158	6	2.1	107	144.4	59	17	2.1	0.23	3.0	4.4	2.9	268	332	1800	2400	5.47	21314 K+H 314
	170	39	105	86	158	6	2.1	105	143.4	59	17	2.1	0.23	2.9	4.3	2.9	288	350	1800	2400	5.33	21314 KTN+H 314
	170	58	100	88	158	6	2.1	100.4	142.5	78	17	2.1	0.34	2.0	2.9	1.9	402	508	2400	3000	7.62	22314 K+H 2314
	170	58	100	88	158	6	2.1	100.4	143.6	78	17	2.1	0.34	2.0	2.9	1.9	422	515	2400	3000	7.57	22314 KTN+H 2314
75	150	36	100	91	140	12	2	100.6	132.2	63	18	2	0.23	3.0	4.4	2.9	218	282	2600	3200	3.87	22215 K+H 315
	150	36	101	91	140	12	2	101.3	135.9	63	18	2	0.22	3.0	4.5	2.9	270	340	2600	3200	3.84	22215 KTN+H 315
	180	41	112	91	166	7	2.5	112.9	153.3	63	18	3	0.23	3.0	4.4	2.9	305	385	1700	2200	6.43	21315 K+H 315
	180	41	111	91	166	7	2.5	111.9	152.3	63	18	3	0.23	3.0	4.4	2.9	318	390	1700	2200	6.27	21315 KTN+H 315
	180	60	106	93	166	7	2.5	106.3	151.6	82	18	3	0.34	2.0	3.0	2.0	442	555	2200	2800	8.57	22315 K+H 2315
	180	60	105	93	166	7	2.5	105.3	152.6	82	18	3	0.34	2.0	3.0	2.0	472	572	2200	2800	8.57	22315 KTN+H 2315
80	160	40	107	96	150	10	2	107.8	141	65	18	2	0.24	2.9	4.3	2.8	258	338	2400	3000	4.73	22216 K+H 316
	160	40	107	96	150	10	2	107.8	142.1	65	18	2	0.24	2.9	4.3	2.8	288	378	2400	3000	4.7	22216 KTN+H 316
	160	52.4	105	99	150	18	2	105.5	137.2	86	18	2	0.31	2.2	3.2	2.1	338	482	1800	2400	6.1	23216 K+H 2316
	190	43	119	96	176	7	2.5	119.7	161	65	18	3	0.23	3.0	4.5	2.9	328	420	1700	2200	7.52	21316 K+H 316
	190	43	119	96	176	7	2.5	119.7	161	65	18	3	0.23	3.0	4.5	2.9	338	420	1700	2200	7.23	21316 KTN+H 316
	190	64	112	99	176	7	2.5	112.8	159.7	86	18	3	0.34	2.0	3.0	2.0	495	640	2200	2600	10.3	22316 K+H 2316
	190	64	111	99	176	7	2.5	111.8	160.8	86	18	3	0.34	2.0	3.0	2.0	532	660	2200	2600	10.4	22316 KTN+H 2316
85	170	43	113	102	158	9	2.1	113.5	148.5	68	19	2.1	0.24	2.8	4.2	2.7	290	390	2200	2800	5.75	22217 K+H 317
	170	43	113	102	158	9	2.1	113.5	149.6	68	19	2.1	0.24	2.8	4.2	2.7	318	420	2200	2800	5.65	22217 KTN+H 317
	200	45	129	102	186	7	2.5	129.7	171.9	68	19	3	0.22	3.1	4.6	3.0	365	485	1700	2200	8.7	21317 K+H 317
	200	45	127	102	186	7	2.5	127.6	169.8	68	19	3	0.22	3.0	4.5	3.0	378	482	1700	2200	8.45	21317 KTN+H 317
	200	67	118	104	186	7	2.5	118.5	168.2	90	19	3	0.34	2.0	3.0	2.0	545	705	2000	2600	11.9	22317 K+H 2317
	200	67	117	104	186	7	2.5	117.5	169.2	90	19	3	0.34	2.0	3.0	2.0	582	728	2000	2600	12	22317 KTN+H 2317
90	165	52	115	107	155	7	2	115.5	144.3	76	20	2	0.29	2.3	3.5	2.3	330	510	1700	2200	—	23118 K+H 3118
	180	46	120	108	168	8	2.1	120.3	158.1	71	20	2.1	0.24	2.8	4.1	2.7	322	435	2200	2600	6.71	22218 K+H 318
	180	46	119	108	168	8	2.1	119.3	159.1	71	20	2.1	0.24	2.8	4.1	2.7	378	492	2200	2600	6.68	22218 KTN 318
	180	60.3	118	110	168	19	2.1	118.6	154.5	97	20	2.1	0.32	2.1	3.2	2.1	432	630	1600	2200	8.67	23218 K+H 2318
	215	47	136	108	201	7	2.5	136.6	180.6	71	20	3	0.22	3.1	4.6	3.0	395	530	1600	2000	10.5	21318 K+H 318
	215	47	136	108	201	7	2.5	136.6	181.7	71	20	3	0.22	3.1	4.6	3.0	435	575	1600	2000	10.33	21318 KTN+H 318
	215	73	126	110	201	7	2.5	126.7	179.8	97	20	3	0.34	2.0	2.9	1.9	635	832	1900	2400	14.95	22318 K+H 2318
	215	73	125	110	201	7	2.5	125.7	180.9	97	20	3	0.34	2.0	2.9	1.9	675	855	1900	2400	15.15	22318 KTN+H 2318
100	180	56	126	117	170	7	2	126.4	157.9	81	21	2	0.29	2.4	3.5	2.3	388	602	1600	2000	7.61	23120 K+H 3120

（续）

公称尺寸/mm			安装尺寸/mm					其他尺寸/mm					计算系数				基本额定载荷/kN		极限转速/r·min^{-1}		质量/kg	轴承代号
d_1	D	B	d_a max	d_b min	D_a max	B_a min	r_a max	d_2 ≈	D_2 ≈	B_1	B_2 ≈	r min	e	Y_1	Y_2	Y_0	C_r	C_{0r}	脂	油	W ≈	20000 K+H 型
100	200	53	132	118	188	6	2.1	132.5	173.7	77	21	2.1	0.25	2.7	4.0	2.6	420	588	1900	2400	9.52	22220 K+H 320
	200	53	132	118	188	6	2.1	132.5	174.8	77	21	2.1	0.25	2.7	4.0	2.6	462	635	1900	2400	9.45	22220 KTN+H 320
	200	69.8	130	121	188	17	2.1	130.2	169.1	105	21	2.1	0.34	2.0	3.0	2.0	535	800	1500	1900	12.21	23220 K+H 2320
	240	50	150	118	226	9	2.5	150.5	200.5	77	21	3	0.21	3.2	4.8	3.1	472	635	1400	1800	14	21320 K+H 320
	240	50	150	118	226	9	2.5	150.5	201.5	77	21	3	0.21	3.2	4.8	3.1	525	695	1400	1800	13.9	21320 KTN+H 320
	240	80	140	121	226	7	2.5	140.9	199.6	105	21	3	0.34	2.0	3.0	2.0	735	968	1700	2200	20.25	22320 K+H 2320
	240	80	140	121	226	7	2.5	140	200.7	105	21	3	0.34	2.0	3.0	2.0	815	1058	1700	2200	20.95	22320 KTN+H 2320
110	180	46	133	127	170	7	2	133.5	162.2	72	22	2	0.23	2.9	4.4	2.9	308	500	1800	2200	5.68	23022 K+H 3022
	200	62	140	128	190	7	2	140.1	175.1	88	22	2	0.29	2.4	3.5	2.3	462	722	1400	1800	10.24	23122 K+H 3122
	215	58	143	128	203	11	2.1	143	187.9	88	22	2.1	0.26	2.6	3.9	2.6	492	690	1700	2200	11.65	22222 K+H 3122
	215	58	142	128	203	11	2.1	142	189	88	22	2.1	0.26	2.6	3.9	2.6	558	765	1700	2200	11.75	22222 KTN+H 3122
	215	76	141	131	203	17	2.1	141.5	182.7	112	22	2.1	0.34	2.0	3.0	2.0	625	955	1300	1700	14.9	23222 K+H 2322
	260	86	152	131	246	7	2.5	152.4	216.6	112	22	3	0.34	2.0	3.0	2.0	868	1160	1500	1900	25.4	22322 K+H 2322
	260	86	152	131	246	7	2.5	152.4	216.6	112	22	3	0.34	2.0	3.0	2.0	935	1230	1500	1900	26.1	22322 KTN+H 2322
115	200	52	148	137	190	8	2	148.1	180.5	80	23	2	0.23	2.9	4.3	2.8	385	630	1700	2000	8.4	23023 K+H 3023
	210	64	148	138	200	8	2	148	183.9	92	23	2	0.28	2.4	3.6	2.4	495	802	1300	1700	11.9	23123 K+H 3123
	230	64	153	138	216	8	2.5	153.3	200.9	92	23	3	0.26	2.6	3.8	2.5	578	832	1600	2000	14.85	22223 K+H 3123
	230	64	152	138	216	8	2.5	152.3	201.9	92	23	3	0.26	2.6	3.8	2.5	648	912	1600	2000	14.95	22223 KTN+H 3123
	230	80	152	142	216	21	2.5	152.2	196.4	121	23	3	0.33	2.0	3.0	2.0	695	1080	1200	1600	18.4	23223 K+H 2323
	280	93	164	142	262	8	3	164.6	233.5	121	23	4	0.34	2.0	3.0	2.0	990	1340	1400	1800	32.1	22323 K+H 2323
	280	93	164	142	262	8	3	164.6	233.5	121	23	4	0.34	2.0	3.0	2.0	1078	1440	1400	1800	33.2	22323 KTN+H 2323
125	210	53	158	147	200	8	2	158	190.4	82	24	2	0.22	3.0	4.5	2.9	405	680	1600	1900	9.11	23025 K+H 3025
	225	68	159	149	213	8	2.1	159.7	197.4	97	24	2.1	0.28	2.4	3.6	2.4	552	905	1200	1600	13.65	23125 K+H 3125
	250	68	167	149	236	8	2.5	167.1	218.5	97	24	3	0.26	2.6	3.9	2.6	658	955	1400	1700	18.55	22225K+H 3125
	250	68	166	149	236	8	2.5	166.1	219.5	97	24	3	0.26	2.6	3.9	2.6	745	1060	1400	1700	18.75	22225 KTN+H 3125
	250	88	164	152	236	22	2.5	164.2	212.6	131	24	3	0.34	2.0	3.0	2.0	835	1300	1100	1500	23.65	23225 K+H 2325
	300	102	177	152	282	8	3	177.4	250.3	131	24	4	0.34	2.0	2.9	1.9	1160	1610	1300	1700	40.15	22325 K+H 2325
	300	102	176	152	282	8	3	176.3	250.3	131	24	4	0.34	2.0	2.9	1.9	1262	1720	1300	1700	41.75	22325 KTN+H 2325
135	225	56	168	158	213	8	2.1	168.8	203	87	26	2.1	0.22	3.0	4.5	3.0	445	750	1400	1800	11.2	23027 K+H 3027
	250	80	173	160	238	8	2.1	173	216.5	111	26	2.1	0.30	2.3	3.4	2.2	758	1250	1100	1400	20.6	23127 K+H 3127
	270	73	178	160	256	15	2.5	178.7	234.7	111	26	3	0.26	2.6	3.9	2.6	770	1130	1300	1600	23.5	22227 K+H 3127
	270	73	178	160	256	15	2.5	178.7	236.8	111	26	3	0.26	2.6	3.9	2.6	858	1230	1300	1600	23.9	22227 KTN+H 3127
	270	96	177	163	256	20	2.5	117.1	228.8	139	26	3	0.34	2.0	3.0	1.9	972	1540	1100	1400	29.8	23227 K+H 2327

（续）

公称尺寸/mm			安装尺寸/mm					其他尺寸/mm					计算系数				基本额定载荷/kN		极限转速/r·min^{-1}		质量/kg	轴承代号
d_1	D	B	d_a max	d_b min	D_a max	B_a min	r_a max	d_2 ≈	D_2 ≈	B_1	B_2 ≈	r min	e	Y_1	Y_2	Y_0	C_r	C_{0r}	脂	油	W ≈	20000 K+H 型
135	320	108	189	163	302	8	3	189.8	266.3	139	26	4	0.34	2.0	3.0	1.9	1305	1850	1200	1500	48.6	22327 K+H 2327
	320	108	190	163	302	8	3	190.8	267.3	139	26	4	0.34	2.0	3.0	1.9	1405	1970	1200	1500	50.2	22327 KTN+H 2327
140	240	60	179	168	228	8	2.1	179.5	216.4	93	28	2.1	0.22	3.0	4.5	3.0	522	890	1300	1700	14.03	23028 K+H 3028
	270	86	186	170	258	8	2.1	186.5	234.5	119	28	2.1	0.30	2.3	3.4	2.2	868	1440	1000	1300	27.75	23128 K+H 3128
	290	80	191	170	276	14	2.5	191.9	251.4	119	28	3	0.26	2.6	3.8	2.5	870	1290	1200	1500	30.55	22228 K+H 3128
	290	80	190	170	276	14	2.5	190.9	252.4	119	28	3	0.26	2.6	3.8	2.5	978	1430	1200	1500	31.05	22228 KTN+H 3128
	290	104	189	174	276	18	2.5	189.1	244.9	147	28	3	0.34	2.0	2.9	1.9	1120	1780	1100	1400	38.55	23228 K+H 2328
	340	114	213	174	322	8	3	213	279.4	147	28	4	0.38	1.8	2.7	1.8	1170	1770	800	1000	60.15	22328 K+H 2328
150	260	67	192	179	248	8	2.1	192.8	233.2	101	29	2.1	0.23	2.9	4.3	2.9	632	1100	1200	1600	18.3	23030 K+H 3030
	280	88	195	180	268	8	2.1	195.5	244.4	122	29	2.1	0.29	2.3	3.5	2.3	925	1550	1000	1300	29.5	23130 K+H 3130
	310	86	205	180	292	10	3	205.4	269.6	122	29	4	0.26	2.6	3.8	2.5	1000	1500	1100	1400	36.5	22230 K+H 3130
	310	86	204	180	292	10	3	204.4	270.7	122	29	4	0.26	2.6	3.8	2.5	1120	1660	1100	1400	37.3	22230 KTN+H 3130
	310	110	205	185	292	18	3	205.7	264.4	154	29	4	0.34	2.0	3.0	2.0	1232	2030	900	1200	45.7	23230 K+H 2330
	360	120	227	185	342	8	3	227.4	319	154	29	4	0.39	1.7	2.6	1.7	1180	2060	750	950	70	22330 K+H 2330
160	280	74	206	189	268	8	2.1	206.1	248.9	109	30	2.1	0.24	2.8	4.2	2.8	738	1310	1200	1400	22.65	23032 K+H 3032
	300	96	208	191	286	8	2.5	208.5	260.9	131	30	3	0.30	2.3	3.4	2.2	1080	1830	900	1200	29.2	23132 K+H 3132
	320	86	215	191	302	18	3	215.7	280.1	131	30	4	0.25	2.7	3.9	2.6	1038	1590	1100	1300	38.9	22232 K+H 3132
	320	86	214	191	302	18	3	214.7	281.1	131	30	4	0.25	2.7	3.9	2.6	1170	1760	1100	1300	39.7	22232 KTN+H 3132
	320	112	213	195	302	22	3	213.7	274.3	161	30	4	0.33	2.0	3.0	2.0	1315	2170	850	1100	48.9	23232 K+H 2332
	380	126	240	195	362	8	3	240.8	336.5	161	30	4	0.38	1.8	2.6	1.7	1420	2270	700	900	81.0	22332 K+H 2332
170	290	75	215	199	278	9	2.1	215.2	260	112	31	2.1	0.23	2.9	4.3	2.8	775	1380	1100	1400	22.65	23034 K+H 3034
	320	104	222	202	306	9	2.5	222.6	279.2	141	31	3	0.30	2.2	3.3	2.2	1232	2120	850	1100	42.8	23134 K+H 3134
	340	120	227	206	322	21	3	227.7	291.6	169	31	4	0.33	2.0	3.0	2.0	1490	2490	800	1100	57.6	23234 K+H 2334
	400	132	255	206	378	9	4	255	328.4	169	31	5	0.36	1.8	2.7	1.8	1570	2530	670	850	92.5	22334 K+H 2334
180	310	82	228	210	298	9	2.1	228.5	276.7	120	32	2.1	0.24	2.8	4.2	2.8	915	1650	1000	1300	30.4	23036 K+H 3036
	340	112	235	212	326	9	2.5	235.6	295.5	150	32	3	0.31	2.2	3.3	2.2	1418	2460	800	1000	43.9	23136 K+H 3136
	360	128	240	216	342	19	3	240.7	307.8	176	32	4	0.34	2.0	3.0	2.0	1652	2790	750	1000	69.4	23236 K+H 2336
	420	138	267	216	398	9	4	267.4	371.3	176	32	5	0.38	1.8	2.7	1.7	1680	2720	630	800	108	22336 K+H 2336
200	340	90	252	231	326	9	2.5	252.9	305.8	126	35	3	0.24	2.9	4.3	2.8	1090	1990	950	1200	40.9	23040 K+H 3040
	370	120	258	233	352	9	3	258	323.7	161	35	4	0.30	2.3	3.4	2.2	1612	2820	700	950	62.7	23140 K+H 3140
	400	144	263	236	382	10	3	263.6	340.2	186	35	4	0.34	2.0	2.9	1.9	2125	3620	670	900	95.5	23240 K+H 2340
	460	145	295	236	438	9	4	295.2	406.1	186	35	5	0.35	1.9	2.8	1.9	1900	3200	560	700	137	22340 K+H 2340

（续）

公称尺寸/mm			安装尺寸/mm					其他尺寸/mm					计算系数				基本额定载荷/kN		极限转速/r·min^{-1}		质量/kg	轴承代号
d_1	D	B	d_a max	d_b min	D_a max	B_a min	r_a max	d_2 ≈	D_2 ≈	B_1	B_2 ≈	r min	e	Y_1	Y_2	Y_0	C_r	C_{0r}	脂	油	W ≈	20000 K+H 型
220	360	92	271	251	346	11	2.5	271	325	133	37	3	0.23	3.0	4.4	2.9	1160	2160	850	1100	42.4	23044 K+H 3044
	400	128	278	254	382	11	3	278.4	350.6	172	37	4	0.30	2.3	3.4	2.2	1838	3220	670	850	89.7	23144 K+H 3144
	440	160	289	257	422	6	3	289.6	372.5	199	37	4	0.35	2.0	2.9	1.9	2558	4490	630	800	127.3	23244 K+H 2344
	500	155	322	257	478	11	4	322.2	440.9	199	37	5	0.35	1.9	2.8	1.9	1950	3250	500	630	173	22344 K+H 2344
240	400	104	297	272	382	11	3	297.9	358.1	145	37	4	0.23	2.9	4.3	2.8	1458	2770	800	950	61.2	23048 K+H 3048
	440	144	306	276	422	11	3	306.5	385.2	190	39	4	0.30	2.2	3.3	2.2	2270	4070	600	800	109	23148 K+H 3148
	540	165	351	278	512	11	5	351	446.5	211	39	6	0.34	2.0	2.9	1.9	2480	4190	480	600	214	22348 K+H 2348
260	420	106	315	292	402	12	3	315	379.4	152	41	4	0.22	3.0	4.5	2.9	1580	3000	700	900	66.9	23052 K+H 3052
	460	146	324	296	438	12	4	324.8	406.1	195	41	5	0.29	2.3	3.5	2.3	2370	4290	560	750	117	23152 K+H 3152
	580	175	355	299	552	12	5	355	431.1	224	41	6	0.34	2.0	3.0	1.9	2730	4650	450	560	265	22352 K+H 2352
280	460	118	344	313	442	12	3	344	414.4	168	42	4	0.23	3.0	4.4	2.9	1910	3690	670	850	91.9	23056 K+H 3056
	500	160	—	318	478	12	4	—	—	208	40	5	0.32	2.1	3.1	2.0	2190	4420	400	500	162	23156 K+H 3156
	540	140	378	318	518	32	4	378	464.2	208	40	5	0.28	2.4	3.6	2.4	2070	3450	450	560	163	22256 K+H 3156

6　圆锥滚子轴承（见表 14.6-19～表 14.6-21）

表 14.6-19　圆锥滚子轴承（部分摘自 GB/T 297—2015）

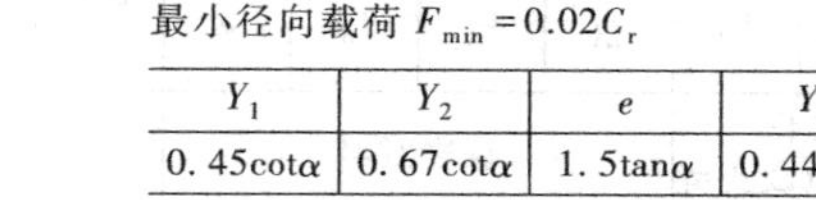

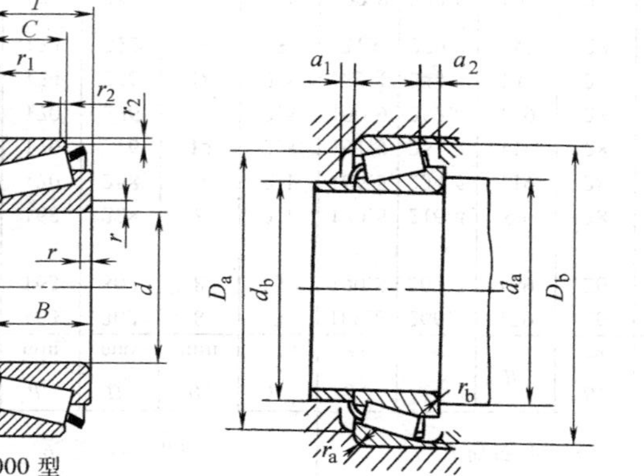

径向当量动载荷

当 $F_a/F_r \leqslant e$ 时，$P_r = F_r$

当 $F_a/F_r > e$ 时，$P_r = 0.4F_r + Y_2 F_a$

径向当量静载荷

$P_{0r} = 0.5F_r + Y_0 F_a$

当 $P_{0r} < F_r$ 时，取 $P_{0r} = F_r$

附加轴向力

$S \approx F_r/(2Y_1)$

最小径向载荷 $F_{min} = 0.02C_r$

Y_1	Y_2	e	Y_0
0.45cotα	0.67cotα	1.5tanα	0.44cotα

代号含义

E—加强型

X2—宽度（高度）非标准

（续）

公称尺寸/mm					安装尺寸/mm									其他尺寸/mm			计算系数			基本额定载荷/kN		极限转速/r·min^{-1}		质量/kg	轴承代号
d	D	T	B	C	d_a min	d_b min	D_a min	D_a max	D_b min	a_1 min	a_2 min	r_a max	r_b max	a ≈	r min	r_1 min	e	Y	Y_0	C_r	C_{0r}	脂	油	W ≈	30000 型
15	42	14.25	13	11	21	22	36	36	38	2	3.5	1	1	9.6	1	1	0.29	2.1	1.2	23.8	21.5	9000	12000	0.094	30302
17	40	13.25	12	11	23	23	34	34	37	2	2.5	1	1	9.9	1	1	0.35	1.7	1	21.8	21.8	9000	12000	0.079	30203
	47	15.25	14	12	23	25	40	41	43	3	3.5	1	1	10.4	1	1	0.29	2.1	1.2	29.5	27.2	8500	11000	0.129	30303
	47	20.25	19	16	23	24	39	41	43	3	4.5	1	1	12.3	1	1	0.29	2.1	1.2	36.8	36.2	8500	11000	0.173	32303
20	37	12	12	9	—	—	—	—	—	—	—	0.3	0.3	8.2	0.3	0.3	0.32	1.9	1	13.8	17.5	9500	13000	0.056	32904
	42	15	15	12	25	25	36	37	39	3	3	0.6	0.6	10.3	0.6	0.6	0.37	1.6	0.9	26.2	28.2	8500	11000	0.095	32004
	47	15.25	14	12	26	27	40	41	43	2	3.5	1	1	11.2	1	1	0.35	1.7	1	29.5	30.5	8000	10000	0.126	30204
	52	16.25	15	13	27	28	44	45	48	3	3.5	1.5	1.5	11.1	1.5	1.5	0.3	2	1.1	34.5	33.2	7500	9500	0.165	30304
	52	22.25	21	18	27	26	43	45	48	3	4.5	1.5	1.5	13.6	1.5	1.5	0.3	2	1.1	44.8	46.2	7500	9500	0.230	32304
22	40	12	12	9	—	—	—	—	—	—	—	0.3	0.3	8.5	0.3	0.3	0.32	1.9	1	15.8	20.0	8500	11000	0.065	329/22
	44	15	15	11.5	27	27	38	39	41	3	3.5	0.6	0.6	10.8	0.6	0.6	0.40	1.5	0.8	27.2	30.2	8000	10000	0.100	320/22
25	42	12	12	9	—	—	—	—	—	—	—	0.3	0.3	8.7	0.3	0.3	0.32	1.9	1	16.8	21.0	6300	10000	0.064	32905
	47	15	15	11.5	30	30	40	42	44	3	3.5	0.6	0.6	11.6	0.6	0.6	0.43	1.4	0.8	29.2	34.0	7500	9500	0.11	32005
	47	17	17	14	30	30	40	42	45	3	3	0.6	0.6	11.1	0.6	0.6	0.29	2.1	1.1	34.0	42.5	7500	9500	0.129	33005
	52	16.25	15	13	31	31	44	46	48	2	3.5	1	1	12.5	1	1	0.37	1.6	0.9	33.8	37.0	7000	9000	0.154	30205
	52	22	22	18	31	30	43	46	49	4	4	1	1	14.0	1	1	0.35	1.7	0.9	49.2	55.8	7000	9000	0.216	33205
	62	18.25	17	15	32	34	54	55	58	3	3.5	1.5	1.5	13.0	1.5	1.5	0.3	2	1.1	49.0	48.0	6300	8000	0.263	30305
	62	18.25	17	13	32	31	47	55	59	3	5.5	1.5	1.5	20.1	1.5	1.5	0.83	0.7	0.4	42.5	46.0	6300	8000	0.262	31305
	62	25.25	24	20	32	32	52	55	58	3	5.5	1.5	1.5	15.9	1.5	1.5	0.3	2	1.1	64.5	68.8	6300	8000	0.368	32305
28	45	12	12	9	—	—	—	—	—	—	—	0.3	0.3	9.0	0.3	0.3	0.32	1.9	1	17.5	22.8	7500	9500	0.069	329/28
	52	16	16	12	34	33	45	46	49	3	4	1	1	12.6	1	1	0.43	1.4	0.8	33.0	40.5	6700	8500	0.142	320/28
	58	24	24	19	34	33	49	52	55	4	5	1	1	15.0	1	1	0.34	1.8	1.0	60.8	68.2	6300	8000	0.286	332/28
30	47	12	12	9	—	—	—	—	—	—	—	0.3	0.3	9.2	0.3	0.3	0.32	1.9	1	17.8	23.2	7000	9000	0.072	32906
	55	17	16	14	—	—	—	—	—	3	5	—	—	12.0	1	1	0.26	2.3	1.3	29.2	35.5	6300	8000	0.16	32006 X2
	55	17	17	13	36	35	48	49	52	3	4	1	1	13.3	1	1	0.43	1.4	0.8	37.5	46.8	6300	8000	0.170	32006
	55	20	20	16	36	35	48	49	52	3	4	1	1	12.8	1	1	0.29	2.1	1.1	45.8	58.8	6300	8000	0.201	33006
	62	17.25	16	14	36	37	53	56	58	2	3.5	1	1	13.8	1	1	0.37	1.6	0.9	45.2	50.5	6000	7500	0.231	30206
	62	21.25	20	17	36	36	52	56	58	3	4.5	1	1	15.6	1	1	0.37	1.6	0.9	54.2	63.8	6000	7500	0.287	32206
	62	25	25	19.5	36	36	53	56	59	5	5.5	1	1	15.7	1	1	0.34	1.8	1	66.8	75.5	6000	7500	0.342	33206
	72	20.75	19	16	37	40	62	65	66	3	5	1.5	1.5	15.3	1.5	1.5	0.31	1.9	1.1	61.8	63.0	5600	7000	0.387	30306
	72	20.75	19	14	37	37	55	65	68	3	7	1.5	1.5	23.1	1.5	1.5	0.83	0.7	0.4	55	60.5	5600	7000	0.392	31306
	72	28.75	27	23	37	38	59	65	66	4	6	1.5	1.5	18.9	1.5	1.5	0.31	1.9	1.1	85.5	96.5	5600	7000	0.562	32306
32	52	14	14	10	37	37	46	47	49	3	4	0.6	0.6	10.2	0.6	0.6	0.32	1.9	1	25.0	32.5	6300	8000	0.106	329/32

（续）

公称尺寸/mm					安装尺寸/mm									其他尺寸/mm			计算系数			基本额定载荷/kN		极限转速/r·min⁻¹		质量/kg	轴承代号
d	D	T	B	C	d_a min	d_b min	D_a min	D_a max	D_b min	a_1 min	a_2 min	r_a max	r_b max	a ≈	r min	r_1 min	e	Y	Y_0	C_r	C_{0r}	脂	油	W ≈	30000型
32	58	17	17	13	38	38	50	52	55	3	4	1	1	14.0	1	1	0.45	1.3	0.7	38.2	49.2	6000	7500	0.187	320/32
	65	26	26	20.5	38	38	55	59	62	5	5.5	1	1	16.6	1	1	0.35	1.7	1	72.0	82.2	5600	7000	0.385	332/32
35	55	14	14	11.5	40	40	49	50	52	3	2.5	0.6	0.6	10.1	0.6	0.6	0.29	2.1	1.1	27.0	34.8	6000	7500	0.114	32907
	62	18	17	15	—	—	—	—	—	3	5	1	1	14.0	1	1	0.29	2.1	1.1	35.5	47.2	5600	7000	0.21	32007 X2
	62	18	18	14	41	40	54	56	59	4	4	1	1	15.1	1	1	0.44	1.4	0.8	45.2	59.2	5600	7000	0.224	32007
	62	21	21	17	41	41	54	56	59	3	4	1	1	13.5	1	1	0.31	2	1.1	49.0	63.2	5600	7000	0.254	33007
	72	18.25	17	15	42	44	62	65	67	3	3.5	1.5	1.5	15.3	1.5	1.5	0.37	1.6	0.9	56.8	63.5	5300	6700	0.331	30207
	72	24.25	23	19	42	42	61	65	68	3	5.5	1.5	1.5	17.9	1.5	1.5	0.37	1.6	0.9	73.8	89.5	5300	6700	0.445	32207
	72	28	28	22	42	42	61	65	68	5	6	1.5	1.5	18.2	1.5	1.5	0.35	1.7	0.9	86.5	102	5300	6700	0.515	33207
	80	22.75	21	18	44	45	70	71	74	3	5	2	1.5	16.8	2	1.5	0.31	1.9	1.1	78.8	82.5	5000	6300	0.515	30307
	80	22.75	21	15	44	42	62	71	76	4	8	2	1.5	25.8	2	1.5	0.83	0.7	0.4	69.0	76.8	5000	6300	0.514	31307
	80	32.75	31	25	44	43	66	71	74	4	8.5	2	1.5	20.4	2	1.5	0.31	1.9	1.1	105	118	5000	6300	0.763	32307
40	62	15	14	12	—	—	—	—	—	3	5	0.6	0.6	12.0	0.6	0.6	0.28	2.1	1.2	22.2	28.2	5600	7000	0.14	32908 X2
	62	15	15	12	45	45	55	57	59	3	3	0.6	0.6	11.1	0.6	0.6	0.29	2.1	1.1	33.0	46.0	5600	7000	0.155	32908
	68	19	18	16	—	—	—	—	—	3	5	1	1	15.0	1	1	0.3	2	1.1	41.8	55.2	5300	6700	0.27	32008 X2
	68	19	19	14.5	46	46	60	62	65	4	4.5	1	1	14.9	1	1	0.38	1.6	0.9	54.2	71.0	5300	6700	0.267	32008
	68	22	22	18	46	46	60	62	64	3	4	1	1	14.1	1	1	0.28	2.1	1.2	63.0	79.5	5300	6700	0.306	33008
	75	26	26	20.5	47	47	65	68	71	4	5.5	1.5	1.5	18.0	1.5	1.5	0.36	1.7	0.9	88.8	110	5000	6300	0.496	33108
	80	19.75	18	16	47	49	69	73	75	3	4	1.5	1.5	16.9	1.5	1.5	0.37	1.6	0.9	66.0	74.0	5000	6300	0.422	30208
	80	24.75	23	19	47	48	68	73	75	3	6	1.5	1.5	18.9	1.5	1.5	0.37	1.6	0.9	81.5	97.2	5000	6300	0.532	32208
	80	32	32	25	47	47	67	73	76	5	7	1.5	1.5	20.8	1.5	1.5	0.36	1.7	0.9	110.0	135	5000	6300	0.715	33208
	90	25.25	23	20	49	52	77	81	84	3	5.5	2	1.5	19.5	2	1.5	0.35	1.7	1	95.2	108	4500	5600	0.747	30308
	90	25.25	23	17	49	48	71	81	87	4	8.5	2	1.5	29.0	2	1.5	0.83	0.7	0.4	85.5	96.5	4500	5600	0.727	31308
	90	35.25	33	27	49	49	73	81	83	4	8.5	2	1.5	23.3	2	1.5	0.35	1.7	1	120	148	4500	5600	1.04	32308
45	68	15	14	12	—	—	—	—	—	3	5	0.6	0.6	13.0	0.6	0.6	0.31	1.9	1.1	23.2	32.8	5300	6700	—	32909 X2
	68	15	15	12	50	50	61	63	65	3	3	0.6	0.6	12.2	0.6	0.6	0.32	1.9	1	33.5	48.5	5300	6700	0.180	32909
	75	20	19	16	—	—	—	—	—	4	6	1	1	16.0	1	1	0.3	2	1.1	46.5	62.5	5000	6300	0.32	32009 X2
	75	20	20	15.5	51	51	67	69	72	4	4.5	1	1	16.5	1	1	0.39	1.5	0.8	61.2	81.5	5000	6300	0.337	32009
	75	24	24	19	51	51	67	69	72	4	5	1	1	15.9	1	1	0.32	1.9	1	76.0	100	5000	6300	0.398	33009
	80	26	26	20.5	52	52	69	73	77	4	5.5	1.5	1.5	19.1	1.5	1.5	0.38	1.6	1	91.2	118	4500	5600	0.535	33109
	85	20.75	19	16	52	53	74	78	80	3	5	1.5	1.5	18.6	1.5	1.5	0.4	1.5	0.8	71.0	83.5	4500	5600	0.474	30209
	85	24.75	23	19	52	53	73	78	81	3	6	1.5	1.5	20.1	1.5	1.5	0.4	1.5	0.8	84.5	105	4500	5600	0.573	32209
	85	32	32	25	52	52	72	78	81	5	7	1.5	1.5	21.9	1.5	1.5	0.39	1.5	0.9	115.0	145	4500	5600	0.771	33209
	100	27.25	25	22	54	59	86	91	94	3	5.5	2	1.5	21.3	2	1.5	0.35	1.7	1	113.0	130	4000	5000	0.984	30309
	100	27.25	25	18	54	54	79	91	96	4	9.5	2.0	1.5	31.7	2	1.5	0.83	0.7	0.4	100	115	4000	5000	0.944	31309

（续）

公称尺寸/mm					安装尺寸/mm									其他尺寸/mm			计算系数			基本额定载荷/kN		极限转速/r·min^{-1}		质量/kg	轴承代号
d	D	T	B	C	d_a min	d_b min	D_a min	D_a max	D_b min	a_1 min	a_2 min	r_a max	r_b max	a ≈	r min	r_1 min	e	Y	Y_0	C_r	C_{0r}	脂	油	W ≈	30000 型
45	100	38.25	36	30	54	56	82	91	93	4	8.5	2.0	1.5	25.6	2	1.5	0.35	1.7	1	152	188	4000	5000	1.40	32309
50	72	15	14	12	—	—	—	—	—	3	5	0.6	0.6	15.0	0.6	0.6	0.35	1.7	0.9	23.2	32.8	5000	6300	0.7	32910 X2
	72	15	15	12	55	55	64	67	69	3	3	0.6	0.6	13.0	0.6	0.6	0.34	1.8	1	38.5	56.0	5000	6300	0.181	32910
	80	20	19	16	—	—	—	—	—	4	6	1	1	17.0	1	1	0.32	1.9	1	48.0	66.2	4500	5600	0.31	32010 X2
	80	20	20	15.5	56	56	72	74	77	4	4.5	1	1	17.8	1	1	0.42	1.4	0.8	64.0	89.0	4500	5600	0.366	32010
	80	24	24	19	56	56	72	74	76	4	5	1	1	17.0	1	1	0.32	1.9	1	80.5	110	4500	5600	0.433	33010
	85	26	26	20	57	56	74	78	82	4	6	1.5	1.5	20.4	1.5	1.5	0.41	1.5	0.8	93.5	125	4300	5300	0.572	33110
	90	21.75	20	17	57	58	79	83	86	3	5	1.5	1.5	20.0	1.5	1.5	0.42	1.4	0.8	76.8	92.0	4300	5300	0.529	30210
	90	24.75	23	19	57	57	78	83	86	3	6	1.5	1.5	21.0	1.5	1.5	0.42	1.4	0.8	86.8	108	4300	5300	0.626	32210
	90	32	32	24.5	57	57	77	83	87	5	7.5	1.5	1.5	23.2	1.5	1.5	0.41	1.5	0.8	118	155	4300	5300	0.825	33210
	110	29.25	27	23	60	65	95	100	103	4	6.5	2	2	23.0	2.5	2	0.35	1.7	1	135	158	3800	4800	1.28	30310
	110	29.25	27	19	60	58	87	100	105	4	10.5	2	2	34.8	2.5	2	0.83	0.7	0.4	113	128	3800	4800	1.21	31310
	110	42.25	40	33	60	61	90	100	102	5	9.5	2	2	28.2	2.5	2	0.35	1.7	1	185	235	3800	4800	1.89	32310
55	80	17	17	14	61	60	71	74	77	3	3	1	1	14.3	1	1	0.31	1.9	1.1	43.5	66.8	4800	6000	0.262	32911
	90	23	22	19	—	—	—	—	—	4	6	1.5	1.5	19.0	1.5	1.5	0.31	1.9	1.1	66.8	93.2	4000	5000	0.53	32011 X2
	90	23	23	17.5	62	63	81	83	86	4	5.5	1.5	1.5	19.8	1.5	1.5	0.41	1.5	0.8	84.0	118	4000	5000	0.551	32011
	90	27	27	21	62	63	81	83	86	5	6	1.5	1.5	19.0	1.5	1.5	0.31	1.9	1.1	99.2	145	4000	5000	0.651	33011
	95	30	30	23	62	62	83	88	91	5	7	1.5	1.5	21.9	1.5	1.5	0.37	1.6	0.9	120	165	3800	4800	0.843	33111
	100	22.75	21	18	64	64	88	91	95	4	5	2	1.5	21.0	2	1.5	0.4	1.5	0.8	95.2	115	3800	4800	0.713	30211
	100	26.75	25	21	64	62	87	91	96	4	6	2	1.5	22.8	2	1.5	0.4	1.5	0.8	112	142	3800	4800	0.853	32211
	100	35	35	27	64	62	85	91	96	6	8	2	1.5	25.1	2	1.5	0.4	1.5	0.8	148	198	3800	4800	1.15	33211
	120	31.5	29	25	65	70	104	110	112	4	6.5	2.5	2	24.9	2.5	2	0.35	1.7	1	160	188	3400	4300	1.63	30311
	120	31.5	29	21	65	63	94	110	114	4	10.5	2.5	2	37.5	2.5	2	0.83	0.7	0.4	135	158	3400	4300	1.56	31311
	120	45.5	43	35	65	66	99	110	111	5	10	2.5	2	30.4	2.5	2	0.35	1.7	1	212	270	3400	4300	2.37	32311
60	85	17	16	14	—	—	—	—	—	3	5	1	1	18.0	1	1	0.38	1.6	0.9	36.2	56.5	4000	5000	0.24	32912 X2
	85	17	17	14	66	65	75	79	82	3	3	1	1	15.1	1	1	0.33	1.8	1	48.2	73.0	4000	5000	0.279	32912
	95	23	22	19	—	—	—	—	—	4	6	1.5	1.5	20.0	1.5	1.5	0.33	1.8	1	67.8	98.0	3800	4800	0.56	32012 X2
	95	23	23	17.5	67	67	85	88	91	4	5.5	1.5	1.5	20.9	1.5	1.5	0.43	1.4	0.8	85.8	122	3800	4800	0.584	32012
	95	27	27	21	67	67	85	88	90	5	6	1.5	1.5	19.8	1.5	1.5	0.33	1.8	1	102	150	3800	4800	0.691	33012
	100	30	30	23	67	67	88	93	96	5	7	1.5	1.5	23.1	1.5	1.5	0.4	1.5	0.8	125	172	3600	4500	0.895	33112
	110	23.75	22	19	69	69	96	101	103	4	5	2	1.5	22.3	2	1.5	0.4	1.5	0.8	108	130	3600	4500	0.904	30212
	110	29.75	28	24	69	68	95	101	105	4	6	2	1.5	25.0	2	1.5	0.4	1.5	0.8	138	180	3600	4500	1.17	32212
	110	38	38	29	69	69	93	101	105	6	9	2	1.5	27.5	2	1.5	0.4	1.5	0.8	172	230	3600	4500	1.51	33212
	130	33.5	31	26	72	76	112	118	121	5	7.5	2.5	2.1	26.6	3	2.5	0.35	1.7	1	178	210	3200	4000	1.99	30312
	130	33.5	31	22	72	69	103	118	124	5	11.5	2.5	2.1	40.4	3	2.5	0.83	0.7	0.4	152	178	3200	4000	1.90	31312

（续）

公称尺寸/mm					安装尺寸/mm									其他尺寸/mm			计算系数			基本额定载荷/kN		极限转速/r·min⁻¹		质量/kg	轴承代号
d	D	T	B	C	d_a min	d_b min	D_a min	D_a max	D_b min	a_1 min	a_2 min	r_a max	r_b max	a ≈	r min	r_1 min	e	Y	Y_0	C_r	C_{0r}	脂	油	W ≈	30000 型
60	130	48.5	46	37	72	72	107	118	122	6	11.5	2.5	2.1	32.0	3	2.5	0.35	1.7	1	238	302	3200	4000	2.90	32312
65	90	17	17	14	71	70	80	84	87	3	3	1	1	16.2	1	1	0.35	1.7	0.9	47.5	73.2	3800	4800	0.295	32913
	100	23	22	19	—	—	—	—	—	4	6	1.5	1.5	21.0	1.5	1.5	0.35	1.7	0.9	70.2	102	3600	4500	0.63	32013 X2
	100	23	23	17.5	72	72	90	93	97	4	5.5	1.5	1.5	22.4	1.5	1.5	0.46	1.3	0.7	86.8	128	3600	4500	0.620	32013
	100	27	27	21	72	72	89	93	96	5	6	1.5	1.5	20.9	1.5	1.5	0.35	1.7	1	102	158	3600	4500	0.732	33013
	110	34	34	26.5	72	73	96	103	106	6	7.5	1.5	1.5	26.0	1.5	1.5	0.39	1.6	0.9	148	220	3400	4300	1.30	33113
	120	24.75	23	20	74	77	106	111	114	4	5	2	1.5	23.8	2	1.5	0.4	1.5	0.8	125	152	3200	4000	1.13	30213
	120	32.75	31	27	74	75	104	111	115	4	6	2	1.5	27.3	2	1.5	0.4	1.5	0.8	168	222	3200	4000	1.55	32213
	120	41	41	32	74	74	102	111	115	7	9	2	1.5	29.5	2	1.5	0.39	1.5	0.9	212	282	3200	4000	1.99	33213
	140	36	33	28	77	83	122	128	131	5	8	2.5	2.1	28.7	3	2.5	0.35	1.7	1	205	242	2800	3600	2.44	30313
	140	36	33	23	77	75	111	128	134	5	13	2.5	2.1	44.2	3	2.5	0.83	0.7	0.4	172	202	2800	3600	2.37	31313
	140	51	48	39	77	79	117	128	131	6	12	2.5	2.1	34.3	3	2.5	0.35	1.7	1	272	350	2800	3600	3.51	32313
70	100	20	19	16	—	—	—	—	—	4	6	1	1	19.0	1	1	0.33	1.8	1	55.8	85.5	3600	4500	—	32914 X2
	100	20	20	16	76	76	90	94	96	4	4	1	1	17.6	1	1	0.32	1.9	1	74.2	115	3600	4500	0.471	32914
	110	25	24	20	—	—	—	—	—	5	7	1.5	1.5	23.0	1.5	1.5	0.34	1.8	1	87.8	128	3400	4300	0.85	32014 X2
	110	25	25	19	77	78	98	103	105	5	6	1.5	1.5	23.8	1.5	1.5	0.43	1.4	0.8	110	160	3400	4300	0.839	32014
	110	31	31	25.5	77	79	99	103	105	5	5.5	1.5	1.5	22.0	1.5	1.5	0.28	2	1	142	220	3400	4300	1.07	33014
	120	37	37	29	79	79	104	111	115	6	8	2	1.5	28.2	2	1.5	0.39	1.5	1.2	180	268	3200	4000	1.70	33114
	125	26.25	24	21	79	81	110	116	119	4	5.5	2	1.5	25.8	2	1.5	0.42	1.4	0.8	138	175	3000	3800	1.26	30214
	125	33.25	31	27	79	79	108	116	120	4	6.5	2	1.5	28.8	2	1.5	0.42	1.4	0.8	175	238	3000	3800	1.64	32214
	125	41	41	32	79	79	107	116	120	7	9	2	1.5	30.7	2	1.5	0.41	1.5	0.8	218	298	3000	3800	2.10	33214
	150	38	35	30	82	89	130	138	141	5	8	2.5	2.1	30.7	3	2.5	0.35	1.7	1	228	272	2600	3400	2.98	30314
	150	38	35	25	82	80	118	138	143	5	13	2.5	2.1	46.8	3	2.5	0.83	0.7	0.4	198	230	2600	3400	2.86	31314
	150	54	51	42	82	84	125	138	141	6	12	2.5	2.1	36.5	3	2.5	0.35	1.7	1	312	408	2600	3400	4.34	32314
75	105	20	20	16	81	81	94	99	102	4	4	1	1	18.5	1	1	0.33	1.8	1	82.0	125	3400	4300	0.490	32915
	115	25	24	20	—	—	—	—	—	5	7	1.5	1.5	24.0	1.5	1.5	0.35	1.7	0.9	89.2	135	3200	4000	0.88	32015 X2
	115	25	25	19	82	83	103	108	110	5	6	1.5	1.5	25.2	1.5	1.5	0.46	1.3	0.7	108	160	3200	4000	0.875	32015
	115	31	31	25.5	82	83	103	108	110	6	5.5	1.5	1.5	22.8	1.5	1.5	0.3	2	1	138	220	3200	4000	1.12	33015
	125	37	37	29	84	84	109	116	120	6	8	2	1.5	29.4	2	1.5	0.4	1.5	0.8	182	280	3000	3800	1.78	33115
	130	27.25	25	22	84	85	115	121	125	4	5.5	2	1.5	27.4	2	1.5	0.44	1.4	0.8	145	185	2800	3600	1.36	30215
	130	33.25	31	27	84	84	115	121	126	4	6.5	2	1.5	30.0	2	1.5	0.44	1.4	0.8	178	242	2800	3600	1.74	32215
	130	41	41	31	84	83	111	121	125	7	10	2	1.5	31.9	2	1.5	0.43	1.4	0.8	218	300	2800	3600	2.17	33215
	160	40	37	31	87	95	139	148	150	5	9	2.5	2.1	32.0	3	2.5	0.35	1.7	1	265	318	2400	3200	3.57	30315
	160	40	37	26	87	86	127	148	153	6	14	2.5	2.1	49.7	3	2.5	0.83	0.7	0.4	218	258	2400	3200	3.38	31315
	160	58	55	45	87	91	133	148	150	7	13	2.5	2.1	39.4	3	2.5	0.35	1.7	1	365	482	2400	3200	5.37	32315

（续）

公称尺寸/mm					安装尺寸/mm									其他尺寸/mm			计算系数			基本额定载荷/kN		极限转速/r·min^{-1}		质量/kg	轴承代号
d	D	T	B	C	d_a min	d_b min	D_a min	D_a max	D_b min	a_1 min	a_2 min	r_a max	r_b max	a ≈	r min	r_1 min	e	Y	Y_0	C_r	C_{0r}	脂	油	W ≈	30000 型
80	110	20	20	16	86	85	99	104	107	4	4	1	1	19.6	1	1	0.35	1.7	0.9	83.0	128	3200	4000	0.514	32916
	125	29	27	23	—	—	—	—	—	5	8	1.5	1.5	26.0	1.5	1.5	0.34	1.8	1	108	162	3000	3800	1.18	32016 X2
	125	29	29	22	87	89	112	117	120	6	7	1.5	1.5	26.8	1.5	1.5	0.42	1.4	0.8	148	220	3000	3800	1.27	32016
	125	36	36	29.5	87	90	112	117	119	6	7	1.5	1.5	25.2	1.5	1.5	0.28	2.2	1.2	190	305	3000	3800	1.63	33016
	130	37	37	29	89	89	114	121	126	6	8	2	1.5	30.7	2	1.5	0.42	1.4	0.8	188	292	2800	3600	1.87	33116
	140	28.25	26	22	90	90	124	130	133	4	6	2.1	2	28.1	2.5	2	0.42	1.4	0.8	168	212	2600	3400	1.67	30216
	140	35.25	33	28	90	89	122	130	135	5	7.5	2.1	2	31.4	2.5	2	0.42	1.4	0.8	208	278	2600	3400	2.13	32216
	140	46	46	35	90	89	119	130	135	7	11	2.1	2	35.1	2.5	2	0.43	1.4	0.8	258	362	2600	3400	2.83	33216
	170	42.5	39	33	92	102	148	158	160	5	9.5	2.5	2.1	34.4	3	2.5	0.35	1.7	1	292	352	2200	3000	4.27	30316
	170	42.5	39	27	92	91	134	158	161	6	15.5	2.5	2.1	52.8	3	2.5	0.83	0.7	0.4	242	288	2200	3000	4.05	31316
	170	61.5	58	48	92	97	142	158	160	7	13.5	2.5	2.1	42.1	3	2.5	0.35	1.7	1	408	542	2200	3000	6.38	32316
85	120	23	22	29	—	—	—	—	—	4	6	1.5	1.5	21.0	1.5	1.5	0.26	2.3	1.3	77.8	125	3400	3800	0.73	32917 X2
	120	23	23	18	92	92	111	113	115	4	5	1.5	1.5	21.1	1.5	1.5	0.33	1.8	1	102	165	3400	3800	0.767	32917
	130	29	27	23	—	—	—	—	—	5	8	1.5	1.5	27.0	1.5	1.5	0.35	1.7	0.9	110	170	2800	3600	1.25	32017 X2
	130	29	29	22	92	94	117	122	125	6	7	1.5	1.5	28.1	1.5	1.5	0.44	1.4	0.8	148	220	2800	3600	1.32	32017
	130	36	36	29.5	92	94	118	122	125	6	6.5	1.5	1.5	26.2	1.5	1.5	0.29	2.1	1.1	188	305	2800	3600	1.69	33017
	140	41	41	32	95	95	122	130	135	7	9	2.1	2	33.1	2.5	2	0.41	1.5	0.8	225	355	2600	3400	2.43	33117
	150	30.5	28	24	95	96	132	140	142	5	6.5	2.1	2	30.3	2.5	2	0.42	1.4	0.8	185	238	2400	3200	2.06	30217
	150	38.5	36	30	95	95	130	140	143	5	8.5	2.1	2	33.9	2.5	2	0.42	1.4	0.8	238	325	2400	3200	2.68	32217
	150	49	49	37	95	95	128	140	144	7	12	2.1	2	36.9	2.5	2	0.42	1.4	0.8	295	415	2400	3200	3.52	33217
	180	44.5	41	34	99	107	156	166	168	6	10.5	3	2.5	35.9	4	3	0.35	1.7	1	320	388	2000	2800	4.96	30317
	180	44.5	41	28	99	96	143	166	171	6	16.5	3	2.5	55.6	4	3	0.83	0.7	0.4	268	318	2000	2800	4.69	31317
	180	63.5	60	49	99	102	150	166	168	8	14.5	3	2.5	43.5	4	3	0.35	1.7	1	442	592	2000	2800	7.31	32317
90	125	23	22	19	—	—	—	—	—	4	6	1.5	1.5	25.0	1.5	1.5	0.38	1.6	0.9	81.5	140	3200	3600	—	32918 X2
	125	23	23	18	97	96	113	117	121	4	5	1.5	1.5	22.2	1.5	1.5	0.34	1.8	1	100	165	3200	3600	0.796	32918
	140	32	30	26	—	—	—	—	—	5	8	2	1.5	29.0	2	1.5	0.34	1.8	1	128	192	2600	3400	1.7	32018 X2
	140	32	32	24	99	100	125	131	134	6	8	2	1.5	30.0	2	1.5	0.42	1.4	0.8	178	270	2600	3400	1.72	32018
	140	39	39	32.5	99	100	127	131	135	7	6.5	2	1.5	27.2	2	1.5	0.27	2.2	1.2	242	388	2600	3400	2.20	33018
	150	45	45	35	100	100	130	140	144	7	10	2.1	2	34.9	2.5	2	0.4	1.5	0.8	265	415	2400	3200	3.13	33118
	160	32.5	30	26	100	102	140	150	151	5	6.5	2.1	2	32.3	2.5	2	0.42	1.4	0.8	210	270	2200	3000	2.54	30218
	160	42.5	40	34	100	101	138	150	153	5	8.5	2.1	2	36.8	2.5	2	0.42	1.4	0.8	282	395	2200	3000	3.44	32218
	160	55	55	42	100	100	134	150	154	8	13	2.1	2	40.8	2.5	2	0.4	1.5	0.8	345	500	2200	3000	4.55	33218
	190	46.5	43	36	104	113	165	176	178	6	10.5	3	2.5	37.5	4	3	0.35	1.7	1	358	440	1900	2600	5.80	30318
	190	46.5	43	30	104	102	151	176	181	6	16.5	3	2.5	58.5	4	3	0.83	0.7	0.4	295	358	1900	2600	5.46	31318
	190	67.5	64	53	104	107	157	176	178	8	14.5	3	2.5	46.2	4	3	0.35	1.7	1	502	682	1900	2600	8.81	32318
95	130	23	23	18	102	101	117	122	126	4	5	1.5	1.5	23.4	1.5	1.5	0.36	1.7	0.9	102	170	2600	3400	0.831	32919

（续）

公称尺寸/mm					安装尺寸/mm									其他尺寸/mm			计算系数			基本额定载荷/kN		极限转速/r·min^{-1}		质量/kg	轴承代号
d	D	T	B	C	d_a min	d_b min	D_a min	D_a max	D_b min	a_1 min	a_2 min	r_a max	r_b max	a ≈	r min	r_1 min	e	Y	Y_0	C_r	C_{0r}	脂	油	W ≈	30000 型
95	145	32	30	26	—	—	—	—	—	5	8	2	1.5	30.0	2	1.5	0.36	1.7	0.9	128	192	2400	3200	1.7	32019 X2
	145	32	32	24	104	105	130	136	140	6	8	2	1.5	31.4	2	1.5	0.44	1.4	0.8	185	280	2400	3200	1.79	32109
	145	39	39	32.5	104	104	131	136	139	7	6.5	2	1.5	28.4	2	1.5	0.28	2.2	1.2	240	390	2400	3200	2.26	33019
	160	49	49	38	105	105	138	150	154	7	11	2.1	2	37.3	2.5	2	0.39	1.5	0.8	312	498	2200	3000	3.94	33119
	170	34.5	32	27	107	108	149	158	160	5	7.5	2.5	2.1	34.2	3	2.5	0.42	1.4	0.8	238	308	2000	2800	3.04	30219
	170	45.5	43	37	107	106	145	158	163	5	8.5	2.5	2.1	39.2	3	2.5	0.42	1.4	0.8	318	448	2000	2800	4.24	32219
	170	58	58	44	107	105	144	158	163	9	14	2.5	2.1	42.7	3	2.5	0.41	1.5	0.8	395	568	2000	2800	5.48	33219
	200	49.5	45	38	109	118	172	186	185	6	11.5	3	2.5	40.1	4	3	0.35	1.7	1	388	478	1800	2400	6.80	30319
	200	49.5	45	32	109	107	157	186	189	6	17.5	3	2.5	61.2	4	3	0.83	0.7	0.4	325	400	1800	2400	6.46	31319
	200	71.5	67	55	109	114	166	186	187	8	16.5	3	2.5	49.0	4	3	0.35	1.7	1	540	738	1800	2400	10.1	32319
100	140	25	25	20	107	108	128	132	136	4	5	1.5	1.5	24.3	1.5	1.5	0.33	1.8	1	135	218	2400	3200	1.12	32920
	150	32	30	26	—	—	—	—	—	5	8	2	1.5	32.0	2	1.5	0.37	1.6	0.9	130	205	2200	3000	1.79	32020 X2
	150	32	32	24	109	109	134	141	144	6	8	2	1.5	32.8	2	1.5	0.46	1.3	0.7	180	282	2200	3000	1.85	32020
	150	39	39	32.5	109	108	135	141	143	7	6.5	2	1.5	29.1	2	1.5	0.29	2.1	1.2	240	390	2200	3000	2.33	33020
	165	52	52	40	110	110	142	155	159	8	12	2.1	2	40.3	2.5	2	0.41	1.5	0.8	322	528	2000	2800	4.31	33120
	180	37	34	29	112	114	157	168	169	5	8	2.5	2.1	36.4	3	2.5	0.42	1.4	0.8	268	350	1900	2600	3.72	30220
	180	49	46	39	112	113	154	168	172	5	10	2.5	2.1	41.9	3	2.5	0.42	1.4	0.8	355	512	1900	2600	5.10	32220
	180	63	63	48	112	112	151	168	172	10	15	2.5	2.1	45.5	3	2.5	0.4	1.5	0.8	458	665	1900	2600	6.71	33220
	215	51.5	47	39	114	127	184	201	199	6	12.5	3	2.5	42.2	4	3	0.35	1.7	1	425	525	1600	2000	8.22	30320
	215	56.5	51	35	114	115	168	201	204	7	21.5	3	2.5	68.4	4	3	0.83	0.7	0.4	390	488	1600	2000	8.59	31320
	215	77.5	73	60	114	122	177	201	201	8	17.5	3	2.5	52.9	4	3	0.35	1.7	1	628	872	1600	2000	13.0	32320
105	145	25	25	20	112	112	132	137	141	5	5	1.5	1.5	25.4	1.5	1.5	0.34	1.8	1	135	225	2200	3000	1.16	32921
	160	35	33	28	—	—	—	—	—	6	9	2.1	2	33.0	2.5	2	0.36	1.7	0.9	170	270	2000	2800	2.5	32021 X2
	160	35	35	26	115	116	143	150	154	6	9	2.1	2	34.6	2.5	2	0.44	1.4	0.7	215	335	2000	2800	2.40	32021
	160	43	43	34	115	116	145	150	153	7	9	2.1	2	30.8	2.5	2	0.28	2.1	1.2	270	438	2000	2800	2.97	33021
	175	56	56	44	115	115	149	165	170	8	12	2.1	2	42.9	2.5	2	0.4	1.5	0.8	368	608	1900	2600	5.29	33121
	190	39	36	30	117	121	165	178	178	6	9	2.5	2.1	38.5	3	2.5	0.42	1.4	0.8	298	398	1800	2400	4.38	30221
	190	53	50	43	117	118	161	178	182	5	10	2.5	2.1	45.0	3	2.5	0.42	1.4	0.8	398	578	1800	2400	6.26	32221
	190	68	68	52	117	117	159	178	182	12	16	2.5	2.1	48.6	3	2.5	0.4	1.5	0.8	522	770	1800	2400	8.12	33221
	225	53.5	49	41	119	133	193	211	208	7	12.5	3	2.5	43.6	4	3	0.35	1.7	1	452	562	1500	1900	9.38	30321
	225	58	53	36	119	121	176	211	213	7	22	3	2.5	70.0	4	3	0.83	0.7	0.4	418	525	1500	1900	9.58	31321
	225	81.5	77	63	119	128	185	211	210	8	18.5	3	2.5	55.1	4	3	0.35	1.7	1	678	945	1500	1900	14.8	32321
110	150	25	24	20	—	—	—	—	—	5	7	1.5	1.5	25	1.5	1.5	0.28	2.1	1.2	89.5	148	2000	2800	1.1	32922 X2
	150	25	25	20	117	117	137	142	146	5	5	1.5	1.5	26.5	1.5	1.5	0.36	1.7	0.9	135	232	2000	2800	1.20	32922
	170	38	36	31	—	—	—	—	—	6	9	2.1	2	35	2.5	2	0.35	1.7	0.9	190	302	1900	2600	3.1	32022 X2

（续）

公称尺寸/mm					安装尺寸/mm									其他尺寸/mm			计算系数			基本额定载荷/kN		极限转速/r · min^{-1}		质量/kg	轴承代号
d	D	T	B	C	d_a min	d_b min	D_a min	D_a max	D_b min	a_1 min	a_2 min	r_a max	r_b max	a ≈	r min	r_1 min	e	Y	Y_0	C_r	C_{0r}	脂	油	W ≈	30000 型
110	170	38	38	29	120	122	152	160	163	7	9	2.1	2	36.6	2.5	2	0.43	1.4	0.8	258	402	1900	2600	3.02	32022
	170	47	47	37	120	123	152	160	161	7	10	2.1	2	33.2	2.5	2	0.29	2.1	1.2	302	502	1900	2600	3.74	33022
	180	56	56	43	120	121	155	170	174	9	13	2.1	2	44.0	2.5	2	0.42	1.4	0.8	390	638	1800	2400	5.50	33122
	200	41	38	32	122	128	174	188	189	6	9	2.5	2.1	40.4	3	2.5	0.42	1.4	0.8	330	445	1700	2200	5.21	30222
	200	56	53	46	122	124	170	188	192	6	10	2.5	2.1	47.3	3	2.5	0.42	1.4	0.8	450	665	1700	2200	7.43	32222
	240	54.5	50	42	124	142	206	226	222	8	12.5	3	2.5	45.1	4	3	0. 35	1.7	1	495	612	1400	1800	11.0	30322
	240	63	57	38	124	129	188	226	226	7	25	3	2.5	75.3	4	3	0.83	0.7	0.4	480	610	1400	1800	12.1	31322
	240	84.5	80	65	124	137	198	226	224	9	19.5	3	2.5	57.8	4	3	0.35	1.7	1	760	1060	1400	1800	17.8	32322
120	165	29	29	23	127	128	150	157	160	6	6	1.5	1.5	29.3	1.5	1.5	0.35	1.7	1	180	318	1800	2400	1.78	32924
	180	38	36	31	—	—	—	—	—	6	9	2.1	2	38.0	2.5	2	0.37	1.6	0.9	208	338	1700	2200	3.1	32024 X2
	180	38	38	29	130	131	161	170	173	7	9	2.1	2	39.3	2.5	2	0.46	1.3	0.7	255	405	1700	2200	3.18	32024
	180	48	48	38	130	132	160	170	171	6	10	2.1	2	35.5	2.5	2	0.31	2	1.1	312	535	1700	2200	4.07	33024
	200	62	62	48	130	130	172	190	192	10	14	2.1	2	47.6	2.5	2	0.40	1.5	0.8	470	778	1600	2000	7.68	33124
	215	43.5	40	34	132	139	187	203	203	6	9.5	2.5	2.1	44.1	3	2.5	0.44	1.4	0.8	355	482	1500	1900	6.20	30224
	215	61.5	58	50	132	134	181	203	206	7	11.5	2.5	2.1	52.3	3	2.5	0.44	1.4	0.8	500	758	1500	1900	9.26	32224
	260	59.5	55	46	134	153	221	246	238	8	13.5	3	2.5	49.0	4	3	0.35	1.7	1	588	745	1300	1700	14.2	30324
	260	68	62	42	134	140	203	246	246	9	26	3	2.5	81.8	4	3	0.83	0.7	0.4	560	725	1300	1700	15.3	31324
	260	90.5	86	69	134	147	213	246	240	9	21.5	3	2.5	61.6	4	3	0.35	1.7	1	865	1230	1300	1700	22.1	32324
130	180	32	30	26	—	—	—	—	—	5	8	2	1.5	30.0	2	1.5	0.27	2.2	1.2	148	260	1700	2200	2.31	32926 X2
	180	32	32	25	140	139	164	171	174	6	7	2	1.5	31.6	2	1.5	0.34	1.8	1	215	380	1700	2200	2.34	32926
	200	45	42	36	—	—	—	—	—	7	11	2.1	2	42.0	2.5	2	0.35	1.7	0.9	255	418	1600	2000	4.46	32026 X2
	200	45	45	34	140	144	178	190	192	8	11	2.1	2	43.3	2.5	2	0.43	1.4	0.8	350	568	1600	2000	4.94	32026
	200	55	55	43	140	140	178	190	192	8	12	2.1	2	42.0	2.5	2	0.34	1.8	1	418	728	1600	2000	6.14	33026
	230	43.75	40	34	144	150	203	216	219	7	10	3	2.5	46.1	4	3	0.44	1.4	0.8	382	520	1400	1800	6.94	30226
	230	67.75	64	54	144	143	193	216	221	7	14	3	2.5	56.6	4	3	0.44	1.4	0.8	578	888	1400	1800	11.4	32226
	280	63.75	58	49	145	165	239	262	258	8	15	4	3	53.2	5	4	0.35	1.7	1	670	855	1100	1500	17.3	30326
	280	72	66	44	147	150	218	262	263	9	28	4	3	87.2	5	4	0.83	0.7	0.4	620	805	1100	1500	18.4	31326
140	190	32	30	26	—	—	—	—	—	5	8	2	1.5	32.0	2	1.5	0.29	2.1	1.1	152	265	1600	2000	2.43	32928 X2
	190	32	32	25	150	150	177	181	184	6	6	2	1.5	33.8	2	1.5	0.36	1.7	0.9	218	392	1600	2000	2.47	32928
	210	45	42	36	—	—	—	—	—	7	11	2.1	2	44.0	2.5	2	0.37	1.6	0.9	270	452	1400	1800	5.21	32028 X2
	210	45	45	34	150	153	187	200	202	8	11	2.1	2	46.0	2.5	2	0.46	1.3	0.7	345	568	1400	1800	5.15	32028
	210	56	56	44	150	150	186	200	202	8	12	2.1	2	45.1	2.5	2	0.36	1.7	0.9	428	755	1400	1800	6.57	33028
	250	45.75	42	36	154	162	219	236	236	9	11	3	2.5	49.0	4	3	0.44	1.4	0.8	428	585	1200	1600	8.73	30228
	250	71.75	68	58	154	156	210	236	240	8	14	3	2.5	60.7	4	3	0.44	1.4	0.8	675	1050	1200	1600	14.4	32228
	300	67.75	62	53	155	176	255	282	275	9	15	4	3	56.5	5	4	0.35	1.7	1	758	975	1000	1400	21.4	30328
	300	77	70	47	157	162	235	282	283	9	30	4	3	94.1	5	4	0.83	0.7	0.4	710	928	1000	1400	22.8	31328

（续）

公称尺寸/mm					安装尺寸/mm									其他尺寸/mm			计算系数			基本额定载荷/kN		极限转速/r·min^{-1}		质量/kg	轴承代号
d	D	T	B	C	d_a min	d_b min	D_a min	D_a max	D_b min	a_1 min	a_2 min	r_a max	r_b max	a ≈	r min	r_1 min	e	Y	Y_0	C_r	C_{0r}	脂	油	W ≈	30000 型
150	210	38	36	31	—	—	—	—	—	6	9	2.1	2	35.6	2.5	2	0.27	2.2	1.2	208	368	1400	1800	—	32930 X2
	210	38	38	30	160	162	192	200	202	7	8	2.1	2	36.4	2.5	2	0.33	1.8	1	272	510	1400	1800	3.87	32930
	225	48	45	38	—	—	—	—	—	7	12	2.5	2.1	47.0	3	2.5	0.37	1.6	0.9	305	525	1300	1700	6.2	32030 X2
	225	48	48	36	162	164	200	213	216	8	12	2.5	2.1	49.2	3	2.5	0.46	1.3	0.7	385	635	1300	1700	6.25	32030
	225	59	59	46	162	162	200	213	218	9	13	2.5	2.1	48.2	3	2.5	0.36	1.7	0.9	482	875	1300	1700	7.98	33030
	270	49	45	38	164	174	234	256	252	9	11	3	2.5	52.4	4	3	0.44	1.4	0.8	472	645	1100	1500	10.8	30230
	270	77	73	60	164	168	226	256	256	8	17	3	2.5	65.4	4	3	0.44	1.4	0.8	755	1180	1100	1500	18.2	32230
	320	72	65	55	165	190	273	302	294	9	17	4	3	60.6	5	4	0.35	1.7	1	840	1090	950	1300	25.2	30330
	320	82	75	50	167	173	251	302	302	9	32	4	3	100.1	5	4	0.83	0.7	0.4	808	1070	950	1300	27.4	31330
160	220	38	36	31	—	—	—	—	—	6	9	2.1	2	36.0	2.5	2	0.27	2.2	1.2	228	405	1300	1700	3.79	32932 X2
	220	38	38	30	170	170	199	210	214	7	8	2.1	2	38.7	2.5	2	0.35	1.7	1	275	525	1300	1700	4.07	32932
	240	51	48	41	—	—	—	—	—	7	12	2.5	2.1	50.0	3	2.5	0.37	1.6	0.9	362	632	1200	1600	7.7	32032 X2
	240	51	51	38	172	175	213	228	231	8	13	2.5	2.1	52.6	3	2.5	0.46	1.3	0.7	440	735	1200	1600	7.66	32032
	290	52	48	40	174	189	252	276	271	9	12	3	2.5	55.5	4	3	0.44	1.4	0.8	538	738	1000	1400	13.3	30232
	290	84	80	67	174	180	242	276	276	10	17	3	2.5	70.9	4	3	0.44	1.4	0.8	898	1430	1000	1400	23.3	32232
	340	75	68	58	175	202	290	320	312	9	17	4	3	63.3	5	4	0.35	1.7	1	920	1190	900	1200	29.5	30332
170	230	38	36	31	—	—	—	—	—	6	6	2.1	2	38.0	2.5	2	0.28	2.1	1.2	232	418	1200	1600	3.84	32934 X2
	230	38	38	30	180	183	213	220	222	7	8	2.1	2	41.9	2.5	2	0.38	1.6	0.9	295	560	1200	1600	4.33	32934
	260	57	54	46	—	—	—	—	—	8	13	2.5	2.1	51.0	3	2.5	0.31	1.9	1.1	405	728	1100	1500	10.1	32034 X2
	260	57	57	43	182	187	230	248	249	10	14	2.5	2.1	56.4	3	2.5	0.44	1.4	0.7	545	920	1100	1500	10.4	32034
	310	57	52	43	188	201	269	292	290	9	14	4	3	60.4	5	4	0.44	1.4	0.8	618	865	1000	1300	16.6	30234
	310	91	86	71	188	194	259	292	296	10	20	4	3	76.3	5	4	0.44	1.4	0.8	1015	1640	1000	1300	28.6	32234
	360	80	72	62	185	214	307	342	331	10	18	4	3	68.0	5	4	0.35	1.7	1	1042	1370	850	1100	35.6	30334
180	250	45	45	34	190	193	225	240	241	8	11	2.1	2	54.0	2.5	2	0.48	1.3	0.7	355	708	1100	1500	6.44	32936
	280	64	60	52	—	—	—	—	—	8	14	2.5	2.1	63	3	2.5	0.4	1.5	0.8	525	890	1000	1400	14.7	32036 X2
	280	64	64	48	192	199	247	268	267	10	16	2.5	2.1	60.1	3	2.5	0.42	1.4	0.8	670	1150	1000	1400	14.1	32036
	320	57	52	43	198	209	278	302	300	9	14	4	3	62.8	5	4	0.45	1.3	0.7	638	912	900	1200	17.3	30236
	320	91	86	71	198	201	267	302	306	10	20	4	3	78.8	5	4	0.45	1.3	0.7	1045	1720	900	1200	29.9	32236
	380	83	75	64	198	228	327	362	351	10	19	4	3	70.9	5	4	0.35	1.7	1	1142	1500	900	1100	40.7	30336
190	260	45	42	36	—	—	—	—	—	7	11	2.1	2	52.0	2.5	2	0.38	1.6	0.9	305	580	1000	1400	6.52	32938 X2
	260	45	45	34	200	204	235	250	251	8	11	2.1	2	55.2	2.5	2	0.48	1.3	0.7	378	740	1000	1400	6.66	32938
	290	64	60	52	—	—	—	—	—	8	14	2.5	2.1	56.0	3	2.5	0.29	2.1	1.1	525	932	950	1300	14.1	32038 X2
	290	64	64	48	202	209	257	278	279	10	16	2.5	2.1	62.8	3	2.5	0.44	1.4	0.8	682	1180	950	1300	14.6	32038
	340	60	55	46	208	223	298	322	321	9	14	4	3	65.0	5	4	0.44	1.4	0.8	732	1030	850	1100	20.8	30238
	340	97	92	75	208	214	286	322	326	10	22	4	3	82.1	5	4	0.44	1.4	0.8	1175	1900	850	1100	36.1	32238

（续）

公称尺寸/mm					安装尺寸/mm									其他尺寸/mm			计算系数			基本额定载荷/kN		极限转速/r·min^{-1}		质量/kg	轴承代号
d	D	T	B	C	d_a min	d_b min	D_a min	D_a max	D_b min	a_1 min	a_2 min	r_a max	r_b max	a ≈	r min	r_1 min	e	Y	Y_0	C_r	C_{0r}	脂	油	W ≈	30000 型
200	280	51	48	41	—	—	—	—	—	7	12	2.5	2.1	57.0	3	2.5	0.39	1.5	0.8	362	710	950	1300	8.86	32940 X2
	280	51	51	39	212	214	257	268	271	9	12	2.5	2.1	54.2	3	2.5	0.39	1.5	0.8	482	950	950	1300	9.43	32940
	310	70	66	56	—	—	—	—	—	10	16	2.5	2.1	67.0	3	2.5	0.37	1.6	0.9	602	1120	900	1200	17.4	32040 X2
	310	70	70	53	212	221	273	298	297	11	17	2.5	2.1	66.9	3	2.5	0.43	1.4	0.8	818	1420	900	1200	18.9	32040
	360	64	58	48	218	236	315	342	338	9	16	4	3	69.3	5	4	0.44	1.4	0.8	802	1140	800	1000	24.7	30240
	360	104	98	82	218	222	302	342	342	11	22	4	3	85.1	5	4	0.41	1.5	0.8	1382	2180	800	1000	43.2	32240
220	300	51	48	41	—	—	—	—	—	7	12	2	2.5	53.0	3	2.5	0.31	1.9	1.1	390	795	900	1200	10.1	32944 X2
	300	51	51	39	232	214	275	288	290	10	12	2.5	2.1	59.1	3	2.5	0.43	1.4	0.8	492	978	900	1200	10.0	32944
	340	76	72	62	—	—	—	—	—	10	16	3.5	2.5	71.0	4	3	0.35	1.7	0.9	735	1330	800	1000	22.3	32044 X2
	340	76	76	57	234	243	300	326	326	12	19	3	2.5	73.0	4	3	0.43	1.4	0.8	952	1670	800	1000	24.4	32044
240	320	51	48	41	—	—	—	—	—	7	12	2.5	2.1	67.0	3	2.5	0.45	1.3	0.7	408	860	800	1000	10.9	32948 X2
	320	51	51	39	252	254	290	308	311	10	12	2.5	2.1	64.7	3	2.5	0.46	1.3	0.7	545	1060	800	1000	10.7	32948
	360	76	72	62	—	—	—	—	—	10	16	3	2.5	70.0	4	3	0.32	1.9	1	745	1420	700	900	25.5	32048 X2
	360	76	76	57	254	261	318	346	346	12	19	3	2.5	78.4	4	3	0.46	1.3	0.7	965	1730	700	900	25.9	32048
260	360	63.5	60	52	—	—	—	—	—	8	14	2.5	2.1	64.0	3	2.5	0.3	2	1.1	550	1150	700	900	19.2	32952 X2
	360	63.5	63.5	48	272	279	328	348	347	11	15.5	2.5	2.1	69.6	3	2.5	0.41	1.5	0.8	720	1470	700	900	18.6	32952
	400	87	82	71	—	—	—	—	—	12	18	4	3	76.0	5	4	0.3	2	1.1	945	1810	670	850	37.8	32052 X2
	400	87	87	65	278	287	352	382	383	14	22	4	3	85.6	5	4	0.43	1.4	0.8	1175	2170	670	850	38.0	32052
280	380	63.5	63.5	48	292	298	344	368	368	11	15	2.5	2.1	74.5	3	2.5	0.43	1.4	0.7	780	1580	630	800	19.7	32956
	420	87	82	71	—	—	—	—	—	12	18	4	3	87.0	5	4	0.37	1.6	0.9	652	1940	600	750	39.6	32056 X2
	420	87	87	65	298	305	370	402	402	14	22	4	3	90.3	5	4	0.46	1.3	0.7	1248	2290	600	750	40.2	32056
300	420	76	72	62	—	—	—	—	—	10	16	3	2.5	72.0	4	3	0.28	2.1	1.2	815	1700	600	750	30.2	32960 X2
	420	76	76	57	315	324	379	406	405	13	19	3	2.5	80.0	4	3	0.39	1.5	0.8	1068	2200	600	750	31.5	32960
	460	100	95	82	—	—	—	—	—	14	20	4	3	90.0	5	4	0.31	1.9	1.1	1100	2190	560	700	55.9	32060 X2
	460	100	100	74	318	329	404	442	439	15	26	4	3	97.7	5	4	0.43	1.4	0.8	1592	2940	560	700	57.5	32060
320	440	76	72	62	—	—	—	—	—	10	16	3	2.5	76.0	4	3	0.3	2	1.1	838	1760	560	700	44.7	32964 X2
	440	76	76	57	335	343	398	426	426	13	19	3	2.5	85.1	4	3	0.42	1.4	0.8	1090	2320	560	700	33.3	32964
	480	100	95	82	—	—	—	—	—	14	20	4	3	106	5	4	0.42	1.4	0.8	1100	2190	530	670	59.1	32064 X2
	480	100	100	74	338	350	424	462	461	15	26	4	3	103.5	5	4	0.46	1.3	0.7	1615	3000	530	670	60.6	32064
340	460	76	72	62	—	—	—	—	—	10	16	3	2.5	80.0	4	3	0.31	1.9	1.1	845	1830	530	670	34.3	32968 X2
	460	76	76	57	355	362	417	446	446	13	19	3	2.5	90.5	4	3	0.44	1.4	0.8	1100	2380	530	670	34.8	32968
360	480	76	72	62	—	—	—	—	—	10	16	3	2.5	84.0	4	3	0.33	1.8	1	878	1940	500	630	35.8	32972 X2
	480	76	76	57	375	381	436	466	466	13	19	3	2.5	96.2	4	3	0.46	1.3	0.7	1110	2430	500	630	36.3	32972

表 14.6-20 双列圆锥滚子轴承（部分摘自 GB/T 299—2008）

350000 型

径向当量动载荷

当 $F_a/F_r \leq e$ 时，$P_r = F_r + Y_1 F_a$

当 $F_a/F_r > e$ 时，$P_r = 0.67F_r + Y_2 F_a$

径向当量静载荷

$P_{0r} = F_r + Y_0 F_a$

式中 F_r、F_a—作用于轴承上的总载荷

最小径向载荷 $F_{min} = 0.02C_r$

代号含义

E—加强型

X2—宽度（高度）非标准

公称尺寸/mm			安装尺寸/mm					其他尺寸/mm				计算系数				基本额定载荷/kN		极限转速/r·min^{-1}		质量/kg	轴承代号①
d	D	B_1	d_a min	D_a min	a_2 min	r_a max	r_b max	C_1	b_1	r min	r_1 min	e	Y_1	Y_2	Y_0	C_r	C_{0r}	脂	油	W ≈	350000 型
25	62	42	32	59	5.5	1.5	0.6	31.5	8	1.5	0.6	0.83	0.8	1.2	0.8	69.8	100	4600	5600	—	351305 E
30	72	47	37	68	7	1.5	0.6	33.5	9	1.5	0.6	0.83	0.8	1.2	0.8	89.0	125	4000	5000	—	351306 E
35	80	51	44	76	8	2	0.6	35.5	9	2	0.6	0.83	0.8	1.2	0.8	112	160	3600	4500	—	351307 E
40	80	55	48	74	8	1.5	0.6	40	8	1.5	0.6	0.38	1.8	2.6	1.7	112	65.8	3800	4500	—	352208 X2
	80	55	47	75	6	1.5	0.6	43.5	9	1.5	0.6	0.37	1.8	2.7	1.8	135	188	3800	4500	1.18	352208 E
	90	56	49	87	8.5	2	0.6	39.5	10	2	0.6	0.83	0.8	1.2	0.8	138	170	3200	4000	1.56	351308 E
45	85	55	52	81	6	1.5	0.6	43.5	9	1.5	0.6	0.4	1.7	2.5	1.6	142	200	3200	4000	1.27	352209 E
	100	60	54	96	9.5	2	0.6	41.5	10	2	0.6	0.83	0.8	1.2	0.8	158	218	2900	3600	2.11	351309 E
50	90	55	57	86	6	1.5	0.6	43.5	9	1.5	0.6	0.42	1.6	2.4	1.6	152	218	3200	3800	1.36	352210 E
	110	64	60	105	10.5	2.1	0.6	43.5	10	2.5	0.6	0.83	0.8	1.2	0.8	185	260	2700	3400	2.65	351310 E
55	100	60	64	96	6	2	0.6	48.5	10	2	0.6	0.4	1.7	2.5	1.6	185	270	3800	3400	1.85	352211 E
	120	70	65	114	10.5	2.1	0.6	49	12	2.5	0.6	0.83	0.8	1.2	0.8	218	305	2400	3000	3.92	351311 E
60	110	66	69	105	6	2	0.6	54.5	10	2	0.6	0.4	1.7	2.5	1.6	225	330	2600	3200	—	352212 E
	130	74	72	124	11.5	2.5	1	51	12	3	1	0.83	0.8	1.2	0.8	248	350	2300	2800	—	351312 E
65	120	70	74	114	7.5	2	0.6	55	8	2	0.6	0.37	1.8	2.7	1.8	230	365	2200	3000	—	352213 X2
	120	73	74	115	6	2	0.6	61.5	11	2	0.6	0.4	1.7	2.5	1.6	272	410	2200	3000	2.49	352213 E
	140	79	77	134	13	2.5	1	53	13	3	1	0.83	0.8	1.2	0.8	280	410	2000	2600	5.16	351313 E

（续）

公称尺寸/mm			安装尺寸/mm					其他尺寸/mm				计算系数				基本额定载荷/kN		极限转速/r·min^{-1}		质量/kg	轴承代号[①]
d	D	B_1	d_a min	D_a min	a_2 min	r_a max	r_b max	C_1	b_1	r min	r_1 min	e	Y_1	Y_2	Y_0	C_r	C_{0r}	脂	油	W ≈	350000 型
70	125	70	79	118	8	2	0.6	55	8	2	0.6	0.39	1.7	2.6	1.7	240	388	2200	2800	—	352214 X2
	125	74	79	120	6.5	2	0.6	61.5	12	2	0.6	0.42	1.6	2.4	1.6	285	440	2200	2800	3.56	352214 E
	150	83	82	143	13	2.5	1	57	13	3	1	0.83	0.8	1.2	0.8	318	460	1900	2400	6.23	351314 E
75	130	74	84	126	6.5	2	0.6	61.5	12	2	0.6	0.44	1.6	2.3	1.5	288	445	2000	2600	3.68	352215 E
	130	75	84	124	7	2	0.6	62	8	2	0.6	0.41	1.7	2.5	1.6	245	412	2000	2600	3.6	352215 X2
	160	88	87	153	14	2.5	1	60	14	3	1	0.83	0.8	1.2	0.8	355	510	1700	2200	—	351315 E
80	140	78	90	135	7.5	2.1	0.6	63.5	12	2.5	0.6	0.42	1.6	2.4	1.6	335	530	1900	2400	4.58	352216 E
	140	80	90	133	8	2.1	0.6	65	10	2.5	0.6	0.4	1.7	2.5	1.6	282	480	1900	2400	4.97	352216 X2
	170	94	92	161	15.5	2.5	1	63	16	3	1	0.83	0.8	1.2	0.8	388	590	1600	2200	—	351316 E
85	150	85	95	142	11	2.1	0.6	65	10	2.5	0.6	0.4	1.7	2.5	1.6	330	560	1700	2200	6.01	352217 X2
	150	86	95	143	8.5	2.1	0.6	69	14	2.5	0.6	0.42	1.6	2.4	1.6	385	600	1700	2200	5.85	352217 E
	180	99	99	171	16.5	3	1	66	17	4	1	0.83	0.8	1.2	0.8	428	660	1400	2000	—	351317 E
90	160	94	100	153	8.5	2.1	0.6	77	14	2.5	0.6	0.42	1.6	2.4	1.6	460	720	1600	2200	7.35	352218 E
	160	95	100	152	9.5	2.1	0.6	78	10	2.5	0.6	0.39	1.7	2.6	1.7	375	630	1600	2200	7.46	352218 X2
	190	103	104	181	16.5	3	1	70	17	4	1	0.83	0.8	1.2	0.8	478	738	1300	1900	—	351318 E
95	170	100	107	163	8.5	2.5	1	83	14	3	1	0.42	1.6	2.4	1.6	515	835	1400	2000	9.04	352219 E
	200	109	109	189	17.5	3	1	74	19	4	1	0.83	0.8	1.2	0.8	525	830	1300	1700	—	351319 E
100	180	107	112	172	10	2.5	1	87	15	3	1	0.42	1.6	2.4	1.6	582	925	1400	1900	10.7	352220 E
	180	112	111	172	11	2.5	1	92	10	3	1	0.39	1.7	2.6	1.7	480	860	1400	1900	11.5	352220 X2
	215	124	114	204	21.5	3	1	81	22	4	1	0.83	0.8	1.2	0.8	630	1010	1100	1400	—	351320 E
105	190	115	117	182	10	2.5	1	95	15	3	1	0.42	1.6	2.4	1.6	648	1080	1300	1700	13.1	352221 E
	190	118	116	181	12	2.5	1	96	12	3	1	0.4	1.7	2.5	1.7	558	982	1300	1700	13	352221 X2
	225	127	119	213	22	3	1	83	21	4	1	0.83	0.8	1.2	0.8	670	1080	1100	1400	—	351321 E
110	180	95	120	173	10.5	2	0.6	76	11	2	0.6	0.25	2.7	4	2.6	442	840	1300	1700	10	352122
	200	121	122	192	10	2.5	1	101	15	3	1	0.42	1.6	2.4	1.6	732	1210	1200	1600	15.5	352222 E
	200	125	121	191	11.5	2.5	1	102	12	3	1	0.39	1.7	2.6	1.7	625	1120	1200	1600	16.4	352222 X2
	240	137	124	226	25	3	1	87	23	4	1	0.83	0.8	1.2	0.8	788	1290	1000	1300	—	351322 E
120	200	110	130	194	11	2	0.6	90	14	2	0.6	0.3	2.2	3.3	2.2	532	910	1100	1500	12.6	352124
	215	132	132	206	11.5	2.5	1	109	16	3	1	0.44	1.6	2.3	1.5	812	1360	1100	1400	18.9	352224 E
	215	132	132	206	14	2.5	1	106	12	3	1	0.41	1.6	2.5	1.6	732	1340	1100	1400	19.1	352224 X2

（续）

公称尺寸/mm			安装尺寸/mm					其他尺寸/mm				计算系数				基本额定载荷/kN		极限转速/r·min^{-1}		质量/kg	轴承代号①
d	D	B_1	d_a min	D_a min	a_2 min	r_a max	r_b max	C_1	b_1	r min	r_1 min	e	Y_1	Y_2	Y_0	C_r	C_{0r}	脂	油	W ≈	350000 型
120	260	148	134	246	26	3	1	96	24	4	1	0.83	0.8	1.2	0.8	902	1490	900	1200	—	351324 E
130	180	70	139	174	11	2	0.6	50	10	2	0.6	0.27	2.5	3.7	2.4	270	565	1200	1600	4.88	352926 X2
	200	95	140	194	11	2.1	0.6	75	10	2.5	0.6	0.35	1.9	2.9	1.9	442	830	1100	1500	9.72	352026 X2
	210	110	141	203	11	2	0.6	90	14	2	0.6	0.26	2.6	3.8	2.5	565	1000	1000	1400	12.9	352126
	230	145	144	221	14	3	1	117.5	17	4	1	0.44	1.6	2.3	1.5	938	1630	1000	1300	24.1	352226 E
	230	150	142	222	16	3	1	120	12	4	1	0.39	1.7	2.6	1.7	735	1400	1000	1300	26.2	352226 X2
	280	156	147	263	28	4	1	100	24	5	1.1	0.83	0.8	1.2	0.8	1015	1640	800	1100	—	351326 E
140	210	95	150	204	11	2.1	0.6	75	12	2.5	0.6	0.37	1.8	2.7	1.8	470	900	950	1300	8.35	352028 X2
	225	115	151	217	13.5	2.1	1	90	15	2.5	1	0.34	2	3	2	588	1110	950	1300	15.3	352128
	250	153	154	240	14	3	1	125.5	17	4	1	0.44	1.6	2.3	1.5	1100	1840	850	1100	30.1	352228 E
	250	158	153	241	16	3	1	128	12	4	1	0.33	2.1	3.1	2	1032	1840	850	1100	30.6	352228 X2
	300	168	157	283	30	4	1	108	28	5	1.1	0.83	0.8	1.2	0.8	1162	1940	700	1000	—	351328 E
150	210	80	159	204	10	2.1	0.6	62	10	2.5	0.6	0.27	2.5	3.7	2.4	368	790	950	1300	9.32	352930 X2
	250	138	163	242	14	2.1	1	112	18	2.5	1	0.3	2.2	3.3	2.2	815	1560	850	1100	25.8	352130
	270	164	164	256	17	3	1	130	18	4	1	0.44	1.6	2.3	1.5	1225	2140	800	1100	37.3	352230 E
	270	172	164	260	18	3	1	138	12	4	1	0.39	1.7	2.6	1.7	1120	2180	800	1100	38.9	352230 X2
	320	178	167	302	32	4	1	114	28	5	1.1	0.83	0.8	1.2	0.8	1320	2250	670	950	—	351330 E
160	240	115	171	234	13.5	2.5	1	90	12	3	1	0.37	1.8	2.7	1.8	638	1260	850	1100	16.5	352032 X2
	270	150	174	262	16	2.1	1	120	18	2.5	1	0.36	1.9	2.8	1.8	912	1720	800	1000	28.2	352132
	290	178	174	276	17	3	1	144	18	4	1	0.44	1.6	2.3	1.5	1455	2840	700	1000	46.9	352232 E
170	230	82	180	223	9.5	2.1	0.6	65	10	2.5	0.6	0.28	2.4	3.6	2.3	415	922	850	1100	8.11	352934 X2
	260	120	183	252	13.5	2.5	1	95	12	3	1	0.31	2.2	3.2	2.1	705	1460	800	1000	20.4	352034 X2
	280	150	184	271	16	2.1	1	120	18	2.5	1	0.38	1.8	2.6	1.7	1005	2000	750	950	35.6	352134
	310	192	188	296	20	4	1	152	20	5	1.1	0.44	1.6	2.3	1.5	1655	3200	750	950	58.2	352234 E
180	250	95	190	243	11.5	2.1	0.6	74	10	2.5	0.6	0.37	1.8	2.7	1.8	490	1080	800	1000	13	352936 X2
	280	134	191	272	14	2.5	1	108	12	3	1	0.28	2.4	3.6	2.4	778	1540	750	950	28.5	352036 X2
	300	164	196	287	16	2.5	1	134	20	3	1	0.26	2.6	3.8	2.6	1152	2350	700	900	39.9	352136
	320	190	196	308	23.5	4	1	145	12	5	1.1	0.36	1.9	2.8	1.8	1455	2770	670	850	51.5	352236 X2
	320	192	198	306	20	4	1	152	20	5	1.1	0.45	1.5	2.2	1.5	1698	3350	670	850	63.8	352236 E
190	260	95	200	253	11	2.1	0.6	75	12	2.5	0.6	0.38	1.8	2.6	1.7	548	1270	750	950	13.3	352938 X2
	290	134	202	282	16	2.5	1	104	12	3	1	0.45	1.5	2.2	1.5	778	1540	700	900	28.8	352038 X2
	320	170	207	306	21	2.5	1	130	14	3	1	0.31	2.2	3.2	2.1	1215	2420	670	850	52	352138

（续）

公称尺寸/mm			安装尺寸/mm					其他尺寸/mm				计算系数				基本额定载荷/kN		极限转速 /r·min^{-1}		质量 /kg	轴承代号[①]
d	D	B_1	d_a min	D_a min	a_2 min	r_a max	r_b max	C_1	b_1	r min	r_1 min	e	Y_1	Y_2	Y_0	Cr	C_{0r}	脂	油	W ≈	350000 型
190	340	204	208	326	22	4	1	160	20	5	1.1	0.44	1.6	2.3	1.5	1822	3350	600	800	69.8	352238 E
200	280	105	211	273	13.5	2.5	1	80	12	3	1	0.39	1.8	2.6	1.7	638	1520	700	900	18.1	352940 X2
	310	152	212	300	17	2.5	1	120	12	3	1	0.39	1.7	2.6	1.7	955	2140	670	850	39	352040 X2
	340	184	220	326	18	2.5	1	150	20	3	1	0.25	2.7	4	2.7	1518	2970	630	800	63.8	352140
	360	218	218	342	22	4	1	174	22	5	1.1	0.41	1.7	2.5	1.6	2242	3950	560	700	90.7	352240 E
220	300	110	231	292	12	2.5	1	88	12	3	1	0.31	2.2	3.2	2.1	692	1710	670	850	21.7	352944 X2
	340	165	234	331	18.5	3	1	130	12	4	1	0.35	1.9	2.9	1.9	1298	2680	600	750	49	352044 X2
	370	195	238	356	23.5	3	1	150	19	4	1.1	0.37	1.8	2.7	1.8	1612	3240	600	750	76.3	352144
240	320	110	251	312	11	2.5	1	90	12	3	1	0.32	2.1	3.1	2.1	692	1580	600	750	22.2	352948 X2
	360	165	256	349	18.5	3	1	130	12	4	1	0.33	2	3	2	1298	2820	530	670	52.8	352048 X2
	400	210	261	384	25	3	1	163	20	4	1.1	0.31	2.2	3.2	2.1	1958	4050	500	630	98.1	352148
260	360	134	274	350	14.5	2.5	1	108	12	3	1	0.37	1.8	2.7	1.8	988	2490	530	670	37	352952 X2-1
	400	186	277	386	21.5	4	1	146	12	5	1.1	0.3	2.3	3.3	2.2	1645	3600	500	630	79.3	352052 X2
	440	225	284	421	24	3	1	180	13	4	1.1	0.24	2.8	4.2	2.8	2315	4720	450	560	124	352152
280	380	134	294	371	14.5	2.5	1	108	12	3	1	0.29	2.3	3.4	2.3	1132	2810	480	600	41.3	352956 X2
	420	186	297	409	21.5	4	1	146	16	5	1.1	0.37	1.8	2.7	1.8	1780	3880	450	560	81.5	352056 X2
300	420	160	317	408	17.5	3	1	128	16	4	1	0.28	2.4	3.6	2.3	1425	3610	450	560	60.8	352960 X2-1
	460	210	320	445	24	4	1	165	16	5	1.1	0.31	2.2	3.2	2.1	1918	4390	430	530	117	352060 X2
	500	205	327	480	28	4	1.5	165	25	5	1.5	0.32	2.1	3.2	2.1	2210	4460	400	500	143	351160
320	440	160	335	427	17.5	3	1	128	16	4	1	0.3	2.3	3.3	2.2	1478	3830	430	530	67	352964 X2
	480	210	340	468	26.5	4	1	160	16	5	1.1	0.42	1.6	2.4	1.6	1918	4390	400	500	122	352064 X2
340	460	160	355	448	17.5	3	1	128	16	4	1	0.31	2.2	3.2	2.1	1518	4050	400	500	71	352968 X2
	520	180	360	501	24	4	1.5	135	16	5	1.5	0.29	2.3	3.4	2.3	1958	4070	380	480	128	351068
	580	242	365	555	37.5	4	1.5	170	30	5	1.5	0.42	1.6	2.4	1.6	3008	5970	340	430	235	351168
360	480	160	376	468	17.5	3	1	128	16	4	1	0.33	2.1	3.1	2	1560	4270	380	480	74.3	352972 X2
	540	185	380	522	24	4	1.5	140	21	5	1.5	0.3	2.3	3.3	2.2	2220	4910	360	450	132	351072
	600	242	390	572	37.5	4	1.5	170	30	5	1.5	0.44	1.5	2.3	1.5	3090	6270	320	400	235	351172
380	520	145	402	505	21.5	3	1	105	15	4	1.1	0.43	1.6	2.3	1.6	1268	3250	360	450	80.3	351976
	560	190	406	542	26.5	4	1.5	140	26	5	1.5	0.31	2.2	3.2	2.1	2252	5090	340	430	146	351076

（续）

公称尺寸/mm			安装尺寸/mm					其他尺寸/mm				计算系数				基本额定载荷/kN		极限转速 /r·min^{-1}		质量 /kg	轴承代号①
d	D	B_1	d_a min	D_a min	a_2 min	r_a max	r_b max	C_1	b_1	r min	r_1 min	e	Y_1	Y_2	Y_0	C_r	C_{0r}	脂	油	W ≈	350000 型
380	620	242	406	598	37.5	4	1.5	170	30	5	1.5	0.46	1.5	3.2	1.4	3468	7430	300	380	264	351176
400	540	150	420	525	21.5	3	1	105	20	4	1.1	0.45	1.5	2.2	1.5	1268	3110	320	400	86.9	351980
	600	206	420	580	29.5	4	1.5	150	26	5	1.5	0.4	1.7	2.5	1.7	2745	6380	300	380	180	351080
420	560	145	440	546	21.5	3	1	105	15	4	1.1	0.31	2.2	3.2	2.1	1518	3740	300	380	88.8	351984
	620	206	448	601	29.5	4	1.5	150	26	5	1.5	0.41	1.6	2.5	1.6	2675	6600	280	360	196	351084
	700	275	460	670	39	5	2.5	200	31	6	2.5	0.32	2.1	3.2	2.1	4472	8810	240	320	392	351184
440	600	170	462	585	21.5	3	1	125	22	4	1.1	0.39	1.8	2.6	1.7	1980	4860	280	360	114	351988
	650	212	469	629	31.5	5	2.1	152	24	6	2.5	0.43	1.6	2.3	1.5	2880	7020	260	340	213	351088
460	620	174	480	605	23.5	3	1	130	26	4	1.1	0.4	1.7	2.5	1.7	2000	4990	260	340	128	351992
	680	230	489	657	29	5	2.1	175	30	6	2.5	0.31	2.2	3.2	2.1	3478	8160	220	300	253	351092
480	650	180	502	633	26.5	4	1.5	130	24	5	1.5	0.42	1.6	2	1.6	2042	5270	240	320	133	351996
	700	240	511	677	31.5	5	2.1	180	40	6	2.5	0.32	2.1	3.1	2.1	3488	8190	200	280	281	351096
	790	310	520	755	44.5	6	2.5	224	38	7.5	3	0.41	1.6	2.5	1.6	5238	11990	180	240	561	351196
500	670	180	524	650	26.5	4	1.6	130	24	5	1.5	0.44	1.5	2.3	1.5	2252	6120	220	300	129	3519/500
	720	236	530	700	29.5	5	2.1	180	36	6	2.5	0.33	2	3	2	3551	8450	190	260	289	3510/500
530	710	190	554	693	28.5	4	1.5	136	26	5	1.5	0.41	1.6	2.5	1.6	2505	6800	190	260	192	3519/530
560	750	213	586	731	30	4	1.5	156	43	5	1.5	0.44	1.5	2.3	1.5	2672	7060	170	220	235	3519/560
	820	260	594	795	39	5	2.1	185	30	6	2.5	0.4	1.7	2.5	1.7	4548	10800	160	200	410	3510/560
600	800	205	625	779	26	4	1.5	156	25	5	1.5	0.33	2.1	3.1	2	3362	9460	150	190	265	3519/600
	870	270	630	845	37.5	5	2.1	198	34	6	2.5	0.41	1.6	2.5	1.6	5112	12730	130	170	500	3510/600
630	850	242	657	829	31.5	5	2.1	182	42	6	2.5	0.4	1.7	2.5	1.7	3908	10390	130	170	368	3519/630
670	1090	410	719	1050	59	6	2.5	295	40	7.5	3	0.32	2.1	3.2	2.1	10140	23200	90	120	1370	3511/670
710	950	240	743	925	34	5	2.1	175	28	6	2.5	0.49	1.5	2.2	1.4	4262	12400	100	140	444	3519/710
	1030	315	752	1000	49	6	2.5	220	35	7.5	3	0.43	1.6	2.3	1.5	6872	17930	90	120	810	3510/710
750	1000	264	783	978	36.5	5	2.1	194	40	6	2.5	0.4	1.7	2.5	1.6	5260	14480	90	120	499	3519/750
800	1060	270	838	1031	34.5	5	2.1	204	40	6	2.5	0.35	1.9	2.9	1.9	5260	15000	80	100	604	3519/800
850	1120	268	886	1093	40.5	5	2.1	188	32	6	2.5	0.46	1.5	2.2	1.5	5720	16860	75	95	636	3519/850
900	1180	275	940	1146	36.5	5	2.1	205	31	6	2.5	0.39	1.7	2.6	1.7	5238	16200	70	90	730	3519/900
950	1250	300	994	1220	41.5	6	2.5	220	36	7.5	3	0.33	2	3	2	7112	21100	—	—	910	3519/950

① 按国标 GB/T 299 规定，优化设计的轴承代号后不加“E”。为了与老结构区分，本表中优化设计的双列圆锥滚子轴承代号后均加“E”。

表 14.6-21　四列圆锥滚子轴承（部分摘自 GB/T 300—2008）

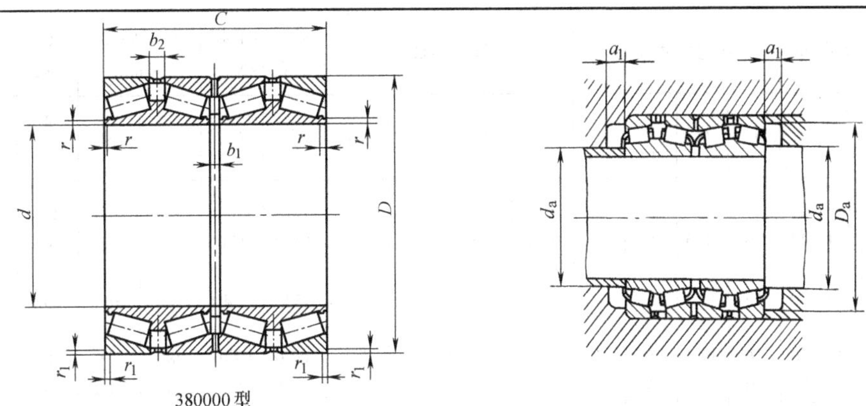

380000 型

径向当量动载荷

当 $F_a/F_r \leqslant e$ 时，$P_r = F_r + Y_1 F_a$

当 $F_a/F_r > e$ 时，$P_r = 0.67F_r + Y_2 F_a$

径向当量静载荷

$P_{0r} = F_r + Y_0 F_a$

式中　F_r、F_a—作用于轴承上的总载荷最小径向载荷 $F_{min} = 0.02C_r$

公称尺寸/mm			安装尺寸/mm			其他尺寸/mm				计算系数				基本额定载荷/kN		极限转速/r·min⁻¹		质量/kg	轴承代号
d	D	T	d_a max	D_a min	a_1	b_1	b_2	r min	r_1 min	e	Y_1	Y_2	Y_0	C_r	C_{0r}	脂	油	W ≈	380000 型
140	210	185	150	196	16	14	17.5	2.5	2	0.37	0.2	0.3	2	632	1400	800	1000	24.1	382028
150	210	165	160	196	15	10	17.5	2.5	2	0.27	2.5	3.7	2.4	630	1580	800	1000	21.2	382930
170	260	230	183	240	15	14	22	3	2.5	0.44	1.5	2.3	1.5	1330	3290	670	850	39.5	382034
200	310	275	213	284	15	14	24.5	3	2.5	0.37	1.7	2.3	2.1	1842	4200	560	700	75.1	382040
220	340	305	234	314	15	14	31.5	4	3	0.35	1.9	2.8	1.9	2168	5430	500	630	98	382044
240	360	310	256	334	18	14	34	4	3	0.31	2.2	3.2	2.1	2210	5610	450	560	91	382048
260	360	265	274	337	20	14	29.5	3	2.5	0.37	1.8	2.7	1.8	1842	5220	450	560	76.3	382952
	400	345	277	370	20	16	34.5	5	4	0.29	2.3	3.4	2.3	2838	7140	430	530	153	382052
280	460	324	304	423	20	16	30	5	4	0.33	2.1	3.1	2	2975	7290	360	450	200	381156
300	420	300	317	394	20	14	29	4	3	0.29	2.3	3.4	2.3	2440	7210	380	480	130	382960
	460	390	320	425	20	20	37	5	4	0.31	2.2	3.2	2.1	3332	9330	360	450	219	382060
	500	370	327	460	20	15	39	5	4	0.32	2.1	3.2	2.1	3552	8710	340	430	285	381160
320	480	390	340	440	20	20	37	5	4	0.42	1.6	2.4	1.6	3332	9330	340	430	234	382064
340	460	310	355	434	20	14	34	4	3	0.31	2.2	3.2	2.1	2598	8100	340	430	145	382968

（续）

公称尺寸/mm			安装尺寸/mm			其他尺寸/mm				计算系数				基本额定载荷/kN		极限转速/r·min^{-1}		质量/kg	轴承代号
d	D	T	d_a max	D_a min	a_1	b_1	b_2	r min	r_1 min	e	Y_1	Y_2	Y_0	C_r	C_{0r}	脂	油	W ≈	380000型
340	520	325	360	486	20	8	31	5	4	0.29	2.3	3.4	2.3	3248	8620	320	400	234	381068
	580	425	365	531	20	16	50.5	5	4	0.42	1.6	2.4	1.6	4798	11700	280	360	441	381168
360	540	325	380	504	20	13	28.5	5	4	0.3	2.3	3.3	2.2	3520	8840	300	380	248	381072
380	560	325	405	530	20	16	30.5	5	4	0.31	2.1	3.2	2.1	3520	8840	280	380	281	381076
	620	420	405	570	20	20	48	5	4	0.46	1.5	2.2	1.4	4935	12300	240	360	487	381176
400	600	356	420	560	20	16	36	5	4	0.4	1.7	2.5	1.7	4358	10400	240	320	317	381080
420	620	356	450	570	20	16	36	5	4	0.41	1.6	2.4	1.6	4358	10400	220	300	358	381084
	700	480	460	645	25	15	48	6	5	0.32	2.1	3.2	2.1	7102	18500	190	260	760	381184
440	650	376	469	606	20	16	44	6	5	0.43	1.6	2.3	1.5	4495	12390	200	280	401	381088
460	620	310	480	590	25	14	32	4	3	0.4	1.7	2.5	1.7	3520	10200	200	280	173	381992
	680	410	489	636	25	20	39	6	5	0.31	2.2	3.2	2.1	5375	14200	180	240	476	381092
480	650	338	502	613	25	20	39	5	4	0.42	1.6	2.4	1.6	3552	10500	190	260	301	381996
	700	420	510	655	25	20	40	6	5	0.32	2.1	3.1	2.1	6055	16900	170	220	547	381096
500	720	420	530	674	25	16	38	6	5	0.33	2.1	3.1	2	6160	17400	160	200	565	3810/500
530	780	450	560	742	25	20	49	6	5	0.38	1.8	2.6	1.7	7878	21500	140	180	744	3810/530
	870	590	570	794	25	24	60	7.5	6	0.46	1.5	2.2	1.4	9765	26100	120	160	1422	3811/530
560	750	368	586	710	30	28	42	5	4	0.43	1.6	2.3	1.5	4578	13300	140	180	456	3819/560
	920	620	604	848	25	20	70	7.5	6	0.39	1.7	2.6	1.7	11732	26100	100	140	1635	3811/560
600	800	380	625	760	30	13	40.5	5	4	0.33	2.1	3.1	2	5762	18900	120	160	536	3819/600
	870	480	630	821	30	20	52	6	5	0.41	1.7	2.5	1.6	8768	25400	100	140	995	3810/600
	980	650	644	908	25	22	71	7.5	6	0.32	2.1	3.2	2.1	13305	36700	90	120	1970	3811/600
630	850	418	657	800	30	26	40	6	5	0.4	1.7	2.5	1.7	6748	19800	100	140	720	3819/630
	920	515	669	858	30	25	57	7.5	6	0.42	1.6	2.4	1.6	9608	26800	95	130	1158	3810/630
	1030	670	673	959	30	22	78	7.5	6	0.3	2.2	3.3	2.2	15085	39900	85	110	2201	3811/630
670	900	412	700	855	30	24	38	6	5	0.44	1.5	2.3	1.5	7270	22300	95	130	959	3819/670
	1090	710	719	1020	30	26	72	7.5	6	0.32	2.1	3.2	2.1	16448	39900	75	95	2665	3811/670
710	1030	555	752	962	30	23	70	7.5	6	0.43	1.6	2.3	1.5	11732	35800	75	95	1568	3810/710
	1150	750	762	1078	30	26	74	9.5	8	0.32	2.1	3.2	2.1	17915	50900	67	85	3227	3811/710
750	1090	605	793	1020	30	25	74	7.5	6	0.43	1.6	2.4	1.6	13722	42400	70	90	1874	3810/750
	1220	840	807	1130	30	30	65	9.5	8	0.32	2.1	3.2	2.1	22942	68000	48	80	3994	3811/750
950	1360	880	1000	1290	30	40	60	7.5	6	0.26	2.6	3.8	2.6	24410	83600	—	—	4087	3820/950
1060	1500	1000	1117	1420	30	40	70	9.5	8	0.26	2.6	3.8	2.6	30485	105000	—	—	5896	3820/1060

7　推力球轴承（见表 14.6-22、表 14.6-23）

表 14.6-22　单向推力球轴承（部分摘自 GB/T 301—2015）

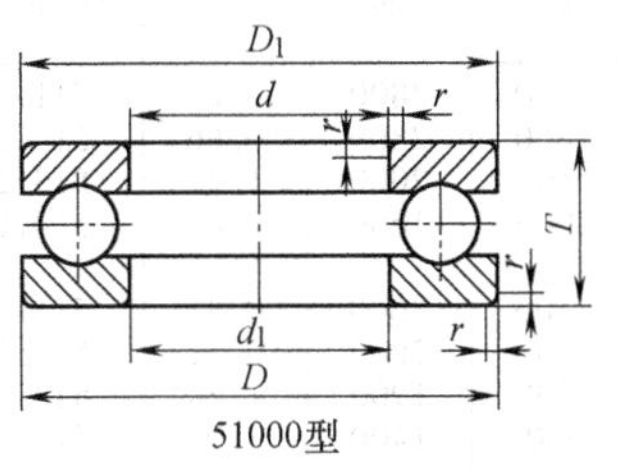

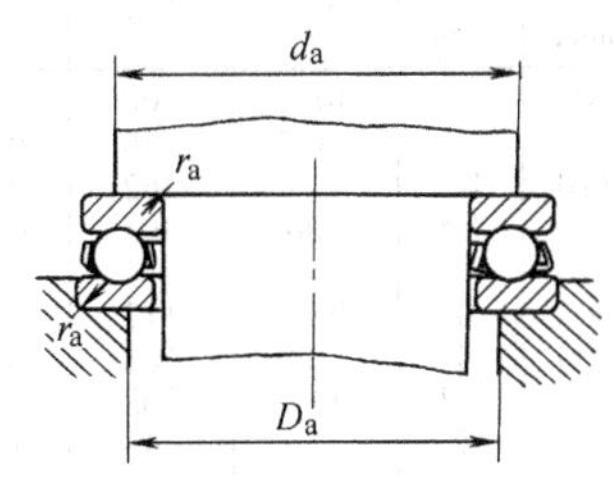

轴向当量动载荷

$P_a = F_a$

轴向当量静载荷

$P_{0a} = F_a$

最小轴向载荷

$$F_{amin} = A\left(\frac{n}{1000}\right)^2$$

式中　n—转速(r/min)

公称尺寸 /mm			安装尺寸 /mm			其他尺寸 /mm			基本额定载荷 /kN		最小载荷常数	极限转速 /r·min^{-1}		质量 /kg	轴承代号
d	D	T	d_a min	D_a max	r_a max	d_1 min	D_1 max	r min	C_a	C_{0a}	A	脂	油	W ≈	51000 型
10	24	9	18	16	0.3	11	24	0.3	10.0	14.0	0.001	6300	9000	0.019	51100
	26	11	20	16	0.6	12	26	0.6	12.5	17.0	0.002	6000	8000	0.028	51200
12	26	9	20	18	0.3	13	26	0.3	10.2	15.2	0.001	6000	8500	0.021	51101
	28	11	22	18	0.6	14	28	0.6	13.2	19.0	0.002	5300	7500	0.031	51201
15	28	9	23	20	0.3	16	28	0.3	10.5	16.8	0.002	5600	8000	0.022	51102
	32	12	25	22	0.6	17	32	0.6	16.5	24.8	0.003	4800	6700	0.041	51202
17	30	9	25	22	0.3	18	30	0.3	10.8	18.2	0.002	5300	7500	0.024	51103
	35	12	28	24	0.6	19	35	0.6	17.0	27.2	0.004	4500	6300	0.048	51203
20	35	10	29	26	0.3	21	35	0.3	14.2	24.5	0.004	4800	6700	0.036	51104
	40	14	32	28	0.6	22	40	0.6	22.2	37.5	0.007	3800	5300	0.075	51204
	47	18	36	31	1	22	47	1	35.0	55.8	0.016	3600	4500	0.15	51304
25	42	11	35	32	0.6	26	42	0.6	15.2	30.2	0.005	4300	6000	0.055	51105
	47	15	38	34	0.6	27	47	0.6	27.8	50.5	0.013	3400	4800	0.11	51205
	52	18	41	36	1	27	52	1	35.5	61.5	0.021	3000	4300	0.17	51305
	60	24	46	39	1	27	60	1	55.5	89.2	0.044	2200	3400	0.31	51405
30	47	11	40	37	0.6	32	47	0.6	16.0	34.2	0.007	4000	5600	0.062	51106
	52	16	43	39	0.6	32	52	0.6	28.0	54.2	0.016	3200	4500	0.13	51206
	60	21	48	42	1	32	60	1	42.8	78.5	0.033	2400	3600	0.26	51306
	70	28	54	46	1	32	70	1	72.5	125	0.082	1900	3000	0.51	51406
35	52	12	45	42	0.6	37	52	0.6	18.2	41.5	0.010	3800	5300	0.077	51107
	62	18	51	46	1	37	62	1	39.2	78.2	0.033	2800	4000	0.21	51207
	68	24	55	48	1	37	68	1	55.2	105	0.059	2000	3200	0.37	51307
	80	32	62	53	1	37	80	1.1	86.8	155	0.13	1700	2600	0.76	51407
40	60	13	52	48	0.6	42	60	0.6	26.8	62.8	0.021	3400	4800	0.11	51108
	68	19	57	51	1	42	68	1	47.0	98.2	0.050	2400	3600	0.26	51208
	78	26	63	55	1	42	78	1	69.2	135	0.096	1900	3000	0.53	51308
	90	36	70	60	1	42	90	1.1	112	205	0.22	1500	2200	1.06	51408
45	65	14	57	53	0.6	47	65	0.6	27.0	66.0	0.024	3200	4500	0.14	51109
	73	20	62	56	1	47	73	1	47.8	105	0.059	2200	3400	0.30	51209
	85	28	69	61	1	47	85	1	75.8	150	0.13	1700	2600	0.66	51309
	100	39	78	67	1	47	100	1.1	140	262	0.36	1400	2000	1.41	51409
50	70	14	62	58	0.6	52	70	0.6	27.2	69.2	0.027	3000	4300	0.15	51110
	78	22	67	61	1	52	78	1	48.5	112	0.068	2000	3200	0.37	51210
	95	31	77	68	1	52	95	1.1	96.5	202	0.21	1600	2400	0.92	51310
	110	43	86	74	1.5	52	110	1.5	160	302	0.50	1300	1900	1.86	51410
55	78	16	69	64	0.6	57	78	0.6	33.8	89.2	0.043	2800	4000	0.22	51111
	90	25	76	69	1	57	90	1	67.5	158	0.13	1900	3000	0.58	51211
	105	35	85	75	1	57	105	1.1	115	242	0.31	1500	2200	1.28	51311
	120	48	94	81	1.5	57	120	1.5	182	355	0.68	1100	1700	2.51	51411

（续）

公称尺寸/mm			安装尺寸/mm			其他尺寸/mm			基本额定载荷/kN		最小载荷常数	极限转速/r·min^{-1}		质量/kg	轴承代号
d	D	T	d_a min	D_a max	r_a max	d_1 min	D_1 max	r min	C_a	C_{0a}	A	脂	油	W ≈	51000型
60	85	17	75	70	1	62	85	1	40.2	108	0.063	2600	3800	0.27	51112
	95	26	81	74	1	62	95	1	73.5	178	0.16	1800	2800	0.66	51212
	110	35	90	80	1	62	110	1.1	118	262	0.35	1400	2000	1.37	51312
	130	51	102	88	1.5	62	130	1.5	200	395	0.88	1000	1600	3.08	51412
65	90	18	80	75	1	67	90	1	40.5	112	0.07	2400	3600	0.31	51113
	100	27	86	79	1	67	100	1	74.8	188	0.18	1700	2600	0.72	51213
	115	36	95	85	1	67	115	1.1	115	262	0.38	1300	1900	1.48	51313
	140	56	110	95	2	68	140	2	215	448	1.14	900	1400	3.91	51413
70	95	18	85	80	1	72	95	1	40.8	115	0.078	2200	3400	0.33	51114
	105	27	91	84	1	72	105	1	73.5	188	0.19	1600	2400	0.75	51214
	125	40	103	92	1	72	125	1.1	148	340	0.60	1200	1800	1.98	51314
	150	60	118	102	2	73	150	2	255	560	1.71	850	1300	4.85	51414
75	100	19	90	85	1	77	100	1	48.2	140	0.11	2000	3200	0.38	51115
	110	27	96	89	1	77	110	1	74.8	198	0.21	1500	2200	0.82	51215
	135	44	111	99	1.5	77	135	1.5	162	380	0.77	1100	1700	2.58	51315
	160	65	125	110	2	78	160	2	268	615	2.00	800	1200	6.08	51415
80	105	19	95	90	1	82	105	1	48.5	145	0.12	1900	3000	0.40	51116
	115	28	101	94	1	82	115	1	83.8	222	0.27	1400	2000	0.90	51216
	140	44	116	104	1.5	82	140	1.5	160	380	0.81	1000	1600	2.69	51316
	170	68	133	117	2.1	83	170	2.1	292	692	2.55	750	1100	7.12	51416
85	110	19	100	95	1	87	110	1	49.2	150	0.13	1800	2800	0.42	51117
	125	31	109	101	1	88	125	1	102	280	0.41	1300	1900	1.21	51217
	150	49	124	111	1.5	88	150	1.5	208	495	1.28	950	1500	3.47	51317
	180	72	141	124	2.1	88	177	2.1	318	782	3.24	700	1000	8.28	51417
90	120	22	108	102	1	92	120	1	65.0	200	0.21	1700	2600	0.65	51118
	135	35	117	108	1	93	135	1.1	115	315	0.52	1200	1800	1.65	51218
	155	50	129	116	1.5	93	155	1.5	205	495	1.34	900	1400	3.69	51318
	190	77	149	131	2.1	93	187	2.1	325	825	3.71	670	950	9.86	51418
100	135	25	121	114	1	102	135	1	85.0	268	0.37	1600	2400	0.95	51120
	150	38	130	120	1	103	150	1.1	132	375	0.75	1100	1700	2.21	51220
	170	55	142	128	1.5	103	170	1.5	235	595	1.88	800	1200	4.86	51320
	210	85	165	145	2.5	103	205	3	400	1080	6.17	600	850	13.3	51420
110	145	25	131	124	1	112	145	1	87.0	288	0.43	1500	2200	1.03	51122
	160	38	140	130	1	113	160	1.1	138	412	0.89	1000	1600	2.39	51222
	190	63	158	142	2	113	187	2	278	755	2.97	700	1100	7.05	51322
	230	95	181	159	2.5	113	225	3	490	1390	10.4	530	750	20.0	51422
120	155	25	141	134	1	122	155	1	87.0	298	0.48	1400	2000	1.10	51124
	170	39	150	140	1	123	170	1.1	135	412	0.96	950	1500	2.62	51224
	210	70	173	157	2.1	123	205	2.1	330	945	4.58	670	950	9.54	51324
	250	102	196	174	3	123	245	4	412	1220	12.4	480	670	25.5	51424
130	170	30	154	146	1	132	170	1	108	375	0.74	1300	1900	1.70	51126
	190	45	166	154	1.5	133	187	1.5	188	575	1.75	900	1400	3.93	51226
	225	75	186	169	2.1	134	220	2.1	358	1070	5.91	600	850	11.7	51326
	270	110	212	188	3	134	265	4	630	2010	21.1	430	600	32.0	51426
140	180	31	164	156	1	142	178	1	110	402	0.84	1200	1800	1.85	51128
	200	46	176	164	1.5	143	197	1.5	190	598	1.96	850	1300	4.27	51228
	240	80	199	181	2.1	144	235	2.1	395	1230	7.84	560	800	14.1	51328
	280	112	222	198	3	144	275	4	630	2010	22.2	400	560	32.2	51428
150	190	31	174	166	1	152	188	1	110	415	0.93	1100	1700	1.95	51130
	215	50	189	176	1.5	153	212	1.5	242	768	3.06	800	1200	5.52	51230
	250	80	209	191	2.1	154	245	2.1	405	1310	8.80	530	750	14.9	51330
	300	120	238	212	3	154	295	4	670	2240	27.9	380	530	38.2	51430
160	200	31	184	176	1	162	198	1	110	428	1.01	1000	1600	2.06	51132
	225	51	199	186	1.5	163	222	1.5	240	768	3.23	750	1100	5.91	51232
	270	87	225	205	2.5	164	265	3	470	1570	12.8	500	700	18.9	51332

（续）

公称尺寸 /mm			安装尺寸 /mm			其他尺寸 /mm			基本额定载荷 /kN		最小载荷常数	极限转速 /r · min⁻¹		质量 /kg	轴承代号
d	D	T	d_a min	D_a max	r_a max	d_1 min	D_1 max	r min	C_a	C_{0a}	A	脂	油	W ≈	51000 型
170	215	34	197	188	1	172	213	1.1	135	528	1.48	950	1500	2.71	51134
	240	55	212	198	1.5	173	237	1.5	280	915	4.48	700	1000	7.31	51234
	280	87	235	215	2.5	174	275	3	470	1580	13.8	480	670	22.5	51334
180	225	34	207	198	1	183	222	1.1	135	528	1.56	900	1400	2.77	51136
	250	56	222	208	1.5	183	247	1.5	285	958	4.91	670	950	7.84	51236
	300	95	251	229	2.5	184	295	3	518	1820	17.9	430	600	28.7	51336
190	240	37	220	210	1	193	237	1.1	172	678	2.41	850	1300	3.61	51138
	270	62	238	222	2	194	267	2	328	1160	6.97	630	900	10.5	51238
	320	105	266	244	3	195	315	4	608	2220	26.7	400	560	41.1	51338
200	250	37	230	220	1	203	247	1.1	172	698	2.60	800	1200	3.77	51140
	280	62	248	232	2	204	277	2	332	1210	7.59	600	850	11.0	51240
	340	110	282	258	3	205	335	4	600	2220	28.0	360	500	44.0	51340
220	270	37	250	240	1	223	267	1.1	188	782	3.35	720	1100	4.60	51144
	300	63	268	252	2	224	297	2	365	1360	10.3	560	800	13.7	51244
240	300	45	276	264	1.5	243	297	1.5	258	1040	5.95	700	1000	7.6	51148
	340	78	299	281	2.1	244	335	2.1	468	1870	19.0	450	630	23.6	51248
	380	112	322	298	3	245	375	4	692	2870	44.1	320	450	51	51348
260	320	45	296	284	1.5	263	317	1.5	270	1140	6.99	670	950	8.10	51152
	360	79	319	301	2.1	264	355	2.1	488	2050	22.3	430	600	25.5	51252
280	350	53	322	308	1.5	283	347	1.5	338	1430	11.2	560	800	12.2	51156
	380	80	339	321	2.1	284	375	2.1	490	2140	24.7	400	560	27.8	51256
300	380	62	348	332	2	304	376	2	415	1860	18.5	500	700	17.5	51160
	420	95	371	349	2.5	304	415	3	578	2670	39.3	360	560	42.5	51260
320	400	63	368	352	2	324	396	2	418	1920	20.2	480	670	18.9	51164
	440	95	391	369	2.5	325	435	3	612	2920	45.3	340	480	45.5	51264
340	420	64	388	372	2	344	416	2	428	2050	22.7	450	630	20.5	51168
	460	96	411	389	2.5	345	455	3	620	3040	49.6	320	450	52	51268
	540	160	460	420	4	345	535	5	1120	5720	175	150	220	145	51368
360	440	65	408	392	2	364	436	2	432	2110	24.6	430	600	22	51172
	500	110	442	418	3	365	495	4	775	3940	84.0	260	380	70.9	51272
380	460	65	428	412	2	384	456	2	440	2210	26.0	430	600	23.0	51176
	520	112	463	437	3	385	515	4	788	4120	91.5	240	360	73.0	51276
400	480	65	448	432	2	404	476	2	452	2320	28.0	400	560	23.7	51180
	540	112	482	458	3	405	535	4	802	4310	99.0	220	340	76	51280
420	500	65	468	452	2	424	495	2	462	2480	33.3	380	530	25.2	51184
440	540	80	499	481	2.1	444	536	2.1	527	3000	47.0	360	500	42.0	51188
	600	130	536	504	4	455	595	5	808	4430	105	180	280	112	51288
460	560	80	519	501	2.1	464	555	2.1	578	3310	58.9	320	450	43	51192
	620	130	556	524	4	465	615	5	892	5230	148	170	260	119	51292
480	580	80	539	521	2.1	484	575	2.1	592	3490	53.0	300	430	43.9	51196
500	600	80	559	541	2.1	504	595	2.1	595	3570	68.8	280	400	47.2	511/500
	670	135	600	570	4	505	665	5	1020	6200	212	150	220	140	512/500
530	640	85	595	575	2.5	534	635	3	708	4000	80.0	260	380	57.3	511/530
630	850	175	762	718	5	635	845	6	1320	9300	481	100	160	252	512/630
670	800	105	747	723	3	674	795	4	860	5020	206	160	240	105	511/670
750	900	90	838	812	3	755	895	4	768	5900	220	160	240	112.2	511/750

表 14.6-23 双向推力球轴承(部分摘自 GB/T 301—2015)

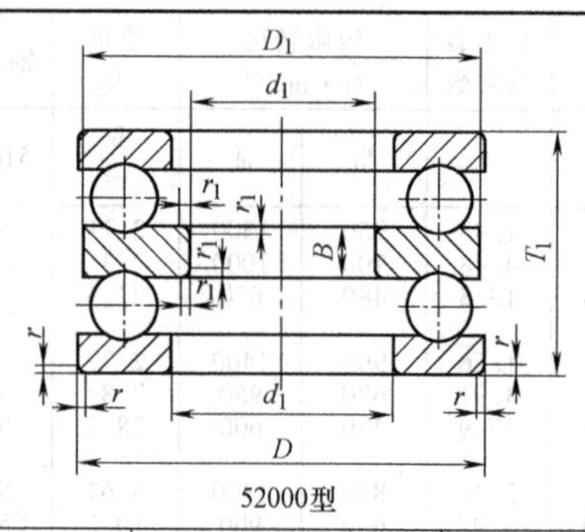

52000型

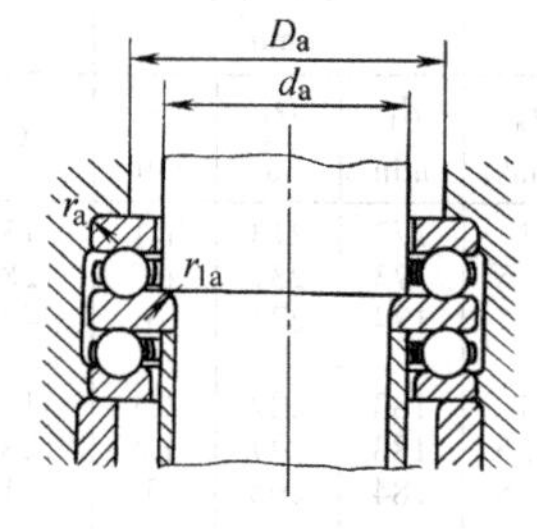

轴向当量动载荷 $P_a = F_a$

轴向当量静载荷 $P_{0a} = F_a$

公称尺寸/mm			安装尺寸/mm				其他尺寸/mm					基本额定载荷/kN		最小载荷常数	极限转速/r·min^{-1}		质量/kg	轴承代号
d	D	T_1	d_a max	D_a min	r_a	r_{1a}	d_1 min	D_1 max	B	r min	r_1 min	C_a	C_{0a}	A	脂	油	W ≈	52000型
10	32	22	15	22	0.6	0.3	17	32	5	0.6	0.3	16.5	24.8	0.003	4800	6700	0.08	52200
15	40	26	20	28	0.6	0.3	22	40	6	0.6	0.3	22.2	37.5	0.007	3800	5300	0.15	52202
	60	45	25	39	1	0.6	27	60	11	1	0.6	55.5	89.2	0.044	2200	3400	0.61	52402
20	47	28	25	34	0.6	0.3	27	47	7	0.6	0.3	27.8	50.5	0.013	3400	4800	0.21	52204
	52	34	25	36	1	0.3	27	52	8	1	0.3	35.5	61.5	0.021	3000	4300	0.32	52304
	70	52	30	46	1	0.6	32	70	12	1	0.6	72.5	125	0.082	1900	3000	0.97	52404
25	52	29	30	39	0.6	0.3	32	52	7	0.6	0.3	28.0	54.2	0.016	3200	4500	0.24	52205
	60	38	30	42	1	0.3	32	60	9	1	0.3	42.8	78.5	0.033	2400	3600	0.47	52305
	80	59	35	53	1	0.6	37	80	14	1.1	0.6	86.8	155	0.13	1700	2600	1.41	52405
30	62	34	35	46	1	0.3	37	62	8	1	0.3	39.2	78.2	0.033	2800	4000	0.41	52206
	68	44	35	48	1	0.3	37	68	10	1	0.3	55.2	105	0.059	2000	3200	0.68	52306
	68	36	40	51	1	0.6	42	68	9	1	0.6	47.0	98.2	0.050	2400	3600	0.53	52206
	78	49	40	55	1	0.6	42	78	12	1	0.6	69.2	135	0.098	1900	3000	1.03	52306
	90	65	40	60	1	0.6	42	90	15	1.1	0.6	112	205	0.22	1500	2200	1.94	52406
35	73	37	45	56	1	0.6	47	73	9	1	0.6	47.8	105	0.059	2200	3400	0.59	52207
	85	52	45	61	1	0.6	47	85	12	1	0.6	75.8	150	0.13	1700	2600	1.25	52307
	100	72	45	67	1	0.6	47	100	17	1.1	0.6	140	262	0.36	1400	2000	2.64	52407
40	78	39	50	61	1	0.6	52	78	9	1	0.6	48.5	112	0.068	2000	3200	0.69	52208
	95	58	50	68	1	0.6	52	95	14	1.1	0.6	96.5	202	0.21	1600	2400	1.76	52308
	110	78	50	74	1.5	0.6	52	110	18	1.5	0.6	160	302	0.50	1300	1900	3.40	52408
45	90	45	55	69	1	0.6	57	90	10	1	0.6	67.5	158	0.13	1900	3000	1.17	52209
	105	64	55	75	1	0.6	57	105	15	1.1	0.6	115	242	0.31	1500	2200	2.38	52309
	120	87	55	81	1.5	0.6	57	120	20	1.5	0.6	182	355	0.68	1100	1700	4.54	52409
50	95	46	60	74	1	0.6	62	95	10	1	0.6	73.5	178	0.16	1800	2800	1.21	52210
	110	64	60	80	1	0.6	62	110	15	1.1	0.6	118	262	0.35	1400	2000	2.54	52310
	130	93	60	88	1.5	0.6	62	130	21	1.5	0.6	200	395	0.88	1000	1600	5.58	52410
	140	101	65	95	2	1	68	140	23	2	1	215	448	1.14	900	1400	7.07	52410
55	100	47	65	79	1	0.6	67	100	10	1	0.6	74.8	188	0.18	1700	2600	1.32	52211
	115	65	65	85	1	0.6	67	115	15	1.1	0.6	115	262	0.38	1300	1900	2.72	52311
	105	47	70	84	1	1	72	105	10	1	1	73.5	188	0.19	1600	2400	1.42	52211
	125	72	70	92	1	1	72	125	16	1.1	1	148	340	0.60	1200	1800	3.64	52311
	150	107	70	102	2	1	73	150	24	2	1	255	560	1.71	850	1300	8.71	52411
60	110	47	75	89	1	1	77	110	10	1	1	74.8	198	0.21	1500	2200	1.50	52212
	135	79	75	99	1.5	1	77	135	18	1.5	1	162	380	0.77	1100	1700	4.72	52312
	160	115	75	110	2	1	78	160	26	2	1	268	615	2.00	800	1200	10.7	52412
65	115	48	80	94	1	1	82	115	10	1	1	83.8	222	0.27	1400	2000	1.63	52213
	140	79	80	104	1.5	1	82	140	18	1.5	1	160	380	0.81	1000	1600	4.92	52313
	170	120	80	117	2.1	1	83	170	27	2.1	1	292	692	2.55	750	1100	12.5	52413
	180	128	85	124	2.1	1	88	179.5	29	2.1	1.1	318	782	3.24	700	1000	14.8	52413
70	125	55	85	109	1	1	88	125	12	1	1	102	280	0.41	1300	1900	2.27	52214
	150	87	85	114	1.5	1	88	150	19	1.5	1	208	495	1.28	950	1500	6.26	52314
	190	135	90	131	2.1	1	93	189.5	30	2.1	1.1	325	825	3.71	670	950	17.3	52414

（续）

公称尺寸 /mm			安装尺寸 /mm				其他尺寸 /mm					基本额定载荷/kN		最小载荷常数	极限转速 /r·min⁻¹		质量 /kg	轴承代号
d	D	T_1	d_a max	D_a min	r_a	r_{1a}	d_1 min	D_1 max	B	r min	r_1 min	C_a	C_{0a}	A	脂	油	W ≈	52000 型
75	135	62	90	108	1	1	93	135	14	1.1	1	115	315	0.52	1200	1800	3.05	52215
	155	88	90	116	1.5	1	93	155	19	1.5	1	205	495	1.34	900	1400	6.56	52315
80	210	150	100	145	2.5	1	103	209.5	33	3	1.1	400	1080	6.17	600	850	23.5	52416
85	150	67	100	120	1	1	103	150	15	1.1	1	132	375	0.75	1100	1700	4.03	52217
	170	97	100	128	1.5	1	103	170	21	1.5	1	235	595	1.88	800	1200	8.62	52317
90	230	166	110	159	2.5	1	113	229	37	3	1.1	490	1390	10.4	530	750	33.0	52418
95	160	67	110	130	1	1	113	160	15	1.1	1	138	412	0.89	1000	1600	4.38	52219
	190	110	110	142	2	1	113	189.5	24	2	1	278	755	2.97	700	1100	12.4	52319
100	170	68	120	140	1	1	123	170	15	1.1	1.1	135	412	0.96	950	1500	4.82	52220
	210	123	120	157	2.1	1	123	209.5	27	2.1	1.1	330	945	4.58	670	950	17.1	52320
	270	192	130	188	3	2	134	269	42	4	2	630	2010	21.1	430	600	55.0	52420
110	190	80	130	154	1.5	1	133	189.5	18	1.5	1.1	188	575	1.75	900	1400	7.36	52221
	225	130	130	169	2.1	1	134	224	30	2.1	1.1	358	1070	5.91	600	850	20.8	52321
	280	196	140	198	3	2	144	279	44	4	2	630	2010	22.2	400	560	61.2	52421
120	200	81	140	164	1.5	1	143	199.5	18	1.5	1.1	190	598	1.96	850	1300	7.80	52224
	240	140	140	181	2.1	1	144	239	31	2.1	1.1	395	1230	7.84	560	800	25.0	52324
	300	209	150	212	3	2	154	299	46	4	2	670	2240	27.9	380	530	68.1	52424
130	215	89	150	176	1.5	1	153	214.5	20	1.5	1.1	242	768	3.06	800	1200	10.3	52226
	250	140	150	191	2.1	1	154	249	31	2.1	1.1	405	1310	8.80	530	750	26.4	52326
140	225	90	160	186	1.5	1	163	224.5	20	1.5	1.1	240	768	3.23	750	1100	10.9	52228
	270	153	160	205	2.5	1	164	269	33	3	1.1	470	1570	12.8	500	700	33.6	52328
150	240	97	170	198	1.5	1	173	239.5	21	1.5	1.1	280	915	4.48	700	1000	13.4	52230
	280	153	170	215	2.5	1	174	279	33	3	1.1	470	1580	13.8	480	670	15.0	52330
	250	98	180	208	1.5	2	183	249	21	1.5	2	285	958	4.91	670	950	14.6	52230
	300	165	180	229	2.5	2	184	299	37	3	2	518	1820	17.9	430	600	49.0	52330
160	270	109	190	222	2	2	194	269	24	2	2	328	1160	6.97	630	900	19.5	52232
170	280	109	200	232	2	2	204	279	24	2	2	332	1210	7.59	500	850	20.4	52234

8　推力滚子轴承（见表 14.6-24～表 14.6-27）

表 14.6-24　推力调心滚子轴承（部分摘自 GB/T 5859—2008）

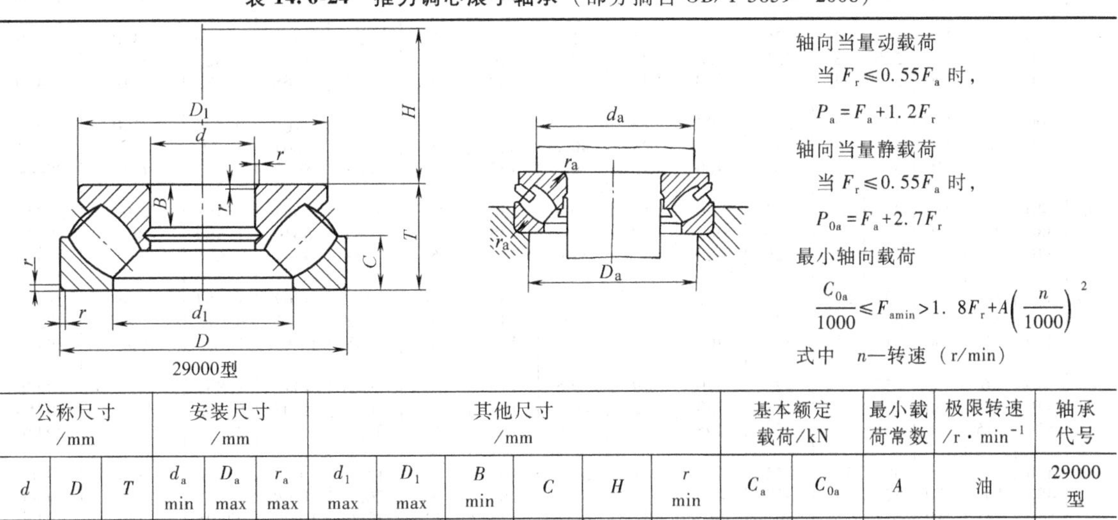

29000型

轴向当量动载荷

当 $F_r \leqslant 0.55F_a$ 时，

$P_a = F_a + 1.2F_r$

轴向当量静载荷

当 $F_r \leqslant 0.55F_a$ 时，

$P_{0a} = F_a + 2.7F_r$

最小轴向载荷

$$\frac{C_{0a}}{1000} \leqslant F_{a\min} > 1.8F_r + A\left(\frac{n}{1000}\right)^2$$

式中　n—转速（r/min）

公称尺寸 /mm			安装尺寸 /mm			其他尺寸 /mm						基本额定载荷/kN		最小载荷常数	极限转速 /r·min⁻¹	轴承代号
d	D	T	d_a min	D_a max	r_a max	d_1 max	D_1 max	B min	C	H	r min	C_a	C_{0a}	A	油	29000 型
60	130	42	90	107	1.5	89	123	15	20.1	38	1.5	328	897	0.086	2400	29412

（续）

公称尺寸 /mm			安装尺寸 /mm			其他尺寸 /mm						基本额定载荷/kN		最小载荷常数	极限转速 /r·min^{-1}	轴承代号
d	D	T	d_a min	D_a max	r_a max	d_1 max	D_1 max	B min	C	H	r min	C_a	C_{0a}	A	油	29000型
65	140	45	100	115	2	96	133	16	21.3	42	2	380	1048	0. 118	2200	29413
70	150	48	105	124	2	103	142	17	22.7	44	2	428	1198	0. 155	2000	29414
75	160	51	115	132	2	109	152	18	24.3	47	2	480	1367	0. 21	1900	29415
80	170	54	120	141	2.1	117	162	19	26.8	50	2.1	546	1563	0. 263	1800	29416
85	150	39	115	129	1. 5	114	143.5	13	18.7	50	1.5	335	1037	0. 105	2200	29317
	180	58	130	150	2. 1	125	170	21	27.3	54	2.1	598	1708	0. 304	1700	29417
90	155	39	118	135	1. 5	117	148.5	13	18.8	52	1.5	345	1089	0. 116	2200	29318
	190	60	135	158	2. 1	132	180	22	28.5	56	2.1	660	1904	0. 392	1600	29418
100	170	42	132	148	1. 5	129	163	14	20.8	58	1.5	400	1284	0. 166	2000	29320
	210	67	150	175	2. 5	146	200	24	32.4	62	3	798	2343	0. 588	1400	29420
110	190	48	145	165	2	143	182	16	23	64	2	500	1625	0. 279	1800	29322
	230	73	165	192	2. 5	162	220	26	34.8	69	3	948	2854	0. 724	1300	29422
120	210	54	160	182	2. 1	159	200	18	25.9	70	2.1	638	2066	0. 44	1600	29324
	250	78	180	210	3	174	236	29	36.6	74	4	1102	3308	0. 933	1200	29424
130	225	58	170	195	2. 1	171	215	19	27.8	76	2.1	680	2235	0. 543	1500	29326
	270	85	195	227	3	189	255	31	40	81	4	1282	3918	1. 64	1100	29426
140	240	60	185	208	2. 1	183	230	20	28	82	2.1	738	2539	0. 71	1400	29328
	280	85	205	237	3	199	268	31	40	86	4	1322	4133	1. 796	1000	29428
150	250	60	195	220	2. 1	194	240	20	28.9	87	2.1	802	2753	0. 774	1300	29330
	300	90	220	253	3	214	285	32	42.1	92	4	1490	4680	2. 285	950	29430
160	270	67	210	236	2. 5	208	260	23	31.7	92	3	952	3253	1. 063	1200	29332
	320	95	230	271	4	229	306	34	47.1	99	5	1632	5315	2. 969	900	29432
170	280	67	220	247	2. 5	216	270	23	31.7	96	3	965	3358	1. 16	1100	29334
	340	103	245	288	4	243	324	37	48.8	104	5	1928	6265	4. 015	850	29434
180	300	73	235	263	2. 5	232	290	25	34.8	103	3	1140	4056	1. 628	1000	29336
	360	109	260	305	4	255	342	39	51.9	110	5	2112	6867	4. 936	750	29436
190	320	78	250	281	3	246	308	27	38.6	110	4	1335	4861	2. 294	900	29338
	380	115	275	322	4	271	360	41	55	117	5	2358	7774	6. 228	700	29438
200	280	48	235	258	2	236	271	15	24	108	2	628	2518	0. 759	1400	29240
	340	85	265	298	3	261	325	29	39.1	116	4	1468	5181	2. 827	900	29340
	400	122	290	338	4	286	380	43	56.5	122	5	2550	8368	7. 588	700	29440
220	300	48	260	277	2	254	292	15	24	117	2	650	2705	0. 749	1300	29244
	360	85	285	316	3	280	345	29	40.7	125	4	1565	5661	3. 21	850	29344
	420	122	310	360	5	308	400	43	56.9	132	6	2658	8990	8. 583	670	29444
240	340	60	285	311	2. 1	283	330	19	29.3	130	2.1	940	3951	1. 483	1100	29248
	380	85	300	337	3	300	365	29	41.9	135	4	1625	6014	3. 569	800	29348
	440	122	330	381	5	326	420	43	51.2	142	6	2798	9771	9. 656	630	29448
260	360	60	305	331	2. 1	302	350	19	29.5	139	2.1	970	4207	1. 754	1000	29252
	420	95	330	372	4	329	405	32	46	148	5	1992	7716	6. 073	750	29352
	480	132	360	419	5	357	460	48	65	154	6	3335	11930	14. 45	600	29452
280	380	60	325	351	2. 1	323	370	19	29.5	150	2.1	980	4348	1. 855	950	29256
	440	95	350	394	4	348	423	32	46.3	158	5	2078	8207	6. 782	670	29356
	520	145	390	446	5	387	495	52	67.6	166	6	3852	13794	20. 73	530	29456
300	420	73	355	386	2. 5	353	405	21	35.8	162	3	1375	6057	3. 43	900	29260
	480	109	380	429	4	379	460	37	53.1	168	5	2622	10396	10. 2	630	29360
	540	145	410	471	5	402	515	52	68.3	175	6	4000	14689	22. 95	480	29460

（续）

公称尺寸 /mm			安装尺寸 /mm			其他尺寸 /mm						基本额定载荷/kN		最小载荷常数	极限转速 /r · min^{-1}	轴承代号
d	D	T	d_a min	D_a max	r_a max	d_1 max	D_1 max	B min	C	H	r min	C_a	C_{0a}	A	油	29000 型
320	440	73	375	406	2.5	372	430	21	36	172	3	1445	6556	3.822	800	29264
	500	109	400	449	4	399	482	37	53	180	5	2648	10691	11.15	600	29364
	580	155	435	507	6	435	555	55	75	191	7.5	4658	17432	31.97	450	29464
340	460	73	395	427	2.5	395	445	21	36.6	183	3	1470	6838	4.27	800	29268
	540	122	430	484	4	428	520	41	57.8	192	5	3132	12554	15.64	530	29368
	620	170	465	541	6	462	590	61	78.5	201	7.5	5135	18866	38.98	430	29468
360	500	85	420	461	3	423	485	25	40.8	194	4	1845	8412	6.797	700	29272
	560	122	450	504	4	448	540	41	58.1	202	5	3208	13114	16.33	500	29372
	640	170	485	560	6	480	610	61	81	210	7.5	5438	20562	43.24	400	29472
380	520	85	440	480	3	441	505	27	42.1	202	4	1935	9107	7.536	670	29276
	600	132	480	538	5	477	580	44	61.4	216	6	3655	15005	24.68	450	29376
	670	175	510	587	6	504	640	63	84.5	230	7.5	5955	23345	55.3	380	29476
400	540	85	460	500	3	460	526	27	42.2	212	4	1958	9359	8.989	670	29280
	620	132	500	557	5	494	596	44	64.7	225	6	3788	15865	24.52	450	29380
	710	185	540	622	6	534	680	67	86	236	7.5	6235	24293	67.59	360	29480
420	580	95	490	534	4	489	564	30	49.2	225	5	2420	11571	12.6	600	29284
	650	140	525	585	5	520	626	48	67.1	235	6	3770	17692	30.7	430	29384
	730	185	560	643	6	556	700	67	89	244	7.5	6514	25562	70.27	340	29484
440	600	95	510	554	4	508	585	30	49.3	235	5	2532	12439	13.89	560	29288
	680	145	548	614	5	548	655	49	70.8	245	6	4552	19229	36.0	400	29388
	780	206	595	684	8	588	745	74	97	260	9.5	7465	28835	89.34	320	29488
460	620	95	530	575	4	530	605	30	49.3	245	5	2540	12643	15.32	530	29292
	710	150	575	638	5	567	685	51	72	257	6	4890	21051	44.6	360	29392
	800	206	615	704	8	608	765	74	99.9	272	9.5	8002	31810	99.15	300	29492
480	650	103	555	603	4	556	635	33	49.4	259	5	2765	13555	17.66	500	29296
	730	150	593	660	5	590	705	51	74.4	270	6	5100	22458	48.02	340	29396
	850	224	645	744	8	638	810	81	102.8	280	9.5	8752	34066	132.4	280	29496
500	670	103	575	622	4	574	654	33	50.5	268	5	2855	14281	18.48	480	292/500
	750	150	615	683	5	611	725	51	74.9	280	6	5135	22895	48.09	340	293/500
	870	224	670	765	8	661	830	81	102.8	290	9.5	9032	35832	146.9	260	294/500
530	710	109	611	661	4	612	692	35	54	288	5	3235	16392	24.2	430	292/530
	800	160	650	724	6	648	772	54	78.6	295	7.5	5875	26124	68.1	320	293/530
	920	236	700	810	8	700	880	87	113.2	309	9.5	10430	42513	179.2	240	294/530
560	750	115	645	697	4	644	732	37	57.7	302	5	3520	17939	30.09	430	292/560
	850	175	691	770	6	690	822	60	87.5	310	7.5	6808	31664	86.9	300	293/560
	980	250	750	860	10	740	940	92	120	328	12	11650	47887	238	220	294/560
600	800	122	690	744	4	688	780	39	59.4	321	5	3918	20181	37.04	400	292/600
	900	180	735	815	6	731	870	61	90	335	7.5	7382	35016	102.9	280	293/600
	1030	258	800	900	10	785	990	92	126	347	12	12470	52890	290	200	294/600
630	850	132	730	786	5	728	830	42	67.3	338	6	4705	24547	52.95	360	292/630
	950	190	780	857	8	767	920	65	93.9	345	9.5	7970	36393	122.2	260	293/630
	1090	280	845	956	10	830	1040	100	13	365	12	13902	57622	343	180	294/630
670	900	140	780	830	5	773	880	45	68.6	364	6	5138	26906	65.18	340	292/670
	1000	200	825	905	8	813	963	68	100	372	9.5	8970	43170	158.4	240	293/670
	1150	290	900	1010	12	880	1105	106	138	387	15	14920	61781	405	170	294/670
710	950	145	825	880	5	815	930	46	73.7	380	6	5540	29444	80.47	300	292/710
	1060	212	875	960	8	864	1028	72	101.8	394	9.5	9798	45242	199.2	220	293/710
	1220	308	950	1070	12	925	1165	113	148.5	415	15	17238	74880	554.7	160	294/710
750	1000	150	870	928	5	861	976	48	76.8	406	6	5942	31990	94.72	280	292/750
	1120	224	925	1010	8	910	1086	76	108	415	9.5	10890	51639	250.5	200	293/750
	1280	315	1000	1125	12	983	1220	116	152	436	15	18305	79617	650.6	150	294/750
800	1060	155	925	985	6	915	1035	50	79.2	426	7.5	6530	35963	116.2	260	292/800

（续）

公称尺寸 /mm			安装尺寸 /mm			其他尺寸 /mm						基本额定载荷/kN		最小载荷常数	极限转速 /r·min^{-1}	轴承代号
d	D	T	d_a min	D_a max	r_a max	d_1 max	D_1 max	B min	C	H	r min	C_a	C_{0a}	A	油	29000型
800	1180	230	985	1065	8	965	1146	78	112	440	9.5	11685	55789	295.8	190	293/800
	1360	335	1070	1195	12	1040	1310	120	161	462	15	20440	89611	831.6	140	294/800
850	1120	160	980	1035	6	966	1095	51	82.9	453	7.5	7072	39733	140.9	240	292/850
	1250	243	1040	1130	10	1024	1205	85	116.5	468	12	12935	62092	371.3	180	293/850
	1440	354	1130	1265	12	1060	1372	126	168	494	15	22010	96756	1026	130	294/850
900	1180	170	1035	1095	6	1023	1150	54	84.5	477	7.5	7608	42526	165.4	220	292/900
	1320	250	1110	1195	10	1086	1280	86	120	496	12	13855	67595	471	170	293/900

表 14.6-25　推力圆柱滚子轴承（部分摘自 GB/T 4663—1994）

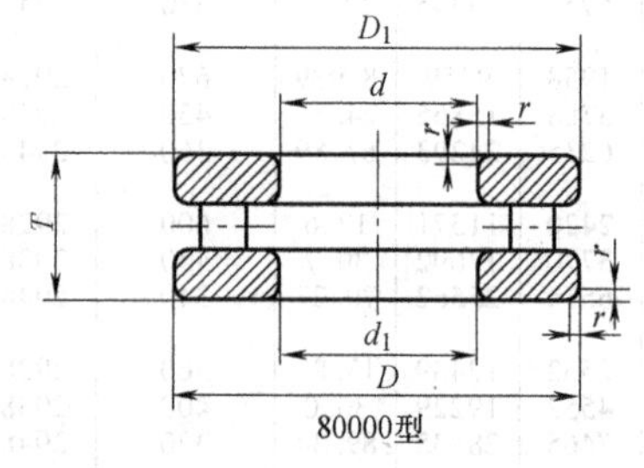

80000型

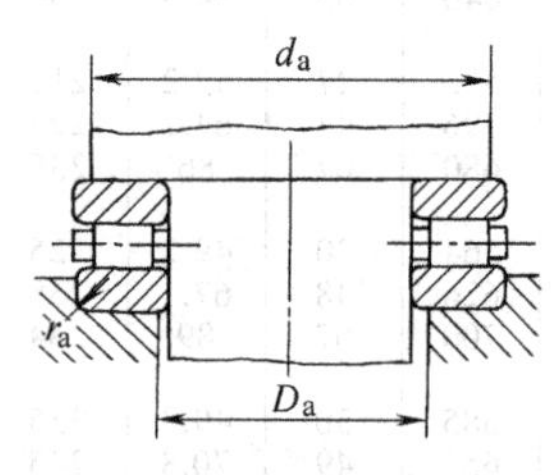

轴向当量动载荷

$P_a = F_a$

轴向当量静载荷

$P_{0a} = F_a$

最小轴向载荷

$$\frac{C_{0a}}{1000} \leqslant F_{amin} > A\left(\frac{n}{1000}\right)^2$$

式中　n—转速（r/min）

公称尺寸 /mm			安装尺寸 /mm			其他尺寸 /mm			基本额定载荷 /kN		最小载荷常数	极限转速 /r·min^{-1}		质量 /kg	轴承代号
d	D	H	d_a min	D_a max	r_a max	d_1 min	D_1 max	r min	C_a	C_{0a}	A	脂	油	$W\approx$	80000型
40	60	13	58	42	0.6	42	60	0.6	37.2	115	0.002	1700	2400	0.12	81108
	68	19	66	43	1	42	68	1	68.2	190	0.004	1200	1800	0.27	81208
50	78	22	75	53	1	52	78	1	77.0	235	0.005	1000	1600	0.45	81210
55	78	16	77	57	0.6	57	78	0.6	56.5	215	0.005	1400	2000	0.24	81111
	90	25	85	59	1	57	90	1	104	318	0.009	950	1500	0.71	81211
65	90	18	87	67	1	67	90	1	65.8	235	0.006	1200	1800	0.381	81113
	100	27	96	69	1	67	100	1	112	362	0.012	850	1300	0.874	81213
75	110	27	106	79	1	77	110	1	125	430	0.017	750	1100	0.98	81215
85	110	19	108	87	1	87	110	1	75.0	302	0.008	900	1400	0.45	81117
	125	31	119	90	1	88	125	1	152	550	0.026	670	950	1.44	81217
90	120	22	117	93	1	92	120	1	105	408	0.015	850	1300	0.67	81118
100	150	38	142	107	1	103	150	1.1	228	840	0.059	560	850	2.58	81220
120	155	25	151	124	1	122	155	1	155	660	0.036	700	1000	1.36	81124
130	190	45	181	137	1.5	133	187	1.5	368	1420	0.164	450	700	4.59	81226

表 14.6-26　推力圆锥滚子轴承

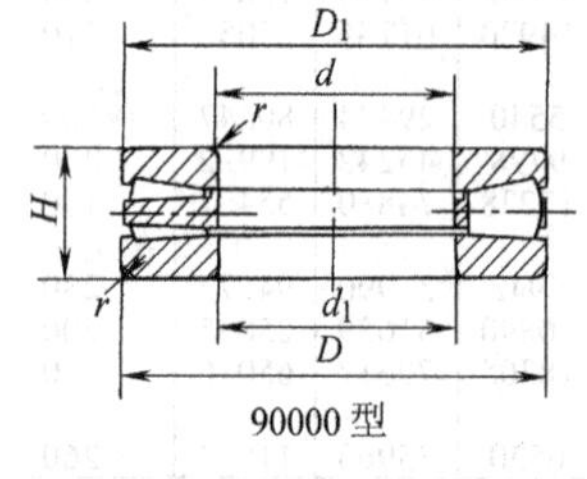

90000型

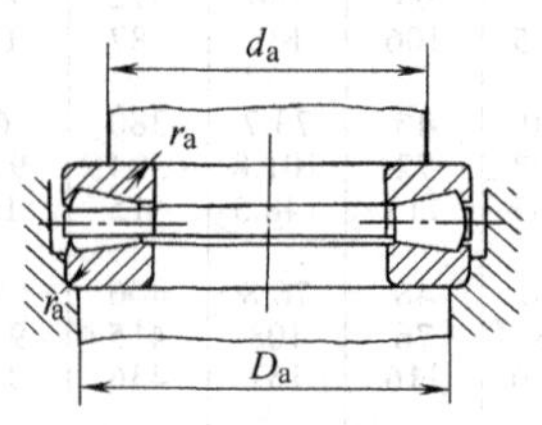

轴向当量动载荷

$P_a = F_a$

轴向当量静载荷

$P_{0a} = F_a$

最小轴向载荷

$$\frac{C_{0a}}{1000} \leqslant F_{amin} > A\left(\frac{n}{1000}\right)^2$$

式中　n—转速（r/min）

（续）

公称尺寸 /mm			安装尺寸 /mm			其他尺寸 /mm			基本额定载荷 /kN		最小载荷常数	极限转速 /r·min⁻¹		质量 /kg	轴承代号
d	D	H	d_a min	D_a max	r_a max	d_1 min	D_1 max	r min	C_a	C_{0a}	A	脂	油	$W\approx$	90000 型
130	270	85	195	227	3	134	265	4	1140	3780	0.638	380	500	28.5	99426
140	280	85	205	237	3	144	275	4	1230	4150	0.736	360	480	—	99428
170	340	103	245	288	4	174	335	5	1670	5750	1.38	280	380	58	99434
180	360	109	260	305	4	184	355	5	1790	5980	1.58	240	340	55.8	99436
200	400	122	290	338	4	205	395	5	2020	7210	2.256	200	300	75	99440
240	440	122	330	381	5	245	435	6	2550	9480	3.826	180	260	—	99448
260	480	132	360	419	5	265	475	6	3000	11400	5.50	160	220	—	99452
280	520	145	390	446	5	285	515	6	3470	13400	7.56	140	190	—	99456
320	580	155	435	507	6	325	575	7.5	4400	17200	12.6	110	160	—	99464
380	670	175	510	587	6	385	665	7.5	5540	22900	22.2	85	120	254	99476

表 14.6-27　推力滚针和保持架组件　推力垫圈（部分摘自 GB/T 4605—2003）

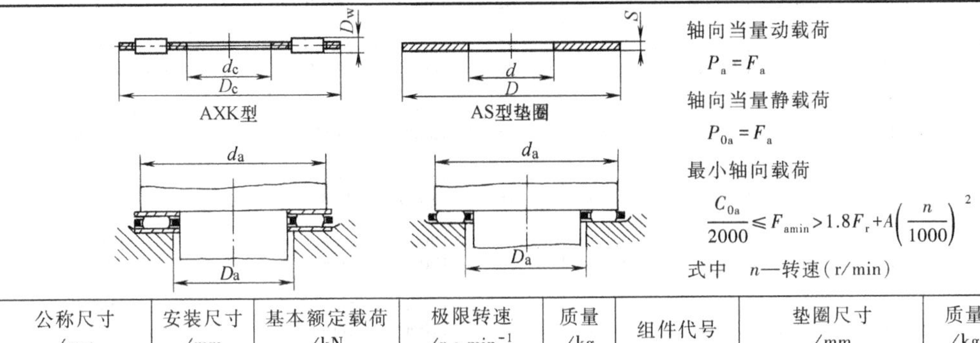

轴向当量动载荷

$P_a = F_a$

轴向当量静载荷

$P_{0a} = F_a$

最小轴向载荷

$$\frac{C_{0a}}{2000} \leqslant F_{a\min} > 1.8F_r + A\left(\frac{n}{1000}\right)^2$$

式中　n—转速（r/min）

公称尺寸 /mm			安装尺寸 /mm		基本额定载荷 /kN		极限转速 /r·min⁻¹		质量 /kg	组件代号	垫圈尺寸 /mm			质量 /kg	垫圈代号
d_c	D_c	D_W	d_a min	D_a max	C_a	C_{0a}	脂	油	$W\approx$	AXK 型	d	D	S	W	ASA 型 AS 型
17	30	2	29	19	7.28	29.5	3200	4300	0.004	AXK 1730	17	30	0.8	0.003	ASA1730
			29	19									1	0.004	AS 1730
20	35	2	34	22	9.0	38.0	2800	3800	0.005	AXK 2035	20	35	0.8	0.004	ASA2035
			34	22									1	0.005	AS 2035
25	42	2	41	29	13.0	48.2	2200	3200	0.007	AXK 2542	25	42	0.8	0.006	ASA2542
			41	29									1	0.007	AS 2542
30	47	2	46	35	15.8	74.0	2000	3000	0.008	AXK 3047	30	47	0.8	0.006	ASA3047
			46	35									1	0.008	AS 3047
35	52	2	51	40	16.0	80.2	1900	2800	0.01	AXK 3552	35	52	0.8	0.007	ASA3552
			51	40									1	0.009	AS 3552
40	60	3	58	45	25.0	110	1700	2400	0.016	AXK 4060	40	60	0.8	0.01	ASA4060
			58	45									1	0.012	AS 4060
45	65	3	63	50	26.0	122	1600	2200	0.018	AXK 4565	45	65	0.8	0.01	ASA4565
			63	50									1	0.013	AS 4565
50	70	3	68	55	27.5	135	1600	2200	0.02	AXK 5070	50	70	0.8	0.011	ASA5070
			68	55									1	0.014	AS 5070
55	78	3	76	60	30.2	162	1400	1900	0.028	AXK 5578	55	78	0.8	0.014	ASA5578
			76	60									1	0.018	AS 5578
60	85	3	83	65	35.5	228	1300	1800	0.033	AXK 6085	60	85	0.8	0.018	ASA6085
			83	65									1	0.022	AS 6085
65	90	3	88	70	36.0	242	1200	1700	0.035	AXK 6590	65	90	0.8	0.019	ASA6590
			88	70									1	0.024	AS 6590

9　滚针轴承（见表 14.6-28～表 14.6-31）

径向当量动载荷：$P_r = F_r$

径向当量静载荷：$P_{0r} = F_r$

表 14.6-28　向心滚针和保持架组件

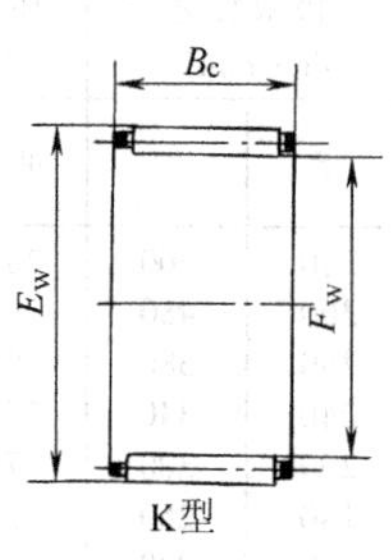

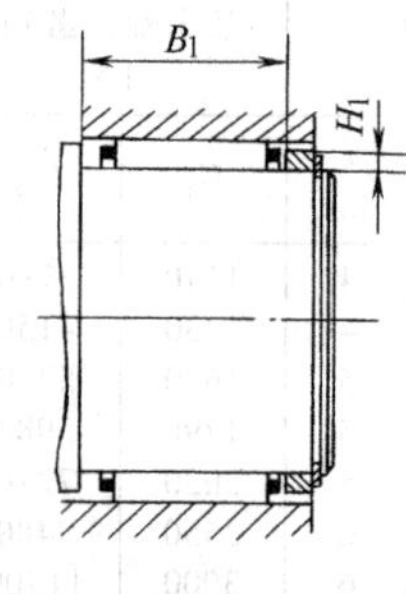

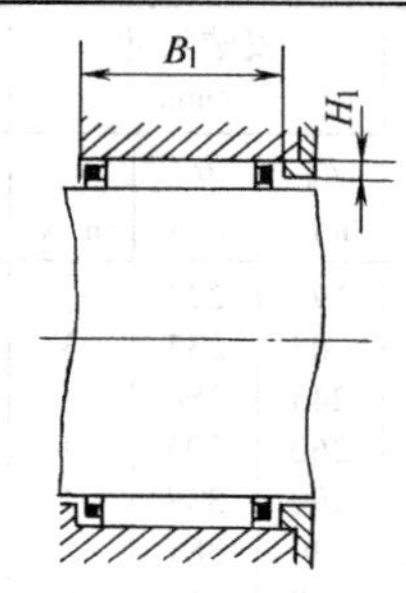

公称尺寸 /mm			安装尺寸 /mm		基本额定载荷 /kN		极限转速 /r·min^{-1}		质量 /g	轴承代号
F_w	E_w	B_c	B_1	H_1	C_r	C_{0r}	脂	油	$W\approx$	K 型
5	8	8	8.1	1	2.28	2.08	18000	28000	—	K 5×8×8
	8	10	10.1	1	2.98	2.88	18000	28000	0.1	K 5×8×10
	9	10	10.1	1.4	3.08	2.62	18000	28000	—	K 5×9×10
6	9	8	8.1	1	2.52	2.42	18000	28000	1.4	K 6×9×8
	9	10	10.1	1	3.28	3.38	18000	28000	—	K 6×9×10
7	10	8	8.1	1	2.75	2.78	18000	28000	—	K 7×10×8
	10	10	10.1	1	3.55	3.85	18000	28000	—	K 7×10×10
8	11	10	10.1	1	3.80	4.35	18000	28000	1.8	K 8×11×10
	11	13	13.12	1	5.00	6.18	18000	28000	—	K 8×11×13
9	12	10	10.1	1	4.02	4.82	17000	26000	—	K 9×12×10
	12	13	13.12	1	5.30	6.85	17000	26000	2.7	K 9×10×13
10	13	8	8.1	1	3.45	4.10	17000	26000	—	K 10×13×8
	13	10	10.1	1	4.48	5.70	17000	26000	2.3	K 10×13×10
	13	13	13.12	1	5.88	8.12	17000	26000	3.0	K 10×13×13
	14	10	10.1	1.4	5.05	5.58	17000	26000	3.4	K 10×14×10
	14	13	13.12	1.4	6.70	7.98	17000	26000	4.4	K 10×14×13
	14	17	17.12	1.4	8.72	11.2	17000	26000	—	K 10×14×17
12	15	8	8.1	1	3.75	4.78	16000	24000	—	K 12×15×8
	15	10	10.1	1	4.85	6.65	16000	24000	3.0	K 12×15×10
	15	13	13.12	1	6.40	9.48	16000	24000	3.6	K 12×15×13
	15	17	17.12	1	8.28	13.2	16000	24000	—	K 12×15×17
	16	10	10.1	1.4	5.68	6.78	16000	24000	—	K 12×16×10
	16	13	13.12	1.4	7.52	9.72	16000	24000	4.5	K 12×16×13
	16	17	17.12	1.4	9.82	13.5	16000	24000	—	K 12×16×17
14	18	10	10.1	1.4	6.25	7.98	15000	22000	4.6	K 14×18×10
	18	13	13.12	1.4	8.28	11.5	15000	22000	6.3	K 14×18×13
	18	17	17.12	1.4	10.8	16.0	15000	22000	8.1	K 14×18×17
	19	10	10.1	1.7	6.05	6.62	15000	22000	—	K 14×19×10
	19	13	13.12	1.7	8.35	9.98	15000	22000	—	K 14×19×13
	19	17	17.12	1.7	11.2	14.5	15000	22000	—	K 14×19×17
	20	12	12.1	2	8.72	9.45	15000	22000	8.6	K 14×20×12
	20	17	17.12	2	12.8	15.5	15000	22000	—	K 14×20×17
15	19	10	10.1	1.4	6.52	8.58	14000	20000	—	K 15×19×10
	19	13	13.12	1.4	8.62	12.2	14000	20000	—	K 15×19×13
	19	17	17.12	1.4	11.2	11.2	14000	20000	8.8	K 15×19×17
	20	10	10.1	1.7	6.40	7.22	14000	20000	—	K 15×20×10
	20	13	13.12	1.7	8.82	10.8	14000	20000	8.9	K 15×20×13
	20	17	17.12	1.7	11.8	15.8	14000	20000	—	K 15×20×17
	21	17	17.12	2	12.8	15.8	14000	20000	—	K 15×21×17
16	20	10	10.1	1.4	6.78	9.18	13000	19000	5.7	K 16×20×10
	20	13	13.12	1.4	8.98	13.2	13000	19000	7.1	K 16×20×13
	20	17	17.12	1.4	11.5	18.5	13000	19000	9.2	K 16×20×17
	22	12	12.1	2	9.25	10.5	13000	19000	—	K 16×22×12
	22	17	17.12	2	13.5	17.2	13000	19000	—	K 16×22×17
	22	20	20.14	2	16.0	21.2	13000	19000	—	K 16×22×20

（续）

公称尺寸 /mm			安装尺寸 /mm		基本额定载荷 /kN		极限转速 /r·min^{-1}		质量 /g	轴承代号
F_w	E_w	B_c	B_1	H_1	C_r	C_{0r}	脂	油	$W\approx$	K 型
17	21	10	10.1	1.4	7.02	9.78	12000	18000	5.8	K 17×21×10
	21	13	13.12	1.4	9.28	14.0	12000	18000	7.5	K 17×21×13
	21	17	17.12	1.4	12.0	19.8	12000	18000	9.5	K 17×21×17
	23	17	17.12	2	14.5	18.8	12000	18000	—	K 17×23×17
	23	20	20.14	2	16.8	23.2	12000	18000	—	K 17×23×20
18	22	10	10.1	1.4	7.25	10.2	11000	17000	6.1	K 18×22×10
	22	13	13.12	1.4	9.60	14.8	11000	17000	7.7	K 18×22×13
	22	17	17.12	1.4	12.5	21.0	11000	17000	11	K 18×22×17
	24	17	17.12	2	14.2	19.0	11000	17000	16	K 18×24×17
	24	20	20.14	2	16.8	23.5	11000	17000	19	K 18×24×20
	24	30	30.14	2	24.5	38.2	11000	17000	—	K 18×24×30
20	24	10	10.1	1.4	7.42	11.0	10000	16000	7.0	K 20×24×10
	24	13	13.12	1.4	9.82	15.8	10000	16000	8.5	K 20×24×13
	24	17	17.12	1.4	12.8	22.2	10000	16000	11	K 20×24×17
	26	17	17.12	2	15.8	22.2	10000	16000	18	K 20×26×17
	26	20	20.14	2	18.5	27.5	10000	16000	20	K 20×26×20
22	26	10	10.1	1.4	7.85	12.2	9500	15000	7.1	K 22×26×10
	26	13	13.12	1.4	10.5	17.5	9500	15000	9.4	K 22×26×13
	26	17	17.12	1.4	13.5	24.8	9500	15000	12	K 22×26×17
	28	17	17.12	2	16.5	24.0	9500	15000	20	K 22×28×17
	28	20	20.14	2	19.2	29.5	9500	15000	—	K 22×28×20
25	29	10	10.1	1.4	8.45	14.0	9000	14000	8.3	K 25×29×10
	29	13	13.12	1.4	11.2	20.2	9000	14000	10.5	K 25×29×13
	29	17	17.12	1.4	14.5	28.2	9000	14000	14	K 25×29×17
	31	17	17.12	2	17.8	27.5	9000	14000	22	K 25×31×17
	31	20	20.14	2	20.8	33.8	9000	14000	25	K 25×31×20
	32	16	16.12	2.3	16.0	21.8	9000	14000	25	K 25×32×16
28	33	13	13.12	1.7	12.5	20.8	8500	13000	15	K 28×33×13
	33	17	17.12	1.7	16.8	30.0	8500	13000	20	K 28×33×17
	33	27	27.14	1.7	26.2	53.2	8500	13000	32	K 28×33×27
	34	17	17.12	2	18.8	30.8	8500	13000	—	K 28×34×17
	35	20	20.14	2.3	22.2	34.2	8500	13000	35	K 28×35×20
30	35	13	13.12	1.7	12.8	21.5	8000	12000	16	K 30×35×13
	35	17	17.12	1.7	17.0	31.5	8000	12000	21	K 30×35×17
	35	27	27.14	1.7	26.8	55.8	8000	12000	33	K 30×35×27
	37	20	20.14	2.3	23.0	36.5	8000	12000	40	K 30×37×20
	38	20	20.14	2.7	25.8	38.8	8000	12000	—	K 30×38×20
32	37	13	13.12	1.7	13.5	23.5	7500	11000	18	K 32×37×13
	37	17	17.12	1.7	18.0	34.2	7500	11000	22	K 32×37×17
	37	27	27.14	1.7	28.0	60.8	7500	11000	37	K 32×37×27
	39	20	20.14	2.3	23.8	38.8	7500	11000	42	K 32×39×20
	39	30	30.14	2.3	35.5	65.2	7500	11000	—	K 32×39×30
35	40	13	13.12	1.7	14.0	25.5	7000	10000	19	K 35×40×13
	40	17	17.12	1.7	18.0	37.0	7000	10000	25	K 35×40×17
	40	27	27.14	1.7	29.2	65.8	7000	10000	39	K 35×40×27
	42	20	20.14	2.3	25.2	43.2	7000	10000	41	K 35×42×20
	42	30	30.14	2.3	37.8	72.5	7000	10000	62	K 35×42×30
38	43	13	13.12	1.7	14.5	27.5	6700	9500	—	K 38×43×13
	43	17	17.12	1.7	19.5	39.8	6700	9500	—	K 38×43×17
	43	27	27.14	1.7	30.2	71.0	6700	9500	—	K 38×43×27
	46	20	20.14	2.7	29.5	49.2	6700	9500	46	K 38×46×20
	46	30	30.14	2.7	44.0	82.5	6700	9500	—	K 38×46×30
40	45	13	13.12	1.7	15.0	29.5	6300	9000	22	K 40×45×13
	45	17	17.12	1.7	20.2	42.8	6300	9000	27	K 40×45×17
	45	27	27.14	1.7	31.5	75.8	6300	9000	44	K 40×45×27
	48	20	20.14	2.7	30.2	51.8	6300	9000	52	K 40×48×20
	48	25	25.14	2.7	38.0	69.2	6300	9000	—	K 40×48×25
	48	30	30.14	2.7	45.2	86.8	6300	9000	—	K 40×48×30

（续）

公称尺寸 /mm			安装尺寸 /mm		基本额定载荷 /kN		极限转速 /r · min⁻¹		质量 /g	轴承代号
F_w	E_w	B_c	B_1	H_1	C_r	C_{0r}	脂	油	$W\approx$	K 型
42	47	13	13.12	1.7	15.2	30.5	6000	8500	22	K 42×47×13
	47	17	17.12	1.7	20.5	44.2	6000	8500	28	K 42×47×17
	47	27	27.14	1.7	31.8	78.5	6000	8500	47	K 42×47×27
	50	20	20.14	2.7	31.0	54.2	6000	8500	54	K 42×50×20
	50	30	30.14	2.7	46.5	91.2	6000	8500	—	K 42×50×30
45	50	13	13.12	1.7	16.2	33.5	5600	8000	24	K 45×50×13
	50	17	17.12	1.7	21.5	48.5	5600	8000	31	K 45×50×17
	50	27	27.14	1.7	33.5	86.0	5600	8000	50	K 45×50×27
	53	20	20.14	2.7	31.8	57.0	5600	8000	62	K 45×53×20
	53	25	25.14	2.7	39.8	76.5	5600	8000	—	K 45×53×25
	53	30	30.14	2.7	47.5	95.8	5600	8000	82	K 45×53×30
48	53	13	13.12	1.7	16.5	35.5	5300	7500	—	K 48×53×13
	53	17	17.12	1.7	22.2	51.2	5300	7500	32	K 48×53×17
	53	27	27.14	1.7	34.5	91.0	5300	7500	—	K 48×53×27
	56	20	20.14	2.7	33.2	62.0	5300	7500	—	K 48×56×20
	56	30	30.14	2.7	49.8	105	5300	7500	—	K 48×56×30
50	55	13	13.12	1.7	16.8	36.5	5000	7000	—	K 50×55×13
	55	17	17.12	1.7	22.5	52.8	5000	7000	32	K 50×55×17
	55	20	20.14	1.7	26.2	65.0	5000	7000	39	K 50×55×20
	55	27	27.14	1.7	35.0	93.5	5000	7000	—	K 50×55×27
	57	16	16.12	2.3	23.8	44.5	5000	7000	50	K 50×57×16
	58	20	20.14	2.7	34.0	64.8	5000	7000	65	K 50×58×20
	58	25	25.14	2.7	42.8	88.8	5000	7000	—	K 50×58×25
	58	30	30.14	2.7	50.8	108	5000	7000	95	K 50×58×30
52	57	17	17.12	1.7	23.0	55.5	4800	6700	—	K 52×57×17
	57	20	20.14	1.7	27.2	68.5	4800	6700	—	K 52×57×20
	60	20	20.14	2.7	34.8	67.2	4800	6700	—	K 52×60×20
	60	30	30.14	2.7	52.0	112	4800	6700	—	K 52×60×30
55	61	20	20.14	2	31.2	73.5	4800	6700	—	K 55×61×20
	61	30	30.14	2	45.8	120	4800	6700	—	K 55×61×30
	62	40	40.17	2.3	62.5	160	4800	6700	—	K 55×62×40
	63	20	20.14	2.7	35.2	69.8	4800	6700	73	K 55×63×20
	63	25	25.14	2.7	44.2	93.8	4800	6700	90	K 55×63×25
	63	30	30.14	2.7	52.8	118	4800	6700	110	K 55×63×30
58	66	20	20.14	2.7	36.8	75.0	4500	6300	—	K 58×66×20
	66	30	30.14	2.7	55.0	125	4500	6300	—	K 58×66×30
60	66	20	20.14	2	33.2	88.0	4300	6000	—	K 60×66×20
	66	30	30.14	2	48.5	132	4300	6000	—	K 60×66×30
	68	20	20.14	2.7	37.5	77.5	4300	6000	—	K 60×68×20
	68	25	25.14	2.7	47.0	105	4300	6000	—	K 60×68×25
	68	30	30.14	2.7	56.0	130	4300	6000	136	K 60×68×30
63	71	20	20.14	2.7	38.0	80.2	4000	5600	80	K 63×71×20
	71	25	25.14	2.7	47.5	108	4000	5600	—	K 63×71×25
	71	30	30.14	2.7	56.8	135	4000	5600	—	K 63×71×30
65	73	20	20.14	2.7	38.5	82.8	4000	5600	—	K 65×73×20
	73	25	25.14	2.7	48.5	112	4000	5600	—	K 65×73×25
	73	30	30.14	2.7	57.8	140	4000	5600	126	K 65×73×30
68	74	20	20.14	2	35.2	92.5	3800	5300	65	K 68×74×20
	74	30	30.14	2	51.5	150	3800	5300	97	K 68×74×30
	76	20	20.14	2.7	39.8	88	3800	5300	—	K 68×76×20
	76	25	25.14	2.7	50.0	118	3800	5300	—	K 68×76×25
	76	30	30.14	2.7	59.8	148	3800	5300	—	K 68×76×30
70	76	20	20.14	2	35.8	94.2	3800	5300	70	K 70×76×20
	76	30	30.14	2	52.2	155	3800	5300	100	K 70×76×30
	78	20	20.14	2.7	40.5	90.5	3800	5300	—	K 70×78×20
	78	25	25.14	2.7	50.8	122	3800	5300	115	K 70×78×25
	78	30	30.14	2.7	60.5	152	3800	5300	136	K 70×78×30
72	78	20	20.14	2	36.5	98.8	3600	5000	90	K 72×78×20

（续）

公称尺寸 /mm			安装尺寸 /mm		基本额定载荷 /kN		极限转速 /r·min^{-1}		质量 /g	轴承代号
F_w	E_w	B_c	B_1	H_1	C_r	C_{0r}	脂	油	$W\approx$	K型
72	78	30	30.14	2	53.5	160	3600	5000	—	K 72×78×30
	80	20	20.14	2.7	41.0	93.2	3600	5000	94	K 72×80×20
	80	25	25.14	2.7	51.5	125	3600	5000	—	K 72×80×25
	80	30	30.14	2.7	61.5	155	3600	5000	—	K 72×80×30
75	81	20	20.14	2	37.5	102	3400	4800	75	K 75×81×20
	81	30	30.14	2	54.8	168	3400	4800	106	K 75×81×30
	83	20	20.14	2.7	72.5	98.2	3400	4800	100	K 75×83×20
	83	25	25.14	2.7	53.2	132	3400	4800	123	K 75×83×25
	83	30	30.14	2.7	63.5	165	3400	4800	147	K 75×83×30
80	86	20	20.14	2	38.5	108	3200	4500	76	K 80×86×20
	86	30	30.14	2	56.2	178	3200	4500	110	K 80×86×30
	88	25	25.14	2.7	54.5	138	3200	4500	130	K 80×88×25
	88	30	30.14	2.7	65	172	3200	4500	141	K 80×88×30
	88	35	35.17	2.7	75	210	3200	4500	—	K 80×88×35
85	92	20	20.14	2.3	40.5	105	3000	4300	96	K 85×92×20
	92	30	30.14	2.3	60.8	178	3000	4300	142	K 85×92×30
	93	20	20.14	2.7	45.0	112	3000	4300	130	K 85×93×20
	93	25	25.14	2.7	56.5	148	3000	4300	140	K 85×93×25
	93	30	30.14	2.7	67.5	185	3000	4300	160	K 85×93×30
	95	45	45.17	3.3	108	290	3000	4300	—	K 85×95×45
90	97	20	20.14	2.3	41.8	112	2800	4000	103	K 90×97×20
	97	30	30.14	2.3	62.8	190	2800	4000	151	K 90×97×30
	98	25	20.14	2.7	57.8	156	2800	4000	140	K 90×98×25
	98	30	25.14	2.7	69.0	195	2800	4000	172	K 90×98×30
95	102	20	20.14	2.3	43.2	120	2600	3800	110	K 95×102×20
	102	30	30.14	2.3	64.5	202	2600	3800	165	K 95×102×30
	103	30	30.14	2.7	71.5	208	2600	3800	165	K 95×103×30
100	107	20	20.14	2.3	44.5	125	2400	3600	95	K 100×107×20
	107	30	30.14	2.3	66.5	212	2400	3600	170	K 100×107×30
	108	30	30.14	2.7	72.8	218	2400	3600	190	K 100×108×30
105	112	20	20.14	2.3	45.2	132	2200	3400	115	K 105×112×20
	112	30	30.14	2.3	67.5	220	2200	3400	170	K 105×112×30
	115	30	30.14	3.3	81.8	218	2200	3400	205	K 105×115×30
110	117	25	25.14	2.3	58.2	185	2000	3200	150	K 110×117×25
	117	35	35.17	2.3	80.2	278	2000	3200	211	K 110×117×35
	120	30	30.14	3.3	85.0	228	2000	3200	—	K 110×120×30
115	122	25	25.14	2.3	59.8	195	2000	3200	—	K 115×122×25
	122	35	35.17	2.3	82.2	292	2000	3200	—	K 115×122×35
	125	35	35.17	3.3	99.5	290	2000	3200	—	K 115×125×35
120	127	25	25.14	2.3	61.2	202	1900	3000	168	K 120×127×25
	127	35	35.17	2.3	84.2	305	1900	3000	243	K 120×127×35
125	135	35	35.17	3.3	105	315	1900	3000	360	K 125×135×35
130	137	25	25.14	2.3	63.2	218	1800	2800	180	K 130×137×25
	137	35	35.17	2.3	87.2	328	1800	2800	250	K 130×137×35
145	153	30	30.14	2.7	88.5	315	1600	2400	262	K 145×153×30
155	163	30	30.14	2.7	91.5	338	1500	2200	304	K 155×163×30
165	173	35	35.17	2.7	108	432	1500	2200	322	K 165×173×35
175	183	35	35.17	2.7	112	460	1400	2000	390	K 175×183×35
185	195	40	40.17	3.3	145	548	1200	1800	590	K 185×195×40
195	205	40	40.17	3.3	150	585	1100	1700	650	K 195×205×40

注：F_w>100mm 的轴承为非标准轴承。

表 14.6-29　滚针轴承（部分摘自 GB/T 5801—2006）

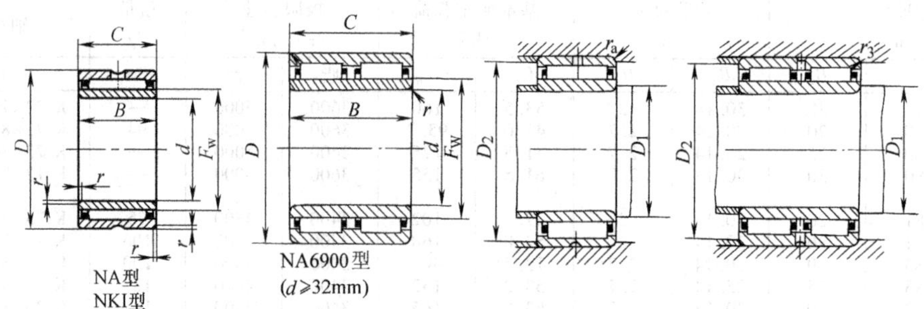

代号含义

NA—外圈有双单边，内圈无挡边

NKI—外圈有双单边，内圈无挡边（轻系列）

公称尺寸 /mm			安装尺寸 /mm			其他尺寸 /mm		基本额定载荷 /kN		极限转速 /r·min^{-1}		质量 /g	轴承代号
d	D	B、C	D_1 min	D_2 max	r_a max	F_W	r min	C_r	C_{0r}	脂	油	W ≈	NA 型 NKI 型
5	15	12	7	13	0.3	8	0.3	3.70	3.70	19000	28000	12.3	NKI 5/12
	15	16	7	13	0.3	8	0.3	4.90	5.30	19000	28000	16.4	NKI 5/16
6	16	12	8	14	0.3	9	0.3	4.20	4.50	18000	26000	13.5	NKI 6/12
	16	16	8	14	0.3	9	0.3	5.60	6.50	18000	26000	18.1	NKI 6/16
7	17	12	9	15	0.3	10	0.3	4.40	4.90	16000	24000	14.8	NKI 7/12
	17	16	9	15	0.3	10	0.3	5.90	7.20	16000	24000	19.8	NKI 7/16
9	19	12	11	17	0.3	12	0.3	6.50	7.10	15000	22000	16.9	NKI 9/12
	19	16	11	17	0.3	12	0.3	9.10	11.0	15000	22000	22.4	NKI 9/16
10	22	13	12	20	0.3	14	0.3	8.60	9.20	15000	22000	24.3	NA 4900
	22	16	12	20	0.3	14	0.3	11.0	12.5	15000	22000	30.2	NKI 10/16
	22	20	12	20	0.3	14	0.3	14.0	17.0	15000	22000	37.8	NKI 10/20
12	24	16	14	22	0.3	16	0.3	11.5	14.0	13000	19000	33.8	NKI 12/16
	24	20	14	22	0.3	16	0.3	14.5	18.8	13000	19000	42.2	NKI 12/20
	24	13	14	22	0.3	16	0.3	9.60	10.8	13000	19000	27.6	NA 4901
	24	22	14	22	0.3	16	0.3	16.2	21.5	13000	19000	46.9	NA 6901
15	27	16	17	25	0.3	19	0.3	13.2	17.5	10000	16000	39.7	NKI 15/16
	27	20	17	25	0.3	19	0.3	16.8	23.5	10000	16000	49.7	NKI 15/20
	28	13	17	26	0.3	20	0.3	10.2	12.8	10000	16000	35.9	NA 4902
	28	23	17	26	0.3	20	0.3	17.5	25.2	10000	16000	63.7	NA 6902
17	29	16	19	27	0.3	21	0.3	13.8	18.8	9500	15000	43.3	NKI 17/16
	29	20	19	27	0.3	21	0.3	17.5	25.5	9500	15000	54.3	NKI 17/20
	30	13	19	28	0.3	22	0.3	11.2	14.5	9500	15000	39.4	NA 4903
	30	23	19	28	0.3	22	0.3	19.0	28.8	9500	15000	69.9	NA 6903
20	32	16	22	30	0.3	24	0.3	15.2	22.2	9000	14000	49.3	NKI 20/16
	32	20	22	30	0.3	24	0.3	19.2	30.2	9000	14000	61.7	NKI 20/20
	37	17	22	35	0.3	25	0.3	21.2	25.2	9000	14000	79.9	NA 4904
	37	30	22	35	0.3	25	0.3	35.2	48.5	9000	14000	141	NA 6904
22	34	16	24	32	0.3	26	0.3	15.5	23.5	9000	13000	52.9	NKI 22/16
	34	20	24	32	0.3	26	0.3	19.8	32.0	9000	13000	66.1	NKI 22/20

（续）

公称尺寸 /mm			安装尺寸 /mm			其他尺寸 /mm		基本额定载荷 /kN		极限转速 /r·min^{-1}		质量 /g	轴承代号
d	D	B、C	D_1 min	D_2 max	r_a max	F_W	r min	C_r	C_{0r}	脂	油	W ≈	NA 型 NKI 型
22	39	17	24	37	0.3	28	0.3	23.2	29.2	9000	13000	85.4	NA 49/22
	39	30	24	37	0.3	28	0.3	38.5	56.2	9000	13000	151	NA 69/22
25	38	20	27	36	0.3	29	0.3	22.2	23.0	8000	12000	78.6	NKI 25/20
	38	30	27	36	0.3	29	0.3	33.5	58.0	8000	12000	119	NKI 25/30
	42	17	27	40	0.3	30	0.3	24.0	31.2	8000	12000	94.7	NA 4905
	42	30	27	40	0.3	30	0.3	40.0	60.2	8000	12000	167	NA 6905
28	42	20	30	40	0.3	32	0.3	23.5	37.8	7500	11000	96.4	NKI 28/20
	42	30	30	40	0.3	32	0.3	35.5	64.2	7500	11000	145	NKI 28/30
	45	17	30	43	0.3	32	0.3	24.8	33.2	7500	11000	104	NA 49/28
	45	30	30	43	0.3	32	0.3	41.5	64.2	7500	11000	183	NA 69/28
30	45	20	32	43	0.3	35	0.3	24.8	41.5	7000	10000	112	NKI 30/20
	45	30	32	43	0.3	35	0.3	37.5	70.5	7000	10000	169	NKI 30/30
	47	17	32	45	0.3	35	0.3	25.5	35.5	7000	10000	108	NA 4906
	47	30	32	45	0.3	35	0.3	42.8	68.5	7000	10000	191	NA 6906
32	47	20	34	45	0.3	37	0.3	25.2	43.2	6300	9000	118	NKI 32/20
	47	30	34	45	0.3	37	0.3	38.2	74.0	6300	9000	178	NKI 32/30
	52	20	36	48	0.6	40	0.6	31.5	48.5	6300	9000	168	NA 49/32
	52	36	36	48	0.6	40	0.6	48.0	83.2	6300	9000		NA 69/32
35	50	20	37	48	0.3	40	0.3	26.5	47.2	6300	9000	127	NKI 35/20
	50	30	37	48	0.3	40	0.3	40.0	80.2	6300	9000	191	NKI 35/30
	55	20	39	51	0.6	42	0.6	32.5	51.0	6000	8500	181	NA 4907
	55	36	39	51	0.6	42	0.6	49.5	87.2	6000	8500		NA 6907
38	53	20	40	51	0.3	43	0.3	27.5	50.8	5600	8000	136	NKI 38/20
	53	30	40	51	0.3	43	0.3	41.5	86.5	5600	8000	205	NKI 38/30
40	55	20	42	53	0.3	45	0.3	28.0	52.8	5300	7500	142	NKI 40/20
	55	30	42	53	0.3	45	0.3	42.5	89.8	5300	7500	214	NKI 40/30
	62	22	44	58	0.6	48	0.6	43.5	66.2	5000	7000	240	NA 4908
	62	40	44	58	0.6	48	0.6	62.8	108	5000	7000		NA 6908
42	57	20	44	55	0.3	47	0.3	29.2	56.5	5000	7000	148	NKI 42/20
	57	30	44	55	0.3	47	0.3	44.2	96.2	5000	7000	223	NKI 42/30
45	62	25	49	58	0.6	50	0.6	38.8	74.2	4800	6700	225	NKI 45/25
	62	35	49	58	0.6	50	0.6	51.8	108	4800	6700	314	NKI 45/35
	68	22	49	64	0.6	52	0.6	46.0	73.0	4800	6700	284	NA 4909
	68	40	49	64	0.6	52	0.6	67.2	118	4800	6700	—	NA 6909
50	68	25	54	64	0.6	55	0.6	41.0	82.5	4500	6300	267	NKI 50/25
	68	35	54	64	0.6	55	0.6	54.8	120	4500	6300	373	NKI 50/35
	72	22	54	68	0.6	58	0.6	48.2	80.0	4500	6300	287	NA 4910
	72	40	54	68	0.6	58	0.6	70.2	128	4500	6300	—	NA 6910
55	72	25	59	68	0.6	60	0.6	43.2	90.8	4000	5600	267	NKI 55/25
	72	35	59	68	0.6	60	0.6	57.5	132	4000	5600	373	NKI 55/35
	80	25	60	75	1	63	1	58.5	99.0	4000	5600	416	NA 4911
	80	45	60	75	1	63	1	87.8	168	4000	5600	—	NA 6911
60	82	25	64	78	0.6	68	0.6	45.5	92.0	3800	5300	398	NKI 60/25
	82	35	64	78	0.6	68	0.6	66.5	150	3800	5300	559	NKI 60/35
	85	25	65	80	1	68	1	61.2	108	3800	5300	448	NA 4912
	85	45	65	80	1	68	1	90.8	182	3800	5300	—	NA 6912
65	90	25	70	85	1	73	1	54.2	100	3600	5000	483	NKI 65/25
	90	35	70	85	1	73	1	79.5	165	3600	5000	680	NKI 65/35
	90	25	70	85	1	72	1	62.2	112	3600	5000	479	NA 4913
	90	45	70	85	1	72	1	93.2	188	3600	5000	—	NA 6913
70	95	25	75	90	1	80	1	57.2	112	3200	4500	512	NKI 70/25
	95	35	75	90	1	80	1	83.8	182	3200	4500	720	NKI 70/35
	100	30	75	95	1	80	1	84.0	152	3200	4500	762	NA 4914
	100	54	75	95	1	80	1	130	260	3200	4500	—	NA 6914

（续）

公称尺寸 /mm			安装尺寸 /mm			其他尺寸 /mm		基本额定载荷 /kN		极限转速 /r·min^{-1}		质量 /g	轴承代号
d	D	B、C	D_1 min	D_2 max	r_a max	F_W	r min	C_r	C_{0r}	脂	油	W ≈	NA 型 NKI 型
75	105	25	80	100	1	85	1	69.2	120	3000	4300	669	NKI 75/25
	105	35	80	100	1	85	1	100	195	3000	4300	939	NKI 75/35
	105	30	80	100	1	85	1	85.5	158	3000	4300	805	NA 4915
	105	54	80	100	1	85	1	130	270	3000	4300	—	NA 6915
80	110	25	85	105	1	90	1	72.2	130	2800	4000	708	NKI 80/25
	110	35	85	105	1	90	1	105	210	2800	4000	993	NKI 80/35
	110	30	85	105	1	90	1	89.0	170	2800	4000	852	NA 4916
	110	54	85	105	1	90	1	135	292	2800	4000	—	NA 6916
85	115	26	90	110	1	95	1	76.8	142	2400	3600	774	NKI 85/26
	115	36	90	110	1	95	1	110	225	2400	3600	1070	NKI 85/36
	120	35	91.5	113.5	1	100	1.1	112	235	2400	3600	1280	NA 4917
	120	63	91.5	113.5	1	100	1.1	155	365	2400	3600	—	NA 6917
90	120	26	95	115	1	100	1	79.8	152	2400	3600	814	NKI 90/26
	120	36	95	115	1	100	1	115	242	2400	3600	1130	NKI 90/36
	125	35	96.5	118.5	1	105	1.1	115	250	2200	3400	1340	NA 4918
	125	63	96.5	118.5	1	105	1.1	165	388	2200	3400	—	NA 6918
95	125	26	100	120	1	105	1	80.8	158	2200	3400	851	NKI 95/26
	125	36	100	120	1	105	1	115	250	2200	3400	1180	NKI 95/36
	130	35	101.5	123.5	1	110	1.1	120	265	2000	3200	1410	NA 4919
	130	63	101.5	123.5	1	110	1.1	172	412	2000	3200	—	NA 6919
100	130	30	106.5	123.5	1	110	1.1	98.2	205	2000	3200	1020	NKI 100/30
	130	40	106.5	123.5	1	110	1.1	125	285	2000	3200	1370	NKI 100/40
	140	40	106.5	133.5	1	115	1.1	130	270	2000	3200	1960	NA 4920
	140	71	106.5	133.5	1	115	1.1	202	480	2000	3200	—	NA 6920
110	140	30	115	135	1	120	1	93.0	210	2000	3200	1130	NA 4822
	150	40	116.5	143.5	1	125	1.1	138	295	1900	3000	2120	NA 4922
120	150	30	125	145	1	130	1	96.2	225	1900	3000	1220	NA 4824
	165	45	126.5	158.5	1	135	1.1	180	382	1800	2800	2910	NA 4924
130	165	35	136.5	158.5	1	145	1.1	118	302	1700	2600	—	NA 4826
	180	50	138	172	1.5	150	1.5	202	460	1600	2400	3960	NA 4926
140	175	35	146.5	168.5	1	155	1.1	122	320	1600	2400	1980	NA 4828
	190	50	148	182	1.5	160	1.5	210	488	1500	2200	4220	NA 4928
150	190	40	156.5	183.5	1	165	1.1	152	395	1500	2200	2800	NA 4830
160	200	40	166.5	193.5	1	175	1.1	158	418	1500	2200	2970	NA 4832
170	215	45	176.5	208.5	1	185	1.1	192	520	1300	2000	4080	NA 4834
180	225	45	186.5	218.5	1	195	1.1	198	552	1200	1900	4290	NA 4836
190	240	50	198	232	1.5	210	1.5	230	688	1200	1800	5700	NA 4838
200	250	50	208	242	1.5	220	1.5	235	725	1100	1700	5970	NA 4840
220	270	50	228	262	1.5	240	1.5	245	785	950	1500	6500	NA 4844
240	300	60	249	291	2	265	2	352	1050	900	1400	10100	NA 4848
260	320	60	269	311	2	285	2	368	1130	800	1200	10800	NA 4852
280	350	69	289	341	2	305	2	445	1310	750	1100	15800	NA 4856
300	380	80	311	369	2.1	330	2.1	608	1700	750	1100	22200	NA 4860
320	400	80	331	389	2.1	350	2.1	630	1820	700	1000	23500	NA 4864
340	420	80	351	409	2.1	370	2.1	642	1900	670	950	24800	NA 4868
360	440	80	371	429	2.1	390	2.1	662	2010	630	900	26100	NA 4872

表 14.6-30 无内圈单列滚针轴承（部分摘自 GB/T 5801—2006）

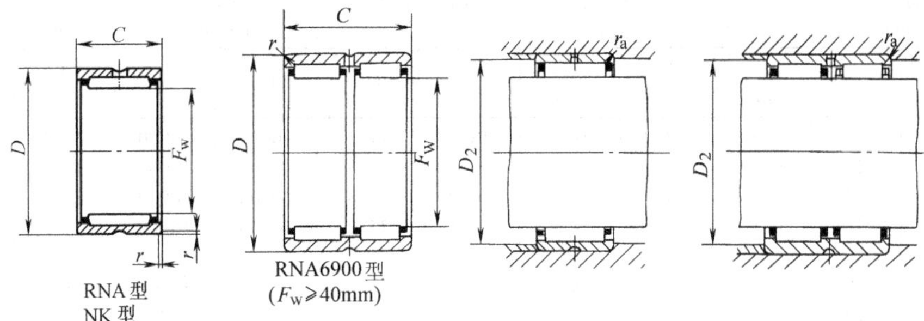

代号含义

RNA—无内圈

NK—无内圈(轻系列)

公称尺寸 /mm				安装尺寸 /mm		基本额定载荷 /kN		极限转速 /r·min⁻¹		质量 /g	轴承代号
F_w	D	C	r min	D_2 max	r_a max	C_r	C_{0r}	脂	油	W ≈	RNA 型 NK 型
5	10	10	0.15	8.8	0.15	2.10	1.60	22000	32000	3.30	NK 5/10
	10	12	0.15	8.8	0.15	2.80	2.30	22000	32000	4.00	NK 5/12
6	12	10	0.15	10.8	0.15	2.40	1.90	22000	32000	5.10	NK 6/10
	12	12	0.15	10.8	0.15	3.10	2.80	22000	32000	6.20	NK 6/12
7	14	10	0.30	12	0.3	2.60	2.30	20000	30000	7.30	NK 7/10
	14	12	0.30	12	0.3	3.40	3.20	20000	30000	8.80	NK 7/12
8	15	12	0.30	13	0.3	3.70	3.70	19000	28000	9.60	NK 8/12
	15	16	0.30	13	0.3	4.90	5.30	19000	28000	12.8	NK 8/16
9	16	12	0.30	14	0.3	4.20	4.50	18000	26000	10.4	NK 9/12
	16	16	0.30	14	0.3	5.60	6.50	18000	26000	13.9	NK 9/16
10	17	12	0.30	15	0.3	4.40	4.90	16000	24000	11.2	NK 10/12
	17	16	0.30	15	0.3	5.90	7.20	16000	24000	15.1	NK 10/16
12	19	12	0.30	17	0.3	6.50	7.10	15000	22000	12.4	NK 12/12
	19	16	0.30	17	0.3	9.10	11.0	15000	22000	16.3	NK 12/16
14	22	16	0.3	20	0.3	11.0	12.5	15000	22000	20.9	NK 14/16
	22	20	0.3	20	0.3	14.0	17.0	15000	22000	26.2	NK 14/20
	22	13	0.3	20	0.3	8.60	9.20	15000	22000	16.8	RNA 4900
15	23	16	0.3	21	0.3	11.0	12.8	14000	20000	21.8	NK 15/16
	23	20	0.3	21	0.3	13.8	17.2	14000	20000	27.2	NK 15/20
16	24	16	0.3	22	0.3	11.5	14.0	13000	19000	23.0	NK 16/16
	24	20	0.3	22	0.3	14.5	18.8	13000	19000	28.6	NK 16/20
	24	13	0.3	22	0.3	9.60	10.8	13000	19000	18.8	RNA 4901
	24	22	0.3	22	0.3	16.2	21.5	13000	19000	32.1	RNA 6901
17	25	16	0.3	23	0.3	12.2	15.0	12000	18000	24.2	NK 17/16
	25	20	0.3	23	0.3	15.5	20.5	12000	18000	30.2	NK 17/20
18	26	16	0.3	24	0.3	12.8	16.2	11000	17000	25.4	NK 18/16
	26	20	0.3	24	0.3	16.2	22.0	11000	17000	31.7	NK 18/20
19	27	16	0.3	25	0.3	13.2	17.5	10000	16000	26.6	NK 19/16
	27	20	0.3	25	0.3	16.8	23.5	10000	16000	33.2	NK 19/20

（续）

公称尺寸 /mm				安装尺寸 /mm		基本额定载荷 /kN		极限转速 /r·min⁻¹		质量 /g	轴承代号
F_W	D	C	r min	D_2 max	r_a max	C_r	C_{0r}	脂	油	W ≈	RNA 型 NK 型
20	28	16	0.3	26	0.3	13.2	17.5	10000	16000	27.4	NK 20/16
	28	20	0.3	26	0.3	16.8	23.8	10000	16000	34.3	NK 20/20
	28	13	0.3	26	0.3	10.2	10.8	10000	16000	22.2	RNA 4902
	28	23	0.3	26	0.3	17.5	25.2	10000	16000	63.7	RNA 6902
21	29	16	0.3	27	0.3	13.8	18.8	9500	15000	28.6	NK 21/16
	29	20	0.3	27	0.3	17.5	25.5	9500	15000	35.9	NK 21/20
22	30	16	0.3	28	0.3	14.2	20.0	9500	15000	29.9	NK 22/16
	30	20	0.3	28	0.3	18.0	27.0	9500	15000	37.4	NK 22/20
	30	13	0.3	28	0.3	11.2	14.5	9500	15000	24.1	RNA 4903
	30	23	0.3	28	0.3	19.0	28.8	9500	15000	43.1	RNA 6903
24	32	16	0.3	30	0.3	15.2	22.2	9000	14000	32.3	NK 24/16
	32	20	0.3	30	0.3	19.2	30.2	9000	14000	40.4	NK 24/20
25	33	16	0.3	31	0.3	15.2	22.5	9000	14000	33.2	NK 25/16
	33	20	0.3	31	0.3	19.2	30.5	9000	14000	41.4	NK 25/20
	37	17	0.3	35	0.3	21.2	25.2	9000	14000	56.7	RNA 4904
	37	30	0.3	35	0.3	35.2	48.5	9000	14000	101	RNA 6904
26	34	16	0.3	32	0.3	15.5	23.5	9000	13000	34.4	NK 26/16
	34	20	0.3	32	0.3	19.8	32.0	9000	13000	42.9	NK 26/20
28	37	20	0.3	35	0.3	22.2	34.0	9000	13000	51.6	NK 28/20
	37	30	0.3	35	0.3	33.8	57.8	9000	13000	77.7	NK 28/30
	39	17	0.3	37	0.3	23.2	29.2	9000	13000	54.4	RNA 49/22
	39	30	0.3	37	0.3	38.5	56.2	9000	13000	96.5	RNA 69/22
29	38	20	0.3	36	0.3	22.2	34.0	8000	12000	52.7	NK 29/20
	38	30	0.3	36	0.3	33.5	58.0	8000	12000	79.4	NK 29/30
30	40	20	0.3	38	0.3	23.0	35.8	8000	12000	64.2	NK 30/20
	40	30	0.3	38	0.3	34.8	61.0	8000	12000	96.6	NK 30/30
	42	17	0.3	40	0.3	24.0	31.2	8000	12000	66.2	RNA 4905
	42	30	0.3	40	0.3	40.0	60.2	8000	12000	117	RNA 6905
32	42	20	0.3	40	0.3	23.5	37.8	7500	11000	67.6	NK 32/20
	42	30	0.3	40	0.3	35.5	64.2	7500	11000	102	NK 32/30
	45	17	0.3	43	0.3	24.8	33.2	7500	11000	79	RNA 49/28
	45	30	0.3	43	0.3	41.5	64.2	7500	11000	140	RNA 69/28
35	45	20	0.3	43	0.3	24.8	41.5	7000	10000	73.1	NK 35/20
	45	30	0.3	43	0.3	37.5	70.5	7000	10000	110	NK 35/30
	47	17	0.3	45	0.3	25.5	35.5	7000	10000	74.7	RNA 4906
	47	30	0.3	45	0.3	42.8	68.5	7000	10000	133	RNA 6906
37	47	20	0.3	45	0.3	25.2	43.2	6300	9000	76.5	NK 37/20
	47	30	0.3	45	0.3	38.2	74.0	6300	9000	115	NK 37/30
38	48	20	0.3	46	0.3	26.0	45.2	6300	9000	78.5	NK 38/20
	48	30	0.3	46	0.3	39.2	77.0	6300	9000	118	NK 38/30
40	50	20	0.3	48	0.3	26.5	47.2	6300	9000	81.9	NK 40/20
	50	30	0.3	48	0.3	40.0	80.2	6300	9000	123	NK 40/30

（续）

公称尺寸 /mm				安装尺寸 /mm		基本额定载荷 /kN		极限转速 /r · min^{-1}		质量 /g	轴承代号
F_W	D	C	r min	D_2 max	r_a max	C_r	C_{0r}	脂	油	W ≈	RNA 型 NK 型
40	52	20	0.6	48	0.6	31.5	48.5	6300	9000	98.7	RNA 49/32
	52	36	0.6	48	0.6	48.0	83.2	6300	9000	—	RNA 69/32
42	52	20	0.3	50	0.3	27.0	49.0	6000	8500	85.3	NK 42/20
	52	30	0.3	50	0.3	40.8	83.5	6000	8500	128	NK 42/30
	55	20	0.6	51	0.6	32.5	51.0	6000	8500	163	RNA 4907
	55	36	0.6	51	0.6	49.5	87.2	6000	8500	—	RNA 6907
43	53	20	0.3	51	0.3	27.5	50.8	5600	8000	87.3	NK 43/30
	53	30	0.3	51	0.3	41.5	86.5	5600	8000	132	NK 43/30
45	55	20	0.3	53	0.3	28.0	52.8	5300	7500	90.7	NK 45/20
	55	30	0.3	53	0.3	42.5	89.8	5300	7500	137	NK 45/30
47	57	20	0.3	55	0.3	29.2	56.5	5000	7000	94.7	NK 47/20
	57	30	0.3	55	0.3	44.2	96.2	5000	7000	143	NK 47/30
48	62	22	0.6	58	0.6	43.5	66.2	5000	7000	146	RNA 4908
	62	40	0.6	58	0.6	62.8	108	5000	7000	—	RNA 6908
50	62	25	0.6	58	0.6	38.8	74.2	4800	6700	154	NK 50/25
	62	35	0.6	58	0.6	51.8	108	4800	6700	215	NK 50/35
52	68	22	0.6	64	0.6	46.0	73.0	4800	6700	194	RNA 4909
	68	40	0.6	64	0.6	67.2	118	4800	6700	—	RNA 6909
55	68	25	0.6	64	0.6	41.0	82.5	4500	6300	188	NK 55/25
	68	35	0.6	64	0.6	54.8	120	4500	6300	264	NK 55/35
58	72	22	0.6	68	0.6	48.2	80.0	4500	6300	172	RNA 4910
	72	40	0.6	68	0.6	70.2	128	4500	6300	—	RNA 6910
60	72	25	0.6	68	0.6	43.2	90.8	4000	5600	181	NK 60/25
	72	35	0.6	68	0.6	57.5	132	4000	5600	254	NK 60/35
63	80	25	1	75	1	58.5	99.0	4000	5600	274	RNA 4911
	80	45	1	75	1	87.8	168	4000	5600	—	RNA 6911
65	78	25	0.6	74	0.6	45.2	98.8	4000	5600	219	NK 65/25
	78	35	0.6	74	0.6	60.2	142	4000	5600	307	NK 65/35
68	82	25	0.6	78	0.6	45.5	92.0	3800	5300	245	NK 68/25
	82	35	0.6	78	0.6	66.5	150	3800	5300	343	NK 68/35
	85	25	1	80	1	61.2	108	3800	5300	294	RNA 4912
	85	45	1	80	1	90.8	182	3800	5300		RNA 6912
72	90	25	1	85	1	62.2	112	3600	5000	335	RNA 4913
	90	45	1	85	1	93.2	188	3600	5000	—	RNA 6913
73	90	25	1	85	1	54.2	100	3600	5000	319	NK 73/25
	90	35	1	85	1	79.5	165	3600	5000	448	NK 73/35
75	92	25	1	87	1	55.2	105	3400	4800	328	NK 75/25
	92	35	1	87	1	81.0	170	3400	4800	460	NK 75/35
80	95	25	1	90	1	57.2	112	3200	4500	288	NK 80/25
	95	35	1	90	1	83.8	182	3200	4500	405	NK 80/35
	100	30	1	95	1	84.0	152	3200	4500	491	RNA 4914
	100	54	1	95	1	130	260	3200	4500	—	RNA 6914
85	105	25	1	100	1	69.2	120	3000	4300	429	NK85/25
	105	35	1	100	1	100	195	3000	4300	600	NK 85/35
	105	30	1	100	1	85.5	158	3000	4300	515	RNA 4915
	105	54	1	100	1	130	270	3000	4300	—	RNA 6915
90	110	25	1	105	1	72.2	130	2800	4000	452	NK 90/25
	110	35	1	105	1	105	210	2800	4000	634	NK 90/35

（续）

公称尺寸 /mm				安装尺寸 /mm		基本额定载荷 /kN		极限转速 /r·min^{-1}		质量 /g	轴承代号
F_W	D	C	r min	D_2 max	r_a max	C_r	C_{0r}	脂	油	W ≈	RNA 型 NK 型
90	110	30	1	105	1	89.0	170	2800	4000	544	RNA 4916
	110	54	1	105	1	135	292	2800	4000	—	RNA 6916
95	115	26	1	110	1	76.8	142	2400	3600	492	NK 95/26
	115	36	1	110	1	110	225	2400	3600	681	NK 95/36
100	120	26	1	115	1	79.8	152	2400	3600	517	NK 100/26
	120	36	1	115	1	115	242	2400	3600	716	NK 100/36
	120	35	1.1	113.5	1	112	235	2400	3600	687	RNA 4917
	120	63	1.1	113.5	1	155	365	2400	3600	—	RNA 6917
105	125	26	1	120	1	80.8	158	2200	3400	538	NK 105/26
	125	35	1	120	1	115	250	2200	3400	745	NK 105/36
	125	36	1.1	118.5	1	115	250	2200	3400	721	RNA 4918
	125	63	1.1	118.5	1	165	388	2200	3400	—	RNA 6918
110	130	30	1.1	123.5	1	98.2	205	2000	3200	647	NK 110/30
	130	40	1.1	123.5	1	125	285	2000	3200	864	NK 110/40
	130	35	1.1	123.5	1	120	265	2000	3200	754	RNA 4919
	130	63	1.1	123.5	1	172	412	2000	3200	—	RNA 6919
115	140	40	1.1	133.5	1	130	270	2000	3200	1180	RNA 4920
	140	71	1.1	133.5	1	202	480	2000	3200	—	RNA 6920
120	140	30	1	135	1	93.0	210	2000	3200	718	RNA 4822
125	150	40	1.1	143.5	1	138	295	1900	3000	1275	RNA 4922
130	150	30	1	145	1	96.2	225	1900	3000	771	RNA 4824
135	165	45	1.1	158.5	1	180	382	1800	2800	1870	RNA 4924
145	165	35	1.1	158.5	1	118	302	1700	2600	990	RNA 4826
150	180	50	1.5	172	1.5	202	460	1600	2400	2280	RNA 4926
155	175	35	1.1	168.5	1	122	320	1600	2400	1050	RNA 4828
160	190	50	1.5	182	1.5	210	488	1500	2200	2410	RNA 4928
165	190	40	1.1	183.5	1	152	395	1500	2200	1670	RNA 4830
175	200	40	1.1	193.5	1	158	418	1500	2200	1760	RNA 4832
185	215	45	1.1	208.5	1	192	520	1300	2000	2640	RNA 4834
195	225	45	1.1	218.5	1	198	552	1200	1900	2770	RNA 4836
210	240	50	1.5	232	1.5	230	688	1200	1800	3290	RNA 4838
220	250	50	1.5	242	1.5	235	725	1100	1700	3440	RNA 4840
240	270	50	1.5	262	1.5	245	785	950	1500	3730	RNA 4844
265	300	60	2	291	2	352	1050	900	1400	5520	RNA 4848
285	320	60	2	311	2	368	1130	800	1200	5910	RNA 4852
305	350	69	2	341	2	445	1310	750	1100	9700	RNA 4856
330	380	80	2.1	369	2.1	608	1700	750	1100	13100	RNA 4860
350	400	80	2.1	389	2.1	630	1820	700	1000	13900	RNA 4864
370	420	80	2.1	409	2.1	642	1900	670	950	14600	RNA 4868
390	440	80	2.1	429	2.1	662	2010	630	900	15300	RNA 4872

表 14.6-31　冲压外圈滚针轴承（部分摘自 GB/T 290—1998）

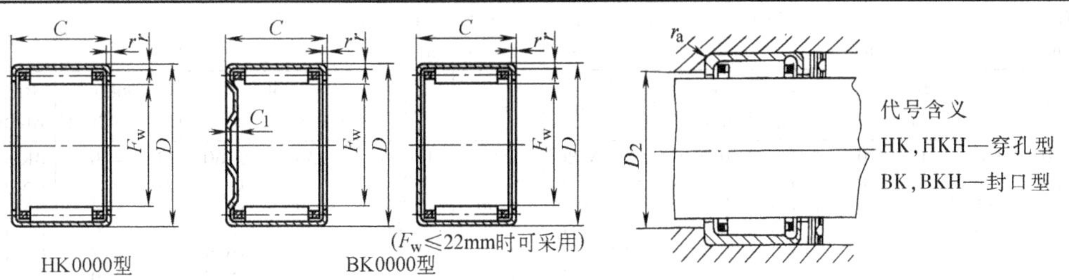

公称尺寸 /mm			安装尺寸 /mm		其他尺寸 /mm		基本额定载荷/kN		极限转速 /r·min⁻¹		质量 /g		轴承代号	
											W			
F_w	D	C	D_2 max	r_a max	C_1 max	r min	C_r	C_{0r}	脂	油	HK 型	BK 型	HK0000 型 HKH0000 型	BK0000 型 BKH0000 型
4	8	8	5	0.3	1.0	0.3	1.50	1.20	20000	28000	1.40	1.50	HK 0408	BK 0408
	8	9	5	0.4	1.0	0.4	1.80	1.40	20000	28000	1.60	1.70	HK 0409	BK 0409
5	9	8	5.3	0.4	1.0	0.4	1.90	1.60	17000	24000	1.70	1.80	HK 0508	BK 0508
	9	9	5.3	0.4	1.0	0.4	2.30	2.00	17000	24000	1.90	2.00	HK 0509	BK 0509
6	10	8	6.3	0.4	1.0	0.4	2.10	1.90	16000	22000	1.90	2.10	HK 0608	BK 0608
	10	9	6.3	0.4	1.0	0.4	2.50	2.40	16000	22000	2.10	2.30	HK 0609	BK 0609
	10	10	6.3	0.4	1.0	0.4	2.90	2.90	16000	22000	2.40	2.50	HK 0610	BK 0610
7	11	8	7.3	0.4	1.0	0.4	2.30	2.20	15000	20000	2.10	2.30	HK 0708	BK 0708
	11	9	7.3	0.4	1.0	0.4	2.70	2.70	15000	20000	2.40	2.50	HK 0709	BK 0709
	11	10	7.3	0.4	1.0	0.4	3.10	3.30	15000	20000	2.70	2.90	HK 0710	BK 0710
	11	12	7.3	0.4	1.0	0.4	3.90	4.30	15000	20000	3.30	3.40	HK 0712	BK 0712
8	12	8	8.3	0.4	1.0	0.4	2.40	2.40	14000	19000	2.40	2.60	HK 0808	BK 0808
	12	9	8.3	0.4	1.0	0.4	2.90	3.10	14000	19000	2.70	2.90	HK 0809	BK 0809
	12	10	8.3	0.4	1.0	0.4	3.30	3.70	14000	19000	2.90	3.20	HK 0810	BK 0810
	12	12	8.3	0.4	1.0	0.4	4.20	4.90	14000	19000	3.60	3.80	HK 0812	BK 0812
	14	10	9	0.4	1.3	0.4	3.40	3.20	14000	19000	5.50	5.90	HKH 0810	BKH 0810
	14	12	9	0.4	1.3	0.4	4.40	4.40	14000	19000	6.60	7.10	HKH 0812	BKH 0812
	14	14	9	0.4	1.3	0.4	5.40	5.70	14000	19000	7.90	8.30	HKH 0814	BKH 0814
9	13	8	9.3	0.4	1.0	0.4	2.70	2.90	13000	18000	2.70	2.90	HK 0908	BK 0908
	13	9	9.3	0.4	1.0	0.4	3.30	3.70	13000	18000	2.90	3.20	HK 0909	BK 0909
	13	10	9.3	0.4	1.0	0.4	3.70	4.40	13000	18000	3.30	3.50	HK 0910	BK 0910
	13	12	9.3	0.4	1.0	0.4	4.70	5.90	13000	18000	4.10	4.30	HK 0912	BK 0912
	13	14	9.3	0.4	1.0	0.4	5.60	7.40	13000	18000	4.90	5.20	HK 0914	BK 0914
	15	10	10	0.4	1.3	0.4	3.70	3.60	13000	18000	5.90	6.40	HKH 0910	BKH 0910
	15	12	10	0.4	1.3	0.4	4.80	5.00	13000	18000	7.20	7.70	HKH 0912	BKH 0912
	15	14	10	0.4	1.3	0.4	5.80	6.50	13000	18000	8.40	9.00	HKH 0914	BKH 0914
	15	16	10	0.4	1.3	0.4	6.80	7.90	13000	18000	9.80	10.4	HKH 0916	BKH 0916
10	14	8	10.3	0.4	1.0	0.4	2.90	3.20	11000	17000	2.90	3.20	HK 1008	BK 1008
	14	9	10.3	0.4	1.0	0.4	3.40	4.00	11000	17000	3.10	3.50	HK 1009	BK 1009
	14	10	10.3	0.4	1.0	0.4	3.90	4.80	11000	17000	3.60	3.90	HK 1010	BK 1010
	14	12	10.3	0.4	1.0	0.4	4.90	6.40	11000	17000	4.40	4.80	HK 1012	BK 1012
	14	14	10.3	0.4	1.0	0.4	5.80	8.00	11000	17000	5.30	5.60	HK 1014	BK 1014
	16	10	11	0.4	1.3	0.4	3.90	4.00	11000	17000	6.40	7.00	HKH 1010	BKH 1010
	16	12	11	0.4	1.3	0.4	5.10	5.60	11000	17000	7.80	8.50	HKH 1012	BKH 1012
	16	14	11	0.4	1.3	0.4	6.20	7.30	11000	17000	9.10	9.80	HKH 1014	BKH 1014
	16	16	11	0.4	1.3	0.4	7.30	8.90	11000	17000	10.6	11.2	HKH 1016	BKH 1016
12	16	8	12.3	0.4	1.0	0.4	3.10	3.80	9500	15000	3.30	3.80	HK 1208	BK 1208
	16	9	12.3	0.4	1.0	0.4	3.70	4.70	9500	15000	3.70	4.20	HK 1209	BK 1209
	16	10	12.3	0.4	1.0	0.4	4.30	5.60	9500	15000	4.10	4.60	HK 1210	BK 1210
	16	12	12.3	0.4	1.0	0.4	5.30	7.50	9500	15000	5.10	5.50	HK 1212	BK 1212
	16	14	12.3	0.4	1.0	0.4	6.30	9.40	9500	15000	6.00	6.50	HK 1214	BK 1214
	18	10	13	0.4	1.3	0.4	4.40	4.90	9500	15000	7.30	8.30	HKH 1210	BKH 1210
	18	12	13	0.4	1.3	0.4	5.80	6.90	9500	15000	9.00	9.90	HKH 1212	BKH 1212
	18	14	13	0.4	1.3	0.4	7.00	8.80	9500	15000	10.6	11.5	HKH 1214	BKH 1214
	18	16	13	0.4	1.3	0.4	8.20	10.8	9500	15000	12.2	13.2	HKH 1216	BKH 1216
	18	18	13	0.4	1.3	0.4	9.30	12.8	9500	15000	13.8	14.7	HKH 1218	BKH 1218

（续）

公称尺寸 /mm			安装尺寸 /mm		其他尺寸 /mm		基本额定载荷/kN		极限转速 /r·min^{-1}		质量 /g		轴承代号	
											W			
F_w	D	C	D_2 max	r_a max	C_1 max	r min	C_r	C_{0r}	脂	油	HK型	BK型	HK0000型 HKH0000型	BK0000型 BKH0000型
14	20	10	15	0.4	1.3	0.4	4.90	5.80	9500	15000	8.30	9.60	HK 1410	BK 1410
	20	12	15	0.4	1.3	0.4	6.30	8.10	9500	15000	10.1	11.3	HK 1412	BK 1412
	20	14	15	0.4	1.3	0.4	7.70	10.5	9500	15000	12.0	13.2	HK 1414	BK 1414
	20	16	15	0.4	1.3	0.4	9.00	12.8	9500	15000	13.9	15.2	HK 1416	BK 1416
	20	18	15	0.4	1.3	0.4	10.2	15.0	9500	15000	15.6	16.9	HK 1418	BK 1418
	20	20	15	0.4	1.3	0.4	11.5	17.2	9500	15000	17.5	18.7	HK 1420	BK 1420
	22	12	16	0.4	1.3	0.4	7.00	7.20	9500	15000	13.2	14.5	HKH 1412	BKH 1412
	22	14	16	0.4	1.3	0.4	8.80	9.60	9500	15000	15.7	17.0	HKH 1414	BKH 1414
	22	16	16	0.4	1.3	0.4	10.5	12.0	9500	15000	18.1	19.4	HKH 1416	BKH 1416
	22	18	16	0.4	1.3	0.4	12.2	14.2	9500	15000	20.5	21.8	HKH 1418	BKH 1418
	22	20	16	0.4	1.3	0.4	13.5	16.8	9500	15000	23.1	24.4	HKH 1420	BKH 1420
15	21	10	16	0.4	1.3	0.4	5.10	6.20	9000	14000	8.70	10.2	HK 1510	BK 1510
	21	12	16	0.4	1.3	0.4	6.60	8.70	9000	14000	10.7	12.1	HK 1512	BK 1512
	21	14	16	0.4	1.3	0.4	8.00	11.2	9000	14000	12.7	14.1	HK 1514	BK 1514
	21	16	16	0.4	1.3	0.4	9.40	13.8	9000	14000	14.5	16.0	HK 1516	BK 1516
	21	18	16	0.4	1.3	0.4	10.8	16.2	9000	14000	16.5	18.0	HK 1518	BK 1518
	21	20	16	0.4	1.3	0.4	12.0	18.5	9000	14000	18.5	20.0	HK 1520	BK 1520
	23	12	17	0.4	1.3	0.4	7.50	7.90	9000	14000	13.9	15.4	HKH 1512	BKH 1512
	23	14	17	0.4	1.3	0.4	9.40	10.5	9000	14000	16.6	18.1	HKH 1514	BKH 1514
	23	16	17	0.4	1.3	0.4	11.2	13.2	9000	14000	19.3	20.8	HKH 1516	BKH 1516
	23	18	17	0.4	1.3	0.4	12.8	15.8	9000	14000	21.8	23.3	HKH 1518	BKH 1518
	23	20	17	0.4	1.3	0.4	14.5	18.5	9000	14000	24.4	25.9	HKH 1520	BKH 1520
16	22	10	17	0.4	1.3	0.4	5.30	6.60	8500	13000	9.00	10.6	HK 1610	BK 1610
	22	12	17	0.4	1.3	0.4	6.80	9.30	8500	13000	11.0	12.6	HK 1612	BK 1612
	22	14	17	0.4	1.3	0.4	8.30	12.0	8500	13000	13.0	14.7	HK 1614	BK 1614
	22	16	17	0.4	1.3	0.4	9.70	14.5	8500	13000	15.1	16.7	HK 1616	BK 1616
	22	18	17	0.4	1.3	0.4	11.2	17.2	8500	13000	17.2	18.8	HK 1618	BK 1618
	22	20	17	0.4	1.3	0.4	12.5	20.0	8500	13000	19.2	20.9	HK 1620	BK 1620
	24	12	18	0.8	1.3	0.8	7.50	8.00	8500	13000	14.1	15.8	HKH 1612	BKH 1612
	24	14	18	0.8	1.3	0.8	9.40	10.8	8500	13000	17.0	18.6	HKH 1614	BKH 1614
	24	16	18	0.8	1.3	0.8	11.2	13.2	8500	13000	19.6	21.3	HKH 1616	BKH 1616
	24	18	18	0.8	1.3	0.8	12.8	16.0	8500	13000	22.3	24.0	HKH 1618	BKH 1618
	24	20	18	0.8	1.3	0.8	14.5	18.8	8500	13000	24.9	26.6	HKH 1620	BKH 1620
17	23	10	18	0.4	1.3	0.4	5.50	7.10	8000	12000	9.30	11.2	HK 1710	BK 1710
	23	12	18	0.4	1.3	0.4	7.10	9.90	8000	12000	11.5	13.4	HK 1712	BK 1712
	23	14	18	0.4	1.3	0.4	8.60	12.8	8000	12000	13.7	15.6	HK 1714	BK 1714
	23	16	18	0.4	1.3	0.4	10.2	15.5	8000	12000	15.9	17.7	HK 1716	BK 1716
	23	18	18	0.4	1.3	0.4	11.5	18.5	8000	12000	18.1	19.9	HK 1718	BK 1718
	23	20	18	0.4	1.3	0.4	13.5	22.5	8000	12000	20.8	22.4	HK 1720	BK 1720
	25	12	19	0.8	1.3	0.8	7.90	8.80	8000	12000	14.9	16.8	HKH 1712	BKH 1712
	25	14	19	0.8	1.3	0.8	9.90	11.8	8000	12000	17.8	19.7	HKH 1714	BKH 1714
	25	16	19	0.8	1.3	0.8	11.8	14.5	8000	12000	20.7	22.6	HKH 1716	BKH 1716
	25	18	19	0.8	1.3	0.8	13.5	17.5	8000	12000	23.5	25.4	HKH 1718	BKH 1718
	25	20	19	0.8	1.3	0.8	15.2	20.5	8000	12000	26.4	28.3	HKH 1720	BKH 1720
18	24	10	19	0.4	1.3	0.4	5.60	7.50	7500	11000	9.90	12.0	HK 1810	BK 1810
	24	12	19	0.4	1.3	0.4	7.30	10.5	7500	11000	12.1	14.2	HK 1812	BK 1812
	24	14	19	0.4	1.3	0.4	8.90	13.5	7500	11000	14.5	16.5	HK 1814	BK 1814
	24	16	19	0.4	1.3	0.4	10.5	16.5	7500	11000	16.7	18.8	HK 1816	BK 1816
	24	18	19	0.4	1.3	0.4	12.0	19.5	7500	11000	19.0	21.1	HK 1818	BK 1818
	24	20	19	0.4	1.3	0.4	13.2	22.5	7500	11000	21.2	23.3	HK 1820	BK 1820
	26	12	20	0.8	1.3	0.8	8.30	9.50	7500	11000	15.7	17.9	HKH 1812	BKH 1812
	26	14	20	0.8	1.3	0.8	10.5	12.8	7500	11000	18.8	20.9	HKH 1814	BKH 1814
	26	16	20	0.8	1.3	0.8	12.5	15.8	7500	11000	21.8	23.9	HKH 1816	BKH 1816
	26	18	20	0.8	1.3	0.8	14.2	19.0	7500	11000	24.8	26.9	HKH 1818	BKH 1818
	26	20	20	0.8	1.3	0.8	16.2	22.2	7500	11000	27.8	30.0	HKH 1820	BKH 1820
20	26	10	21	0.4	1.3	0.4	6.00	8.40	7000	10000	10.8	13.3	HK 2010	BK 2010
	26	12	21	0.4	1.3	0.4	7.80	11.8	7000	10000	13.3	15.8	HK 2012	BK 2012
	26	14	21	0.4	1.3	0.4	9.50	15.2	7000	10000	15.7	18.3	HK 2014	BK 2014
	26	16	21	0.4	1.3	0.4	11.2	18.5	7000	10000	18.2	20.8	HK 2016	BK 2016
	26	18	21	0.4	1.3	0.4	12.5	21.8	7000	10000	20.8	23.3	HK 2018	BK 2018
	26	20	21	0.4	1.3	0.4	14.2	25.2	7000	10000	23.3	25.8	HK 2020	BKH 2020
	28	12	22	0.8	1.3	0.8	8.70	10.2	7000	10000	17.1	19.7	HKH 2012	BKH 2012
	28	14	22	0.8	1.3	0.8	11.0	13.8	7000	10000	20.3	22.9	HKH 2014	BKH 2014

（续）

公称尺寸 /mm			安装尺寸 /mm		其他尺寸 /mm		基本额定载荷/kN		极限转速 /r·min^{-1}		质量 /g		轴承代号	
F_w	D	C	D_2 max	r_a max	C_1 max	r min	C_r	C_{0r}	脂	油	W HK 型	W BK 型	HK0000 型 HKH0000 型	BK0000 型 BKH0000 型
20	28	16	22	0.8	1.3	0.8	13.0	17.2	7000	10000	23.6	26.2	HKH 2016	BKH 2016
	28	18	22	0.8	1.3	0.8	15.0	20.8	7000	10000	26.8	29.4	HKH 2018	BKH 2018
	28	20	22	0.8	1.3	0.8	16.8	24.2	7000	10000	30.2	32.8	HKH 2020	BKH 2020
22	28	10	23	0.4	1.3	0.4	6.30	9.30	6700	9500	11.7	14.8	HK 2210	BK 2210
	28	12	23	0.4	1.3	0.4	8.20	13.0	6700	9500	14.4	17.5	HK 2212	BK 2212
	28	14	23	0.4	1.3	0.4	10.0	16.8	6700	9500	17.2	20.2	HK 2214	BK 2214
	28	16	23	0.4	1.3	0.4	11.8	20.5	6700	9500	19.9	22.9	HK 2216	BK 2216
	28	18	23	0.4	1.3	0.4	13.2	24.2	6700	9500	22.5	25.6	HK 2218	BK 2218
	28	20	23	0.4	1.3	0.4	15.0	27.8	6700	9500	25.3	28.4	HK 2220	BK 2220
	30	12	24	0.8	1.3	0.8	9.10	11.2	6700	9500	18.4	21.5	HKH 2212	BKH 2212
	30	14	24	0.8	1.3	0.8	11.2	15.0	6700	9500	21.9	25.0	HKH 2214	BKH 2214
	30	16	24	0.8	1.3	0.8	13.5	18.5	6700	9500	25.3	28.4	HKH 2216	BKH 2216
	30	18	24	0.8	1.3	0.8	15.5	22.2	6700	9500	28.9	32.1	HKH 2218	BKH 2218
	30	20	24	0.8	1.3	0.8	17.5	26.0	6700	9500	32.4	35.6	HKH 2220	BKH 2220
25	32	12	27	0.8	1.3	0.8	9.10	13.2	6300	9000	18.3	22.2	HK 2512	BK 2512
	32	14	27	0.8	1.3	0.8	11.5	17.5	6300	9000	21.9	25.9	HK 2514	BK 2514
	32	16	27	0.8	1.3	0.8	13.5	22.0	6300	9000	25.2	29.2	HK 2516	BK 2516
	32	18	27	0.8	1.3	0.8	15.5	26.5	6300	9000	28.8	32.8	HK 2518	BK 2518
	32	20	27	0.8	1.3	0.8	17.5	30.8	6300	9000	32.3	36.3	HK 2520	BK 2520
	32	24	27	0.8	1.3	0.8	21.2	39.5	6300	9000	39.3	43.2	HK 2524	BK 2524
	35	14	28	0.8	1.6	0.8	12.2	14.0	6300	9000	29.9	34.0	HKH 2514	BKH 2514
	35	16	28	0.8	1.6	0.8	15.0	18.2	6300	9000	35.0	39.0	HKH 2516	BKH 2516
	35	18	28	0.8	1.6	0.8	17.5	22.5	6300	9000	40.0	44.1	HKH 2518	BKH 2518
	35	20	28	0.8	1.6	0.8	20.2	26.8	6300	9000	44.9	49.0	HKH 2520	BKH 2520
	35	24	28	0.8	1.6	0.8	25.0	35.2	6300	9000	54.8	58.9	HKH 2524	BKH 2524
28	35	12	30	0.8	1.3	0.8	9.50	14.5	6300	9000	20.0	24.9	HK 2812	BK 2812
	35	14	30	0.8	1.3	0.8	12.0	19.5	6300	9000	24.0	29.0	HK 2814	BK 2814
	35	16	30	0.8	1.3	0.8	14.2	24.2	6300	9000	27.6	32.6	HK 2816	BK 2816
	35	18	30	0.8	1.3	0.8	16.2	29.2	6300	9000	31.7	36.6	HK 2818	BK 2818
	35	20	30	0.8	1.3	0.8	18.5	34.0	6300	9000	35.5	40.5	HK 2820	BK 2820
	35	24	30	0.8	1.3	0.8	22.5	43.5	6300	9000	43.2	48.1	HK 2824	BK 2824
	38	14	31	0.8	1.6	0.8	13.2	16.2	6300	9000	33.2	38.3	HKH 2814	BKH 2814
	38	16	31	0.8	1.6	0.8	16.5	21.2	6300	9000	38.8	43.9	HKH 2816	BKH 2816
	38	18	31	0.8	1.6	0.8	19.2	26.2	6300	9000	44.4	49.5	HKH 2818	BKH 2818
	38	20	31	0.8	1.6	0.8	22.2	31.0	6300	9000	49.8	54.9	HKH 2820	BKH 2820
	38	24	31	0.8	1.6	0.8	27.5	41.0	6300	9000	60.8	65.8	HKH 2824	BKH 2824
30	37	12	32	0.8	1.3	0.8	10.0	15.8	5600	8000	21.4	27.1	HK 3012	BK 3012
	37	14	32	0.8	1.3	0.8	12.5	21.2	5600	8000	25.5	31.2	HK 3014	BK 3014
	37	16	32	0.8	1.3	0.8	15.0	26.5	5600	8000	29.6	35.3	HK 3016	BK 3016
	37	18	32	0.8	1.3	0.8	17.2	31.8	5600	8000	33.6	39.3	HK 3018	BK 3018
	37	20	32	0.8	1.3	0.8	19.2	37.0	5600	8000	37.9	43.6	HK 3020	BK 3020
	37	24	32	0.8	1.3	0.8	23.5	47.5	5600	8000	46.0	51.7	HK 3024	BK 3024
	40	14	33	0.8	1.6	0.8	13.8	17.5	5600	8000	35.2	41.0	HKH 3014	BKH 3014
	40	16	33	0.8	1.6	0.8	17.0	22.8	5600	8000	41.1	46.9	HKH 3016	BKH 3016
	40	18	33	0.8	1.6	0.8	20.2	28.0	5600	8000	47.0	52.8	HKH 3018	BKH 3018
	40	20	33	0.8	1.6	0.8	23.0	33.2	5600	8000	52.8	58.6	HKH 3020	BKH 3020
	40	24	33	0.8	1.6	0.8	28.5	43.8	5600	8000	64.4	70.2	HKH 3024	BKH 3024
32	39	12	34	0.8	1.3	0.8	10.5	17.2	5300	7500	22.7	29.2	HK 3212	BK 3212
	39	14	34	0.8	1.3	0.8	13.2	23.0	5300	7500	27.2	33.7	HK 3214	BK 3214
	39	16	34	0.8	1.3	0.8	15.5	28.5	5300	7500	31.3	37.8	HK 3216	BK 3216
	39	18	34	0.8	1.3	0.8	18.0	34.2	5300	7500	35.8	42.3	HK 3218	BK 3218
	39	20	34	0.8	1.3	0.8	20.2	40.0	5300	7500	40.4	46.8	HK 3220	BK 3220
	39	24	34	0.8	1.3	0.8	24.5	51.5	5300	7500	49.0	55.5	HK 3224	BK 3224
	42	14	35	0.8	1.6	0.8	14.5	18.5	5300	7500	37.2	43.7	HKH 3214	BKH 3214
	42	16	35	0.8	1.6	0.8	17.8	24.2	5300	7500	43.5	50.1	HKH 3216	BKH 3216
	42	18	35	0.8	1.6	0.8	20.8	29.8	5300	7500	49.7	56.3	HKH 3218	BKH 3218
	42	20	35	0.8	1.6	0.8	23.8	35.5	5300	7500	55.8	62.4	HKH 3220	BKH 3220
	42	24	35	0.8	1.6	0.8	29.5	46.8	5300	7500	68.1	74.7	HKH 3224	BKH 3224
35	42	12	37	0.8	1.3	0.8	10.8	18.5	5000	7000	24.5	32.3	HK 3512	BK 3512
	42	14	37	0.8	1.3	0.8	13.5	24.5	5000	7000	29.3	37.1	HK 3514	BK 3514
	42	16	37	0.8	1.3	0.8	16.2	30.8	5000	7000	33.9	41.6	HK 3516	BK 3516
	42	18	37	0.8	1.3	0.8	18.5	37.0	5000	7000	38.7	46.4	HK 3518	BK 3518
	42	20	37	0.8	1.3	0.8	21.0	43.2	5000	7000	43.5	51.2	HK 3520	BK 3520

（续）

公称尺寸 /mm			安装尺寸 /mm		其他尺寸 /mm		基本额定载荷/kN		极限转速 /r·min^{-1}		质量 /g		轴承代号	
											W			
F_w	D	C	D_2 max	r_a max	C_1 max	r min	C_r	C_{0r}	脂	油	HK 型	BK 型	HK0000 型 HKH0000 型	BK0000 型 BKH0000 型
35	42	24	37	0.8	1.3	0.8	25.5	55.5	5000	7000	52.8	60.5	HK 3524	BK 3524
	45	14	38	0.8	1.6	0.8	14.8	19.8	5000	7000	39.8	47.6	HKH 3514	BKH 3514
	45	16	38	0.8	1.6	0.8	18.2	25.8	5000	7000	46.5	54.4	HKH 3516	BKH 3516
	45	18	38	0.8	1.6	0.8	21.5	31.8	5000	7000	53.2	61.0	HKH 3518	BKH 3518
	45	20	38	0.8	1.6	0.8	24.5	37.8	5000	7000	59.8	67.7	HKH 3520	BKH 3520
	45	24	38	0.8	1.6	0.8	30.2	49.8	5000	7000	72.9	80.8	HKH 3524	BKH 3524
38	45	12	40	0.8	1.3	0.8	11.2	19.8	4500	6300	26.4	35.4	HK 3812	BK 3812
	45	14	40	0.8	1.3	0.8	14.0	26.5	4500	6300	31.5	40.6	HK 3814	BK 3814
	45	16	40	0.8	1.3	0.8	16.8	33.0	4500	6300	36.4	45.4	HK 3816	BK 3816
	45	18	40	0.8	1.3	0.8	19.2	39.5	4500	6300	41.5	50.6	HK 3818	BK 3818
	45	20	40	0.8	1.3	0.8	21.8	46.2	4500	63000	46.7	55.7	HK 3820	BK 3820
	45	24	40	0.8	1.3	0.8	26.2	59.5	4500	6300	56.7	65.8	HK 3824	BK 3824
	48	14	41	0.8	1.6	0.8	15.8	22.2	4500	6300	43.1	52.3	HKH 3814	BKH 3814
	48	16	41	0.8	1.6	0.8	19.5	28.8	4500	6300	50.4	59.6	HKH 3816	BKH 3816
	48	18	41	0.8	1.6	0.8	22.8	35.5	4500	6300	57.6	66.8	HKH 3818	BKH 3818
	48	20	41	0.8	1.6	0.8	26.2	42.2	4500	6300	64.7	73.9	HKH 3820	BKH 3820
	48	24	41	0.8	1.6	0.8	32.2	55.5	4500	6300	78.9	88.1	HKH 3824	BKH 3824
40	47	12	42	0.8	1.3	0.8	11.5	21.2	4500	6300	27.6	37.7	HK 4012	BK 4012
	47	14	42	0.8	1.3	0.8	14.5	28.2	4500	6300	33.1	43.1	HK 4014	BK 4014
	47	16	42	0.8	1.3	0.8	17.2	35.2	4500	6300	38.1	48.2	HK 4016	BK 4016
	47	18	42	0.8	1.3	0.8	20.0	42.2	4500	6300	43.7	53.7	HK 4018	BK 4018
	47	20	42	0.8	1.3	0.8	22.5	49.2	4500	6300	49.0	59.1	HK 4020	BK 4020
	47	24	42	0.8	1.3	0.8	27.2	63.5	4500	6300	59.6	69.7	HK 4024	BK 4024
	50	14	43	0.8	1.6	0.8	16.2	23.2	4500	6300	45.1	55.2	HKH 4014	BKH 4014
	50	16	43	0.8	1.6	0.8	20.0	30.2	4500	6300	52.7	62.8	HKH 4016	BKH 4016
	50	18	43	0.8	1.6	0.8	23.5	37.2	4500	6300	60.3	70.4	HKH 4018	BKH 4018
	50	20	43	0.8	1.6	0.8	26.8	44.5	4500	6300	67.7	77.8	HKH 4020	BKH 4020
	50	24	43	0.8	1.6	0.8	33.2	58.5	4500	6300	82.7	92.8	HKH 4024	BKH 4024
42	49	12	44	0.8	1.3	0.8	12.0	22.5	4300	6000	29.0	40.1	HK 4212	BK 4212
	49	14	44	0.8	1.3	0.8	15.0	30.0	4300	6000	34.7	45.7	HK 4214	BK 4214
	49	16	44	0.8	1.3	0.8	18.0	37.5	4300	6000	40.1	51.2	HK 4216	BK 4216
	49	18	44	0.8	1.3	0.8	20.5	45.0	4300	6000	45.8	56.8	HK 4218	BK 4218
	49	20	44	0.8	1.3	0.8	23.2	52.2	4300	6000	51.4	62.5	HK 4220	BK 4220
	49	24	44	0.8	1.3	0.8	28.2	67.2	4300	6000	62.5	73.6	HK 4224	BK 4224
	52	14	46	0.8	1.6	0.8	16.5	24.5	4300	6000	47.0	58.2	HKH 4214	BKH 4214
	52	16	46	0.8	1.6	0.8	20.5	31.8	4300	6000	54.9	66.1	HKH 4216	BKH 4216
	52	18	46	0.8	1.6	0.8	24.0	39.2	4300	6000	62.9	74.1	HKH 4218	BKH 4218
	52	20	46	0.8	1.6	0.8	27.5	46.5	4300	6000	70.6	81.8	HKH 4220	BKH 4220
	52	24	46	0.8	1.6	0.8	34.2	61.5	4300	6000	86.2	97.4	HKH 4224	BKH 4224
45	52	12	47	0.8	1.3	0.8	12.2	23.8	3800	5300	30.8	43.5	HK 4512	BK 4512
	52	14	47	0.8	1.3	0.8	15.5	31.8	3800	5300	36.8	49.5	HK 4514	BK 4514
	52	16	47	0.8	1.3	0.8	18.5	39.5	3800	5300	42.5	55.2	HK 4516	BK 4516
	52	18	47	0.8	1.3	0.8	21.2	47.5	3800	5300	48.6	61.3	HK 4518	BK 4518
	52	20	47	0.8	1.3	0.8	24.0	55.5	3800	5300	54.7	67.4	HK 4520	BK 4520
	52	24	47	0.8	1.3	0.8	29.0	71.2	3800	5300	66.4	79.1	HK 4524	BK 4524
	55	14	49	0.8	1.6	0.8	17.0	25.5	3800	5300	49.6	62.5	HKH 4514	BKH 4514
	55	16	49	0.8	1.6	0.8	20.8	33.5	3800	5300	58.1	70.9	HKH 4516	BKH 4516
	55	18	49	0.8	1.6	0.8	24.5	41.2	3800	5300	66.4	79.3	HKH 4518	BKH 4518
	55	20	49	0.8	1.6	0.8	28.2	50.0	3800	5300	74.6	87.4	HKH 4520	BKH 4520
	55	24	49	0.8	1.6	0.8	34.8	64.5	3800	5300	91.1	104	HKH 4524	BKH 4524
50	58	16	53	0.8	1.6	0.8	21.2	43.5	3400	4800	52.7	68.4	HK 5016	BK 5016
	58	18	53	0.8	1.6	0.8	24.5	52.2	3400	4800	60.0	75.6	HK 5018	BK 5018
	58	20	53	0.8	1.6	0.8	27.8	61.0	3400	4800	67.3	82.9	HK 5020	BK 5020
	58	24	53	0.8	1.6	0.8	33.8	78.5	3400	4800	82.3	97.9	HK 5024	BK 5024
55	63	16	58	0.8	1.6	0.8	22.2	47.5	3200	4500	57.3	76.2	HK 5516	BK 5516
	63	18	58	0.8	1.6	0.8	25.8	57.2	3200	4500	65.3	84.2	HK 5518	BK 5518
	63	20	58	0.8	1.6	0.8	29.0	66.5	3200	4500	73.3	92.2	HK 5520	BK 5520
	63	24	58	0.8	1.6	0.8	35.2	85.5	3200	4500	89.6	109	HK 5524	BK 5524
60	68	16	63	0.8	1.6	0.8	23.5	52.8	2800	4000	62.4	84.9	HK 6016	BK 6016
	68	18	63	0.8	1.6	0.8	27.2	63.5	2800	4000	71.1	93.6	HK 6018	BK 6018

(续)

公称尺寸/mm			安装尺寸/mm		其他尺寸/mm		基本额定载荷/kN		极限转速/r·min⁻¹		质量/g		轴承代号	
											W		HK0000 型	BK0000 型
F_w	D	C	D_2 max	r_a max	C_1 max	r min	C_r	C_{0r}	脂	油	HK 型	BK 型	HKH0000 型	BKH0000 型
60	68	20	63	0.8	1.6	0.8	30.5	74.0	2800	4000	79.8	102	HK 6020	BK 6020
	68	24	63	0.8	1.6	0.8	37.2	95.0	2800	4000	97.6	120	HK 6024	BK 6024
65	73	16	68	0.8	1.6	0.8	24.5	56.8	2800	4000	67.1	93.5	HK 6516	BK 6516
	73	18	68	0.8	1.6	0.8	28.2	68.2	2800	4000	76.5	103	HK 6518	BK 6518
	73	20	68	0.8	1.6	0.8	31.8	79.5	2800	4000	85.8	112	HK 6520	BK 6520
	73	24	68	0.8	1.6	0.8	38.6	102	2800	4000	105	131	HK 6524	BK 6524
70	78	16	73	0.8	1.6	0.8	25.2	60.8	2600	3800	71.8	102	HK 7016	BK 7016
	78	18	73	0.8	1.6	0.8	29.2	73.0	2600	3800	81.8	112	HK 7018	BK 7018
	78	20	73	0.8	1.6	0.8	32.8	85.2	2600	3800	91.9	122	HK 7020	BK 7020
	78	24	73	0.8	1.6	0.8	40.0	110	2600	3800	112	143	HK 7024	BK 7024

10 滚轮轴承（见表 14.6-32~表 14.6-35）

滚轮轴承是具有厚壁外圈的滚针轴承或圆柱滚子轴承。这种厚壁外圈可以直接在工作面上滚动，并可以承受高的径向载荷和一定的冲击载荷。滚轮轴承的外圈具有圆柱形或凸球形的外表面，凸球形外表面的滚轮轴承可以补偿轴的倾斜或安装误差。

表 14.6-32 平挡圈型滚轮滚针轴承

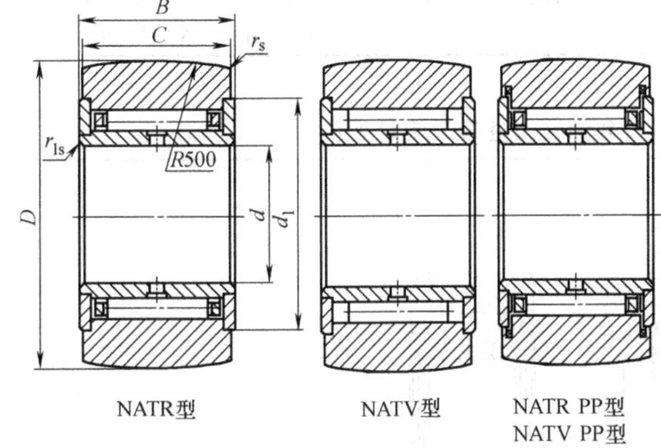

代号含义

NATR—平挡圈滚轮滚针轴承

NATV—平挡圈滚轮满装滚针轴承

PP—轴承两侧带接触式软质橡胶密封圈

公称尺寸/mm						基本额定载荷/kN		极限转速/r·min⁻¹	轴承代号	
d	D	B	C	$r_{s\,min}$	$r_{1s\,min}$	C_r	C_{0r}	油	NATR 型 NATV 型	NATR PP 型 NATV PP 型
5	16	12	11	0.15	0.15	3.8	3.8	22000	NATR 5	NATR 5 PP
	16	12	11	0.15	0.15	6.5	8.5	8500	NATV 5	NATV 5 PP
6	19	12	11	0.15	0.3	4.2	4.5	20000	NATR 6	NATR 6 PP
	19	12	11	0.15	0.3	7.2	10.8	7000	NATV 6	NATV 6 PP
8	24	15	14	0.3	0.3	6.8	7.8	15000	NATR 8	NATR 8 PP
	24	15	14	0.3	0.3	10.5	15.5	5500	NATV 8	NATV 8 PP
10	30	15	14	0.6	0.3	8.2	9.8	11000	NATR 10	NATR 10 PP
	30	15	14	0.6	0.3	12.2	19.0	4500	NATV 10	NATV 10 PP
12	32	15	14	0.6	0.3	8.8	11.0	9000	NATR 12	NATR 12 PP
	32	15	14	0.6	0.3	13.2	21.8	3900	NATV 12	NATV 12 PP
15	35	19	18	0.6	0.3	12.8	19.0	7000	NATR 15	NATR 15 PP
	35	19	18	0.6	0.3	18.2	35.0	3400	NATV 15	NATV 15 PP

（续）

公称尺寸/mm						基本额定载荷/kN		极限转速/r·min⁻¹	轴承代号	
d	D	B	C	$r_{s\,min}$	$r_{1s\,min}$	C_r	C_{0r}	油	NATR 型 NATV 型	NATR PP 型 NATV PP 型
17	40	21	20	1.0	0.3	14.2	20.5	6000	NATR 17	NATR 17 PP
	40	21	20	1.0	0.3	21.0	39.5	2900	NATV 17	NATV 17 PP
20	47	25	24	1.0	0.3	19.5	32.0	4900	NATR 20	NATR 20 PP
	47	25	24	1.0	0.3	28.0	59.0	2600	NATV 20	NATV 20 PP
25	52	25	24	1.0	0.3	21.2	38.0	3600	NATR 25	NATR 25 PP
	52	25	24	1.0	0.3	31.0	72.0	2100	NATV 25	NATV 25 PP
30	62	29	28	1.0	0.3	34.0	59.0	2600	NATR 30	NATR 30 PP
	62	29	28	1.0	0.3	48.5	108	1700	NATV 30	NATV 30 PP
35	72	29	28	1.0	0.6	37.0	69.0	2000	NATR 35	NATR 35 PP
	72	29	28	1.0	0.6	53.0	128	1400	NATV 35	NATV 35 PP
40	80	32	30	1.0	0.6	49.0	94.0	1700	NATR 40	NATR 40 PP
	80	32	30	1.0	0.6	66.0	158	1300	NATV 40	NATV 40 PP
45	85	32	30	1.0	0.6	51.0	102	1500	NATR 45	NATR 45 PP
50	90	32	30	1.0	0.6	52.0	108	1300	NATR 50	NATR 50 PP
	90	32	30	1.0	0.6	72.0	192	1000	NATV 50	NATV 50 PP

注：r_{smin}—外圈最小单一倒角尺寸；r_{1smin}—内圈最小单一倒角尺寸。

表 14.6-33　平挡圈型双列满装圆柱滚子滚轮轴承

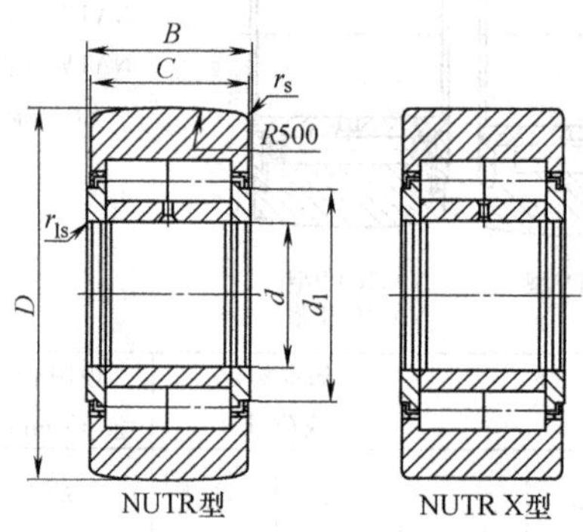

公称尺寸/mm							基本额定载荷/kN		极限转速/r·min⁻¹	轴承代号
d	D	B	C	d_1	$r_{s\,min}$	$r_{1s\,min}$	C_r	C_{0r}	油	NUTR 型 NUTR X 型
15	35	19	18	20	0.6	0.3	16.0	16.8	6500	NUTR 15
	42	19	18	20	0.6	0.3	18.0	21.8	6500	NUTR 1542
17	40	21	20	22	1.0	0.3	18.5	22.5	5500	NUTR 17
	47	21	20	22	1.0	0.3	21.2	28.0	5500	NUTR 1742
20	47	25	24	27	1.0	0.3	28.0	35.0	4200	NUTR 20
	52	25	24	27	1.0	0.3	31.5	41.0	4200	NUTR 2052
25	52	25	24	31	1.0	0.3	29.0	37.5	3400	NUTR 25
	62	25	24	31	1.0	0.3	35.5	50.0	3400	NUTR 2562

（续）

外形尺寸/mm							基本额定载荷/kN		极限转速/r·min⁻¹	轴承代号
d	D	B	C	d_1	$r_{s\ min}$	$r_{1s\ min}$	C_r	C_{0r}	油	NUTR 型 NUTR X 型
30	62	29	28	38	1.0	0.3	40.0	50.0	2600	NUTR 30
	72	29	28	38	1.0	0.3	47.5	64.0	2600	NUTR 3072
35	72	29	28	44	1.0	0.6	44.5	60.0	2100	NUTR 35
	80	29	28	44	1.0	0.6	51.0	72.0	2100	NUTR 3580
40	80	32	30	51	1.0	0.6	55.0	75.0	1600	NUTR 40
	90	32	30	51	1.0	0.6	66.0	95.0	1600	NUTR 4090
45	85	32	30	55	1.0	0.6	56.0	78.0	1400	NUTR 45
	100	32	30	55	1.0	0.6	71.0	108	1400	NUTR 45100
50	90	32	30	60	1.0	0.6	57.0	81.0	1300	NUTR 50
	110	32	30	60	1.0	0.6	76.0	120	1300	NUTR 50110

注：1. 轴承的外圈为圆柱面时，在轴承后加“X”。

2. r_{smin}—外圈最小单一倒角尺寸；r_{1smin}—内圈最小单一倒角尺寸。

表 14.6-34　螺栓型滚轮滚针轴承（部分摘自 GB/T 6445—2007）

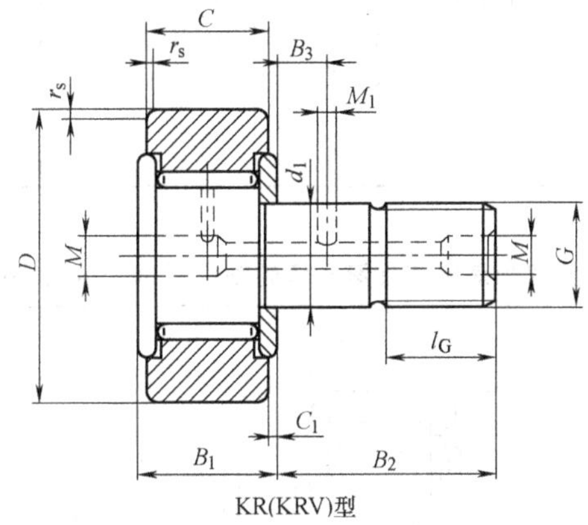

KR(KRV)型

公称尺寸/mm												基本额定载荷/kN		极限转速/r·min⁻¹	轴承代号
d_1	D	C	B_1 max	B_2	B_3	G	l_G	C_1	M	M_1	$r_{s\ min}$	C_r	C_{0r}	油	KR 型 KRV 型
6	16	11	12.2	16	—	M6×1	8	0.6	4	—	0.15	3.15	3.2	14000	KR 16
	16	11	12.2	16	—	M6×1	8	0.6	4	—	0.15	4.85	6.5	3800	KRV 16
8	19	11	12.2	20	—	M8×1.25	10	0.6	4	—	0.15	3.5	3.8	11000	KR 19
	19	11	12.2	20	—	M8×1.25	10	0.6	4	—	0.15	3.5	7.8	3100	KRV 19
10	22	12	13.2	23	—	M10×1	12	0.6	4	—	0.3	4.5	5.2	8000	KR 22
	22	12	13.2	23	—	M10×1	12	0.6	4	—	0.3	6.2	9.2	2600	KRV 22
	26	12	13.2	23	—	M10×1	12	0.6	4	—	0.3	5.2	6.2	8000	KR 26
	26	12	13.2	23	—	M10×1	12	0.6	4	—	0.3	7.2	11.2	2600	KRV 26
12	30	14	15.2	25	6	M12×1.5	13	0.6	6	3	0.6	6.8	8.5	5500	KR 30
	30	14	15.2	25	6	M12×1.5	13	0.6	6	3	0.6	9.5	14.5	2100	KRV 30
	32	14	15.2	25	6	M12×1.5	13	0.6	6	3	0.6	7.2	9	5500	KR 32
	32	14	15.2	25	6	M12×1.5	13	0.6	6	3	0.6	10	15.8	2100	KRV 32

（续）

公称尺寸/mm											基本额定载荷/kN		极限转速 /r · min⁻¹	轴承代号
d_1	D	C	B_1 max	B_2	B_3	G	l_G	C_1	M	M_1	$r_{s\,min}$	C_r	C_{0r}	油	KR 型 KRV 型
16	35	18	19.6	32.5	8	M16×1.5	17	0.8	6	3	1.0	9.8	14.2	3600	KR 35
	35	18	19.6	32.5	8	M16×1.5	17	0.8	6	3	1.0	12.8	23	1600	KRV 35
18	40	20	21.6	36.5	8	M18×1.5	19	0.8	6	3	1.0	10.8	15.5	2900	KR 40
	40	20	21.6	36.5	8	M18×1.5	19	0.8	6	3	1.0	14.8	26.5	1400	KRV 40
20	47	24	25.6	40.5	9	M20×1.5	21	0.8	8	4	1.0	15.5	25.5	2400	KR 47
	47	24	25.6	40.5	9	M20×1.5	21	0.8	8	4	1.0	20.5	42.0	1400	KRV 47
	52	24	25.6	40.5	9	M20×1.5	21	0.8	8	4	1.0	16.8	29.0	2400	KR 52
	52	24	25.6	40.5	9	M20×1. 5	21	0. 8	8	4	1.0	20.5	42.0	1300	KRV 52
24	62	29	30.6	49.5	11	M24×1.5	25	0. 8	8	4	1.0	26.5	48.0	1900	KR 62
	62	29	30.6	49.5	11	M24×1.5	25	0.8	8	4	1.0	34.0	76.0	1100	KRV 62
	72	29	30.6	49.5	11	M24×1.5	25	0.8	8	4	1.0	28.0	53.0	1900	KR 72
	72	29	30.6	49.5	11	M24×1.5	25	0.8	8	4	1.0	37.0	85.0	1100	KRV 72
30	80	35	37	63	15	M30×1.5	32	1.0	8	4	1.0	39.5	77.0	1300	KR 80
	80	35	37	63	15	M30×1.5	32	1.0	8	4	1.0	49.5	120	850	KRV 80
	85	35	37	63	15	M30×1.5	32	1.0	8	4	1.0	48.2	83.8	1300	KR 85
	85	35	37	63	15	M30×1.5	32	1.0	8	4	1.0	74.8	150	850	KRV 85
	90	35	37	63	15	M30×1.5	32	1.0	8	4	1.0	41. 5	83	1300	KR 90
	90	35	37	63	15	M30×1.5	32	1.0	8	4	1.0	53	130	850	KRV 90

注：r_{smin}——外圈最小单一倒角尺寸。

表 14.6-35　螺栓型双列满装圆柱滚子滚轮轴承（部分摘自 JB/T 7754—2007）

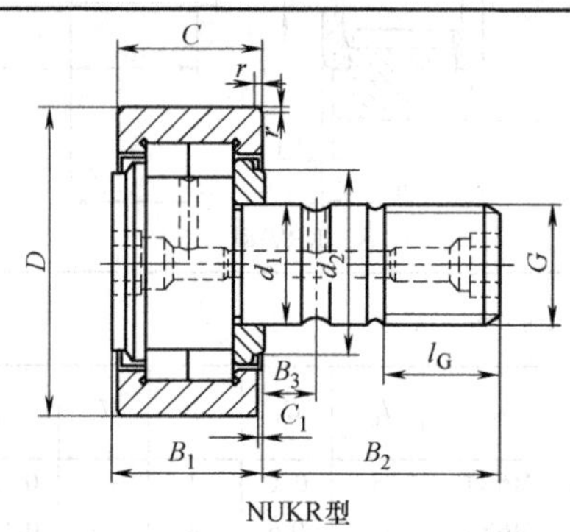

NUKR型

公称尺寸/mm											基本额定载荷/kN		极限转速 /r · min⁻¹	轴承代号
d_1	D	C	B_1	B_2	B_3	G	l_G	C_1	d_2	r_{smin}	C_r	C_{0r}	油	NUKR 型 NUKR X 型
16	35	18	19.6	32.5	8	M16×1.5	17	0.8	20	0.6	15.0	16.8	8400	NUKR 35
	35	18	19.6	32.5	8	M16×1.5	17	0.8	20	0.6	15.0	16.8	8400	NUKR 35 X
18	40	20	21.6	36.5	8	M18×1.5	19	0.8	22	1.0	18.4	22.6	7000	NUKR 40
	40	20	21.6	36.5	8	M18×1.5	19	0.8	22	1.0	18.4	22.6	7000	NUKR 40 X
20	47	24	25.6	40.5	9	M20×1.5	21	0.8	27	1.0	28.0	35.0	5400	NUKR 47
	47	24	25.6	40.5	9	M20×1.5	21	0.8	27	1.0	28.0	35.0	5400	NUKR 47 X
	52	24	25.6	40.5	9	M20×1.5	21	0.8	31	1.0	29.0	37.5	4400	NUKR 52
	52	24	25.6	40.5	9	M20×1.5	21	0.8	31	1.0	29.0	37.5	4400	NUKR 52 X

（续）

公称尺寸/mm											基本额定载荷/kN		极限转速/r · min^{-1}	轴承代号
d_1	D	C	B_1	B_2	B_3	G	l_G	C_1	d_2	r_{smin}	C_r	C_{0r}	油	NUKR 型 NUKR X 型
24	62	28	30.6	49.5	11	M24×1.5	25	0.8	38	1.0	40.0	50.0	3300	NUKR 62
	62	28	30.6	49.5	11	M24×1.5	25	0.8	38	1.0	40.0	50.0	3300	NUKR 62 X
	72	28	30.6	49.5	11	M24×1.5	25	0.8	44	1.0	44.5	60.0	2700	NUKR 72
	72	28	30.6	49.5	11	M24×1.5	25	0.8	44	1.0	44.5	60.0	2700	NUKR 72 X
30	80	35	37.0	63.0	15	M30×1.5	32	1.0	47	1.0	69.0	98.0	2300	NUKR 80
	80	35	37.0	63.0	15	M30×1.5	32	1.0	47	1.0	69.0	98.0	2300	NUKR 80 X
	90	35	30.6	63.0	15	M30 ×1.5	32	1.0	47	1.0	79.0	117.0	2300	NUKR 90
	90	35	30.6	63.0	15	M30×1. 5	32	1.0	47	1.0	79.0	117.0	2300	NUKR 90 X

注：r_{smin}——外圈最小单一倒角尺寸。

11　带座外球面球轴承

1）带座外球面球轴承与轴心线允许偏斜 5°。若使用中要求补充添加润滑脂，则偏斜角不允许超过 2°。

2）带座外球面球轴承内圈孔的上极限偏差为正值，下极限偏差为零。正常工作状态下，与带紧定螺钉和偏心套轴承配合的轴选用 h7，轻载荷、低速时选用比 h7 松的配合，重载荷、高速时选用比 h7 紧的配合。与带紧定套轴承配合的轴选用 h9。各种带座外球面球轴承在不同配合下的极限转速见表 14.6-36（供参考）。

3）所有这类轴承，在轴承内一般装填符合 GB 7631.8—1990 规定的 2 号工业锂基润滑脂，轴承两侧面带密封。

4）轴承座的标准符合 GB/T 7809—1995。

5）带座外球面球轴承的外形尺寸符合标准 GB/T 7810—1995（见表 14.6-37～表 14.6-51）。

表 14.6-36　带座外球面球轴承在不同配合下的极限转速　（r/min）

轴承内径 d/mm	轴的公差							
	j7(h9/IT5)①		h7		h8		h9	
	200 系列	300 系列	200 系列	300 系列	200 系列	300 系列	200 系列	300 系列
12	6700	—	5300	—	3800	—	1400	—
15	6700	—	5300	—	3800	—	1400	—
17	6700	—	5300	—	3800	—	1400	—
20	6000	—	4800	—	3400	—	1200	—
25	5600	5000	4000	3600	3000	2600	1000	900
30	4500	4300	3400	3000	2400	2200	850	800
35	4000	3800	3000	2800	2000	2000	750	700
40	3600	3400	2600	2400	1900	1700	670	630
45	3200	3000	2400	2200	1700	1500	600	560
50	3000	2600	2200	2000	1600	1400	560	500
55	2600	2400	2000	1800	1400	1300	500	450
60	2400	2200	1800	1700	1200	1100	450	430
65	2200	2000	1700	1500	1100	1100	430	400
70	2200	1900	1600	1400	1100	1000	400	360
75	2000	1800	1500	1300	1000	900	380	340
80	1900	1700	1400	1200	950	850	340	320
85	1800	1600	1300	1100	900	800	320	300
90	1700	1500	1200	1100	800	750	300	280
95	—	1400	—	1000	—	700	—	260
100	—	1300	—	950	—	670	—	240
105	—	1200	—	900	—	630	—	220
110	—	1200	—	800	—	600	—	200
120	—	1100	—	750	—	530	—	190
130	—	1000	—	670	—	480	—	180
140	—	900	—	600	—	430	—	160

① 括号内 h9/IT5 一栏适用于带紧定套外球面球轴承，其余 j7～h9 各栏适用于带紧定螺钉和偏心套外球面球轴承。

表 14.6-37 带立式座外球面球轴承（带紧定螺钉、带偏心套）（部分摘自 GB/T 7810—1995）

代号含义
UC—带紧定螺钉
UEL—带偏心套
P—铸造立式座

轴承尺寸/mm								基本额定载荷/kN		座尺寸/mm								带座轴承代号	轴承代号	座代号	配用偏心套
d	D	B	S	C	d_s	G	d_1 max	C_r	C_{0r}	A max	H	H_1 max	N min	N max	N_1 min	J	L max	UCP 型 UELP 型	UC 型 UEL 型	P 型	代号
12	40	27.4	11.5	14	M6×0.75	4	—	7.35	4.78	39	30.2	17	10.5	12.43	16	96	129	UCP201	UC201	P203	—
	40	37.3	13.9	14	—	—	28.6	7.35	4.78	39	30.2	17	10.5	12.43	16	96	129	UELP201	UEL201	P203	E201
15	40	27.4	11.5	14	M6×0.75	4	—	7.35	4.78	39	30.2	17	10.5	12.43	16	96	129	UCP202	UC202	P203	—
	40	37.3	13.9	14	—	—	28.6	7.35	4.78	39	30.2	17	10.5	12.43	16	96	129	UELP202	UEL202	P203	E202
17	40	27.4	11.5	14	M6×0.75	4	—	7.35	4.78	39	30.2	17	10.5	12.43	16	96	129	UCP203	UC203	P203	—
	40	37.3	13.9	14	—	—	28.6	7.35	4.78	39	30.2	17	10.5	12.43	16	96	129	UELP203	UEL203	P203	E203
20	47	31.0	12.7	17	M6×0.75	5	—	9.88	6.65	39	33.3	17	10.5	12.43	16	96	134	UCP204	UC204	P204	—
	47	43.7	17.1	17	—	—	33.3	9.88	6.65	39	33.3	17	10.5	12.43	16	96	134	UELP204	UEL204	P204	E204
25	52	34.1	14.3	17	M6×0.75	5	—	10.8	7.88	39	36.5	17	10.5	12.43	16	105	142	UCP205	UC205	P205	—
	62	38	15	21	M6×0.75	6	—	17.2	11.5	45	45	17	17		20	132	175	UCP305	UC305	P305	—
	52	44.4	17.5	17	—	—	38.1	10.8	7.88	39	36.5	17	10.5	12.43	16	105	142	UELP205	UEL205	P205	E205
	62	46.8	16.7	21	—	—	42.8	17.2	11.5	45	45	17	17		20	132	175	UELP305	UEL305	P305	E305
30	62	38.1	15.9	19	M6×0.75	5	—	15.0	11.2	48	42.9	20	13	14.93	19	121	167	UCP206	UC206	P206	—
	72	43	17	23	M6×0.75	6	—	20.8	15.2	50	50	20	17		20	140	180	UCP306	UC306	P306	—
	62	48.4	18.3	19	—	—	44.5	15.0	11.2	48	42.9	20	13	14.93	19	121	167	UELP206	UEL206	P206	E206
	72	50	17.5	23	—	—	50	20.8	15.2	50	50	20	17		20	140	180	UELP306	UEL306	P306	E306
35	72	42.9	17.5	20	M8×1	7	—	19.8	15.2	48	47.6	20	13	14.93	19	126	172	UCP207	UC207	P207	—
	80	48	19	25	M8×1	8	—	25.8	19.2	56	56	22	17		25	160	210	UCP307	UC307	P307	—
	72	51.1	18.8	20	—	—	55.6	19.8	15.2	48	47.6	20	13	14.93	19	126	172	UELP207	UEL207	P207	E207
	80	51.6	18.3	25	—	—	55	25.8	19.2	56	56	22	17		25	160	210	UELP307	UEL307	P307	E307

（续）

轴承尺寸/mm								基本额定载荷/kN		座尺寸/mm								带座轴承代号	轴承代号	座代号	配用偏心套
d	D	B	S	C	d_s	G	d_1 max	C_r	C_{0r}	A max	H	H_1 max	N min	N max	N_1 min	J	L max	UCP 型 UELP 型	UC 型 UEL 型	P 型	代号
40	80	49.2	19	21	M8×1	8	—	22.8	18.2	55	49.2	20	13	14.93	19	136	186	UCP208	UC208	P208	—
	90	52	19	27	M10×1.25	10	—	31.2	24.0	60	60	24	17		27	170	220	UCP308	UC308	P308	—
	80	56.3	21.4	21	—	—	60.3	22.8	18.2	55	49.2	20	13	14.93	19	136	186	UELP208	UEL208	P208	E208
	90	57.1	19.8	27	—	—	63.5	31.2	24.0	60	60	24	17		27	170	220	UELP308	UEL308	P308	E308
45	85	49.2	19.0	22	M8×1	8	—	24.5	20.8	55	54	22	13	14.93	19	146	192	UCP209	UC209	P209	—
	100	57	22	30	M10×1.25	10	—	40.8	31.8	67	67	26	20		30	190	245	UCP309	UC309	P309	—
	85	56.3	21.4	22	—	—	63.5	24.5	20.8	55	54	22	13	14.93	19	146	192	UELP209	UEL209	P209	E209
	100	58.7	19.8	30	—	—	70	40.8	31.8	67	67	26	20		30	190	245	UELP309	UEL309	P309	E309
50	90	51.6	19.0	24	M10×1.25	10	—	27.0	23.2	61	57.2	23	17	19.05	20.5	159	208	UCP210	UC210	P210	—
	110	61	22	32	M12×1.5	12	—	47.5	37.8	75	75	29	20		35	212	275	UCP310	UC310	P310	—
	90	62.7	24.6	24	—	—	69.9	27.0	23.2	61	57.2	23	17	19.02	20.5	159	208	UELP210	UEL210	P210	E210
	110	66.6	24.6	32	—	—	76.2	47.5	37.8	75	75	29	20		35	212	275	UELP310	UEL310	P310	E310
55	100	55.6	22.2	25	M10×1.25	10	—	33.5	29.2	61	63.5	25	17	19.02	20.5	172	233	UCP211	UC211	P211	—
	120	66	25	34	M12×1.5	12	—	55.0	44.8	80	80	32	20		38	236	310	UCP311	UC311	P311	—
	100	71.4	27.8	25	—	—	76.2	33.5	29.2	61	63.5	25	17	19.02	20.5	172	233	UELP211	UEL211	P211	E211
	120	73	27.8	34	—	—	83	55.0	44.8	80	80	32	20		38	236	310	UELP311	UEL311	P311	E311
60	110	65.1	25.4	27	M10×1.25	10	—	36.8	32.8	71	69.9	27	17	19.02	22	186	243	UCP212	UC212	P212	—
	130	71	26	36	M12×1.5	12	—	62.8	51.8	85	85	34	25		38	250	330	UCP312	UC312	P312	—
	110	77.8	31.0	27	—	—	84.2	36.8	32.8	71	69.9	27	17	19.02	22	186	243	UELP212	UEL212	P212	E212
	130	79.4	30.95	36	—	—	89	62.8	51.8	85	85	34	25		38	250	330	UELP312	UEL312	P312	E312
65	120	65.1	25.4	28	M10×1.25	10	—	44.0	40.0	73	76.2	34	21	24.52	24	203	268	UCP213	UC213	P213	—
	140	75	30	38	M12×1.5	12	—	72.2	60.5	90	90	37	25		38	260	340	UCP313	UC313	P313	—
	120	85.7	34.1	28	—	—	86	44.0	40.0	73	76.2	34	21	24.52	24	203	268	UELP213	UEL213	P213	E213
	140	85.7	32.55	38	—	—	97	72.2	60.5	90	90	37	25		38	260	340	UELP313	UEL313	P313	E313
70	125	74.6	30.2	29	M12×1.5	12	—	46.8	45.0	74	79.4	34	21	24.52	24	210	274	UCP214	UC214	P214	—
	150	78	33	40	M12×1.5	12	—	80.2	68.0	90	95	41	27		40	280	360	UCP314	UC314	P314	—
	125	85.7	34.1	29	—	—	90	46.8	45.0	74	79.4	34	21	24.52	24	210	274	UELP214	UEL214	P214	E214
	150	92.1	34.15	40	—	—	102	80.2	68.0	90	95	41	27		40	280	360	UELP314	UEL314	P314	E314
75	130	77.8	33.3	30	M12×1.5	12	—	50.8	49.5	83	82.6	35	21	24.52	24	217	300	UCP215	UC215	P215	—

（续）

轴承尺寸/mm								基本额定载荷/kN		座尺寸/mm								带座轴承代号	轴承代号	座代号	配用偏心套
d	D	B	S	C	d_s	G	d_1 max	C_r	C_{0r}	A max	H	H_1 max	N min	N max	N_1 min	J	L max	UCP型 UELP型	UC型 UEL型	P型	代号
75	160	82	32	42	M14×1.5	14	—	87.2	76.8	100	100	41		27	40	290	380	UCP315	UC315	P315	—
	130	92.1	37.3	30	—	—	102	50.8	49.5	83	82.6	35	21	24.52	24	217	300	UELP215	UEL215	P215	E215
	160	100	37.3	42	—	—	113	87.2	76.8	100	100	41		27	40	290	380	UELP315	UEL315	P315	E315
80	140	82.6	33.3	33	M12×1.5	12	—	55.0	54.2	84	88.9	38	21	24.52	24	232	305	UCP216	UC216	P216	—
	170	86	34	44	M14×1.5	14	—	94.5	86.5	110	106	46		27	40	300	400	UCP316	UC316	P316	—
	170	106.4	40.5	44	—	—	119	94.5	86.5	110	106	46		27	40	300	400	UELP316	UEL316	P316	E316
85	150	85.7	34.1	35	M12×1.5	12	—	64.0	63.8	95	95.2	41	21	24.52	24	247	330	UCP217	UC217	P217	—
	180	96	40	46	M16×1.5	16	—	102	96.5	110	112	46		33	45	320	420	UCP317	UC317	P317	—
	180	109.5	42.05	46	—	—	127	102	96.5	110	112	46		33	45	320	420	UELP317	UEL317	P317	E317
90	160	96.0	39.7	37	M12×1.5	12	—	73.8	71.5	100	101.6	44	25	28.52	34	262	356	UCP218	UC218	P218	—
	190	96	40	48	M16×1.5	16	—	110	108	110	118	51		33	45	330	430	UCP318	UC318	P318	—
	190	115.9	43.65	48	—	—	133	110	108	110	118	51		33	45	330	430	UELP318	UEL318	P318	E318
95	200	103	41	50	M16×1.5	16	—	120	122	120	125	51		36	50	360	470	UCP319	UC319	P319	—
	200	122.3	38.9	50	—	—	140	120	122	120	125	51		36	50	360	470	UELP319	UEL319	P319	E319
100	180	108	34	51	M12×1.5	12	—	95	92	111	115	46	25	28.52	34	308	390	UCP220	UC220	P220	—
	215	108	42	54	M18×1.5	18	—	132	140	120	140	56		36	50	380	490	UCP320	UC320	P320	—
	215	128.6	50	54	—	—	146	132	140	120	140	56		36	50	380	490	UELP320	UEL320	P320	E320
105	225	112	44	56	M18×1.5	18	—	142	152	120	140	56		36	50	380	490	UCP321	UC321	P321	—
110	240	117	46	60	M18×1.5	18	—	158	178	140	150	61		40	55	400	520	UCP322	UC322	P322	—
120	260	126	51	64	M18×1.5	18	—	175	208	140	160	71		40	55	450	570	UCP324	UC324	P324	—
130	280	135	54	68	M20×1.5	20	—	195	242	140	180	81		40	55	480	600	UCP326	UC326	P326	—
140	300	145	59	72	M20×1.5	20	—	212	272	140	200	81		40	55	500	620	UCP328	UC328	P328	—

注：P300型座中A、H_1、L尺寸为公称尺寸，不是最大值；N_1尺寸为公称尺寸，不是最小值。

表 14.6-38　带立式座外球面球轴承（带紧定套）（部分摘自 GB/T 7810—1995）

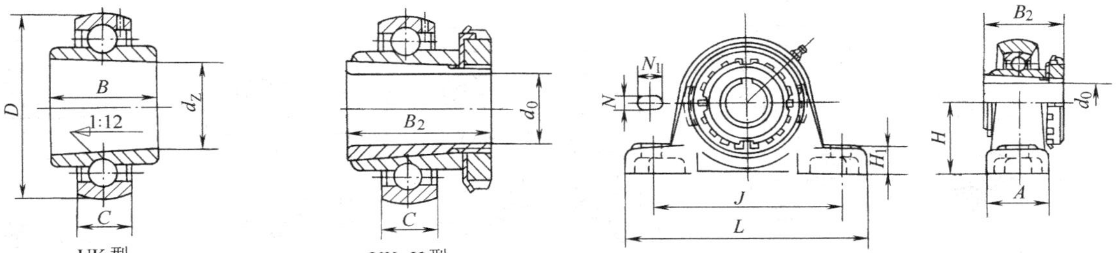

UK型　UK+H型　UKP+H型

代号含义
UK—圆锥孔
H—带紧定套
P—铸造立式座

轴承尺寸/mm							基本额定载荷/kN		座尺寸/mm								带座轴承代号	轴承代号	座代号
d_Z	D	d_0	B_2	B min	B max	C	C_r	C_{0r}	A max	H	H_1 max	N min	N max	N_1 min	J	L max	UKP+H 型	UK+H 型	P 型
25	52	20	35	15	27	17	10.8	7.88	39	36.5	17	10.5	12.43	16	105	142	UKP205+H2305	UK205+H2305	P205
	62	20	35	21	27	21	17.2	11.5	45	45	17	17		20	132	175	UKP305+H2305	UK305+H2305	P305
30	62	25	38	16	30	19	15.0	11.2	48	42.9	20	13	14.93	19	121	167	UKP206+H2306	UK206+H2306	P206
	72	25	38	23	30	23	20.8	15.2	50	50	20	17		20	140	180	UKP306+H2306	UK306+H2306	P306
35	72	30	43	17	34	20	19.8	15.2	48	47.6	20	13	14.93	19	126	172	UKP207+H2307	UK207+H2307	P207
	80	30	43	26	34	25	25.8	19.2	56	56	22	17		25	160	210	UKP307+H2307	UK307+H2307	P307
40	80	35	46	18	36	21	22.8	18.2	55	49.2	20	13	14.93	19	136	186	UKP208+H2308	UK208+H2308	P208
	90	35	46	26	36	27	31.2	24.0	60	60	24	17		27	170	220	UKP308+H2308	UK308+H2308	P308
45	85	40	50	19	39	22	24.5	20.8	55	54	22	13	14.93	19	146	192	UKP209+H2309	UK209+H2309	P209
	100	40	50	28	39	30	40.8	31.8	67	67	26	20		30	190	245	UKP309+H2309	UK309+H2309	P309
50	90	45	55	20	43	24	27.0	23.2	61	57.2	23	17	19.02	20.5	159	208	UKP210+H2310	UK210+H2310	P210
	110	45	55	30	43	32	47.5	37.8	75	75	29	20		35	212	275	UKP310+H2310	UK310+H2310	P310
55	100	50	59	21	47	25	33.5	29.2	61	63.5	25	17	19.02	20.5	172	233	UKP211+H2311	UK211+H2311	P211
	120	50	59	33	47	34	55.0	44.8	80	80	32	20		38	236	310	UKP311+H2311	UK311+H2311	P311
60	110	55	62	22	49	27	36.8	32.8	71	69.9	27	17	19.02	22	186	243	UKP212+H2312	UK212+H2312	P212
	130	55	62	34	49	36	62.8	51.8	85	85	34	25		38	250	330	UKP312+H2312	UK312+H2312	P312
65	120	60	65	23	51	28	44.0	40.0	73	76.2	34	21	24.52	24	203	268	UKP213+H2313	UK213+H2313	P213
	140	60	65	36	51	38	72.2	60.5	90	90	37	25		38	260	340	UKP313+H2313	UK313+H2313	P313

（续）

轴承尺寸/mm						基本额定载荷/kN		座尺寸/mm							带座轴承代号	轴承代号	座代号
d_Z	D	d_0	B_2	B min	B max	C	C_r	C_{0r}	A max	H	H_1 max	N min max	N_1 min	J	L max	UKP+H 型	UK+H 型	P 型
75	130	65	73	25	58	30	50.8	49.5	83	82.6	35	21 24.52	24	217	300	UKP215+H2315	UK215+H2315	P215
	160	65	73	40	58	42	87.2	76.8	100	100	41	27	40	290	380	UKP315+H2315	UK315+H2315	P315
80	140	70	78	26	61	33	55.0	54.2	84	88.9	38	21 24.52	24	232	305	UKP216+H2316	UK216+H2316	P216
	170	70	78	42	61	44	94.5	86.5	110	106	46	27	40	300	400	UKP316+H2316	UK316+H2316	P316
85	150	75	82	28	64	35	64.0	63.8	95	95.2	41	21 24.52	24	247	330	UKP217+H2317	UK217+H2317	P217
	180	75	82	45	64	46	102	96.5	110	112	46	33	45	320	420	UKP317+H2317	UK317+H2317	P317
90	160	80	86	30	68	37	73.8	71.5	100	101.6	44	25 28.52	34	262	356	UKP218+H2318	UK218+H2318	P218
	190	80	86	47	68	48	110	108	110	118	51	33	45	330	430	UKP318+H2318	UK318+H2318	P318
95	200	85	90	49	71	50	120	122	120	125	51	36	50	360	470	UKP319+H2319	UK319+H2319	P319
100	215	90	97	51	77	54	132	140	120	140	56	36	50	380	490	UKP320+H2320	UK320+H2320	P320
110	240	100	105	56	84	60	158	178	140	150	61	40	55	400	520	UKP322+H2322	UK322+H2322	P322
120	260	110	112	60	90	64	175	208	140	160	71	40	55	450	570	UKP324+H2324	UK324+H2324	P324
130	280	115	121	65	98	68	195	242	140	180	81	40	55	480	600	UKP326+H2326	UK326+H2326	P326
140	300	125	131	70	107	72	212	272	140	200	81	40	55	500	620	UKP328+H2328	UK328+H2328	P328

注：P300 型座中 A、H_1、L 尺寸为公称尺寸，不是最大值；N_1 尺寸为公称尺寸，不是最小值。

表 14.6-39 带方形座外球面球轴承（带紧定螺钉、带偏心套）（部分摘自 GB/T 7810—1995）

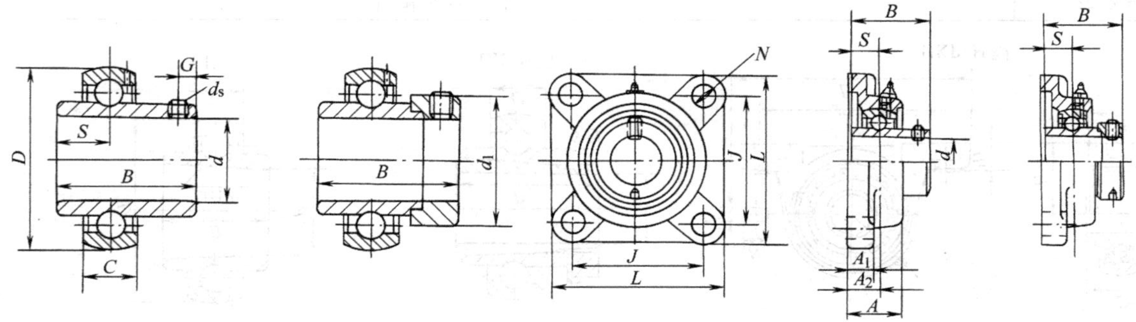

UC 型　UEL 型　UCFU 型　UELFU 型

代号含义

UC—带紧定螺钉

UEL—带偏心套

FU—铸造方形座

（续）

轴承尺寸/mm								基本额定载荷/kN		座尺寸/mm						带座轴承代号	轴承代号	座代号	配用偏心套
d	D	B	S	C	d_s	G	d_1 max	C_r	C_{0r}	A max	A_1 max	A_2	J	L max	N min max	UCFU 型 UELFU 型	UC 型 UEL 型	FU 型	代号
12	40	27.4	11.5	14	M6×0.75	4	7.35	4.78	—	32	13	17	54	78	10.5 12.43	UCFU 201	UC 201	FU 203	—
	40	37.3	13.9	14	—	—	28.6	7.35	4.78	32	13	17	54	78	11.5	UELFU201	UEL201	FU203	E201
15	40	27.4	11.5	14	M6×0.75	4	—	7.35	4.78	32	13	17	54	78	10.5 12.43	UCFU 202	UC 202	FU 203	—
	40	37.3	13.9	14	—	—	28.6	7.35	4.78	32	13	17	54	78	11.5	UELFU202	UEL202	FU203	E202
17	40	27.4	11.5	14	M6×0.75	4	—	7.35	4.78	32	13	17	54	78	10.5 12.43	UCFU 203	UC 203	FU 203	—
	40	37.3	13.9	14	—	—	28.6	7.35	4.78	32	13	17	54	78	11.5	UELFU203	UEL203	FU203	E203
20	47	31.0	12.7	17	M6×0.75	5	—	9.88	6.65	34	15	19	63.5	88	10.5 12.43	UCFU 204	UC 204	FU 204	—
	47	43.7	17.1	17	—	—	33.3	9.88	6.65	34	15	19	63.5	88	11.5	UELFU204	UEL204	FU204	E204
25	52	34.1	14.3	17	M6×0.75	5	—	10.8	7.88	35	15	19	70	97	11.5 12.43	UCFU 205	UC 205	FU 205	—
	62	38	15	21	M6×0.75	6	—	17.2	11.5	29	13	17	80	110	16	UCFU305	UC305	FU305	—
	52	44.4	17.5	17	—	—	38.1	10.8	7.88	35	15	19	70	97	11.5 12.43	UELFU205	UEL205	FU205	E205
	62	46.8	16.7	21	—	—	42.8	17.2	11.5	29	13	17	80	110	16	UELFU305	UEL305	FU305	E305
30	62	38.1	15.9	19	M6×0.75	5	—	15.0	11.2	38	16	20	82.5	110	11.5 12.43	UCFU 206	UC 206	FU 206	—
	72	43	17	23	M6×0.75	6	—	20.8	15.2	32	15	18	95	125	16	UCFU 306	UC 306	FU 306	—
	62	48.4	18.3	19	—	—	44.5	15.0	11.2	38	16	20	82.5	110	11.5 12.43	UELFU206	UEL206	FU206	E206
	72	50	17.5	23	—	—	50	20.8	15.2	32	15	18	95	125	16	UELFU306	UEL306	FU306	E306
35	72	42.9	17.5	20	M8×1	7	—	19.8	15.2	38	17	21	92	119	13 14.93	UCFU 207	UC 207	FU 207	—
	80	48	19	25	M8×1	8	—	25.8	19.2	36	16	20	100	135	19	UCFU 307	UC 307	FU 307	—
	72	51.1	18.8	20	—	—	55.6	19.8	15.2	38	17	21	92	119	13 14.93	UELFU207	UEL207	FU207	E207
	80	51.6	18.3	25	—	—	55	25.8	19.2	36	16	20	100	135	19	UELFU307	UEL307	FU307	E307
40	80	49.2	19	21	M8×1	8	—	22.8	18.2	43	17	24	101.5	132	13 14.93	UCFU 208	UC 208	FU 208	—
	90	52	19	27	M10×1.25	10	—	31.2	24.0	40	17	23	112	150	19	UCFU 308	UC 308	FU 308	—
	80	56.3	21.4	21	—	—	60.3	22.8	18.2	43	17	24	101.5	132	13 14.93	UELFU208	UEL208	FU208	E208
	90	57.1	19.8	27	—	—	63.5	31.2	24.0	40	17	23	112	150	19	UELFU308	UEL308	FU308	E308
45	85	49.2	19.0	22	M8×1	8	—	24.5	20.8	45	18	24	105	139	13 16.93	UCFU 209	UC 209	FU 209	—
	100	57	22	30	M10×1.25	10	—	40.8	31.8	44	18	25	125	160	19	UCFU 309	UC 309	FU 309	—
	85	56.3	21.4	22	—	—	63.5	24.5	20.8	45	18	24	105	139	13 16.93	UELFU209	UEL209	FU209	E209
	100	58.7	19.8	30	—	—	70	40.8	31.8	44	18	25	125	160	19	UELFU309	UEL309	FU309	E309

（续）

轴承尺寸/mm								基本额定载荷/kN		座尺寸/mm						带座轴承代号	轴承代号	座代号	配用偏心套
d	D	B	S	C	d_s	G	d_1 max	C_r	C_{0r}	A max	A_1 max	A_2	J	L max	N min max	UCFU 型 UELFU 型	UC 型 UEL 型	FU 型	代号
50	90	51.6	19.0	24	M10×1.25	10	—	27.0	23.2	48	20	28	111	145	17 19.02	UCFU 210	UC 210	FU 210	—
	110	61	22	32	M12×1.5	12	—	47.5	37.8	48	19	28	132	175	23	UCFU 310	UC 310	FU 310	—
	90	62.7	24.6	24	—	—	69.9	27.0	23.2	48	20	28	111	145	17 19.02	UELFU210	UEL210	FU210	E210
	110	66.6	24.6	32	—	—	76.2	47.5	37.8	48	19	28	132	175	23	UELFU310	UEL310	FU310	E310
55	100	55.6	22.2	25	M10×1.25	10	—	33.5	29.2	51	21	31	130	164	17 19.02	UCFU211	UC211	FU211	—
	120	66	25	34	M12×1.5	12	—	55.0	44.8	52	20	30	140	185	23	UCFU311	UC311	FU311	—
	100	71.4	27.8	25	—	—	76.2	33.5	29.2	51	21	31	130	164	17 19.02	UELFU211	UEL211	FU211	E211
	120	73	27.8	34	—	—	83	55.0	44.8	52	20	30	140	185	23	UELFU311	UEL311	FU311	E311
60	110	65.1	25.4	27	M10×1.25	10	—	36.8	32.8	60	21	34	143	177	17 19.02	UCFU212	UC212	FU212	—
	130	71	26	36	M12×1.5	12	—	62.8	51.8	56	22	33	150	195	23	UCFU312	UC312	FU312	—
	110	77.8	31.0	27	—	—	84.2	36.8	32.8	60	21	34	143	177	17 19.02	UELFU212	UEL212	FU212	E212
	130	79.4	30.95	36	—	—	89	62.8	51.8	56	22	33	150	195	23	UELFU312	UEL312	FU312	E312
65	120	65.1	25.4	28	M10×1.25	10	—	44.0	40.0	52	24	35	150	188	17 19.02	UCFU213	UC213	FU213	—
	140	75	30	38	M12×1.5	12	—	72.2	60.5	58	25	33	166	208	23	UCFU313	UC313	FU313	—
	120	85.7	34.1	28	—	—	86	44.0	40.0	52	24	35	150	188	17 19.02	UELFU213	UEL213	FU213	E213
	140	85.7	32.55	38	—	—	97	72.2	60.5	58	25	33	166	208	23	UELFU313	UEL313	FU313	E313
70	125	74.6	30.2	29	M12×1.5	12	—	46.8	45.0	54	24	35	152	193	17 19.93	UCFU214	UC214	FU214	—
	150	78	33	40	M12×1.5	12	—	80.2	68.0	61	28	36	178	226	25	UCFU314	UC314	FU314	—
	125	85.7	34.1	29	—	—	90	46.8	45.0	54	24	35	152	193	17 19.93	UELFU214	UEL214	FU214	E214
	150	92.1	34.15	40	—	—	102	80.2	68.0	61	28	36	178	226	25	UELFU314	UEL314	FU314	E314
75	130	77.8	33.3	30	M12×1.5	12	—	50.8	49.5	58	24	38	152	198	17 24.52	UCFU215	UC215	FU215	—
	160	82	32	42	M14×1.5	14	—	87.2	76.8	66	30	39	184	236	25	UCFU315	UC315	FU315	—
	130	92.1	37.3	30	—	—	102	50.8	49.5	58	24	38	152	198	17 24.52	UELFU215	UEL215	FU215	E215
	160	100	37.3	42	—	—	113	87.2	76.8	66	30	39	184	236	25	UELFU315	UEL315	FU315	E315
80	140	82.6	33.3	33	M12×1.5	12	—	55.0	54.2	65	24	34	166	213	21 24.52	UCFU216	UC216	FU216	—
	170	86	34	44	M14×1.5	14	—	94.5	86.5	68	32	41	196	256	31	UCFU316	UC316	FU316	—
	170	106.4	40.5	44	—	—	119	94.5	86.5	68	32	41	196	256	31	UELFU316	UEL316	FU316	E316
85	150	85.7	34.1	35	M12×1.5	12	—	64.0	63.8	75	26	36	172	220	21 24.52	UCFU217	UC217	FU217	—
	180	96	40	46	M16×1.5	16	—	102	96.5	74	32	44	204	260	31	UCFU317	UC317	FU317	—
	180	109.5	42.05	46	—	—	127	102	96.5	74	32	44	204	260	31	UELFU317	UEL317	FU317	E317

（续）

轴承尺寸/mm								基本额定载荷/kN		座尺寸/mm						带座轴承代号	轴承代号	座代号	配用偏心套
d	D	B	S	C	d_s	G	d_1 max	C_r	C_{0r}	A max	A_1 max	A_2	J	L max	N min max	UCFU 型 UELFU 型	UC 型 UEL 型	FU 型	代号
90	160	96.0	39.7	37	M12×1.5	12	—	73.8	71.5	75	27	42	187	240	21　24.52	UCFU218	UC218	FU218	—
	190	96	40	48	M16×1.5	16	—	110	108	76	36	44	216	280	35	UCFU318	UC318	FU318	—
	190	115.9	43.65	48	—	—	133	110	108	76	30	44	216	280	35	UELFU318	UEL318	FU318	E318
95	200	103	41	50	M16×1.5	16	—	120	122	94	30	59	228	290	35	UCFU319	UC319	FU319	—
	200	122.3	38.9	50	—	—	140	120	122	94	30	59	228	290	35	UELFU319	UEL319	FU319	E319
100	180	108	42	34 51	M12×1.5	12	—	95	92	80	29	44	210	270	25　28.52	UCFU220	UC220	FU220	—
	215	108	42	54	M18×1.5	18	—	132	140	94	32	59	242	310	38	UCFU320	UC320	FU320	—
	215	128.6	50	54	—	—	146	132	140	94	32	59	242	310	38	UELFU320	UEL320	FU320	E320
105	225	112	44	56	M18×1.5	18	—	142	152	94	32	59	242	310	38	UCFU321	UC321	FU321	—
110	240	117	46	60	M18×1.5	18	—	158	178	96	35	60	266	340	41	UCFU322	UC322	FU322	—
120	260	126	51	64	M18×1.5	18	—	175	208	110	40	65	290	370	41	UCFU324	UC324	FU324	—
130	280	135	54	68	M20×1.5	20	—	195	242	115	45	65	320	410	41	UCFU326	UC326	FU326	—
140	300	145	59	72	M20×1.5	20	—	212	272	125	55	75	350	450	41	UCFU328	UC328	FU328	—

注：FU300 型座中 A、A_1、L 尺寸为公称尺寸，不是最大值；N 尺寸为公称尺寸，不是最小值。

表 14.6-40　带方形座外球面球轴承（带紧定套）（部分摘自 GB/T 7810—1995）

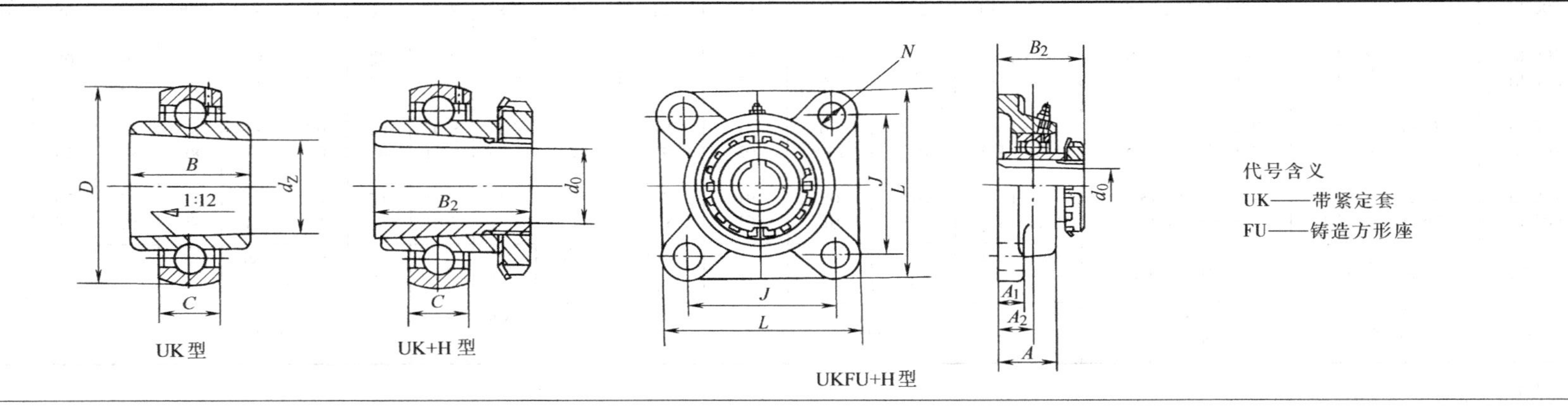

（续）

轴承尺寸/mm							基本额定载荷/kN		座尺寸/mm							带座轴承代号	轴承代号	座代号
d_Z	D	d_0	B_2	B min	B max	C	C_r	C_{0r}	A max	A_1 max	A_2	J	L max	N min	N max	UKFU+H 型	UK+H 型	FU 型
25	52	20	35	15	27	17	10.8	7.88	35	15	19	70	97	11.5	12.43	UKFU205+H2305	UK205+H2305	FU205
	62	20	35	21	27	21	17.2	11.5	29	13	16	80	110	16		UKFU305+H2305	UK305+H2305	FU305
30	62	25	38	16	30	19	15.0	11.2	38	16	20	82.5	110	11.5	12.43	UKFU206+H2306	UK206+H2306	FU206
	72	25	38	23	30	23	20.8	15.2	32	15	18	95	125	16		UKFU306+H2306	UK306+H2306	FU306
35	72	30	43	17	34	20	19.8	15.2	38	17	21	92	119	13	14.93	UKFU207+H2307	UK207+H2307	FU207
	80	30	43	26	34	25	25.8	19.2	36	16	20	100	135	19		UKFU307+H2307	UK307+H2307	FU307
40	80	35	46	18	36	21	22.8	18.2	43	17	24	101.5	132	13	14.93	UKFU208+H2308	UK208+H2308	FU208
	90	35	46	26	36	27	31.2	24.0	40	17	23	112	150	19		UKFU308+H2308	UK308+H2308	FU308
45	85	40	50	19	39	22	24.5	20.8	45	18	24	105	139	13	16.93	UKFU209+H2309	UK209+H2309	FU209
	100	40	50	28	39	30	40.8	31.8	44	18	25	125	160	19		UKFU309+H2309	UK309+H2309	FU309
50	90	45	55	20	43	24	27.0	23.2	48	20	28	111	145	17	19.02	UKFU210+H2310	UK210+H2310	FU210
	110	45	55	30	43	32	47.5	37.8	48	19	28	132	175	23		UKFU310+H2310	UK310+H2310	FU310
55	100	50	59	21	47	25	33.5	29.2	51	21	31	130	164	17	19.02	UKFU211+H2311	UK211+H2311	FU211
	120	50	59	33	47	34	55.0	44.8	52	20	30	140	185	23		UKFU311+H2311	UK311+H2311	FU311
60	110	55	62	22	49	27	36.8	32.8	60	21	34	143	177	17	19.02	UKFU212+H2312	UK212+H2312	FU212
	130	55	62	34	49	36	62.8	51.8	56	22	33	150	195	23		UKFU312+H2312	UK312+H2312	FU312
65	120	60	65	23	51	28	44.0	40.0	52	24	34	149.5	189	17	19.02	UKFU213+H2313	UK213+H2313	FU213
	140	60	65	36	51	38	72.2	60.5	58	22	33	166	208	23		UKFU313+H2313	UK313+H2313	FU313
75	130	65	73	25	58	30	50.8	49.5	58	24	35	159	202	17	24.52	UKFU215+H2315	UK215+H2315	FU215
	160	65	73	40	58	42	87.2	76.8	66	25	39	184	236	25		UKFU315+H2315	UK315+H2315	FU315
80	140	70	78	26	61	33	55.0	54.2	65	24	35	165	213	21	24.52	UKFU216+H2316	UK216+H2316	FU216
	170	70	78	42	61	44	94.5	86.5	68	27	38	196	250	31		UKFU316+H2316	UK316+H2316	FU316
85	150	75	82	28	64	35	64.0	63.8	75	26	36	175	222	21	24.52	UKFU217+H2317	UK217+H2317	FU217
	180	75	82	45	64	46	102	96.5	74	27	44	204	260	31		UKFU317+H2317	UK317+H2317	FU317
90	190	80	86	47	68	48	110	108	76	30	44	216	280	35		UKFU318+H2318	UK318+H2318	FU318
95	200	85	90	49	71	50	120	122	94	30	59	228	290	35		UKFU319+H2319	UK319+H2319	FU319

（续）

轴承尺寸/mm							基本额定载荷/kN		座尺寸/mm						带座轴承代号	轴承代号	座代号
d_Z	D	d_0	B_2	B min	B max	C	C_r	C_{0r}	A max	A_1 max	A_2	J	L max	N min max	UKFU+H 型	UK+H 型	FU 型
100	215	90	97	51	77	54	132	140	94	32	59	242	310	38	UKFU320+H2320	UK320+H2320	FU320
110	240	100	105	56	84	60	158	178	96	35	60	266	340	41	UKFU322+H2322	UK322+H2322	FU322
120	260	110	112	60	90	64	175	208	110	40	65	290	370	41	UKFU324+H2324	UK324+H2324	FU324
130	280	115	121	65	98	68	195	242	115	45	65	320	410	41	UKFU326+H2326	UK326+H2326	FU326
140	300	125	131	70	107	72	212	272	125	55	75	350	450	41	UKFU328+H2328	UK328+H2328	FU328

注：FU300 型座中 A、A_1、L 尺寸为公称尺寸，不是最大值；N 尺寸为公称尺寸，不是最小值。

表 14.6-41　带菱形座外球面球轴承（带紧定螺钉、带偏心套）（部分摘自 GB/T 7810—1995）

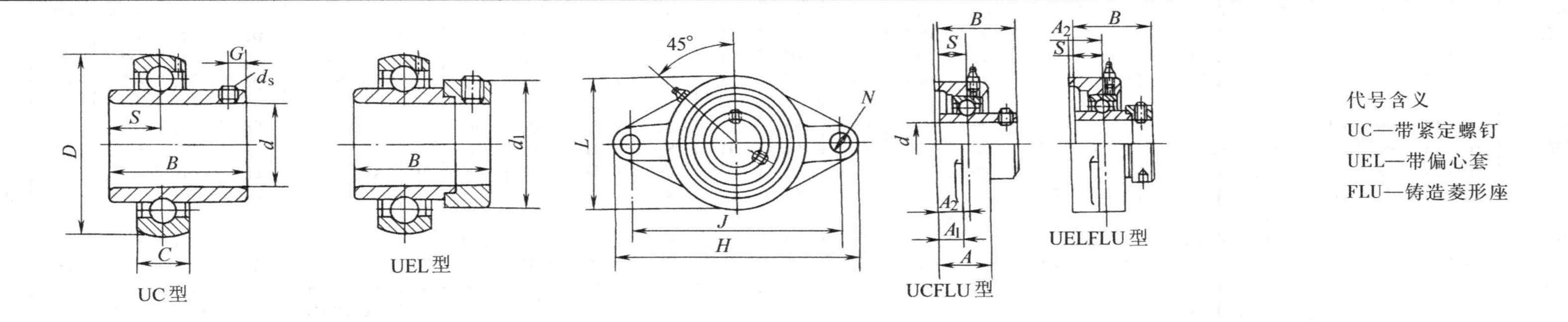

轴承尺寸/mm								基本额定载荷/kN		座尺寸/mm								带座轴承代号	轴承代号	座代号	配用偏心套
d	D	B	S	C	d_s	G	d_1 max	C_r	C_{0r}	A max	A_1 max	A_2	H max	J	L max	N min	N max	UCFLU 型 UELFLU 型	UC 型 UEL 型	FLU 型	代号
12	40	27.4	11.5	14	M6×0.75	4	—	7.35	4.78	32	13	17	99	76.5	61	10.5	12.43	UCFLU201	UC201	FLU203	—
	40	37.3	13.9	14	—	—	28.6	7.35	4.78	32	13	17	99	76.5	61	10.5	12.43	UELFLU201	UEL201	FLU203	E201
15	40	27.4	11.5	14	M6×0.75	4	—	7.35	4.78	32	13	17	99	76.5	61	10.5	12.43	UCFLU202	UC202	FLU203	—
	40	37.3	13.9	14	—	—	28.6	7.35	4.78	32	13	17	99	76.5	61	10.5	12.43	UELFLU202	UEL202	FLU203	E202

（续）

轴承尺寸/mm								基本额定载荷/kN		座尺寸/mm								带座轴承代号	轴承代号	座代号	配用偏心套
d	D	B	S	C	d_s	G	d_1 max	C_r	C_{0r}	A max	A_1 max	A_2	H max	J	L max	N min	N max	UCFLU 型 UELFLU 型	UC 型 UEL 型	FLU 型	代号
17	40	27.4	11.5	14	M6×0.75	4	—	7.35	4.78	32	13	17	99	76.5	61	10.5	12.43	UCFLU203	UC203	FLU203	—
	40	37.3	13.9	14	—	—	28.6	7.35	4.78	32	13	17	99	76.5	61	10.5	12.43	UELFLU203	UEL203	FLU203	E203
20	47	31.0	12.7	17	M6×0.75	5	—	9.88	6.65	34	15	19	113	90	62	10.5	12.43	UCFLU204	UC204	FLU204	—
	47	43.7	17.1	17	—	—	33.3	9.88	6.65	34	15	19	113	90	62	10.5	12.43	UELFLU204	UEL204	FLU204	E204
25	52	34.1	14.3	17	M6×0.75	5	—	10.8	7.88	35	15	19	125	99	70	11.5	12.43	UCFLU205	UC205	FLU205	—
	62	38	15	21	M6×0.75	6	—	17.2	11.5	29	13	16	150	113	80	19		UCFLU305	UC305	FLU305	—
	52	44.4	17.5	17	—	—	38.1	10.8	7.88	35	15	19	125	99	70	11.5	12.43	UELFLU205	UEL205	FLU205	E205
	62	46.8	16.7	21	—	—	42.8	17.2	11.5	29	13	16	150	113	80	19		UELFLU305	UEL305	FLU305	E305
30	62	38.1	15.9	19	M6×0.75	5	—	15.0	11.2	38	16	20	142	116.5	83	11.5	12.43	UCFLU206	UC206	FLU206	—
	72	43	17	23	M6×0.75	6	—	20.8	15.2	32	15	18	180	134	90	23		UCFLU306	UC306	FLU306	—
	62	48.4	18.3	19	—	—	44.5	15.0	11.2	38	16	20	142	116.5	83	11.5	12.43	UELFLU206	UEL206	FLU206	E206
	72	50	17.5	23	—	—	50	20.8	15.2	32	15	18	180	134	90	23		UELFLU306	UEL306	FLU306	E306
35	72	42.9	17.5	20	M8×1	7	—	19.8	15.2	38	17	21	156	130	96	13	14.93	UCFLU207	UC207	FLU207	—
	80	48	19	25	M8×1	8	—	25.8	19.2	36	16	20	185	141	100	23		UCFLU307	UC307	FLU307	—
	72	51.1	18.8	20	—	—	55.6	19.8	15.2	38	17	21	156	130	96	13	14.93	UELFLU207	UEL207	FLU207	E207
	80	51.6	18.3	25	—	—	55	25.8	19.2	36	16	20	185	141	100	23		UELFLU307	UEL307	FLU307	E307
40	80	49.2	19	21	M8×1	8	—	22.8	18.2	43	17	24	172	143.5	105	13	14.93	UCFLU208	UC208	FLU208	—
	90	52	19	27	M10×1.25	10	—	31.2	24.0	40	17	23	200	158	112	23		UCFLU308	UC308	FLU308	—
	80	56.3	21.4	21	—	—	60.3	22.8	18.2	43	17	24	172	143.5	105	13	14.93	UELFLU208	UEL208	FLU208	E208
	90	57.1	19.8	27	—	—	63.5	31.2	24.0	40	17	23	200	158	112	23		UELFLU308	UEL308	FLU308	E308
45	85	49.2	19.0	22	M8×1	8	—	24.5	20.8	45	18	24	180	148.5	112	13	16.93	UCFLU209	UC209	FLU209	—
	100	57	22	30	M10×1.25	10	—	40.8	31.8	44	18	25	230	177	125	25		UCFLU309	UC309	FLU309	—
	85	56.3	21.4	22	—	—	63.5	24.5	20.8	45	18	24	180	148.5	112	13	16.93	UELFLU209	UEL209	FLU209	E209
	100	58.7	19.8	30	—	—	70	40.8	31.8	44	18	25	230	177	125	25		UELFLU309	UEL309	FLU309	E309
50	90	51.6	19.0	24	M10×1.25	10	—	27.0	23.2	48	20	28	190	157	117	17	19.02	UCFLU210	UC210	FLU210	—
	110	61	22	32	M12×1.5	12	—	47.5	37.8	48	19	28	240	187	140		25	UCFLU310	UC310	FLU310	—
	90	62.7	24.6	24	—	—	69.9	27.0	23.2	48	20	28	190	157	117	17	19.02	UELFLU210	UEL210	FLU210	E210
	110	66.6	24.6	32	—	—	76.2	47.5	37.8	48	19	28	240	187	140	25		UELFLU310	UEL310	FLU310	E310
55	100	55.6	22.2	25	M10×1.25	10	—	33.5	29.2	51	21	31	222	184	134	17	19.02	UCFLU211	UC211	FLU211	—
	120	66	25	34	M12×1.5	12	—	55.0	44.8	52	20	30	250	198	150	25		UCFLU311	UC311	FLU311	—
	100	71.4	27.8	25	—	—	76.2	33.5	29.2	51	21	31	222	184	134	17	19.02	UELFLU211	UEL211	FLU211	E211
	120	73	27.8	34	—	—	83	55.0	44.8	52	20	30	250	198	150	25		UELFLU311	UEL311	FLU311	E311

（续）

轴承尺寸/mm								基本额定载荷/kN		座尺寸/mm							带座轴承代号	轴承代号	座代号	配用偏心套
d	D	B	S	C	d_s	G	d_1 max	C_r	C_{0r}	A max	A_1 max	A_2	H max	J	L max	N min max	UCFLU 型 UELFLU 型	UC 型 UEL 型	FLU 型	代号
60	110	65.1	25.4	27	M10×1.25	10	—	36.8	32.8	60	21	34	238	202	142	17 19.02	UCFLU212	UC212	FLU212	—
	130	71	26	36	M12×1.5	12	—	62.8	51.8	56	22	33	270	212	160	31	UCFLU312	UC312	FLU312	—
	110	77.8	31.0	27	—	—	84.2	36.8	32.8	60	21	34	238	202	142	17 19.02	UELFLU212	UEL212	FLU212	E212
	130	79.4	30.95	36	—	—	89	62.8	51.8	56	22	33	270	212	160	31	UELFLU312	UEL312	FLU312	E312
65	140	75	30	38	M12×1.5	12	—	72.2	60.5	58	25	33	295	240	175	31	UCFLU313	UC313	FLU313	—
	140	85.7	32.55	38	—	—	97	72.2	60.5	58	25	33	295	240	175	31	UELFLU313	UEL313	FLU313	E313
70	150	78	33	40	M12×1.5	12	—	80.2	68.0	61	28	36	315	250	185	35	UCFLU314	UC314	FLU314	—
	150	92.1	34.15	40	—	—	102	80.2	68.0	61	28	36	315	250	185	35	UELFLU314	UEL314	FLU314	E314
75	160	82	32	42	M14×1.5	14	—	87.2	76.8	66	30	39	320	260	195	35	UCFLU315	UC315	FLU315	—
	160	100	37.3	42	—	—	113	87.2	76.8	66	30	39	320	260	195	35	UELFLU315	UEL315	FLU315	E315
80	170	86	34	44	M14×1.5	14	—	94.5	86.5	68	32	38	355	285	210	38	UCFLU316	UC316	FLU316	—
	170	106.4	40.5	44	—	—	119	94.5	86.5	68	32	38	355	285	210	38	UELFLU316	UEL316	FLU316	E316
85	180	96	40	46	M16×1.5	16	—	102	96.5	74	32	44	370	300	220	38	UCFLU317	UC317	FLU317	—
	180	109.5	42.05	46	—	—	127	102	96.5	74	32	44	370	300	220	38	UELFLU317	UEL317	FLU317	E317
90	190	96	40	48	M16×1.5	16	—	110	108	76	36	44	385	315	235	38	UCFLU318	UC318	FLU318	—
	190	115.9	43.65	48	—	—	133	110	108	76	36	44	385	315	235	38	UELFLU318	UEL318	FLU318	E318
95	200	103	41	50	M16×1.5	16	—	120	122	94	40	59	405	330	250	41	UCFLU319	UC319	FLU319	—
	200	122.3	38.9	50	—	—	140	120	122	94	40	59	405	330	250	41	UELFLU319	UEL319	FLU319	E319
100	215	108	42	54	M18×1.5	18	—	132	140	94	40	59	440	360	270	44	UCFLU320	UC320	FLU320	—
	215	128.6	50	54	—	—	146	132	140	94	40	59	440	360	270	44	UELFLU320	UEL320	FLU320	E320
105	225	112	44	56	M18×1.5	18	—	142	152	94	40	59	440	360	270	44	UCFLU321	UC321	FLU321	
110	240	117	46	60	M18×1.5	18	—	158	178	96	42	60	470	390	300	44	UCFLU322	UC322	FLU322	
120	260	126	51	64	M18×1.5	18	—	175	208	110	48	65	520	430	330	47	UCFLU324	UC324	FLU324	
130	280	135	54	68	M20×1.5	20	—	195	242	115	50	65	550	460	360	47	UCFLU326	UC326	FLU326	
140	300	145	59	72	M20×1.5	20	—	212	272	125	60	75	600	500	400	51	UCFLU328	UC328	FLU328	

注：FLU300 型座中 A、H、L 尺寸为公称尺寸，不是最大值；N 尺寸为公称尺寸，不是最小值。

表 14.6-42 带菱形座外球面球轴承（带紧定套）（部分摘自 GB/T 7810—1995）

UK型　UK+H型　UKFLU+H型

代号含义
UK—带紧定套
FLU—铸造菱形座
H—紧定套

轴承尺寸/mm							基本额定载荷/kN		座尺寸/mm								带座轴承代号	轴承代号	座代号
d_Z	D	d_0	B_2	B min	B max	C	C_r	C_{0r}	A max	A_1 max	A_2	H max	J	L max	N min	N max	UKFLU+H 型	UK+H 型	FLU 型
25	52	20	35	15	27	17	10.8	7.88	35	15	19	125	99	70	11.5	12.43	UKFLU205+H2305	UK205+H2305	FLU205
	62	20	35	21	27	21	17.2	11.5	29	13	16	150	113	80		19	UKFLU305+H2305	UK305+H2305	FLU305
30	62	25	38	16	30	19	15.0	11.2	38	16	20	142	116.5	83	11.5	12.43	UKFLU206+H2306	UK206+H2306	FLU206
	72	25	38	23	30	23	20.8	15.2	32	15	18	180	134	90		23	UKFLU306+H2306	UK306+H2306	FLU306
35	72	30	43	17	34	20	19.8	15.2	38	17	21	156	130	96	13	14.93	UKFLU207+H2307	UK207+H2307	FLU207
	80	30	43	26	34	25	25.8	19.2	36	16	20	185	141	100		23	UKFLU307+H2307	UK307+H2307	FLU307
40	80	35	46	18	36	21	22.8	18.2	43	17	24	172	143.5	105	13	14.93	UKFLU208+H2308	UK208+H2308	FLU208
	90	35	46	26	36	27	31.2	24.0	40	17	23	200	158	112		23	UKFLU308+H2308	UK308+H2308	FLU308
45	85	40	50	19	39	22	24.5	20.8	45	18	24	180	148.5	112	13	16.93	UKFLU209+H2309	UK209+H2309	FLU209
	100	40	50	28	39	30	40.8	31.8	44	18	25	230	177	125		25	UKFLU309+H2309	UK309+H2309	FLU309
50	90	45	55	20	43	24	27.0	23.2	48	20	28	190	157	117	17	19.02	UKFLU210+H2310	UK210+H2310	FLU210
	110	45	55	30	43	32	47.5	37.8	48	19	28	240	187	140		25	UKFLU310+H2310	UK310+H2310	FLU310
55	100	50	59	21	47	25	33.5	29.2	51	21	31	222	184	134	17	19.02	UKFLU211+H2311	UK211+H2311	FLU211
	120	50	59	33	47	34	55.0	44.8	52	20	30	250	198	150		25	UKFLU311+H2311	UK311+H2311	FLU311
60	110	55	62	22	49	27	36.8	32.8	60	21	34	238	202	142	17	19.02	UKFLU212+H2312	UK212+H2312	FLU212
	130	55	62	34	49	36	62.8	51.8	56	20	33	270	212	160		31	UKFLU312+H2312	UK312+H2312	FLU312

（续）

轴承尺寸/mm							基本额定载荷/kN		座尺寸/mm							带座轴承代号	轴承代号	座代号
d_Z	D	d_0	B_2	B min	B max	C	C_r	C_{0r}	A max	A_1 max	A_2	H max	J	L max	N min max	UKFLU+H 型	UK+H 型	FLU 型
65	140	60	65	36	51	38	72.2	60.5	58	25	33	295	240	175	31	UKFLU313+H2313	UK313+H2313	FLU313
75	160	65	73	40	58	42	87.2	76.8	66	30	39	320	260	195	35	UKFLU315+H2315	UK315+H2315	FLU315
80	170	70	78	42	61	44	94.5	86.5	68	32	38	355	285	210	38	UKFLU316+H2316	UK316+H2316	FLU316
85	180	75	82	45	64	46	102	96.5	74	32	44	370	300	220	38	UKFLU317+H2317	UK317+H2317	FLU317
90	190	80	86	47	68	48	110	108	76	36	44	385	315	235	38	UKFLU318+H2318	UK318+H2318	FLU318
95	200	85	90	49	71	50	120	122	94	40	59	405	330	250	41	UKFLU319+H2319	UK319+H2319	FLU319
100	215	90	97	51	77	54	132	140	94	40	59	440	360	270	44	UKFLU320+H2320	UK320+H2320	FLU320
110	240	100	105	56	84	60	158	178	96	42	60	470	390	300	44	UKFLU322+H2322	UK322+H2322	FLU322
120	260	110	112	60	90	64	175	208	110	48	65	520	430	330	47	UKFLU324+H2324	UK324+H2324	FLU324
130	280	115	121	65	98	68	195	242	115	50	65	550	460	360	47	UKFLU326+H2326	UK326+H2326	FLU326
140	300	125	131	70	107	72	212	272	125	60	75	600	500	400	51	UKFLU328+H2328	UK328+H2328	FLU328

注：FLU300 型座中 A、H、L 尺寸为公称尺寸，不是最大值；N 尺寸为公称尺寸，不是最小值。

表 14.6-43　带凸台圆形座外球面球轴承（带紧定螺钉、带偏心套）（部分摘自 GB/T 7810—1995）

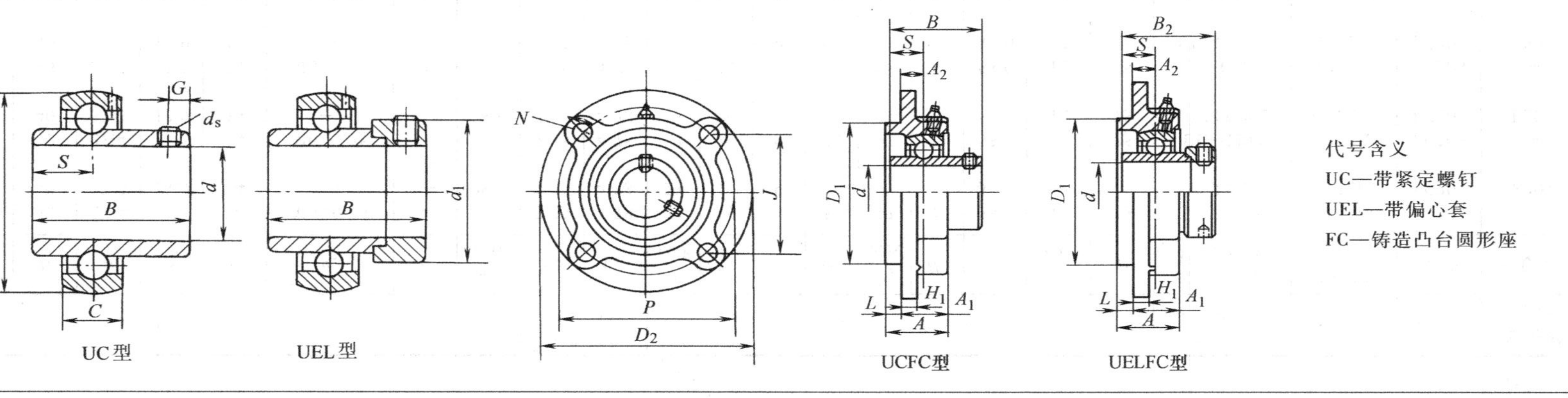

（续）

轴承尺寸/mm								基本额定载荷/kN		座尺寸/mm									带座轴承代号	轴承代号	座代号	配用偏心套
d	D	B	S	C	d_s	G	d_1 max	C_r	C_{0r}	A max	A_1	A_2	D_1	D_2 max	H_1	J	N min	P	UCFC 型 UELFC 型	UC 型 UEL 型	FC 型	代号
12	40	27.4	11.5	14	M6×0.75	4	—	7.35	4.78	23	19	9	58	97	6	53.0	12	75	UCFC201	UC201	FC203	—
	40	37.3	13.9	14	—	—	28.6	7.35	4.78	23	19	9	58	97	6	53.0	12	75	UELFC201	UEL201	FC203	E201
15	40	27.4	11.5	14	M6×0.75	4	—	7.35	4.78	23	19	9	58	97	6	53.0	12	75	UCFC202	UC202	FC203	—
	40	37.3	13.9	14	—	—	28.6	7.35	4.78	23	19	9	58	97	6	53.0	12	75	UELFC202	UEL202	FC203	E202
17	40	27.4	11.5	14	M6×0.75	4	—	7.35	4.78	23	19	9	58	97	6	53.0	12	75	UCFC203	UC203	FC203	—
	40	37.3	13.9	14	—	—	28.6	7.35	4.78	23	19	9	58	97	6	53.0	12	75	UELFC203	UEL203	FC203	E203
20	47	31.0	12.7	17	M6×0.75	5	—	9.88	6.65	25.5	20.5	10	62	100	7	55.1	12	78	UCFC204	UC204	FC204	—
	47	43.7	17.1	17	—	—	33.3	9.88	6.65	25.5	20.5	10	62	100	7	55.1	12	78	UELFC204	UEL204	FC204	E204
25	52	34.1	14.3	17	M6×0.75	5	—	10.8	7.88	27	21	10	70	115	7	63.6	12	90	UCFC205	UC205	FC205	—
	52	44.4	17.5	17	—	—	38.1	10.8	7.88	27	21	10	70	115	7	63.6	12	90	UELFC205	UEL205	FC205	E205
30	62	38.1	15.9	19	M6×0.75	5	—	15.0	11.2	31	23	10	80	125	8	70.7	12	100	UCFC206	UC206	FC206	—
	62	48.4	18.3	19	—	—	44.5	15.0	11.2	31	23	10	80	125	8	70.7	12	100	UELFC206	UEL206	FC206	E206
35	72	42.9	17.5	20	M8×1	7	—	19.8	15.2	34	26	11	90	135	9	77.8	14	110	UCFC207	UC207	FC207	—
	72	51.1	18.8	20	—	—	55.6	19.8	15.2	34	26	11	90	135	9	77.8	14	110	UELFC207	UEL207	FC207	E207
40	80	49.2	19	21	M8×1	8	—	22.8	18.2	36	26	11	100	145	9	84.8	14	120	UCFC203	UC208	FC208	—
	80	56.3	21.4	21	—	—	60.3	22.8	18.2	36	26	11	100	145	9	84.8	14	120	UELFC208	UEL208	FC208	E208
45	85	49.2	19.0	22	M8×1	8	—	24.5	20.8	38	26	10	105	160	14	93.3	16	132	UCFC209	UC209	FC209	—
	85	56.3	21.4	22	—	—	63.5	24.5	20.8	38	26	10	105	160	14	93.3	16	132	UELFC209	UEL209	FC209	E209
50	90	51.6	19.0	24	M10×1.25	10	—	27.0	23.2	40	28	10	110	165	14	97.6	16	138	UCFC210	UC210	FC210	—
	90	62.7	24.6	24	—	—	69.9	27.0	23.2	40	28	10	110	165	14	97.6	16	138	UELFC210	UEL210	FC210	E210
55	100	55.6	22.2	25	M10×1.25	10	—	33.5	29.2	43	31	13	125	185	15	106.1	19	150	UCFC211	UC211	FC211	—
	100	71.4	27.8	25	—	—	76.2	33.5	29.2	43	31	13	125	185	15	106.1	19	150	UELFC211	UEL211	FC211	E211
60	110	65.1	25.4	27	M10×1.25	10	—	36.8	32.8	48	36	17	135	195	15	113.1	19	160	UCFC212	UC212	FC212	—
	110	77.8	31.0	27	—	—	84.2	36.8	32.8	48	36	17	135	195	15	113.1	19	160	UELFC212	UEL212	FC212	E212
65	120	65.1	25.4	28	M10×1.25	10	—	44.0	40.0	50	36	16	145	205	15	120.2	19	170	UCFC213	UC213	FC213	—
	120	85.7	34.1	28	—	—	86	44.0	40.0	50	36	16	145	205	15	120.2	19	170	UELFC213	UEL213	FC213	E213

（续）

轴承尺寸/mm								基本额定载荷/kN		座尺寸/mm									带座轴承代号	轴承代号	座代号	配用偏心套
d	D	B	S	C	d_s	G	d_1 max	C_r	C_{0r}	A max	A_1	A_2	D_1	D_2 max	H_1	J	N min	P	UCFC 型 UELFC 型	UC 型 UEL 型	FC 型	代号
70	125 125	74.6 85.7	30.2 34.1	29 29	M12×1.5 —	12 —	— 90	46.8 46.8	45.0 45.0	54 54	40 40	17 17	150 150	215 215	18 18	125.1 125.1	19 19	177 177	UCFC214 UELFC214	UC214 UEL214	FC214 FC214	— E214
75	130 130	77.8 92.1	33.3 37.3	30 30	M12×1.5 —	12 —	— 102	50.8 50.8	49.5 49.5	56 56	40 40	18 18	165 165	220 220	18 18	130.1 130.1	19 19	184 184	UCFC215 UELFC215	UC215 UEL215	FC215 FC215	— E215
80	140	82.6	33.3	33	M12×1.5	12	—	55.0	54.2	58	42	18	170	240	18	141.4	23	200	UCFC216	UC216	FC216	—
85	150	85.7	34.1	35	M12×1.5	12	—	64.0	63.8	63	45	18	180	250	20	147.1	23	208	UCFC217	UC217	FC217	—
90	160	96.0	39.7	37	M12×1.5	12	—	73.8	71.5	68	50	22	190	265	20	155.5	23	220	UCFC218	UC218	FC218	—

表 14.6-44　带凸台圆形座外球面球轴承（带紧定套）（部分摘自 GB/T 7810—1995）

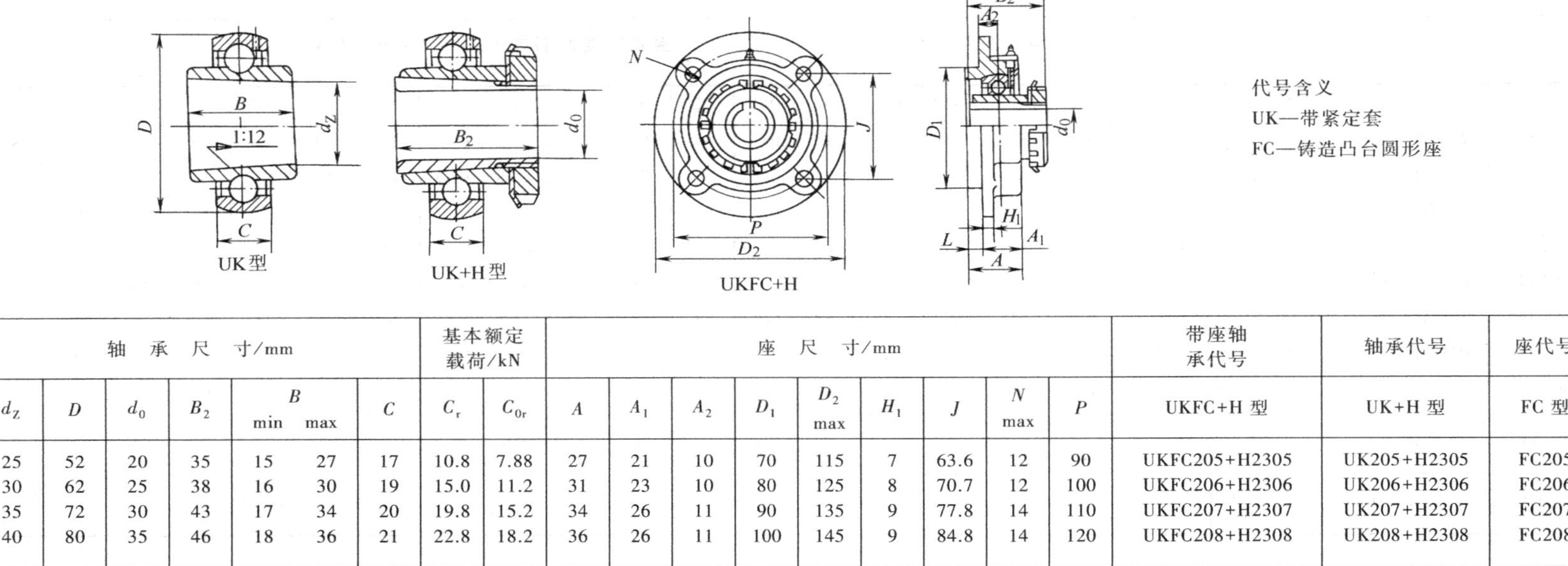

轴承尺寸/mm						基本额定载荷/kN		座尺寸/mm									带座轴承代号	轴承代号	座代号
d_Z	D	d_0	B_2	B min	B max	C	C_r	C_{0r}	A	A_1	A_2	D_1	D_2 max	H_1	J	N max	P	UKFC+H 型	UK+H 型	FC 型
25	52	20	35	15	27	17	10.8	7.88	27	21	10	70	115	7	63.6	12	90	UKFC205+H2305	UK205+H2305	FC205
30	62	25	38	16	30	19	15.0	11.2	31	23	10	80	125	8	70.7	12	100	UKFC206+H2306	UK206+H2306	FC206
35	72	30	43	17	34	20	19.8	15.2	34	26	11	90	135	9	77.8	14	110	UKFC207+H2307	UK207+H2307	FC207
40	80	35	46	18	36	21	22.8	18.2	36	26	11	100	145	9	84.8	14	120	UKFC208+H2308	UK208+H2308	FC208

（续）

轴承尺寸/mm							基本额定载荷/kN		座尺寸/mm									带座轴承代号	轴承代号	座代号
d_Z	D	d_0	B_2	B min	B max	C	C_r	C_{0r}	A	A_1	A_2	D_1	D_2 max	H_1	J	N max	P	UKFC+H 型	UK+H 型	FC 型
45	85	40	50	19	39	22	24.5	20.8	38	26	10	105	160	14	93.3	16	132	UKFC209+H2309	UK209+H2309	FC209
50	90	45	55	20	43	24	27.0	23.2	40	28	10	110	165	14	97.6	16	138	UKFC210+H2310	UK210+H2310	FC210
55	100	50	59	21	47	25	33.5	29.2	43	31	13	125	185	15	106.1	19	150	UKFC211+H2311	UK211+H2311	FC211
60	110	55	62	22	49	27	36.8	32.8	48	36	17	135	195	15	113.1	19	160	UKFC212+H2312	UK212+H2312	FC212
65	120	60	65	23	51	28	44.0	40.0	50	36	16	145	205	15	120.2	19	170	UKFC213+H2313	UK213+H2313	FC213
75	130	65	73	25	58	30	50.8	49.5	56	40	18	160	220	18	130.1	19	184	UKFC215+H2315	UK215+H2315	FC215
80	140	70	78	26	61	33	55.0	54.2	58	42	18	170	240	18	141.4	23	200	UKFC216+H2316	UK216+H2316	FC216
85	150	75	82	28	64	35	64.0	63.8	63	45	18	180	250	20	147.1	23	208	UKFC217+H2317	UK217+H2317	FC217
90	160	80	86	30	68	37	73.8	71.5	68	50	22	190	265	20	155.5	23	220	UKFC218+H2318	UK218+H2318	FC218

表 14.6-45 带滑块座外球面球轴承（带紧定镙钉、带偏心套）（部分摘自 GB/T 7810—1995）

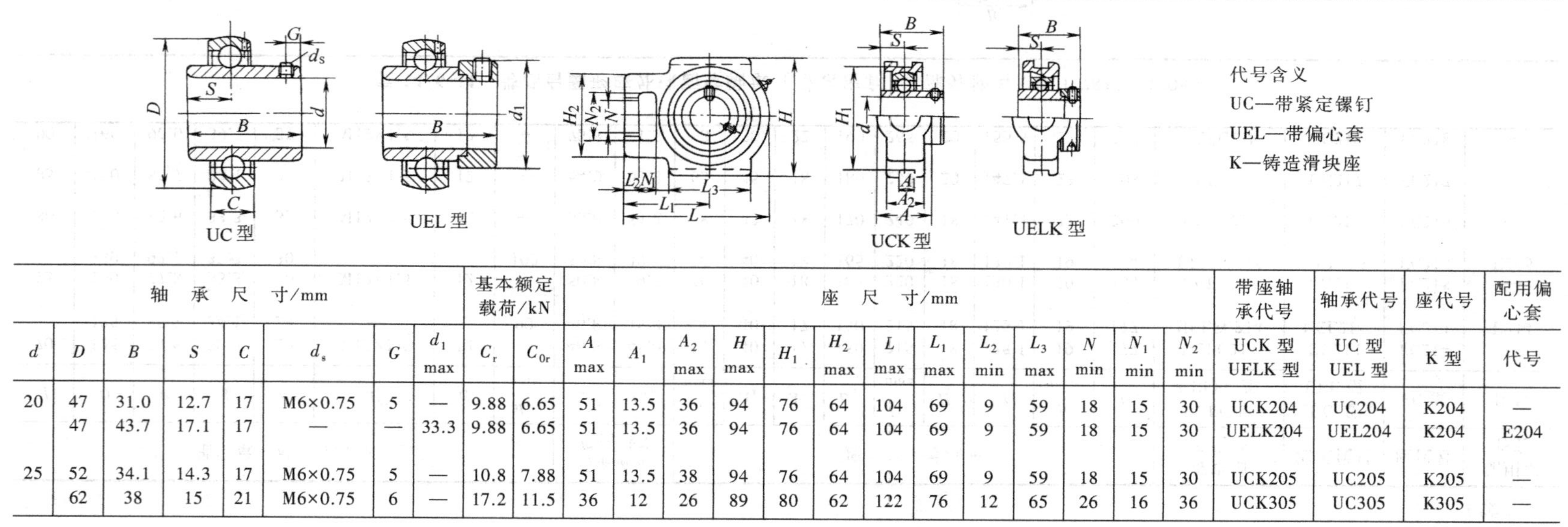

代号含义
UC—带紧定镙钉
UEL—带偏心套
K—铸造滑块座

轴承尺寸/mm								基本额定载荷/kN		座尺寸/mm													带座轴承代号	轴承代号	座代号	配用偏心套
d	D	B	S	C	d_s	G	d_1 max	C_r	C_{0r}	A max	A_1	A_2 max	H max	H_1	H_2 max	L max	L_1 max	L_2 min	L_3 max	N min	N_1 min	N_2 min	UCK 型 UELK 型	UC 型 UEL 型	K 型	代号
20	47	31.0	12.7	17	M6×0.75	5	—	9.88	6.65	51	13.5	36	94	76	64	104	69	9	59	18	15	30	UCK204	UC204	K204	—
	47	43.7	17.1	17	—	—	33.3	9.88	6.65	51	13.5	36	94	76	64	104	69	9	59	18	15	30	UELK204	UEL204	K204	E204
25	52	34.1	14.3	17	M6×0.75	5	—	10.8	7.88	51	13.5	38	94	76	64	104	69	9	59	18	15	30	UCK205	UC205	K205	—
	62	38	15	21	M6×0.75	6	—	17.2	11.5	36	12	26	89	80	62	122	76	12	65	26	16	36	UCK305	UC305	K305	—

（续）

轴承尺寸/mm								基本额定载荷/kN		座尺寸/mm													带座轴承代号	轴承代号	座代号	配用偏心套
d	D	B	S	C	d_s	G	d_1 max	C_r	C_{0r}	A max	A_1	A_2 max	H max	H_1	H_2 max	L max	L_1 max	L_2 min	L_3 max	N min	N_1 min	N_2 min	UCK 型 UELK 型	UC 型 UEL 型	K 型	代号
25	52	44.4	17.5	17	—	—	38.1	10.8	7.88	51	13.5	38	94	76	64	104	69	9	59	18	15	30	UELK205	UEL205	K205	E205
	62	46.8	16.7	21	—	—	42.8	17.2	11.5	36	12	26	89	80	62	122	76	12	65	26	16	36	UELK305	UEL305	K305	E305
30	62	38.1	15.9	19	M6×0.75	5	—	15.0	11.2	53	13.5	38	107	89	66	118	74	9	66	19	15	36	UCK206	UC206	K206	—
	72	43	17	23	M6×0.75	6	—	20.8	15.2	41	16	28	100	90	70	137	85	14	74	28	18	41	UCK306	UC306	K306	—
	62	48.4	18.3	19	—	—	44.5	15.0	11.2	53	13.5	38	107	89	66	118	74	9	66	19	15	36	UELK206	UEL206	K206	E206
	72	50	17.5	23	—	—	50	20.8	15.2	41	16	28	100	90	70	137	85	14	74	28	18	41	UELK306	UEL306	K306	E306
35	72	42.9	17.5	20	M8×1	7	—	19.8	15.2	53	13.5	38	107	89	66	132	81	10	72	19	15	36	UCK207	UC207	K207	—
	80	48	19	25	M8×1	8	—	25.8	19.2	45	16	32	111	100	75	150	94	15	80	30	20	45	UCK307	UC307	K307	—
	72	51.1	18.8	20	—	—	55.6	19.8	15.2	53	13.5	38	107	89	66	132	81	10	72	19	15	36	UELK207	UEL207	K207	E207
	80	51.6	18.3	25	—	—	55	25.8	19.2	45	16	32	111	100	75	150	94	15	80	30	20	45	UELK307	UEL307	K307	E307
40	80	49.2	19	21	M8×1	8	—	22.8	18.2	67	17.5	44	124	101	85	146	91	14	84	27	18	47	UCK208	UC208	K208	—
	90	52	19	27	M10×1.25	10	—	31.2	24.0	50	18	34	124	112	83	162	100	17	89	32	22	50	UCK308	UC308	K308	—
	80	56.3	21.4	21	—	—	60.3	22.8	18.2	67	17.5	44	124	101	85	146	91	14	84	27	18	47	UELK208	UEL208	K208	E208
	90	57.1	19.8	27	—	—	63.5	31.2	24.0	50	18	34	124	112	83	162	100	17	89	32	22	50	UELK308	UEL308	K308	E308
45	85	49.2	19.0	22	M8×1	8	—	24.5	20.8	67	17.5	44	124	101	85	149	91	14	84	27	18	47	UCK209	UC209	K209	—
	100	57	22	30	M10×1.25	10	—	40.8	31.8	55	18	38	138	125	90	178	110	18	97	34	24	55	UCK309	UC309	K309	—
	85	56.3	21.4	22	—	—	63.5	24.5	20.8	67	17.5	44	124	101	85	149	91	14	84	27	18	47	UELK209	UEL209	K209	E209
	100	58.7	19.8	30	—	—	70	40.8	31.8	55	18	38	138	125	90	178	110	18	97	34	24	55	UELK309	UEL309	K309	E309
50	90	51.6	19.0	24	M10×1.25	10	—	27.0	23.2	67	17.5	50	124	101	85	153	92	14	88	27	18	47	UCK210	UC210	K210	—
	110	61	22	32	M12×1.5	12	—	47.5	37.8	61	20	40	151	140	98	191	117	20	106	37	27	61	UCK310	UC310	K310	—
	90	62.7	24.6	24	—	—	69.9	27.0	23.2	67	17.5	50	124	101	85	153	92	14	88	27	18	47	UELK210	UEL210	K210	E210
	110	66.6	24.6	32	—	—	76.2	47.5	37.8	61	20	40	151	140	98	191	117	20	106	37	27	61	UELK310	UEL310	K310	E310
55	100	55.6	22.2	25	M10×1.25	10	—	33.5	29.2	72	27	56	152	130	104	191	120	17	104	34	24	62	UCK211	UC211	K211	—
	120	66	25	34	M12×1.5	12	—	55.0	44.8	66	22	44	163	150	105	207	127	21	115	39	29	66	UCK311	UC311	K311	—
	100	71.4	27.8	25	—	—	76.2	33.5	29.2	72	27	56	152	130	104	191	120	17	104	34	24	62	UELK211	UEL211	K211	E211
	120	73	27.8	34	—	—	83	55.0	44.8	66	22	44	163	150	105	207	127	21	115	39	29	66	UELK311	UEL311	K311	E311
60	110	65.1	25.4	27	M10×1.25	10	—	36.8	32.8	72	27	56	152	130	104	196	120	17	104	34	29	62	UCK212	UC212	K212	—
	130	71	26	36	M12×1.5	12	—	62.8	51.8	71	22	46	178	160	113	220	135	23	123	41	31	71	UCK312	UC312	K312	—
	110	77.8	31.0	27	—	—	84.2	36.8	32.8	72	27	56	152	130	104	196	120	17	104	34	29	62	UELK212	UEL212	K212	E212
	130	79.4	30.95	36	—	—	89	62.8	51.8	71	22	46	178	160	113	220	135	23	123	41	31	71	UELK312	UEL312	K312	E312

（续）

轴承尺寸/mm								基本额定载荷/kN		座尺寸/mm													带座轴承代号	轴承代号	座代号	配用偏心套
d	D	B	S	C	d_s	G	d_1 max	C_r	C_{0r}	A max	A_1	A_2 max	H max	H_1	H_2 max	L max	L_1 max	L_2 min	L_3 max	N min	N_1 min	N_2 min	UCK 型 UELK 型	UC 型 UEL 型	K 型	代号
65	140	75	30	38	M12×1.5	12	—	72.2	60.5	80	26	50	190	170	116	238	146	25	134	43	32	70	UCK313	UC313	K313	—
	140	85.7	32.55	38	—	—	97	72.2	60.5	80	26	50	190	170	116	238	146	25	134	43	32	70	UELK313	UEL313	K313	E313
70	150	78	33	40	M12×1.5	12	—	80.2	68.0	90	26	52	202	180	130	252	155	25	140	46	36	85	UCK314	UC314	K314	—
	150	92.1	34.15	40	—	—	102	80.2	68.0	90	26	52	202	180	130	252	155	25	140	46	36	85	UELK314	UEL314	K314	E314
75	160	82	32	42	M14×1.5	14	—	87.2	76.8	90	26	55	216	192	132	262	160	25	150	46	36	85	UCK315	UC315	K315	—
	160	100	37.3	42	—	—	113	87.2	76.8	90	26	55	216	192	132	262	160	25	150	46	36	85	UELK315	UEL315	K315	E315
80	170	86	34	44	M14×1.5	14	—	94.5	86.5	102	30	60	230	204	150	282	174	28	160	53	42	98	UCK316	UC316	K316	—
	170	106.4	40.5	44	—	—	119	94.5	86.5	102	30	60	230	204	150	282	174	28	160	53	42	98	UELK316	UEL316	K316	E316
85	180	96	40	46	M16×1.5	16	—	102	96.5	102	32	64	240	214	152	298	183	30	170	53	42	98	UCK317	UC317	K317	—
	180	109.5	42.05	46	—	—	127	102	96.5	102	32	64	240	214	152	298	183	30	170	53	42	98	UELK317	UEL317	K317	E317
90	190	96	40	48	M16×1.5	16	—	110	108	110	32	66	255	228	160	312	192	30	175	57	46	106	UCK318	UC318	K318	—
	190	115.9	43.65	48	—	—	133	110	108	110	32	66	255	228	160	312	192	30	175	57	46	106	UELK318	UEL318	K318	E318
95	200	103	41	50	M16×1.5	16	—	120	122	110	35	72	270	240	165	322	197	31	180	57	46	106	UCK319	UC319	K319	—
	200	122.3	38.9	50	—	—	140	120	122	110	35	72	270	240	165	322	197	31	180	57	46	106	UELK319	UEL319	K319	E319
100	215	108	42	54	M18×1.5	18	—	132	140	120	35	75	290	260	175	345	210	32	200	59	48	115	UCK320	UC320	K320	—
	215	128.6	50	54	—	—	146	132	140	120	35	75	290	260	175	345	210	32	200	59	48	115	UELK320	UEL320	K320	E320
105	225	112	44	56	M18×1.5	18	—	142	152	120	35	75	290	260	175	345	210	32	200	59	48	115	UCK321	UC321	K321	—
110	240	117	46	60	M18×1.5	18	—	158	178	130	38	80	320	285	185	385	235	38	215	65	52	125	UCK322	UC322	K322	—
120	260	126	51	64	M18×1.5	18	—	175	208	140	45	90	355	320	210	432	267	42	230	70	60	140	UCK324	UC324	K324	—
130	280	135	54	68	M20×1.5	20	—	195	242	150	50	100	385	350	220	465	285	45	240	75	65	150	UCK326	UC326	K326	—
140	300	145	59	72	M20×1.5	20	—	212	272	155	50	100	415	380	230	515	315	50	255	80	70	160	UCK328	UC328	K328	—

表 14.6-46　带滑块座外球面球轴承（带紧定套）（部分摘自 GB/T 7810—1995）

UK 型　　UK+H 型　　UKK+H 型

代号含义
UK—带圆锥孔
K—铸造滑块座
H—紧定套

轴承尺寸/mm							基本额定载荷/kN		座尺寸/mm													带座轴承代号	轴承代号	座代号
d_Z	D	d_0	B_2	B min	B max	C	C_r	C_{0r}	A max	A_1	A_2 max	H max	H_1	H_2 max	L max	L_1 max	L_2 min	L_3 max	N min	N_1 min	N_2 min	UKK+H 型	UK+H 型	K 型
25	52	20	35	15	27	17	10.8	7.88	51	13.5	38	94	76	64	104	69	9	59	18	15	30	UKK205+H2305	UK205+H2305	K205
	62	20	35	21	27	21	17.2	11.5	36	12	26	89	80	62	122	76	12	65	26	16	36	UKK305+H2305	UK305+H2305	K305
30	62	25	38	16	30	19	15.0	11.2	53	13.5	38	107	89	66	118	74	9	66	19	15	36	UKK206+H2306	UK206+H2306	K206
	72	25	38	23	30	23	20.8	15.2	41	16	28	100	90	70	137	85	14	74	28	18	41	UKK306+H2306	UK306+H2306	K306
35	72	30	43	17	34	20	19.8	15.2	53	13.5	38	107	89	66	132	81	10	72	19	15	36	UKK207+H2307	UK207+H2307	K207
	80	30	43	26	34	25	25.8	19.2	45	16	32	111	100	75	150	94	15	80	30	20	45	UKK307+H2307	UK307+H2307	K307
40	80	35	46	18	36	21	22.8	18.2	67	17.5	44	124	101	85	146	91	14	84	27	18	47	UKK208+H2308	UK208+H2308	K208
	90	35	46	26	36	27	31.2	24.0	50	18	34	124	112	83	162	100	17	89	32	22	50	UKK308+H2308	UK308+H2308	K308
45	85	40	50	19	39	22	24.5	20.8	67	17.5	44	124	101	85	149	91	14	84	27	18	47	UKK209+H2309	UK209+H2309	K209
	100	40	50	28	39	30	40.8	31.8	55	18	38	138	125	90	178	110	18	97	34	24	55	UKK309+H2309	UK309+H2309	K309
50	90	45	55	20	43	24	27.0	23.2	67	17.5	50	124	101	85	153	92	14	88	27	18	47	UKK210+H2310	UK210+H2310	K210
	110	45	55	30	43	32	47.5	37.8	61	20	40	151	140	98	191	117	20	106	37	27	61	UKK310+H2310	UK310+H2310	K310
55	100	50	59	21	47	25	33.5	29.2	72	27	56	152	130	104	191	120	17	104	34	24	62	UKK211+H2311	UK211+H2311	K211
	120	50	59	33	47	34	55.0	44.8	66	22	44	163	150	105	207	127	21	115	39	29	66	UKK311+H2311	UK311+H2311	K311
60	110	55	62	22	49	27	36.8	32.8	72	27	56	152	130	104	196	120	17	104	34	29	62	UKK212+H2312	UK212+H2312	K212
	130	55	62	34	49	36	62.8	51.8	71	22	46	178	160	113	220	135	23	123	41	31	71	UKK312+H2312	UK312+H2312	K312
65	140	60	65	36	51	38	72.2	60.5	80	26	50	190	170	116	238	146	25	134	43	32	70	UKK313+H2313	UK313+H2313	K313
75	160	65	73	40	58	42	87.2	76.8	90	26	55	216	192	132	262	160	25	150	46	36	85	UKK315+H2315	UK315+H2315	K315

（续）

轴承尺寸/mm							基本额定载荷/kN		座尺寸/mm													带座轴承代号	轴承代号	座代号
d_Z	D	d_0	B_2	B min	B max	C	C_r	C_{0r}	A max	A_1	A_2 max	H max	H_1	H_2 max	L max	L_1 max	L_2 min	L_3 max	N min	N_1 min	N_2 min	UKK+H 型	UK+H 型	K 型
80	170	70	78	42	61	44	94.5	86.5	102	30	60	230	204	150	282	174	28	160	53	42	98	UKK316+H2316	UK316+H2316	K316
85	180	75	82	45	64	46	102	96.5	102	32	64	240	214	152	298	183	30	170	53	42	98	UKK317+H2317	UK317+H2317	K317
90	190	80	86	47	68	48	110	108	110	32	66	255	228	160	312	192	30	175	57	46	106	UKK318+H2318	UK318+H2318	K318
95	200	85	90	49	71	50	120	122	110	35	72	270	240	165	322	197	31	180	57	46	106	UKK319+H2319	UK319+H2319	K319
100	215	90	97	51	77	54	132	140	120	35	75	290	260	175	345	210	32	200	59	48	115	UKK320+H2320	UK320+H2320	K320
110	240	100	105	56	84	60	158	178	130	38	80	320	285	185	385	235	38	215	65	52	125	UKK322+H2322	UK322+H2322	K322
120	260	110	112	60	90	64	175	208	140	45	90	355	320	210	432	267	42	230	70	60	140	UKK324+H2324	UK324+H2324	K324
130	280	115	121	65	98	68	195	242	150	50	100	385	350	220	465	285	45	240	75	65	150	UKK326+H2326	UK326+H2326	K326
140	300	125	131	70	107	72	212	272	155	50	100	415	380	230	515	315	50	255	80	70	160	UKK328+H2328	UK328+H2328	K328

表 14.6-47　带环形座外球面球轴承（带紧定螺钉、带偏心套）（部分摘自 GB/T 7810—1995）

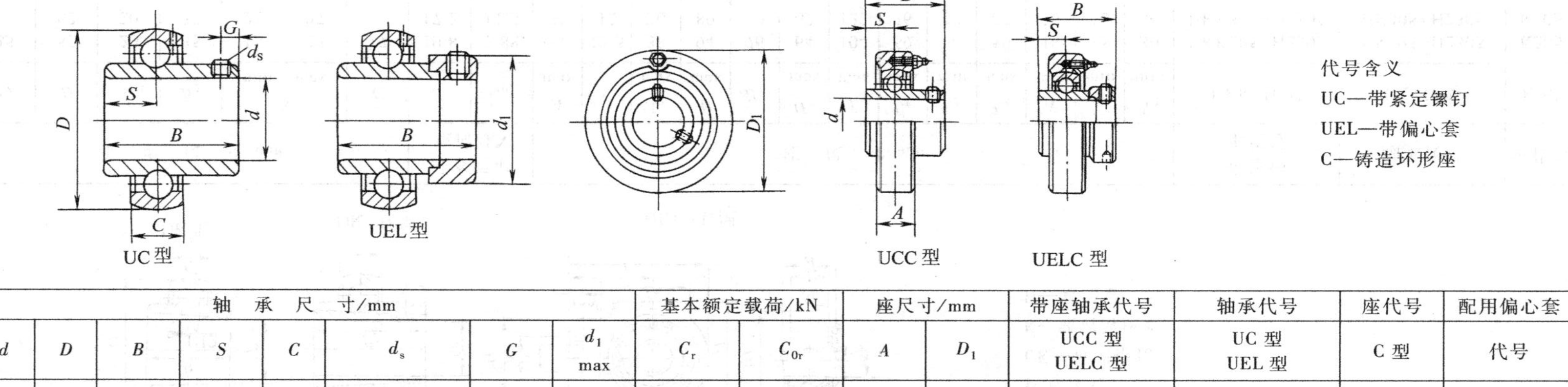

轴承尺寸/mm								基本额定载荷/kN		座尺寸/mm		带座轴承代号	轴承代号	座代号	配用偏心套
d	D	B	S	C	d_s	G	d_1 max	C_r	C_{0r}	A	D_1	UCC 型 UELC 型	UC 型 UEL 型	C 型	代号
12	40 40	27.4 37.3	11.5 13.9	14 14	M6×0.75 —	4 —	— 28.6	7.35 7.35	4.78 4.78	20 20	67 67	UCC201 UELC201	UC201 UEL201	C203 C203	— E201
15	40	27.4	11.5	14	M6×0.75	4	—	7.35	4.78	20	67	UCC202	UC202	C203	—

（续）

轴承尺寸/mm								基本额定载荷/kN		座尺寸/mm		带座轴承代号	轴承代号	座代号	配用偏心套
d	D	B	S	C	d_s	G	d_1 max	C_r	C_{0r}	A	D_1	UCC 型 UELC 型	UC 型 UEL 型	C 型	代号
15	40	37.3	13.9	14	—	—	28.6	7.35	4.78	20	67	UELC202	UEL202	C203	E202
17	40	27.4	11.5	14	M6×0.75	4	—	7.35	4.78	20	67	UCC203	UC203	C203	—
	40	37.3	13.9	14	—	—	28.6	7.35	4.78	20	67	UELC203	UEL203	C203	E203
20	47	31.0	12.7	17	M6×0.75	5	—	9.88	6.65	20	72	UCC204	UC204	C204	—
	47	43.7	17.1	17	—	—	33.3	9.88	6.65	20	72	UELC204	UEL204	C204	E204
25	52	34.1	14.3	17	M6×0.75	5	—	10.8	7.88	22	80	UCC205	UC205	C205	—
	62	38	15	21	M6×0.75	6	—	17.2	11.5	26	90	UCC305	UC305	C305	—
	52	44.4	17.5	17	—	—	38.1	10.8	7.88	22	80	UELC205	UEL205	C205	E205
	62	46.8	16.7	21	—	—	42.8	17.2	11.5	26	90	UELC305	UEL305	C305	E305
30	62	38.1	15.9	19	M6×0.75	5	—	15.0	11.2	27	85	UCC206	UC206	C206	—
	72	43	17	23	M6×0.75	6	—	20.8	15.2	28	100	UCC306	UC306	C306	—
	62	48.4	18.3	19	—	—	44.5	15.0	11.2	27	85	UELC206	UEL206	C206	E206
	72	50	17.5	23	—	—	50	20.8	15.2	28	100	UELC306	UEL306	C306	E306
35	72	42.9	17.5	20	M8×1	7	—	19.8	15.2	28	90	UCC207	UC207	C207	—
	80	48	19	25	M8×1	8	—	25.8	19.2	32	110	UCC307	UC307	C307	—
	72	51.1	18.8	20	—	—	55.6	19.8	15.2	28	90	UELC207	UEL207	C207	E207
	80	51.6	18.3	25	—	—	55	25.8	19.2	32	110	UELC307	UEL307	C307	E307
40	80	49.2	19	21	M8×1	8	—	22.8	18.2	30	100	UCC208	UC208	C208	—
	90	52	19	27	M10×1.25	10	—	31.2	24.0	34	120	UCC308	UC308	C308	—
	80	56.3	21.4	21	—	—	60.3	22.8	18.2	30	100	UELC208	UEL208	C208	E208
	90	57.1	19.8	27	—	—	63.5	31.2	24.0	34	120	UELC308	UEL308	C308	E308
45	85	49.2	19.0	22	M8×1	8	—	24.5	20.8	31	110	UCC209	UC209	C209	—
	100	57	22	30	M10×1.25	10	—	40.8	31.8	38	130	UCC309	UC309	C309	—
	85	56.3	21.4	22	—	—	63.5	24.5	20.8	31	110	UELC209	UEL209	C209	E209
	100	58.7	19.8	30	—	—	70	40.8	31.8	38	130	UELC309	UEL309	C309	E309
50	90	51.6	19.0	24	M10×1.25	10	—	27.0	23.2	33	120	UCC210	UC210	C210	—
	110	61	22	32	M12×1.5	12	—	47.5	37.8	40	140	UCC310	UC310	C310	—
	90	62.7	24.6	24	—	—	69.9	27.0	23.2	33	120	UELC210	UEL210	C210	E210
	110	66.6	24.6	32	—	—	76.2	47.5	37.8	40	140	UELC310	UEL310	C310	E310
55	100	55.6	22.2	25	M10×1.25	10	—	33.5	29.2	35	125	UCC211	UC211	C211	—
	120	66	25	34	M12×1.5	12	—	55.0	44.8	44	150	UCC311	UC311	C311	—

（续）

轴承尺寸/mm								基本额定载荷/kN		座尺寸/mm		带座轴承代号	轴承代号	座代号	配用偏心套
d	D	B	S	C	d_s	G	d_1 max	C_r	C_{0r}	A	D_1	UCC 型 UELC 型	UC 型 UEL 型	C 型	代号
55	100	71.4	27.8	25	—	—	76.2	33.5	29.2	35	125	UELC211	UEL211	C211	E211
	120	73	27.8	34	—	—	83	55.0	44.8	44	150	UELC311	UEL311	C311	E311
60	110	65.1	25.4	27	M10×1.25	10	—	36.8	32.8	38	130	UCC212	UC212	C212	—
	130	71	26	36	M12×1.5	12	—	62.8	51.8	46	160	UCC312	UC312	C312	—
	110	77.8	31.0	27	—	—	84.2	36.8	32.8	38	130	UELC212	UEL212	C212	E212
	130	79.4	30.95	36	—	—	89	62.8	51.8	46	160	UELC312	UEL312	C312	E312
65	120	65.1	25.4	28	M10×1.25	10	—	44.0	40.0	40	140	UCC213	UC213	C213	—
	140	75	30	38	M12×1.5	12	—	72.2	60.5	50	170	UCC313	UC313	C313	—
	120	85.7	34.1	28	—	—	86	44.0	40.0	40	140	UELC213	UEL213	C213	E213
	140	85.7	32.55	38	—	—	97	72.2	60.5	50	170	UELC313	UEL313	C313	E313
70	150	78	33	40	M12×1.5	12	—	80.2	68.0	52	180	UCC314	UC314	C314	—
	150	92.1	34.15	40	—	—	102	80.2	68.0	52	180	UELC314	UEL314	C314	E314
75	160	82	32	42	M14×1.5	14	—	87.2	76.8	55	190	UCC315	UC315	C315	—
	160	100	37.3	42	—	—	113	87.2	76.8	55	190	UELC315	UEL315	C315	E315
80	170	86	34	44	M14×1.5	14	—	94.5	86.5	60	200	UCC316	UC316	C316	—
	170	106.4	40.5	44	—	—	119	94.5	86.5	60	200	UELC316	UEL316	C316	E316
85	180	96	40	46	M16×1.5	16	—	102	96.5	64	215	UCC317	UC317	C317	—
	180	109.5	42.05	46	—	—	127	102	96.5	64	215	UELC317	UEL317	C317	E317
90	190	96	40	48	M16×1.5	16	—	110	108	66	225	UCC318	UC318	C318	—
	190	115.9	43.65	48	—	—	133	110	108	66	225	UELC318	UEL318	C318	E318
95	200	103	41	50	M16×1.5	16	—	120	122	72	240	UCC319	UC319	C319	—
	200	122.3	38.9	50	—	—	140	120	122	72	240	UELC319	UEL319	C319	E319
100	215	108	42	54	M18×1.5	18	—	132	140	75	260	UCC320	UC320	C320	—
	215	128.6	50	54	—	—	146	132	140	75	260	UELC320	UEL320	C320	E320
105	225	112	44	56	M18×1.5	18	—	142	152	75	260	UCC321	UC321	C321	—
110	240	117	46	60	M18×1.5	18	—	158	178	80	300	UCC322	UC322	C322	—
120	260	126	51	64	M18×1.5	18	—	175	208	90	320	UCC324	UC324	C324	—
130	280	135	54	68	M20×1.5	20	—	195	242	100	340	UCC326	UC326	C326	—
140	300	145	59	72	M20×1.5	20	—	212	272	100	360	UCC328	UC328	C328	—

表 14.6-48 带冲压立式座外球面球轴承（带紧定螺钉、带偏心套）（部分摘自 GB/T 7810—1995）

冲压座强度低，只适用于较小的载荷，允许轴向载荷小于允许径向载荷的 30%

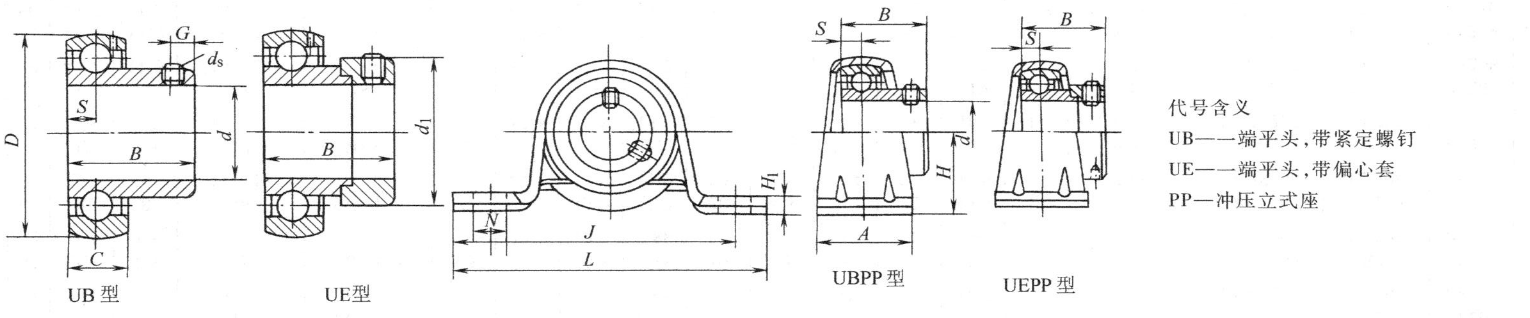

轴承尺寸/mm								基本额定载荷/kN		座尺寸/mm						轴承座允许径向载荷/kN	带座轴承代号	轴承代号	座代号	配用偏心套
d	D	B	S	C min max	d_s	G	d_1 max	C_r	C_{0r}	A max	H	H_1 max	J	L max	N	max	UBPP 型 UEPP 型	UB 型 UE 型	PP 型	代号
12	40	22	6	12	M5×0.8	4.5	—	7.35	4.78	26	22.2	4	68	87	9.5	1.25	UBPP201	UB201	PP203	—
	40	28.6	6.5	12 13	—	—	28.6	7.35	4.78	26	22.2	4	68	87	9.5	1.25	UEPP201	UE201	PP203	E201
15	40	22	6	12	M5×0.8	4.5	—	7.35	4.78	26	22.2	4	68	87	9.5	1.25	UBPP202	UB202	PP203	—
	40	28.6	6.5	12 13	—	—	28.6	7.35	4.78	26	22.2	4	68	87	9.5	1.25	UEPP202	UE202	PP203	E202
17	40	22	6	12	M5×0.8	4.5	—	7.35	4.78	26	22.2	4	68	87	9.5	1.25	UBPP203	UB203	PP203	—
	40	28.6	6.5	12 13	—	—	28.6	7.35	4.78	26	22.2	4	68	87	9.5	1.25	UEPP203	UE203	PP203	E203
20	47	25	7	14	M6×0.75	5	—	9.88	6.65	33	25.4	4	76	99	9.5	1.70	UBPP204	UB204	PP204	—
	47	31.0	7.5	14 15	—	—	33.3	9.88	6.65	33	25.4	4	76	99	9.5	1.70	UEPP204	UE204	PP204	E204
25	52	27	7.5	15	M6×0.75	5.5	—	10.8	7.88	33	28.6	4.5	86	109	11.5	1.80	UBPP205	UB205	PP205	—
	52	31.5	7.5	15	—	—	38.1	10.8	7.88	33	28.6	4.5	86	109	11.5	1.80	UEPP205	UE205	PP205	E205
30	62	30	8	16	M6×0.75	6	—	15.0	11.2	39	33.3	4.5	95	119	11.5	2.50	UBPP206	UB206	PP206	—
	62	35.7	9	16 18	—	—	44.5	15.0	11.2	39	33.3	4.5	95	119	11.5	2.50	UEPP206	UE206	PP206	E206
35	72	32	8.5	17	M8×1	6	—	19.8	15.2	43	39.7	5	106	130	11.5	3.30	UBPP207	UB207	PP207	—
	72	38.9	9.5	17 19	—	—	55.6	19.8	15.2	43	39.7	5	106	130	11.5	3.30	UEPP207	UE207	PP207	E207
40	80	34	9	18	M8×1	7	—	22.8	18.2	43	43.7	5	120	148	13	3.80	UBPP208	UB208	PP208	—
	80	43.7	11.0	18 22	—	—	60.3	22.8	18.2	43	43.7	5	120	148	13	3.80	UEPP208	UE208	PP208	E208
45	85	43.7	11.0	19 22	—	—	63.5	24.5	20.8	45	46.8	6	128	156	13	4.20	UEPP209	UE209	PP209	E209

表 14.6-49 带冲压圆形座外球面球轴承（带紧定螺钉、带偏心套）（部分摘自 GB/T 7810—1995）

允许轴向载荷小于允许径向载荷的 50%

UB型 UE型 UBPF型 UEPF型

代号含义
UB——一端平头，带紧定螺钉
UE——一端平头，带偏心套
PF—冲压圆形座

轴承尺寸/mm								基本额定载荷/kN		座尺寸/mm						轴承座允许径向载荷/kN	带座轴承代号	轴承代号	座代号	配用偏心套
d	D	B	S	C min max	d_s	G	d_1 max	C_r	C_{0r}	A max	A_1 max	H max	H_2 max	J	N	max	UBPF型 UEPF型	UB型 UE型	PF型	代号
12	40	22	6	12	M5×0.8	4.5	—	7.35	4.78	15	4.5	82	49	63.5	7.1	2.45	UBPF201	UB201	PF203	—
	40	28.6	6.5	12 13	—	—	28.6	7.35	4.78	15	4.5	82	49	63.5	7.1	2.45	UEPF201	UE201	PF203	E201
15	40	22	6	12	M5×0.8	4.5	—	7.35	4.78	15	4.5	82	49	63.5	7.1	2.45	UBPF202	UB202	PF203	—
	40	28.6	6.5	12 13	—	—	28.6	7.35	4.78	15	4.5	82	49	63.5	7.1	2.45	UEPF202	UE202	PF203	E202
17	40	22	6	12	M5×0.8	4.5	—	7.35	4.78	15	4.5	82	49	63.5	7.1	2.45	UBPF203	UB203	PF203	—
	40	28.6	6.5	12 13	—	—	28.6	7.35	4.78	15	4.5	82	49	63.5	7.1	2.45	UEPF203	UE203	PF203	E203
20	47	25	7	14	M6×0.75	5	—	9.88	6.65	17	4.5	91	56	71.5	9	3.29	UBPF204	UB204	PF204	—
	47	31.0	7.5	14 15	—	—	33.3	9.88	6.65	17	4.5	91	56	71.5	9	3.29	UEPF204	UE204	PF204	E204
25	52	27	7.5	15	M6×0.75	5.5	—	10.8	7.88	19	4.5	96	61	76	9	3.60	UBPF205	UB205	PF205	—
	52	31.5	7.5	15	—	—	38.1	10.8	7.88	19	4.5	96	61	76	9	3.60	UEPF205	UE205	PF205	E205
30	62	30	8	16	M6×0.75	6	—	15.0	11.2	20	5.5	114	72	90.5	11	5.00	UBPF206	UB206	PF206	—
	62	35.7	9	16 18	—	—	44.5	15.0	11.2	20	5.5	114	72	90.5	11	5.00	UEPF206	UE206	PF206	E206
35	72	32	8.5	17	M8×1	6	—	19.8	15.2	23	5.5	127	81	100	11	6.56	UBPF207	UB207	PF207	—
	72	38.9	9.5	17 19	—	—	55.6	19.8	15.2	23	5.5	127	81	100	11	6.56	UEPF207	UE207	PF207	E207
40	80	34	9	18	M8×1	7	—	22.8	18.2	23	7	149	91	119	13.5	7.56	UBPF208	UB208	PF208	—
	80	43.7	11.0	18 22	—	—	60.3	22.8	18.2	23	7	149	91	119	13.5	7.56	UEPF208	UE208	PF208	E208
45	85	43.7	11.0	19 22	—	—	63.5	24.5	20.8	23	7	150	98	120.5	13.5	8.13	UEPF209	UE209	PF209	E209
50	90	43.7	11.0	20 22	—	—	69.9	27.0	23.2	25	8	157	102	127	13.5	9.00	UEPF210	UE210	PF210	E210
55	100	48.4	12.0	21 25	—	—	76.2	33.5	29.2	26	8	168	113	138	13.5	11.1	UEPF211	UE211	PF211	E211
60	110	53.1	13.5	22 27	—	—	84.2	36.8	32.8	28	8	177	122	148	13.5	12.2	UEPF212	UE212	PF212	E212

注：PF208 和大于 PF208 的轴承座有四个螺孔。

表 14.6-50　带冲压三角形座外球面球轴承（带紧定螺钉、带偏心套）（部分摘自 GB/T 7810—1995）

允许轴向载荷小于允许径向载荷的 50%

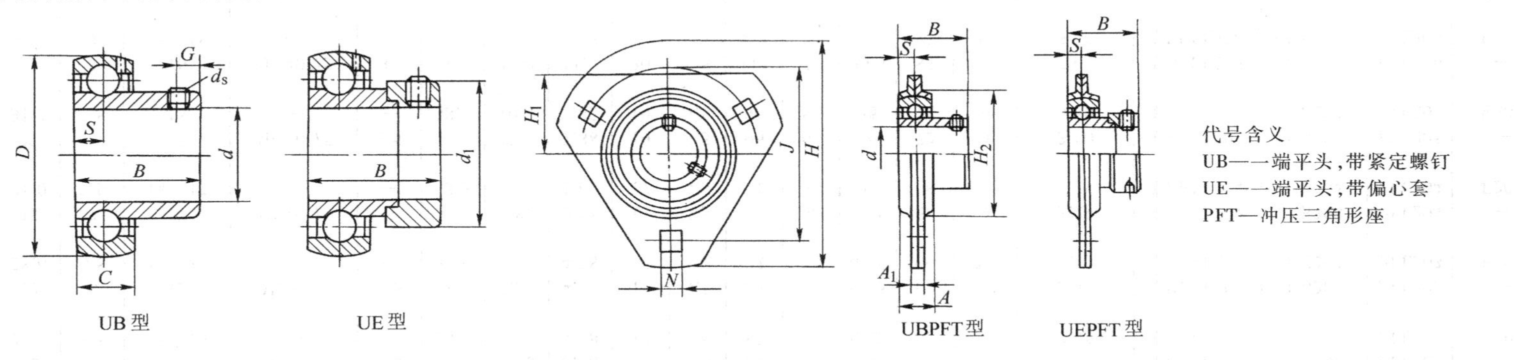

轴承尺寸/mm								基本额定载荷/kN		座尺寸/mm							轴承座允许径向载荷/kN	带座轴承代号	轴承代号	座代号	配用偏心套
d	D	B	S	C min max	d_s	G	d_1 max	C_r	C_{0r}	A max	A_1 max	H max	H_1 max	H_2 max	J	N	max	UBPFT 型 UEPFT 型	UB 型 UE 型	PFT 型	代号
12	40	22	6	12	M5×0.8	4.5	—	7.35	4.78	15	4.5	82	29	49	63.5	7.1	2.45	UBPFT201	UB201	PFT203	—
	40	28.6	6.5	12　13	—	—	28.6	7.35	4.78	15	4.5	82	29	49	63.5	7.1	2.45	UEPFT201	UE201	PFT203	E201
15	40	22	6	12	M5×0.8	4.5	—	7.35	4.78	15	4.5	82	29	49	63.5	7.1	2.45	UBPFT202	UB202	PFT203	—
	40	28.6	6.5	12　13	—	—	28.6	7.35	4.78	15	4.5	82	29	49	63.5	7.1	2.45	UEPFT202	UE202	PFT203	E202
17	40	22	6	12	M5×0.8	4.5	—	7.35	4.78	15	4.5	82	29	49	63.5	7.1	2.45	UBPFT203	UB203	PFT203	—
	40	28.6	6.5	12　13	—	—	28.6	7.35	4.78	15	4.5	82	29	49	63.5	7.1	2.45	UEPFT203	UE203	PFT203	E203
20	47	25	7	14	M6×0.75	5	—	9.88	6.65	17	4.5	91	34	56	71.5	9	3.29	UBPFT204	UB204	PFT204	—
	47	31.0	7.5	14　15	—	—	33.3	9.88	6.65	17	4.5	91	34	56	71.5	9	3.29	UEPFT204	UE204	PFT204	E204
25	52	27	7.5	15	M6×0.75	5.5	—	10.8	7.88	19	4.5	96	36	61	76	9	3.60	UBPFT205	UB205	PFT205	—
	52	31.5	7.5	15	—	—	38.1	10.8	7.88	19	4.5	96	36	61	76	9	3.60	UEPFT205	UE205	PFT205	E205
30	62	30	8	16	M6×0.75	6	—	15.0	11.2	20	5.5	114	41	72	90.5	11	5.00	UBPFT206	UB206	PFT206	—
	62	35.7	9	16　18	—	—	44.5	15.0	11.2	20	5.5	114	41	72	90.5	11	5.00	UEPFT206	UE206	PFT206	E206
35	72	32	8.5	17	M8×1	6	—	19.8	15.2	23	5.5	127	45	81	100	11	6.56	UBPFT207	UB207	PFT207	—
	72	38.9	9.5	17　19	—	—	55.6	19.8	15.2	23	5.5	127	45	81	100	11	6.56	UEPFT207	UE207	PFT207	E207

表 14.6-51 带冲压菱形座外球面球轴承(带紧定螺钉、带偏心套)(部分摘自 GB/T 7810—1995)

允许轴向载荷小于允许径向载荷的 50%

UB型　UE型　UBPFL型　UEPFL型

代号含义
UB——一端平头,带紧定螺钉
UE——一端平头,带偏心套
PFL—冲压菱形座

轴承尺寸/mm								基本额定载荷/kN		座尺寸/mm							轴承座允许径向载荷/kN	带座轴承代号	轴承代号	座代号	配用偏心套
d	D	B	S	C min max	d_s	G	d_1 max	C_r	C_{0r}	A max	A_1 max	H max	H_2 max	J	L max	N	max	UBPFL 型 UEPFL 型	UB 型 UE 型	PFL 型	代号
12	40	22	6	12	M5×0.8	4.5	—	7.35	4.78	15	4.5	82	49	63.5	60	7.1	2.45	UBPFL201	UB201	PFL203	—
	40	28.6	6.5	12 13	—	—	28.6	7.35	4.78	15	4.5	82	49	63.5	60	7.1	2.45	UEPFL201	UE201	PFL203	E201
15	40	22	6	12	M5×0.8	4.5	—	7.35	4.78	15	4.5	82	49	63.5	60	7.1	2.45	UBPFL202	UB202	PFL203	—
	40	28.6	6.5	12 13	—	—	28.6	7.35	4.78	15	4.5	82	49	63.5	60	7.1	2.45	UEPFL202	UE202	PFL203	E202
17	40	22	6	12	M5×0.8	4.5	—	7.35	4.78	15	4.5	82	49	63.5	60	7.1	2.45	UBPFL203	UB203	PFL203	—
	40	28.6	6.5	12 13	—	—	28.6	7.35	4.78	15	4.5	82	49	63.5	60	7.1	2.45	UEPFL203	UE203	PFL203	E203
20	47	25	7	14	M6×0.75	5	—	9.88	6.65	17	4.5	91	56	71.5	68	9	3.29	UBPFL204	UB204	PFL204	—
	47	31.0	7.5	14 15	—	—	33.3	9.88	6.65	17	4.5	91	56	71.5	68	9	3.29	UEPFL204	UE204	PFL204	E204
25	52	27	7.5	15	M6×0.75	5.5	—	10.8	7.88	19	4.5	96	61	76	72	9	3.60	UBPFL205	UB205	PFL205	—
	52	31.5	7.5	15	—	—	38.1	10.8	7.88	19	4.5	96	61	76	72	9	3.60	UEPFL205	UE205	PFL205	E205
30	62	30	8	16	M6×0.75	6	—	15.0	11.2	20	5.5	114	72	90.5	85	11	5.00	UBPFL206	UB206	PFL206	—
	62	35.7	9	16 18	—	—	44.5	15.0	11.2	20	5.5	114	72	90.5	85	11	5.00	UEPFL206	UE206	PFL206	E206
35	72	32	8.5	17	M8×1	6	—	19.8	15.2	23	5.5	127	81	100	95	11	6.56	UBPFL207	UB207	PFL207	—
	72	38.9	9.5	17 19	—	—	55.6	19.8	15.2	23	5.5	127	81	100	95	11	6.56	UEPFL207	UE207	PFL207	E207

12　滚动轴承附件及滚动轴承座

12.1　滚动轴承附件

12.1.1　紧定套（见表 14.6-52）

表 14.6-52　紧定套（摘自 GB/T 9160.1—2006）

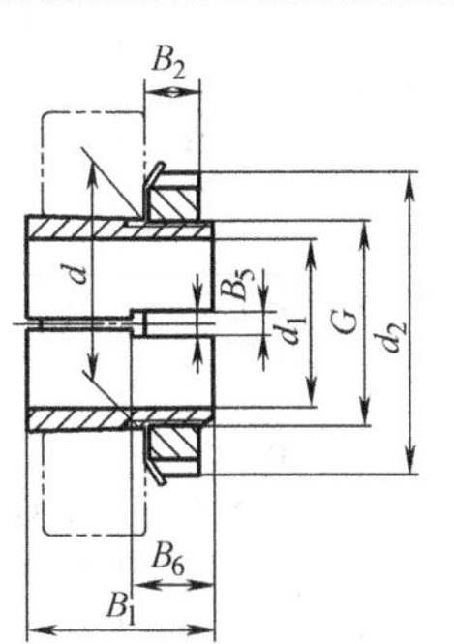

带锁紧螺母和锁紧垫圈

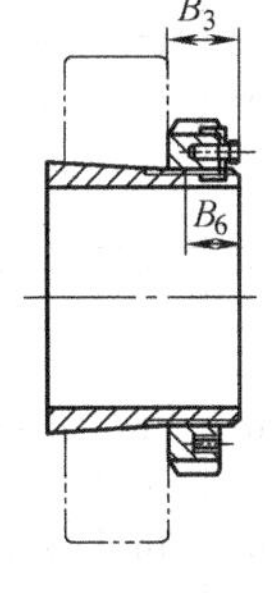

带锁紧螺母和锁紧卡组件

H 型

公称尺寸/mm									质量/kg	紧定套型号	组成紧定套的零件代号			
d_1	d	d_2	B_1	B_2 max	B_3 max	B_5 min	B_6	螺纹 G	W ≈		紧定衬套	锁紧螺母	锁紧垫圈	锁紧卡
12	15	25	19	6	—	5	10	M15×1	—	H 202	A 202 X	KM 02	MB 02	—
		25	22	6	—	5	10	M15×1	—	H 302	A 302 X	KM 02	MB 02	—
		25	25	6	—	5	10	M15×1	—	H 2302	A 2302 X	KM 02	MB 02	—
14	17	28	20	6	—	5	10	M17×1	—	H 203	A 203 X	KM 03	MB 03	—
		28	24	6	—	5	10	M17×1	—	H 303	A 303 X	KM 03	MB 03	—
		28	27	6	—	5	10	M17×1	—	H 2303	A 2303 X	KM 03	MB 03	—
17	20	32	24	7	—	5	11	M20×1	—	H 204	A 204 X	KM 04	MB 04	—
		32	28	7	—	5	11	M20×1	—	H 304	A 304 X	KM 04	MB 04	—
		32	31	7	—	5	11	M20×1	—	H 2304	A 2304 X	KM 04	MB 04	—
20	25	38	26	8	—	6	12	M25×1.5	0.070	H 205	A 205 X	KM 05	MB 05	—
		38	29	8	—	6	12	M25×1.5	0.075	H 305	A 305 X	KM 05	MB 05	—
		38	35	8	—	6	12	M25×1.5	—	H 2305	A 2305 X	KM 05	MB 05	—
25	30	45	27	8	—	6	12	M30×1.5	0.10	H 206	A 206 X	KM 06	MB 06	—
		45	31	8	—	6	12	M30×1.5	0.11	H 306	A 306 X	KM 06	MB 06	—
		45	38	8	—	6	12	M30×1.5	—	H 2306	A 2306 X	KM 06	MB 06	—
30	35	52	29	9	—	7	13	M35×1.5	0.13	H 207	A 207 X	KM 07	MB 07	—
		52	35	9	—	7	13	M35×1.5	0.14	H 307	A 307 X	KM 07	MB 07	—
		52	43	9	—	7	13	M35×1.5	0.17	H 2307	A 2307 X	KM 07	MB 07	—
35	40	58	31	10	—	7	14	M40×1.5	0.17	H 208	A 208 X	KM 08	MB 08	—
		58	36	10	—	7	14	M40×1.5	0.19	H 308	A 308 X	KM 08	MB 08	—
		58	46	10	—	7	14	M40×1.5	0.22	H 2308	A 2308 X	KM 08	MB 08	—
40	45	65	33	11	—	7	15	M45×1.5	0.23	H 209	A 209 X	KM 09	MB 09	—
		65	39	11	—	7	15	M45×1.5	0.25	H 309	A 309 X	KM 09	MB 09	—
		65	50	11	—	7	15	M45×1.5	0.28	H 2309	A 2309 X	KM 09	MB 09	—

（续）

公称尺寸/mm									质量/kg	紧定套型号	组成紧定套的零件代号			
d_1	d	d_2	B_1	B_2 max	B_3 max	B_5 min	B_6	螺纹 G	W ≈		紧定衬套	锁紧螺母	锁紧垫圈	锁紧卡
45	50	70	35	12	—	7	16	M50×1.5	0.27	H 210	A 210 X	KM 10	MB 10	—
		70	42	12	—	7	16	M50×1.5	0.30	H 310	A 310 X	KM 10	MB 10	—
		70	55	12	—	7	16	M50×1.5	0.36	H 2310	A 2310 X	KM 10	MB 10	—
50	55	75	37	12	—	9	17	M55×2	0.31	H 211	A 211X	KM 11	MB 11	—
		75	45	12	—	9	17	M55×2	0.35	H 311	A 311X	KM 11	MB 11	—
		75	59	12	—	9	17	M55×2	0.42	H 2311	A 2311X	KM 11	MB 11	—
55	60	80	38	13	—	9	18	M60×2	0.38	H 212	A 212 X	KM 12	MB 12	—
		80	47	13	—	9	18	M60×2	0.39	H 312	A 312 X	KM 12	MB 12	—
		80	62	13	—	9	18	M60×2	0.48	H 2312	A 2312 X	KM 12	MB 12	—
60	65	85	40	14	—	9	19	M65×2	0.40	H 213	A 213 X	KM 13	MB 13	—
		85	50	14	—	9	19	M65×2	0.46	H 313	A 313 X	KM 13	MB 13	—
		85	65	14	—	9	19	M65×2	0.55	H 2313	A 2313 X	KM 13	MB 13	—
60	70	92	41	14	—	9	19	M70×2	—	H 214	A 214 X	KM 14	MB 14	—
		92	52	14	—	9	19	M70×2	—	H 314	A 314 X	KM 14	MB 14	—
		92	68	14	—	9	19	M70×2	0.99	H 2314	A 2314 X	KM 14	MB 14	—
65	75	98	43	15	—	9	20	M75×2	0.71	H 215	A 215 X	KM 15	MB 15	—
		98	55	15	—	9	20	M75×2	0.83	H 315	A 315 X	KM 15	MB 15	—
		98	73	15	—	9	20	M75×2	1.05	H 2315	A 2315 X	KM 15	MB 15	—
70	80	105	46	17	—	11	22	M80×2	0.88	H 216	A 216 X	KM 16	MB 16	—
		105	59	17	—	11	22	M80×2	1.00	H 316	A 316 X	KM 16	MB 16	—
		105	78	17	—	11	22	M80×2	1.30	H 2316	A 2316 X	KM 16	MB 16	—
75	85	110	50	18	—	11	24	M85×2	1.00	H 217	A 217 X	KM 17	MB 17	—
		110	63	18	—	11	24	M85×2	1.20	H 317	A 317 X	KM 17	MB 17	—
		110	82	18	—	11	24	M85×2	1.45	H 2317	A 2317 X	KM 17	MB 17	—
80	90	120	52	18	—	11	24	M90×2	1.20	H 218	A 218 X	KM 18	MB 18	—
		120	65	18	—	11	24	M90×2	1.35	H 318	A 318 X	KM 18	MB 18	—
		120	86	18	—	11	24	M90×2	1.70	H 2318	A 2318 X	KM 18	MB 18	—
85	95	125	55	19	—	11	25	M95×2	1.35	H 219	A 219 X	KM 19	MB 19	—
		125	68	19	—	11	25	M95×2	1.55	H 319	A 319 X	KM 19	MB 19	—
		125	90	19	—	11	25	M95×2	1.90	H 2319	A 2319 X	KM 19	MB 19	—
90	100	130	58	20	—	13	26	M100×2	1.50	H 220	A 220 X	KM 20	MB 20	—
		130	71	20	—	13	26	M100×2	1.70	H 320	A 320 X	KM 20	MB 20	—
		130	76	20	—	13	26	M100×2	—	H 3120	A 3120 X	KM 20	MB 20	—
		130	97	20	—	13	26	M100×2	2.15	H 2320	A 2320 X	KM 20	MB 20	—
95	105	140	60	20	—	13	26	M105×2	1.70	H 221	A 221X	KM 21	MB 21	—
		140	74	20	—	13	26	M105×2	1.95	H 321	A 321 X	KM 21	MB 21	—
		140	80	20	—	13	26	M105×2	—	H 3121	A 3121X	KM 21	MB 21	—
		140	101	20	—	—	—	M105×2	—	H 2321	A 2321X	KM 21	MB 21	—
100	110	145	63	21	—	13	27	M110×2	1.90	H 222	A 222 X	KM 22	MB 22	—
		145	77	21	—	13	27	M110×2	2.20	H 322	A 322 X	KM 22	MB 22	—
		145	81	21	—	13	27	M110×2	—	H 3122	A 3122 X	KM 21	MB 21	—
		145	105	21	—	13	27	M110×2	2.75	H 2322	A 2322 X	KM 22	MB 22	—

（续）

公称尺寸/mm									质量/kg	紧定套型号	组成紧定套的零件代号			
d_1	d	d_2	B_1	B_2 max	B_3 max	B_5 min	B_6	螺纹 G	W ≈		紧定衬套	锁紧螺母	锁紧垫圈	锁紧卡
110	120	145	72	22	—	15	32	M120×2	1.95	H 3024	A 3024 X	KML 24	MBL 24	—
		155	88	22	—	15	32	M120×2	2.65	H 3124	A 3124 X	KM 24	MB 24	—
		155	112	22	—	15	32	M120×2	3.20	H 2324	A 2324 X	KM 24	MB 24	—
		145	60	22	—	15	34	M120×2	—	H 3924	A 3924 X	KML 24	MBL 24	—
115	130	155	80	23	—	15	33	M130×2	2.85	H 3026	A 3026 X	KML 26	MBL 26	—
		165	92	23	—	15	33	M130×2	3.65	H 3126	A 3126 X	KM 26	MB 26	—
		165	121	23	—	15	33	M130×2	4.60	H 2326	A 2326 X	KM 26	MB 26	—
		155	65	23	—	15	36	M130×2	—	H 3926	A 3926 X	KML 26	MBL 26	—
125	140	165	82	24	—	17	34	M140×2	3.15	H 3028	A 3028 X	KML 28	MBL 28	—
		180	97	24	—	17	34	M140×2	4.35	H 3128	A 3128 X	KM 28	MB 28	—
		180	131	24	—	17	34	M140×2	5.55	H 2328	A 2328 X	KM 28	MB 28	—
		165	66	24	—	17	37	M140×2	—	H 3928	A 3928 X	KML 28	MBL 28	—
135	150	180	87	26	—	17	36	M150×2	3.90	H 3030	A 3030 X	KML 30	MBL 30	—
		195	111	26	—	17	36	M150×2	5.50	H 3130	A 3130 X	KM 30	MB 30	—
		195	139	26	—	17	36	M150×2	6.60	H 2330	A 2330 X	KM 30	MB 30	—
		180	76	26	—	17	39	M150×2	—	H 3930	A 3930 X	KML 30	MBL 30	—
140	160	190	93	28	—	19	38	M160×3	5.20	H 3032	A 3032 X	KML 32	MBL 32	—
		210	119	28	—	19	38	M160×3	7.65	H 3132	A 3132 X	KM 32	MB 32	—
		210	147	28	—	19	38	M160×3	9.15	H 2332	A 2332 X	KM 32	MB 32	—
		190	78	28	—	19	42	M160×3	—	H 3932	A 3932 X	KML 32	MBL 32	—
150	170	200	101	29	—	19	39	M170×3	6.00	H 3034	A 3034 X	KML 34	MBL 34	—
		220	122	29	—	19	39	M170×3	8.40	H 3134	A 3134 X	KM 34	MB 34	—
		220	154	29	—	19	39	Tr170×3	10.0	H 2334	A 2334 X	KM 34	MB 34	—
		200	79	29	—	19	43	M170×3	—	H 3934	A 3934 X	KML 34	MBL 34	—
160	180	210	109	30	—	21	40	M180×3	6.85	H 3036	A 3036 X	KML 36	MBL 36	—
		230	131	30	—	21	40	M180×3	9.50	H 3136	A 3136 X	KM 36	MB 36	—
		230	161	30	—	21	40	Tr180×3	11.0	H 2336	A 2336X	KM 36	MB 36	—
		210	87	30	—	21	44	M180×3	—	H 3936	A 3936 X	KML 36	MBL 36	—
170	190	220	112	31	—	21	41	M190×3	7.45	H 3038	A 3038 X	KML 38	MBL 38	—
		240	141	31	—	21	41	M190×3	11.0	H 3138	A 3138 X	KM 38	MB 38	—
		240	169	31	—	21	41	Tr190×3	12.5	H 2338	A 2338 X	KM 38	MB 38	—
		220	89	31	—	21	46	M190×3	—	H 3938	A 3938 X	KML 38	MBL 38	—
180	200	240	120	32	—	21	42	M200×3	9.20	H 3040	A 3040 X	KML 40	MBL 40	—
		250	150	32	—	21	42	M200×3	12.0	H 3140	A 3140 X	KM 40	MB 40	—
		250	176	32	—	21	42	Tr200×3	14.0	H 2340	A 2340 X	KM 40	MB 40	—
		240	98	32	—	21	47	M200×3	—	H 3940	A 3940 X	KML40	MBL 4	—
200	220	260	126	—	41	20	18	Tr220×4	10.5	H 3044	A 3044	HML 44	—	MSL 44
		280	161	—	35	20	18	Tr220×4	15.0	H 3144	A 3144	HM 44	—	MS 44
		280	186	—	35	20	18	Tr220×4	17.0	H 2344	A 2344	HM 44	—	MS 44
		260	96	—	41	20	21	Tr220×4	—	H 3944	A 3944	HML 44	—	MSL 44
220	240	290	133	—	46	20	18	Tr240×4	13.0	H 3048	A 3048	HML 48	—	MSL 48
		300	172	—	37	20	18	Tr240×4	18.0	H 3148	A 3148	HM 48	—	MS 44
		300	199	—	37	20	18	Tr240×4	20.0	H 2348	A 2348	HM 48	—	MS 44
		290	101	—	46	20	21	Tr240×4	—	H 3948	A 3948	HML 48	—	MSL 48

（续）

公称尺寸/mm									质量/kg	紧定套型号	组成紧定套的零件代号			
d_1	d	d_2	B_1	B_2 max	B_3 max	B_5 min	B_6	螺纹 G	W ≈		紧定衬套	锁紧螺母	锁紧垫圈	锁紧卡
240	260	310	145	—	46	20	18	Tr260×4	15.5	H 3052	A 3052	HML 52	—	MSL 48
		330	190	—	39	24	18	Tr260×4	22.5	H 3152	A 3152	HM 52	—	MS 52
		330	211	—	39	24	18	Tr260×4	25.0	H 2352	A 2352	HM 52	—	MS 52
		310	116	—	46	20	22	Tr260×4	—	H 3952	A 3952	HML 52	—	MSL 48
260	280	330	152	—	50	24	18	Tr280×4	17.5	H 3056	A 3056	HML 56	—	MSL 56
		350	195	—	41	24	18	Tr280×4	25.0	H 3156	A 3156	HM 56	—	MS 52
		350	224	—	41	24	18	Tr280×4	26.5	H 2356	A 2356	HM 56	—	MS 52
		330	121	—	50	24	22	Tr280×4	—	H 3956	A 3956	HML 56	—	MSL 56
280	300	360	168	—	54	24	18	Tr300×4	23.0	H 3060	A 3060	HML 60	—	MSL 60
		380	208	—	53	24	18	Tr300×4	30.0	H 3160	A 3160	HM 60	—	MS 60
		380	240	—	53	24	18	Tr300×4	—	H 3260	A 3260	HM 60	—	MS 60
		360	140	—	54	24	22	Tr300×4	—	H 3960	A 3960	HML 60	—	MSL 60
300	320	380	171	—	55	24	25	Tr320×5	24.5	H 3064	A 3064	HML 64	—	MSL 64
		400	226	—	56	24	25	Tr320×5	35.0	H 3164	A 3164	HM 64	—	MS 64
		400	258	—	56	24	25	Tr320×5	39.0	H 3264	A 3264	HM 64	—	MS 64
		380	140	—	55	24	25	Tr320×5	—	H 3964	A 3964	HML 64	—	MSL 64
320	340	400	187	—	58	24	25	Tr340×5	28.5	H 3068	A 3068	HML 68	—	MSL 64
		440	254	—	72	28	25	Tr340×5	—	H 3168	A 3168	HM 68	—	MS 68
		440	288	—	72	28	25	Tr340×5	—	H 3268	A 3268	HM68	—	MS 68
		400	144	—	58	24	26	Tr340×5	—	H 3968	A 3968	HML 68	—	MSL 64
340	360	420	188	—	58	28	25	Tr360×5	30.5	H 3072	A 3072	HML 72	—	MSL 72
		460	259	—	75	28	25	Tr360×5	—	H 3172	A 3172	HM 72	—	MS 68
		460	299	—	75	28	25	Tr360×5	—	H 3272	A 3272	HM 72	—	MS 68
		420	144	—	58	28	26	Tr360×5	—	H 3972	A 3972	HML 72	—	MSL 72
360	380	450	193	—	62	28	25	Tr380×5	36.0	H 3076	A 3076	HML 76	—	MSL 76
		490	264	—	77	32	25	Tr380×5	—	H 3176	A 3176	HM 76	—	MS 76
		490	310	—	77	32	25	Tr380×5	—	H 3276	A 3276	HM 76	—	MS 76
		450	164	—	62	28	26	Tr380×5	—	H 3976	A 3976	HML 76	—	MSL 76
380	400	470	210	—	66	28	25	Tr400×5	41.5	H 3080	A 3080	HML 80	—	MSL76
		520	272	—	82	32	25	Tr400×5	—	H 3180	A 3180	HM 80	—	MS 80
		520	328	—	82	32	25	Tr400×5	—	H 3280	A 3280	HM 80	—	MS 80
		470	168	—	66	28	27	Tr400×5	—	H 3980	A 3980	HML 80	—	MSL 76
400	420	490	212	—	66	32	25	Tr420×5	43.5	H 3084	A 3084	HML 84	—	MSL84
		540	304	—	90	32	25	Tr420×5	—	H 3184	A 3184	HM 84	—	MS 80
		540	352	—	90	32	25	Tr420×5	—	H 3284	A 3284	HM 84	—	MS 80
		490	168	—	66	32	27	Tr420×5	—	H 3984	A 3984	HML 84	—	MSL 84
410	440	520	228	—	77	32	25	Tr440×5	—	H 3088	A 3088	HML 88	—	MSL 88
		560	307	—	90	36	25	Tr440×5	—	H 3188	A 3188	HM 88	—	MS 88
		560	361	—	90	36	25	Tr440 ×5	—	H 3288	A 3288	HM 88	—	MS 88
		520	189	—	77	32	27	Tr440×5	—	H 3988	A 3988	HML 88	—	MSL 88
430	460	540	234	—	77	32	25	Tr460×5	—	H 3092	A 3092	HML 92	—	MSL 88
		580	326	—	95	36	25	Tr460×5	—	H 3192	A 3192	HM 92	—	MS 88
		580	382	—	95	36	25	Tr460×5	—	H 3292	A 3292	HM 92	—	MS 88
		540	189	—	77	32	28	Tr460×5	—	H 3992	A 3992	HML 92	—	MSL 88

（续）

公称尺寸/mm									质量/kg	紧定套型号	组成紧定套的零件代号			
d_1	d	d_2	B_1	B_2 max	B_3 max	B_5 min	B_6	螺纹 G	W ≈		紧定衬套	锁紧螺母	锁紧垫圈	锁紧卡
450	480	560	237	—	77	36	25	Tr480×5	73.5	H 3096	A 3096	HML 96	—	MSL 96
		620	335	—	95	36	25	Tr480×5	—	H 3196	A 3196	HM 96	—	MS 96
		620	397	—	95	36	25	Tr480×5	—	H 3296	A 3296	HM 96	—	MS 96
		560	200	—	77	36	28	Tr480×5	—	H 3996	A 3996	HML 96	—	MSL 96
470	500	580	247	—	85	36	25	Tr500×5	—	H 30/500	A 30/500	HML/500	—	MSL 96
		630	356	—	100	40	25	Tr500×5	—	H 31/500	A 31/500	HM/500	—	MS/500
		630	428	—	100	40	25	Tr500×5	—	H 32/500	A 32/500	HM/500	—	MS/500
		580	208	—	85	36	28	Tr500×5	—	H 39/500	A 39/500	HML/500	—	MSL 96
500	530	630	265	—	90	40	—	Tr530×6	—	H 30/530	A 30/530	HML/530	—	MSL/530
		670	364	—	105	40	—	Tr530×6	—	H 31/530	A 31/530	HM/530	—	MS/530
		670	447	—	105	40	—	Tr530×6	—	H 32/530	A 32/530	HM/530	—	MS/530
		630	216	—	90	40	—	Tr530×6	—	H 39/530	A 39/530	HML/530	—	MSL/530
530	560	650	282	—	97	40	—	Tr560×6	—	H 30/564	A 30/560	HML/560	—	MSL/560
		710	377	—	110	45	—	Tr560×6	—	H 31/560	A 31/560	HM/560	—	MS/560
		710	462	—	110	45	—	Tr560×6	—	H 32/560	A 32/560	HM/560	—	MS/560
		650	227	—	97	40	—	Tr560×6	—	H 39/560	A 39/560	HML/560	—	MSL/560
560	600	700	289	—	97	40	—	Tr600×6	—	H 30/600	A 30/600	HML/600	—	MSL/560
		750	399	—	110	45	—	Tr600×6	—	H 31/600	A 31/600	HM/600	—	MS/560
		750	487	—	110	45	—	Tr600×6	—	H 32/600	A 32/600	HM/600	—	MS/560
		700	239	—	97	40	—	Tr600×6	—	H 39/600	A39/600	HML/600	—	MSL/560
600	630	730	301	—	97	45	—	Tr630×6	—	H 30/630	A 30/630	HML/630	—	MSL/630
		800	424	—	120	50	—	Tr630×6	—	H 31/630	A 31/630	HM/630	—	MS/630
		800	521	—	120	50	—	Tr630×6	—	H 32/630	A 32/630	HM/630	—	MS/630
		730	254	—	97	45	—	Tr630×6	—	H 39/630	A 39/630	HML/630	—	MSL/630
630	670	780	324	—	102	45	—	Tr670×6	—	H 30/670	A 30/670	HML/670	—	MSL/670
		850	456	—	131	50	—	Tr670×6	—	H 31/670	A 31/670	HM/670	—	MS/670
		850	558	—	131	50	—	Tr670×6	—	H 32/670	A 32/670	HM/670	—	MS/670
		780	264	—	102	45	—	Tr670×6	—	H 39/670	A 39/670	HML/670	—	MSL/670
670	710	830	342	—	112	50	—	Tr710×7	—	H 30/710	A 30/710	HML/710	—	MSL/710
		900	467	—	135	55	—	Tr710×7	—	H 31/710	A 31/710	HM/710	—	MS/710
		900	572	—	135	55	—	Tr710×7	—	H 32/710	A 32/710	HM/710	—	MS/710
		830	286	—	112	50	—	Tr710×7	—	H 39/710	A 39/710	HML/710	—	MSL/710
710	750	870	356	—	112	55	—	Tr750×7	—	H 30/750	A 30/750	HML/750	—	MSL/750
		950	493	—	141	60	—	Tr750×7	—	H 31/750	A 31/750	HM/750	—	MS/750
		950	603	—	141	60	—	Tr750×7	—	H 32/750	A 32/750	HM/750	—	MS/750
		870	291	—	112	55	—	Tr750×7	—	H 39/750	A 39/750	HML/750	—	MSL/750
750	800	920	366	—	112	55	—	Tr800×7	—	H 30/800	A 30/800	HML/800	—	MSL/750
		1000	505	—	141	60	—	Tr800×7	—	H 31/800	A 31/800	HM/800	—	MS/750
		1000	618	—	141	60	—	Tr800×7	—	H 32/800	A 32/800	HM/800	—	MS/800
		920	303	—	112	55	—	Tr800×7	—	H 39/800	A 39/800	HML /800	—	MSL/750
800	850	980	380	—	115	60	—	Tr850×7	—	H 30/850	A 30/850	HML/850	—	MSL/850
		1060	536	—	147	70	—	Tr850×7	—	H 31/850	A 31/850	HM/850	—	MS/850
		1060	651	—	147	70	—	Tr850×7	—	H 32/850	A 32/850	HM/850	—	MS/850
		980	308	—	115	60	—	Tr850×7	—	H 39/850	A 39/850	HML/850	—	MSL/850

（续）

公称尺寸/mm									质量/kg	紧定套型号	组成紧定套的零件代号			
d_1	d	d_2	B_1	B_2 max	B_3 max	B_5 min	B_6	螺纹 G	W ≈		紧定衬套	锁紧螺母	锁紧垫圈	锁紧卡
850	900	1030	400	—	125	60	—	Tr900×7	—	H 30/900	A 30/900	HML/900	—	MSL/850
		1120	557	—	154	70	—	Tr900×7	—	H 31/900	A 31/900	HM/900	—	MS/900
		1120	660	—	154	70	—	Tr900×7	—	H 32/900	A 32/900	HM/900	—	MS/900
		1030	326	—	125	60	—	Tr900×7	—	H 39/900	A 39/900	HML/900	—	MSL/850
900	950	1080	420	—	125	60	—	Tr950×8	—	H 30/950	A 30/950	HML/950	—	MSL/950
		1170	583	—	154	70	—	Tr950×8	—	H 31/950	A 31/950	HM/950	—	MS/950
		1170	675	—	154	70	—	Tr950×8	—	H 32/950	A 32/950	HM/950	—	MS/950
		1080	344	—	125	60	—	Tr950×8	—	H 39/950	A 39/950	HML/950	—	MSL/950
950	1000	1140	430	—	125	60	—	Tr1000×8	—	H 30/1000	A 30/1000	HML/1000	—	MSL/1000
		1240	609	—	154	70	—	Tr1000×8	—	H 31/1000	A 31/1000	HM/1000	—	MS/1000
		1240	707	—	154	70	—	Tr1000×8	—	H 32/1000	A 32/1000	HM/1000	—	MS/1000
		1140	358	—	125	60	—	Tr1000×8	—	H 39/1000	A 39/1000	HML/1000	—	MSL/1000
1000	1060	1200	447	—	125	60	—	Tr1060×8	—	H 30/1060	A 30/1060	HML/1060	—	MSL/1000
		1300	622	—	154	70	—	Tr1060×8	—	H 31/1060	A 31/1060	HM/1060	—	MS/1000
		1200	372	—	125	60	—	Tr1060×8	—	H 39/1060	A 39/1060	HML/1060	—	MSL/1000

12.1.2 紧定衬套（见表 14.6-53）

表 14.6-53 紧定衬套（部分摘自 GB/T 9160.1—2006）

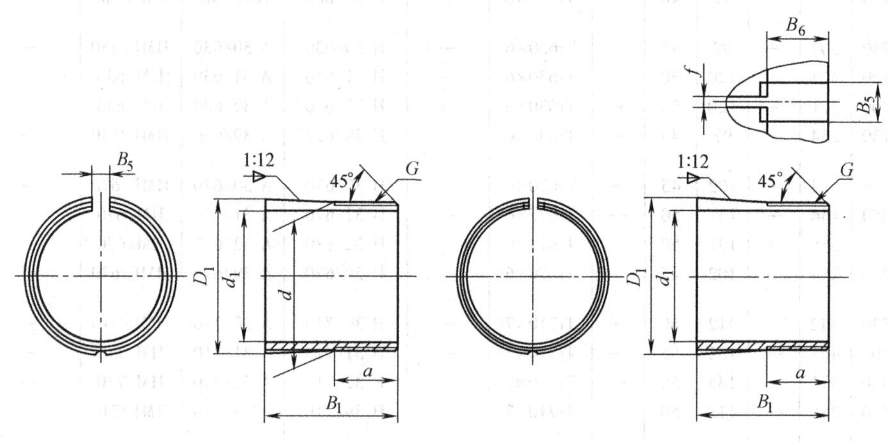

公称尺寸/mm				螺纹 G	参考尺寸/mm				代号
d_1	d	B_1	B_5 min		D_1	a	f	B_6	
12	15	19	5	M15×1	16.08	10	2	10	A 202 X
		22	5	M15×1	16.33	10	2	10	A 302 X
		25	5	M15×1	16.58	10	2	10	A 2302 X
14	17	20	5	M17×1	18.17	10	2	10	A 203 X
		24	5	M17×1	18.50	10	2	10	A 303 X
		27	5	M17×1	18.75	10	2	10	A 2303 X

（续）

公称尺寸/mm				螺纹	参考尺寸/mm				代号
d_1	d	B_1	B_5 min	G	D_1	a	f	B_6	
17	20	24	5	M20×1	21.42	11	2	11	A 204 X
		28	5	M20×1	21.75	11	2	11	A 304 X
		31	5	M20×1	22.00	11	2	11	A 2304 X
20	25	26	6	M25×1.5	26.5	12	2	12	A 205
		29	6	M25×1.5	26.75	12	2	12	A 305 X
		35	6	M25×1.5	27.25	12	2	12	A 2305 X
25	30	27	6	M30×1.5	31.58	12	2	12	A 206 X
		31	6	M30×1.5	31.92	12	2	12	A 306 X
		38	6	M30×1.5	32.50	12	2	12	A 2306 X
30	35	29	7	M35×1.5	36.67	13	2	13	A 207 X
		35	7	M35×1.5	37.17	13	2	13	A 307 X
		43	7	M35×1.5	37.83	13	2	13	A 2307 X
35	40	31	7	M40×1.5	41.75	14	2	14	A 208 X
		39	7	M40×1.5	42.17	14	2	14	A 308 X
		46	7	M40×1.5	43.00	14	2	14	A 2308 X
40	45	33	7	M45×1.5	46.83	15	2	15	A 209 X
		39	7	M45×1.5	47.33	15	2	15	A 309 X
		50	7	M45×1.5	48.25	15	2	15	A 2309 X
45	50	35	7	M50×1.5	51.92	6	2	16	A 210
		42	7	M50×1.5	52.50	16	2	16	A 310X
		55	7	M50×1.5	53.58	16	2	16	A 2310 X
50	55	37	9	M55×2	57.08	17	3	17	A 211 X
		45	9	M55×2	57.75	17	3	17	A 311X
		59	9	M55×2	58.92	17	3	17	A 2311X
55	60	38	9	M60×2	62.08	18	3	18	A 212 X
		47	9	M60×2	62.84	18	3	18	A 312 X
		62	9	M60×2	64.08	18	3	18	A 2312 X
60	65	40	9	M65×2	67.17	19	3	19	A 213X
		50	9	M65×2	68.00	19	3	19	A 313X
		65	9	M65×2	69.25	19	3	19	A 2313 X
60	70	41	9	M70×2	72.25	19	3	19	A 214 X
		52	9	M70×2	73.17	19	3	19	A 314 X
		68	9	M70×2	74.50	19	3	19	A 2314 X
65	75	43	9	M75×2	77.33	20	3	20	A 215 X
		55	9	M75×2	78.33	20	3	20	A 315 X
		73	9	M75×2	79.83	20	3	20	A 2315 X
70	80	46	11	M80×2	82.42	22	3	22	A 216 X
		59	11	M80×2	83.50	22	3	22	A 316 X
		78	11	M80×2	85.08	22	3	22	A 2316 X

（续）

公称尺寸/mm				螺纹	参考尺寸/mm				代号
d_1	d	B_1	B_5 min	G	D_1	a	f	B_6	
75	85	50	11	M85×2	87.67	24	3	24	A 217 X
		63	11	M85×2	88.75	24	3	24	A 317 X
		82	11	M85×2	90.33	24	3	24	A 2317 X
80	90	52	11	M90×2	92.83	24	3	24	A 218 X
		65	11	M90×2	93.92	24	3	24	A 318 X
		86	11	M90×2	95.67	24	3	24	A 2318 X
85	95	55	11	M95×2	98.00	25	4	25	A 219 X
		68	11	M95×2	99.08	25	4	25	A 319 X
		90	11	M95×2	100.92	25	4	25	A 2319 X
90	100	58	13	M100×2	103.17	26	4	26	A 220 X
		71	13	M100×2	104.25	26	4	26	A 320 X
		76	13	M100×2	104.67	26	4	26	A 3120 X
		97	13	M100×2	106.42	26	4	26	A 2320 X
95	105	60	13	M105×2	108.34	26	4	26	A 221X
		74	13	M105×2	109.50	26	4	26	A 321X
		80	13	M105×2	110.00	26	4	26	A 3121X
		101	—	M105×2	—	—	—	—	A 2321X
100	110	63	13	M110×2	113.50	27	4	27	A 222 X
		77	13	M110×2	114.67	27	4	27	A 322 X
		81	13	M110×2	115.00	27	4	27	A 3122 X
		105	13	M110×2	117.00	27	4	27	A 2322X
110	120	72	15	M120×2	124.17	32	4	32	A 3024 X
		88	15	M120×2	125.5	32	4	32	A 3124 X
		112	15	M120×2	127.50	32	4	32	A 2324 X
		60	15	M120×2	123.2	29	5	34	A 3924 X
115	130	80	15	M130×2	134.75	33	4	33	A 3026X
		92	15	M130×2	135.75	33	4	33	A 3126 X
		121	15	M130×2	138.17	33	4	33	A 2326 X
		65	15	M130×2	133.5	31	5	56	A 3926 X
125	140	82	17	M140×2	144.83	34	4	34	A 3028 X
		97	17	M140×2	146.08	34	4	34	A 3128 X
		131	17	M140×2	148.92	34	4	34	A 2328 X
		66	17	M140×2	143.5	32	5	37	A 3928 X
135	150	87	17	M150×2	155.08	36	4	36	A 3030 X
		1111	17	M150×2	157.08	36	4	36	A 3130 X
		139	17	M150×2	159.42	36	4	36	A 362330 X
		76	17	M150×2	154.2	34	5	39	A 3930 X
140	160	93	19	M160×3	165.42	38	5	38	A 3032 X
		119	19	M160×3	167.58	38	5	38	A 3132 X
		147	19	M160×3	169.92	38	5	38	A 2332 X
		78	19	M160×3	164.2	36	6	42	A 3932 X
150	170	101	19	M170×3	176.00	39	5	39	A 3034 X
		122	19	M170×3	177.75	39	5	39	A 3134 X
		154	19	Tr170×3	180.42	39	5	39	A 2334 X
		79	19	M170×3	174.2	37	6	43	A 3034X

（续）

公称尺寸/mm				螺纹	参考尺寸/mm				代号
d_1	d	B_1	B_5 min	G	D_1	a	f	B_6	
160	180	109	21	M180×3	186.58	40	5	40	A 3036 X
		131	21	M180×3	188.42	40	5	40	A 3136 X
		161	21	Tr180×3	190.92	40	5	40	A 2336
		87	21	M180×3	184.8	38	6	44	A 3936
170	190	112	21	M190×3	196.75	41	5	41	A 3038X
		141	21	M190×3	199.17	41	5	41	A 3138 X
		169	21	Tr190×3	201.50	41	5	41	A 2338 X
		89	21	M190×3	194.9	40	6	46	A 3938 X
180	200	120	21	M200×3	207.33	42	5	42	A 3040 X
		150	21	M200×3	209.83	42	5	42	A 3140 X
		176	21	Tr200×3	212.00	42	5	42	A 2340 X
		98	21	M200×3	205.5	41	6	47	A 3940 X
200	220	126	20	Tr220×4	228.00	45	5	18	A 3044
		161	20	Tr220×4	230.75	47	5	18	A 3144
		186	20	Tr220×4	232.83	47	5	18	A 2344
		96	20	Tr220×4	225.5	39	5	21	A 3944
200	240	133	20	Tr240×4	248.25	49	5	18	A 3048
		172	20	Tr240×4	251.50	49	5	18	A 3148
		199	20	Tr240×4	253.75	49	5	18	A 2348
		101	20	Tr240×4	245.6	43	8	21	A 3948
240	260	145	20	Tr260×4	269.33	49	6	18	A 3052
		190	24	Tr260×4	272.83	51	6	18	A 3152
		211	24	Tr260×4	274.58	51	6	18	A 2352
		116	20	Tr260×4	266.8	44	8	22	A 3952
260	280	152	24	Tr280×4	289.50	53	6	18	A 3056
		195	24	Tr280×4	293.08	53	6	18	A 3156
		224	24	Tr280×4	295.50	53	6	18	A 2356
		121	24	Tr280×4	286.9	48	8	22	A 3956
280	300	168	24	Tr300×4	310.50	57	6	18	A 3060
		208	24	Tr300×4	314.00	55	6	18	A 3160
		240	24	Tr300×4	316.67	55	6	18	A 3260
		140	24	Tr300×4	308.2	52	8	22	A 3960
300	320	171	24	Tr320×5	330.75	57	6	25	A 3064
		226	24	Tr320×5	335.33	57	6	25	A 3164
		258	24	Tr320×5	338.00	57	6	25	A 3264
		140	24	Tr320×5	328.2	53	8	25	A 3964
320	340	187	24	Tr340×5	351.83	65	6	25	A 3068
		254	28	Tr340×5	356.58	75	6	25	A 3168
		288	28	Tr340×5	359.42	75	6	25	A 3268
		144	24	Tr340×5	348.2	56	8	26	A 3968
340	360	188	28	Tr360×5	371.82	65	6	25	A 3072
		259	28	Tr360×5	376.75	78	6	25	A 3172
		299	28	Tr360×5	380.08	78	6	25	A 3272
		144	28	Tr360×5	368.2	56	10	26	A 3972

（续）

公称尺寸/mm				螺纹	参考尺寸/mm				代号
d_1	d	B_1	B_5 min	G	D_1	a	f	B_6	
360	380	193	28	Tr380×5	392.08	68	6	25	A 3076
		264	32	Tr380×5	397.00	80	6	25	A 3176
		310	32	Tr380×5	400.83	80	6	25	A3276
		164	28	Tr380×5	389.7	60	10	26	A 3976
380	400	210	28	Tr400×5	413.17	72	6	25	A 3080
		272	32	Tr400×5	417.5	82	6	25	A 3180
		328	32	Tr400×5	422.17	82	6	25	A 3280
		168	28	Tr400×5	409.7	64	10	27	A 3980
400	420	212	32	Tr420×5	433.33	72	8	25	A 3084
		304	32	Tr420×5	439.5	90	8	25	A 3184
		352	32	Tr420×5	443.5	90	8	25	A 3284
		168	32	Tr420×5	429.7	64	10	27	A 3984
410	440	228	32	Tr440×5	454.00	80	8	25	A 3088
		307	36	Tr440×5	459.75	90	8	25	A 3188
		361	36	Tr440×5	464.25	90	8	25	A 3288
		189	32	Tr440×5	450.7	73	10	27	A 3988
430	460	234	32	Tr460×5	475.00	80	8	25	A 3092
		326	36	Tr460×5	480.93	95	8	25	A3192
		382	36	Tr460×5	485.58	95	8	25	A 3292
		189	32	Tr460×5	470.7	73	10	28	A3992
450	480	237	36	Tr480×5	494.75	80	8	25	A3096
		335	36	Tr480×5	501.67	95	8	25	A 3196
		397	36	Tr480×5	506.83	95	8	25	A 3296
		200	36	Tr480×5	491.7	73	10	28	A 3996
470	500	247	36	Tr500×5	514.92	88	8	25	A 30/500
		356	40	Tr500×5	523.00	100	8	25	A31/500
		428	40	Tr500×5	529.00	100	8	25	A 32/500
		208	36	Tr500×5	511.7	81	10	28	A 39/500
500	530	265	40	Tr530×6	—	—	—	—	A 30/530
		364	40	Tr530×6	—	—	—	—	A31/530
		447	40	Tr530×6	—	—	—	—	A 32/530
		216	40	Tr530×6	—	—	—	—	A 39/530
530	560	282	40	Tr560×6	—	—	—	—	A 30/560
		377	45	Tr560×6	—	—	—	—	A31/560
		462	45	Tr560×6	—	—	—	—	A 32/560
		227	40	Tr560×6	—	—	—	—	A 39/560
560	600	287	40	Tr600×6	—	—	—	—	A 30/600
		3999	45	Tr600×6	—	—	—	—	A 31/600
		487	45	Tr600×6	—	—	—	—	A 32/600
		239	40	Tr600×6	—	—	—	—	A 39/600
600	630	301	45	Tr630×6	—	—	—	—	A 30/630
		424	50	Tr630×6	—	—	—	—	A 31/630
		521	50	Tr630×6	—	—	—	—	A 32/630
		254	45	Tr630×6	—	—	—	—	A 39/630

（续）

公称尺寸/mm				螺纹	参考尺寸/mm				代号
d_1	d	B_1	B_5 min	G	D_1	a	f	B_6	
630	670	324	45	Tr670×6	—	—	—	—	A 30/670
		456	50	Tr670×6	—	—	—	—	A 31/670
		558	50	Tr670×6	—	—	—	—	A 32/670
		264	45	Tr670×6	—	—	—	—	A 39/670
670	710	342	50	Tr710×7	—	—	—	—	A 30/710
		467	55	Tr710×7	—	—	—	—	A31/710
		572	55	Tr710×7	—	—	—	—	A 32/710
		286	50	Tr710×7	—	—	—	—	A 39/710
710	750	356	55	Tr750×7	—	—	—	—	A 30/750
		493	60	Tr750×7	—	—	—	—	A 31/750
		603	60	Tr750×7	—	—	—	—	A 32/750
		291	55	Tr750×7	—	—	—	—	A 39/750
750	800	366	55	Tr800×7	—	—	—	—	A 30/800
		505	60	Tr800×7	—	—	—	—	A 31/800
		618	60	Tr800×7	—	—	—	—	A 32/800
		303	55	Tr800×7	—	—	—	—	A 39/800
800	850	380	60	Tr850×7	—	—	—	—	A 30/850
		536	70	Tr850×7	—	—	—	—	A 31/850
		651	70	Tr850×7	—	—	—	—	A 32/850
		308	60	Tr850×7	—	—	—	—	A 39/850
850	900	400	60	Tr900×7	—	—	—	—	A 30/900
		557	70	Tr900×7	—	—	—	—	A 31/900
		660	70	Tr900×7	—	—	—	—	A 32/900
		326	60	Tr900×7	—	—	—	—	A 39/900
900	950	420	60	Tr950×8	—	—	—	—	A 30/950
		583	70	Tr950×8	—	—	—	—	A 31/950
		675	70	Tr950×8	—	—	—	—	A 32/950
		344	60	Tr950×8	—	—	—	—	A 39/950
950	1000	430	60	Tr1000×8	—	—	—	—	A 30/1000
		609	70	Tr1000×8	—	—	—	—	A 31/1000
		707	70	Tr1000×8	—	—	—	—	A 32/1000
		358	60	Tr1000×8	—	—	—	—	A 39/1000
1000	1060	447	60	Tr1060×8	—	—	—	—	A 30/1060
		622	70	Tr1060×8	—	—	—	—	A31/1060
		372	60	Tr1060×8	—	—	—	—	A 39/1060

12.1.3 退卸衬套（见表 14.6-54）

表 14.6-54 退卸衬套（摘自 GB/T 9160.1—2006）

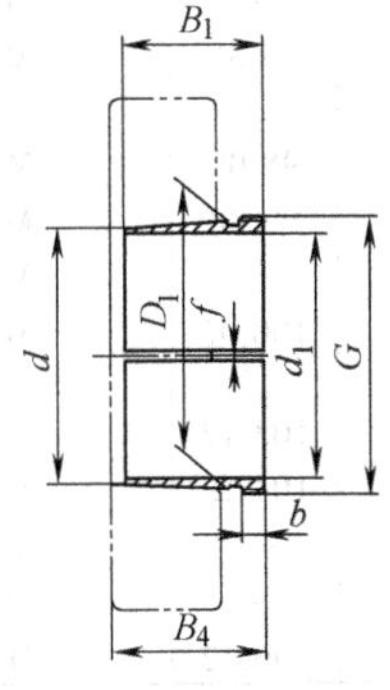

（续）

公称尺寸/mm								质量/kg	退卸衬套型号	适配的锁紧螺母型号
d_1	d	B_1 max	B_4	b	f	D_1 ≈	螺纹 G	W ≈		
35	40	25	27	6	2	41.75	M45×1.5	—	AH 208	KM 09
		29	32	6	2	42.17	M45×1.5	0.09	AH 308	KM 09
		40	43	7	2	43.00	M45×1.5	0.128	AH 2308	KM 09
40	45	26	29	6	2	46.83	M50×1.5	—	AH 209	KM 10
		31	34	6	2	47.33	M50×1.5	0.109	AH 309	KM 10
		44	47	7	2	48.25	M50×1.5	0.164	AH 2309	KM 10
45	50	28	31	7	2	51.92	M55×2	—	AH 210	KM 11
		35	38	7	2	52.50	M55×2	0.137	AH 310	KM 11
		50	53	9	2	53.58	M55×2	0.209	AH 2310	KM11
50	55	29	32	7	3	57.08	M60×2	—	AH 211	KM12
		37	40	7	3	57.75	M60×2	0.161	AH 311	KM12
		54	57	10	3	58.92	M60×2	0.253	AH2311	KM12
55	60	32	35	8	3	62.08	M65×2	—	AH 212	KM13
		40	43	8	3	62.83	M65×2	0.189	AH 312	KM13
		58	61	11	3	64.08	M65×2	0.297	AH2312	KM13
60	65	32.5	36	8	3	67.17	M70×2	—	HX 213	KM 14
		42	45	8	3	68.00	M70×2	0.253	AHX 313	KM 14
		61	64	12	3	69.25	M70×2	0.395	AHX 2313	KM 14
65	70	33.5	37	8	3	72.25	M75×2	—	AHX 214	KM 15
		43	47	8	3	73.17	M75×2	0.28	AHX 314	KM 15
		64	68	12	3	74.50	M75×2	0.466	AHX 2314	KM 15
70	75	34.5	38	8	3	77.33	M80×2	—	AHX 215	KM 16
		45	49	8	3	78.33	M80×2	0.313	AHX 315	KM16
		68	72	12	3	79.83	M80×2	0.534	AHX 2315	KM 16
75	80	35.5	39	8	3	82.42	M90×2	—	AH 216	KM18
		48	52	8	3	83.50	M90×2	0.365	AH 316	KM18
		71	75	12	3	85.08	M90×2	0.597	AH 2316	KM18
80	85	38.5	42	9	3	87.67	M95×2	—	AH 217	KM 19
		52	56	9	3	88.75	M95×2	0.429	AH 317	KM 19
		74	78	13	3	90.33	M95×2	0.69	AH 2317	KM 19
85	90	40	44	9	3	92.83	M100×2	—	AH 218	KM 20
		53	57	9	3	93.92	M100×2	0.461	AH 318	KM 20
		63	67	10	3	—	M100×2	0.576	AH 3218	KM 20
		79	83	14	3	95.67	M100×2	0.779	AH 2318	KM 20
90	95	43	47	10	4	98.00	M105×2	—	AH 219	KM 21
		57	61	10	4	99.08	M105×2	0.532	AH 319	KM 21
		67	71	11	4	—	M105×2	—	AH 3219	KM 21
		85	89	16	4	100.92	M105×2	0.886	AH 2319	KM 21
95	100	45	49	10	4	103.17	M110×2	—	AH 220	KM 22
		59	63	10	4	104.25	M110×2	0.582	AH 320	KM 22
		64	68	11	4	—	M110×2	0.65	AH 3120	KM 22
		73	77	11	4	—	M110×2	0.767	AH 3220	KM 22
		90	94	16	4	106.42	M110×2	0.998	AH 2320	KM 22

（续）

公称尺寸/mm								质量/kg	退卸衬套型号	适配的锁紧螺母型号
d_1	d	B_1 max	B_4	b	f	D_1 ≈	螺纹 G	W ≈		
100	105	47	51	11	4	108.34	M115×2	—	AH 221	KM23
		62	66	12	4	109.50	M115×2	—	AH 321	KM23
		68	72	11	4	—	M115×2	—	AH 3121	KM23
		78	82	11	4	—	M115×2	—	AH 3221	KM23
		94	98	16	4	—	M120×2	—	AH 2321	KM24
105	110	50	54	11	4	113.50	M120×2	—	AH 222	KM 24
		63	67	12	4	114.67	M120×2	0.663	AH 322	KM 24
		68	72	11	4	—	M120×2	0.76	AH 3122	KM 24
		82	86	11	4	—	M120×2	0.883	AHX 3222	KM 24
		82	91	—	—	—	M115×2	—	AH 24122	KM 23
		98	102	16	4	117.00	M120×2	0.350	AHX 2322	KM 24
115	120	53	57	12	4	—	M130×2	—	AH 224	KM 26
		60	64	13	4	—	M130×2	0.75	AH 3024	KML 26
		69	73	13	4	—	M130×2	—	AH 324	KM 26
		73	82	—	—	—	M125×2	—	AH 24024	KM 25
		75	79	12	4	—	M130×2	0.95	AH 3124	KM 26
		90	94	13	4	—	M130×2	1.11	AHX 3224	KM 26
		93	102	—	—	—	M130×2	—	AH 24124	KM 26
		105	109	17	4	127.50	M130×2	1.60	AHX 2324	KM 26
125	130	53	57	12	4	—	M140×2	—	AH 226	KM 28
		67	71	14	4	—	M140×2	0.93	AH3026	KML 28
		74	78	14	4	—	M140×2	—	AH 326	KM 28
		78	82	12	4	—	M140×2	1.08	AH 3126	KM 28
		83	93	—	—	—	M135×2	—	AH 24026	KM 27
		94	104	—	—	—	M140×2	—	AH 24126	KM 28
		98	102	15	4	—	M140×2	1.580	AHX 3226	KM 28
		115	119	19	4	138.17	M140×2	1.970	AHX 2326	KM 28
135	140	56	61	13	4	—	M150×2	—	AH 228	KM 30
		68	73	14	4	—	M150×2	1.01	AH 3028	KML 30
		77	82	14	4	—	M150×2	—	AH 328	KM 30
		83	88	14	4	—	M150×2	1.28	AH 3128	KM 30
		83	93	—	—	—	M145×2	—	AH 24028	KM 29
		99	109	—	—	—	M150×2	—	AH 24128	KM 30
		104	109	15	4	—	M150×2	1.84	AHX 3228	KM 30
		125	130	20	4	148.92	M150×2	2.330	AHX 2328	KM 30
145	150	60	65	14	4	—	M160×3	—	AH 230	KM 32
		72	77	15	4	—	M160×3	1.15	AH3030	KML 32
		83	88	15	4	—	M160×3	—	AHX 330	KM 32
		90	101	—	—	—	M155×3	—	AH 24030	KM 31
		96	101	15	4	—	M160×3	1.79	AHX 3130	KM 32
		114	119	17	4	—	M160×3	2.22	AHX 3230	KM 32
		115	126	—	—	—	M160×3	—	AH 24130	KM 32
		135	140	24	4	159.42	M160×3	2.82	AHX 2330	KM 32
150	160	64	69	15	5	—	M170×3	—	AH 232	KM 34
		77	82	16	5	—	M170×3	2.06	AH 3032	KML 34
		88	93	16	5	—	M170×3	—	AHX 332	KM 34
		95	106	—	—	—	M170×3	—	AH 24032	KM 34
		103	108	16	5	—	M170×3	2.87	AHX 3132	KM 34
		124	130	20	5	—	M170×3	4.08	AHX 3232	KM 34
		124	135	—	—	—	M170×3	—	AH 24132	KM 34
		140	146	24	5	169.92	M170×3	4.72	AHX 2332	KM 34

（续）

公称尺寸/mm								质量/kg	退卸衬套型号	适配的锁紧螺母型号
d_1	d	B_1 max	B_4	b	f	D_1 ≈	螺纹 G	W ≈		
160	170	59	64	13	5	—	M180×3	—	AH 3934	KML 36
		69	74	16	5	—	M180×3	—	AH 234	KM36
		85	90	17	5	—	M180×3	2.43	AH 3034	KML 36
		93	98	17	5	—	M180×3	—	AHX 334	KM36
		106	117	—	—	—	M180×3	—	AH 24034	KM36
		104	109	16	5	—	M180×3	3.04	AHX 3134	KM36
		125	136	—	—	—	M180×3	—	AH 24134	KM36
		134	140	24	5	—	M180×3	4.80	AHX 3234	KM 36
		146	152	24	5	180.42	M180×3	5.25	AHX 2334	KM 36
170	180	66	71	13	5	—	M190×3	—	AH 3936	KML 38
		69	74	16	5	—	M190×3	—	AH 236	KM 38
		92	98	17	5	—	M190×3	2.81	AH 3036	KML 38
		105	110	17	5	—	M190×3	—	AHX 2236	KM 38
		116	127	—	—	—	M190×3	—	AH 24036	KM 38
		116	122	19	5	—	M190×3	3.76	AHX 3136	KM 38
		134	145	—	—	—	M190×3	—	AH 24136	KM 38
		140	146	24	5	—	M190×3	5.32	AHX 3236	KM 38
		154	160	26	5	190.92	M190×3	5.83	AHX 2336	KM 38
180	190	66	71	13	5	—	M200×3	—	AH 3938	KML 40
		73	78	17	5	—	M200×3	—	AHX 238	KM 40
		96	102	18	5	—	M200×3	3.32	AHX 3038	KML 40
		112	117	18	5	—	M200×3	—	AHX 2238	KM 40
		118	131	—	—	—	M200×3	—	AH 24038	KM 40
		125	131	20	5	—	M200×3	4.89	AHX 3138	KM 40
		145	152	25	5	—	M200×3	5.90	AHX 3238	KM 40
		146	159	—	—	—	M200×3	—	AH 24138	KM 40
		160	167	26	5	201.50	M200×3	6.63	AHX 2338	KM 40
190	200	77	83	16	5	—	Tr210×4	—	AH 3940	KM 42
		77	82	18	5	—	Tr210×4	—	AHX 240	KM 42
		102	108	19	5	—	Tr210×4	3.80	AHX 3040	KM 42
		118	123	19	5	—	Tr220×4	—	AH 2240	KM 44
		127	140	—	—	—	Tr210×4	—	AH 24040	KM 42
		134	140	21	5	—	Tr220×4	5.49	AH 3140	KM 44
		153	160	25	5	—	Tr220×4	6.68	AH 3240	KM 44
		158	171	—	—	—	Tr210×4	—	AH 24140	KM 42
		170	177	30	5	212.00	Tr220×4	7.54	AH 2340	KM 44
200	220	77	83	16	5	—	Tr230×4	—	AH 3944	KM 46
		85	91	18	5	—	Tr230×4	—	AHX 244	KM 46
		111	117	20	5	—	Tr230×4	7.40	AHX 3044	KM 46
		130	136	20	5	—	Tr240×4	—	AH 2244	KM 48
		138	152	—	—	—	Tr230×4	—	AH 24044	KM 46
		145	151	23	5	—	Tr240×4	10.40	AH 3144	KM 48
		170	184	—	—	—	Tr230×4	—	AH 24144	KM 46
		181	189	30	5	232.83	Tr240×4	13.50	AH 2344	KM 48
220	240	77	83	16	8	—	Tr250×4	—	AH 3948	KM 50
		96	102	22	5	—	Tr260×4	—	AHX 248	KM 52
		116	123	21	5	—	Tr260×4	8.75	AH 3048	HML 52
		138	153	—	—	—	Tr250×4	—	AH 24048	KM 50
		144	150	21	5	—	Tr260×4	—	AH 2248	KM 52
		154	161	25	5	—	Tr260×4	12.0	AH 3148	KM 52
		180	195	—	—	—	Tr260×4	—	AH 24148	KM 52
		189	197	30	5	253.75	Tr260×4	15.50	AH 2348	KM 52

（续）

公称尺寸/mm								质量/kg	退卸衬套型号	适配的锁紧螺母型号
d_1	d	B_1 max	B_4	b	f	D_1 ≈	螺纹 G	W ≈		
240	260	94	100	18	8	—	Tr280×4	—	AH 3952	HML 56
		105	111	23	6	—	Tr280×4	—	AHX 252	KM 56
		128	135	23	6	—	Tr280×4	10.70	AH 3052	HML 56
		155	161	23	6	—	Tr280×4	—	AHX 2252	KM 56
		162	178	—	—	—	Tr280×4	—	AH 24052	KM 56
		172	179	26	6	—	Tr280×4	16.20	AHX 3152	KM 56
		202	218	—	—	—	Tr280×4	—	AH 24152	KM 56
		205	213	30	6	274.58	Tr280×4	19.60	AHX 2352	KM 56
260	280	94	100	18	8	—	Tr300×4	—	AH 3956	HML 60
		105	113	23	6	—	Tr300×4	—	AHX 256	HM 60
		131	139	24	6	—	Tr300×4	12.0	AH 3056	HML 60
		155	163	24	6	—	Tr300×4	—	AHX 2256	HM 60
		162	179	—	—	—	Tr300×4	—	AH 24056	HM 60
		175	183	28	6	—	Tr300×4	17.50	AHX 3156	HM 60
		202	219	—	—	—	Tr300×4	—	AH 24156	HM 60
		212	220	30	6	295.50	Tr300×4	21.60	AHX 2356	HM 60
280	300	112	119	21	8	—	Tr320×5	—	AH 3960	HML 64
		145	153	26	6	—	Tr320×5	14.40	AH 3060	HML 64
		170	178	26	6	—	Tr320×5	—	AHX 2260	HM 64
		184	202	—	—	—	Tr320×5	—	AH 24060	HM 64
		192	200	30	6	—	Tr320×5	20.80	AHX 3160	HM 64
		224	242	—	—	—	Tr320×5	—	AH 24160	HM 64
		228	236	34	6	—	Tr320×5	26.0	AHX 3260	HM 64
300	320	112	119	21	8	—	Tr340×5	—	AH 3964	HML 68
		149	157	27	6	—	Tr340×5	16.0	AHX 3064	HML 68
		180	190	27	6	—	Tr340×5	—	AHX 2264	HM 68
		184	202	—	—	—	Tr340×5	—	AH 24064	HM 68
		209	217	31	6	—	Tr340×5	24.50	AHX 3164	HM 68
		242	260	—	—	—	Tr340×5	—	AH 24164	HM 68
		246	254	36	6	—	Tr340×5	30.60	AHX 3264	HM 68
320	340	112	119	21	8	—	Tr360×5	—	AH 3968	HML 72
		162	171	28	6	—	Tr360×5	19.50	AHX 3068	HML 77
		206	225	—	—	—	Tr360×5	—	AH 24068	HM 72
		225	234	33	6	—	Tr360×5	29.0	AHX 3168	HM 72
		264	273	38	6	—	Tr360×5	35.40	AHX 3268	HM 72
		269	288	—	—	—	Tr360×5	—	AH 24168	HM 72
340	360	112	119	21	10	—	Tr380×5	—	AH 3972	HML 76
		167	176	30	6	—	Tr380×5	21.0	AHX 3072	HML 76
		206	226	—	—	—	Tr380×5	—	AH 24072	HM 76
		229	238	35	6	—	Tr380×5	33.0	AHX 3172	HM 76
		269	289	—	—	—	Tr380×5	—	AH 24172	HM 76
		274	283	40	6	—	Tr380×5	41.50	AHX 3272	HM 76
360	380	130	138	22	10	—	Tr400×5	—	AH 3976	HML 80
		170	180	31	6	—	Tr400×5	23.2	AHX 3076	HML 80
		208	228	—	—	—	Tr400×5	—	AH 24076	HM 80
		232	242	36	6	—	Tr400×5	35.7	AHX 3176	HM 80
		271	291	—	—	—	Tr400×5	—	AH 24176	HM 80
		284	294	42	6	—	Tr400×5	45.6	AHX 3276	HM 80

（续）

公称尺寸/mm								质量/kg	退卸衬套型号	适配的锁紧螺母型号
d_1	d	B_1 max	B_4	b	f	D_1 ≈	螺纹 G	W ≈		
380	400	130	138	22	10	—	Tr420×5	—	AH 3980	HML 84
		183	193	33	6	—	Tr420×5	27.3	AHX 3080	HML 84
		228	248	—	—	—	Tr420×5	—	AH 24080	HM 84
		240	250	38	6	—	Tr420×5	39.5	AHX 3180	HM 84
		278	298	—	—	—	Tr420×5	—	AH 24180	HM 84
		302	312	44	6	—	Tr420×5	51.7	AHX 3280	HM 84
400	420	130	138	22	10	—	Tr440×5	—	AH 3984	HML 88
		186	196	34	8	—	Tr440×5	29.0	AHX 3084	HML 88
		230	252	—	—	—	Tr440×5	—	AH 24084	HM 88
		266	276	40	8	—	Tr440×5	46.5	AHX 3184	HM 88
		310	332	—	—	—	Tr440×5	—	AH 24184	HM 88
		321	331	46	8	—	Tr440×5	58.9	AHX 3284	HM 88
420	440	145	153	25	10	—	Tr460×5	—	AH 3988	HML 92
		194	205	35	8	—	Tr460×5	32.0	AHX 3088	HML 92
		242	264	—	—	—	Tr460×5	—	AH 24088	HM 92
		270	281	42	8	—	Tr460×5	49.8	AHX 3188	HM 92
		310	332	—	—	—	Tr460×5	—	AH 24188	HM 92
		330	341	48	8	—	Tr460×5	63.8	AHX 3288	HM 92
440	460	145	153	25	10	—	Tr480×5	—	AH 3992	HML 96
		202	213	37	8	—	Tr480×5	35.2	AHX 3092	HML 96
		250	273	—	—	—	Tr480×5	—	AH 24092	HM 96
		285	296	43	8	—	Tr480×5	57.9	AHX 3192	HM 96
		332	355	—	—	—	Tr480×5	—	AH 24192	HM 96
		349	360	50	8	—	Tr480×5	74.5	AHX 3292	HM 96
460	480	158	167	28	10	—	Tr500×5	—	AH 3996	HML/500
		205	217	38	8	—	Tr500×5	39.2	AHX 3096	HML/500
		250	273	—	—	—	Tr500×5	—	AH 24096	HM/500
		295	307	45	8	—	Tr500×5	63.1	AHX 3196	HM/500
		340	363	—	—	—	Tr500×5	—	AH 24196	HM/500
		364	376	52	8	—	Tr500×5	82.1	AHX 3296	HM/500
480	500	162	172	32	10	—	Tr530×6	—	AH 39/500	HML/530
		209	221	40	8	—	Tr530×6	42.5	AHX 30/500	HML/530
		253	276	—	—	—	Tr530×6	—	AH 240/500	HM/530
		313	325	47	8	—	Tr530×6	70.9	AHX 31/500	HM/530
		360	383	—	—	—	Tr530×6	—	AH 241/500	HM/530
		393	405	54	8	—	Tr530×6	94.6	AHX 32/500	HM/530
500	530	175	185	—	—	—	Tr560×6	—	AH 39/530	HML/560
		230	242	—	—	—	Tr560×6	—	AH 30/530	HML/560
		285	309	—	—	—	Tr560×6	—	AH 240/530	HM/560
		325	337	—	—	—	Tr560×6	—	AH 31/530	HM/560
		370	394	—	—	—	Tr560×6	—	AH 241/530	HM/560
		412	424		—	—	Tr560×6	—	AH 32/530	HM/560
530	560	180	190	—	—	—	Tr600×6		AH 39/560	HML/600
		240	252	—	—	—	Tr600×6	—	AH 30/560	HML/600
		296	320	—	—	—	Tr600×6	—	AH 240/560	HM/600
		335	347	—	—	—	Tr600×6	—	AH 31/560	HM/600
		393	417	—	—	—	Tr600×6	—	AH 241/560	HM/600
		422	434	—	—	—	Tr600×6		AH 32/560	HM/600
570	600	192	202	—	—	—	Tr630×6	—	AH 39/600	HML/630
		245	259	—	—	—	Tr630×6	—	AH 30/600	HML/630
		310	336	—	—	—	Tr630×6	—	AH 240/600	HM/630
		355	369	—	—	—	Tr630×6	—	AH 31/600	HM 630
		413	439	—	—	—	Tr630×6	—	AH 241/600	HM/630
		445	459	—	—	—	Tr630×6	—	AH 32/600	HM/630

（续）

公称尺寸/mm								质量/kg	退卸衬套型号	适配的锁紧螺母型号
d_1	d	B_1 max	B_4	b	f	D_1 ≈	螺纹 G	W ≈		
600	630	210	222	—	—	—	Tr670×6	—	AH 39/630	HML/670
		258	272	—	—	—	Tr670×6	—	AH 30/630	HML/670
		330	356	—	—	—	Tr670×6	—	AH 240/630	HM/670
		375	389	—	—	—	Tr670×6	—	AH 31/630	HM/670
		440	466	—	—	—	Tr670×6	—	AH 241/630	HM/670
		475	489	—	—	—	Tr670×6	—	AH 32/630	HM/670
630	670	216	228	—	—	—	Tr710×7	—	AH 39/670	HML/710
		280	294	—	—	—	Tr710×7	—	AH 30/670	HML/710
		348	374	—	—	—	Tr710×7	—	AH 240/670	HM/710
		395	409	—	—	—	Tr710×7	—	AH 31/670	HM/710
		452	478	—	—	—	Tr710×7	—	AH 241/670	HM/710
		500	514	—	—	—	Tr710×7	—	AH 32/670	HM/710
670	710	228	240	—	—	—	Tr750×7		AH 39/710	HML/750
		286	302	—	—	—	Tr750×7	—	AH 30/710	HML/750
		360	386	—	—	—	Tr750×7	—	AH 240/710	HM/750
		405	421	—	—	—	Tr750×7	—	AH 31/710	HM/750
		483	509	—	—	—	Tr750×7	—	AH 241/710	HM/750
		515	531	—	—	—	Tr750×7		AH 32/710	HM/750
710	750	234	246	—	—	—	Tr800×7	—	AH 39/750	HML/800
		300	316	—	—	—	Tr800×7	—	AH 30/750	HML/800
		380	408	—	—	—	Tr800×7	—	AH 240/750	HM/800
		425	441	—	—	—	Tr800×7	—	AH 31/750	HM/800
		520	548	—	—	—	Tr800×7	—	AH 241/750	HM/800
		540	556	—	—	—	Tr800×7	—	AH 32/750	HM/800
750	800	245	257	—	—	—	Tr850×7		AH 39/800	HML/850
		308	326	—	—	—	Tr850×7	—	AH 30/800	HML/850
		395	423	—	—	—	Tr850×7	—	AH 240/800	HM/850
		438	456	—	—	—	Tr850×7	—	AH 31/800	HM/850
		525	553	—	—	—	Tr850×7	—	AH 241/800	HM/850
		550	568	—	—	—	Tr850×7		AH 32/800	HM/850
800	850	258	270	—	—	—	Tr900×7	—	AH 39/850	HML/900
		325	343	—	—	—	Tr900×7	—	AH 30/850	HML/900
		415	445	—	—	—	Tr900×7	—	AH 240/850	HM/900
		462	480	—	—	—	Tr900×7	—	AH 31/850	HM/900
		560	600	—	—	—	Tr900×7	—	AH 241/850	HM/900
		585	603	—	—	—	Tr900×7	—	AH 32/850	HM/900
850	900	265	277	—	—	—	Tr950×8	—	AH 39/900	HML/950
		335	355	—	—	—	Tr950×8	—	AH 30/900	HML/950
		430	475	—	—	—	Tr950×8	—	H 240/900	HM/950
		475	495	—	—	—	Tr950×8	—	AH 31/900	HM/950
		575	620	—	—	—	Tr950×8	—	AH 241/900	HM/950
		585	605	—	—	—	Tr950×8	—	AH 32/900	HM/950
900	950	282	297	—	—	—	Tr1000×8	—	AH 39/950	HML/1000
		355	375	—	—	—	Tr1000×8	—	AH 30/950	HML/1000
		467	512	—	—	—	Tr1000×8	—	AH 240/950	HM/1000
		500	520	—	—	—	Tr1000×8	—	AH 31/950	HM/1000
		600	620	—	—	—	Tr1000×8	—	AH 32/950	HM/1000
		605	650	—	—	—	Tr1000×8	—	AH 241/950	HM/1000
950	1000	296	311	—	—	—	Tr1060×8	—	AH 39/1000	HML/1060
		365	387	—	—	—	Tr1060×8	—	AH 30/1000	HML/1060
		469	519	—	—	—	Tr1060×8	—	AH 240/1000	HM/1060
		525	547	—	—	—	Tr1060×8	—	AH 31/1000	HM/1060
		645	695	—	—	—	Tr1060×8	—	AH 241/1000	HM/1060
		630	652	—	—	—	Tr1060×8	—	AH 32/1000	HM/1060
1000	1060	310	325	—	—	—	Tr1120×8	—	AH 39/1060	HML/1120
		385	407	—	—	—	Tr1120×8	—	AH 30/1060	HML/1120
		498	548	—	—	—	Tr1120×8	—	AH 240/1060	HM/1120
		540	562	—	—	—	Tr1120×8	—	AH 31/1060	HM/1120
		665	715	—	—	—	Tr1120×8	—	AH 241/1060	HM/1120

12.1.4　锁紧螺母（见表14.6-55）

表14.6-55　锁紧螺母（摘自GB/T 9160.2—2006）

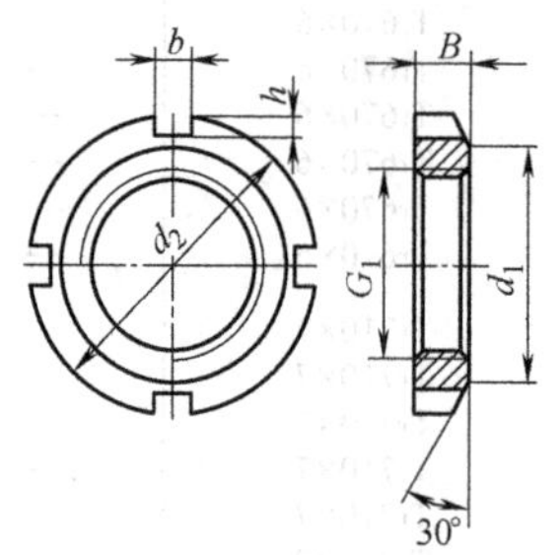

KM型
采用锁紧垫圈的4槽锁紧螺母

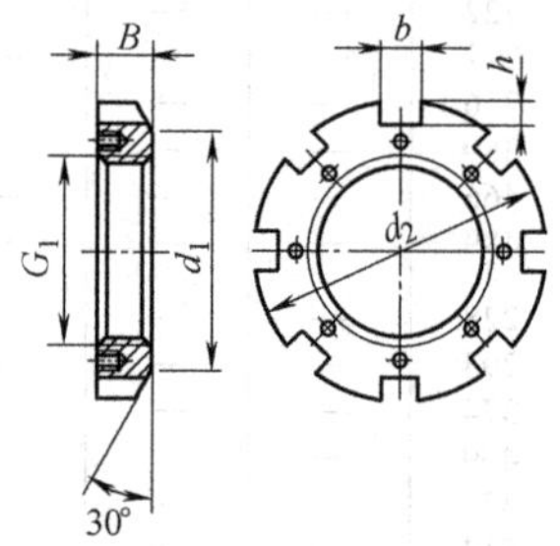

HM型
采用锁紧卡的8槽锁紧螺母

螺纹 G_1	公称尺寸/mm					锁紧螺母代号	锁紧垫圈代号	锁紧卡代号
	d_1	d_2	B	b	h			
M10×0.75	13.5	18	4	3	2	KM00	MB00	
M12×1	17	22	4	3	2	KM01	MB01	
M15×1	21	25	5	4	2	KM02	MB02	
M17×1	24	28	5	4	2	KM03	MB03	
M20×1	26	32	6	4	2	KM04	MB04	
M25×1.5	32	38	7	5	2	KM05	MB05	
M30×1.5	38	45	7	5	2	KM06	MB06	
M35×1.5	44	52	8	5	2	KM07	MB07	
M40×1.5	50	58	9	6	2.5	KM08	MB08	
M45×1.5	56	65	10	6	2.5	KM09	MB09	
M50×1.5	61	70	11	6	2.5	KM10	MB10	
M55×2	67	75	11	7	3	KM11	MB11	
M60×2	73	80	11	7	3	KM12	MB12	
M65×2	79	85	12	7	3	KM13	MB13	
M70×2	85	92	12	8	3.5	KM14	MB14	
M75×2	90	98	13	8	3.5	KM15	MB15	
M80×2	95	105	15	8	3.5	KM16	MB16	
M85×2	102	110	16	8	3.5	KM17	MB17	
M90×2	108	120	16	10	4	KM18	MB18	
M95×2	113	125	17	10	4	KM19	BM19	
M100×2	120	130	18	10	4	KM20	MB20	
M105×2	126	140	18	12	5	KM21	MB21	
M110×2	133	145	19	12	5	KM22	MB22	
M115×2	137	150	19	12	5	KM23	MB23	
M120×2	138	155	20	12	5	KM24	MB24	
	135	145	20	12	5	KML24	MBL24	
M125×2	148	160	21	12	5	KM25	MB25	
M130×2	149	165	21	12	5	KM26	MB26	
	145	155	21	12	5	KML26	MBL26	
M135×2	160	175	22	14	6	KM27	MB27	
M140×2	160	180	22	14	6	KM28	MB28	
	155	165	22	14	5	KML28	MBL28	

（续）

螺纹 G_1	公称尺寸/mm					锁紧螺母代号	锁紧垫圈代号	锁紧卡代号
	d_1	d_2	B	b	h			
M145×2	171	190	24	14	6	KM29	MB29	
M150×3	171	195	24	14	6	KM30	MB30	
	170	180	24	14	5	KML30	MBL30	
M155×3	182	200	25	16	7	KM31	MB31	
M160×3	182	210	25	16	7	KM32	MB32	
	180	190	25	16	5	KML32	MBL32	
M165×3	193	210	26	16	7	KM33	MB33	
M170×3	193	220	26	16	7	KM34	MB34	
	190	200	26	16	5	KML34	MBL34	
M180×3	203	230	27	18	8	KM36	MB36	
	200	210	27	18	5	KML36	MBL36	
M190×3	214	240	28	18	8	KM38	MB38	
	210	220	28	18	5	KML38	MBL38	
M200×3	226	250	29	18	8	KM40	MB40	
	222	240	29	18	8	KML40	MBL40	
Tr210×4	238	270	30	20	10	KM42	MB42	
Tr220×4	250	280	32	20	10	KM44	MB44	
	250	280	32	20	10	HM44		MS44
	242	260	30	20	9	HML44		MSL44
Tr230×4	260	290	34	20	10	KM46	—	
Tr240×4	270	300	34	20	10	KM48	MB48	
	270	300	34	20	10	HM48		MS44
	270	290	34	20	10	HML48		MSL48
Tr250×4	290	320	36	20	10	KM50	—	
Tr260×4	300	330	36	24	12	KM52	MB52	
	300	330	36	24	12	HM52		MS52
	290	310	34	20	10	HML52		MSL52
Tr280×4	320	350	38	24	12	KM56	MB56	
	320	350	38	24	12	HM56		MS52
	310	330	38	24	10	HML56		MSL56
Tr300×4	340	380	40	24	12	HM60		MS60
	336	360	42	24	12	HML60		MSL60
Tr320×5	360	400	42	24	12	HM64		MS64
	356	380	42	24	12	HML64		MSL64
Tr340×5	400	440	55	28	15	HM68		MS68
	376	400	45	24	12	HML68		MSL64
Tr360×5	420	460	58	28	15	HM72		M568
	394	420	45	28	1.3	HML72		MSL72
Tr380×5	440	490	60	32	18	HM76		MS76
	422	450	48	28	14	HML76		MSL76
Tr400×5	460	520	62	32	18	HM80		MS80
	442	470	52	28	14	HML80		MSL76
Tr420×5	490	540	70	32	18	HM84		MS80
	462	490	52	32	14	MHL84		MSL84
Tr440×5	510	560	70	36	20	HM88		MS88
	490	520	60	32	15	HML88		MSL88
Tr460×5	540	580	75	36	20	HM92		MS88
	510	540	60	32	15	HML92		MSL88
Tr480×5	560	620	75	36	20	HM96		MS96

（续）

螺纹 G_1	d_1	d_2	B	b	h	锁紧螺母代号	锁紧垫圈代号	锁紧卡代号
	公称尺寸/mm							
	530	560	60	36	15	HML96		MSL96
Tr500×5	580	630	80	40	23	HM/500		MS/500
	550	580	68	36	15	HML/500		MSL96
Tr530×6	610	670	80	40	23	HM/530		MS/530
	590	630	68	40	20	HML/530		MSL/530
Tr560×6	650	710	85	45	25	HM/560		MS/560
	610	650	75	40	20	HML/560		MSL/560
Tr600×6	690	750	85	45	25	HM/600		MS/560
	660	700	75	40	20	HML/600		MSL/560
Tr630×6	730	800	95	50	28	HM/630		MS/630
	690	730	75	45	20	HML/630		MSL/630
Tr670×6	775	850	106	50	28	HM/670		MS/670
	740	780	80	45	20	HML/670		MSL/670
Tr710×7	825	900	106	55	30	HM/710		MS/710
	780	830	90	50	25	HML/710		MSL/710
Tr750×7	875	950	112	60	34	HM/750		MS/750
	820	870	90	55	25	HML/750		MSL/750
Tr800×7	925	1000	112	60	34	HM/800		MS/750
	870	920	90	55	25	HML/800		MSL/750
Tr850×7	975	1060	118	70	38	HM/850		MS/850
	920	980	90	50	25	HML/850		MSL/850
Tr900×7	1030	1120	125	70	38	HM/900		MS/900
	975	1030	100	60	25	HML/900		MSL/850
Tr950×8	1080	1170	125	70	38	HM/950		MS/950
	1025	1080	100	60	25	HML/950		MSL/950
Tr1000×8	1140	1240	125	70	38	HM/1000		MS/1000
	1085	1140	100	60	25	HML/1000		MSL/1000
Tr1060×8	1210	1300	125	70	38	HM/1060		MS/1000
	1145	1200	100	60	25	HML/1060		MSL/1000
Tr1120×8	1205	1260	100	60	25	HML/1120		MSL/1000

注：锁紧螺母代号中的 L 为尺寸系列 30 的代号。

12.1.5 锁紧垫圈（见表 14.6-56）

表 14.6-56 锁紧垫圈（摘自 GB/T 9160.2—2006）

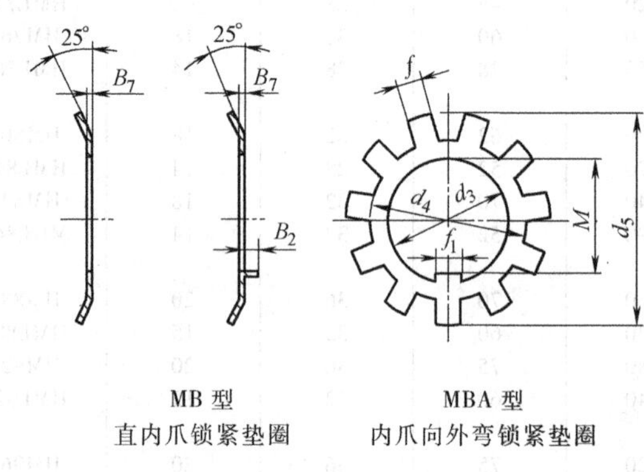

MB 型 直内爪锁紧垫圈　　MBA 型 内爪向外弯锁紧垫圈

（续）

公称尺寸/mm								N③	锁紧垫圈型号		
d_3	d_4	$d_5\approx$	f_1	M	f①	$B_7$②	B_2		MB 型	MBA 型	MBL 型
10	13.5	21	3	8.5	3	1	3	9	MB00	MBA00	
12	17	25	3	10.5	3	1	3	11	MB01	MBA01	
15	21	28	4	13.5	4	1	4	11	MB02	MBA02	
17	24	32	4	15.5	4	1	4	11	MB03	MBA03	
20	26	36	4	18.5	4	1	4	11	MB04	MBA04	
22	28	38	4	20.5	4	1	4	11	—	MBA/22	
25	32	42	5	23	5	1.25	4	13	MB05	MBA05	
28	36	46	5	26	5	1.25	4	13	—	MBA/28	
30	38	49	5	27.5	5	1.25	4	13	MB06	MBA06	
32	40	52	6	29.5	5	1.25	4	13	—	MBA/32	
35	44	57	6	32.5	5	1.25	4	13	MB07	MBA07	
40	50	62	6	37.5	6	1.25	5	13	MB08	MBA08	
45	56	69	6	42.5	6	1.25	5	13	MB09	MBA09	
50	61	74	6	47.5	6	1.25	5	13	MB10	MBA10	
55	67	81	8	52.5	7	1.5	5	17	MB11	MBA11	
60	73	86	8	57.5	7	1.5	6	17	MB12	MBA12	
65	79	92	8	62.5	7	1.5	6	17	MB13	MBA13	
70	85	98	8	66.5	8	1.5	6	17	MB14	MBA14	
75	90	104	8	71.5	8	1.5	6	17	MB15	MBA15	
80	95	112	10	76.5	8	1.8	6	17	MB16	MBA16	
85	102	119	10	81.5	8	1.8	6	17	MB17	MBA17	
90	108	126	10	86.5	10	1.8	8	17	MB18	MBA18	
95	113	133	10	91.5	10	1.8	8	17	MB19	MBA19	
100	120	142	12	96.5	10	1.8	8	17	MB20	MBA20	
105	126	145	12	100.5	12	1.8	10	17	MB21	MBA21	
110	133	154	12	105.5	12	1.8	10	17	MB22	MBA22	
115	137	159	12	110.5	12	2	10	17	MB23	MBA23	
120	138	164	14	115	12	2	10	17	MB24	MBA24	
	135	151	14	115	12	2	6	19			MBL24
125	148	170	14	120	12	2	10	17	MB25	MBA25	
130	149	175	14	125	12	2	10	17	MB26	MBA26	
	145	161	14	125	12	2	6	19			MBL26
135	160	185	14	130	14	2	10	17	MB27	MBA27	
140	160	192	16	135	14	2	10	17	MB28	MBA28	
	155	171	16	135	14	2	8	19			MBL28
145	171	202	16	140	14	2	10	17	MB29	MBA29	
150	171	205	16	145	14	2	10	17	MB30	MBA30	
	170	188	16	145	14	2	8	19			MBL30
155	182	212	16	147.5	16	2.5	12	19	MB31	MBA31	
160	182	217	18	154	16	2.5	12	19	MB32	MBA32	
	180	199	18	154	16	2.5	8	19			MBL32
165	193	222	18	157.5	16	2.5	12	19	MB33	MBA33	
170	193	232	18	164	16	2.5	12	19	MB34	MBA34	
	190	211	18	164	16	2.5	8	19			MBL34
180	203	242	20	174	18	2.5	12	19	MB36	MBA36	
	200	221	20	174	18	2.5	8	19			MBL36
190	214	252	20	184	18	2.5	12	19	MB38	MBA38	
	210	231	20	184	18	2.5	8	19			MBL38
200	226	262	20	194	18	2.5	12	19	MB40	MBA40	
	222	248	20	194	18	2.5	8	19			MBL40
220	250	292	24	213	20	3	14	19	MB44	MBA44	
240	270	312	24	233	20	3	14	19	MB48	MBA48	
260	300	342	28	253	24	3	14	19	MB52	MBA52	
280	320	362	28	273	24	3	14	19	MB56	MBA56	

① f 应小于锁紧螺母槽宽 b。

② 厚度 B_7 为近似值，允许有微小偏差。

③ N 为最小外爪数。由于锁紧螺母有四个槽，所以 N 应为奇数。

12.1.6　锁紧卡（见表 14.6-57）

表 14.6-57　锁紧卡（摘自 GB/T 9160.2—2006）　　(mm)

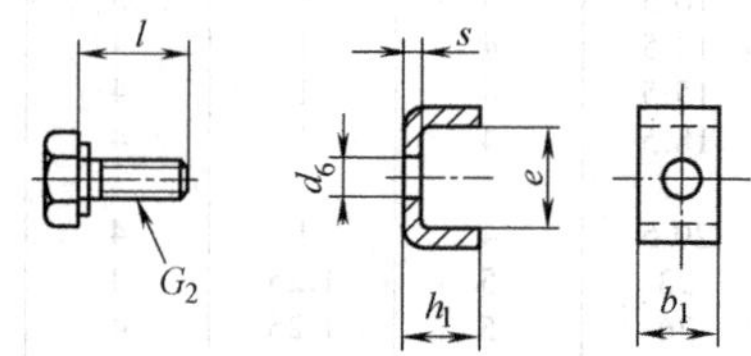

公称尺寸					锁紧卡型号	螺栓尺寸	
s[①] ≈	b_1[②]	h_1	e	d_6		l[③] ≈	G_2
4	20	12	22.5	9	MS44	16	M8
4	20	12	13.5	7	MSL44	12	M6
4	20	12	17.5	9	MSL48	16	M8
4	24	12	25.5	12	MS52	20	M10
4	24	12	17.5	9	MSL56	16	M8
4	24	12	30.5	12	MS60	20	M10
4	24	12	20.5	9	MSL60	16	M8
5	24	15	31	12	MS64	20	M10
5	24	12	21	9	MSL64	16	M8
5	28	15	38	14	MS68	25	M12
5	28	15	20	9	MSL72	16	M8
5	32	15	40	14	MS76	25	M12
5	28	15	24	12	MSL76	20	M10
5	32	15	45	18	MS80	30	M16
5	32	15	24	12	MSL84	20	M10
5	36	15	43	18	MS88	30	M16
5	32	15	28	14	MSL88	25	M12
5	36	15	53	18	MS96	30	M16 M12
5	36	15	28	14	MSL96	25	M16
5	40	15	45	18	MS/500	30	M26
7	40	21	51	22	MS/530	40	M20
7	40	21	34	18	MSL/530	30	M16
7	45	21	54	22	MS/560	40	M20
7	40	21	29	18	MSL/560	30	M16
7	50	21	61	22	MS/630	40	M20
7	45	21	34	18	MSL/630	30	M16
7	50	21	66	22	MS/670	40	M20
7	45	21	39	18	MSL/670	30	M16
7	55	21	69	26	MS/710	50	M24
7	50	21	39	18	MSL/710	30	M16
7	60	21	70	26	MS/750	50	M24
7	55	21	39	18	MSL/750	30	M20
7	70	21	71	26	MS/850	50	M24
7	60	21	44	22	MSL/850	40	M20
7	70	21	76	26	MS/900	50	M24
7	70	21	78	26	MS/950	50	M24
7	60	21	46	22	MSL/950	40	M20
7	70	21	88	26	MS/1060	50	M24
7	60	21	51	22	MSL/1000	40	M20

注：代号中的 L 为尺寸系列 30 的代号。

① 厚度 s 仅为近似值，允许有微小的偏差。

② b_1 应为锁紧螺母的槽宽 b。

③ 螺栓长度应取表中所列优先长度，但允许有一定的偏差。

12.1.7　止推环（见表 14.6-58）

表 14.6-58　止推环（摘自 GB/T 7813—2008）

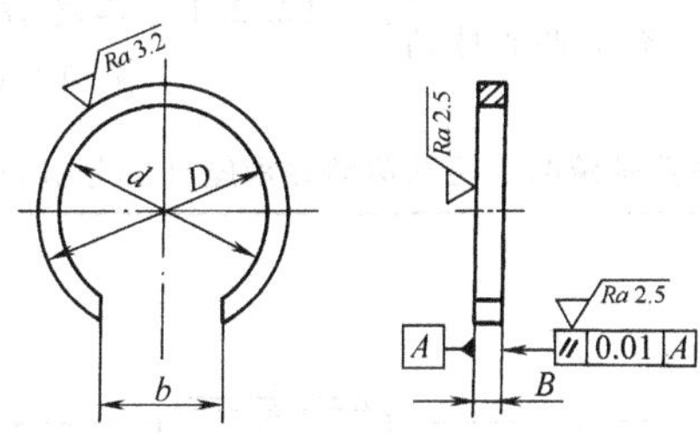

公称尺寸/mm				型号	公称尺寸/mm				型号
D	d	B	b		D	d	B	b	
52	45	5	32	SR 52×5	230	210	13	150	SR 230×13
52	45	7	32	SR 52×7	240	218	10	150	SR 240×10
62	54	7	38	SR 62×7	240	218	20	150	SR 240×20
62	54	8.5	38	SR 62×8.5	250	230	10	160	SR 250×10
62	54	10	38	SR 62×10	250	230	15	160	SR 250×15
72	64	8	47	SR 72×8	260	238	10	170	SR 260×10
72	64	9	47	SR 72×9	270	248	10	170	SR 270×10
72	64	10	47	SR 72×10	270	248	16.5	170	SR 270×16.5
80	70	7.5	52	SR 80×7.5	280	255	10	170	SR 280×10
80	70	10	52	SR 80×10	290	268	10	180	SR 290×10
85	75	6	57	SR 85×6	290	268	17	180	SR 290×17
85	75	8	57	SR 85×8	300	275	10	190	SR 300×10
90	80	6.5	62	SR 90×6.5	310	285	5	190	SR 310×5
90	80	10	62	SR 90×10	310	285	10	190	SR 310×10
100	90	6	68	SR 100×6	320	296	5	200	SR 320×5
100	90	8	68	SR 100×8	320	296	10	200	SR 320×10
100	90	10	68	SR 100×10	340	314	5	210	SR 340×5
100	90	10.5	68	SR 100×10.5	340	314	10	210	SR 340×10
110	99	8	73	SR 110×8	360	332	5	210	SR 360×5
110	99	10	73	SR 110×10	360	332	10	210	SR 360×10
110	99	11.5	73	SR 110×11.5	370	337	10	210	SR 370×10
120	108	10	78	SR 120×10	380	342	5	210	SR 380×5
120	108	12	78	SR 120×12	400	369	5	210	SR 400×5
125	113	10	84	SR 125×10	400	369	10	210	SR 400×10
125	113	13	84	SR 125×13	420	379	5	220	SR 420×5
130	118	8	88	SR 130×8	160	144	11.2	105	SR 160×11.2
130	118	10	88	SR 130×10	160	144	14	105	SR 160×14
130	118	12.5	88	SR 130×12.5	160	144	16.2	105	SR 160×16.2
140	127	8.5	93	SR 140×8.5	170	154	10	112	SR 170×10
140	127	10	93	SR 140×10	170	154	10.5	112	SR 170×10.5
140	127	12.5	93	SR 140×12.5	170	154	14.5	112	SR 170×14.5
150	135	9	98	SR 150×9	180	163	10	120	SR 180×10
150	135	10	98	SR 150×10	180	163	12.1	120	SR 180×12.1
150	135	13	98	SR1 50×13	180	163	14.5	120	SR 180×14.5
160	144	10	105	SR 160×10	180	163	18.1	120	SR 180×18.1
190	173	10	130	SR 190×10	440	420	5	220	SR 440×5
190	173	15.5	130	SR 190×15.5	440	420	10	220	SR 440×10
200	180	10	130	SR 200×10	460	430	5	200	SR 460×5
200	180	13.5	130	SR 200×13.5	460	430	10	200	SR 460×10
200	180	16	130	SR 200×16	480	451	5	240	SR 480×5
200	180	21	130	SR 200×21	500	461	5	220	SR 500×5
215	195	10	140	SR 215×10	500	461	10	220	SR 500×10
215	195	14	140	SR 215×14	540	487	5	240	SR 540×5
215	195	18	140	SR 215×18	540	487	10	240	SR 540×10
230	210	10	150	SR 230×10	580	524	5	260	SR 580×5

12.2　滚动轴承座

适用于直径系列2（22）和直径系列3（23）的调心球轴承、调心滚子轴承和带紧定套的调心球轴承、调心滚子轴承。

适用于线速度≤5m/s，工作温度≤90℃的工作条件。

12.2.1　二螺柱滚动轴承座（见表14.6-59～表14.6-61）

表14.6-59　适用圆柱孔轴承的等径孔滚动轴承座（部分摘自GB/T 7813—2008）

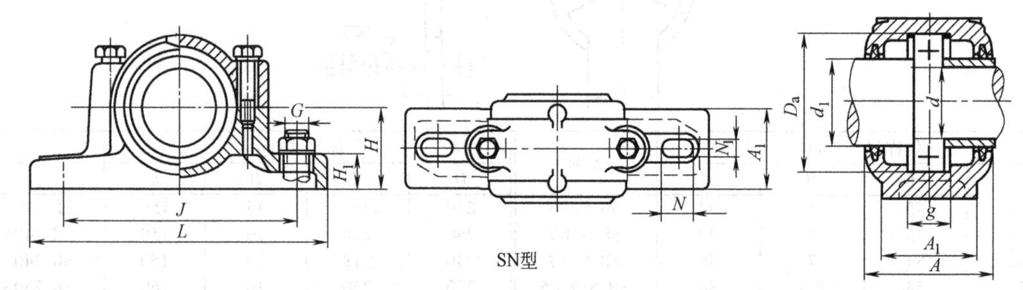

SN型

公称尺寸/mm													质量 W/kg	轴承座型号	适用轴承			
d	D_a	g	A max	A_1	H	H_1 max	L max	J	G	N	N_1 min	d_1	≈	SN型	调心球轴承		调心滚子轴承	
25	52	25	72	46	40	22	170	130	M12	15	15	30	1.3	SN 205	1205	2205	22205C	—
	62	34	82	52	50	22	185	150	M12	15	20	30	1.9	SN 305	1305	2305	—	—
30	62	30	82	52	50	22	190	150	M12	15	15	35	1.8	SN 206	1206	2206	22206C	—
	72	37	85	52	50	22	185	150	M12	15	20	35	2.1	SN 306	1306	2306	—	—
35	72	33	85	52	50	22	190	150	M12	15	15	45	2.1	SN 207	1207	2207	22207C	—
	80	41	92	60	60	25	205	170	M12	15	20	45	3.0	SN 307	1307	2307	—	—
40	80	33	92	60	60	25	210	170	M12	15	15	50	2.6	SN 208	1208	2208	22208C	—
	90	43	100	60	60	25	205	170	M12	15	20	50	3.3	SN 308	1308	2308	22308C	21308 C
45	85	31	92	60	60	25	210	170	M12	15	15	55	2.8	SN 209	1209	2209	22209C	—
	100	46	105	70	70	28	255	210	M16	18	23	55	4.6	SN 309	1309	2309	22309C	21309 C
50	90	33	100	60	60	25	210	170	M12	15	15	60	3.1	SN 210	1210	2210	22210C	—
	110	50	115	70	70	30	255	210	M16	18	23	60	5.1	SN 310	1310	2310	22310C	21310 C
55	100	33	105	70	70	28	270	210	M16	18	18	65	4.3	SN 211	1211	2211	22211C	—
	120	53	120	80	80	30	275	230	M16	18	23	65	6.5	SN 311	1311	2311	22311C	21311 C
60	110	38	115	70	70	30	270	210	M16	18	18	70	5.0	SN 212	1212	2212	22212C	—
	130	56	125	80	80	30	280	230	M16	18	23	70	7.3	SN 312	1312	2312	22312C	21312 C
65	120	43	120	80	80	30	290	230	M16	18	18	75	6.3	SN 213	1213	2213	22213C	—
	140	58	135	90	95	32	315	260	M20	22	27	75	9.7	SN 313	1313	2313	22313C	21313 C
70	125	44	120	80	80	30	290	230	M16	18	18	80	6.1	SN 214	1214	2214	22214C	—
	150	61	140	90	95	32	320	260	M20	22	27	80	11.0	SN 314	1314	2314	22314C	21314 C
75	130	41	125	80	80	30	290	230	M16	18	18	85	7.0	SN 215	1215	2215	22215C	—
	160	65	145	100	100	35	345	290	M20	22	27	85	14.0	SN 315	1315	2315	22315C	21315 C
80	140	43	135	90	95	32	330	260	M20	22	22	90	9.3	SN 216	1216	2216	22216C	—
	170	68	150	100	112	35	345	290	M20	22	27	90	13.8	SN 316	1316	2316	22316C	21316 C
85	150	46	140	90	95	32	330	260	M20	22	22	95	9.8	SN 217	1217	2217	22217C	—
	180	70	165	110	112	40	380	320	M24	26	32	95	15.8	SN 317	1317	2317	22317C	21317C

（续）

公称尺寸/mm													质量 W/kg	轴承座型号	适用轴承			
d	D_a	g	A max	A_1	H	H_1 max	L max	J	G	N	N_1 min	d_1	≈	SN 型	调心球轴承		调心滚子轴承	
90	160	62.4	145	100	100	35	360	290	M20	22	22	100	12.3	SN 218	1218	2218	22218C	—
100	180	70.3	165	110	112	40	400	320	M24	26	26	115	16.5	SN 220	1220	2220	22220C	23220 C
110	200	80	177	120	125	45	420	350	M24	26	26	125	19.3	SN 222	1222	2222	22222C	23222 C
120	215	86	187	120	140	45	420	350	M24	26	26	135	24.6	SN 224	—	—	22224C	23224 C
130	230	90	192	130	150	50	450	380	M24	26	26	145	30.0	SN 226	—	—	22226C	23226 C
140	250	98	207	150	150	50	510	420	M30	35	35	155	37.0	SN 228	—	—	22228C	23228 C
150	270	106	224	160	160	60	540	450	M30	35	35	165	45.0	SN 230	—	—	22230C	23230 C
160	290	114	237	160	170	60	560	470	M30	35	35	175	53.0	SN 232	—	—	22232C	23232C

表 14.6-60　适用圆柱孔轴承的异径孔滚动轴承座（部分摘自 GB/T 7813—2008）

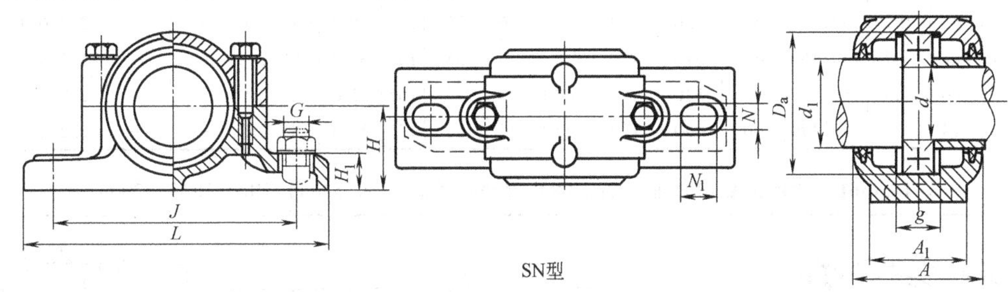

SN型

公称尺寸/mm													质量 W/kg	轴承座型号	适用轴承			
d	D_a	g	A max	A_1	H	H_1 max	L max	J	G	N	N_1 min	d_1	≈	SNK 型	调心球轴承		调心滚子轴承	
25	52	25	72	46	40	22	170	130	M12	15	15	30	1.3	SNK 205	1205	2205	22205	—
	62	34	82	52	50	22	185	150	M12	15	20	30	1.9	SNK 305	1305	2305	—	—
30	62	30	82	52	50	22	190	150	M12	15	15	35	1.8	SNK 206	1206	2206	22206	—
	72	37	85	52	50	22	185	150	M12	15	20	35	2.1	SNK 306	1306	2306	—	—
35	72	33	85	52	50	22	190	150	M12	15	15	45	2.1	SNK 207	1207	2207	22207	—
	80	41	92	60	60	25	205	170	M12	15	20	45	3.0	SNK 307	1307	2307	—	—
40	80	33	92	60	60	25	210	170	M12	15	15	50	2.6	SNK 208	1208	2208	22208	—
	90	43	100	60	60	25	205	170	M12	15	20	50	3.3	SNK 308	1308	2308	22308	21308 C
45	85	31	92	60	60	25	210	170	M12	15	15	55	2.8	SNK 209	1209	2209	22209	—
	100	46	105	70	70	28	255	210	M16	18	23	55	4.6	SNK 309	1309	2309	22309	21309 C
50	90	33	100	60	60	25	210	170	M12	15	15	60	3.1	SNK 210	1210	2210	22210	—
	110	50	115	70	70	30	255	210	M16	18	23	60	5.1	SNK 310	1310	2310	22310	21310 C
55	100	33	105	70	70	28	270	210	M16	18	18	65	4.3	SNK 211	1211	2211	22211	—
	120	53	120	80	80	30	275	230	M16	18	23	65	6.5	SNK 311	1311	2311	22311	21311 C
60	110	38	115	70	70	30	270	210	M16	18	18	70	5.0	SNK 212	1212	2212	22212	—
	130	56	125	80	80	30	280	230	M16	18	23	70	7.3	SNK 312	1312	2312	22312	21312 C
65	120	43	120	80	80	30	290	230	M16	18	18	75	6.3	SNK 213	1213	2213	22213	—
	140	58	135	90	95	32	315	260	M20	22	27	75	9.7	SNK 313	1313	2313	22313	21313 C
70	125	44	120	80	80	30	290	230	M16	18	18	80	6.1	SNK 214	1214	2214	22214	—
	150	61	140	90	95	32	320	260	M20	22	27	80	11.0	SNK 314	1314	2314	22214	21314C

（续）

公称尺寸/mm													质量 W/kg ≈	轴承座型号	适用轴承			
d	D_a	g	A max	A_1	H	H_1 max	L max	J	G	N	N_1 min	d_1		SNK 型	调心球轴承		调心滚子轴承	
75	130	41	125	80	80	30	290	230	M16	18	18	85	7.0	SNK 215	1215	2215	22215	—
	160	65	145	100	100	35	345	290	M20	22	27	85	14.0	SNK 315	1315	2315	22315	21315 C
80	140	43	135	90	95	32	330	260	M20	22	22	90	9.3	SNK 216	1216	2216	22216	—
	170	68	150	100	112	35	345	290	M20	22	27	90	13.8	SNK 316	1316	2316	22316	21316 C
85	150	46	140	90	95	32	330	260	M20	22	22	95	9.8	SNK 217	1217	2217	22217	—
	180	70	165	110	112	40	380	320	M24	26	32	95	15.8	SNK 317	1317	2317	22317	21317 C
90	160	62.4	145	100	100	35	360	290	M20	22	22	100	12.3	SNK 218	1218	2218	22218	—
100	180	70.3	165	110	112	40	400	320	M24	26	26	115	16.5	SNK 220	1220	2220	22220	23220 C
110	200	80	177	120	125	45	420	350	M24	26	26	125	19.3	SNK 222	1222	2222	22222	23222 C
120	215	86	187	120	140	45	420	350	M24	26	26	135	24.6	SNK 224	—	—	22224	23224 C
130	230	90	192	130	150	50	450	380	M24	26	26	145	30.0	SNK 226	—	—	22226	23226 C
140	250	98	207	150	150	50	510	420	M30	35	35	155	37.0	SNK 228	—	—	22228	23228 C
150	270	106	224	160	160	60	540	450	M30	35	35	165	45.0	SNK 230	—	—	22230	23230 C
160	290	114	237	160	170	60	560	470	M30	35	35	175	53.0	SNK 232	—	—	22232	23232 C

表 14.6-61　适用带紧定套轴承的等径孔滚动轴承座（部分摘自 GB/T 7813—2008）

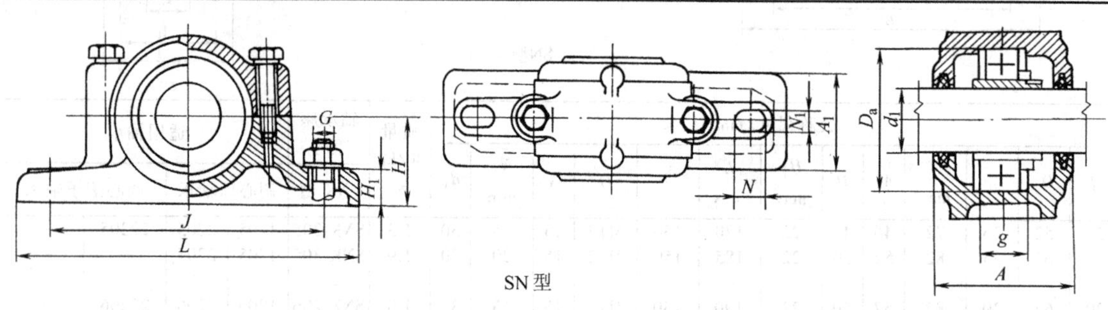

SN 型

公称尺寸/mm													质量 W/kg ≈	轴承座型号	适用轴承及附件		
d_1	d	D_a	g	A max	A_1	H	H_1 max	L max	J	G	N	N_1 min		SN 型	调心球轴承	调心滚子轴承	紧定套
17	20	47	24	66	45	35	19	150	115	M10	12	15	1.1	SN 504			
20	25	52	25	72	46	40	22	170	130	M12	15	15	1.4	SN 505	1205 K 2205 K	— —	H 205 H 305
		62	34	82	52	50	22	190	150	M12	15	15	2.0	SN 605	1305 K 2305 K	— —	H 305 H 2305
25	30	62	30	82	52	50	22	190	150	M12	15	15	1.9	SN 506	1206 K 2206 K	— —	H 206 H 306
		72	37	85	52	50	22	190	150	M12	15	15	2.2	SN 606	1306 K 2306 K	— —	H 306 H 2306
30	35	72	33	85	52	50	22	190	150	M12	15	15	2.1	SN 507	1207 K 2207 K	— —	H 207 H 307
		80	41	92	60	60	25	210	170	M12	15	15	3.3	SN 607	1307 K 2307 K	— —	H 307 H 2307
35	40	80	33	92	60	60	25	210	170	M12	15	15	3.1	SN 508	1208 K 2208 K	 22208 CK	H 208 H 308
		90	43	100	60	60	25	210	170	M12	15	15	3.4	SN 608	1308 K 2308 K	— 22308 CK	H 308 H 2308
40	45	85	31	92	60	60	25	210	170	M12	15	15	2.9	SN 509	1209 K 2209 K	— 22209 CK	H 209 H 309

（续）

公称尺寸/mm													质量 W/kg	轴承座型号	适用轴承及附件		
d_1	d	D_a	g	A max	A_1	H	H_1 max	L max	J	G	N	N_1 min	≈	SN 型	调心球轴承	调心滚子轴承	紧定套
		100	46	105	70	70	28	270	210	M16	18	18	4.7	SN 609	1309 K 2309 K	— 22309 CK	H 309 H 2309
45	50	90	33	100	60	60	25	210	170	M12	15	15	3.3	SN 510	1210 K 2210 K	— 22210 CK	H 210 H 310
		110	50	115	70	70	30	270	210	M16	18	18	5.0	SN 610	1310 K 2310 K	— 22310 CK	H 310 H 2310
50	55	100	33	105	70	70	28	270	210	M16	18	18	4.6	SN 511	1211 K 2211 K	— 22211 CK	H 211 H 311
		120	53	120	80	80	30	290	230	M16	18	18	6.6	SN 611	1311 K 2311K	— 22311 CK	H 311 H 2311
55	60	110	38	115	70	70	30	270	210	M16	18	18	5.4	SN S12	1212 K 2212 K	— 22212 CK	H 212 H 312
		130	56	125	80	80	30	290	230	M16	18	18	7.3	SN 612	1312 K 2312 K	— 22312 CK	H 312 H 2312
60	65	120	43	120	80	80	30	290	230	M16	18	18	6.7	SN 513	1213 K 2213K	— 22213 CK	H 213 H 313
		140	58	135	90	95	32	330	260	M20	22	22	9.9	SN 613	1313 K 2313 K	— 22313 CK	H 313 H 2313
65	75	130	41	125	80	80	30	290	230	M16	18	18	7.3	SN 515	1215 K 2215 K	— 22215 CK	H 215 H 315
		160	65	145	100	100	35	360	290	M20	22	22	13.3	SN 615	1315 K 2315 K	— 22315 CK	H 315 H 2315
70	80	140	43	135	90	95	32	330	260	M20	22	22	9.3	SN 516	1216 K 2216 K	— 22216 CK	H 216 H 316
		170	68	150	100	112	35	360	290	M20	22	22	14.3	SN 616	1316 K 2316K	— 22316 CK	H 316 H 2316
75	85	150	46	140	90	95	32	330	260	M20	22	22	9.8	SN 517	1217 K 2217 K	— 22217 CK	H 217 H 317
		180	70	165	110	112	40	400	320	M24	26	26	15	SN 617	1317 K 2317K	— 22317 CK	H 317 H 2317
80	90	160	62.4	145	100	100	35	360	290	M20	22	22	12.5	SN 518	1218 K 2218 K —	— 22218 CK 23218 CK	H 218 H 318 H 2318
		190	74	165	110	112	40	405	320	M24	26	26	—	SN 618	1318 K 2318 K	— 22318 CK	H 318 H 2318
85	95	200	77	117	120	125	45	420	350	M24	26	26	—	SN 619	1319 K 2319 K	— 22319 CK	H 319 H 2319
90	100	180	70.3	165	110	112	40	400	320	M24	26	26	17	SN 520	1220 K 2220 K —	— 22220 CK 23220 CK	H 220 H 320 H 2320
		215	83	187	120	140	45	420	350	M24	26	26	—	SN 620	1320 K 2320 K	— 22320 CK	H 320 H 2320
100	110	200	80	177	120	125	45	420	350	M24	26	26	18.5	SN 522	1222 K 2222 K —	— 22222 CK 23222 CK	H 222 H 322 H 2322
		240	90	195	130	150	50	475	390	M24	28	28	—	SN 622	1322 K 2322 K	— 22322 CK	H 322 H 2322
110	120	215	86	187	120	140	45	420	350	M24	26	26	24.5	SN 524	—	22224 CK 23224 CK	H 3124 H 2324
		260	96	210	160	160	60	545	450	M30	35	35	—	SN 624	—	22324 CK	H 2324
115	130	230	90	192	130	150	50	450	380	M24	28	28	30	SN 526	—	22226 CK 23226 CK	H 3126 H 2326
		280	103	225	160	170	60	565	470	M30	35	35	—	SN 626	—	22326 CK	H 2326
125	140	250	98	207	150	150	50	510	420	M30	35	35	38	SN 528	—	22228 CK 23228 CK	H 3128 H2328
		300	112	237	170	180	65	630	520	M30	35	35	—	SN 628	—	22328 CK	H 2328
135	150	270	106	224	160	160	60	540	450	M30	35	35	45.6	SN 530	—	22230 CK 23230 CK	H 3130 H 2330
		320	118	245	180	190	65	680	560	M30	35	35	—	SN 630	—	22330 CK	H 2330
140	160	290	114	237	160	170	60	560	470	M30	35	35	53.8	SN 532	—	22232 CK 23232 CK	H 3132 H 2332
		340	124	260	190	200	70	710	580	M36	42	42	—	SN 632	—	22332 CK	H 2332

注：SN 524～SN 532 和 SN 624～SN 632 应装有吊环螺钉。

12.2.2　四螺柱滚动轴承座（见表 14.6-62）

表 14.6-62　适用带紧定套轴承的四螺柱滚动轴承座（部分摘自 GB/T 7813—2008）

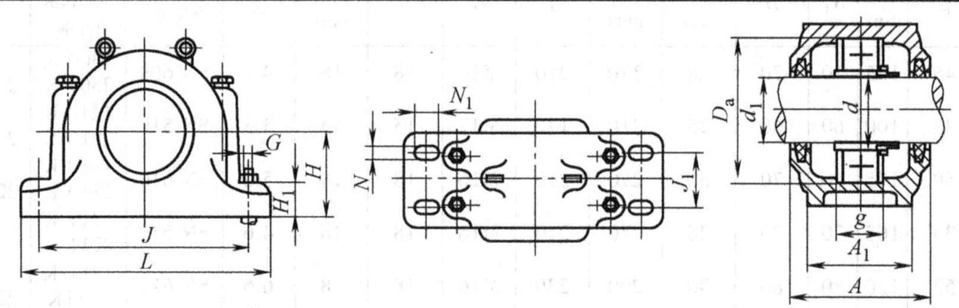

公称尺寸/mm														轴承座型号	适用轴承及附件	
d_1	d	D_a	H	g	J	J_1	A max	L max	A_1	H_1 max	G	N	N_1 min		调心滚子轴承	紧定套
150	170	280	170	108	430	100	235	515	180	70	M24	28	28	SD 3134 TS	23134 CK	H 3134
		310	180	96	510	140	270	620	250	60	M30	35	35	SD 534	22234 CK	H 3134
		360	210	130	610	170	300	740	290	65	M30	35	35	SD 634	22334 CK	H 2334
160	180	300	180	116	450	110	245	535	190	75	M24	28	28	SD 3136 TS	23136 CK	H 3136
		320	190	96	540	150	280	650	260	60	M30	35	35	SD 536	22236 CK	H 3136
	180	380	225	136	640	180	320	780	310	70	M36	40	40	SD 636	22335 CK	H 2336
170	190	320	190	124	480	120	265	565	210	80	M24	28	28	SD 3138 TS	23133 CK	H 3138
		340	200	102	570	160	290	700	280	65	M30	35	35	SD 538	22238 CK	H 3138
		400	240	142	680	190	330	820	320	70	M36	40	40	SD 638	22338 CK	H 2338
180	200	340	210	132	510	130	285	615	230	85	M30	35	35	SD 3140 TS	23140 CK	H 3140
		360	210	108	610	170	300	740	290	65	M30	35	35	SD 540	22240 CK	H 3140
		420	250	148	710	200	350	860	340	85	M36	42	42	SD 640	22340 CK	H 2340
200	220	370	220	140	540	140	295	645	240	90	M30	35	35	SD 3144 TS	23144 CK	H 3144
		400	240	118	680	190	330	820	320	70	M36	40	40	SD 544	22244 CK	H 3144
		460	280	15	770	210	360	920	350	85	M36	42	42	SD 644	22344 CK	H 2344
220	240	400	240	148	600	150	315	705	260	95	M30	35	35	SD 3148 TS	23148 CK	H 3148
		440	260	132	740	200	340	880	330	85	M36	42	42	SD 548	22248 CK	H 3148
		500	300	165	830	230	390	990	380	100	M42	50	50	SD 648	22348 CK	H 2348
240	260	440	260	164	650	160	325	775	280	100	M36	42	42	SD 3152 TS	23152CAK	H 3152
		480	280	140	790	210	370	940	360	85	M36	42	42	SD 552	22252CAK	H 3152
		540	325	175	890	250	410	1060	400	100	M42	50	50	SD 652	22352 CAK	H 2352
260	280	460	280	166	670	160	325	795	280	105	M36	42	42	SD 3156 TS	23156 CAK	H 3156
		500	300	140	830	230	390	990	380	100	M42	50	50	SD 556	22256 CAK	H 3156
		580	355	185	930	270	440	1110	430	110	M48	57	57	SD 656	22336 CAK	H 2356
280	300	500	300	180	710	190	355	835	310	110	M36	42	42	SD 3160 TS	23160 CAK	H 3160
		540	325	150	890	250	410	1060	400	100	M42	50	50	SD 560	22260 CAK	H 3160
300	320	540	320	196	750	200	375	885	330	115	M36	42	42	SD 3164 TS	23164 CAK	H 3164
		580	355	160	930	270	440	1110	430	110	M48	57	57	SD 564	22264 CAK	H3164

注：不利用止推环使轴承在轴承座内固定时，g 值减小 20mm。

13　回转支承

13.1　单排四点接触球式回转支承（01 系列）（见表 14.6-63）（部分摘自 JB/T 2300—2011）

表 14.6-63　单排四点接触球式回转支承尺寸

承载曲线图编号	基本型号			外形尺寸			安装尺寸				结构尺寸					齿轮参数			外齿参数		内齿参数		齿轮圆周力 $/10^4$N		参考质量 /kg
	无齿式 D_L/mm	外齿式 D_L/mm	内齿式 D_L/mm	D /mm	d /mm	H /mm	D_1 /mm	D_2 /mm	n	ϕ /mm	n_1	D_3 /mm	d_1 /mm	H_1 /mm	h /mm	b /mm	x	m /mm	D_e /mm	z	D_e /mm	z	正火 Z	调质 T	
1	010.30.500	011.30.500	013.30.500	602	398	80	566	434	20	18 (M16)	4	501	498	70	10	60	+0.5	5	629	123	367	74	3.7	5.2	85
		012.30.500	014.30.500															6	628.8	102	368.4	62	4.5	6.2	
1′	010.25.500	011.25.500	013.25.500	602	398	80	566	434	20	18 (M16)	4	501	499	70	10	60	+0.5	5	629	123	367	74	3.7	5.2	85
		012.25.500	014.25.500															6	628.8	102	368.4	62	4.5	6.2	
2	010.30.560	011.30.560	013.30.560	662	458	80	626	494	20	18 (M16)	4	561	558	70	10	60	+0.5	5	689	135	427	86	3.7	5.2	95
		012.30.560	014.30.560															6	688.8	112	428.4	72	4.5	6.2	
2′	010.25.560	011.25.560	013.25.560	662	458	80	626	494	20	18 (M16)	4	561	559	70	10	60	+0.5	5	689	135	427	86	3.7	5.2	95
		012.25.560	014.25.560															6	688.8	112	428.4	72	4.5	6.2	
3	010.30.630	011.30.630	013.30.630	732	528	80	696	564	24	18 (M16)	4	631	628	70	10	60	+0.5	6	772.8	126	494.4	83	4.5	6.2	110
		012.30.630	014.30.630															8	774.4	94	491.2	62	6.0	8.3	
3′	010.25.630	011.25.630	013.25.630	732	528	80	696	564	24	18 (M16)	4	631	629	70	10	60	+0.5	6	772.8	126	494.4	83	4.5	6.2	110
		012.25.630	014.25.630															8	774.4	94	491.2	62	6.0	8.3	
4	010.30.710	011.30.710	013.30.710	812	608	80	776	644	24	18 (M16)	4	711	708	70	10	60	+0.5	6	850.8	139	572.4	96	4.5	6.2	120
		012.30.710	014.30.710															8	854.4	104	571.2	72	6.0	8.3	
4′	010.25.710	011.25.710	013.25.710	812	608	80	776	644	24	18 (M16)	4	711	709	70	10	60	+0.5	6	850.8	139	572.4	96	4.5	6.2	120
		012.25.710	014.25.710															8	854.4	104	571.2	72	6.0	8.3	
5	010.40.800	011.40.800	013.40.800	922	678	100	878	722	30	22 (M20)	6	801	798	90	10	80	+0.5	8	966.4	118	635.2	80	8.0	11.1	220
		012.40.800	014.40.800															10	968	94	634	64	10.0	14.0	
5′	010.30.800	011.30.800	013.30.800	922	678	100	878	722	30	22 (M20)	6	801	798	90	10	80	+0.5	8	966.4	118	635.2	80	8.0	11.1	220
		012.30.800	014.30.800															10	968	94	634	64	10.0	14.1	

（续）

承载曲线图编号	基本型号			外形尺寸			安装尺寸				结构尺寸					齿轮参数			外齿参数		内齿参数		齿轮圆周力 /10^4N		参考质量 /kg
	无齿式 D_L/mm	外齿式 D_L/mm	内齿式 D_L/mm	D /mm	d /mm	H /mm	D_1 /mm	D_2 /mm	n	ϕ /mm	n_1	D_3 /mm	d_1 /mm	H_1 /mm	h /mm	b /mm	x	m /mm	D_e /mm	z	D_e /mm	z	正火 Z	调质 T	
6	010.40.900	011.40.900	013.40.900	1022	778	100	978	822	30	22 (M20)	6	901	898	90	10	80	+0.5	8	1062.4	130	739.2	93	8.0	11.1	240
		012.40.900	014.40.900															10	1068	104	734	74	10.0	14.0	
6′	010.30.900	011.30.900	013.30.900	1022	778	100	978	822	30	22 (M20)	6	901	898	90	10	80	+0.5	8	1062.4	130	739.2	93	8.0	11.1	240
		012.30.900	014.30.900															10	1068	104	734	74	10.0	14.0	
7	010.40.1000	011.40.1000	013.40.1000	1122	878	100	1078	922	36	22 (M20)	6	1001	998	90	10	80	+0.5	10	1188	116	824	83	10.0	14.0	270
		012.40.1000	014.40.1000															12	1185.6	96	820.8	69	12.0	16.7	
7′	010.30.1000	011.30.1000	013.30.1000	1122	878	100	1078	922	36	22 (M20)	6	1001	998	90	10	80	+0.5	10	1188	116	824	83	10.0	14.0	270
		012.30.1000	014.30.1000															12	1185.6	96	820.8	69	12.0	16.7	
8	010.40.1120	011.40.1120	013.40.1120	1242	998	100	1198	1042	36	22 (M20)	6	1121	1118	90	10	80	+0.5	10	1298	127	944	95	10.0	14.0	300
		012.40.1120	014.40.1120															12	1305.6	106	940.8	79	12.0	16.7	
8′	010.30.1120	011.30.1120	013.30.1120	1242	998	100	1198	1042	36	22 (M20)	6	1121	1118	90	10	80	+0.5	10	1298	127	944	95	10.0	14.0	300
		012.30.1120	014.30.1120															12	1305.6	106	940.8	79	12.0	16.7	
9	010.45.1250	011.45.1250	013.45.1250	1390	1110	110	1337	1163	40	26 (M24)	5	1252	1248	100	10	90	+0.5	12	1449.6	118	1048.8	88	13.5	18.8	420
		012.45.1250	014.45.1250															14	1453.2	101	1041.6	75	15.8	21.9	
9′	010.35.1250	011.35.1250	013.35.1250	1390	1110	110	1337	1163	40	26 (M24)	5	1251	1248	100	10	90	+0.5	12	1449.6	118	1048.8	88	13.5	18.8	420
		012.35.1250	014.35.1250															14	1453.2	101	1041.6	75	15.8	21.9	
10	010.45.1400	011.45.1400	013.45.1400	1540	1260	110	1487	1313	40	26 (M24)	5	1402	1398	100	10	90	+0.5	12	1605.6	131	1192.8	100	13.5	18.8	480
		012.45.1400	014.45.1400															14	1607.2	112	1195.6	86	15.8	21.9	
10′	010.35.1400	011.35.1400	013.35.1400	1540	1260	110	1487	1313	40	26 (M24)	5	1401	1398	100	10	90	+0.5	12	1605.6	131	1192.8	100	13.5	18.8	480
		012.35.1400	014.35.1400															14	1607.2	112	1195.6	86	15.8	21.9	
11	010.45.1600	011.45.1600	013.45.1600	1740	1460	110	1687	1513	45	26 (M24)	5	1602	1598	100	10	90	+0.5	14	1817.2	127	1391.6	100	15.8	21.9	550
		012.45.1600	014.45.1600															16	1820.8	111	1382.4	87	18.1	25.0	
11′	010.35.1600	011.35.1600	013.35.1600	1740	1460	110	1687	1513	45	26 (M24)	5	1601	1598	100	10	90	+0.5	14	1817.2	127	1391.6	100	15.8	21.9	550
		012.35.1600	014.35.1600															16	1820.8	111	1382.4	87	18.1	25.0	
12	010.45.1800	011.45.1800	013.45.1800	1940	1660	110	1887	1713	45	26 (M24)	5	1802	1798	100	10	90	+0.5	14	2013.2	141	1573.6	113	15.8	21.9	610
		012.45.1800	014.45.1800															16	2012.8	123	1574.4	99	18.1	25.0	
12′	010.35.1800	011.35.1800	013.35.1800	1940	1660	110	1887	1713	45	26 (M24)	5	1801	1798	100	10	90	+0.5	14	2013.2	141	1573.6	113	15.8	21.9	610
		012.35.1800	014.35.1800															16	2012.8	123	1574.4	99	18.1	25.0	
13	010.60.2000	011.60.2000	013.60.2000	2178	1825	144	2110	1891	48	33 (M30)	8	2002	1998	132	12	120	+0.5	16	2268.8	139	1734.4	109	24.1	33.3	1100
		012.60.2000	014.60.2000															18	2264.4	123	1735.2	97	27.1	37.5	
13′	010.40.2000	011.40.2000	013.40.2000	2178	1825	144	2110	1891	48	33 (M30)	8	2001	1998	132	12	120	+0.5	16	2268.8	139	1734.4	109	24.1	33.3	1100
		012.40.2000	014.40.2000															18	2264.4	123	1735.2	97	27.1	37.5	

（续）

承载曲线图编号	基本型号			外形尺寸			安装尺寸				结构尺寸					齿轮参数			外齿参数		内齿参数		齿轮圆周力 $/10^4$N		参考质量 /kg
	无齿式 D_L/mm	外齿式 D_L/mm	内齿式 D_L/mm	D /mm	d /mm	H /mm	D_1 /mm	D_2 /mm	n	ϕ /mm	n_1	D_3 /mm	d_1 /mm	H_1 /mm	h /mm	b /mm	x	m /mm	D_e /mm	z	D_e /mm	z	正火 Z	调质 T	
14	010.60.2240	011.60.2240	013.60.2240	2418	2065	144	2350	2131	48	33 (M30)	8	2242	2238	132	12	120	+0.5	16	2492.8	153	1990.4	125	24.1	33.3	1250
		012.60.2240	014.60.2240															18	2498.4	136	1987.2	111	27.1	37.5	
14′	010.40.2240	011.40.2240	013.40.2240	2418	2065	144	2350	2131	48	33 (M30)	8	2241	2238	132	12	120	+0.5	16	2492.8	153	1990.4	125	24.1	33.3	1250
		012.40.2240	014.40.2240															18	2498.4	136	1987.2	111	27.1	37.5	
15	010.60.2500	011.60.2500	013.60.2500	2678	2325	144	2610	2391	56	33 (M30)	8	2502	2498	132	12	120	+0.5	18	2768.4	151	2239.2	125	27.1	37.5	1400
		012.60.2500	014.60.2500															20	2776	136	2228	112	30.1	41.8	
15′	010.40.2500	011.40.2500	013.40.2500	2678	2325	144	2610	2391	56	33 (M30)	8	2501	2498	132	12	120	+0.5	18	2768.4	151	2239.2	125	27.1	37.5	1400
		012.40.2500	014.40.2500															20	2776	136	2228	112	30.1	41.8	
16	010.60.2800	011.60.2800	013.60.2800	2978	2625	144	2910	2691	56	33 (M30)	8	2802	2798	132	12	120	+0.5	18	3074.4	168	2527.2	141	27.1	37.5	1600
		012.60.2800	014.60.2800															20	3076	151	2528	127	30.1	41.8	
16′	010.40.2800	011.40.2800	013.40.2800	2978	2625	144	2910	2691	56	33 (M30)	8	2802	2798	132	12	120	+0.5	18	3074.4	168	2527.2	141	27.1	37.5	1600
		012.40.2800	014.40.2800															20	3076	151	2528	127	30.1	41.8	
17	010.75.3150	011.75.3150	013.75.3150	3376	2922	174	3286	3014	56	45 (M42)	8	3152	3147	162	12	150	+0.5	20	3476	171	2828	142	37.7	52.2	2800
		012.75.3150	014.75.3150															22	3471.6	155	2824.8	129	41.5	57.4	
17′	010.50.3150	011.50.3150	013.50.3150	3376	2922	174	3286	3014	56	45 (M42)	8	3152	3147	162	12	150	+0.5	20	3476	171	2828	142	37.7	52.2	2800
		012.50.3150	014.50.3150															22	3471.6	155	2824.8	129	41.5	57.4	
18	010.75.3550	011.75.3550	013.75.3550	3776	3322	174	3686	3414	56	45 (M42)	8	3552	3547	162	12	150	+0.5	20	3876	191	3228	162	37.7	52.2	3200
		012.75.3550	014.75.3550															22	3889.6	174	3220.8	147	41.5	57.4	
18′	010.50.3550	011.50.3550	013.50.3550	3776	3322	174	3686	3414	56	45 (M42)	8	3552	3547	162	12	150	+0.5	20	3876	191	3228	162	37.7	52.2	3200
		012.50.3550	014.50.3550															22	3889.6	174	2220.8	147	41.5	57.4	
19	010.75.4000	011.75.4000	013.75.4000	4226	3772	174	4136	3864	60	45 (M42)	10	4002	3997	162	12	150	+0.5	22	4329.6	194	3660.8	167	41.5	57.4	3600
		012.75.4000	014.75.4000															25	4345	171	3660	147	47.1	65.2	
19′	010.50.4000	011.50.4000	013.50.4000	4226	3772	174	4136	3864	60	45 (M42)	10	4002	3998	162	12	150	+0.5	22	4329.6	194	3660.8	167	41.5	57.4	3600
		012.50.4000	014.50.4000															25	4345	171	3660	147	47.1	65.2	
20	010.75.4500	011.75.4500	013.75.4500	4726	4272	174	4636	4364	60	45 (M42)	10	4502	4497	162	12	150	+0.5	22	4835.6	217	4166.8	190	41.5	57.4	4000
		012.75.4500	014.75.4500															25	4845	191	4160	167	47.1	65.2	
20′	010.50.4500	011.50.4500	013.50.4500	4726	4272	174	4636	4364	60	45 (M42)	10	4502	4497	162	12	150	+0.5	22	4835.6	217	4166.8	190	41.5	57.4	4000
		012.50.4500	014.50.4500															25	4845	191	4160	167	47.1	65.2	

注：1. n_1 为润滑油孔数，均布；油杯 M10×1 JB/T 7940.1～7940.2。

2. 安装孔 $n×\phi$ 可为光孔或螺孔；若为螺孔，螺纹深度是螺纹直径的 2 倍；齿宽 b 可改为 $H-h$。

3. 表内齿轮圆周力为最大圆周力，额定圆周力取其 1/2。

4. 外齿修顶系数为 0.1，内齿修顶系数为 0.2。

5. 内外径均为自由公差。若主机与回转支承有配合要求，订货时必须注明。

6. 生产厂：徐州罗特艾德回转支承公司。该公司除生产 01、03 系列回转支承外，还有单排交叉滚柱式（11 系列）、双排球式（02 系列）等多种产品。

13.2 三排滚柱式回转支承（13系列）（见表14.6-64）（部分摘自JB/T 2300—2011）

表 14.6-64 三排滚柱式回转支承尺寸

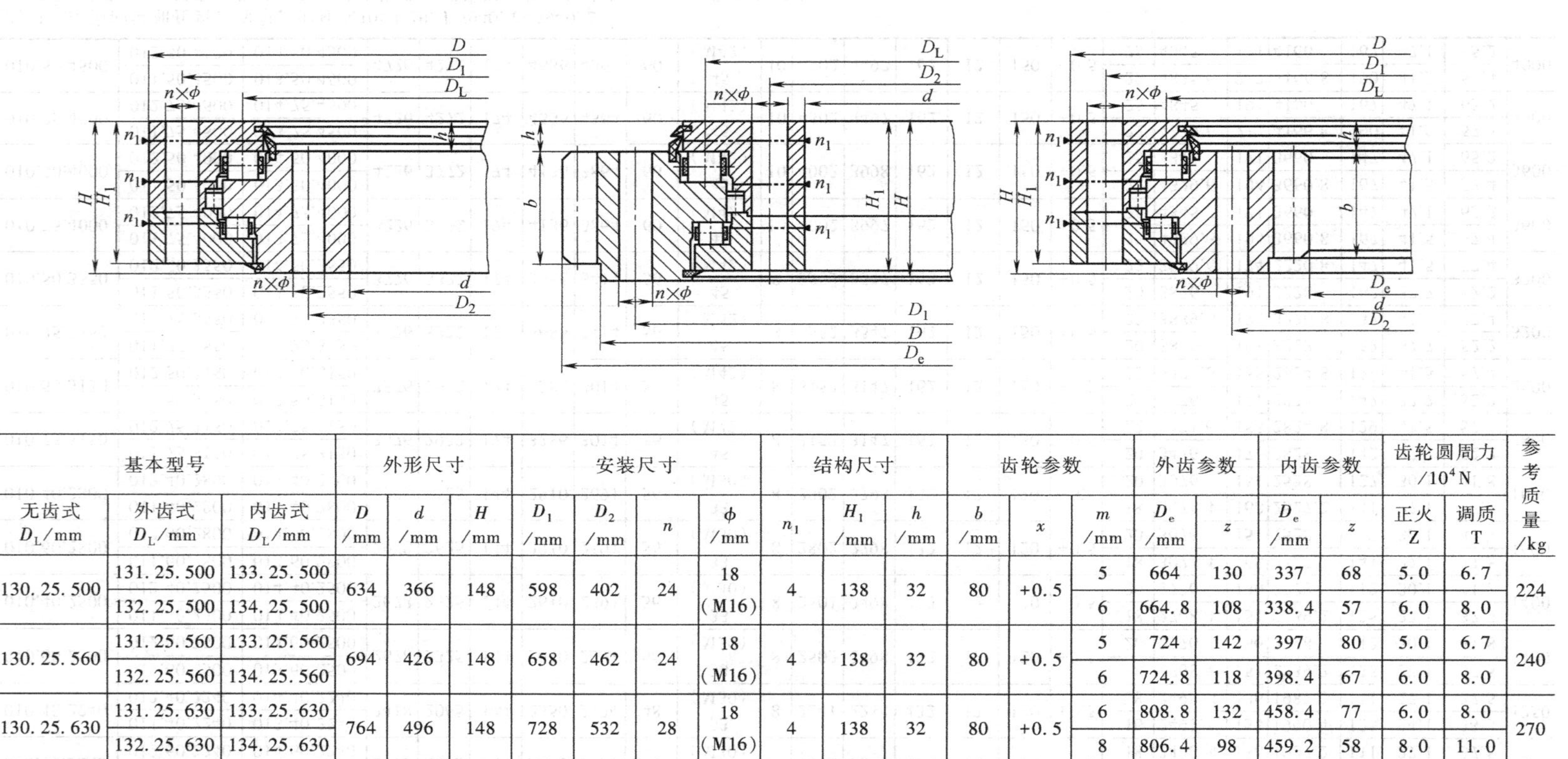

承载曲线图编号	基本型号 无齿式 D_L/mm	外齿式 D_L/mm	内齿式 D_L/mm	外形尺寸 D/mm	d/mm	H/mm	安装尺寸 D_1/mm	D_2/mm	n	ϕ/mm	结构尺寸 n_1	H_1/mm	h/mm	齿轮参数 b/mm	x	m/mm	外齿参数 D_e/mm	z	内齿参数 D_e/mm	z	齿轮圆周力/10^4N 正火 Z	调质 T	参考质量/kg
1	130.25.500	131.25.500	133.25.500	634	366	148	598	402	24	18 (M16)	4	138	32	80	+0.5	5	664	130	337	68	5.0	6.7	224
		132.25.500	134.25.500													6	664.8	108	338.4	57	6.0	8.0	
2	130.25.560	131.25.560	133.25.560	694	426	148	658	462	24	18 (M16)	4	138	32	80	+0.5	5	724	142	397	80	5.0	6.7	240
		132.25.560	134.25.560													6	724.8	118	398.4	67	6.0	8.0	
3	130.25.630	131.25.630	133.25.630	764	496	148	728	532	28	18 (M16)	4	138	32	80	+0.5	6	808.8	132	458.4	77	6.0	8.0	270
		132.25.630	134.25.630													8	806.4	98	459.2	58	8.0	11.0	
4	130.25.710	131.25.710	133.25.710	844	576	148	808	612	28	18 (M16)	4	138	32	80	+0.5	6	886.8	145	536.4	90	6.0	8.0	300
		132.25.710	134.25.710													8	886.4	108	539.2	68	8.0	11.0	
5	130.32.800	131.32.800	133.32.800	964	636	182	920	680	36	22 (M20)	4	172	40	120	+0.5	8	1006.4	123	595.2	75	12.1	16.7	500
		132.32.800	134.32.800													10	1008	98	594	60	15.1	20.9	
6	130.32.900	131.32.900	133.32.900	1064	736	182	1020	780	36	22 (M20)	4	172	40	120	+0.5	8	1102.4	135	691.2	87	12.1	16.7	600
		132.32.900	134.32.900													10	1108	108	694	70	15.1	20.9	

（续）

承载曲线图编号	基本型号			外形尺寸			安装尺寸				结构尺寸			齿轮参数			外齿参数		内齿参数		齿轮圆周力 $/10^4$N		参考质量 /kg
	无齿式 D_L/mm	外齿式 D_L/mm	内齿式 D_L/mm	D /mm	d /mm	H /mm	D_1 /mm	D_2 /mm	n	ϕ /mm	n_1	H_1 /mm	h /mm	b /mm	x	m /mm	D_e /mm	z	D_e /mm	z	正火 Z	调质 T	
7	130. 32. 1000	131. 32. 1000	133. 32. 1000	1164	836	182	1120	880	40	22	5	172	40	120	+0. 5	10	1218	119	784	79	15. 1	20. 9	680
		132. 32. 1000	134. 32. 1000							(M20)						12	1221. 6	99	784. 8	66	18. 1	25. 1	
8	130. 32. 1120	131. 32. 1120	133. 32. 1120	1284	956	182	1240	1000	40	22	5	172	40	120	+0. 5	10	1338	131	904	91	15. 1	20. 9	820
		132. 32. 1120	134. 32. 1120							(M20)						12	1341. 6	109	904. 8	76	18. 1	25. 1	
9	130. 40. 1250	131. 40. 1250	133. 40. 1250	1445	1055	220	1393	1107	45	26	5	210	50	150	+0. 5	12	1509. 6	123	988. 8	83	22. 9	31. 4	1200
		132. 40. 1250	134. 40. 1250							(M24)						14	1509. 2	105	985. 6	71	26. 3	36. 6	
10	130. 40. 1400	131. 40. 1400	133. 40. 1400	1595	1205	220	1543	1257	45	26	5	210	50	150	+0. 5	12	1665. 6	136	1144. 8	96	22. 9	31. 4	1300
		132. 40. 1400	134. 40. 1400							(M24)						14	1663. 2	116	1139. 6	82	26. 3	36. 6	
11	130. 40. 1600	131. 40. 1600	133. 40. 1600	1795	1405	220	1743	1457	48	26	6	210	50	150	+0. 5	14	1873. 2	131	1335. 6	96	26. 3	36. 6	1520
		132. 40. 1600	134. 40. 1600							(M24)						16	1868. 8	114	1334. 4	84	30. 2	41. 7	
12	130. 40. 1800	131. 40. 1800	133. 40. 1800	1995	1605	220	1943	1657	48	26	6	210	50	150	+0. 5	14	2069. 2	145	1531. 6	110	26. 3	36. 6	1750
		132. 40. 1800	134. 40. 1800							(M24)						16	2076. 8	127	1526. 4	96	30. 2	41. 7	
13	130. 45. 2000	131. 45. 2000	133. 45. 2000	2221	1779	231	2155	1845	60	33	6	219	54	160	+0. 5	16	2300. 8	141	1702. 4	107	32. 2	44. 5	2400
		132. 45. 2000	134. 45. 2000							(M30)						18	2300. 4	125	1699. 2	95	36. 2	50. 1	
14	130. 45. 2240	131. 45. 2240	133. 45. 2240	2461	2019	231	2395	2085	60	33	6	219	54	160	+0. 5	16	2556. 8	157	1926. 4	121	32. 2	44. 5	2700
		132. 45. 2240	134. 45. 2240							(M30)						18	2552. 4	139	1933. 2	108	36. 2	50. 1	
15	130. 45. 2500	131. 45. 2500	133. 45. 2500	2721	2279	231	2655	2345	72	33	8	219	54	160	+0. 5	18	2822. 4	154	2185. 2	122	36. 2	50. 1	3000
		132. 45. 2500	134. 45. 2500							(M30)						20	2816	138	2188	110	40. 2	55. 6	
16	130. 45. 2800	131. 45. 2800	133. 45. 2800	3021	2579	231	2955	2645	72	33	8	219	54	160	+0. 5	18	3110. 4	170	2491. 2	139	36. 2	50. 1	3400
		132. 45. 2800	134. 45. 2800							(M30)						20	3116	153	2488	125	40. 2	55. 6	
17	130. 50. 3150	131. 50. 3150	133. 50. 3150	3432	2868	270	3342	2958	72	45	8	258	65	180	+0. 5	20	3536	174	2768	139	45. 2	62. 6	5000
		132. 50. 3150	134. 50. 3150							(M42)						22	3537. 6	158	2758. 8	126	49. 8	68. 9	
18	130. 50. 3550	131. 50. 3550	133. 50. 3550	3832	3268	270	3742	3358	72	45	8	258	65	180	+0. 5	20	3936	194	3168	159	45. 2	62. 6	5600
		132. 50. 3550	134. 50. 3550							(M42)						22	3933. 6	176	3154. 8	144	49. 8	68. 9	
19	130. 50. 4000	131. 50. 4000	133. 50. 4000	4282	3718	270	4192	3808	80	45	8	258	65	180	+0. 5	22	4395. 6	197	3616. 8	165	49. 8	68. 9	6400
		132. 50. 4000	134. 50. 4000							(M42)						25	4395	173	3610	145	56. 5	78. 3	
20	130. 50. 4500	131. 50. 4500	133. 50. 4500	4782	4218	270	4692	4308	80	45	8	258	65	180	+0. 5	22	4901. 6	220	4122. 8	188	49. 8	68. 9	7100
		132. 50. 4500	134. 50. 4500							(M42)						25	4895	193	4110	165	56. 5	78. 3	

14 关节轴承

14.1 向心关节轴承（见表 14.6-65～14.6-70）

向心关节轴承

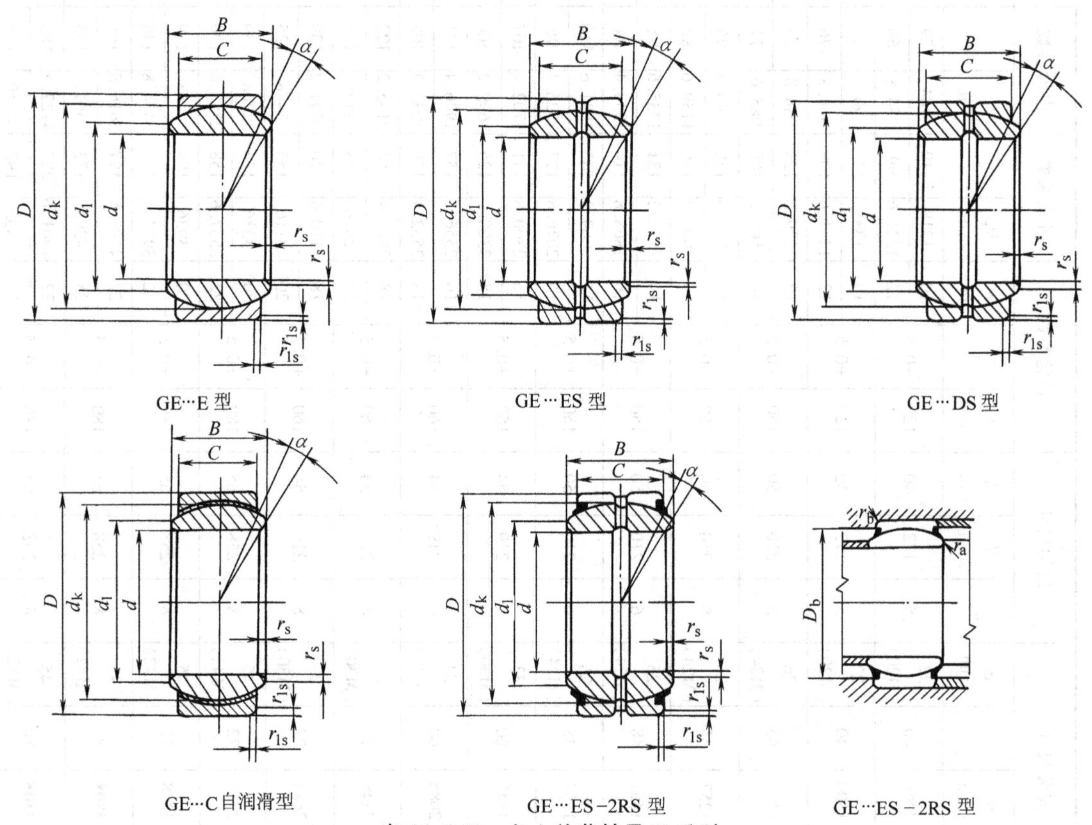

GE…E 型　GE…ES 型　GE…DS 型

GE…C 自润滑型　GE…ES-2RS 型　GE…ES－2RS 型

表 14.6-65 向心关节轴承 E 系列

轴承型号					公称尺寸/mm								α/(°)≈	
GE…E 型	GE…ES 型	GE…DS 型	GE…C 型	GE…ES-2RS 型	d	D	B	C	d_1 ≈	d_k[①]	r_{smin}	r_{1smin}	其他型	GE…ES-2RS 型
GE4E	—	—	GE4C	—	4	12	5	3	6	8	0.3	0.3	16	—
GE5E	—	GE5DS	GE5C	—	5	14	6	4	8	10	0.3	0.3	13	—
GE6E	—	GE6DS	GE6C	—	6	14	6	4	8	10	0.3	0.3	13	—
GE8E	—	GE8DS	GE8C	—	8	16	8	5	10	13	0.3	0.3	15	—
GE10E	—	GE10DS	GE10C	—	10	19	9	6	13	16	0.3	0.3	12	—
GE12E	—	GE12DS	GE12C	—	12	22	10	7	15	18	0.3	0.3	10	—
—	GE15ES	GE15DS	GE15C	GE15ES-2RS	15	26	12	9	18	22	0.3	0.3	8	5
—	GE17ES	GE17DS	GE17C	GE17ES-2RS	17	30	14	10	20	25	0.3	0.3	10	7
—	GE20ES	GE20DS	GE20C	GE20ES-2RS	20	35	16	12	24	29	0.3	0.3	9	6
—	GE25ES	GE25DS	GE25C	GE25ES-2RS	25	42	20	16	29	35	0.6	0.6	7	4
—	GE30ES	GE30DS	GE30C	GE30ES-2RS	30	47	22	18	34	40	0.6	0.6	6	4
—	GE35ES	GE35DS	—	GE35ES-2RS	35	55	25	20	39	47	0.6	1	6	4
—	GE40ES	GE40DS	—	GE40ES-2RS	40	62	28	22	45	53	0.6	1	7	4
—	GE45ES	GE45DS	—	GE45ES-2RS	45	68	32	25	50	60	0.6	1	7	4
—	GE50ES	GE50DS	—	GE50ES-2RS	50	75	35	28	55	66	0.6	1	6	4
—	GE55ES	GE55DS	—	GE55ES-2RS	55	85	40	32	62	74	0.6	1	7	—

（续）

轴承型号					公称尺寸/mm								α/(°)≈	
GE…E 型	GE…ES 型	GE…DS 型	GE…C 型	GE…ES-2RS 型	d	D	B	C	d_1 ≈	d_k①	r_{smin}	r_{1smin}	其他型	GE…ES-2RS 型
—	GE60ES	GE60DS	—	GE60ES-2RS	60	90	44	36	66	80	1	1	6	3
—	GE70ES	GE70DS	—	GE70ES-2RS	70	105	49	40	77	92	1	1	6	4
—	GE80ES	GE80DS	—	GE80ES-2RS	80	120	55	45	88	105	1	1	6	4
—	GE90ES	GE90DS	—	GE90ES-2RS	90	130	60	50	98	115	1	1	5	3
—	GE100ES	GE100DS	—	GE100ES-2RS	100	150	70	55	109	130	1	1	7	5
—	GE110ES	GE110DS	—	GE110ES-2RS	110	160	70	55	120	140	1	1	6	4
—	GE120ES	GE120DS	—	GE120ES-2RS	120	180	85	70	130	160	1	1	6	4
—	GE140ES	GE140DS	—	GE140ES-2RS	140	210	90	70	150	180	1	1	7	5
—	GE160ES	GE160DS	—	GE160ES-2RS	160	230	105	80	170	200	1	1	8	6
—	GE180ES	GE180DS	—	GE180ES-2RS	180	260	105	80	192	225	1.1	1.1	6	5
—	GE200ES	GE200DS	—	GE200ES-2RS	200	290	130	100	212	250	1.1	1.1	7	6
—	GE220ES	GE220DS	—	GE220ES-2RS	220	320	135	100	238	275	1.1	1.1	8	6
—	GE240ES	GE240DS	—	GE240ES-2RS	240	340	140	100	265	300	1.1	1.1	8	6
—	GE260ES	GE260DS	—	GE260ES-2RS	260	370	150	110	285	325	1.1	1.1	7	6
—	GE280ES	GE280DS	—	GE280ES-2RS	280	400	155	120	310	350	1.1	1.1	6	5
—	GE300ES	GE300DS	—	GE300ES-2RS	300	430	165	120	330	375	1.1	1.1	7	6

① 参考尺寸。

表 14.6-66 向心关节轴承 G 系列

轴承型号					公称尺寸/mm								α/(°)≈	
GEG…E 型	GEG…ES 型	GEG…DS 型	GEG…C 型	GEG…ES-2RS 型	d	D	B	C	d_1 ≈	d_k	r_{smin}	r_{1smin}	其他型	GEG…ES-2RS 型
GEG4E	—	—	GEG4C	—	4	14	7	4	7	10	0.3	0.3	20	—
GEG5E	—	—	GEG5C	—	5	14	7	4	7	10	0.3	0.3	20	—
GEG6E	—	—	GEG6C	—	6	16	9	5	9	13	0.3	0.3	21	—
GEG8E	—	—	GEG8C	—	8	19	11	6	11	16	0.3	0.3	21	—
GEG10E	—	—	GEG10C	—	10	22	12	7	13	18	0.3	0.3	18	—
GEG12E	—	—	GEG12C	—	12	26	15	9	16	22	0.3	0.3	18	—
—	GEG15ES	GEG15DS	GEG15C	GEG15ES-2RS	15	30	16	10	19	25	0.3	0.3	16	13
—	GEG17ES	GEG17DS	GEG17C	GEG17ES-2RS	17	35	20	12	21	29	0.3	0.3	19	16
—	GEG20ES	GEG20DS	GEG20C	GEG20ES-2RS	20	42	25	16	24	35	0.3	0.6	17	16
—	GEG25ES	GEG25DS	GEG25C	GEG25ES-2RS	25	47	28	18	29	40	0.6	0.6	17	15
—	GEG30ES	GEG30DS	GEG30C	GEG30ES-2RS	30	55	32	20	34	47	0.6	1	17	16
—	GEG35ES	GEG35DS	—	GEG35ES-2RS	35	62	35	22	39	53	0.6	1	16	15
—	GEG40ES	GEG40DS	—	GEG40ES-2RS	40	68	40	25	44	60	0.6	1	17	12
—	GEG45ES	GEG45DS	—	GEG45ES-2RS	45	75	43	28	50	66	0.6	1	15	13
—	GEG50ES	GEG50DS	—	GEG50ES-2RS	50	90	56	36	57	80	0.6	1	17	16
—	GEG60ES	GEG60DS	—	GEG60ES-2RS	60	105	63	40	67	92	1	1	17	15
—	GEG70ES	GEG70DS	—	GEG70ES-2RS	70	120	70	45	77	105	1	1	16	14
—	GEG80ES	GEG80DS	—	GEG80ES-2RS	80	130	75	50	87	115	1	1	14	13
—	GEG90ES	GEG90DS	—	GEG90ES-2RS	90	150	85	55	98	130	1	1	15	14
—	GEG100ES	GEG100DS	—	GEG100ES-2RS	100	160	85	55	110	140	1	1	14	12
—	GEG110ES	GEG110DS	—	GEG110ES-2RS	110	180	100	70	122	160	1	1	12	11
—	GEG120ES	GEG120DS	—	GEG120ES-2RS	120	210	115	70	132	180	1	1	16	15
—	GEG140ES	GEG140DS	—	GEG140ES-2RS	140	230	130	80	151	200	1	1	16	15
—	GEG160ES	GEG160DS	—	GEG160ES-2RS	160	260	135	80	176	225	1	1.1	16	14
—	GEG180ES	GEG180DS	—	GEG180ES-2RS	180	290	155	100	196	250	1.1	1.1	14	13
—	GEG200ES	GEG200DS	—	GEG200ES-2RS	200	320	165	100	220	275	1.1	1.1	15	14
—	GEG220ES	GEG220DS	—	GEG220ES-2RS	220	340	175	100	243	300	1.1	1.1	16	14
—	GEG240ES	GEG240DS	—	GEG240ES-2RS	240	370	190	110	263	325	1.1	1.1	15	14
—	GEG260ES	GEG260DS	—	GEG260ES-2RS	260	400	205	120	283	350	1.1	1.1	15	14
—	GEG280ES	GEG280DS	—	GEG280ES-2RS	280	430	210	120	310	375	1.1	1.1	15	14

自润滑向心关节轴承：

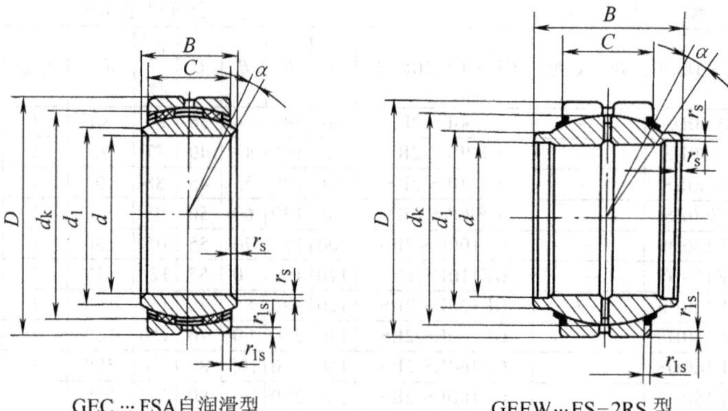

GEC…FSA自润滑型　　GEEW…ES-2RS型

表 14.6-67　自润滑向心关节轴承 C 系列

轴承型号	公称尺寸/mm								α/(°)≈
GEC…FSA 型	d	D	B	C	d_1≈	d_k	r_{smin}	r_{1smin}	
GEC320FSA	320	440	160	135	340	375	1.1	3	4
GEC340FSA	340	460	160	135	360	390	1.1	3	3
GEC360FSA	360	480	160	135	380	410	1.1	3	3
GEC380FSA	380	520	190	160	400	440	1.5	4	4
GEC400FSA	400	540	190	160	425	465	1.5	4	3
GEC420FSA	420	560	190	160	445	480	1.5	4	3
GEC440FSA	440	600	218	185	465	515	1.5	4	3
GEC460FSA	460	620	218	185	485	530	1.5	4	3
GEC480FSA	480	650	230	195	510	560	2	5	3
GEC500FSA	500	670	230	195	530	580	2	5	3
GEC530FSA	530	710	243	205	560	610	2	5	3
GEC560FSA	560	750	258	215	590	645	2	5	4
GEC600FSA	600	800	272	230	635	690	2	5	3
GEC630FSA	630	850	300	260	665	730	3	6	3
GEC670FSA	670	900	308	260	710	770	3	6	3
GEC710FSA	710	950	325	275	755	820	3	6	3
GEC750FSA	750	1000	335	280	800	870	3	6	3
GEC800FSA	800	1060	355	300	850	915	3	6	3
GEC850FSA	850	1120	365	310	905	975	3	6	3
GEC900FSA	900	1180	375	320	960	1030	3	6	3
GEC950FSA	950	1250	400	340	1015	1090	4	7.5	3
GEC1000FSA	1000	1320	438	370	1065	1150	4	7.5	3
GEC1060FSA	1060	1400	462	390	1130	1220	4	7.5	3
GEC1120FSA	1120	1460	462	390	1195	1280	4	7.5	3
GEC1180FSA	1180	1540	488	410	1260	1350	4	7.5	3
GEC1250FSA	1250	1630	515	435	1330	1425	4	7.5	3
GEC1320FSA	1320	1720	545	460	1405	1510	4	7.5	3
GEC1400FSA	1400	1820	585	495	1485	1600	5	9.5	3
GEC1500FSA	1500	1950	625	530	1590	1710	5	9.5	3
GEC1600FSA	1600	2060	670	565	1690	1820	5	9.5	3
GEC1700FSA	1700	2180	710	600	1790	1925	5	9.5	3
GEC1800FSA	1800	2300	750	635	1890	2035	6	12	3
GEC1900FSA	1900	2430	790	670	2000	2150	6	12	3
GEC2000FSA	2000	2750	835	705	2100	2260	6	12	3

表 14.6-68　向心关节轴承 EW 系列

轴承型号	公称尺寸/mm								α/(°)≈
GEEW…ES-2RS 型	d	D	B	C	d_1≈	d_k	r_{smin}	r_{1smin}	
GEEW12ES-2RS	12①	22	12	7	15.5	18	0.3	0.3	4
GEEW16ES-2RS	16	28	16	9	20	23	0.3	0.3	4
GEEW20ES-2RS	20	35	20	12	25	29	0.3	0.3	4
GEEW25ES-2RS	25	42	25	16	30.5	35	0.6	0.6	4
GEEW32ES-2RS	32	52	32	18	38	44	0.6	1	4
GEEW40ES-2RS	40	62	40	22	46	53	0.6	1	4
GEEW50ES-2RS	50	75	50	28	57	66	0.6	1	4
GEEW63ES-2RS	63	95	63	36	71.5	83	1	1	4
GEEW80ES-2RS	80	120	80	45	91	105	1	1	4
GEEW100ES-2RS	100	150	100	55	113	130	1	1	4
GEEW125ES-2RS	125	180	125	70	138	160	1	1	4
GEEW160ES-2RS	160	230	160	80	177	200	1	1	4
GEEW200ES-2RS	200	290	200	100	221	250	1.1	1.1	4
GEEW250ES-2RS	250	400	250	120	317	350	2.5	1.1	4
GEEW320ES-2RS	320	520	320	160	405	450	2.5	4	4

① 制造厂可自行决定是否在外圈上设置再润滑装置。

表 14.6-69　向心关节轴承 K 系列　(mm)

d	D	B	C	d_1≈	d_k	r_{smin}	r_{1smin}	α/(°)≈	d	D	B	C	d_1≈	d_k	r_{smin}	r_{1smin}	α/(°)≈
3	10	6	4.5	5.1	7.9	0.2	0.2	14	18	35	23	16.5	21.8	31.7	0.3	0.3	15
5	13	8	6	7.7	11.1	0.3	0.3	13	20	40	25	18	24.3	34.9	0.3	0.6	14
6	16	9	6.75	8.9	12.7	0.3	0.3	13	22	42	28	20	25.8	33.1	0.3	0.6	15
8	19	12	9	10.3	15.8	0.3	0.3	14	25	47	31	22	29.5	42.8	0.3	0.6	15
10	22	14	10.5	12.9	19	0.3	0.3	13	30	55	37	25	34.8	50.8	0.3	0.6	17
12	26	16	12	15.4	22.2	0.3	0.3	13	35	65	43	30	40.3	59	0.6	1	16
14	29	19	13.5	16.8	25.4	0.3	0.3	16	40	72	49	35	44.2	66	0.6	1	16
16	32	21	15	19.3	28.5	0.3	0.3	15	50	90	60	45	55.8	82	0.6	1	14

注：K 系列轴承是 GB/T 9163—2001 中新增系列。

表 14.6-70　向心关节轴承 H 系列　(mm)

d	D	B	C	d_1≈	d_k	r_{smin}	r_{1smin}	α/(°)≈	d	D	B	C	d_1≈	d_k	r_{smin}	r_{1smin}	α/(°)≈
100	150	71	67	114	135	1	1	2	420	600	300	280	441	534	1.5	4	2
110	160	78	74	122	145	1	1	2	440	630	315	300	479	574	1.5	4	2
120	180	85	80	135	160	1	1	2	460	650	325	308	496	593	1.5	5	2
140	210	100	95	155	185	1	1	2	480	680	340	320	522	623	2	5	2
160	230	115	109	175	210	1	1	2	500	710	355	335	536	643	2	5	2
180	260	128	122	203	240	1.1	1.1	2	530	750	375	355	558	673	2	5	2
200	290	140	134	219	260	1.1	1.1	2	560	800	400	380	602	723	2	5	2
220	320	155	148	245	290	1.1	1.1	2	600	850	425	400	645	773	2	6	2
240	340	170	162	259	310	1.1	1.1	2	630	900	450	425	677	813	3	6	2
260	370	185	175	285	340	1.1	1.1	2	670	950	475	450	719	862	3	6	2
280	400	200	190	311	370	1.1	1.1	2	710	1000	500	475	762	912	3	6	2
300	430	212	200	327	390	1.1	1.1	2	750	1060	530	500	814	972	3	6	2
320	460	230	218	344	414	1.1	3	2	800	1120	565	530	851	1022	3	6	2
340	480	243	230	359	434	1.1	3	2	850	1220	600	565	936	1112	3	7.5	2
360	520	258	243	397	474	1.1	4	2	900	1250	635	600	949	1142	3	7.5	2
380	540	272	258	412	494	1.5	4	2	950	1360	670	635	1045	1242	4	7.5	2
400	580	280	265	431	514	1.5	4	2	1000	1450	710	670	1103	1312	4	7.5	2

注：H 系列轴承是 GB/T 9163—2001 中新增系列。

14.2 角接触关节轴承（见表14.6-71）

角接触关节轴承：

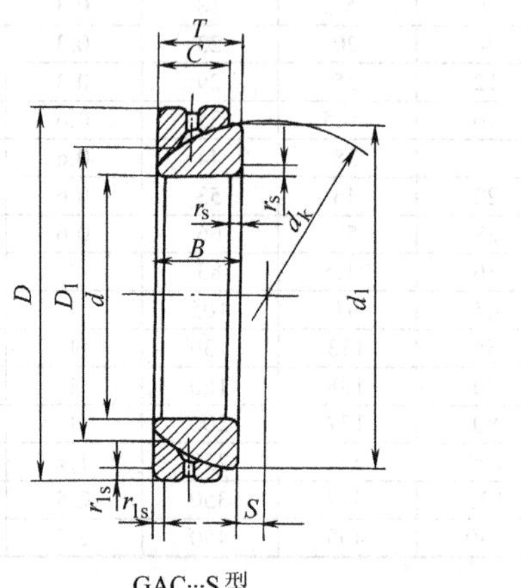

GAC…S型

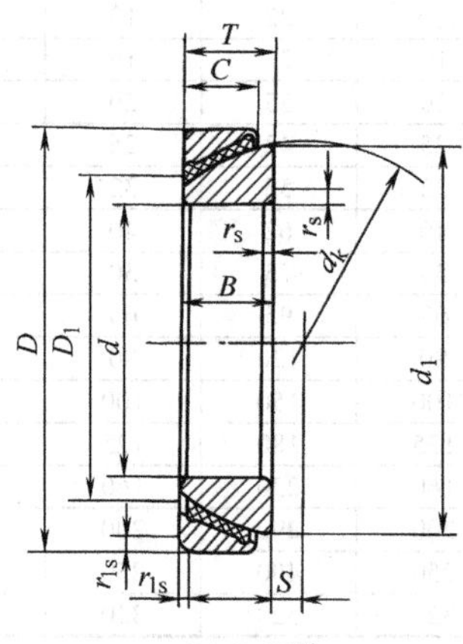

GAC…F型

表14.6-71 角接触关节轴承E系列

轴承型号		公称尺寸/mm									
GAC…S型	GAC…F型	d	D	B max	C max	T	d_k	d_1 ≈	D_1 max	S ≈	r_{smin} r_{1smin}
GAC25S	GAC25F	25	47	15	14	15	42	41.5	32	1	0.6
GAC28S	GAC28F	28	52	16	15	16	47	46.5	36	1	1
GAC30S	GAC30F	30	55	17	16	17	50	49.5	37	2	1
GAC32S	GAC32F	32	58	17	16	17	52	51.5	40	2	1
GAC35S	GAC35F	35	62	18	17	18	56	55.5	43	2	1
GAC40S	GAC40F	40	68	19	18	19	61	60.5	48	2	1
GAC45S	GAC45F	45	75	20	19	20	67	66.5	54	3	1
GAC50S	GAC50F	50	80	20	19	20	74	73.5	60	4	1
GAC55S	GAC55F	55	90	23	22	23	81	80	63	5	1.5
GAC60S	GAC60F	60	95	23	22	23	87	86	69	5	1.5
GAC65S	GAC65F	65	100	23	22	23	93	92	77	6	15
GAC70S	GAC70F	70	110	25	24	25	102	101	83	7	1.5
GAC75S	GAC75F	75	115	25	24	25	106	105	87	7	1.5
GAC80S	GAC80F	80	125	29	27	29	115	113.5	92	9	1.5
GAC85S	GAC85F	85	130	29	27	29	121	119	98	10	1.5
GAC90S	GAC90F	90	140	32	30	32	129	127	104	11	2
GAC95S	GAC95F	95	145	32	30	32	133	131.5	109	9	2
GAC100S	GAC100F	100	150	32	31	32	141	138.5	115	12	2
GAC105S	GAC105F	105	160	35	33	35	149	146.5	120	13	2.5
GAC110S	GAC110F	110	170	38	36	38	158	155	127	14	2.5
GAC120S	GAC120F	120	180	38	37	38	169	165	137	16	2.5
GAC130S	GAC130F	130	200	45	43	45	188	184	149	18	2.5
GAC140S	GAC140F	140	210	45	43	45	198	194	162	19	2.5
GAC150S	GAC150F	150	225	48	46	48	211	207	172	20	3
GAC160S	GAC160F	160	240	51	49	51	225	221	183	20	3
GAC170S	GAC170F	170	260	57	55	57	246	242	195	21	3
GAC180S	GAC180F	180	280	64	61	64	260	256	207	21	3
GAC190S	GAC190F	190	290	64	62	64	275	270	213	26	3
GAC200S	GAC200F	200	310	70	66	70	290	285	230	26	3

14.3　推力关节轴承（见表 14.6-72）

推力关节轴承（GB/T 9162—2001）：

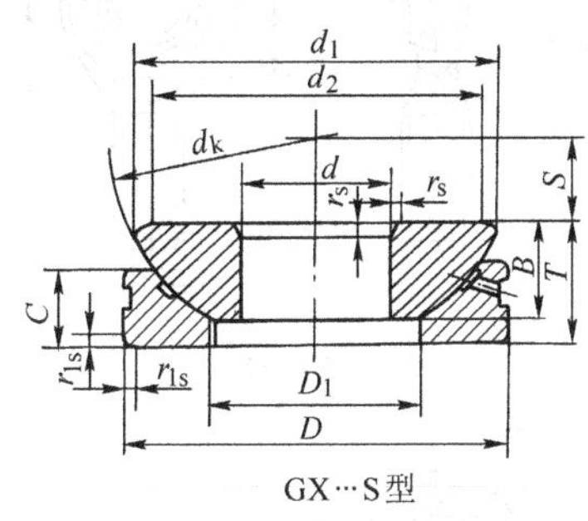

GX…S 型

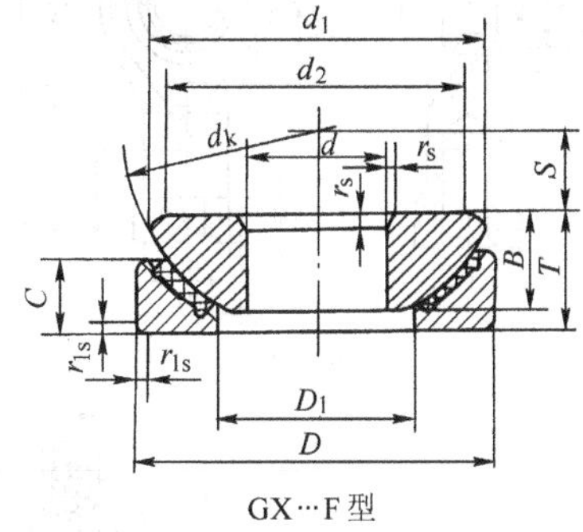

GX…F 型

表 14.6-72　推力关节轴承 E 系列

轴承型号		公称尺寸/mm										
GX…S 型	GX…F 型	d	D	B max	C max	T	d_k	S ≈	d_1 min	$d_2$① ≈	D_1 max	r_{smin} r_{1smin}
GX10S	GX10F	10	30	8	7	9.5	32	7	27	21	17	0.6
GX12S	GX12F	12	35	10	10	13	38	8	31.5	24	20	0.6
GX15S	GX15F	15	42	11	11	15	46	10	38.5	29	24.5	0.6
GX17S	GX17F	17	47	12	12	16	51	11	43	34	28.5	0.6
GX20S	GX20F	20	55	15	14	20	60	12.5	49.5	40	34	1
GX25S	GX25F	25	62	17	17	22.5	67	14	57	45	35	1
GX30S	GX30F	30	75	19	20	26	81	17.5	68.5	56	44.5	1
GX35S	GX35F	35	90	22	21	28	98	22	83.5	66	52.5	1
GX40S	GX40F	40	105	27	22	32	114	24.5	96	78	59.5	1
GX45S	GX45F	45	120	31	26	36.5	129	27.5	109	89	68.5	1
GX50S	GX50F	50	130	34	32	42.5	140	30	119	98	71	1
GX60S	GX60F	60	150	37	34	45	160	35	139	109	86.5	1
GX70S	GX70F	70	160	42	37	50	173	35	149	121	95.5	1
GX80S	GX80F	80	180	44	38	50	196	42.5	167	135	109	1
GX100S	GX100F	100	210	51	46	59	221	45	194	155	134	1
GX120S	GX120F	120	230	54	50	64	248	52.5	213	170	155	1
GX140S	GX140F	140	260	61	54	72	274	52.5	243	198	177	1.5
GX160S	GX160F	160	290	66	58	77	313	65	271	213	200	1.5
GX180S	GX180F	180	320	74	62	86	340	67.5	299	240	225	1.5
GX200S	GX200F	200	340	80	66	87	365	70	320	265	247	1.5

① 由制造厂确定。

14.4　杆端关节轴承（见表 14.6-73～表 14.6-76）

杆端关节轴承：

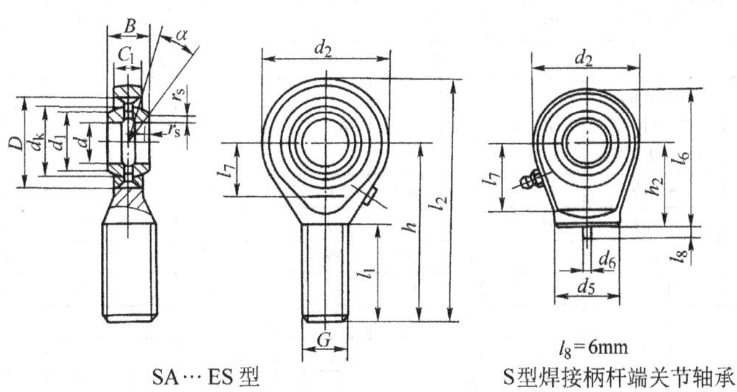

SA…ES 型　　S型焊接柄杆端关节轴承

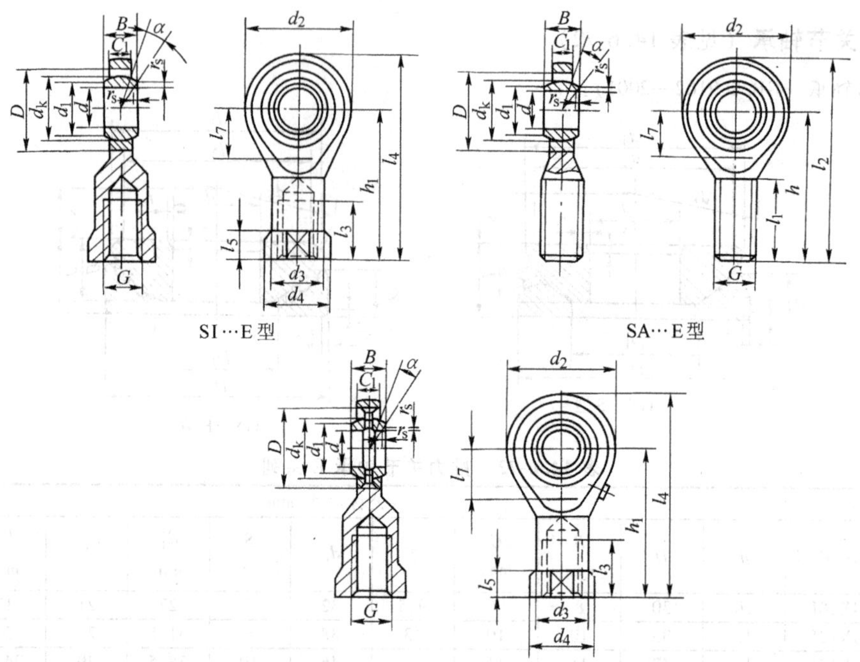

SI…E 型　　　　SA…E 型

SI…ES型

表 14.6-73　杆端关节轴承 E 系列　　(mm)

轴承型号			带外螺纹或内螺纹或焊接柄													
内螺纹 SI…E 型 SI…ES 型	外螺纹 SA…E 型 SA…ES 型	焊接柄 SK…E 型 SK…ES 型	d	D①	d_1 ≈	B	C①	d_k②	r_{smin}	r_{1smin}①	$\alpha/(°)$ ≈	G	C_1 max	d_2 max	l_7 min
SI5E	SA5E	SK5E	5③	14	8	6	4	10	0.3	0.3	13	M5	4.5	22	10
SI6E	SA6E	SK6E	6③	14	8	6	4	10	0.3	0.3	13	M6	4.5	22	10
SI8E	SA8E	SK8E	8③	16	10	8	5	13	0.3	0.3	15	M8	6.5	25	11
SI10E	SA10E	SK10E	10③	19	13	9	6	16	0.3	0.3	12	M10	7.5	30	13
SI12E	SA12E	SK12E	12③	22	15	10	7	18	0.3	0.3	10	M12	8.5	35	17
SI15E	SA15E	SK15E	15④	26	18	12	9	22	0.3	0.3	8	M14	10.5	41	19
SI17E	SA17E	SK17E	17④	30	20	14	10	25	0.3	0.3	10	M16	11.5	47	22
SI20E	SA20E	SK20E	20④	35	24	16	12	29	0.3	0.3	9	M20×1.5	13.5	54	24
SI25ES	SA25ES	SK25ES	25	42	29	20	16	35	0.6	0.6	7	M24×2	18	65	30
SI30ES	SA30ES	SK30ES	30	47	34	22	18	40	0.6	0.6	6	M30×2	20	75	34
SI35ES	SA35ES	SK35ES	35	55	39	25	20	47	0.6	1	6	M36×3	22	84	40
SI40ES	SA40ES	SK40ES	40	62	45	28	22	53	0.6	1	7	M39×3	24	94	46
SI45ES	SA45ES	SK45ES	45	68	50	32	25	60	0.6	1	7	M42×3	28	104	50
SI50ES	SA50ES	SK50ES	50	75	55	35	28	66	0.6	1	6	M45×3	31	114	58
SI60ES	SA60ES	SK60ES	60	90	66	44	36	80	1	1	6	M52×3	39	137	73
SI70ES	SA70ES	SK70ES	70	105	77	49	40	92	1	1	6	M56×4	43	162	85
SI80ES	SA80ES	SK80ES	80	120	88	55	45	105	1	1	6	M64×4	48	182	98

轴承型号			带外螺纹			带内螺纹						带焊接柄			
内螺纹 SI…E 型 SI…ES 型	外螺纹 SA…E 型 SA…ES 型	焊接柄 SK…E 型 SK…ES 型	h	l_1 min	l_2 max	h_1	l_3 min	l_4 max	l_5 ≈	d_3 ≈	d_4 max	h_2	l_6 max	d_5 max	d_6
SI5E	SA5E	SK5E	36	16	49	31	11	43	5	11	14	—	—	—	—
SI6E	SA6E	SK6E	36	16	49	30	11	43	5	11	14	—	—	—	—
SI8E	SA8E	SK8E	42	21	56	36	15	50	5	13	17	—	—	—	—
SI10E	SA10E	SK10E	48	26	65	43	15	60	6.5	16	20	24	40	16	3
SI12E	SA12E	SK12E	54	28	73	50	18	69	6.5	19	23	27	45	19	3
SI15E	SA15E	SK15E	63	34	85	61	21	83	8	22	27	31	52	22	4
SI17E	SA17E	SK17E	69	36	94	67	24	92	10	25	31	35	59	25	4

（续）

轴承型号			带外螺纹			带内螺纹						带焊接柄			
内螺纹 SI…E 型 SI…ES 型	外螺纹 SA…E 型 SA…ES 型	焊接柄 SK…E 型 SK…ES 型	h	l_1 min	l_2 max	h_1	l_3 min	l_4 max	l_5 ≈	d_3 ≈	d_4 max	h_2	l_6 max	d_5 max	d_6
SI20E	SA20E	SK20E	78	43	107	77	30	106	10	28	36	38	66	29	4
SI25ES	SA25ES	SK25ES	94	53	128	94	36	128	12	35	44	45	78	35	4
SI30ES	SA30ES	SK30ES	110	65	149	110	45	149	15	42	52	51	89	42	4
SI35ES	SA35ES	SK35ES	140	82	184	125	60	169	15	47	60	61	104	49	4
SI40ES	SA40ES	SK40ES	150	86	199	142	65	191	18	52	67	69	118	54	4
SI45ES	SA45ES	SK45ES	163	92	217	145	65	199	20	58	72	77	132	60	6
SI50ES	SA50ES	SK50ES	185	104	244	160	68	219	20	62	77	88	150	64	6
SI60ES	SA60ES	SK60ES	210	115	281	175	70	246	20	70	90	100	173	72	6
SI70ES	SA70ES	SK70ES	235	125	319	200	80	284	20	80	100	115	199	82	6
SI80ES	SA80ES	SK80ES	270	140	364	230	85	324	25	95	112	141	237	97	6

注：螺纹可为右旋或左旋，若为左旋，轴承代号为 SIL…E、SIL…ES、SAL…E 和 SAL…ES。对边宽度未规定尺寸。

① 参考尺寸，不适用于整体结构。

② 参考尺寸。

③ 这些杆端关节轴承无再润滑装置。

④ 这些杆端关节轴承具有再润滑装置，是通过润滑孔而不是通过润滑接口进行再润滑的。

表 14.6-74　符合尺寸系列 E、柄部为加强型的杆端关节轴承 EH 系列　（mm）

d	带外螺纹或内螺纹												带外螺纹			带内螺纹				
	D①	d_1 ≈	B	C①	d_k②	r_{smin}	r_{1smin}①	$\alpha/(°)$ ≈	G	C_1 max	d_2 max	l_7 min	h	l_1 min	l_2 max	h_1	l_3 min	l_4 max	l_5 ≈	d_3 ≈
35	55	39	25	20	47	0.6	1	6	M36×3	22	84	40	130	82	174	130	60	174	25	49
40	62	45	28	22	53	0.6	1	7	M42×3	24	94	46	145	90	194	145	65	194	25	58
45	68	50	32	25	60	0.6	1	7	M45×3	28	104	50	165	95	219	165	65	219	30	65
50	75	55	35	28	66	0.6	1	6	M52×3	31	114	58	195	110	254	195	68	254	30	70
60	90	66	44	36	80	1	1	6	M60×4	39	137	73	225	120	296	225	70	296	35	82
70	105	77	49	40	92	1	1	6	M72×4	43	162	85	265	132	349	265	80	349	40	92
80	120	88	55	45	105	1	1	6	M80×4	48	182	98	295	147	389	295	85	389	45	105

注：EH 系列是 GB/T 9161—2001 中新增系列，对边宽度未规定尺寸。

① 参考尺寸，不适用于整体结构。

② 参考尺寸。

表 14.6-75　杆端关节轴承 G 系列　（mm）

轴承型号			带外螺纹或内螺纹或焊接柄												
内螺纹 SIG…E 型 SIG…ES 型	外螺纹 SAG…E 型 SAG…ES 型	焊接柄 SKG…E 型 SKG…ES 型	d	D①	d_1 ≈	B	C①	d_k②	r_{smin}	r_{1smin}①	$\alpha/(°)$ ≈	G	C_1 max	d_2 max	l_7 min
SIG4E	SAG4E	SKG4E	4③	14	7	7	4	10	0.3	0.3	20	M5	4.5	22	10
SIG5E	SAG5E	SKG5E	5③	14	7	7	4	10	0.3	0.3	20	M6	4.5	22	10
SIG6E	SAG6E	SKG6E	6③	16	9	9	5	13	0.3	0.3	21	M8	6.5	25	11
SIG8E	SAG8E	SKG8E	8③	19	11	11	6	16	0.3	0.3	21	M10	7.5	30	13
SIG10E	SAG10E	SKG10E	10③	22	13	12	7	18	0.3	0.3	18	M12	8.5	35	17
SIG12E	SAG12E	SKG12E	12④	26	16	15	9	22	0.3	0.3	18	M14	10.5	41	19
SIG15E	SAG15E	SKG15E	15④	30	19	16	10	25	0.3	0.3	16	M16	11.5	47	22
SIG17E	SAG17E	SKG17E	17④	35	21	20	12	29	0.3	0.3	19	M20×1.5	13.5	54	24
SIG20ES	SAG20ES	SKG20ES	20	42	24	25	16	35	0.3	0.6	17	M24×2	18	65	30
SIG25ES	SAG25ES	SKG25ES	25	47	29	28	18	40	0.6	0.6	17	M30×2	20	75	34
SIG30ES	SAG30ES	SKG30ES	30	55	34	32	20	47	0.6	1	17	M36×3	22	84	40
SIG35ES	SAG35ES	SKG35ES	35	62	39	35	22	53	0.6	1	16	M39×3	24	94	46
SIG40ES	SAG40ES	SKG40ES	40	68	44	40	25	60	0.6	1	17	M42×3	28	104	50
SIG45ES	SAG45ES	SKG45ES	45	75	50	43	28	66	0.6	1	15	M45×3	31	114	58
SIG50ES	SAG50ES	SKG50ES	50	90	57	56	36	80	0.6	1	17	M52×3	39	137	73
SIG60ES	SAG60ES	SKG60ES	60	105	67	63	40	92	1	1	17	M56×4	43	162	85
SIG70ES	SAG70ES	SKG70ES	70	120	77	70	45	105	1	1	16	M64×4	48	182	98

（续）

轴承型号			带外螺纹			带内螺纹						带焊接柄			
内螺纹 SIG…E 型 SIG…ES 型	外螺纹 SAG…E 型 SAG…ES 型	焊接柄 SKG…E 型 SKG…ES 型	h	l_1 min	l_2 max	h_1	l_3 min	l_4 max	l_5 ≈	d_3 ≈	d_4 max	h_2	l_6 max	d_5 max	d_6
SIG4E	SAG4E	SKG4E	36	16	49	30	11	43	5	11	14	—	—	—	—
SIG5E	SAG5E	SKG5E	36	16	49	30	11	43	5	11	14	—	—	—	—
SIG6E	SAG6E	SKG6E	42	21	56	36	15	50	5	13	17	—	—	—	—
SIG8E	SAG8E	SKG8E	48	26	65	43	15	60	6.5	16	20	24	40	16	3
SIG10E	SAG10E	SKG10E	54	28	73	50	18	69	6.5	19	23	27	45	19	3
SIG12E	SAG12E	SKG12E	63	34	85	61	21	83	8	22	27	31	52	22	4
SIG15E	SAG15E	SKG15E	69	36	94	67	24	92	10	25	31	35	59	25	4
SIG17E	SAG17E	SKG17E	78	43	107	77	30	106	10	28	36	38	66	29	4
SIG20ES	SAG20ES	SKG20ES	94	53	128	94	36	128	12	35	44	45	78	35	4
SIG25ES	SAG25ES	SKG25ES	110	65	149	110	45	149	15	42	52	51	89	42	4
SIG30ES	SAG30ES	SKG30ES	140	82	184	125	60	169	15	47	60	61	104	49	4
SIG35ES	SAG35ES	SKG35ES	150	86	199	142	65	191	18	52	67	69	118	54	4
SIG40ES	SAG40ES	SKG40ES	163	92	217	145	65	199	20	58	72	77	132	60	6
SIG45ES	SAG45ES	SKG45ES	185	104	244	160	68	219	20	62	77	88	150	64	6
SIG50ES	SAG50ES	SKG50ES	210	115	281	175	70	246	20	70	90	100	173	72	6
SIG60ES	SAG60ES	SKG60ES	235	125	319	200	80	284	20	80	100	115	199	82	6
SIG70ES	SAG70ES	SKG70ES	270	140	364	230	85	324	25	95	112	141	237	97	6

注：螺纹可右旋或左旋，若为左旋，轴承代号为 SILG…E、SILG…ES、SALG…E 和 SALG…ES 对边宽度未规定尺寸。

① 参考尺寸，不适用于整体结构。

② 参考尺寸。

③ 这些杆端关节轴承无再润滑装置。

④ 这些杆端关节轴承具有再润滑装置，是通过润滑孔而不是通过润滑接口进行再润滑的。

表 14.6-76　符合尺寸系列 G、柄部为加强型的杆端关节轴承 GH 系列　　(mm)

d	带外螺纹或内螺纹									带外螺纹					带内螺纹				
	D①	d_1 ≈	B	C①	d_k②	r_{smin}	r_{1smin}①	$\alpha/(°)$ ≈	G	C_1 max	d_2 max	l_7 min	h	l_1 min	l_2 max	h_1	l_3 min	l_4 max	l_5 ≈	d_3 ≈
30	55	34	32	20	47	0.6	1	17	M36×3	22	84	40	130	82	174	130	60	174	25	49
35	62	39	35	22	53	0.6	1	16	M42×2	24	94	46	145	90	194	145	65	194	25	58
40	68	44	40	25	60	0.6	1	17	M45×3	28	104	50	165	95	219	165	65	219	30	65
45	75	50	43	28	66	0.6	1	15	M52×3	31	114	58	195	110	254	195	68	254	30	70
50	90	57	56	36	80	0.6	1	17	M60×4	39	137	73	225	120	296	225	70	296	35	82
60	105	67	63	40	92	1	1	17	M72×4	43	162	85	265	132	349	265	80	349	40	92
70	120	77	70	45	105	1	1	16	M80×4	48	182	98	295	147	389	295	85	389	45	105

注：GH 系列是 GB/T 9161—2001 中新增系列，对边宽度未规定尺寸。

① 参考尺寸，不适用于整体结构。

② 参考尺寸。

14.5　自润滑杆端关节轴承（见表 14.6-77）

自润滑杆端关节轴承（部分摘自 GB/T 9161—2001）：

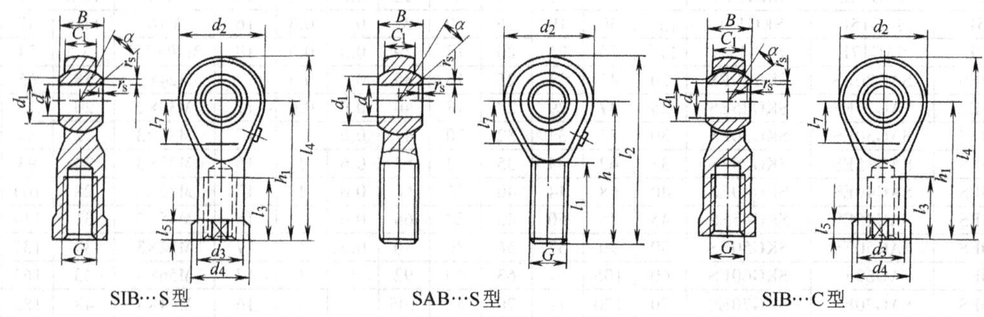

SIB…S型　　SAB…S型　　SIB…C型

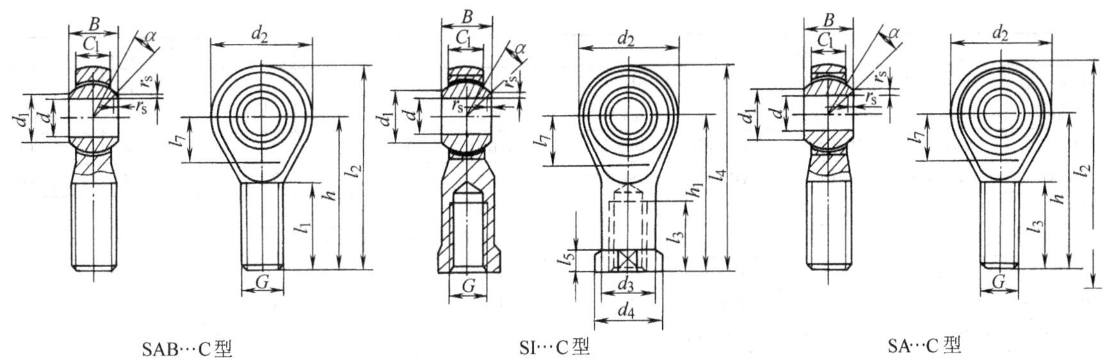

表 14.6-77　自润滑杆端关节轴承 JK 系列　(mm)

轴承型号						d	带外螺纹或内螺纹					
SIB…S 型 内螺纹	SAB…S 型 外螺纹	SIB…C 型 内螺纹	SAB…C 型 外螺纹	SI…C 型 内螺纹	SA…C 型 外螺纹		D①	d_1 ≈	B	C①	d_k②	r_s
SIBJK5S	SABJK5S	SIBJK5C	SABJK5C	SIJK5C	SAJK5C	5③	13	7.7	8	6	11.1	0.3
SIBJK6S	SABJK6S	SIBJK6C	SABJK6C	SIJK6C	SAJK6C	6	16	8.9	9	6.75	12.7	0.3
SIBJK8S	SABJK8S	SIBJK8C	SABJK8C	SIJK8C	SAJK8C	8	19	10.3	12	9	15.8	0.3
SIBJK10S	SABJK10S	SIBJK10C	SABJK10C	SIJK10C	SAJK10C	10	22	12.9	14	10.5	19	0.3
SIBJK12S	SABJK12S	SIBJK12C	SABJK12C	SIJK12C	SAJK12C	12	26	15.4	16	12	22.2	0.3
SIBJK14S	SABJK14S	SIBJK14C	SABJK14C	SIJK14C	SAJK14C	14	29	16.8	19	13.5	25.4	0.3
SIBJK16S	SABJK16S	SIBJK16C	SABJK16C	SIJK16C	SAJK16C	16	32	19.3	21	15	28.5	0.3
SIBJK18S	SABJK18S	SIBJK18C	SABJK18C	SIJK18C	SAJK18C	18	35	21.8	23	16.5	31.7	0.3
SIBJK20S	SABJK20S	SIBJK20C	SABJK20C	SIJK20C	SAJK20C	20	40	24.3	25	18	34.9	0.3
SIBJK22S	SABJK22S	SIBJK22C	SABJK22C	SIJK22C	SAJK22C	22	42	25.8	28	20	38.1	0.3
SIBJK25S	SABJK25S	SIBJK25C	SABJK25C	SIJK25C	SAJK25C	25	47	29.5	31	22	42.8	0.3
SIBJK30S	SABJK30S	SIBJK30C	SABJK30C	SIJK30C	SAJK30C	30	55	34.8	37	25	50.8	0.3
SIBJK35S	SABJK35S	SIBJK35C	SABJK35C	SIJK35C	SAJK35C	35	65	40.3	43	30	59	0.6
SIBJK40S	SABJK40S	SIBJK40C	SABJK40C	SIJK40C	SAJK40C	40	72	44.2	49	35	66	0.6
SIBJK50S	SABJK50S	SIBJK50C	SABJK50C	SIJK50C	SAJK50C	50	90	55.8	60	45	82	0.6

轴承型号						带外螺纹或内螺纹					
SIB…S 型 内螺纹	SAB…S 型 外螺纹	SIB…C 型 内螺纹	SAB…C 型 外螺纹	SI…C 型 内螺纹	SA…C 型 外螺纹	r_{1smin}①	α/(°) ≈	G	C_1 max	d_2 max	l_7 min
SIBJK5S	SABJK5S	SIBJK5C	SABJK5C	SIJK5C	SAJK5C	0.3	13	M5	7.5	19	9
SIBJK6S	SABJK6S	SIBJK6C	SABJK6C	SIJK6C	SAJK6C	0.3	13	M6	7.5	21	10
SIBJK8S	SABJK8S	SIBJK8C	SABJK8C	SIJK8C	SAJK8C	0.3	14	M8	9.5	25	12
SIBJK10S	SABJK10S	SIBJK10C	SABJK10C	SIJK10C	SAJK10C	0.3	13	M10	11.5	29	14
SIBJK12S	SABJK12S	SIBJK12C	SABJK12C	SIJK12C	SAJK12C	0.3	13	M12	12.5	33	16
SIBJK14S	SABJK14S	SIBJK14C	SABJK14C	SIJK14C	SAJK14C	0.3	16	M14	14.5	37	18
SIBJK16S	SABJK16S	SIBJK16C	SABJK16C	SIJK16C	SAJK16C	0.3	15	M16	15.5	43	21
SIBJK18S	SABJK18S	SIBJK18C	SABJK18C	SIJK18C	SAJK18C	0.3	15	M18×1.5	17.5	47	23
SIBJK20S	SABJK20S	SIBJK20C	SABJK20C	SIJK20C	SAJK20C	0.6	14	M20×1.5	18.5	51	25
SIBJK22S	SABJK22S	SIBJK22C	SABJK22C	SIJK22C	SAJK22C	0.6	15	M22×1.5	21	55	27
SIBJK25S	SABJK25S	SIBJK25C	SABJK25C	SIJK25C	SAJK25C	0.6	15	M24×2	23	61	30
SIBJK30S	SABJK30S	SIBJK30C	SABJK30C	SIJK30C	SAJK30C	0.6	17	M30×2	27	71	35
SIBJK35S	SABJK35S	SIBJK35C	SABJK35C	SIJK35C	SAJK35C	1	16	M36×2	32	81	40
SIBJK40S	SABJK40S	SIBJK40C	SABJK40C	SIJK40C	SAJK40C	1	16	M42×2	37	91	45
SIBJK50S	SABJK50S	SIBJK50C	SABJK50C	SIJK50C	SAJK50C	1	14	M48×2	47	117	58

（续）

轴承型号						带外螺纹			带内螺纹					
SIB…S 型 内螺纹	SAB…S 型 外螺纹	SIB…C 型 内螺纹	SAB…C 型 外螺纹	SI…C 型 内螺纹	SA…C 型 外螺纹	h	l_1 min	l_2 max	h_1	l_3 min	l_4 max	l_5 ≈	d_3 ≈	d_4 max
SIBJK5S	SABJK5S	SIBJK5C	SABJK5C	SIJK5C	SAJK5C	33	19	44	27	8	38	4	9	12
SIBJK6S	SABJK6S	SIBJK6C	SABJK6C	SIJK6C	SAJK6C	36	21	48	30	9	42	5	10	14
SIBJK8S	SABJK8S	SIBJK8C	SABJK8C	SIJK8C	SAJK8C	42	25	56	36	12	50	5	12.5	17
SIBJK10S	SABJK10S	SIBJK10C	SABJK10C	SIJK10C	SAJK10C	48	28	64	43	15	59	6.5	15	20
SIBJK12S	SABJK12S	SIBJK12C	SABJK12C	SIJK12C	SAJK12C	54	32	72	50	18	68	6.5	17.5	23
SIBJK14S	SABJK14S	SIBJK14C	SABJK14C	SIJK14C	SAJK14C	60	36	80	57	21	77	8	20	27
SIBJK16S	SABJK16S	SIBJK16C	SABJK16C	SIJK16C	SAJK16C	66	37	89	64	24	87	8	22	29
SIBJK18S	SABJK18S	SIBJK18C	SABJK18C	SIJK18C	SAJK18C	72	41	97	71	27	96	10	25	32
SIBJK20S	SABJK20S	SIBJK20C	SABJK20C	SIJK20C	SAJK20C	78	45	106	77	30	105	10	27.5	37
SIBJK22S	SABJK22S	SIBJK22C	SABJK22C	SIJK22C	SAJK22C	84	48	114	84	33	114	12	30	40
SIBJK25S	SABJK25S	SIBJK25C	SABJK25C	SIJK25C	SAJK25C	94	55	127	94	36	127	12	33.5	44
SIBJK30S	SABJK30S	SIBJK30C	SABJK30C	SIJK30C	SAJK30C	110	66	148	110	45	148	15	40	52
SIBJK35S	SABJK35S	SIBJK35C	SABJK35C	SIJK35C	SAJK35C	140	85	183	125	56	168	20	49	60
SIBJK40S	SABJK40S	SIBJK40C	SABJK40C	SIJK40C	SAJK40C	150	90	198	142	60	190	25	57	69
SIBJK50S	SABJK50S	SIBJK50C	SABJK50C	SIJK50C	SAJK50C	185	105	246	160	65	221	25	65	78

注：螺纹可为左旋或右旋，若为左旋，轴承代号为 SILB…S、SALB…S、SILB…C、SALB…C、SIL…C 和 SAL…C。对边宽度未规定尺寸。

① 参考尺寸，不适用于整体结构。

② 参考尺寸。

③ 该杆端关节轴承无再润滑装置。

14.6 自润滑球头杆端关节轴承（见表 14.6-78~表 14.6-80）

自润滑球头杆端关节轴承（部分摘自 JB/T 5306—2007）

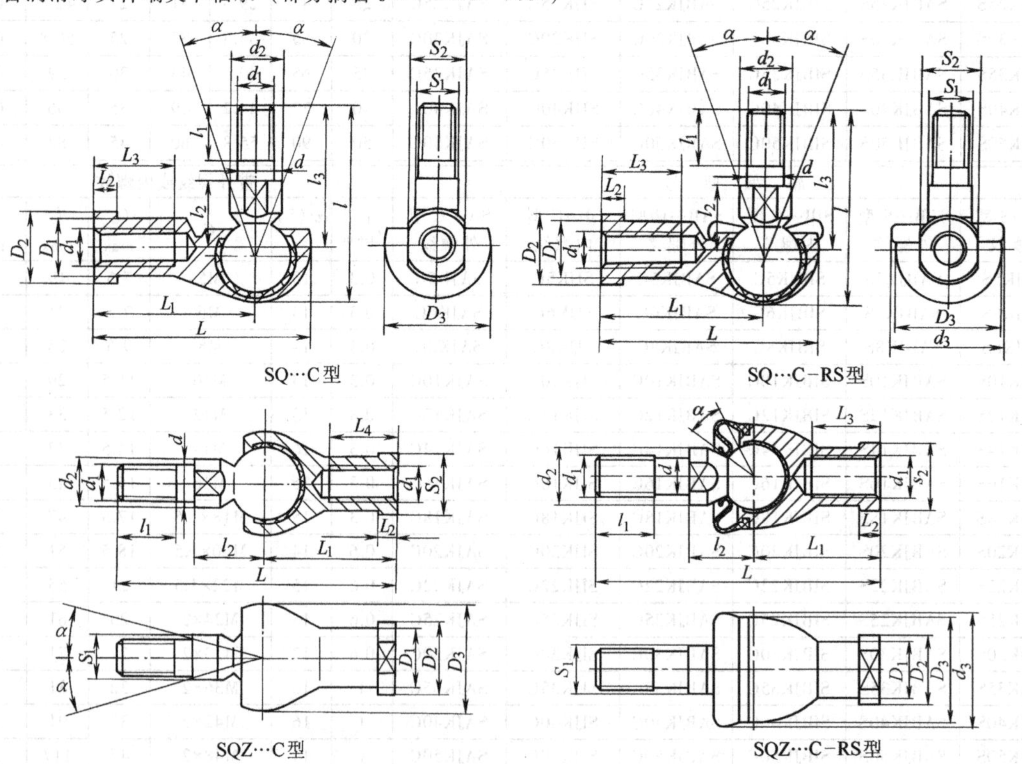

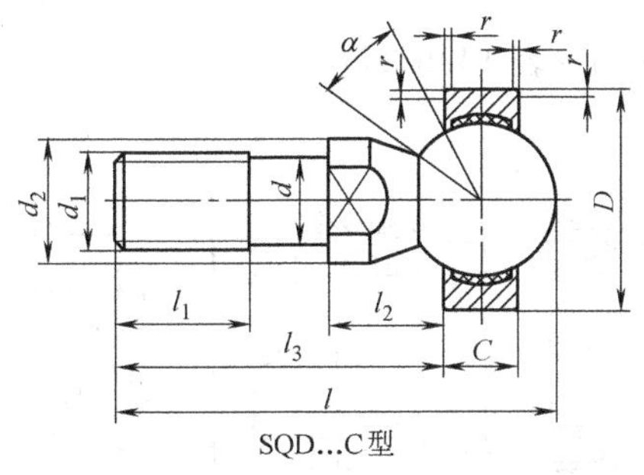

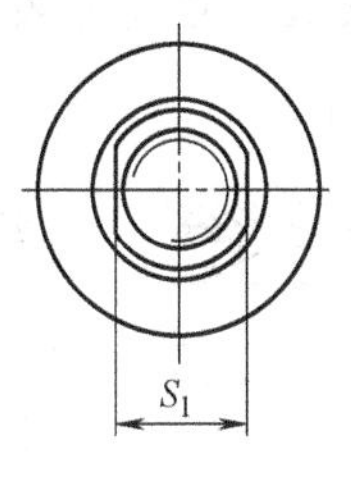

SQD…C型

表 14.6-78　自润滑球头杆端关节轴承 SQ…C 型和 SQ…C-RS 型　　(mm)

轴承型号		公称尺寸																	
						球头杆					球头座杆								倾斜角
		d	d_1	l max	d_3 max	l_1 min	l_2	l_3 max	d_2 min	S_1	L max	L_1	L_2 max	L_3 max	D_1 max	D_2 max	D_3 max	S_2	$\alpha/(°)$
SQ5C	SQ5C-RS	5	M5	30	20	8	10	21	9	7	36	27	4	14	9	12	18	10	25
SQ6C	SQ6C-RS	6	M6	36	20	11	11	26	10	8	40.5	30	5	14	10	13	20	10	25
SQ8C	SQ8C-RS	8	M8	43.5	24	12	14	31	12	10	49	36	5	17	12.5	16	25	13	25
SQ10C	SQ10C-RS	10	M10×1.25	51.5	30	15	17	37	14	11	58	43	6.5	21	15	19	29	16	25
SQ12C	SQ12C-RS	12	M12×1.25	57.6	32	17	19	42	19	16	66	50	6.5	25	17.5	22	31	18	25
SQ14C	SQ14C-RS	14	M14×1.5	73.5	38	22	21.5	56	19	16	75	57	8	26	20	25	35	21	25
SQ16C	SQ16C-RS	16	M16×1.5	79.5	44	23	23.5	60	22	18	84	64	8	32	22	27	39	24	20
SQ18C	SQ18C-RS	18	M18×1.5	90	45	25	26.5	68	25	21	93	71	10	34	25	31	44	27	20
SQ20C	SQ20C-RS	20	M20×1.5	90	50	25	27	68	29	24	99	77	10	35	27.5	34	44	30	20
SQ22C	SQ22C-RS	22	M22×1.5	95	52	26	28	70	29	24	109	84	12	41	30	37	50	30	16

注：球头座杆的螺纹可为右旋或左旋，若是左旋，轴承型号应加“L”、螺纹标记需加“左”，例如：SQL5CM5 左-6H；SQL10C-RSM10×1.25 左-6H。

表 14.6-79　自润滑球头杆端关节轴承 SQZ…C 型和 SQZ…C-RS 型　　(mm)

轴承型号		公称尺寸																
						球头杆				球头座杆								倾斜角
		d	d_1	L max	d_3 max	l_1 min	l_2	d_2 min	S_1	L_1	L_2 max	L_3 max	D_1 max	D_2 max	D_3 max	S_2		$\alpha/(°)$
SQZ5C	SQZ5C-RS	5	M5	46	20	8	11	9	7	24	4	12	9	12	17	10		15
SQZ6C	SQZ6C-RS	6	M6	55.2	20	11	12.2	10	8	28	5	15	10	13	20	10		15
SQZ8C	SQZ8C-RS	8	M8	65	24	12	16	12	10	32	5	16	12.5	16	24	13		15
SQZ10C	SQZ10C-RS	10	M10×1.25	74.5	30	15	19.5	14	11	35	6.5	18	15	19	28	16		15
SQZ12C	SQZ12C-RS	12	M12×1.25	84	32	17	21	19	16	40	6.5	20	17.5	22	32	18		15
SQZ14C	SQZ14C-RS	14	M14×1.5	104.5	38	22	23.5	19	16	45	8	25	20	25	36	21		11
SQZ16C	SQZ16C-RS	16	M16×1.5	112	44	23	25.5	22	18	50	8	27	22	27	40	24		11
SQZ18C	SQZ18C-RS	18	M18×1.5	130.5	45	25	31	25	21	58	10	32	25	31	45	27		11
SQZ20C	SQZ20C-RS	20	M20×1.5	133	50	25	31	29	24	63	10	38	27.5	34	45	30		7.5
SQZ22C	SQZ22C-RS	22	M22×1.5	145	52	26	33	29	24	70	12	43	30	37	50	30		7.5

注：球头座杆的螺纹可为右旋或左旋，若为左旋，轴承型号应加“L”、螺纹标记应加“左”，例如：SQZL5CM5 左-6H；SQZL12C-RSM12×1.25 左-6H。

表 14.6-80　自润滑球头杆端关节轴承 SQD…C 型　　(mm)

轴承型号	公称尺寸										
				球头杆					球头座		倾斜角
	d	d_1	l max	l_1 min	l_2	l_3 max	d_2 min	S_1	D	C	r min	$\alpha/(°)$
SQD5C	5	M5	27.5	8	8	19	9	7	16	6	0.5	25
SQD6C	6	M6	33.5	11	8.8	23.8	10	8	18	6.75	0.5	25
SQD8C	8	M8	41	12	11.6	28.6	12	10	22	9	0.5	25
SQD10C	10	M10×1.25	49	15	14.2	34.2	14	11	26	10.5	0.5	25
SQD12C	12	M12×1.25	55.1	17	15.1	38.1	19	16	30	12	0.5	25
SQD14C	14	M14×1.5	70.5	22	16.8	51.3	19	16	34	13.5	0.5	20
SQD16C	16	M16×1.5	76.3	23	18	54.5	22	18	38	15	0.5	20

14.7　关节轴承的安装尺寸（见表 14.6-81～表 14.6-85）

宽内圈向心关节轴承：

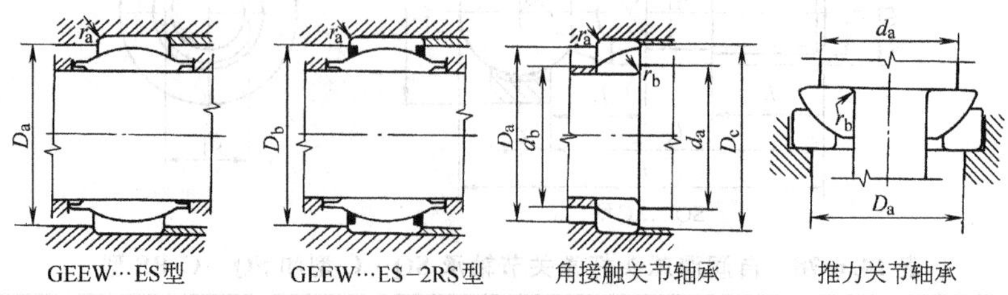

GEEW…ES型　GEEW…ES-2RS型　角接触关节轴承　推力关节轴承

表 14.6-81　向心关节轴承（E 系列）安装尺寸　（mm）

轴承公称直径		d_a		D_a		D_b		r_a	r_b	轴承公称直径		d_a		D_a		D_b		r_a	r_b
d	D	max	min	max	min	max	min	max	max	d	D	max	min	max	min	max	min	max	max
4	12	6	6	10	8	—	—	0.3	0.3	70	105	77	75	99	84	99	89	1.0	1.0
5	14	7	7	12	10	—	—	0.3	0.3	80	120	88	85	114	97	114	102	1.0	1.0
6	14	8	8	12	10	—	—	0.3	0.3										
										90	130	98	96	124	106	124	110	1.0	1.0
8	16	10	10	14	13	—	—	0.3	0.3	100	150	109	106	144	120	144	127	1.0	1.0
10	19	13	13	17	17	—	—	0.3	0.3	110	160	120	116	154	131	154	138	1.0	1.0
12	22	15	15	19	18	—	—	0.3	0.3	120	180	130	126	174	146	174	154	1.0	1.0
										140	210	160	146	204	168	204	177	1.0	1.0
15	26	18	18	23	21	23	22	0.3	0.3	160	230	170	166	224	186	224	196	1.0	1.0
17	30	20	20	27	24	27	25	0.3	0.3										
20	35	24	23	31	28	31	30	0.3	0.3	180	260	192	187	253	214	253	224	1.0	1.0
25	42	29	28	38	33	38	36	0.6	0.6	200	290	212	207	283	233	283	245	1.0	1.0
30	47	34	33	43	38	43	40	0.6	0.6	220	320	238	227	313	260	313	272	1.0	1.0
35	55	39	38	50	44	50	47	0.6	1.0										
										240	340	265	247	333	286	333	299	1.0	1.0
40	62	45	44	57	50	57	53	0.6	1.0	260	370	280	267	363	310	363	323	1.0	1.0
45	68	50	49	63	56	63	59	0.6	1.0	280	400	310	287	393	333	393	346	1.0	1.0
50	75	55	54	70	61	70	64	0.6	1.0										
60	90	66	65	84	73	84	77	1.0	1.0	300	430	330	307	423	360	423	373	1.0	1.0

表 14.6-82　向心关节轴承（G 系列）安装尺寸　（mm）

轴承公称直径		d_a		D_a		D_b		r_a	r_b	轴承公称直径		d_a		D_a		D_b		r_a	r_b
d	D	max	min	max	min	max	min	max	max	d	D	max	min	max	min	max	min	max	max
4	14	7	6	12	10	—	—	0.3	0.3	60	105	67	65	99	84	99	89	1.0	1.0
5	16	8	7	14	12	—	—	0.3	0.3	70	120	77	75	114	87	114	102	1.0	1.0
6	16	9	8	14	12	—	—	0.3	0.3	80	130	87	85	124	106	124	110	1.0	1.0
8	19	11	10	17	15	—	—	0.3	0.3	90	150	98	96	144	120	144	127	1.0	1.0
10	22	13	13	20	18	—	—	0.3	0.3	100	160	110	106	154	131	154	138	1.0	1.0
12	26	16	15	23	21	—	—	0.3	0.3	110	180	122	116	174	146	174	154	1.0	1.0
15	30	19	18	27	24	27	25	0.3	0.3										
17	35	21	20	32	28	32	30	0.3	0.3	120	210	132	126	204	168	204	177	1.0	1.0
20	42	24	23	38	33	38	36	0.3	0.3	140	230	151	146	224	186	224	196	1.0	1.0
										160	260	176	166	254	214	254	224	1.0	1.0
25	47	29	28	43	38	43	40	0.6	0.6										
30	55	34	33	50	44	50	47	0.6	1.0	180	300	196	187	283	233	283	245	1.0	1.0
35	62	39	38	57	50	57	53	0.6	1.0	200	320	220	207	313	260	313	272	1.0	1.0
										220	340	243	227	333	286	333	299	1.0	1.0
40	68	44	44	63	56	63	59	0.6	1.0										
45	75	50	49	70	61	70	64	0.6	1.0	240	370	263	247	363	310	363	323	1.0	1.0
50	90	57	54	84	73	84	77	0.6	1.0	260	400	285	267	393	333	393	346	1.0	1.0
										280	430	310	287	423	360	423	373	1.0	1.0

表 14.6-83　向心关节轴承（EW 系列）安装尺寸　(mm)

轴承公称直径		D_a		D_b		r_b	轴承公称直径		D_a		D_b		r_b
d	D	max	min	max	min	max	d	D	max	min	max	min	max
12	22	19	18	19	17	0.3	40	62	57	50	57	53	1.0
15	26	23	21	23	22	0.3	45	68	63	56	63	59	1.0
16	28	25	23	25	24	0.3	50	75	70	61	70	64	1.0
17	30	27	24	27	25	0.3							
20	35	31	28	31	30	0.3	60	90	84	73	84	77	1.0
25	42	38	33	38	36	0.3	63	95	89	76	89	81	1.0
							70	105	99	84	99	89	1.0
30	47	43	38	43	40	0.6							
32	52	47	41	47	44	1.0	80	120	114	97	114	102	1.0
35	55	50	44	50	47	1.0	100	150	144	120	144	127	1.0

表 14.6-84　角接触关节轴承（E 系列）安装尺寸　(mm)

轴承公称直径		d_a	d_b	D_a	D_c	r_c	轴承公称直径		d_a	d_b	D_a	D_c	r_c
d	D	min	max	max	min	max	d	D	min	max	max	min	max
25	47	31	29	41	43	1.0	70	110	79	79	103	104	1.0
30	55	36	34	49	51	1.0	75	115	84	84	108	109	1.0
35	62	41	39	56	57	1.0	80	125	89	87	118	117	1.0
40	68	46	44	62	63	1.0	85	130	94	94	123	124	1.0
45	75	51	50	69	70	1.0	90	140	99	97	131	130	1.5
50	80	56	56	74	75	1.0	95	145	104	104	136	137	1.5
55	90	62	60	83	83	1.0	100	150	110	110	141	143	1.5
60	95	67	67	88	89	1.0	105	160	115	113	151	150	2
65	100	72	72	93	95	1.0	110	170	120	116	161	157	2
							120	180	131	131	171	170	2

表 14.6-85　推力关节轴承（E 系列）安装尺寸　(mm)

轴承公称直径		d_a	D_a	r_c	轴承公称直径		d_a	D_a	r_c
d	D	min	max	max	d	D	min	max	max
10	30	22	23	0.6	45	120	84	97	1.0
12	36	25	27	0.6	50	130	93	104	1.0
15	42	31	32	0.6	60	150	109	119	1.0
17	47	34	37	0.6	70	160	123	124	1.0
20	55	38	44	1.0	80	180	137	141	1.0
25	62	47	47	1.0	100	210	157	171	1.0
30	75	55	59	1.0					
35	90	65	71	1.0	120	230	176	187	1.0
40	105	75	84	1.0					

15 直线运动滚动支承

15.1 直线运动球轴承（摘自 GB/T 16940—2012）（见表 14.6-86～表 14.6-89）

直线运动球轴承：

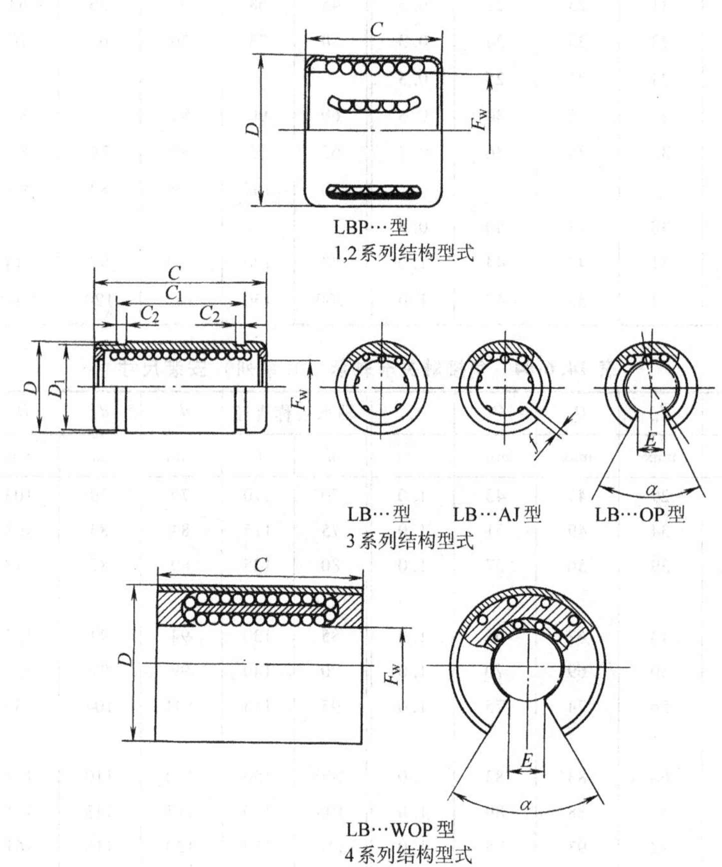

表 14.6-86 直线运动球轴承 1 系列外形尺寸 （mm）

轴承型号 LBP…型	F_W	D	C	轴承型号 LBP…型	F_W	D	C	轴承型号 LBP…型	F_W	D	C
LBP 3710	3	7	10	LBP 101726	10	17	26	LBP 304050	30	40	50
LBP 4812	4	8	12	LBP 121928	12	19	28	LBP 405260	40	52	60
LBP 51015	5	10	15	LBP 162430	16	24	30	LBP 506270	50	62	70
LBP 61219	6	12	19	LBP 202830	20	28	30	LBP 607585	60	75	85
LBP 81524	8	15	24	LBP 253540	25	35	40				

注：表中尺寸也适用于 LB…型和 LB…AJ 型轴承。

表 14.6-87 直线运动球轴承 2 系列外形尺寸 （mm）

轴承型号 LBP…型	F_W	D	C	轴承型号 LBP…型	F_W	D	C	轴承型号 LBP…型	F_W	D	C
LBP 122024	12	20	24	LBP 203030	20	30	30	LBP 304444	30	44	44
LBP 162528	16	25	28	LBP 253737	25	37	37	LBP 405656	40	56	56

注：表中尺寸也适用于 LB…型和 LB…AJ 型轴承。

表 14.6-88　直线运动球轴承 3 系列外形尺寸　(mm)

轴承型号			外形尺寸								开口包容角
LB…型	LB…AJ 型	LB…OP 型	F_W	D	C	C_1	C_{2min}	D_{1max}	f	E_{min}	α_{min}/(°)
LB 51222	LB 51222 AJ	—	5	12	22	14.2	1.1	11.5	1	—	—
LB 61322	LB 61322 AJ	—	6	13	22	14.2	1.1	12.4	1	—	—
LB 81625	LB 81625 AJ	—	8	16	25	16.2	1.1	15.2	1	—	—
LB 101929	LB 101929 AJ	LB 101929 OP	10	19	29	21.6	1.3	18	1	6	65
LB 122232	LB 122232 AJ	LB 122232 OP	12	22	32	22.6	1.3	21	1.5	6.5	65
LB 162636	LB162636 AJ	LB 162636 OP	16	26	36	24.6	1.3	24.9	1.5	9	50
LB 203245	LB 203245 AJ	LB 203245 OP	20	32	45	31.2	1.6	30.5	2	9	50
LB 254058	LB 254058 AJ	LB 254058 OP	25	40	58	43.7	1.85	38.5	2	11	50
LB 304768	LB 304768 AJ	LB 304768 OP	30	47	68	51.7	1.85	44.5	2	12.5	50
LB 355270	LB 355270 AJ	LB 355270 OP	35	52	70	49.2	2.15	49	2.5	15	50
LB 406280	LB 406280 AJ	LB 406280 OP	40	62	80	60.3	2.15	59	2.5	16.5	50
LB 5075100	LB 5075100 AJ	LB 5075100 OP	50	75	100	77.3	2.65	72	2.5	21	50
LB 6090125	LB 6090125 AJ	LB 6090125 OP	60	90	125	101.3	3.15	86.5	3	26	50
LB 80120165	LB 80120165 AJ	LB 80120165 OP	80	120	165	133.3	4.15	116	3	36	50
LB 100150175	LB 100150175 AJ	LB 100150175 OP	100	150	175	143.3	4.15	145	3	45	50

注：对于开口型和调整型轴承，D 和 D_{1max} 是在套筒开缝后并装在直径为 D、偏差为零的厚壁环规中所测得的尺寸。

表 14.6-89　直线运动球轴承 4 系列外形尺寸　(mm)

轴承型号	外形尺寸				开口包容角	轴承型号	外形尺寸				开口包容角
LB…WOP 型	F_W	D	C	E_{min}	α_{min}/(°)	LB…WOP 型	F_W	D	C	E_{min}	α_{min}/(°)
LB 306075 WOP	30	60	75	14	72	LB 60110150 WOP	60	110	150	29	72
LB 4075100 WOP	40	75	100	19.5	72	LB 80145200 WOP	80	145	200	39	72
LB 5090125 WOP	50	90	125	24.5	72						

注：D 是在套筒开口后装在直径为 D、偏差为零的厚壁环规中所测得的尺寸。

15.2 直线运动滚子轴承（见表 14.6-90～表 14.6-95）

直线运动滚子轴承（摘自 JB/T 6364—2005）：

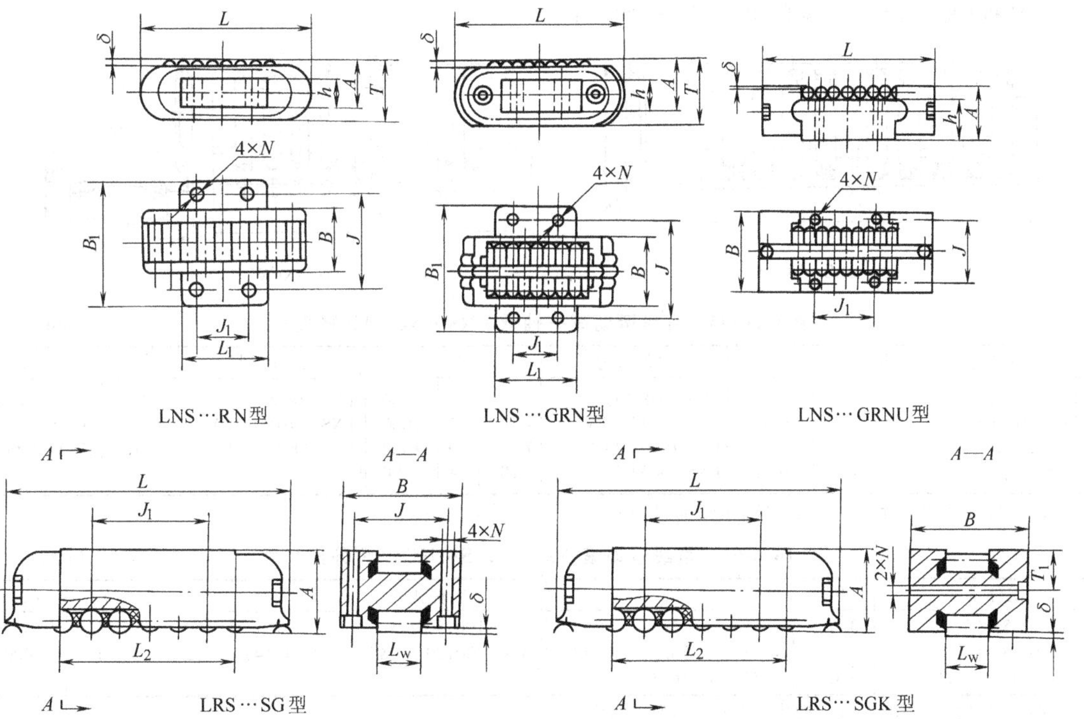

表 14.6-90 直线运动滚子轴承 LNS…RN 型外形尺寸 (mm)

型 号	B	L	B_1	A	T	L_1	h	δ	J	J_1	N
LNS 1540 RN	15	40	30	11	15	20	7	0.2	23	12	3.3
LNS 2050 RN	20	50	36	12	16	30	8	0.2	29	18	3.8
LNS 2560 RN	25	60	45	14	19	35	9	0.2	36	20	4.8
LNS 3270 RN	32	70	55	15	20	45	10	0.3	44	27	5.5
LNS 4087 RN	40	87	68	21	28	55	14	0.3	54	35	6.5
LNS 50125 RN	50	125	82	30	40	78	20	0.4	66	50	8.5

表 14.6-91 直线运动滚子轴承 LNS…GRN 型外形尺寸 (mm)

型 号	B	L	B_1	A	T	L_1	h	δ	J	J_1	N
LNS 1540 GRN	15	40	30	15	20	20	11	0.3	23	12	3.3
LNS 2050 GRN	20	50	36	15	20	30	11	0.3	29	18	3.3
LNS 2560 GRN	25	60	45	18	24.5	35	13	0.3	36	20	4.8
LNS 3270 GRN	32	70	55	18	24.5	45	13	0.3	44	27	5.5
LNS 4092 GRN	40	92	68	25	34	55	18	0.4	54	35	6.5
LNS 50125 GRN	50	125	82	30	42	78	20	0.4	66	50	8.5

表 14.6-92 直线运动滚子轴承 LNS…GRNU 型外形尺寸 (mm)

型 号	A	B	L	δ	J	J_1	N	h①
LNS 2251 GRNU	14.28	22.23	51	0.2	17.1	19.0	3.4	10.48
LNS 2573 GRNU	19.05	25.40	73	0.3	20.6	25.4	3.4	13.97
LNS 38102 GRNU	28.57	38.10	102	0.3	31.0	38.1	4.5	20.95
LNS 51140 GRNU	38.10	50.80	140	0.4	41.3	50.8	5.5	27.94

① 系参考尺寸。

表 14.6-93 直线运动滚子轴承 LRS…SG 和 LRS…SGK 型外形尺寸 (mm)

型号		A	B	L	J	J_1	T_1	L_2	N	δ	L_W
LRS 0000 SG 型	LRS 0000 SGK 型										
LRS 2562 SG	LRS 2562 SGK	16	25	62	19	17	8	36.7	3.4	0.2	8
LRS 2769 SG	LRS 2769 SGK	19	27	69	20.6	25.5	9.5	44	3.4	0.3	10
LRS 4086 SG	LRS 4086 SGK	26	40	86	30	28	13	53	4.5	0.3	14
LRS 52133 SG	LRS 52133 SGK	38	52	133	41	51	19	85	6.6	0.4	20

滚针和平保持架组件（摘自 JB/T 7359—2007）：

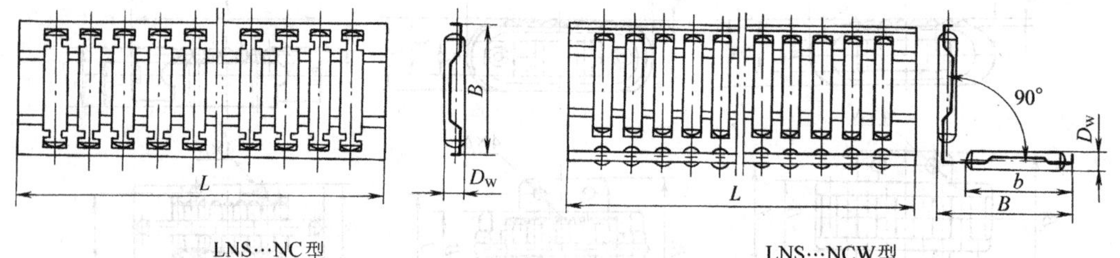

LNS…NC型　　LNS…NCW型

表 14.6-94 直线运动滚子轴承 LNS…NC 型外形尺寸 (mm)

组件代号	D_W	B	L_{max}	组件代号	D_W	B	L_{max}	组件代号	D_W	B	L_{max}
LNS 3020 NC	3	20	1000	LNS 7028 NC	7	28	1000	LNS 10080NC	10	80	1000
LNS 5030 NCV	3.535	30	1000	LNS 10042 NCV	7.071	42	1000	LNS 200100 NCV	14.142	100	1000
LNS 5023 NC	5	23	1000	LNS 10060 NCV	7.071	60	1000	LNS 200120 NC	20	120	1000
LNS 5038 NC	5	38	1000	LNS 10054 NC	10	54	1000				

注：组件代号与标准中规定的代号不同，标准中的代号无“NC”。

表 14.6-95 直线运动滚子轴承 LNS…NCW 型外形尺寸 (mm)

组件代号	D_W	B	b	L_{max}	组件代号	D_W	B	b	L_{max}
LNS 5035 NCWV	3.535	35	29	1000	LNS 10095 NCW	10	95	77	1000
LNS 5045 NCW	5	45	35.5	1000	LNS 200120 NCWV	14.142	120	96	1000
LNS 10070 NCWV	7.071	70	56.5	1000					

注：组件代号与标准中规定的代号不同，标准中的代号无“NC”。

15.3　滚动直线导轨副（见表 14.6-96、表 14.6-97）

表 14.6-96　开放型滚动直线导轨副

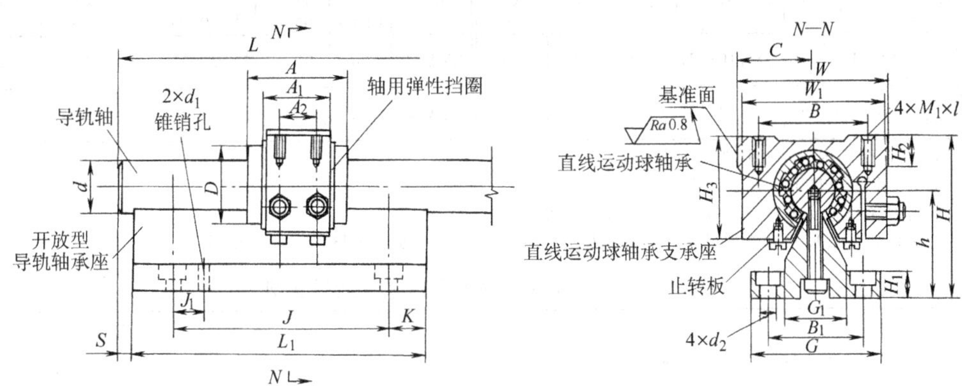

型号规格	通用系列 公称尺寸/mm																		
	d (js6)	d_1	d_2	D (h5)	L	L_1	A	A_1 (0.2)	A_2	J	J_1	K	C	W	W_1	B	B_1	G	G_1
GTA13 (HJG-YK13)	13	5	5.8	23	≤500	100	32	20.5	11	80	15	10	27	54	53	36	36	50	22
GTA16 (HJG-YK16)	16	5	5.8	28	≤650	100	37	23.5	13	80	15	10	28	56	54	42	36	50	24
GTA20 (HJG-YK20)	20	6	7	32	≤800	125	42	27.5	16	100	20	12.5	30	60	58	45	40	56	26
GTA25 (HJG-YK25)	25	6	7	40	≤1000	125	59	37.5	24	100	20	12.5	35.5	71	68	56	40	56	26
GTA30 (HJG-YK30)	30	6	7	45	≤1500	150	64	41	26	120	25	15	40	80	77	63	45	60	26
GTA35 (HJG-YK35)	35	8	9	52	≤1800	150	70	45.5	28	120	25	15	45	90	87	71	53	71	34
GTA38 (HJG-YK38)	38	8	9	57	≤2000	150	76	54.5	38	120	25	15	50	100	96	80	53	71	34
GTA40 (HJG-YK40)	40	8	9	60	≤2000	150	80	56.5	38	120	25	15	50	100	96	80	53	71	36
GTA50 (HJG-YK50)	50	8	11	80	≤2500	200	100	69	50	160	30	20	62.5	125	121	100	67	90	42
GTA60 (HJG-YK60)	60	8	11	90	≤3000	200	110	79	56	160	30	20	70	140	135	110	67	90	48
GTA80 (HJG-YK80)	80	8	13.5	120	≤3500	250	140	97.5	75	200	40	25	90	180	175	150	85	110	60

通用系列 型号规格	公称尺寸/mm						额定动载荷/N	额定静载荷/N	特殊系列 型号规格	公称尺寸/mm					额定动载荷/N	额定静载荷/N
	h	H	H_1	H_2	H_3	M_1×l				d (js6)	D (h5)	A	A_1 (−0.2)	A_2		
GTA13 (HJG-YK13)	36	56	11	9	33	M5×8	260	480	GTAt13	12	22	32	20.4	11	250	480
GTA16 (HJG-YK16)	39	63	10	10	40	M5×14	420	720	GTAt16	16	26	36	22.4	12	280	550
GTA20 (HJG-YK20)	41	67	12	12	44	M6×14	550	920	GTAt20	20	32	45	28.5	16	550	970
GTA25 (HJG-YK25)	41	71	12	14	52	M6×14	870	1560	GTAt25	25	40	58	40.5	26	870	1560
GTA30 (HJG-YK30)	51	85	14	16	58	M8×16	1270	2150	GTAt30	30	47	68	48.5	32	1270	2150
GTA35 (HJG-YK35)	58	96	14	18	66	M8×16	1670	3040								
GTA38 (HJG-YK38)	58	100	14	20	73	M8×16	2050	3520								
GTA40 (HJG-YK40)	58	100	14	20	74	M8×16	2050	3520	GTAt40	40	62	80	56.5	40	2050	3520
GTA50 (HJG-YK50)	72	125	17	25	95	M12×25	4010	6950	GTAt50	50	75	100	72.5	53	4010	6950

（续）

型号规格	通用系列 公称尺寸/mm h	H	H_1	H_2	H_3	$M_1\times l$	额定动载荷/N	额定静载荷/N	特殊系列 型号规格	公称尺寸/mm d（js6）	D（h5）	A	A_1（-0.2）	A_2	额定动载荷/N	额定静载荷/N
GTA60（HJG-YK60）	85	145	17	28	108	M12×25	4800	8030	GTAt60	60	90	125	95.5	71	5190	8910
GTA80（HJG-YK80）	110	190	20	35	143	M12×25	8820	14210	GTAt80	80	120	165	125.5	100	8820	14120

注：1. $4\times d_2$ 孔配用内六角圆柱头螺钉紧固。

2. S 尺寸由客户自定，并于订货时注明。

3. 开放型导轨轴支承座有特殊要求者可特殊订货。

4. 特殊系列外形尺寸除所列尺寸外，其他尺寸系列与通用系列对应规格所列尺寸相同。

表 14.6-97　标准型及调整型滚动直线导轨副

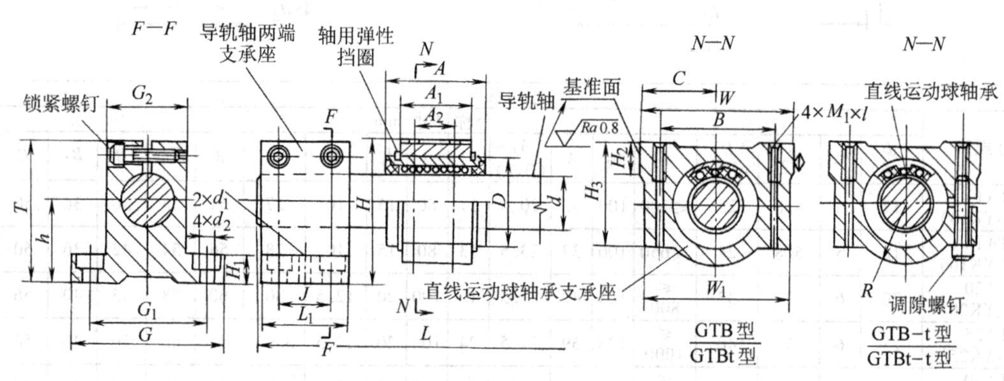

型号规格	通用系列 公称尺寸/mm d（js6）	d_1	d_2	D（h5）	h	C	G	G_1	G_2	L ≤	L_1	T	H_1	H	H_3	H_2	A	A_1（0.2）	A_2	J
GTB13	13	5	5.8	23	20	25	45	32	20	500	32	38	10	40	28	9	32	20.5	11	18
GTB16（HJG-Y16）	16	5	5.8	28	24	28	50	36	24	650	32	46	10	48	34	10	37	23.8	13	18
GTB20（HJG-Y20）	20	6	7	32	27	30	60	45	30	800	38	50	12	53	38	12	42	27.8	16	22
GTB25（HJG-Y25）	25	6	7	40	33	35.5	67	50	36	1000	38	60	12	63	42	14	59	37.4	24	22
GTB30（HJG-Y30）	30	6	7	45	37	40	75	56	42	1500	38	67	12	71	50	16	64	41	26	22
GTB35（HJG-Y35）	38	8	9	52	42	45	85	67	50	1800	48	75	16	80	56	18	70	45.5	28	28
GTB38（HJG-Y38）	40	8	9	57	48	60	90	71	54	2000	48	85	16	90	63	20	76	54.5	40	28
GTB40（HJG-Y40）	40	8	9	60	48	50	90	71	54	2000	48	85	16	90	63	20	80	56.4	40	28
GTB50（HJG-Y50）	50	8	11	80	57	62.5	110	85	65	2500	52	105	20	110	75	25	100	69	50	30
GTB60（HJG-Y60）	60	8	11	90	65	70	125	100	80	3000	52	120	20	125	85	28	110	79	56	30
GTB80（HJG-Y80）	80	8	13.5	120	80	90	160	130	105	4000	60	150	25	160	110	25	140	99.4	75	34

（续）

通用系列								特殊系列							
型号规格	公称尺寸/mm					额定动载荷/N	额定静载荷/N	型号规格	公称尺寸/mm					额定动载荷/N	额定静载荷/N
	W	W_1	B	R	$M_1 \times l$				d (js6)	D (h5)	A	A_1 (−0.2)	A_2		
GTB13	50	48	36	18	M5×12	260	480	GTBt12	12	22	32	20.4	11	250	480
GTB16 (HJG-Y16)	56	54	42	22	M5×12	420	720	GTBt16	16	26	36	22.4	12	280	500
GTB20 (HJG-Y20)	60	58	45	24	M6×14	550	920	GTBt20	20	32	45	28.3	16	550	970
GTB25 (HJG-Y25)	71	68	56	28	M6×14	870	1560	GTBt25	25	40	58	40.5	26	870	1560
GTB30 (HJG-Y30)	80	77	63	32	M8×16	1270	2150	GTBt30	30	47	68	48.5	32	1270	2150
GTB35 (HJG-Y35)	90	87	71	36	M8×16	1670	3040								
GTB38 (HJG-Y38)	100	96	80	40	M8×18	2050	3520								
GTB40 (HJG-Y40)	100	96	80	40	M8×18	2050	3520	GTBt40	40	62	80	56.5	40	2050	3520
GTB50 (HJG-Y50)	125	121	100	50	M12×22	4010	6950	GTBt50	50	75	100	72.5	53	4010	6950
GTB60 (HJG-Y60)	140	135	110	56	M12×22	4800	8030	GTBt60	60	90	125	95.5	71	5190	8910
GTB80 (HJG-Y80)	180	175	150	70	M12×25	8820	14210	GTBt80	80	120	165	125.5	100	8820	14120

注：1. 通用系列 GTB-t 型所列尺寸，参数与 GTB 型相同。
2. 通用系列 $4\times d_2$ 孔配用内六角圆柱头螺钉。
3. 特殊系列外形尺寸除表所列尺寸外，其他尺寸系列与通用系列对应规格所列尺寸相同。
4. 特殊系列 GTBt-t 型所列尺寸，参数与 GTBt 型相同。

15.4 滚动花键副（见表 14.6-98～表 14.6-100）

表 14.6-98 GJZ 型、GJZA 型滚动花键副 (mm)

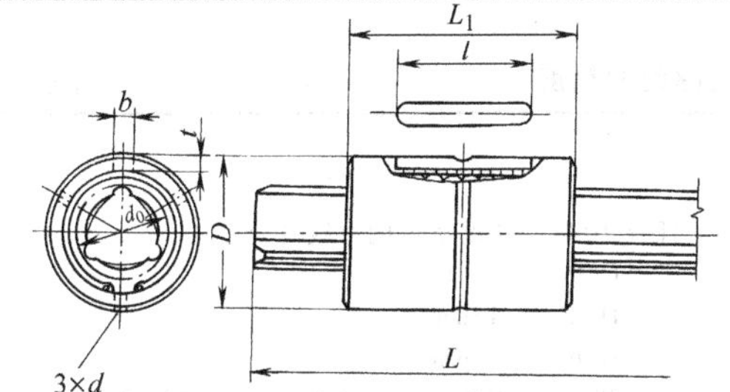

标记示例

GJZA50-C-P-2×500L
(1)(2)(3)(4)(5)(6)(7)(8)

型号说明
(1) 滚动花键副代号
(2)结构代号：Z—键连接型花键套
F—法兰连接型花键套
(3)A—加长型　(4)滚珠中心圆直径
(5)精度等级，见表 14.6-100　(6)回转间隙
(7)一根轴上花键轴套的个数　(8)花键轴全长

型号规格	公称轴径 d_0	外径 D	套长度 L_1	轴最大长度 L	键槽宽度 b	键槽深度 t	键槽长度 l	油孔直径 d	基本额定转矩	
									动转矩 C_T /N·m	动转矩 C_{0T} /N·m
GJZ15①	15	$23_{-0.016}^{\ 0}$	$40_{-0.3}^{\ 0}$	300	3.5H8	$2_{-0.3}^{\ 0}$	20	2	27	45
GJZ20	20	$30_{-0.016}^{\ 0}$	$50_{-0.3}^{\ 0}$	500	4H8	$2.5_{\ 0}^{+0.2}$	26	3	64	90
GJZ25	25	$38_{-0.016}^{\ 0}$	$60_{-0.3}^{\ 0}$	700	5H8	$3_{\ 0}^{+0.2}$	36	3	134	184
GJZA25	25	$38_{-0.016}^{\ 0}$	$70_{-0.3}^{\ 0}$	700	5H8	$3_{\ 0}^{+0.2}$	36	3	152	225
GJZ30T	30	$45_{-0.016}^{\ 0}$	$70_{-0.3}^{\ 0}$	1000	6H8	$3_{\ 0}^{+0.2}$	40	3	238	317
GJZA32	32	$48_{-0.016}^{\ 0}$	$70_{-0.3}^{\ 0}$	1000	8H8	$4_{\ 0}^{+0.2}$	40	3	238	317
GJCA32	32	$48_{-0.016}^{\ 0}$	$80_{-0.3}^{\ 0}$	1000	8H8	$4_{\ 0}^{+0.2}$	40	3	272	388
GJZ40	40	$60_{-0.019}^{\ 0}$	$90_{-0.3}^{\ 0}$	1200	10H8	$5_{\ 0}^{+0.2}$	56	4	523	670
GJZA40	40	$60_{-0.019}^{\ 0}$	$100_{-0.3}^{\ 0}$	1200	10H8	$5_{\ 0}^{+0.2}$	56	4	607	837
GJZ50	50	$75_{-0.019}^{\ 0}$	$100_{-0.3}^{\ 0}$	1500	14H8	$5.5_{\ 0}^{+0.2}$	60	4	956	1146
GJZA50	50	$75_{-0.019}^{\ 0}$	$112_{-0.3}^{\ 0}$	1500	14H8	$5.5_{\ 0}^{+0.2}$	60	4	1130	1473
GJZ60	60	$90_{-0.022}^{\ 0}$	$127_{-0.3}^{\ 0}$	1500	16H8	$6_{\ 0}^{+0.2}$	70	4	1631	2262
GJZ70	70	$100_{-0.022}^{\ 0}$	$135_{-0.3}^{\ 0}$	1200	18H8	$6_{\ 0}^{+0.1}$	68	4	2617	3597
GJZ85	85	$120_{-0.022}^{\ 0}$	$155_{-0.3}^{\ 0}$	1200	20H8	$7_{\ 0}^{+0.1}$	80	5	4139	5635

① 非标产品。

表 14.6-99　GJF 型滚动花键副　（mm）

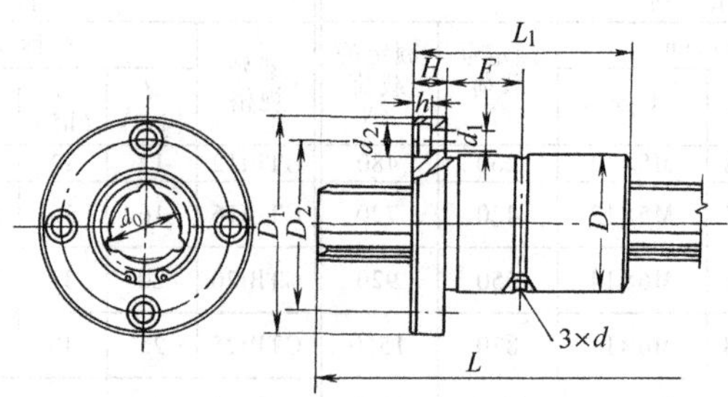

型号规格	公称轴径 d_0	外　径 D	套长度 L_1	轴最大长度 L	法兰直径 D_1	安装孔中心径 D_2	法兰厚度 H	沉孔深度 h	油孔直径 d	沉孔直径 d_2	过孔直径 d_1	油孔位置 F	基本额定转矩 动转矩 C_T /N·m	动转矩 C_{0T} /N·m
GJF15①	15	$23_{-0.013}^{0}$	$40_{-0.3}^{0}$	300	$43_{-0.2}^{0}$	32	7	4.4	2	8	4.5	13	27	45
GJF20	20	$30_{-0.016}^{0}$	$49_{-0.3}^{0}$	500	$49_{-0.2}^{0}$	38	7	4.4	3	8	4.5	18	64	90
GJF25	25	$38_{-0.016}^{0}$	$60_{-0.3}^{0}$	700	$60_{-0.2}^{0}$	47	9	5.4	3	10	5.8	21	134	184
GJF30T①	30	$45_{-0.016}^{0}$	$70_{-0.3}^{0}$	1000	$70_{-0.2}^{0}$	54	10	6	3	11	6.6	25	238	317
GJF32	32	$48_{-0.016}^{0}$	$70_{-0.3}^{0}$	1000	$73_{-0.2}^{0}$	57	10	6	3	12	7	25	238	317
GJF40	40	$57_{-0.016}^{0}$	$90_{-0.3}^{0}$	1200	$90_{-0.2}^{0}$	70	14	7	4	15	9	31	523	670
GJF50	50	$70_{-0.019}^{0}$	$100_{-0.3}^{0}$	1500	$108_{-0.3}^{0}$	86	16	9	4	18	11	34	956	1146
GJF60	60	$85_{-0.019}^{0}$	$127_{-0.3}^{0}$	1500	$124_{-0.3}^{0}$	102	18	11	4	18	11	45.5	1631	2262
GJF70	70	$100_{-0.022}^{0}$	$135_{-0.3}^{0}$	1200	$142_{-0.2}^{0}$	117	20	13	4	20	14	47.5	2617	3597
GJF85	85	$120_{-0.022}^{0}$	$135_{-0.3}^{0}$	1200	$168_{-0.2}^{0}$	138	22	13	5	20	13	55.5	4139	5635

注：1. 花键轴套采用渗碳钢制造，滚道硬度为58~63HRC，法兰硬度≤30HRC必要时可配钻铰定位销孔防止周向松动。

2. 花键轴套有特殊要求可特殊订货。

① 非标产品。

表 14.6-100　滚动花键副的精度　（μm）

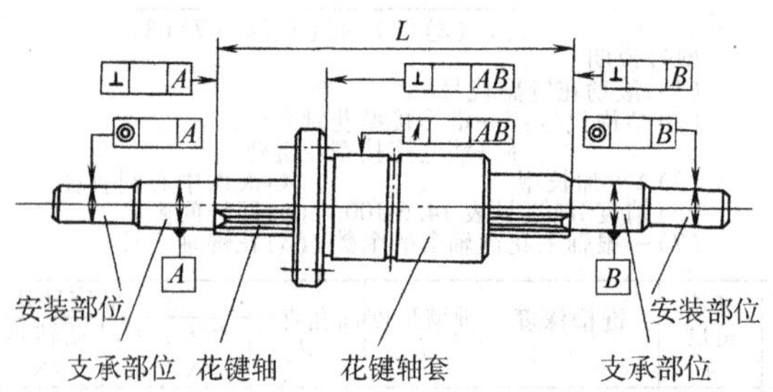

任意100mm花键滚道的直线度公差

C级　　6μm

D级　　13μm

E级　　33μm

移动量<100mm或>100mm时，与移动量成正比地增、减以上数值

滚珠中心圆直径 d_0 /mm	精度等级	花键轴套表面对支承部位轴线的径向圆跳动 长度 L/mm <200	200~315	315~400	400~500	500~630	630~800	800~1000	1000~1250	1250~1600	1600~2000	同轴度与垂直度公差 测量部位	精度等级	滚珠中心圆直径 d_0/mm 25,30,32	40,50	(60)63
25	C	18	21	25	29	34	42					(1)	C	13	15	17
30	D	32	39	44	50	57	68	83					D	22	25	29
32	E	53	58	70	78	88	103	124					E	53	62	73
40	C	16	19	21	24	27	32	38	47			(2)	C	9	11	13
	D	32	36	39	43	47	54	63	76	93			D	13	16	19
50	E	53	58	63	68	74	84	97	114	139			E	33	39	46
(60)	C	16	17	19	21	23	26	30	35	43	54	(3)	C	11	13	15
	D	30	34	36	38	41	45	51	59	70	86		D	16	19	22
63	E	51	55	58	61	65	71	79	90	106	128		E	39	46	54

15.5 滚动直线导轨副（见表 14.6-101～表 14.6-106）

表 14.6-101　四方向等载荷型滚动直线导轨副　（mm）

AB型（光孔）
ABL型（加长）

AA型（螺孔）
AAL型（加长）

规格		公称尺寸																				载荷特性				
		B_1	B_2	B_3	B_4	W	M_1（AA）	ϕ（AB）	H	K	T	T_1	H_1	$d \times D \times h$	L_1	L_2	L_3	L_4	F	L_{max}	G（油杯）	C /kN	C_0 /kN	M_A /N·m	M_B /N·m	M_C /N·m
16	AA，AB	47	4.5	38	16	15.5	M5	4.5	24	19.4	7	11	15	4.5×7.5×5.3	58	40.5	30	2.5	60	500	ϕ4	6.07	6.8	55.5	55.5	88.8
20	AA，AB	63	5	53	20	21.5	M6	7	30	25	10	10	18	6×9.5×8.5	70	50	40	11	60	1200	M6	11.5	14.5	92.4	92.4	154
	AAL，ABL														86	66						13.6	20.3	121.8	121.8	203
25	AA，AB	70	6.5	57	23	23.5	M8	7	37（36）	30.5	12	16	22	7×11×9	79.5	59	45	11	60	3000	M6	17.7	22.6	149.8	149.8	246
	AAL，ABL														98.5	78						20.7	34.97	244.8	244.8	402
30	AA，AB	90	9	72	28	31	M10	9	42	35	10	18	26	9×14×12	95.2	70	52	11	80	3000	M6	27.6	34.4	311.3	311.3	546
	AAL，ABL														117.2	92						33.4	45.8	560	560	745.2
35	AA，AB	100	9	82	34	33	M10	11	48	38	13	21	29	9×14×12	107.8	81	62	11	80	3000	M6	35.1	47.2	488	488	790
	AAL，ABL														131.8	105						39.96	64.85	681	681	1102.45
45	AA，AB	120	10	100	45	37.5	M12	13	（60）62	51	15	25	38	14×20×17	135	102	80	11	100（105）	3000	M6	42.5	71	848	848	1448
	AAL，ABL														163	130						64.4	102.1	1345.4	1345.4	2247.25
55	AA，AB	140	12	116	53	43.5	M14	14	70	57	20	29	44	16×23×20	161	118	95	14	120	3000	M8×1	79.4	101	1547	1547	2580
	AAL，ABL														199	156						92.2	142.5	2264.3	2264.3	3776.25
65	AA，AB	170	14	142	63	53.5	M16	16	90	76	23	37	53	18×26×22	195	147	110	14	150	3000	M8×1	115	163	3237	3237	4860
	AAL，ABL														255	207						148	224.5	4627.5	4627.5	6945.95

（续）

规格		公称尺寸																			载荷特性				
		B_1	B_2	B_3	B_4	W	M_1 (AA)	ϕ (AB)	H	K	T	T_1	H_1	$d \times D \times h$	L_1	L_2	L_3	L_4	F	L_{max}	G (油杯)	C /kN	C_0 /kN	M_A /N·m	M_B /N·m	M_C /N·m
85	AA,AB	215	15	185	85	65	M20	18	110	94	30	55	65	24×35×28	243.4	179	140	14	180	3000	M8×1	172.2	257.4	6076.4	6076.4	12842
	AAL,ABL														300.4	236						202.3	327.64	9946.3	9946.3	15410

注：1. 如选用上表中括号内数字，订购时请特别注明。本表为南京工艺装备厂 GGB 系列。

2. 表中 M_A、M_B、M_C（见图）指的是一个滑块的额定力矩值。

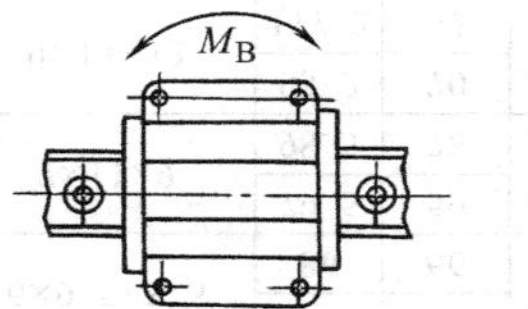

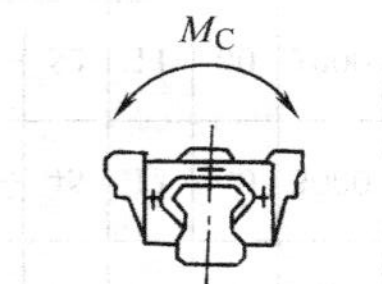

3. 表中 L_{max} 为导轨单根最大长度，如需接长另行协商。

4. 海红汉中轴承厂生产型号为 HJG-D15、25、35、45、55 及 65 型；上海轴承有限公司生产型号为 SGA、V15、$\frac{V}{W}$25、$\frac{V}{W}$25A、$\frac{V}{W}$35、$\frac{V}{W}$35A 型；济宁轴承厂生产型号为 JSA-LG25、35、45、55、65 型（又分 KL 宽型及 ZL 窄型两种）。以上产品基本参数都一样，安装连接尺寸相同，但其余结构尺寸有差别，因而载荷特性值也有所不同。

表 14.6-102 轻载荷型滚动直线导轨副 （mm）

规格	公称尺寸																载荷特性				
	B_1	B_2	B_3	B_4	B_5	H_1	T	L_1	L_2	L_3	$S \times L_0$	$d \times D \times H_2$	F	W	G min	H	S_1	C /kN	C_0 /kN	M_A /N·m	M_B /N·m	M_C /N·m
GGC 9BAK	30	21	4.5	18	0	7.5	7.8	12	27	41	M3×3	3.6×6×4.5	25	6	10	12	M3	2.56	2.7	14.8	14.8	32.4
GGC 12BA	27	20	3.5	12	0	7.5	10	15	23	37	M3×3.5	3.5×6×4.5	25	7.5	10	13	M3	3.48	3.5	13.6	13.6	24.3
GGC12BAK	40	28	6	24	0	8.5	10	15	32.4	46.4	M3×3.5	4.5×8×4.5	40	8	10	14	M4	4.45	4.6	28.8	28.8	73
GGC15BA	32	25	3.5	15	0	9.5	12	20	25.7	43	M3×4	3.5×6×4.5	40	8.5	10	16	M4	5.4	5.5	25.4	25.4	47.3
GGC15BAK	60	45	7.5	42	23	9.5	12	20	41.3	55.3	M4×4.5	4.5×8×4.5	40	9	10	16	M5	7.5	8.5	68.6	68.6	70.3
HJG-D15J	32	25	3.5	15	1	9.5	12	20	29	42	M3×4	3.5×6×4.5	40	8.5	15	16	M4	4.4	6.5	16	18	34
HJG-D15K	60	45	7.5	42	23	9.5	12	20	41.3	55.5	M4×4.5	4.5×8×4.5	40	9	15	16	M5	4.6	7.8	27	29	108

注：1. GGC 为南京轴承有限公司产品，HJG 为海红汉中轴承厂产品。上海轴承有限公司有 SGC9、SGC12 及 SGC15，尺寸性能相近。

2. M_A、M_B、M_C 的含义见表 14.6-101 注 2。

3. 单根导轨最大长度 L：HJG-D15J 为 630mm，HJG-D15K 为 1030mm。

表 14.6-103　分离型滚动直线导轨副　　(mm)

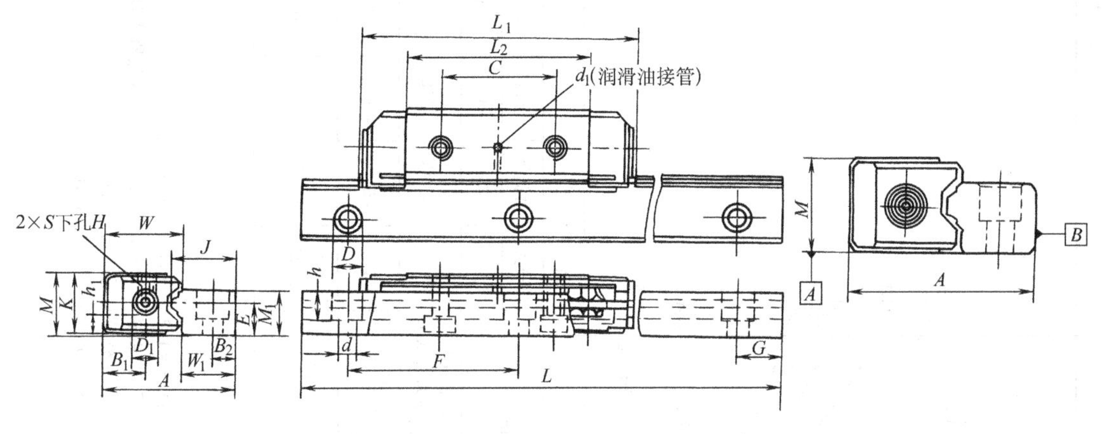

型号规格	公称尺寸																					L 系列尺寸
	M	A	L_1	L_2	C	B_1	K	W	D_1	h_1	H	S	d_1	W_1	M_1	B_2	E	$d\times D\times h$	J	F	G	$L=F(n)+2G$
HJG-D25T	25	55	121.5	80	45	16	24	32	11	7	6.8	M8	3	22	18	10	13	9×14×12	27	80	20	440(5)　520(6)　600(7)　680(8)　760(9)　840(10)　920(11)　1000(12)　1080(13)　1160(14)　1240(15)
HJG-D35T	35	75	155	103.8	60	21.5	34	43.5	18	12	10.5	M12	4	30.5	26	14.5	18	11×17.5 14	37	105	20	460(4)　565(5)　670(6)　775(7)　880(8)　985(9)　1090(10)　1195(11)　1300(12)　1405(13)　1510(14)
SGB20 $\frac{V}{W}$	20	42	93/112		35/50	13	19	22.5	10	5.5	8.5	M6	3		15	8			19.5	60	20	

型号规格	载荷特性				精度等级			
	额定载荷/kN		质量/kg		项　目	普通级	高级	精密级
	动载荷	静载荷	滑块	导轨		B	H	P
HJG-D25T	18.9	32.1	0.4	3.1	高 M 的尺寸公差	±0.1	±0.05	±0.025
HJG-D35T	30.8	47.9	1.02	6.3	总宽 A 的尺寸公差	±0.1	±0.1	±0.05
SGB20 $\frac{V}{W}$	8.9	15.4	备注：HJG 为海红汉中轴承厂产品，SGB 为上海轴承有限公司产品					
	12.2	20.6						

表 14.6-104 交叉滚柱 V 型滚动直线导轨副 (mm)

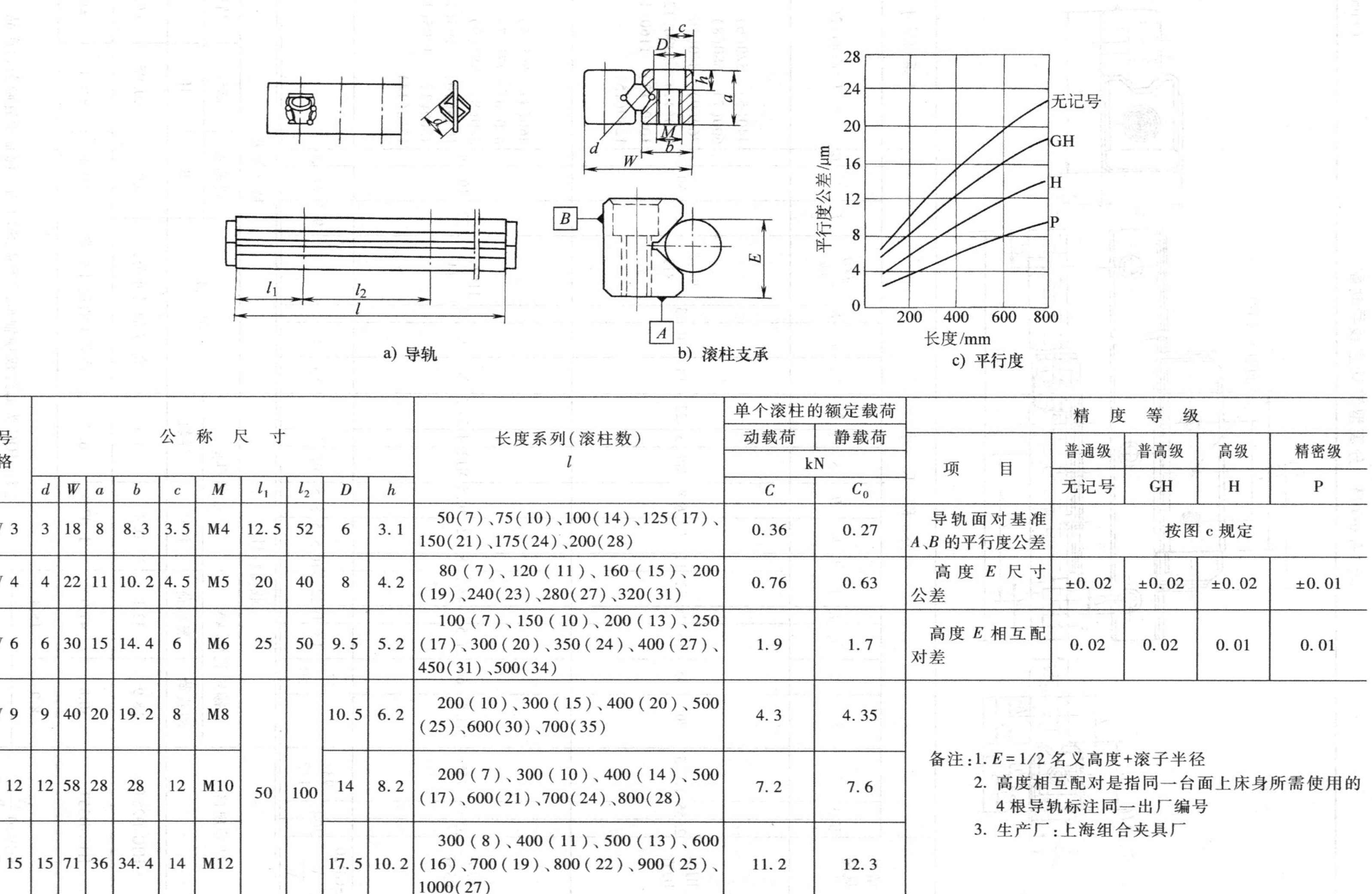

a) 导轨　b) 滚柱支承　c) 平行度

型号规格	公称尺寸										长度系列(滚柱数) l	单个滚柱的额定载荷 动载荷 C /kN	单个滚柱的额定载荷 静载荷 C_0 /kN
	d	W	a	b	c	M	l_1	l_2	D	h			
SGV 3	3	18	8	8.3	3.5	M4	12.5	52	6	3.1	50(7)、75(10)、100(14)、125(17)、150(21)、175(24)、200(28)	0.36	0.27
SGV 4	4	22	11	10.2	4.5	M5	20	40	8	4.2	80(7)、120(11)、160(15)、200(19)、240(23)、280(27)、320(31)	0.76	0.63
SGV 6	6	30	15	14.4	6	M6	25	50	9.5	5.2	100(7)、150(10)、200(13)、250(17)、300(20)、350(24)、400(27)、450(31)、500(34)	1.9	1.7
SGV 9	9	40	20	19.2	8	M8			10.5	6.2	200(10)、300(15)、400(20)、500(25)、600(30)、700(35)	4.3	4.35
SGV 12	12	58	28	28	12	M10	50	100	14	8.2	200(7)、300(10)、400(14)、500(17)、600(21)、700(24)、800(28)	7.2	7.6
SGV 15	15	71	36	34.4	14	M12			17.5	10.2	300(8)、400(11)、500(13)、600(16)、700(19)、800(22)、900(25)、1000(27)	11.2	12.3

项目	精度等级 普通级 无记号	普高级 GH	高级 H	精密级 P
导轨面对基准 A、B 的平行度公差	按图 c 规定			
高度 E 尺寸公差	±0.02	±0.02	±0.02	±0.01
高度 E 相互配对差	0.02	0.02	0.01	0.01

备注：1. E=1/2 名义高度+滚子半径
2. 高度相互配对是指同一台面上床身所需使用的 4 根导轨标注同一出厂编号
3. 生产厂：上海组合夹具厂

表 14.6-105　微型 SGD 滚动直线导轨副

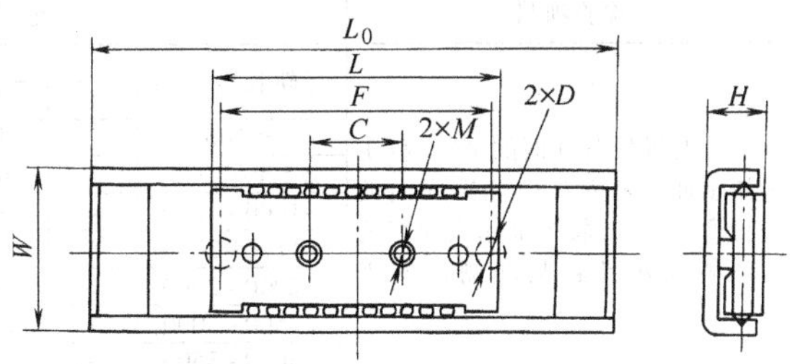

型　号	公称尺寸/mm								额定载荷/kN	
	W	H	L_0	L	F	C	M	D	静	动
SGD13	13	4.5	40	22	20	7	M2	ϕ2.4	7.4	5.6

表 14.6-106　微型 SGW 滚动直线导轨副

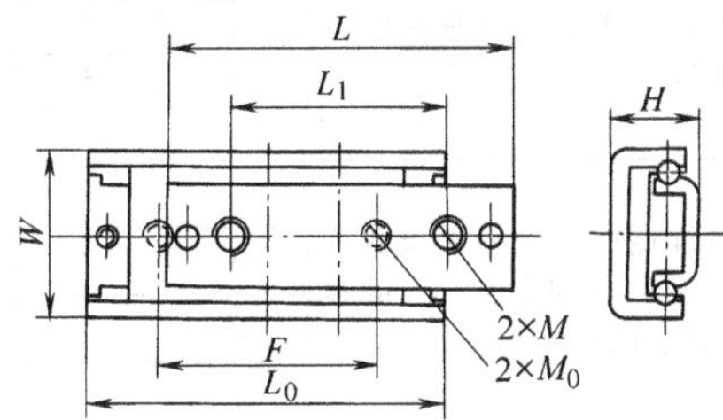

型　号	公称尺寸/mm								额定载荷/kN	
	W	H	L_0	L	F	L_1	M_0	M	静	动
SGW12	12	6	25	24	15	15	M2.5	M2.5	21	13

表 14.6-105 及表 14.6-106 为上海夹具厂生产的微型滚动直线导轨副，是由钢板冲制成形，重量轻、滚动轻便、摩擦阻力小、惯性小、反应灵敏，适用于录像机、半导体装置、硬盘等存储装置的读出与写入部位及医疗设备、绘图仪等高精度机械设备。

15.6　滚动直线导轨副安装连接尺寸（摘自 JB/T 7175.3—1996）（见表 14.6-107）

15.7　滚动直线导轨副的精度

本标准适用于四方向等载荷型、径向载荷型和轻载荷型以钢球为滚动体的导轨副，1~6 级精度依次递减。表 14.6-108、表 14.6-109 为各类机械推荐采用的精度等级（供参考）。

表 14.6-107　四方向等载荷型滚动直线导轨副的安装连接尺寸　（mm）

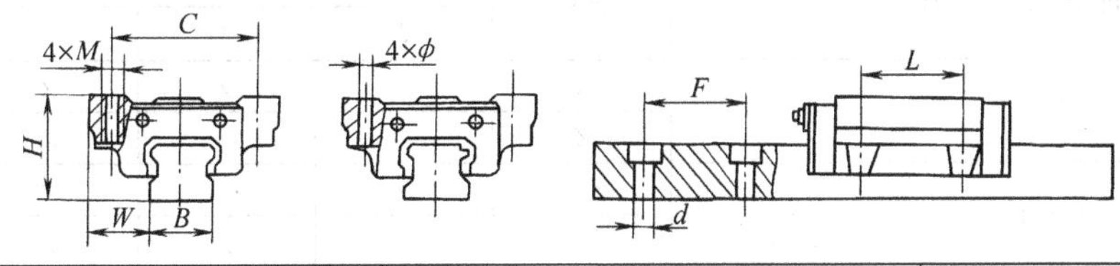

型　号	装配组合后		滑　　块				导　　轨		
	H	W	C	L	M	ϕ	B	F	d
20	30	21.50	53	40	M6	6	20	60	6
25	36	23.50	57	45	M8	7	23	60	7
30	42	31	72	52	M10	9	28	80	9
35	48	33	82	62	M10	9	34	80	9
45	60	37.50	100	80	M12	11	45	105	14
55	70	43.50	116	95	M14	14	53	120	16
65	90	53.50	142	110	M16	16	63	150	18

注：滑块有螺纹孔及光孔两种结构供用户选择，订货时向厂家说明。

表 14.6-108　滚动直线导轨的精度

序号	简图	检验项目	允许偏差/μm						
1		滑块对导轨基准面的平行度：①滑块顶面中心对导轨基准底面的平行度；②与导轨基准侧面同侧的滑块侧面对导轨基准侧面的平行度	导轨长度/mm	精度等级					
				1	2	3	4	5	6
			≤500	2	4	8	14	20	28
			>500~1000	3	6	10	17	25	34
			>1000~1500	4	8	13	20	30	40
			>1500~2000	5	9	15	22	32	46
			>2000~2500	6	11	17	24	34	54
			>2500~3000	7	12	18	26	36	62
			>3000~3500	8	13	20	28	38	70
			>3500~4000	9	15	22	30	40	80
2		滑块顶面对导轨基准底面高度 H 的极限偏差	精度等级						
			1	2	3	4	5	6	
			±5	±12	±25	±50	±100	±200	
3		同一平面上多个滑块顶面高度 H 的变动量	精度等级						
			1	2	3	4	5	6	
			3	5	7	20	40	60	
4		导轨基准侧面同侧的滑块侧面与导轨基准侧面间距离 W_1 的极限偏差（只适用基准导轨）	精度等级						
			1	2	3	4	5	6	
			±8	±15	±30	±60	±150	±240	
5		同一导轨上多个滑块侧面与导轨基准侧面间距离 W_1 的变动量（只适用基准导轨）	精度等级						
			1	2	3	4	5	6	
			5	7	10	25	70	100	

注：1. 精度检验方法见表中简图所示。

2. 由于导轨轴上的滚道是用螺栓将导轨轴紧固在专用夹具上精磨的，在自由状态下可能会存在误差，因此精度检验时应将导轨轴用螺栓固定在专用平台上测量。

3. 当基准导轨副上使用滑块数超过两件时，除首尾两件滑块外，中间滑块不做第4和第5项检查，但中间滑块的 W_1 值应小于首尾两滑块的 W_1 值。

表 14.6-109　滚动直线导轨的推荐采用等级

机床及机械类型		坐标	精度等级			
			2	3	4	5
数控机械	车床	X	✓	✓	✓	
		Z		✓	✓	✓
	铣床、加工中心	X、Y	✓	✓	✓	
		Z		✓	✓	✓
	坐标镗床、坐标磨床	X、Y	✓	✓		
		Z		✓	✓	
	磨床	X、Y	✓	✓		
		Z	✓		✓	
	电加工机床	X、Y	✓	✓		
		Z			✓	✓
	精密冲裁机	X、Z			✓	✓

附　录

A　国外著名轴承公司通用轴承代号

A.1　FAG（德国 FAG 公司）

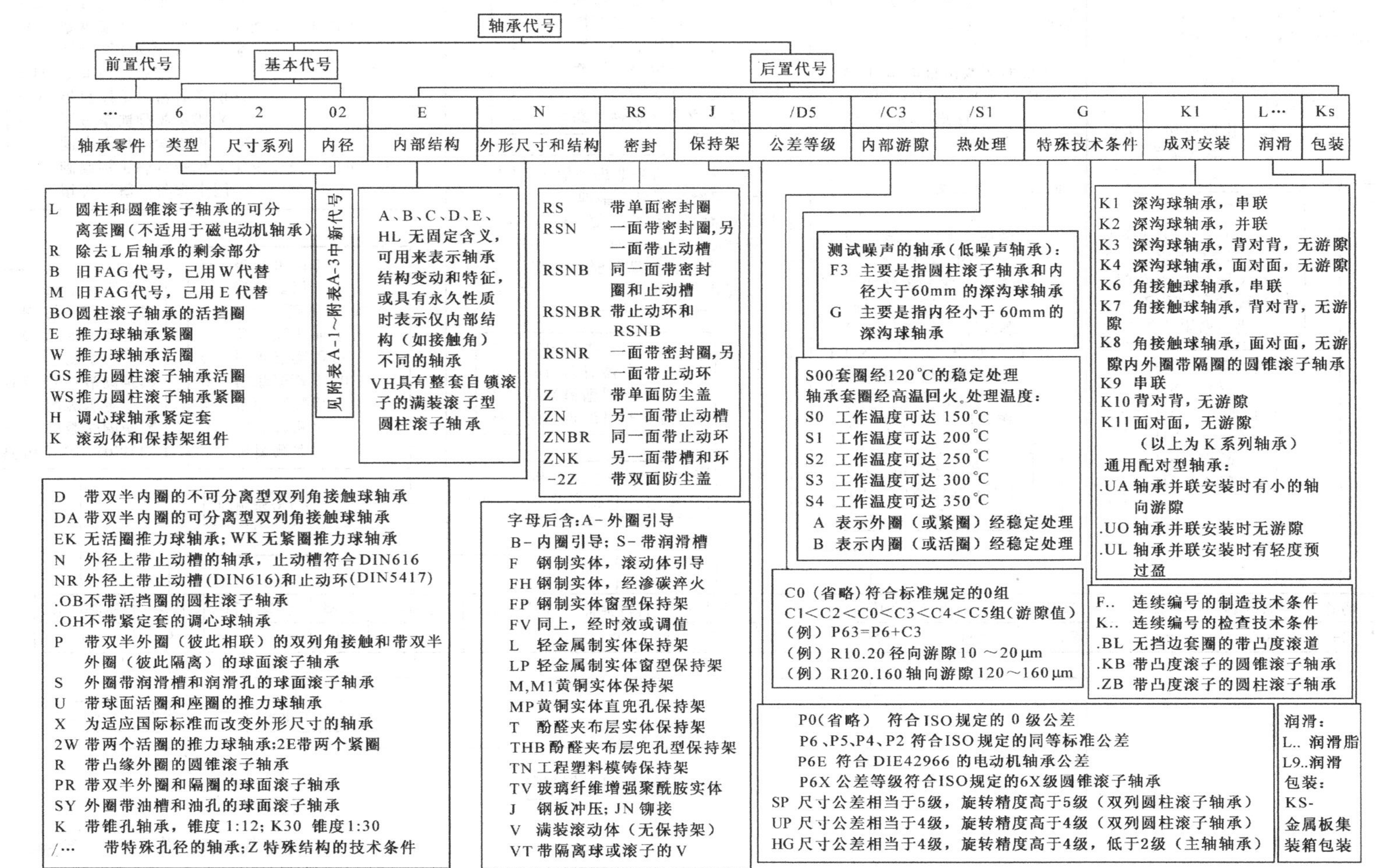

A.2 NSK（日本精工株式会社）

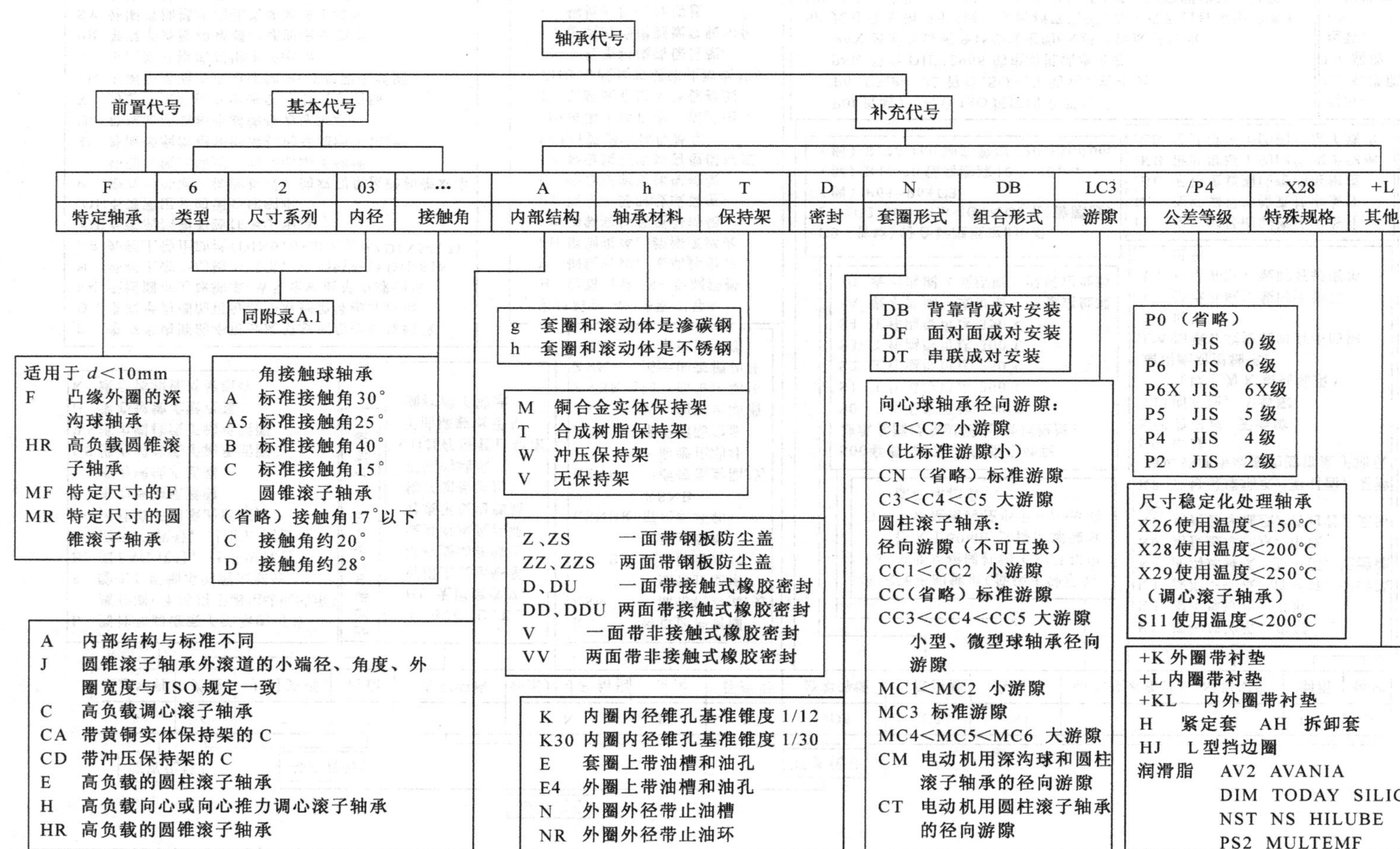

A.3 SKF（瑞典斯凯孚公司）

轴承代号

- 前置代号
- 基本代号
- 后置代号

…	6	3	02	B	NRS	M	P5	/C3	/QE5	CC	/S1	HT	…
轴承部件	类型	尺寸系列	内径	内部设计	外部设计	保持架	公差等级	内部游隙	特殊技术要求	轴承配置	热处理	润滑剂	其他特性

尺寸系列：宽度系列、直径系列

轴承部件

L 可分离轴承的内圈或外圈
R 不带可分离内圈或外圈的轴承（滚针轴承仅适用 NA 型）
WS 推力圆柱滚子、推力滚针轴承轴圈
GS 推力圆柱滚子、推力滚针轴承座圈
K 推力圆柱滚子轴承滚子和保持架组件
K 符合英制AFBMA标准系列圆锥滚子轴承带滚子和保持架组合件的内圈或外圈

类型

0 双列角接触球轴承
1 调心球轴承
2 调心、推力调心滚子轴承
3 圆锥滚子轴承
4 双列深沟球轴承
5 推力球轴承
6、16 深沟球轴承
7 角接触球轴承
8 推力圆柱滚子轴承
N 圆柱滚子轴承
NU —内圈无挡边，NJ—内圈单挡边，NUP —内圈单挡边带平挡圈，NF—外圈单挡边，NN—双列，NNU —内圈无挡边的双列
R、NA 滚针轴承
Y—单元 外球面球轴承
QJ 四点接触球轴承

见附表A-2和附表A-3

内部设计

A、B、C、D、E 表示轴承内部设计或经过修改
B ①角接触球轴承，公称接触角 $\alpha=40°$
②圆柱滚子轴承，采用表面处理滚子
C ①角接触球轴承，公称接触角 $\alpha=15°$
②调心滚子轴承C型、CC型滚子为对称型
E 加强型
ACD 角接触球轴承，公称接触角 $\alpha=25°$

外部设计

CA、CB、CC 通用配对型角接触球轴承
K30 圆锥孔轴承，锥度 1:30，K为1:12
PP 轴承（支承滚轮轴承，凸轮随动轴承）两侧有接触式密封
N 外圈圆柱面有止动槽
NR 外圈有止动槽和止动圈
-LS 一侧有接触式油封，内圈无油封凹槽
-2LS两侧有 LS 油封
-RZ 一面带骨架式合成橡胶低摩擦油封
-2RZ两侧有 RZ 油封
-Z 一面带防尘盖（非接触式）
-2Z 两面带防尘盖
-RS 轴承（滚针轴承）一侧有合成橡胶接触式密封
K 1. 基本尺寸经修正以符合 ISO 标准
2. 柱形滚动面（支承滚轮，凸轮随动轴承）
-RSL 轴承一侧有骨架式接触橡胶密封圈
-ZRSL 轴承两侧有 RSL 型密封
-ZN 一面带防尘盖，另一面外圈有止动槽
-ZNR 一面带防尘盖，另一面外圈有止动槽和环
-2ZNR 两面带防尘盖，一面外圈有止动槽
-2ZN 两面带防尘盖，外圈有止动槽

保持架

F 钢或特殊铸铁实体保持架
J 钢板冲压成形保持架
M 轻合金车制保持架
MP 黄铜车制保持架，窗型
L 轻合金实体保持架
TN 工程塑料模铸保持架
P 玻璃纤维增强尼龙 6.6 模铸保持架
Y 铜板冲压成形保持架
V 满滚子轴承（无保持架）
VH 由非分离型滚子组合件构成的满滚子轴承

公差等级

/CLN 相当于ISO公差 6X级，用于米制圆锥轴承（宽度公差有所降低）
/CL0 相当于ISO0 级，用于英制圆锥滚子轴承
/CL3 相当于ISO3 级，用于英制圆锥滚子轴承
/CL7A 符合差速器轴承配置标准的圆锥滚子轴承
/CL7C 特殊标准（同上）
/P4 尺寸精度符合ISO4级公差
/P4A 除上外，旋转精度相当于AFBMA9级
/P5 尺寸和旋转精度符合ISO5级
/P6 尺寸和旋转精度符合ISO6级
/PA9A 尺寸和旋转精度相当于AFBMA9级
/PA9B 尺寸精度相当于AFBMA9 级，旋转精度高
/SP 尺寸精度约为P5，旋转精度约为P6
/UP 尺寸精度约为P4，旋转精度约为P4

内部游隙

/C1、/C2、-、/C3、/C4、/C5 游隙分别符合标准规定的1组、2组、0组、3组、4组、5组（代号中0组省略）
当游隙代号与轴承公差等级代号结合时，游隙代号 C 可省去，如 P6+C2=P62

特殊技术要求

/Q 最佳内部几何结构和表面粗糙度（用于圆锥滚子轴承）
/Q66 振动标准或峰值小于普通级标准
/QE5 符合电动机用特别标准尺寸及旋转精度达 P6，噪声极低
/QE6 符合电动机用标准，低噪声值

热处理

轴承套圈稳定处理温度
/S0 150℃
/S1 200℃
/S2 250℃
/S3 300℃
/S4 350℃

润滑剂

/W 不能补充润滑油（无润滑油槽及油孔）
/W20 轴承外圈有三个润滑油孔
/W33 轴承外圈有润滑油槽及三个油孔
/W33X 轴承外圈有润滑油槽及六个油孔
（润滑脂类型后缀由一个字母与两个数字组成，字母表示温度范围，两个数字表示实际所用的润滑剂类型）
HT 高温润滑脂（−20~30℃）
LHT 低/高温润滑脂（−40~140℃）
LT 低温润滑脂（−50~80℃）
NT 中温润滑脂（−30~110℃）
NT 后缀表示特定轴承使用非标润滑脂，轴承内润滑脂用量与标准填充量（内部自由空间的 25%~30%）不同时，可区别为
A:润滑脂用量少于标准用量
B:润滑脂用量大于标准用量
C:润滑脂用量大于B

其他特性

字母 V 和另一个字母（如VA）与三个数字组合，用来识别无法用现有其他后置代号表达的标准设计的变型，如：
/VA201—窑车轴承
/VA301—牵引电动机用圆柱滚子轴承

轴承配置

A 轻预载荷（角接触球轴承）
B 预载荷较 A 大（角接触球轴承）
C 预载荷较 B 大（角接触球轴承）
CA 内部间隙较小（深沟球轴承或角接触球轴承）
CB 内部间隙较 CA 大（深沟球轴承或角接触球轴承）
CG “零”间隙（圆锥滚子轴承）
CC 内部间隙较 CB 大（深沟球轴承或角接触球轴承）
C… 特殊轴向内部间隙CC后面的数字表示轴向间隙大小
GA 较轻预载荷（深沟球轴承）
GB 预载荷大于 GA（深沟球轴承）
G 特殊预载荷（G 后面的数字表示预载荷的大小）
/DB 两套可配对单列深沟球轴承、单列角接触球轴承或圆锥滚子轴承以背靠背方式成对安装，DB后的数字表示轴向间隙或安装时预载
/DF 两套以面对面方式排列的配对单列深沟球轴承、单列角接触球轴承或圆锥滚子轴承
/DT 两套串联排列的深沟球轴承、单列角接触球轴承或圆锥滚子轴承

A.4　SNFA(法国森法公司)

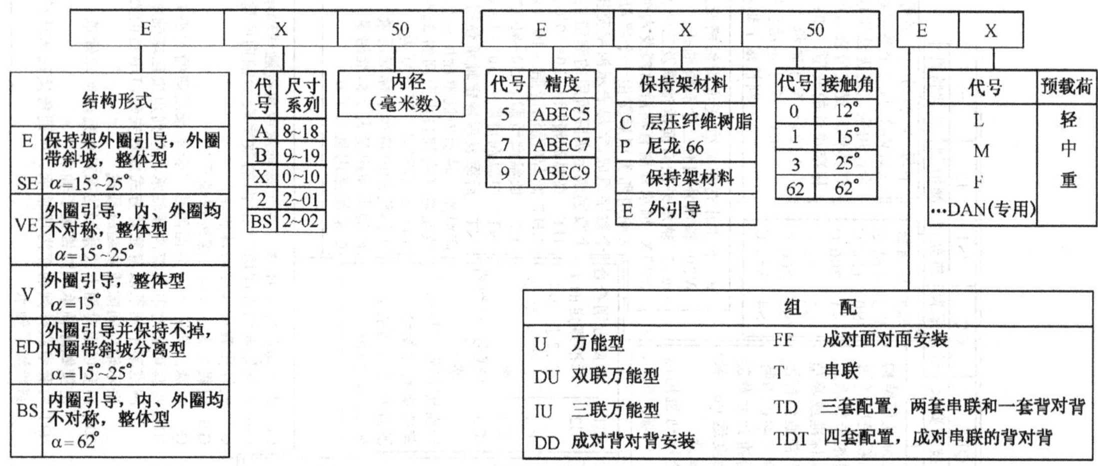

A.5　TIMKEN(美国铁姆肯公司)圆锥滚子轴承代号

A.5.1　分类明细表(见附表 A-1)

附表 A-1　分类明细表

代号系统		说　明
英制轴承代号	旧代号	同系列轴承采用同样的滚子设计,通过改变滚子数量和滚道角度,可设计出不同径向承载力(小角度)或轴向承载力(大角度)的轴承;内外圈分别编号,一般地,内圈代号>系列号>外圈代号;如:500 系列使用相同的滚子,595 为大角度和 24 个滚子,525 为小角度和 15 个滚子
	抗磨轴承制造商协会代号(AFBMA)(见附表 1-3)	已成为英制尺寸轴承的国际标准。由前缀字母(一或两位字母,表示功能级别)、角度代号(前缀后第一位数字)、基本系列代号(第二至第四位数字)、部件代号(最后两位数字、表示轴承的确切代号)和修正后缀(一至三个字母,表示外部形状或内部设计)等五部分组成
米制轴承代号	J 系列轴承代号	前缀字母 J 和 AFBMA 系统联用,用来识别米制尺寸及公差的内外圈,有时指米制化的英制轴承
	旧代号	由轴承类型代号(3)、宽度系列(0~3)、直径系列(0~3)和内圈孔径(最后两位数字)等四部分组成
	新(ISO)355 轴承代号(见附表 1-2)	3 个字母和数字表示轴承系列,最后两位数字为轴承内径。此代号系统由类型代号(T)、角度系列(数字)、直径系列(字母)、宽度系列(字母)和内径等五部分组成
	TIMKEN 公司新代号	如:JP10049,J 前缀—米制尺寸及公差:P—功能级别(C、D、F 表示通用,P 表示高速,W 表示高轴向负荷,S、T 表示用于小齿轮,N 表示通用与 S、T 相结合);100—内圈孔径/mm;49—部件代号(与 AFBMA 代号系统通用)

A.5.2　新国际标准(ISO)355 米制轴承代号(见附表 A-2)

附表 A-2　新国际标准(ISO)355 米制轴承代号

T	4		C		B		100
	角度系列代号	角度 α(包括后者)	直径系列代号	$\frac{D}{d^{0.77}}$(包括后者)	宽度系列代号	$\frac{T}{(D-d)^{0.95}}$(包括后者)	
圆锥滚子轴承	1	为将来使用作保留	A	为将来使用作保留	A	为将来使用作保留	内圈孔径
	2	10°~13°52′	B	3.40~3.80	B	0.50~0.68	
	3	13°52′~15°59′	C	3.80~4.40	C	0.68~0.80	
	4	15°59′~18°55′	D	4.40~4.70	D	0.80~0.88	
	5	18°55′~23°	E	4.70~5.00	E	0.88~1.00	
	6	23°~27°	F	5.00~5.60			
	7	27°~30°	G	5.60~7.00			

A.5.3　AFBMA 寸制轴承代号（见附表 A-3）

附表 A-3　AFBMA 寸制轴承代号

HM		5		226				49	ADW
前缀字母	功能级别	角度代号	外圈夹角	系列代号	孔径/in	系列代号	孔径/in	部件代号	后缀代号（见附表 1-4）
EL	特轻型级	1	0°	00~19	含 0~1	640~659	15~16	外圈代号由 10~19 的数字表示，同一系列中第一个外圈截面最小的从 10 开始，如外圈在该系列中超过了 10 个代号，可使用 20~29	
LL	加轻型级	2	24°及以上	20~99	1~2	660~679	16~17		
L	轻型级	3	25°30′以上	000~029		680~694	17~18		
LM	轻中型级	4	27°以上	030~129	2~3	695~709	18~19		
M	中型级	5	28°30′以上	130~189	3~4	710~724	19~20		
HM	重中型级	6	30°30′以上	190~239	4~5	725~739	20~21		
H	重型级	7	32°30′以上	240~289	5~6	740~754	21~22	内圈代号将由 0~49 的数字表示，同一系列中第一个截面最小的内圈从 49 开始，如内圈在该系列中超过了 20 个代号，可使用 20~29	后缀代号（见附表 1-4）
HH	加重型级	8	36°以上	290~339	6~7	755~769	22~23		
EH	特重型级	9	45°以上，但非推力	340~389	7~8	770~784	23~24		
				390~429	8~9	785~799	24~25		
T	推力级	0	90°推力	430~469	9~10	800~829	25~30		
				470~509	10~11	830~859	30~35		
				510~549	11~12	860~879	35~40		
				550~579	12~13	880~889	40~50		
				580~609	13~14	890~899	50~72.5		
				610~639	14~15	900~999	72.5 以上		

A.5.4　后缀代号（见附表 A-4）

附表 A-4　后缀代号

A	内圈	与基本代号不同的内径或圆角半径	DH	内圈	使用特殊保持架、滚子的双内圈
A	外圈	不同的内径、宽度或圆角半径	DV	内外圈	用特殊钢材制成的双内圈或外圈
AB	外圈	带凸缘外圈（与基本代号不可互换）	DW	内外圈	带油槽或键槽等的双内圈或外圈
AC	内圈	不同的内径、圆角半径或内部结构	F	内圈	使用聚合物保持架
AC	外圈	不同的内径、宽度或圆角半径	G	内圈	内孔有护槽
AD	外圈	双外圈（与基本型号不可互换）	H	内圈	有特殊保持架、滚子或内部结构的组合
ADW	内圈	双内圈、两端带油槽和油孔	HR	外圈	用于液压挡边轴承的特殊外圈
AH	内圈	特殊的保持架、滚子或内部组合	R	内外圈	特殊轴承（与基本代号不可互换）
AS	内外圈	不同的内外径、宽度或圆角半径	S	内外圈	同上
AV	内外圈	用特殊钢材制成	SH	内圈	有特殊保持架、滚子或内部几何形状
AW	内外圈	带槽的内圈或外圈	SW	内外圈	带油槽或键槽（与基本代号不可互换）
AX	内圈	不同的内径和相同的圆角半径	T	内外圈	圆锥内孔或外径
AX	外圈	不同的外径和相同的圆角半径	TDE	内圈	带有圆锥内孔的双列和延伸挡边的内圈
AXD	外圈	ISO 外圈，无油孔或油沟的双外圈	TDH	内圈	除上面以外，另使用特殊内部结构
B	外圈	带法兰外圈（与基本代号不可互换）	TDV	内圈	除 TDE 外，另使用特殊钢材
B	内外圈	内部结构和外滚道角度不同	TE	内圈	单列，圆锥内孔，延伸大挡边
C	内圈	单内圈内部结构不同，同 CA	TL	内圈	有互锁的锥形内孔
C	外圈	尺寸与基本代号不同（不可互换）	U	内圈	一体化设计基本系列代号
CD	外圈	有油孔、油沟和定位销的双外圈	V	内外圈	用特殊钢材制造
CR	内外圈	外滚道有挡边的轴承系列	W	内外圈	开槽或带键槽，同 WA、WC、WS、X
CX	内圈	尺寸与基本代号不同（不可互换）	XD	外圈	双外圈，无油孔或油槽
D	内外圈	双内圈或外圈（不可互换）	XP	内圈	用特殊钢材及特殊工艺制成
DB	外圈	带法兰双外圈（不可互换）	XX	内外圈	单内圈或单外圈，用特殊钢材制造
DC	外圈	有定位销孔的双外圈	YD	外圈	双外圈带油孔，无油槽
DE	内外圈	尺寸与特性不同的双内圈或外圈	Z	内外圈	特殊座高

B 国内外通用轴承代号对照

B.1 国内外轴承公差等级对照（见附表B-1）

附表B-1 国内外轴承公差等级对照

国别(公司)标准	公差等级①				
中国 GB/T 307.1, GB/T 307.4	P0	P6(P6X②)	P5	P4	P2
ISO 492, ISO199	普通级	Class6(6X)	Class5	Class4	Class2
瑞典 SKF 公司	P0	P6(CLN)	P5	P4	PA9A
德国 DIN620	P0	P6(P6X)	P5	P4	P2
美国 AFBMA, Standard20	ABEC1	ABEC3	ABEC5	ABEC7	ABEC9
	RBEC1	RBEC3	RBEC5		
日本 JISB1514		P6(P6X)	P5	P4	P2
英国 BS292			EP5	EP7	EP9
英国 RHP 公司			EP5	EP7	EP9
法国 SNFA 公司			ABEC5	ABEC7	ABEC9

① 中国、SKF 具有 SP、UP 公差等级，FAG 具有 HG 公差等级。
SP—尺寸精度相当于 P5 级，旋转精度相当于 P4 级；
HG、UP—尺寸精度相当于 P4 级，旋转精度高于 P4 级。
② P6X 仅适用于圆锥滚子轴承。

B.2 国内外轴承游隙对照（见附表B-2）

附表B-2 国内外轴承游隙对照

轴承类型		中国	SKF	FAG	NSK	NACHI	NTN	STEYR	美国
深沟球轴承		C2	C2	C2	C2	C2	C2	C2	2
		(0组)	普通	C0	普通	普通	CN	标准	0
		C3	C3	C3	C3	C3	C3	C3	3
		C4	C4	C4	C4	C4	C4	C4	4
		C5	C5	C5	C5	C5	C5	C5	
调心滚子轴承	圆柱孔	C2	C2	C2	C2	C2	C2	C2	
		(0组)	普通	C0	普通	普通	CN	标准	
		C3	C3	C3	C3	C3	C3	C3	
		C4	C4	C4	C4	C4	C4	C4	
		C5			C5	C5	C5	C5	
	圆锥孔	C2	C2	C2	C2	C2	C2	C2	
		(0组)	普通	C0	普通	普通	CN	标准	
		C3	C3	C3	C3	C3	C3	C3	
		C4	C4	C4	C4	C4	C4	C4	
		C5			C5		C5	C5	
圆柱滚子轴承	可互换圆柱孔			C1①					
		C2	C2	C2	C2	C2	C2	C2	2
		(0组)	普通	C0	普通	普通	CN	标准	0
		C3	C3	C3	C3	C3	C3	C3	3
		C4	C4	C4	C4	C4	C4	C4	4
		C5	C5	C5	C5	C5	C5		
	不可互换圆柱孔				CC1		C1NA		
					CC2	C2NA	C2NA	C2	
					CC	CNA	CNA	标准	
					CC3	C3NA	C3NA	C3	
					CC4	C4NA	C4NA	C4	
					CC5	C5NA	C5NA		
调心球轴承	圆柱孔	C2	C2		C2	C2	C2	C2	2
		(0组)	普通		普通	普通	CN	标准	0
		C3	C3		C3	C3	C3	C3	3
		C4	C4		C4	C4	C4	C4	4
		C5	C5		C5	C5	C5		

（续）

轴承类型		中国	SKF	FAG	NSK	NACHI	NTN	STEYR	美国
调心球轴承	圆锥孔	C2	C2		C2	C2	C2	C2	2
		（0组）	普通		普通	普通	CN	标准	0
		C3	C3		C3	C3	C3	C3	3
		C4	C4		C4	C4	C4	C4	4
		C5	C5		C5	C5	C5		

① FAG 的 SP 级、UP 级双列圆柱滚子轴承具有 C1 组游隙。

C　国内外钢球公差等级对照（见附表 C-1）

附表 C-1　国内外钢球公差等级对照

国别标准	公差等级	钢球尺寸、形状公差值/μm					球公称直径/mm
		球规值 S	批直径变动量 V_{DwL}	球直径变动量 V_{Dws}	球形误差 Δ_{SPH}	表面粗糙度 Ra	
中国 GB/T 308.1—2013	G3	±5	0.13	0.08	0.08	0.012	0.3～12.7
	G5	±5	0.25	0.13	0.13	0.02	
	G10	±9	0.5	0.25	0.25	0.025	0.3～25.4
	G16	±10	0.8	0.4	0.4	0.032	
	G20	±10	1	0.5	0.5	0.04	0.3～38
	G28	±12	1.4	0.7	0.7	0.05	
	G40	±16	2	1	1	0.08	0.3～50.8
	G60	±20	3	1.5	1.5	0.1	0.3～120
	G100	±40	5	2.5	2.5	0.125	
	G200	±60	10	5	5	0.2	
ISO3290—1998	3	±5	0.13	0.08	0.08	0.01	0.3～104.775
	5	±5	0.25	0.13	0.13	0.014	
	10	±9	0.5	0.25	0.25	0.02	
	16	±10	0.8	0.4	0.4	0.025	
	20	±10	1	0.5	0.5	0.032	
	24	±12	1.2	0.6	0.6	0.04	
	28	±12	1.4	0.6	0.7	0.05	
	40	±16	2	1	1	0.06	
	60	±18	3	1.5	1.5	0.08	
	100	±40	5	2.5	2.5	0.1	
	200	±60	10	5	5	0.15	
美国 ANSI AFBMA std10—1989	3	±0.75	0.13	0.08	0.08	0.012	0.8～25
	5	+1.25 −1	0.25	0.13	0.13	0.02	0.3～38
	10	+1.25 −1	0.5	0.25	0.25	0.025	
	16	+1.25 −1	0.8	0.4	0.4	0.025	
	24	±2.5	1.2	0.6	0.6	0.05	
	48		2.4	1.2	1.2	0.08	0.8～75
	100	±12.5	5	2.5	2.5	0.125	
	200	±25	10	5	5	0.2	
	500	±50	25	13	13		
	1 000	±125	50	25	25		10～114.3
日本 JISB1501—1988	SP	±15	0.3		0.3		0.3～76.2
	P	±15	0.5		0.5		
	H	±15	0.8		0.8		
	N	±15	1.5		1.5		
德国 DIN5401—1993	Ⅰ	±10.25	0.5		0.25		0.3～10
	Ⅱ	±10.5	1		0.5		0.3～25
	Ⅲ	±11	2		1		
	Ⅳ	±14	4		2		0.3～10
	Ⅴ	±75	50		25		0.3～50

D 国内外常用轴承钢材牌号对照（见附表 D-1）

附表 D-1 国内外常用轴承钢材牌号对照

序号	材料种类	国际标准 ISO 683/17	中国 GB/YB	美国 SAE	美国 AISI	美国 UNS	日本 JIS	德国 DIN	瑞典 SIS（SKF）	英国 BS	法国 NF	苏联 ГОСТ	意大利 UNI
1	高碳铬轴承钢	1	GCr15	52100	E52100	G62986	SUJ2	100Cr6	SKF3	534A99	100C6	ШХ15	100C6
2			GCr9	51100	E51100	G61986	SUJ1	105Cr4	SKF13	En31	100C5	ШХ9	105C4
3			GCr6	50100	E50100	G52986		105Cr2	SKF9		100C3	ШХ6	110C2
4		3	GCr15SiMn					100CrMn6		535M99		ШХ15СГ	25MC6
5		2	GCr9SiMn	52100. 1			SUJ3		SKF1				
6				52100. 2					SKF2			ШХ20СГ	
7				52100. 3				100CrMo73					
8	渗碳轴承钢		20Mn2	1024	1024	G1024	SMn420			150M19	20M5		
9				1118	1118	G1118				215M15			
10			12Cr2Ni4A	3310	E3310	G33100				655M13	10NC12	12Х2Н4А	
11				4023	4023	G40230							
12			G20CrMo	4118	4118	G41180						20ХМ	
13		14	G20Cr2Ni2Mo	4320	4320	G4320	SNCM420				20NCD7	20ХН2М	
14		11		4620	4620	G4620				665M20	20NDB	20Н2М	
15		13		4720	4720	G4720					18NCD4		
16				4820	4820	G4820							
17			20Cr	5120	5120	G5120	SCr420H			527A19	20MC5	20ХГР	
18		12	G20CrNiMo	8620	8620	G8620	SNCM220	20NiCrMo2		805M20	20NCD2		
19			G10CrNi3Mo	E9310	9310	G93106				832M13			
20	高温轴承钢	30	Cr4Mo4V		M50		AISI/M50	80MoCrV4216			80DCV40	8Х4В9Ф2-Ш	
21			Cr4Mo4		440M		440M			BG42			
22		31	W6Mo5Cr4V2		M2		SKH9	X82WMoCrV6542	2722	BM2	Z80WDCV6	P6	UX82WD65
23			W9Cr4V2Mo		T7		SKH6	X82WV9. 2			Z70WD12	P9	UX90W8
24		32	W18Cr4V		T1		SKH2	X75WCrV1841	2750	BT1	Z80WCV18	P18	UX75W18
25			9Cr18				SUS57	WNr4535	2320			X18	
26			9Cr18Mo		440C		SUS440C	X110CrMo15	3230			X18M	
27			1Cr18Ni9Ti				SUS321	X10CrNiTi18. 9	2337	En58B	Z6CNT18. 11	12Х18Н9Т	X8CNT1810
28			55SiMoV		S2							55СМФА	

注：IOS—国际标准化组织标准；GB/YB—中国国家标准/冶金部标准；SAE—美国汽车工程师学会标准；AISI—美国钢铁学会标准；UNS—美国金属与合金统一编号；JIS—日本工业标准；SIS—瑞典工业标准；SKF—SKF 公司标准；DIN—德国国家标准；BS—英国国家标准；NF—法国国家标准；ГОСТ—苏联国家标准；UNI—意大利国家标准。

E 国内外常用轴承油品牌号对照（见附表 E-1）

附表 E-1 国内外常用轴承油品牌号对照

种类	项目内容	国际标准 ISO	中国 GB/SH	美国 MOBIL	美国 SHELL	美国 SUN	英国 BP	意大利 AGIP	法国 ELF	法国 ESSO	日本石油	共同石油	德国 FUCHS
主轴轴承油品	牌号		SH0017-90	Velocite Oil	Tellus	Sunvis	Energol HP CS	Blasia S		Spinseeo Teresso	Spinox S	MS Oil2	CLDLN 51517
	黏度等级	2	2	3			0			(MP2)	S2	1.5	CL2
		5	(3),5	4	C5		5			5	S5		CL5
		10	(7),10	6,E	C10		10,CS10			10	S10	10	CL10
		15	15	8		15				15			CL15
		22	22	10,DX,12	22,C22	22	CS22			22	S22	22	CL22
		32		CX(25)	32,C32	32	HP32,CS32			32	ACT32		CL32
		46		DTE M	46,C46	46	HP46,CS46			46	ACT46		CL46
		68		DTE HM	68,C48	68	HP68,CS68			68			CL68
		100		DTE H	100	100	HP100,CS100			100			CL100
滚动轴承用脂	通用		精密机床脂 SH0382-1992 锂基脂 GB7324—2010	Mobilux 1,2,3,EP 0,1,2 Mobiplex 43,44,45,46,47	Anvania X1,X2,X3,1,2,3 Sunlight 0,1,2,3 Alvania G2	JSO C Grease 1,2	Energrease LS2,LS3	GR MU2,3 Grease 30	Epexa 00,0,1,2	Lexdex 0,1,2 Beacon 2,3 Andok B,C	Multinoc Deluxe 1,2 Multinoc Grease 1,2	Lisonix Grease 0,1,2,3	(以下是 FUCHS) Renolit MP KP2-40 Calpsol Li EP 1,2,3
	低温用		2 号低温脂及 KK3 脂	Grease22 Temp SHC100 SHC15ND	Alvania Grease RA	JSO C Grease 1,2	LT2		Rolexa 1,2,3	Beacon 325	MultioncWide2 ENS Grease HTN Grease	共石 LT Grease 0,1,2	
	宽温度范围用		特 221 号脂及 KK-3 脂	Grease22 Temp SHC100 SHC460 TrackGrease	Valiant M2,M3,S1,S2 Aeroshell 7,17,15A Tivela Compound A	JSO MP Grease 40,41,42,43	MM-EP HTG2	GRMU/EP0,1,2,3 GR RP		Templex N2,N3 Andok 260	Multinoc Wide2 ENS Grease HTN Grease	共石 Urea Grease 0,1,2 LL-0,1,2	Renolit S2
轮毂轴承脂	混合皂基		滚珠轴承脂				C C3G				PAN WB pyronoc Universal N-6B		
	锂基		锂基脂 GB/T 5671—2014	Mobil Grease 77,Mobil 1 Fully	Retinax A,AM Valiant WB Sunlight 2,3	JSC MP Grease 40,41,42,43	L2,LS2,LS3	33FD		Lexdex WB 2,3 Multi purpose Grease 1-1		Wheel Bearing Grease 1,2,3	

（续）

种类	项目内容	国际标准 ISO	中国 GB/SH	美国 MOBIL	美国 SHELL	美国 SUN	英国 BP	意大利 AGIP	法国 ELF	法国 ESSO	日本石油	共同石油	德国 FUCHS
溶剂稀释型防锈油	1号	相当于日本 JIS（MIL）牌号-NP系列	NP-1 (P-1)	Mobilarma 633	Rustcoat101		Stemkor B1,B3,F	Pro 48 /D		RustBan373, 392,393, 397,398		共石 Everproof SP-1,P-1	Anticorit RP
	2号		NP-2 (P-2)	Meltal Guard 360	Ensis Fluid S		Stemkor G	Cover	Protera M1	Antirust ND91		SP-2	
	3号		NP-3 (P-3)	Meltal Guard 240, Mobilarma 245	Rustcoat 201, 300,301,302, 310,330		Stemkor H			Nd33,ND34	Antirust P-1300,1320, 1325,1327,1600	P-3	Anticorit Work22, PL3802
石油脂型防锈油	1号		NP-4 (P-4)		Ensis Fluid MD								RP4107 OHW360,TX, TW,R2
	2号		NP-5 (P-5)		Ensis Fluid SDC CompoundCC			Rustia 300GR					
	3号		NP-6 (P-6)	Mobilarma 798,355	Rustcoat 600,691					Rust-Ban 326	P-3600	SP-6	
置换型防锈油	1号		NP-7 (P-7)				Stemkor S	Rustia 81,82	Protera L-100			P7-7, P-77	
	2号		NP-8 (P-8)	EJ66/3044B			Stemkor X1	Dromus Oil Rustia 27	Protera L32,22			P-8, P-88	
	3号		NP-9 (P-9)		Rustcoat 900,901						P-2100, KS-5	P-9,P-99 P-950	Anticorit MKR4
	4号		NP-10 (P-10)	Mobilarma 523,524,525	Ensis Engine Oil30,40,10W, 20,Rustcoat 1001,1002		Protective Oil 20,30,40	Rustia 68/F,80/ F,100/F		JWS 2116K Rust-Ban 623,357	P-210,230	P-10-2	Anticorit 1,3,5F, 5012S
溶剂稀释透明型			NP-19 (P-19,21)					Rustia T1 10W/20, 30,50			P-1920		

注：MOBIL—美孚石油公司；SHELL—壳牌国际石油公司；SUN—太阳石油公司；BP—英国石油公司；AGIP—意大利石油总公司；ELF—法国爱尔菲（亿尔富）；ESSO—阿奎丁集团埃索标准油公司；日本石油—日本石油公司；共同石油—共同石油公司；FUCHS—德国福斯矿物油公司。

F　各国滚动轴承代号对照（见附表 F-1～附表 F-3）

附表 F-1　球轴承和滚子轴承

名称	中国 GB	瑞典 SKF	德国 FAG	日本				美国		英国 RHP	奥地利 STEYR	法国 SNR
				NSK	NTN	KOYO	NACHI	FAFNIR	MRC			
深沟球轴承	61800	61800	61800	6800								
	61900	61900		6900				9300K	1900S			
	16000	16000	16000	16000							16000	16000
	6000	6000	6000	6000				9100K	100KS	6000	6000	6000
	6200	6200	6200	6200				200K	200S	6200	6200	6200
	6300	6300	6300	6300				300K	300S	6300	6300	6300
	6400	6400	6400	—	6400				400S	6400	6400	
	6000-Z	6000-Z	6000ZR	6000Z			6000ZE	9100KD	100KSF	6000Z	6000Z	6000Z
	6200-Z	6200-Z	6200ZR	6200Z			6200ZE	200KD	200SF	6200Z	6200Z	6200Z
	6300-Z	6300-Z	6300ZR	6300Z			6300ZE	300KD	300SF	6300Z	6300Z	6300Z
	6000-2Z	6000-2Z	6000. 2ZR	6000ZZ			6000ZZE	9100KDD	100KSFF	6000-2Z	6000-2Z	6000ZZ
	6200-2Z	6200-2Z	6200. 2ZR	6200ZZ			6200ZZE	200KDD	200SFF	6200-2Z	6200-2Z	6200ZZ
	6300-2Z	6300-2Z	6300. 2ZR	6300ZZ			6300ZZE	300KDD	300SFF	6300-2Z	6300-2Z	6300ZZ
	6000-RS	600-RS1	600RSR	6000DU	6000LU	6000RS	6000NSE	9100P	100KSZ	6000RS	6000RS	6000E
	6200-RS	6200-RS1	6200RSR	6200DU	6200LU	6200RS	6200NSE	200P	200SZ	6200RS	6200RS	6200E
	6300-RS	6300-RS1	6300RSR	6300DU	6300LU	6300RS	6300NSE	300P	300SZ	6300RS	6300RS	6300E
	6000-2RS	600-2RS1	6000. 2RSR	600DDU	6000LLU	6000-2RS	6000-2NSE	9100PP	100KSZZ	6000-2RS	6000-2RS	6000EE
	6200-2RS	6200-2RS1	6200. 2RSR	6200DDU	6200LLU	6200-2RS	6200-2NSE	200PP	200SZZ	6200-2RS	6200-2RS	6200EE
	6300-2RS	6300-2RS1	6300. 2RSR	6300DDU	6300LLU	6300-2RS	6300-2NSE	300PP	300SZZ	6300-2RS	6300-2RS	6300EE

名称	中国 GB	瑞典 SKF	德国 FAG	日本				英国 RHP	奥地利 STEYR	法国 SNR
				NTN	NSK	KOYO	NACHI			
调心球轴承	1200	1200E	1200	1200S	1200			1200	1200	1200
	1300	1300E	1300	1300S	1300			1300	1300	1300
	2200	2200E	2200	2200S	2200			2200	2200	2200
	2300			2300S	2300			2300		
	1200K	1200EK	1200K	1200SK	1200K			1200K	1200K	1200K
	1300K	1300EK	1300K	1300SK	1300K				1300K	1300K
	2200K	2200EK	2200K	2200SK	2200K			2200K	2200K	2200K
	2300K	2300EK	2300K	2300SK	2300K				2300K	2300K
	1200K +H200	1200EK +H200	1200K +H200	1200SK +H200X		1200K+H200X		1200K +H200	1200K +H200	1200K +H200

名称	中国 GB		瑞典 SKF	德国				日本			
				FAG	GMN	DKF	IBC	NSK	NTN	KOYO	NACHI
角接触球轴承	1	71900C	71900CD	B71900C	S61900C		71900C	7900C			
	2	7000C	7000CD	B7000C	S6000C		7000C	7000C			
	3	7200C	7200CD	B7200C	S6200C			7200C			
	4	7300C							7300C		
	5	7000AC	7000ACD	B7000E	S6000E	B7000S_PB	7000E	7000A	7000		
	6	7200AC	7200ACD	B7200E	S6200E	B7200S_PB	7200E	7200A	7200		
	7	7300AC				B7300S_PB	7300E	7300A	7300		
	8	7200B	7200B	7200B		7200B	7200BE	7200B			
	9	7300B	7300B	7300B		7300B	7300BE	7300B			

（续）

名称	美国		美国	英国	英国	法国	法国	奥地利	波兰	捷克 ZKL
	FAFNIR		MRC	RHP	BARDEN	SNFA	SNR	STEYR	FLT	
角接触球轴承	1	2M9300W1	1900-R	$7900X_2$	1900H	EB10CE1	71900C			
	2	2M9100W1	100-KR	$7000X_2$	100H	EX10CE1	7000C			
	3	2M200W1	200-R	$7200X_2$	200H	E210CE1	7200C			
	4	2MM300W1	300-R		300H		7300C			
	5	3M9100W1	7100-KR	$7000X_3$	2100H		7000H			
	6	3M200W1	7200	$7200X_3$	2200H	BS210CE3	7200H			
	7	3MM300W1	7300		2300H		7300H			
	8	7200WN	7200-P	$7200X_6$			7200B	7200B	7200B	7200C
	9	7300WN	7300-P	$7300X_6$			7300B	7300B	7300B	7300C

名称	中国 GB	瑞典 SKF	德国 FAG	日本 NSK	日本 NTN	日本 NACHI	日本 KOYO	美国 MRC	英国 RHP	奥地利 STEYR	波兰 FLT	捷克 ZKL
圆柱滚子轴承	N200			N200				MR200C		N200	N200	N200B
	N200E	N200EC	N200E									
	N300			N300						N300	N300	N300B
	N300E	N300EC	N300E									
	N400		N400M	N400				MR400C		N400	N400	N400B
	NF200			NF200				MR200D	NF200			
	NF300			NF300				MR300D	NF300			
	NU1000	NU1000	NU1000	NU1000				MR100KE		NU1000	NU1000	
	NU200			NU200				MR200E	NU200	NU200	NU200	NU200B
	NU200E	NU200EC	NU200E	NU200E		NU200R				NU200E		
	NU300			NU300				MR300E		NU300	NU300	NU300B
	NU300E	NU300EC	NU300E	NU300E		NU300R				NU300E		
	NU400	NU400	NU400	NU400				NR400E		NU400	NU400	NU400B
	NU2200			NU2200					NU2200	NU2200	NU2200	NU2200B
	NU2200E	NU2200EC	NU2200E	NU2200E		NU2200R				NU2200E		
	NU2300			NU2300					NU2300	NU2300	NU2300	NU2300B
	NU2300E	NU2300EC	NU2300E	NU2300E		NU2300R				NU2300E		
	NJ200			NJ200				MR200G		NJ200	NJ200	NJ200B
	NJ200E	NJ200EC	NJ200E	NJ200E		NJ200R				NJ200E		
	NJ300			NJ300				MR300G		NJ300	NJ300	NJ300B
	NJ300E	NJ300EC	NJ300E	NJ300E		NJ300R				NJ300E		
	NJ400	NJ400		NJ400				MR400G		NJ400	NJ400	NJ400B
	NJ2200			NJ2200						NJ2200	NJ2200	NJ2200B
	NJ2200E	NJ2200EC	NJ2200E	NJ2200E		NJ2200R				NJ2200E		
	NJ2300			NJ2300						NJ2300	NJ2300	NJ2300B
	NJ2300E	NJ2300EC	NJ2300E	NJ2300E		NJ2300R				NJ2300E		
	NUP200			NUP200						NUP200	NUP200	
	NUP200E	NUP200EC	NUP200E	NUP200E		NUP200R				NUP200E		
	NUP300			NUP300					NUP300	NUP300		
	NUP300E	NUP300EC	NUP300E	NUP300E		NUP300R				NUP300E		
	NUP400	NUP400	NUP400	NUP400						NUP400		
	NUP2200			NUP2200						NUP2200	NUP2200	
	NUP2200E	NUP2200EC	NUP2200E	NUP2200E		NUP2200R				NUP2200E		
	NUP2300			NUP2300						NUP2300	NUP2300	
	NUP2300E	NUP2300EC	NUP2300E	NUP2300E		NUP2300R				NUP2300E		

（续）

名称	中国 GB	瑞典 SKF	德国 FAG	日本				美国 TORRINGTON
				NSK	NTN	NACHI	KOYO	
调心滚子轴承	21300CC	21300CC	21300E·TVPB	21300CD	21300C	21300E	21300RH	21300VCSJ
	21300CCK	21300CCK	21300EK·TVPB	21300CDK	21300CK	21300EK	21300RHK	21300KVCSJ
	2300CC/W33	23000CC/W33	2300EAS·M	23000CDE4	23000BD1	23000EW33	23000RHW33	
	2400CC/W33	24000CC/W33	24000ES·TVPB	24000CE4	24000BD1	24000EW33	24000RHW33	24000CJ
	23100CC/W33	23100CC/W33	23100EAS·M	23100CE4	23100BD1	23100EW33	23100RHW33	23100CJ
	24100CC/W33	24100CC/W33	24100ES·TVPB	24100CE4	24100BD1	24100EW33	24100RHW33	24100CJ
	22200CC/W33	22200CC	22200ES·TVPB	22200HE4	22200CD1	22200EW33	22200RHW33	22200CJ
	23200CC/W33	23200CC/W33	23200EAS·M	23200CE4	23200BD1	23200EW33	23200RHW33	
	22300CC/W33	22300CC	22300EAS·M	22300HE4	22300CD1	22300EW33	22300RHW33	22300CJ
	23000CCK /W33	23000CCK /W33	23000EASK·M	23000CDK4	23000BKD1	23000EK /EW33K	23000RHKW33	
	23100CCK /W33	23100CCK /W33	23100EASK·M	23100CKE4	23100BKD1	23100EK /EW33K	23100RHK W33	
	22200CCK /W33	22200CCK /W33	22200ESK· TVPB	22200HKE4	22200CKD1	22200EK/ EW33K	22200RHKW33	22200CJ
	23200CCK /W33	23200CCK /W33	23200EASK·M	23200CKE4	23200BKD1	23200EK /EW33K	23200RHKW33	
	22300CCK/W33	22300CCK	22300EASK·M	22300HKE4	22300CKD1	22300EK /EW33K	22300RHKW33	22300CJ
	24000CCK30 /W33	24000CCK30 /W33	24000BSK30 MB/BK30MB	24000 CK30E4	24000BK30D1	24000EW 33K30	24000RHK 30W33	
	24100CCK30 /W33	241000CCK30 /W33	24100ESK30 ·TVPB	24100 CK30E4	24100 BK30D1	24100EW 33K30	24100RHK 30W33	
	21300CCK +H300	21300CCK +H300	21300EK· TVPB+H300	21300CDK +H300X	21300CK +H300X	23100EK +H300	21300RHKW33 +H300X	
	23000CCK/W33 +H3000	23000CCK/ W33+H3000	23000EASK·M +H3000	23000CDKE4 +H3000	23000BKD1 +H3000X	23000EK +H3000	23000RHKW33 +H3000	23000E +SNW3000
	23100CCK/W33 +H3100	23100CCK/W33 +H3100	23100EASK· M+H3100	23100CKE4 +H3100X	23100BKD1 +H3100X	23100EK +H3100	23100RHKW33 +H3100X	23100K +SNW-3100
	22200CCK/W33 +H300	22200EK +H300	22200ESKTVPB +H300	22200HKE4 +H300X	22200CKD1 +H300X	22200EK +H300	22200RHKW33 +H300X	22200K +SNW-00
	23200CCK/W33 +H2300	23200CCK/W33 +H2300	23200EASK·M +H2300	23200CKE4 +H2300X	23200BKD1 +H2300X	23200EK +H2300	23200RHKW33 +H2300X	23200K +SNW-100
	22300CCK/W33 +H2300	22300EK +H2300	22300ESKTVPB +H2300	22300HKE4 +H2300X	22300CKD1 +H2300X	22300EK +H2300	22300RHKW33 +H2300X	22300K +SNW-100

名称	中国 GB	瑞典 SKF	德国 FAG	日本		法国 SNR	奥地利 STEYR	捷克 ZKL	英国 RHP
				NSK	NTN				
圆锥滚子轴承	30200	30200	30200A	HR30200J	ET-30200	30200A	30200	30200E	
	30300	30300	30300A	HR30300J	ET-30300	30300V	30300	30300E	
	32200	32200	32200A	HR32200J	ET-32200	32200V	32200	32200E	
	32300	32300	32300A	HR32300J	ET-32300/ 4T-32300/ 32300U	32300V/ 32300BC12	32300	32300E	
	32000	32000X	32000X	HR32000XJ	ET-32000X 32000U	32000VC12	32000X	32000X	
	31300	31300	31300A	30300D/ HR30300DJ	4T-30300D/ ET-30300D/ 30300DU	31300VC12	31300	31300E	
	33000	33000	33000	HR33000J	4T-33000/ 33000U	33000VC12			
	33200	33200	33200	HR33200J	4T-33200/ 33200U				

（续）

名称	中国 GB	瑞典 SKF	德国 FAG	日本		法国 SNR	奥地利 STEYR	捷克 ZKL	英国 RHP
				NSK	NTN				
推力球轴承	51100	51100	51100	51100	51100	51100	51100		51100
	51200	51200	51200	51200X	51200	51200	51200		51200
	51300	51300	51300	51300	51300	51300	51300		
	51400	51400	51400	51400	51400		51400		
	52200	52200	52200	52200	52200		52200		
	52300	52300	52300	52300	52300		52300		
	52400	52400	52400	52400	52400		52400		

注：1. 本表仅列出部分轴承的对照。

2. 有的国家有多家公司（工厂）生产轴承，表中只列出个别公司产品对照。

3. 本表为代号系列对照，具体某个代号对照请查有关标准。

附表 F-2　滚针轴承

	中　国		德国	日本	美　国	德　国	日　本	日本
	轴承代号	旧轴承代号	FAG	NTN	TORRINGTON	INA	IKO	KOYO
向心滚针和保持架组件	K5×8×8	(29241/5)	K5×8×8	K5×8×8	K5×8×8	K5×8×8	KT588	
	K6×9×8	K060908（29241/6）	K6×9×8	K6×9×8	K6×9×8	K6×9×8	KT698	
	K7×10×8	K071008（29241/7）	K7×10×8	K7×10×8	K7×10×8	K7×10×8	KT 7108	R7/8
	K8×11×8	K081108（29241/8）	K8×11×8	K8×11×8			KT8118	R8/8
	K14×18×10	K141810（29241/14）	K14×18×10	K14×18×10	K14×18×10	K14×18×10	KT141810	R14/10
	K15×19×10	K151910（29241/15）	K15×19×10	K15×19×10	K15×19×10	K15×19×10	KT151910	
	K16×20×10	K162010（29241/16）	K16×20×10	K16×20×10	K16×24×10	K16×20×10	KT162010	
	K17×21×10	K172110（29241/17）	K17×21×10	K17×21×10	K17×21×10	K17×21×10	KT172110	R17/10
	K18×22×10	K182210（29241/18）	K18×22×10	K18×22×10	K18×22×10	K18×22×10	KT182210	R18/10
	K20×24×10	K202410（29241/20）	K20×24×10	K20×24×10	K20×24×10	K20×24×10	KT202410	R20/10
	K22×26×10	K222610（29241/22）	K22×26×10	K22×26×10	K22×26×10	K22×26×10	KT222610	R22/10
	K25×29×10	K252910（29241/25）	K25×29×10	K25×29×10		K25×29×10	KT252910	R25/10
	K28×33×13	K283313（29241/28）	K28×33×13	K28×33×13		K28×33×13	KT283313	R28/10
	K30×35×13	K303513（29241/30）	K30×35×13	K30×35×13		K30×35×13	KT303513	R30/13-1
	K32×37×13	K323713（29241/32）	K32×37×13	K32×37×13	K32×37×13	K32×37×13	KT323713	
	K35×40×13	K354013（29241/35）	K35×40×13	K35×40×13	K35×40×13	K35×40×13	KT354013	
	K40×45×13	K404513（29241/40）		K40×45×13		K40×45×13	KT404513	
	K42×47×13	K424713（29241/42）	K42×47×13			K42×47×13	KT424713	
	K5×8×10	K050810（39241/5）	K5×8×10	K5×8×10	K5×8×10	K5×8×10		
	K6×9×10	K060910（39241/6）	K6×9×10	K6×9×10		K6×9×10	KT6910	
	K7×10×10	K071010（39241/7）	K7×10×10	K7×10×10		K7×10×10	KT71010	R7/10
	K8×11×10	K081110（39241/8）	K8×11×10	K8×11×10	K8×11×10	K8×11×10	KT81110	R8/10-1
	K9×12×10	K091210（39241/9）	K9×12×10	K9×12×10	K9×12×10	K9×12×10	KT91210	R9/10-1
	K10×13×10	K101310（39241/10）	K10×13×10	K10×13×10	K10×13×10	K10×13×10	KT101310	
	K12×15×10	K121510（39241/12）	K12×15×10	K12×15×10	K12×15×10	K12×15×10	KT121510	R12/10-1
	K14×18×13	K141813（39241/14）	K14×18×13	K14×18×13		K14×18×13	KT141813	
	K15×19×13	K151913（39241/15）	K15×19×13	K15×19×13	K15×19×13	K15×19×13	KT151913	R15/13
	K16×20×13	K162013（39241/16）	K16×20×13	K16×20×13	K16×20×13	K16×20×13	KT162013	R16/13
	K17×21×13	K172113（39241/17）	K17×21×13	K17×21×13	K17×21×13	K17×21×13	KT172113	R17/13
	K18×22×13	K182213（39241/18）	K18×22×13	K18×22×13		K18×22×13	KT182213	R18/13

（续）

向心滚针和保持架组件

中　　国		德国	日本	美　国	德　国	日　本	日本
轴承代号	旧轴承代号	FAG	NTN	TORRINGTON	INA	IKO	KOYO
K20×24×13	K202413（39241/20）	K20×24×13	K20×24×13		K20×24×13	KT202413	R20/13
K22×26×13	K222613（39241/22）	K22×26×13	K22×26×13	K22×26×13	K22×26×13	KT222613	R22/13
K25×29×13	K252913（39241/25）	K25×29×13	K25×29×13	K25×29×13	K25×29×13	KT252913	R25/13-1
K8×11×13	K081113（49241/8）	K8×11×13	K8×11×13		K8×11×13	KT81113	R8/13
K9×12×13	K091213（49241/9）	K9×12×13	K9×12×13	K9×12×13	K9×12×13	KT91213	R9/13
K10×13×13	K101313（49241/10）	K10×13×13	K10×13×13		K10×13×13	KT101313	R10/13
K12×15×13	K121513（49241/12）	K12×15×13	K12×15×13	K12×15×13	K12×15×13	KT121513	R12/13
K14×18×15	（49241/14）	K14×18×15	K14×18×15		K14×18×15		
K17×21×15	（49241/17）	K17×21×15	K17×21×15			KT172115	
K28×33×17	K283317（49241/28）	K28×33×17	K28×33×17		K28×33×17	KT283317	
K30×35×17	K303517（49241/30）	K30×35×17	K30×35×17	K30×35×17	K30×35×17	KT303517	R30/17
K32×37×17	K323717（49241/32）	K32×37×17	K32×37×17	K32×37×17	K32×37×17	KT323717	R32/17-1
K35×40×17	K354017（49241/35）	K35×40×17	K35×40×17		K35×40×17	KT354017	R35/17
K40×45×17	K404517（49241/40）	K40×45×17	K40×45×17	K40×45×17	K40×45×17	KT404517	
K45×50×17	K455017（49241/45）	K45×50×17	K45×50×17	K45×50×17	K45×50×17	KT455017	
K48×53×17	K485317（49241/48）	K48×53×17	K48×53×17	K48×53×17		KT485317	
K55×61×20	K556120（49241/55）	K55×61×20	K55×61×20			KT556120	
K70×76×20	K707620（49241/70）	K70×76×20	K70×76×20		K70×76×20		
K80×86×20	K808620（49241/80）	K80×86×20	K80×86×20		K80×86×20		
K14×18×17	K141817（59241/17）	K14×18×17	K14×18×17		K14×18×17		R14/17A
		K15×19×17	K15×19×17	K15×19×17	K15×19×17	KT151917	R15/17
K16×20×17	K162017（59241/16）	K16×20×17	K16×20×17	K16×20×17	K16×20×17	KT162017	R16/17
K17×21×17	K172117（59241/17）	K17×21×17	K17×21×17		K17×21×17	KT172117	
K18×22×17	K182217（59241/18）	K18×22×17	K18×22×17		K18×22×17		R18/17
K20×24×17	K202417（59241/20）	K20×24×17	K20×24×17		K20×24×17	KT202417	R20/17-1
K22×26×17	K222617（59241/22）	K22×26×17	K22×26×17		K22×26×17	KT222617	R22/17
K25×29×17	K252917（59241/25）	K25×29×17	K25×29×17		K25×29×17		R25/17
K50×55×20	K505520（59241/50）	K50×55×20	K50×55×20	K50×55×20	K50×55×20	KT505520	R50/20
K28×33×27	K283327（79241/28）	K28×33×27	K28×33×27		K28×33×27	KT283327	R28/27
K30×35×27	K303527（79241/30）	K30×35×27	K30×35×27		K30×35×27	KT303527	
K32×37×27	K323727（79241/32）	K32×37×27	KJ32×37×27		K32×37×27		
K35×40×27	K354027（79241/35）	K35×40×27	KJ35×40×27		K35×40×27		
K40×45×27	K404527（79241/40）	K40×45×27	K40×45×27		K40×45×27	KT404527	
K42×47×27	K424727（79241/42）	K42×47×27	K42×47×27		K42×47×27		
K45×50×27	K455027（79241/45）	K45×50×27	K45×50×27		K45×50×27	KT455027	R45/27
K10×14×10	K101410（29242/10）	K10×14×10	K10×14×10		K10×14×10	KT101410	RS10/10
K12×16×10	K121610（29242/12）	K12×16×10				KT121610	
K15×20×13	K152013（29242/15）	K15×20×13	K15×20×13		K15×20×13		RS15/13
K25×30×13	K253013（29242/25）	K25×30×13	K25×30×13	K25×30×13	K25×30×13	KT253013	
K85×93×25	K859325（29242/85）	K85×93×25				KT859325	
K90×98×25	K909825（29242/90）	K90×98×25				KT909825	
K10×14×13	K101413（39242/10）	K10×14×13	K10×14×13		K10×14×13	KT101413	RS10/13
K12×16×13	K121613（39242/12）	K12×16×13	K12×16×13	K12×16×13	K12×16×13	KT121613	12R1613

（续）

	中国		德国	日本	美国	德国	日本	日本
	轴承代号	旧轴承代号	FAG	NTN	TORRINGTON	INA	IKO	KOYO
向心滚针和保持架组件	K28×34×17	K283417（39242/28）	K28×34×17	K28×34×17		K28×34×17	KT283417	
	K40×46×17	K404617（39242/40）	K40×46×17	K40×46×17		K40×46×17		
	K85×93×30	K859330（39242/85）	K85×93×30	K85×93×30			KT859330	
	K100×108×30	K10010830（39242/100）	K100×108×30	K100×108×30		K100×108×30	KT10010830	
	K14×20×12	K142012（19243/14）	K14×20×12	K14×20×12	K14×20×12	K14×20×12	KT142012	
	K16×22×12	K162212（19243/16）	K16×22×12	K16×22×12		K16×22×12	KT162212	
	K18×24×12	K182412（19243/18）	K18×24×12	K18×24×12	K18×24×12	K18×24×12	KT182412	RS18/12-1
	K20×26×12	K202612（19243/20）	K20×26×12	K20×26×12	K20×26×12	K20×26×12	KT202612	
	K28×35×16	K283516（19243/28）	K28×35×16	K28×35×16		K28×35×16	KT283516	
	K30×37×16	K303716（19243/30）		K30×37×16		K30×37×16	KT303716	
	K35×42×16	K354216（19243/35）	K35×42×16	K35×42×16	K35×42×16	K35×42×16	KT354216	
	K55×63×20	K556320（19243/55）	K55×63×20	K55×63×20		K55×63×20	KT556320	
	K60×68×20	K606820（19243/60）	K60×68×20	K60×68×20		K60×68×20	KT606820	
	K63×71×20	K637120（19243/63）	K63×71×20				KT637120	
	K17×23×15	K172315（29243/17）	K17×23×15				KT172315	
	K30×37×20	K303720（29243/30）		K30×37×20			KT303720	RS30/20
	K32×39×20	K323920（29243/32）		K32×39×20			KT323920	
	K35×42×20	K354220（29243/35）		K35×42×20		K35×42×20	KT354220	RS35/20-1
	K40×47×20	K404720（29243/40）		K40×47×20		K40×47×20	KT404720	RS40/20
	K55×63×25	K556325（29243/55）	K55×63×25	K55×63×25		K55×63×25	KT556325	
	K60×68×25	K606825（29243/60）	K60×68×25	K60×68×25	K60×68×25	K60×68×25	KT606825	
	K80×88×25	K808825（29243/80）	K80×88×25				KT808825	
	K10×15×15	K101515（39243/10）		K10×15×15			KT101515	
	K16×22×17	K162217（39243/16）		K16×22×17			KT162217	RS16/17-1
	K18×24×17	K182417（39243/18）		K18×24×17			KT182417	RS18/17P
	K20×26×17	K202617（39243/20）	K20×26×17	K20×26×17	K20×26×17	K20×26×17	KT202617	RS20/17
	K25×31×17	K253117（39243/25）	K25×31×17	K25×31×17	K25×31×17	K25×31×17	KT253117	
	K65×73×30	K657330（39243/65）	K65×73×30	K65×73×30	K65×73×30	K65×73×30	KT657330	
	K70×78×30	K707830（39243/70）	K70×78×30	K70×78×30		K70×78×30	KT707830	
	K75×83×30	K758330（39243/75）	K75×83×30	K75×83×30		K75×83×30	KT758330	
	K80×88×30	K808830（39243/80）	K80×88×30	K80×88×30		K80×88×30	KT808830	
	K10×16×12	K101612（19244/10）		K10×16×12	K10×16×12	K10×16×12		
	K12×18×12	K121812（19244/12）	K12×18×12	K12×18×12		K12×18×12	KT121812	
	K25×32×16	K253216（19244/25）	K25×32×16	K25×32×16		K25×32×16	KT253216	
	K38×46×20	K384620（19244/38）	K38×46×20	K38×46×20		K38×46×20	KT384620	38R4620
	K40×48×20	K404820（19244/40）	K40×48×20	K40×48×20	K40×48×20	K40×48×20	KT404820	
	K45×53×20	K455320（19244/45）	K45×53×20	K45×53×20	K45×53×20	K45×53×20	KT455320	
	K50×58×20	K505820（19244/50）	K50×58×20	K50×58×20	K50×58×20	K50×58×20	KT505820	
	K40×48×25	K404825（29244/40）		K40×48×25			KT404825	
	K45×53×25	K455325（29244/45）	K45×53×25	K45×53×25			KT455325	
	K50×58×25	K505825（29244/50）	K50×58×25	K50×58×25	K50×58×25	K50×58×25	KT505825	

附表 F-3　带立式座外球面球轴承

类型	系列	中国		日本				瑞典	德国
		轴承代号	旧轴承代号	NSK	NTN	FYH	ASAHI	SKF	FAG
带紧定螺钉UCP型	1.2系列	UCP 203	Z 90503					SY 17 TF	
		UCP 204	Z 90504	UCP 204	UCP 204	UCP 204	UCP 204	SY 20 TF	P56204
		UCP 205	Z 90505	UCP 205	UCP 205	UCP 205	UCP 205	SY 25 TF	P56205
		UCP 206	Z 90506	UCP 206	UCP 206	UCP 206	UCP 206	SY 30 TF	P56206
		UCP 207	Z 90507	UCP 207	UCP 207	UCP 207	UCP 207	SY 35 TF	P56207
		UCP 208	Z 90508	UCP 208	UCP 208	UCP 208	UCP 208	SY 40 TF	P56208
		UCP 209	Z 90509	UCP 209	UCP 209	UCP 209	UCP 209	SY 45 TF	P56209
		UCP 210	Z 90510	UCP 210	UCP 210	UCP 210	UCP 210	SY 50 TF	P56210
		UCP 211	Z 90511	UCP 211	UCP 211	UCP 211	UCP 211	SY 55 TF	P56211
		UCP 212	Z 90512	UCP 212	UCP 212	UCP 212	UCP 212	SY 60 TF	P56212
		UCP 213	Z 90513	UCP 213	UCP 213	UCP 213	UCP 213	SY 65 TF	
		UCP 214	Z 90514	UCP 214	UCP 214	UCP 214	UCP 214	SYJ 70 TG	
		UCP 215	Z 90515	UCP 215	UCP 215	UCP 215	UCP 215	SYJ 75 TG	
		UCP 216	Z 90516	UCP 216	UCP 216	UCP 216	UCP 216	SYJ 80 TG	
		UCP 217	Z 90517	UCP 217	UCP 217	UCP 217	UCP 217	SYJ 85 TG	
		UCP 218	Z 90518	UCP 218	UCP 218	UCP 218	UCP 218	SYJ 90 TG	
		UCP 220	Z 90520					SYJ 100 TG	
	2.3系列	UCP 305	Z 90605	UCP 305	UCP 305	UCP 305	UCP 305		
		UCP 306	Z 90606	UCP 306	UCP 306	UCP 306	UCP 306		
		UCP 307	Z 90607	UCP 307	UCP 307	UCP 307	UCP 307		
		UCP 308	Z 90608	UCP 308	UCP 308	UCP 308	UCP 308		
		UCP 309	Z 90609	UCP 309	UCP 309	UCP 309	UCP 309		
		UCP 310	Z 90610	UCP 310	UCP 310	UCP 310	UCP 310		
		UCP 311	Z 90611	UCP 311	UCP 311	UCP 311	UCP 311		
		UCP 312	Z 90612	UCP 312	UCP 312	UCP 312	UCP 312		

（续）

类型	系列	中国 轴承代号	中国 旧轴承代号	日本 NSK	日本 NTN	日本 FYH	日本 ASAHI	瑞典 SKF	德国 FAG
带紧定螺钉UCP型	2.3系列	UCP 313	Z 90613	UCP 313	UCP 313	UCP 313	UCP 313		
		UCP 314	Z 90614	UCP 314	UCP 314	UCP 314	UCP 314		
		UCP 315	Z 90615	UCP 315	UCP 315	UCP 315	UCP 315		
		UCP 316	Z 90616	UCP 316	UCP 316	UCP 316	UCP 316		
		UCP 317	Z 90617	UCP 317	UCP 317	UCP 317	UCP 317		
		UCP 318	Z 90618	UCP 318	UCP 318	UCP 318	UCP 318		
		UCP 319	Z 90619	UCP 319	UCP 319	UCP 319	UCP 319		
		UCP 320	Z 90620	UCP 320	UCP 320	UCP 320	UCP 320		
		UCP 321	Z 90621	UCP 321	UCP 321	UCP 321	UCP 321		
		UCP 322	Z 90622	UCP 322	UCP 322	UCP 322	UCP 322		
		UCP 324	Z 90624	UCP 324	UCP 324	UCP 324	UCP 324		
		UCP 326	Z 90626	UCP 326	UCP 326	UCP 326	UCP 326		
		UCP 328	Z 90628	UCP 328	UCP 328	UCP 328	UCP 328		
带偏心套UELP型（1.2系列/2.3系列）		UELP 201	Z 390501					SY 12 WM	
		UELP 202	Z 390502					SY 15 WM	
		UELP 203	Z 390503					SY 17 WM	
		UELP 204	Z 390504	EWP 204		NAP 204		SY 20 WM	
		UELP 205/UELP 305	Z 390505/Z 390605	EWP 205/EWP 305		NAP 205		SY 25 WM	P36205
		UELP 206/UELP 306	Z 390506/Z 390606	EWP 206/EWP 306		NAP 206		SY 30 WM	P36206
		UELP 207/UELP 307	Z 390507/Z 390607	EWP 207/EWP 307		NAP 207		SY 35 WM	P36207
		UELP 208/UELP 308	Z 390508/Z 390608	EWP 208/EWP 308		NAP 208		SY 40 WM	P36208
		UELP 209/UELP 309	Z 390509/Z 390609	EWP 209/EWP 309		NAP 209		SY 45 WM	P36209
		UELP 210/UELP 310	Z 390510/Z 390610	EWP 210/EWP 310		NAP 210		SY 50 WM	P36210
		UELP 211/UELP 311	Z 390511/Z 390611	EWP 211/EWP 311		NAP 211		SY 55 WM	
		UELP 212/UELP 312	Z 390512/Z 390612	EWP 212/EWP 312		NAP 212		SY 60 WM	

（续）

类型	系列	中国 轴承代号	中国 旧轴承代号	日本 NSK	日本 NTN	日本 FYH	日本 ASAHI	瑞典 SKF	德国 FAG
带紧定套UKP+H型	1.2系列	UKP 205+H 2305	Z 290504	UKP 205+H 2305X	UKP 205+H 2305X	UKP 205LⅡ+H 2305	UKP 205+H 2305		
		UKP 206+H 2306	Z 290505	UKP 206+H 2306X	UKP 206+H 2306X	UKP 206LⅢ+H 2306	UKP 206+H 2306		
		UKP 207+H 2307	Z 290506	UKP 207+H 2307X	UKP 207+H 2307X	UKP 207LⅢ+H 2307	UKP 207+H 2307		
		UKP 208+H 2308	Z 290507	UKP 208+H 2308X	UKP 208+H 2308X	UKP 208LⅢ+H 2308	UKP 208+H 2308		
		UKP 209+H 2309	Z 290508	UKP 209+H 2309X	UKP 209+H 2309X	UKP 209LⅢ+H 2309	UKP 209+H 2309		
		UKP 210+H 2310	Z 290509	UKP 210+H 2310X	UKP 210+H 2310X	UKP 210LⅢ+H 2310	UKP 210+H 2310		
		UKP 211+H 2311	Z 290510	UKP 211+H 2311X	UKP 211+H 2311X	UKP 211LⅢ+H 2311	UKP 211+H 2311		
		UKP 212+H 2312	Z 290511	UKP 212+H 2312X	UKP 212+H 2312X	UKP 212LⅢ+H 2312	UKP 212+H 2312		
		UKP 213+H 2313	Z 290512	UKP 213+H 2313X	UKP 213+H 2313X	UKP 213LⅢ+H 2313	UKP 213+H 2313		
		UKP 215+H 2315	Z 290513	UKP 215+H 2315X	UKP 215+H 2315X	UKP 215LⅢ+H 2315	UKP 215+H 2315		
		UKP 216+H 2316	Z 290514		UKP 216+H 2316X	UKP 216LⅢ+H 2316	UKP 216+H 2316		
		UKP 217+H 2317	Z 290515		UKP 217+H 2317X	UKP 217LⅢ+H 2317	UKP 217+H 2317		
		UKP 218+H 2318	Z 290516		UKP 218+H 2318X	UKP 218LⅢ+H 2318	UKP 218+H 2318		
	2.3系列	UKP 305+H 2305	Z 290604		UKP 305+H 2305X	UKP 305+H 2305	UKP 305+H 2305		
		UKP 306+H 2306	Z 290605		UKP 306+H 2306X	UKP 306+H 2306	UKP 306+H 2306		
		UKP 307+H 2307	Z 290606		UKP 307+H 2307X	UKP 307+H 2307	UKP 307+H 2307		
		UKP 308+H 2308	Z 290607		UKP 308+H 2308X	UKP 308+H 2308	UKP 308+H 2308		
		UKP 309+H 2309	Z 290608		UKP 309+H 2309X	UKP 309+H 2309	UKP 309+H 2309		
		UKP 310+H 2310	Z 290609		UKP 310+H 2310X	UKP 310+H 2310	UKP 310+H 2310		
		UKP 311+H 2311	Z 290610		UKP 311+H 2311X	UKP 311+H 2311	UKP 311+H 2311		
		UKP 312+H 2312	Z 290611		UKP 312+H 2312X	UKP 312+H 2312	UKP 312+H 2312		
		UKP 313+H 2313	Z 290612		UKP 313+H 2313X	UKP 313+H 2313	UKP 313+H 2313		
		UKP 315+H 2315	Z 290613	UKP 315+H 2315X	UKP 315+H 2315X	UKP 315+H 2315	UKP 315+H 2315		
		UKP 316+H 2316	Z 290614	UKP 316+H 2316X	UKP 316+H 2316X	UKP 316+H 2316	UKP 316+H 2316		
		UKP 317+H 2317	Z 290615	UKP 317+H 2317X	UKP 317+H 2317X	UKP 317+H 2317	UKP 317+H 2317		
		UKP 318+H 2318	Z 290616	UKP 318+H 2318X	UKP 318+H 2318X	UKP 318+H 2318	UKP 318+H 2318		
		UKP 319+H 2319	Z 290617	UKP 319+H 2319X	UKP 319+H 2319X	UKP 319+H 2319	UKP 319+H 2319		
		UKP 320+H 2320	Z 290618	UKP 320+H 2320X	UKP 320+H 2320X	UKP 320+H 2320	UKP 320+H 2320		
		UKP 322+H 2322	Z 290620	UKP 322+H 2322X	UKP 322+H 2322X	UKP 322+H 2322	UKP 322+H 2322		
		UKP 324+H 2324	Z 290622	UKP 324+H 2324	UKP 324+H 2324X	UKP 324+H 2324	UKP 324+H 2324		
		UKP 326+H 2326	Z 290623	UKP 326+H 2326	UKP 326+H 2326X	UKP 326+H 2326	UKP 326+H 2326		
		UKP 328+H 2328	Z 290625	UKP 328+H 2328	UKP 328+H 2328X	UKP 328+H 2328	UKP 328+H 2328		

参 考 文 献

[1] 《机械工程标准手册》编委会. 机械工程标准手册：轴承卷［M］. 北京：中国标准出版社，2002.

[2] 洛阳轴研科技股份有限公司. 全国滚动轴承产品样本［M］. 北京：机械工业出版社，2012.

[3] 闻邦椿. 机械设计手册：第3卷［M］. 5版. 北京：机械工业出版社，2010.

[4] 机械工程手册机电工程手册编委会. 机械工程手册：第五卷第29篇［M］. 北京：机械工业出版社，1980.

[5] 韦根特. 滚动轴承设计与应用手册［M］. 刘家文，译. 武汉：华中工学院出版社，1985.

[6] 中国机械工业集团公司洛阳轴承研究所. 最新国内外轴承代号对照手册［M］. 2版. 北京：机械工业出版社，2006.